“十四五”时期国家重点出版物出版专项规划项目

密码理论与技术丛书

标识密码学

程朝辉 著

密码科学技术全国重点实验室资助

科学出版社
北 京

内 容 简 介

Adi Shamir 在 1984 年首次提出标识密码的概念. 21 世纪初, 伴随着一系列重要突破, 标识密码学进入快速发展时期. 在过去 20 年间, 标识密码学形成众多理论研究结果, 一些标识密码算法已在业界得到广泛应用. 本书比较系统地介绍标识密码学领域的一些理论、模型、算法等, 并结合应用实践较详细地描述与工程应用相关的一些方法、实现和标准. 本书包括标识加密、标识签名、标识密钥协商协议等基本标识密码原语以及标识密码的一些重要发展, 如属性加密、广播加密、函数加密等. 本书还包括应用方面关注的密钥安全增强技术(如无证书公钥密码、门限标识密码、分布式密钥生成), 以及标识密码工程实现技术(如双线性对友好曲线的构造、双线性对快速计算方法及双线性对委托计算协议等).

本书覆盖标识密码的基础知识、安全模型、经典构造、安全性证明实例、算法高效实现以及业界标准等内容, 可作为密码学、信息安全及相关学科的高年级本科生、研究生的教学用书和参考书. 工程技术人员在构建标识密码系统的实践过程中也可从本书获得一定的技术实现参考.

图书在版编目(CIP)数据

标识密码学/程朝辉著. —北京: 科学出版社, 2023.11
(密码理论与技术丛书)
国家出版基金项目 “十四五”时期国家重点出版物出版专项规划项目
ISBN 978-7-03-076673-1

Ⅰ. ①标… Ⅱ. ①程… Ⅲ. ①密码学 Ⅳ. ①TN918.1

中国国家版本馆 CIP 数据核字(2023)第 196161 号

责任编辑: 李静科 李 萍 / 责任校对: 彭珍珍
责任印制: 张 伟 / 封面设计: 无极书装

科学出版社 出版
北京东黄城根北街 16 号
邮政编码: 100717
http://www.sciencep.com
北京中石油彩色印刷有限责任公司 印刷
科学出版社发行 各地新华书店经销
*
2023 年 11 月第 一 版 开本: 720 × 1000 1/16
2023 年 11 月第一次印刷 印张: 21 3/4
字数: 430 000

定价: 138.00 元

(如有印装质量问题, 我社负责调换)

“密码理论与技术丛书”序

随着全球进入信息化时代, 信息技术的飞速发展与广泛应用, 物理世界和信息世界越来越紧密地交织在一起, 不断引发新的网络与信息安全问题, 这些安全问题直接关乎国家安全、经济发展、社会稳定和个人隐私. 密码技术寻找到了前所未有的用武之地, 成为解决网络与信息安全问题最成熟、最可靠、最有效的核心技术手段, 可提供机密性、完整性、不可否认性、可用性和可控性等一系列重要安全服务, 实现数据加密、身份鉴别、访问控制、授权管理和责任认定等一系列重要安全机制.

与此同时, 随着数字经济、信息化的深入推进, 网络空间对抗日趋激烈, 新兴信息技术的快速发展和应用也促进了密码技术的不断创新. 一方面, 量子计算等新型计算技术的快速发展给传统密码技术带来了严重的安全挑战, 促进了抗量子密码技术等前沿密码技术的创新发展. 另一方面, 大数据、云计算、移动通信、区块链、物联网、人工智能等新应用层出不穷、方兴未艾, 提出了更多更新的密码应用需求, 催生了大量的新型密码技术.

为了进一步推动我国密码理论与技术创新发展和进步, 促进密码理论与技术高水平创新人才培养, 展现密码理论与技术最新创新研究成果, 科学出版社推出了“密码理论与技术丛书”, 该丛书覆盖密码学科基础、密码理论、密码技术和密码应用等四个层面的内容.

“密码理论与技术丛书”坚持“成熟一本, 出版一本”的基本原则, 希望每一本都能成为经典范本. 近五年拟出版的内容既包括同态密码、属性密码、格密码、区块链密码、可搜索密码等前沿密码技术, 也包括密钥管理、安全认证、侧信道攻击与防御等实用密码技术, 同时还包括安全多方计算、密码函数、非线性序列等经典密码理论. 该丛书既注重密码基础理论研究, 又强调密码前沿技术应用; 既对已有密码理论与技术进行系统论述, 又紧密跟踪世界前沿密码理论与技术, 并科学设想未来发展前景.

“密码理论与技术丛书”以学术著作为主, 具有体系完备、论证科学、特色鲜明、学术价值高等特点, 可作为从事网络空间安全、信息安全、密码学、计算机、通信以及数学等专业的科技人员、博士研究生和硕士研究生的参考书, 也可供高等院校相关专业的师生参考.

冯登国

2022 年 11 月 8 日于北京

前言

自 Diffie 和 Hellman 在 1976 年提出公钥密码体制以来, 如何降低公钥管理的复杂性一直是密码研究和应用实践的一个重要课题. Adi Shamir 在 1984 年首次提出基于标识的密码系统的概念. 在基于标识的密码系统中, 用户的身份标识可作为用户的公钥, 更加准确地说, 用户的公钥可以从用户的身份标识和一套公开的系统参数根据确定的方法计算得出. 一般情况下, 用户间通信使用的标识是预先知道的. 系统若采用通信标识作为用户的公钥, 就无须依赖额外的安全机制来交换公钥, 从而大幅降低公钥管理的复杂性. Shamir 构造了第一个标识签名算法. 但是直到 21 世纪初, 才出现安全实用的标识加密算法. 此后, 伴随着一系列重要突破, 标识密码进入快速发展时期, 特别是研究人员通过深入利用双线性对这一数学工具, 构造了众多具有重要理论意义和实用价值的创新密码系统, 形成了丰富的研究成果. 这些新型密码技术在大数据、云计算、物联网、人工智能等领域具有广阔的应用前景, 一些密码算法已经在业界得到广泛应用. 本书着重于理论与实践结合, 比较系统地介绍标识密码学领域的一些理论、模型、算法等, 并结合应用实践较详细地描述与工程应用相关的一些方法、实现和标准.

标识密码学的内容非常丰富, 并且许多新研究不断发展深入. 本书仅选取部分基础内容进行介绍, 包括椭圆曲线双线性对的基础理论、标识加密、标识签名、标识密钥协商协议等基本密码原语, 以及标识密码的一些重要发展, 如属性加密、广播加密、函数加密等. 这部分内容按照可证明安全密码的研究方法组织: 首先给出密码原语及其安全模型的形式化定义, 再展示密码系统的典型构造, 然后给出密码系统的安全性证明实例. 另外, 本书也介绍一些不依赖双线性对的标识密码系统构造方法, 包括基于传统计算复杂性假设以及格上困难问题的标识密码系统. 通过该部分, 读者可比较深入地了解该领域一些重要密码原语的安全性定义、经典构造和安全性证明技巧.

针对密码应用中的主要安全关注, 本书涉及标识密码系统密钥安全增强技术和标识密码工程实现技术两个方面的内容. 标识密码系统密钥安全增强技术包括去除标识私钥委托功能的无证书公钥密码、降低标识私钥泄露风险的门限标识密码、降低主私钥泄露风险的分布式密钥生成等内容. 标识密码工程实现技术则包括双线性对友好曲线的构造方法、双线性对快速计算方法、双线性对委托计算协议以及标识密码相关标准等内容. 通过该部分, 读者可了解标识密码系统密钥安全性增强的基本方法, 掌握标识密码系统的高效实现技术.

本书在写作过程中, 得到了冯登国院士的大力支持和帮助, 也得到了科学出版社的大力支持, 在此表示衷心的感谢. 本书的出版得到了国家出版基金、密码科学技术全国重点实验室学术专著出版基金资助.

因作者水平所限, 本书难免有不足之处. 敬请读者多提宝贵意见和建议. 来信请发至: zhaohui_cheng@hotmail.com.

程朝辉

2023 年 3 月

目 录

第 1 章　标识密码学介绍

1.1　标识密码的起源

密码学 (Cryptography) 一词源自希腊语“Kryptós Graphein”(隐藏的书写). 用于信息秘密传递的密码技术在人类历史特别是战争中发挥着举足轻重的作用. 早期历史上, 最著名的密码是凯撒密码. 公元前 1 世纪, 凯撒使用密码技术来隐藏传递命令. 凯撒密码仅是将字母表中的每个字母使用循环右移三个位置的字母来代替, 例如字母 A 变为 D, 消息 CHARGE 变为 FKDUJH. 原消息称为明文 P, 变换过程称为加密 Enc, 变换后的新消息称为密文 C. 循环右移的位数称为密钥 K. 从密文还原消息的过程称为解密 Dec.

$$\mathrm{Enc}(K,P)=C;\quad \mathrm{Dec}(K,C)=P.$$

可以看到凯撒密码非常简单, 容易破解. 后来人们设计了一些更加高级的加密技术. 在第二次世界大战中, 德国使用著名的恩尼格玛机进行消息加密. 当要加密一串字符时, 操作员在机器下方的键盘上输入明文字符串. 每按下一个字母, 键盘上方背光字母盘上的一个字母就会亮起来. 这就是机器所生成的密文. 要解密消息时, 只需在键盘上输入密文字符串, 从背光字母盘顺序读取亮起的各个字母作为明文. 明密文之间的对应关系由机器中三个转子来控制. 每个转子有 26 格, 每按下键盘上的一个字母, 最右边转子会转动一格. 一个转子转完一整圈后, 将带动其左边的转子转动一格. 每个转子的初始位置可以调整. 两个地方使用恩尼格玛机实现正常通信需要两台机器按照预先分发到两地的密钥来设置齿轮初始位置. 两地使用相同的密钥进行加密和解密. 这种密码机制称为对称密钥机制.

对称密码机制的密钥需要周期性地更新. 在战争中实现多地之间安全地分发对称密钥是一个巨大挑战, 经常出现密码本被拦截的情况. 即使加密机制是安全的, 密钥泄露仍然会导致加密消息的泄露. 在 1976 年, Diffie 和 Hellman[1] 发表了具有里程碑意义的论文《密码学的新方向》, 提出公钥密码的概念. 在公钥密钥系统中, 用户有一对密钥: 一个是公开的密钥, 称为公钥; 另一个是仅由用户掌握的密钥, 称为私钥. 从用户的公钥难以计算出对应的私钥. 消息发送方使用接收方的公钥加密消息获得密文, 接收方使用其私钥解密密文获得明文. 在这种系统中, 用户的私钥不需要进行远程传递, 因此泄露的风险大大降低, 而用户的公钥是公开的, 不必担心泄露的风险. 显然我们可以使用公钥机制来安全地分发对称密钥. 除了实现基于公钥密码的密钥分发外, Diffie 和 Hellman 在 [1] 中同时提出数字签名的概念. 数字签名技术实现类似于手写签名或者印章的功能, 即实现对数字文档的数字签名. 签名人使用其私钥对数字内容生成数字签名, 验证人使用签名人的公钥验证对数字内容的数字签名的有效性. 在 1978 年, Rivest, Shamir 和 Adleman[2] 发表著名的 RSA 公钥算法, 实现了 Diffie 和 Hellman 提出的两个重要公钥密码机制: 公钥加密和数字签名.

公钥密码机制可以有效降低对称密钥管理的复杂性, 但是该机制也带来了新的问题: 如何安全有效地对公钥进行管理? 公钥密码系统需要确保用户和其拥有的公钥之间的对应关系是真实的, 否则攻击者可以发起如图 1.1 所示的中间人攻击: 发送人 Alice 要加密消息给 Bob 时, 首先需要通过某种方式获取 Bob 的公钥 X. 中间人 Eve 在公钥传递的过程中使用其拥有的公钥 Y 代替 Bob 的公钥, 然后提供给 Alice. Alice 使用公钥 Y 加密消息 m 生成密文 C_Y, 然后发送给 Bob. Eve 拦截密文消息 C_Y, 使用其私钥 y 解密密文还原消息 m, 再使用 X 加密 m 生成新密文 C_X 传递给 Bob. Bob 使用其私钥解密还原消息 m. 在整个过程中, Alice 和 Bob 认为两者间的通信是安全的, 但是 Eve 可以获取两者间传递的所有秘密. 类似地, 在数字签名应用中, Eve 使用其私钥签名, 但是通知验证人 Peter 其公钥 Y 属于 Charlie. Peter 验证数字签名后, 误认为数字内容源自 Charlie.

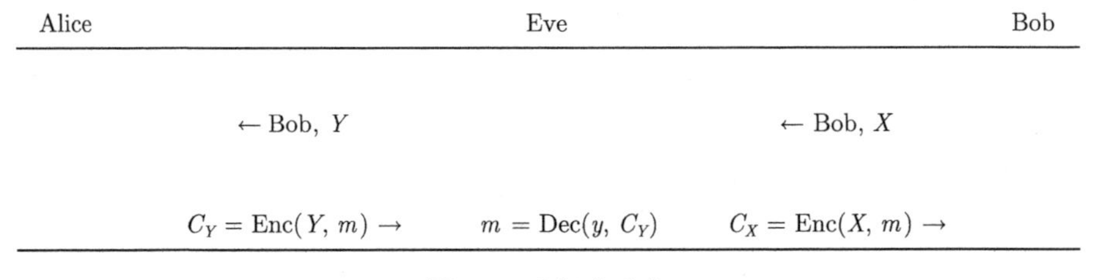

图 1.1 中间人攻击

公钥密码系统中用户与公钥对应关系真实性的问题大体上有如下几种解决方法.

- 公开目录: 目录管理者管理一个公开可访问目录. 用户在获得目录管理者授权后可以在目录中发布 (用户身份, 公钥) 信息. 其他用户在线访问该目录获得 (用户身份, 公钥) 目录项. 访问过程由目录管理者保证传递数据的真实性, 例如目录管理者可对在线传递的数据进行数字签名. 目录访问者需要利用安全机制验证获取数据的真实性. 这种方式需要公开目录总是在线, 并且数据传递过程需要安全机制保护.

- 权威机构颁发的数字证书: 用户的身份和公钥的对应关系由一张权威机构签发的数字证书证明. 证书权威机构 (CA: Certificate Authority) 是系统中受到各用户信任的机构. 用户向 CA 证明其身份并证明其拥有公钥对应的私钥后, CA 对包括用户身份、用户公钥、有效期等的数字内容进行数字签名, 生成包括被签名数据以及 CA 签名的数字证书. 证书查询用户获得某个数字证书后, 首先验证 CA 签名的有效性. 如果查询用户信任 CA 并且签名有效且证书未过期、未被撤销, 则接受数字证书中用户身份和公钥的对应关系. 这类系统多是采用 X. 509[3] 标准的公钥基础设施 (PKI: Public Key Infrastructure). 系统中, 用户需要预先向 CA 申请数字证书, 数字证书需要通过某种分发机制进行分发. 如果私钥丢失, 用户需要向 CA 申请挂失数字证书, CA 需要提供能确定数字证书当前有效性的机制, 例如, 提供在线证书状态查询[4] 或者适时发布证书撤销列表 (CRL: Certificate Revocation List)[3].
- 信任网 (Web of Trust) 中的证书. 信任网[5] 中没有单一的权威机构, 用户的证书由其他用户签发. 证书查询用户获得某个证书后, 若信任证书签发者, 则接受证书; 否则需要找到足够多的部分信任的背书人对证书的真实性提供背书才接受证书. 由于系统没有一个权威机构, 新用户加入系统时很难快速找到足够多的背书人对其身份和公钥的真实性提供背书. 另外, 用户需要撤销证书时, 需要发出公钥撤销证书.

在具有权威机构的公钥管理系统中, 公开目录机制需要目录管理系统实时在线; 数字证书机制需要用户预先申请证书, 消息加密方需要首先获取接收方的有效证书才能进行消息加密. 鉴于传统公钥系统中公钥管理的复杂性, Shamir[6] 在 1984 年提出一种新的公钥密码机制: 基于身份的密码 (IBC: Identity-Based Cryptography). 基于身份的密码系统中, 用户的身份作为用户的公钥, 而身份对应的私钥由权威机构生成后分发给用户. 鉴于通信系统都需要指定通信双方的身份, 采用通信方的身份标识作为公钥, 例如邮件系统中使用接收人邮件地址作为公钥, 消息发送方可直接使用接收方的标识进行消息加密, 无须额外执行公钥查询过程, 公钥管理的复杂性显著降低. 另外, 发送方可以先使用接收方身份标识进行消息加密, 根据需要, 接收方从权威机构获取与其身份对应的私钥后再解密密文. 因此, 基于身份的密码系统中加密过程更加灵活. 实际上, 系统中任意具有唯一性的标识都可作为公钥使用, 比如, 医疗健康系统的患者身体检查数据的访问控制策略: “在 2022 年到 2023 年期间主治医生或化验师可读取” 就可作为患者体检数据的加密公钥. 因此, 本书将这类密码技术称为**标识密码**技术.

1.2　标识密码的发展历程

Shamir[6] 在 1984 提出基于身份的密码的概念, 同时基于 RSA 问题构造了第一个标识签名算法 (IBS: Identity-Based Signature). Okamoto[7] 在 1987 年采用类似于 [6] 中的密钥生成方法构造了第一个标识密钥协商协议 (IBKA: Identity-Based Key Agreement). 但是标识加密算法的构造经过 15 年时间都没有实现. 直到 2000 年, Sakai, Ohgishi 和 Kasahara[8] 使用椭圆曲线上的双线性对构造了一个标识密钥生成算法并以此提出了一个非交互的标识密钥协商协议. 此协议经过简单变换就可实现标识加密算法 (IBE: Identity-Based Encryption). 在 2001 年, Cocks[9] 基于平方剩余问题构造了按比特加密消息的标识加密算法, 同年, Boneh 和 Franklin[10] 基于双线性对构造了标识加密算法 BF-IBE. Boneh 和 Franklin 的工作产生了巨大的影响. 普遍认为, BF-IBE 和 Joux 在 2000 年发表的基于双线性对的单轮三方密钥协商协议[11] 一起开启了基于双线性对的密码研究. 标识密码学是双线性对密码研究的主要组成部分.

标识密码学的内容异常丰富. 研究人员利用双线性对的强大能力构造了众多使用大数分解、离散对数等传统复杂性假设, 难以实现的密码系统. 除了通常的基于标识的加密、签名、密钥交换协议等方面的研究以外, 标识密码学还包括标识加密机制的进一步推广, 如基于属性的加密[12]、广播加密[13]、函数加密[14] 等; 各类密钥管理扩展, 如分层标识密码系统[15]、可撤销标识密码系统[16]、门限标识密码系统[17]、主密钥的分布式生成[18]、代理重加密系统[19] 等; 双线性对相关的基础数学理论研究, 如双线性对友好曲线的构造[20]、双线性对问题的计算复杂性[21]、双线性对的高效实现[22] 等, 以及更多内容. 鉴于标识密码学的内容如此广泛并且许多新研究不断发展深入, 本书仅撷取部分基础内容与读者分享. 图 1.2 展示了本书关于标识密码学的主要内容.

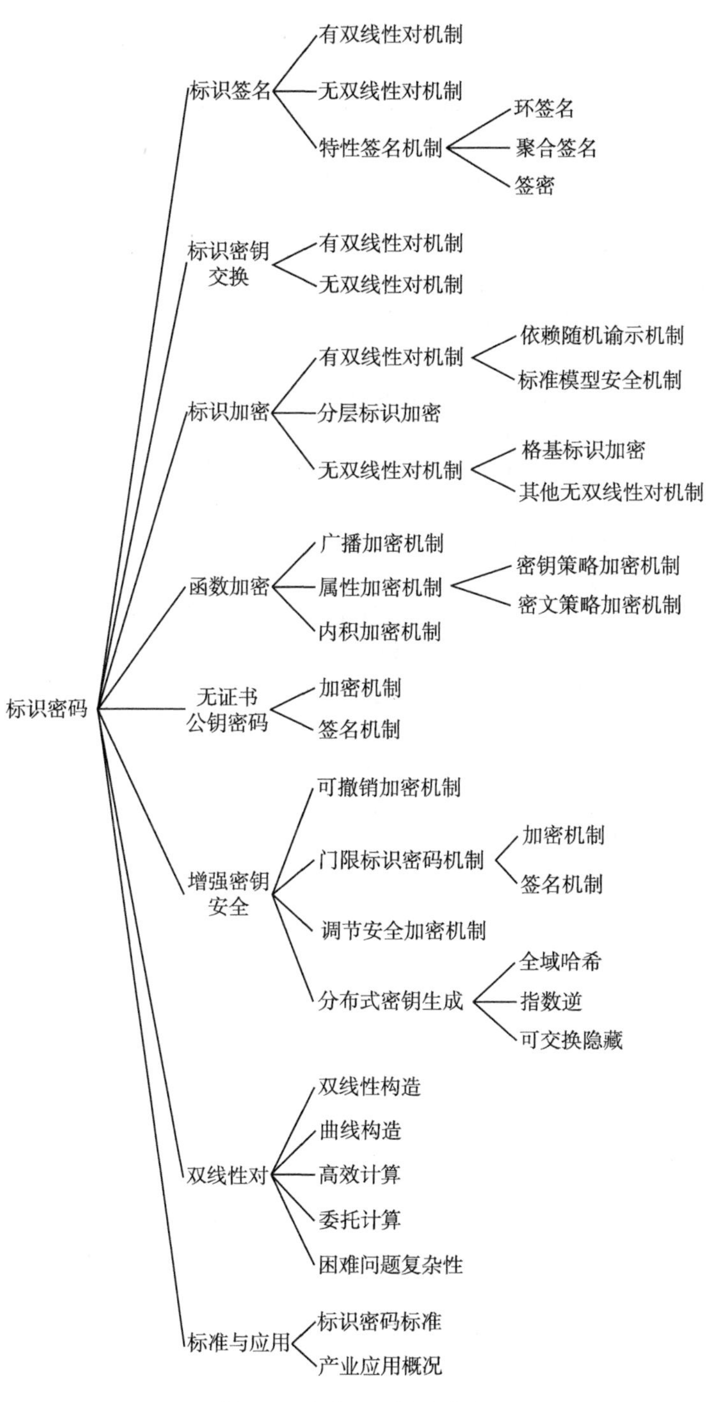

图 1.2 本书主要技术内容

参考文献

[1] Diffie W, Hellman M. New directions in cryptography. IEEE Tran. on Information Theory, 1976, 22 (6): 644-654.

[2] Rivest R, Shamir A, Adleman L. A method for obtaining digital signatures and public-key cryptosystems. Communications of the ACM, 1978, 21 (2): 120-126.

[3] IETF. RFC 5280: Internet X.509 public key infrastructure certificate and certificate revocation list (CRL) profile. 2008.

[4] IETF. RFC 2560: X.509 internet public key infrastructure online certificate status protocol - OCSP. 1999.

[5] Ulrich A, Holz R, Hauck P, et al. Investigating the OpenPGP web of trust. ESORICS 2011, LNCS 6879: 489-507.

[6] Shamir A. Identity-based cryptosystems and signature schemes. CRYPTO 1984 LNCS 196: 47-53.

[7] Okamoto E. Key distribution systems based on identification information. CRYPTO 1987, LNCS 293: 175-184.

[8] Sakai R, Ohgishi K, Kasahara M. Cryptosystems based on pairing. Proc. of 2000 Symposium on Cryptography and Information Security, Japan, 2000.

[9] Cocks C. An identity-based encryption scheme based on quadratic residues. Cryptography and Coding 2001, LNCS 2260: 360-363.

[10] Boneh D, Franklin M. Identity-based encryption from the Weil pairing. CRYPTO 2001, LNCS 2139: 213-229.

[11] Joux A. A one round protocol for tripartite Diffie-Hellman. ANTS-IV 2000, LNCS 1838: 385-394.

[12] Sahai A, Waters B. Fuzzy identity-based encryption. EUROCRYPT 2005, LNCS 3494: 457-473.

[13] Delerablée C. Identity-based broadcast encryption with constant size ciphertexts and private keys. ASIACRYPT 2007, LNCS 4833: 200-215.

[14] Boneh D, Sahai A, Waters B. Functional encryption: Definitions and challenges. TCC 2011, LNCS 6597: 253-273.

[15] Horwitz J, Lynn B. Toward hierarchical identity-based encryption. EUROCRYPT 2002, LNCS 2332: 466-481.

[16] Boldyreva A, Goyal V, Kumar V. Identity-based encryption with efficient revocation. CCS 2008: 417-426.

[17] Baek J, Zheng Y. Identity-based threshold decryption. PKC 2004, LNCS 2947: 262-276.

[18] Libert B, Quisquater J. Efficient revocation and threshold pairing based cryptosystems. PODC 2003: 163-171.

[19] Green M, Ateniese G. Identity-based proxy re-encryption. ACNS 2007, LNCS 4521: 288-306.

[20] Miyaji A, Nakabayashi M, Takano S. New explicit conditions of elliptic curve traces for FR-reduction. IEICE Trans. Fundam, 2001, E84-A(5): 1234-1243.

[21] Joux A, Pierrot C. The special number field sieve in $\mathbb{F}_{p^n}$. Pairing 2013, LNCS 8365: 45-61.

[22] Barreto P, Lynn B, Scott M. Efficient implementation of pairing-based cryptosystems. J. Cryptology, 2004, 17(4): 321-334.

第 2 章　椭圆曲线与双线性对

本章介绍和标识密码学相关的一些基本的代数、椭圆曲线和双线性对知识. 该章仅介绍必要的概念和相关知识. 更多的和密码学相关的代数内容可以参考 [1,2], 和椭圆曲线相关的内容可以参考 [3–7], 和椭圆曲线双线性对相关的内容可以参考 [4,7,8].

2.1　群、环和域

为了便于理解本书内容涉及的一些基础数学内容, 特别是椭圆曲线双线性对, 这里介绍一些代数的基本概念、定义和定理. 本节仅给出相关定理的陈述, 定理的具体证明可见相关文献, 如 [1,2].

2.1.1　群

定义 2.1　设 S 是一个非空集合. 任意一个 $S \times S$ 到 S 的映射称为定义在 S 上的一个**代数运算**.

定义 2.2　设 G 是一个非空集合. 如果在 G 上定义了一个代数运算 $*$ 满足如下条件, 那么 G 称为一个**群**, 记作 $(G, *)$.

- 对任意的 $a, b \in G$, 则 $a * b \in G$ (封闭性).
- 对任意的 $a, b, c \in G$, 则 $a * (b * c) = (a * b) * c$ (结合律).
- 存在一个元素 $e \in G$, 对任意的 $a \in G$, 满足 $a * e = a = e * a$. e 称为**单位元**.
- 对任意的 $a \in G$, 存在 $b \in G$ 满足 $a * b = e = b * a$. b 称为 a 的**逆元**, 记作 a^{-1}.

根据群上代数运算的不同, 一般我们采用两种不同的群标记方法: ① 乘法标记采用 a^n 简记 n 个 a 进行群上代数运算 $\times$: $\underbrace{a \times a \times \cdots \times a}_{n}$, 单位元标记为 1_G, 约定 $a^0 = 1_G$; ② 加法标记采用 na 简记 n 个 a 进行群上代数运算 $+$: $\underbrace{a + a + \cdots + a}_{n}$, 单位元标记为 0_G(也称**零元**), 约定 $0a = 0_G$. 另外, 在代数运算明确的情况下, 我们直接使用 G 代表一个群, 并在使用乘法标记时, 把 $a \times b$ 简写为 ab.

定义 2.3 一个群 G 如果对任意的 $a, b \in G$ 满足 $ab = ba$(交换律), 则称该群为**阿贝尔群**或**交换群**.

本书中涉及的绝大部分群都是交换群. 比如, 对整数集 $\mathbb{Z}$, $(\mathbb{Z}, +)$ 是一个交换群.

定义 2.4 设 H 是群 G 的一个非空子集. 如果对 G 上代数运算, H 也构成一个群, 则 H 称为 G 的**子群**.

子群 H 对 G 上代数运算是封闭的, 即对任意的 $a, b \in H$, 则 $ab \in H$. 另外, 子群满足: 对每个 $a \in H$, 有 $a^{-1} \in H$.

定义 2.5 G 的**循环子群**是由 $g \in G$ 生成的集合 $\{g^i : i \in \mathbb{N}\}$, 记作 $\langle g \rangle$. g 称为该循环子群的**生成元**.

定义 2.6 有限群 G 的**阶**为 G 中元素的个数, 记作 $|G|$ 或 $\#G$. 无限群的阶为无限阶.

定义 2.7 群中元素 a 的**阶**为满足 $a^r = 1_G$ 的最小正整数 r.

例子 2.1 下面是两个常用的群: $(\mathbb{Z}_n, \oplus_n)$ 和 $(\mathbb{Z}_n^*, \otimes_n)$, 其中 $\oplus_n$ 是加后模 n 运算, $\otimes_n$ 是乘后模 n 运算.

$$\mathbb{Z}_n = \{0, 1, \cdots, n-1\},$$

$$\mathbb{Z}_n^* = \{a \in \mathbb{Z}_n : \gcd(a, n) = 1\}.$$

设 $n = 5$. $(\mathbb{Z}_5, \oplus_5) = \{0, 1, 2, 3, 4\}$ 的 Cayley 表如下:

$\oplus_5$	0	1	2	3	4
0	0	1	2	3	4
1	1	2	3	4	0
2	2	3	4	0	1
3	3	4	0	1	2
4	4	0	1	2	3

$(\mathbb{Z}_5^*, \otimes_5) = \{1, 2, 3, 4\}$ 的 Cayley 表如下:

$\otimes_5$	1	2	3	4
1	1	2	3	4
2	2	4	1	3
3	3	1	4	2
4	4	3	2	1

可以看到上面两个群都是循环群. $\mathbb{Z}_5$ 的生成元有 1, 2, 3 和 4; $\mathbb{Z}_5^*$ 的生成元有 2, 3 和 4.

定义 2.8　对任意的正整数 n, 欧拉函数 $\varphi(n) = |\mathbb{Z}_n^*|$. 等价地, $\varphi(n)$ 是 0 到 $n-1$ 之间和 n 互素的整数的个数.

定理 2.1 (欧拉定理)　如果一个整数 a 和 n 互素, 则 $a^{\varphi(n)} = 1 \mod n$.

推论 2.1 (费马定理)　设 p 是素数且 $p \nmid a$, 则 $a^{p-1} = 1 \mod p$.

定理 2.2　设 G 是交换群, n 是整数, $nG = \{na : a \in G\}$ 是 G 的子群.

采用乘法标记时, 定理中的子群标记为 G^n.

例子 2.2　$5\mathbb{Z} = \{\cdots, -15, -10, -5, 0, 5, 10, 15, \cdots\}$ 是 $\mathbb{Z}$ 的子群.

定理 2.3　若 G 是 $\mathbb{Z}$ 的子群, 则存在唯一的非负整数 n 满足 $G = n\mathbb{Z}$. 另外, 对两个非负整数 n_1, n_2, $n_1\mathbb{Z} \subseteq n_2\mathbb{Z}$ 当且仅当 $n_2|n_1$.

定义 2.9　对 G 的一个子群 H, 任意 $g \in G$ 定义的集合 $gH = \{gh : h \in H\}$ 称为 H 的一个**左陪集**. 类似地, 可以定义**右陪集**.

显然, $1_G H = H = H 1_G$.

定理 2.4　设 H 是群 G 的一个子群. H 的任意两个左 (右) 陪集或者相等或者交集为空. 群 G 可以表示为若干不相交的左 (右) 陪集的并集.

定理 2.5 (拉格朗日定理)　设 G 是一个有限群, H 是一个子群, 有 $|H|$ 整除 $|G|$.

推论 2.2　设 G 是一个有限群. 群中每个元素 a 的阶是 $|G|$ 的因子, 即 $a^{|G|} = 1_G$. 进一步, 素数阶的群是循环群.

定义 2.10　对群 G 的一个子群 H, 若任意 $g \in G$ 都有 $gH = Hg$, 则称 H 为**正规子群**.

对交换群, 每个子群都是正规的.

定义 2.11　记 G/H 为正规子群 H 的陪集集合. 定义陪集集合上的代数运算 $\times$ 为 $(aH) \times (bH) = abH$. $(G/H, \times)$ 是一个群, 称为**商群**.

例子 2.3　对任意正整数 $n > 1$, $n\mathbb{Z}$ 是 $(\mathbb{Z}, +)$ 的正规子群, 其陪集集合可记为

$$\{r + n\mathbb{Z} : \text{整数} r \in [0, n-1]\},$$

对应的商群 $(\mathbb{Z}/n\mathbb{Z}, +)$, 简记为 $\mathbb{Z}/n\mathbb{Z}$ 或 $\mathbb{Z}_n$.

设 $n = 5$. $5\mathbb{Z}$ 是 $\mathbb{Z}$ 的正规子群. $5\mathbb{Z}$ 的陪集有

$$\{0 + 5\mathbb{Z}\} = \{\cdots, -15, -10, -5, 0, 5, 10, 15, \cdots\}, \text{代表元素为 } 0,$$

$$\{1 + 5\mathbb{Z}\} = \{\cdots, -14, -9, -4, 1, 6, 11, 16, \cdots\}, \text{代表元素为 } 1,$$

$$\{2 + 5\mathbb{Z}\} = \{\cdots, -13, -8, -3, 2, 7, 12, 17, \cdots\}, \text{代表元素为 } 2,$$

$$\{3 + 5\mathbb{Z}\} = \{\cdots, -12, -7, -2, 3, 8, 13, 18, \cdots\}, \text{代表元素为 } 3,$$

$$\{4 + 5\mathbb{Z}\} = \{\cdots, -11, -6, -1, 4, 9, 14, 19, \cdots\}, \text{代表元素为 } 4.$$

可以看到各个陪集之交是空集, 所有陪集之并是 $\mathbb{Z}$.

商群 $(\mathbb{Z}/5\mathbb{Z},+)$ 中元素 $\{0+5\mathbb{Z}\}$ 是单位元. 陪集上 $+$ 运算是封闭的, 例如: $\{3+5\mathbb{Z}\}+\{4+5\mathbb{Z}\}=\{(3+4)+5\mathbb{Z}\}=\{2+5\mathbb{Z}\}$. 可以看到对任意的 $a\in\{3+5\mathbb{Z}\}$ 和 $b\in\{4+5\mathbb{Z}\}$, 有 $a+b\in\{2+5\mathbb{Z}\}$. 可进一步验证陪集运算满足结合率. 每个陪集都存在逆元, 例如, $\{1+5\mathbb{Z}\}$ 的逆元是 $\{4+5\mathbb{Z}\}$, 即 $\{1+5\mathbb{Z}\}+\{4+5\mathbb{Z}\}=\{0+5\mathbb{Z}\}$. 我们可以使用各陪集的代表元进行运算, 运算结果所在的陪集即为结果陪集. 可以看到 $\mathbb{Z}/n\mathbb{Z}$ 上代表元计算加后模 n 为结果陪集的代表元.

定义 2.12 设 G 与 G' 是两个群, ψ 是群 G 到 G' 的一个映射. 如果对任意的 $x,y\in G$, ψ 满足 $\psi(xy)=\psi(x)\psi(y)$, 则称 ψ 为群 G 到 G' 的一个**同态映射**. 集合 $\text{Ker}\ \psi=\{x\in G:\psi(x)=1_{G'}\}$ 称为 ψ 的**核**. 若 $\psi(G)=G'$, 则称 ψ 为**满同态**; 若 ψ 是单射, 则称 ψ 为**单一同态**; 若 ψ 是满同态且是单一同态, 则称 ψ 为**同构**, 记作 $G\cong G'$; 若 ψ 是 G 到 G 的同构映射, 则称 ψ 为**自同构**.

例子 2.4 设映射 $\psi:\mathbb{Z}/5\mathbb{Z}\to\mathbb{Z}/5\mathbb{Z}$ 为 $\psi(a)=a+\{1+5\mathbb{Z}\},a\in\mathbb{Z}/5\mathbb{Z}$. ψ 是个自同构, 其对 $\mathbb{Z}/5\mathbb{Z}$ 上元素的计算如下:

$$\psi(\{0+5\mathbb{Z}\})=\{1+5\mathbb{Z}\},$$

$$\psi(\{1+5\mathbb{Z}\})=\{2+5\mathbb{Z}\},$$

$$\psi(\{2+5\mathbb{Z}\})=\{3+5\mathbb{Z}\},$$

$$\psi(\{3+5\mathbb{Z}\})=\{4+5\mathbb{Z}\},$$

$$\psi(\{4+5\mathbb{Z}\})=\{0+5\mathbb{Z}\}.$$

$\text{Ker}\ \psi=\{4+5\mathbb{Z}\}$.

定理 2.6 设 ψ 是群 G 到 G' 的同态映射. 于是 $\text{Ker}\ \psi$ 是 G 的一个子群.

定理 2.7 设 ψ 是群 G 到 G' 的一个满同态, K 是 ψ 的核. 于是 G/K 与 G' 同构.

定义 2.13 设 n 个群 $G_1,\cdots,G_n,a_i,b_i\in G_i$. 定义 $G_1\times G_2\times\cdots\times G_n$ 上运算

$$(a_1,a_2,\cdots,a_n)(b_1,b_2,\cdots,b_n)=(a_1b_1,a_2b_2,\cdots,a_nb_n).$$

$G_1\times G_2\times\cdots\times G_n$ 对以上运算构成一个群, 称其为 G_i 的**直积**, 记作 $G_1\oplus G_2\oplus\cdots\oplus G_n$.

若 $|G_1|=n_1,|G_2|=n_2$, 容易得到 $|G_1\oplus G_2|=n_1n_2$.

2.1.2 环

定义 2.14 设 R 是一个集合. R 上定义两个代数运算 $+,\times$, 满足如下条件, 则 R 是一个**环**, 记作 $(R,+,\times)$.

- $(R,+)$ 是一个交换群. 加法运算 $+$ 的单位元记为 0_R.
- $(R,\times)$ 对乘法运算 $\times$ 是封闭的且满足结合律.
- 乘法运算 $\times$ 对加法运算 $+$ 满足分配律, 即: 对任意的 $a,b,c \in R$ 满足 $a(b+c)=ab+ac$ 和 $(b+c)a=ba+ca$.

定义 2.15　设 L 是环 R 的一个非空子集. 如果对 R 上的代数运算, L 也构成一个环, 则 L 称为 R 的**子环**.

定义 2.16　若环 $(R,+,\times)$ 中乘法运算存在单位元, 记作 1_R, 则 R 称为**幺环**.

定义 2.17　若环 $(R,+,\times)$ 中乘法运算 $\times$ 满足交换律, 则 R 称为**交换环**.

定义 2.18　设环 R 中元素 $a \neq 0_R$. 若环中存在元素 $b \neq 0_R$, 满足 $ab=0_R$, 则元素 a 称为**左零因子**. 同样可定义**右零因子**.

定义 2.19　若环 $(R,+,\times)$ 是无零因子的交换幺环且 $0_R \neq 1_R$, 则 R 称为**整环**.

例子 2.5　整数对通常的加法和乘法构成一个环, 称为**整数环**, 记作 $\mathbb{Z}$. 整数环上加法的单位元为 0, 乘法的单位元为 1, 乘法满足交换律且无零因子. 所以整数环也是个整环.

例子 2.6　设 $\mathbb{Z}[X]$ 是系数在 $\mathbb{Z}$ 中的多项式. $\mathbb{Z}[X]$ 对多项式加法和乘法运算构成一个环.

定义 2.20　环 $(R,+,\times)$ 的子集 I 满足如下条件, 称为**理想**.

- $(I,+)$ 是 $(R,+)$ 的子群.
- 若 $a\in I, b\in R$, 则 $ab\in I, ba \in I$.

定义 2.21　设 R 是交换幺环, 理想 $I \subsetneq R$. 若不存在理想 I' 使得 $I \subsetneq I' \subsetneq R$, 则称 I 为**极大理想**.

例子 2.7　对整数 $n>1$, $n\mathbb{Z}$ 是环 $\mathbb{Z}$ 的理想. 例如 $\mathbb{Z}$ 的子群 $5\mathbb{Z}$ 中, 任意的 $a \in 5\mathbb{Z}$ 是 5 的倍数. 对任意整数 $b\in\mathbb{Z}$, ab 仍然是 5 的倍数, 属于 $5\mathbb{Z}$, 所以 $5\mathbb{Z}$ 是环 $\mathbb{Z}$ 的一个理想. 另外, $5\mathbb{Z}$ 也是环 $\mathbb{Z}$ 的一个极大理想.

定义 2.22　设 I 是环 R 的一个理想. 记 R/I 为 I 的陪集集合. 定义陪集集合上的两个代数运算 $+,\times$ 满足

$$(r_1+I)+(r_2+I)=r_1+r_2+I,$$

$$(r_1+I)\times(r_2+I)=r_1r_2+I.$$

$(R/I,+,\times)$ 形成一个环, 称为**商环**.

例子 2.8　对任意正整数 $n>1$, $n\mathbb{Z}$ 是环 $(\mathbb{Z},+,\times)$ 的理想, 其陪集集合可记为

$$\{r+n\mathbb{Z}: \text{整数} r\in[0,n-1]\},$$

对应的商环 $(\mathbb{Z}/n\mathbb{Z},+,\times)$, 简记为 $\mathbb{Z}/n\mathbb{Z}$.

例子 2.3 显示 $(\mathbb{Z}/5\mathbb{Z},+)$ 是个商群. 陪集上 $\times$ 运算也是封闭的, 例如: $\{3+5\mathbb{Z}\}\times\{4+5\mathbb{Z}\}=\{(3\times 4)+5\mathbb{Z}\}=\{2+5\mathbb{Z}\}$. 可以看到, 对任意的 $a\in\{3+5\mathbb{Z}\}$ 和 $b\in\{4+5\mathbb{Z}\}$, 有 $a\times b\in\{2+5\mathbb{Z}\}$. 可进一步验证陪集运算 $\times$ 满足结合律.

乘法运算 $\times$ 对加法运算 $+$ 满足分配律, 例如:

$$\begin{aligned}
&\{3+5\mathbb{Z}\}\times(\{4+5\mathbb{Z}\}+\{2+5\mathbb{Z}\})\\
=&\{3+5\mathbb{Z}\}\times\{1+5\mathbb{Z}\}\\
=&\{3+5\mathbb{Z}\},\\
&\{3+5\mathbb{Z}\}\times(\{4+5\mathbb{Z}\}+\{2+5\mathbb{Z}\})\\
=&\{3+5\mathbb{Z}\}\times\{4+5\mathbb{Z}\}+\{3+5\mathbb{Z}\}\times\{2+5\mathbb{Z}\}\\
=&\{2+5\mathbb{Z}\}+\{1+5\mathbb{Z}\}\\
=&\{3+5\mathbb{Z}\}.
\end{aligned}$$

和商群一样, 运算过程可以采用陪集的代表元进行计算, 计算结果所在陪集为结果陪集. $\mathbb{Z}/n\mathbb{Z}$ 上代表元加法 (乘法) 计算后模 n 为结果陪集的代表元.

定义 2.23 设 R 与 R' 是两个环, ϕ 是环 R 到 R' 的一个映射. 如果对任意的 $x,y\in R$, ϕ 满足 $\phi(x+y)=\phi(x)+\phi(y)$ 和 $\phi(xy)=\phi(x)\phi(y)$, 则称 ϕ 为环 R 到 R' 的一个**同态映射**. 集合 $\mathrm{Ker}\ \phi=\{x\in R:\phi(x)=0_{R'}\}$ 称为 ϕ 的**核**. 若 $\phi(R)=R'$, 则称 ϕ 为**满同态**. 若 ϕ 是双射, 则称 ϕ 为**同构**, 记作 $R\cong R'$; 若 ϕ 是 R 到 R 的同构映射, 则称 ϕ 为**自同构**.

例子 2.9 设 R 是一个环. $\mathbb{Z}$ 到 R 的一个同态映射 ϕ 定义如下:

$$\phi(n)=\begin{cases}\underbrace{1_R+1_R+\cdots+1_R}_{n}, & 若 n\geqslant 0,\\ -(\underbrace{1_R+1_R+\cdots+1_R}_{n}), & 若 n<0.\end{cases}$$

定理 2.8 设 ϕ 是环 R 到 R' 的一个满同态, K 是 ϕ 的核, 有 R/K 与 R' 同构.

定义 2.24 设 R 是一个环. 如果 R 的单位元 1_R 在 R 的加法群上的阶是有限的且阶为 n, 那么称环 R 的**特征**为 n; 否则称环 R 的特征为 0. 环的特征记为 $\mathrm{char}(R)$.

定理 2.9 设 R 是一个特征为素数 p 的交换环. 对任意 $a,b\in R$ 和 $n\in\mathbb{N}$,

$$(a+b)^{p^n}=a^{p^n}+b^{p^n}.$$

定义 2.25 如果幺环 R 的理想 H, N 满足 $H+N=R$, 则称 H, N **互素**.

定义 2.26 设 n 个环 $R_1, \cdots, R_n, a_i, b_i \in R_i$. 定义 R_i 的加法群上直积为 $R=R_1 \oplus R_2 \oplus \cdots \oplus R_n$, 再定义 R 上的乘法为

$$(a_1, a_2, \cdots, a_n)(b_1, b_2, \cdots, b_n)=(a_1 b_1, a_2 b_2, \cdots, a_n b_n).$$

R 对以上两个运算构成一个环, 称其为 R_i 的**直积**, 记作 $R_1 \oplus R_2 \oplus \cdots \oplus R_n$.

定理 2.10 设幺环 R 的理想 $N_1, N_2, \cdots, N_r$ 两两互素, 则

$$R/(N_1 \cap N_2 \cap \cdots \cap N_r) \cong R/N_1 \oplus R/N_2 \oplus \cdots \oplus R/N_r.$$

2.1.3 多项式环

定义 2.27 设 R 是一个交换幺环. 记 $R[[X]]$ 为所有的无限序列的集合

$$R[[X]]=\{\{a_i\}_{i=0}^{\infty}: a_i \in R\}.$$

在 $R[[X]]$ 上定义 $+$ 和 $\times$ 如下:

$$\{a_i\}_{i=0}^{\infty}+\{b_i\}_{i=0}^{\infty}=\{a_i+b_i\}_{i=0}^{\infty};$$

$$\{a_i\}_{i=0}^{\infty} \times\{b_i\}_{i=0}^{\infty}=\{c_i\}_{i=0}^{\infty},$$

其中 $c_i=\sum_{i=j+k}(a_j b_k)$. $R[[X]]$ 是一个环, 称为**一元形式幂级数环**.

定义 2.28 在 $R[[X]]$ 中取 $X=(0,1,0,0,\cdots)$. X 在 R 上生成的子环 $R[X]$ 称作 R 上的**一元多项式环**.

直观地, X^i 为从位置 0 开始的第 i 个分量为 1 的元素 $(0,0,\cdots,1,\cdots)$. $R[X]$ 中的元素可以用多项式表达为

$$f(X)=a_0+a_1 X+a_2 X^2+\cdots+a_n X^n=(a_0, a_1, a_2, \cdots, a_n, 0,0, \cdots),$$

其次数为 n, 记作 $\deg(f)$. 后面我们就用多项式 $f(X), g(X)$ 等表达 $R[X]$ 中的元素, 相应地, $R[X]$ 上的运算使用多项式运算代替. 多项式表达式根据项的次数从高到低排序, 即 $f(X)=a_n X^n+\cdots+a_2 X^2+a_1 X+a_0$.

定理 2.11 设 D 是个整环. $D[X]$ 是个整环, 对任意的 $f(X), g(X) \in D[X]$, 有 $\deg(fg)=\deg(f)+\deg(g)$.

定理 2.12 设 R 是交换环, $f(X), g(X) \in R[X]$, $g(X) \neq 0$ 且 $g(X)$ 首系数为单位元 (称为**首 1 多项式**). 存在唯一的 $q(X), r(X) \in R[X]$ 满足

$$f(X)=q(X) g(X)+r(X),$$

$$\deg(r)<\deg(g).$$

定理 2.13 设 D 是一整环, $f(X) \in D[X]$, $a \in D$. 存在 $q(X) \in D[X]$ 满足 $g(X) = (X-a)q(X) + g(a)$. a 是 $g(X)$ 的根当且仅当 $(X-a) \mid g$.

定理 2.14 设 D 是一整环, $f(X) \in D[X]$, $\deg(f) = n \geqslant 0$, 则 $f(X)$ 在 D 上最多有 n 个不同的根.

例子 2.10 在多项式环 $\mathbb{Z}[X]$ 上, $f(X) = X^2 - 1 = (X+1)(X-1)$ 有两个根: $1, -1 \in \mathbb{Z}$, $g(X) = X^2 + 1$ 则没有根属于 $\mathbb{Z}$.

2.1.4 域

定义 2.29 至少包括两个元素的交换幺环 $(R, +, \times)$ 且集合 $R \backslash \{0_R\}$ 对 $\times$ 运算形成群, 则称 R 为一个**域**, 记作 F. 域 F 的子环 L 若是域, 则称 L 为 F 的**子域**.

F 上非加法单位元 0_F 的全体记作 F^*. F^* 对 $\times$ 运算也是一个交换群.

例子 2.11 有理数对通常的加法和乘法构成一个域, 称为**有理数域**, 记作 $\mathbb{Q}$. $\mathbb{Q}$ 的加法单位元是 0, 乘法单位元是 1. 对任意的非 0 有理数 $x \in \mathbb{Q}$ 可以表示为 $x = a/b, a, b \in \mathbb{Z}$ 且 a 和 b 都不等于 0. x 的逆元是 b/a. 实数对通常的加法和乘法构成一个域, 称为**实数域**, 记作 $\mathbb{R}$.

例子 2.12 集合 $F = \{a + b\sqrt{2} : a, b \in \mathbb{Q}\}$ 对于通常的加法和乘法构成一个域. $a + b\sqrt{2} \neq 0$ 的逆元是 $a/c - b/c\sqrt{2}$, 其中 $c = a^2 - 2b^2 \neq 0$.

定理 2.15 设 R 是一个环, I 是 R 的一个理想. 商环 R/I 是域当且仅当 I 是极大理想.

定义 2.30 设 D 是一个整环. 存在一个由 D 中元素的分数构成的域, 该域称为 D 的**商域**.

定义 2.31 设 F 是一个域. 如果 F 的单位元 1_F 在 F 加法群上的阶是有限的且阶为 n, 那么称域 F 的**特征**为 n; 否则称域 F 的特征为 0. 域的特征记为 $\mathrm{char}(F)$.

例子 2.13 设 p 是素数. 环 $\mathbb{Z}/p\mathbb{Z}$ 是一个特征为 p 的域.

域的同态映射为环的同态映射.

定理 2.16 设 F 是一个域. 如果 $\mathrm{char}(F) = 0$, 那么 F 包含一个子域与有理数域 $\mathbb{Q}$ 同构. 如果 $\mathrm{char}(F) = n \neq 0$, 那么 F 包含一个子域与域 $\mathbb{Z}/n\mathbb{Z}$ 同构.

若 $\mathrm{char}(F) = n \neq 0$, 以乘法单位元 1_F 为生成元使用加法生成的元素集合按域上的运算构成 F 的子域. 该子域与 $\mathbb{Z}/n\mathbb{Z}$ 同构.

定义 2.32 设域元 $v \in F$. 若存在域元 $u \in F$ 满足 $u^2 = v$, 则称 v 是 u 的**平方剩余**, 否则称 v 为**非平方剩余**.

定义 2.33 设 p 是素数, a 是整数. **拉格朗日符号**定义为

$$\left(\frac{a}{p}\right)=\begin{cases}0, & 若p \mid a,\\ 1, & 若\ a\ 在\ \mathbb{Z}_p\ 上是平方剩余,\\ -1, & 若\ a\ 在\ \mathbb{Z}_p\ 上是非平方剩余.\end{cases}$$

定义 2.34　设大于 3 的奇数 $N=p_1^{e_1}p_2^{e_2}\cdots p_k^{e_k}$, a 是整数. **雅可比符号**定义为

$$\left(\frac{a}{N}\right)=\left(\frac{a}{p_1}\right)^{e_1}\left(\frac{a}{p_2}\right)^{e_2}\cdots\left(\frac{a}{p_k}\right)^{e_k}.$$

2.1.5　向量空间

定义 2.35　一个**向量空间** V 是定义在域 F 上的交换群. 对每个 $a\in F$ 和 $\boldsymbol{v}\in V$, 有 $a\boldsymbol{v}\in V$ 并且对每个 $\boldsymbol{u},\boldsymbol{v}\in V, a,b\in F$ 满足:

- $a(\boldsymbol{u}+\boldsymbol{v})=a\boldsymbol{u}+a\boldsymbol{v}$;
- $(a+b)\boldsymbol{v}=a\boldsymbol{v}+b\boldsymbol{v}$;
- $a(b\boldsymbol{v})=(ab)\boldsymbol{v}$;
- $1_F\boldsymbol{v}=\boldsymbol{v}$.

例子 2.14　设域 F 和多项式环 $F[X]$. $F[X]$ 也是定义在 F 上的向量空间.

定义 2.36　设 V 是定义在域 F 上的向量空间且元素 $\boldsymbol{v}_1,\boldsymbol{v}_2,\cdots,\boldsymbol{v}_n\in V$. 对一个元素 $\boldsymbol{v}\in V$, 若存在 $a_1,a_2,\cdots,a_n\in F$ 满足 $\boldsymbol{v}=a_1\boldsymbol{v}_1+a_2\boldsymbol{v}_2+\cdots+a_n\boldsymbol{v}_n$, 则称 $\boldsymbol{v}$ 是 $\boldsymbol{v}_1,\boldsymbol{v}_2,\cdots,\boldsymbol{v}_n$ 的**线性组合**. 设

$$\langle\boldsymbol{v}_1,\boldsymbol{v}_2,\cdots,\boldsymbol{v}_n\rangle=\{a_1\boldsymbol{v}_1+a_2\boldsymbol{v}_2+\cdots+a_n\boldsymbol{v}_n:a_1,a_2,\cdots,a_n\in F\},$$

称 $\langle\boldsymbol{v}_1,\boldsymbol{v}_2,\cdots,\boldsymbol{v}_n\rangle$ 是 F 的一个**扩张**.

定义 2.37　设 V 是定义在域 F 上的向量空间. 若没有集合 $S=\{\boldsymbol{v}_1,\boldsymbol{v}_2,\cdots,\boldsymbol{v}_n\}$ 的真子集能够扩张生成 V, 则称 S 为**最小生成集**.

定义 2.38　设 V 是定义在域 F 上的向量空间且元素 $\boldsymbol{v}_1,\boldsymbol{v}_2,\cdots,\boldsymbol{v}_n\in V$. 若 a_1, a_2, $\cdots$, $a_n\in F$ 满足 $\boldsymbol{v}=a_1\boldsymbol{v}_1+a_2\boldsymbol{v}_2+\cdots+a_n\boldsymbol{v}_n=0$ 时必有 $a_i=0$, 则称 $\boldsymbol{v}_1,\boldsymbol{v}_2,\cdots,\boldsymbol{v}_n$ 是**线性无关的**.

定义 2.39　设 V 是定义在域 F 上的向量空间且 V 的最小生成集为 $\{\boldsymbol{v}_1,\boldsymbol{v}_2,\cdots,\boldsymbol{v}_n\}$, 则 V 在 F 上的**维数**为 n, 记作 $\dim_F(V)$.

定理 2.17　设 V 是定义在域 F 上的向量空间且 V 在 F 上的维数为 n. 若 $V=\langle\boldsymbol{v}_1,\boldsymbol{v}_2,\cdots,\boldsymbol{v}_n\rangle$, 则 $\boldsymbol{v}_i$ 是线性独立的.

定义 2.40　设 V 是定义在域 F 上的向量空间. 若 $V=\langle\boldsymbol{v}_1,\boldsymbol{v}_2,\cdots,\boldsymbol{v}_n\rangle$ 且 $\boldsymbol{v}_i$ 是线性独立的, 则称 $(\boldsymbol{v}_1,\boldsymbol{v}_2,\cdots,\boldsymbol{v}_n)$ 是 V 的一组**基**.

例子 2.15　复数域 $\mathbb{C}$ 是定义在实数域 $\mathbb{R}$ 上的一个向量空间, 其 $\dim_{\mathbb{R}}(\mathbb{C})=2$, $(1,i)$ 是一组基.

例子 2.16 设 $F[X]$ 是域 F 上的多项式环. $F[X]$ 是定义在 F 上的一个向量空间, 其维数无限, $(1, X, X^2, \cdots, X^n, \cdots)$ 是一组基.

2.1.6 扩域

定义 2.41 设两个域 K, F 且 $F \subset K$. 称 K 是 F 的**扩域**, 也称 K 为 F 的**一个域扩张**, 记作 K/F.

定义 2.42 设两个域 K, F 且 $F \subset K$, 元素 $a \in K$. 若存在非 0 多项式 $f(x) \in F[X]$ 满足 $f(a) = 0$, 则称 a 在 F 上是**代数的**, a 称作多项式 $f(x)$ 的**根**. 若 a 在 F 上不是代数的, 则称 a 在 F 上是**超越的**.

扩域 K 可以看作定义在域 F 上的向量空间. 若 $\dim_F(K)$ 是有限的, 则 K 是 F 的有限扩域. $\dim_F(K)$ 称作 K 在 F 上的次数, 记作 $[K:F]$ 或者 $\deg(K/F)$.

定义 2.43 设两个域 F, K 且 $F \subset K$, 元素 $a \in K$. 集合 $\{ab : b \in F\}$ 对 K 的运算构成 K 的一个子环, 记作 $F[a]$.

定义 2.44 设两个域 F, K 且 $F \subset K$, 元素 $a \in K$. 若 K 的包含 F 和 a 的最小子域为 K, 则称 K 为 F 上的一个**单扩张**, 记作 $K = F(a)$.

定义 2.45 设 F 是一个域. 若 $f(X)$ 在 $F[X]$ 不能分解为两个次数较低的多项式之积, 则称 $f(X)$ 是**不可约多项式**.

定义 2.46 设 K/F 为一个域扩张, $a \in K$ 且 a 在 F 上是代数的. 若 $f(X)$ 满足 $f(a) = 0$ 且是次数最低的首 1 多项式, 则称 $f(X)$ 是 a 的**极小多项式**. 设一个极小多项式 $\min(X) = X^n + a_{n-1}X^{n-1} + \cdots + a_0$. 右乘 a 是一个自同态映射 $\psi : K \to K$. ψ 的**迹**为 $\mathrm{Tr}_{K/F}(a) = -a_{n-1}$, **范**为 $\mathrm{N}_{K/F}(a) = (-1)^n a_0$.

定理 2.18 设 K/F 为一个域扩张, $a \in K$. 则

- 若 a 在 F 上是代数的, $f(X) \in F[X]$ 为 a 的极小多项式, 则 $F(a) = F[a]$ 且 $F(a) \cong F[X]/(f(X))$, $f(X)$ 在 $F[X]$ 上是不可约多项式.
- 若 a 在 F 上是超越的, 则 $F[a] \cong F[X]$.

定理 2.19 设三个域 F, L, R 且 $F \subset L \subset K$ 且 $[K:L]$ 和 $[L:F]$ 都有限, 则 K 是 F 的有限扩域且 $[K:F] = [K:L][L:F]$.

例子 2.17 设域为 $F = \mathbb{Z}/7\mathbb{Z}$. 多项式 $f(X) = X^3 - 2$ 是 $F[X]$ 上的不可约多项式. $F(\sqrt[3]{2})$ 和 $F[X]/(f(X))$ 同构.

定义 2.47 设域 F 和多项式环 $F[X]$. 若一个多项式 $f(X) \in F[X]$ 表示为 $\prod f_i(X)$ 且 $f_i(X)$ 的次数都是 1, 则称 $f(X)$ 在 F 上是**完全分裂的**, F 称为 $f(X)$ 的**分裂域** (即 $f(X)$ 所有根都在 F 中). 若 $F[X]$ 上所有的非常数多项式都至少有一个根在 F 中 (即每个非零次多项式 $f_j(X)$ 都可分解为 $f_j(X) = g_j(X)(X - a_j), g_j(X) \in F[X], a_j \in F$), 则称 F 是**代数闭合的**. 若在 F 的最小扩域 K 上, 所有的多项式 $f(X) \in F[X]$ 都是完全分裂的, 则称 K 是 F 的**代数闭**

包, 记作 $\overline{F}$.

$\overline{F}$ 是包含 F 的代数元全体的最小域扩张, 即包括了 $F[X]$ 上所有多项式的所有根的最小域扩张.

例子 2.18　设 $f(z)=z^4-1\in F_7[z]$, F_7 上 $f(z)$ 的分裂域为 $F_7[x]/(x^2+1)$. 这是因为有

$$z^4-1=(z-6)(z-1)(z+x)(z+6x),$$

而 $\{1,6,-x,-6x\}\in F_7[x]/(x^2+1)$.

2.1.7　有限域

元素个数有限的域广泛应用于密码学中. 这里专门讨论有限域的一些性质. 根据定理 2.16, 有限域必有素数特征 p, 且存在子域和 $\mathbb{Z}/p\mathbb{Z}$ 同构, 该子域记作 F_p. 另外, F 上非加法单位元 0_F 的全体 F^* 构成一个循环乘法群. 设 a 是 F^* 的生成元, $f(x)$ 是 $F_p[X]$ 上一个 m 次不可约多项式且 $f(a)=0$. 根据定理 2.18, 有 $F_p(a)\cong F_p[X]/(f(X))$. 可以证明对任意的正整数 m, 这样的不可约多项式 $f(X)$ 均存在, 即对任意的正整数 m, 存在阶为 p^m 的有限域 F_{p^m}/F_p, 其是 F_p 的 m 次域扩张. 此后我们使用记号 F_q 代表此域, 其中 $q=p^m$, p 为素数, m 为正整数. 显然对任意正整数 k, $n=m*k$, 则 F_{p^n} 是 F_{p^m} 的扩域, 记作 F_{q^k}/F_q.

下面是一个重要的同态映射:

定义 2.48 (Frobenius 同态)　设 $a\in F_p$, 同构映射 $\phi: F_p\longrightarrow F_p$ 定义为

$$a\longmapsto a^p.$$

设 $a\in F_{q^k}/F_q$, 同态映射 $\phi: F_{q^k}/F_q\longrightarrow F_{q^k}/F_q$ 定义为

$$a\longmapsto a^q.$$

定理 2.20　设 $a\in K/F$, a 的次数为 m, $\min(X)\in F[X]$ 是 a 在 F 上的极小多项式. 则 m 是最小的正整数满足 $\phi^m(a)=a$, $\min(X)$ 在 $F[a]$ 上的分解为

$$\min(X)=\prod_{i=0}^{m-1}(X-\phi^i(a)).$$

定义 2.49　设 $a\in F_{q^k}/F_q$, 多项式

$$p(X)=\prod_{i=0}^{k-1}(X-\phi^i(a))$$

称为 a 的**特征多项式**.

通过计算可得到迹 $\mathrm{Tr}_{F_{q^k}/F_q}(a) = \sum_{i=0}^{k-1} \phi^i(a)$, 范为 $\mathrm{N}_{F_{q^k}/F_q}(a) = \prod_{i=0}^{k-1} \phi^i(a)$.

根据定理 2.18, F_{q^k}/F_q 可使用 $F_q[X]/(f(X))$ 来表达, 其中 $f(X)$ 是 $F_q[X]$ 上的 k 次不可约多项式. 设 $\gamma \in F_{q^k}$ 是 $f(X) = 0$ 的一个根, 则 $\{1, \gamma, \gamma^2, \cdots, \gamma^{k-1}\}$ 是 F_q 上向量空间 F_{q^k} 的一组基. 这样, 域上的运算可以采用多项式的对应计算实现. 多项式乘法过程中利用 $f(\gamma) = 0$ 可以减小结果多项式的次数. 对于一个元素 a, 设其多项式表达为 $a(X)$, 其次数小于 k. 存在次数小于 k 的多项式 $u(X)$ 和 $v(X)$, 满足 $a(X)u(X) + f(X)v(X) = 1$. 进而有 $a^{-1}(X) = u(X) \mod f(X)$. $F_q[X]$ 上大约有 q^k/q 个不可约首 1 多项式. 我们可以进一步从中选择根集合含有群 $F_{q^k}^*$ 生成元的不可约首 1 多项式. 这类多项式称为**本原多项式**. $F_q[X]$ 上共有 $\varphi(q^k - 1)/k$ 个本原多项式. 为加速计算, 特别是乘法运算, 我们也选择非 0 系数少的稀疏不可约多项式.

例子 2.19 设素数 $p = 257$, 域 $F_p = \{0, 1, 2, \cdots, 256\}$. $f(X) = X^4 - 3$ 是 F_p 上一个不可约多项式. 因为 $\deg(f(X)) = 4$, 我们构造 F_{257} 的四次扩张 F_{257^4}. 设 γ 为 $f(X) = 0$ 在 F_{257^4} 的一个根. F_{257^4} 中的元可以表达为

$$F_{257^4} \cong \{a_3\gamma^3 + a_2\gamma^2 + a_1\gamma + a_0 : a_i \in F_{257}\}.$$

设 $a = 7\gamma^3 + 3$, $b = 5\gamma^2 + 4\gamma$,

$$\begin{aligned} ab &= 35\gamma^5 + 28\gamma^4 + 15\gamma^2 + 12\gamma \\ &= 35 * 3\gamma + 28 * 3 + 15\gamma^2 + 12\gamma \quad (\text{因}\gamma^4 = 3) \\ &= 15\gamma^2 + 117\gamma + 84. \end{aligned}$$

下面是双线性运算中会用到的一些重要子群.

定义 2.50 设域 F 和正整数 n, $\mathrm{char}(F) \nmid n$. $\mu_n = \{x \in \overline{F} : x^n = 1\}$ 是 $\overline{F}$ 中**单位元的 n 次根群**.

因 n 不是 $\mathrm{char}(F)$ 的倍数, $X^n = 1$ 在 $\overline{F}$ 上恰有 n 个根, μ_n 是一个 n 阶循环群. 任意的生成元 ξ 称为**单位元的 n 次本原根**. μ_n 的生成元的个数为 $\varphi(n)$, 其中 φ 为欧拉函数.

定义 2.51 对每个正整数 n, 设 ξ_n 是 $\overline{\mathbb{Q}}$ 中单位元的 n 次本原根, 即 $(\xi_n)^n = 1$ 而 $(\xi_n)^l \neq 1, l < n$. ξ_n 的极小多项式称为 **n 次割圆多项式**, 记作 $\Phi_n(x)$. 这些多项式的系数都是整数, 可采用如下的方式定义.

$$\Phi_1 = x - 1.$$

$$x^n - 1 = \prod_{d|n} \Phi_d(x).$$

$$\Phi_d(x) = \prod_{j=0}^{\varphi(d)} (x - \xi_j).$$

例子 2.20　设 $n = 12$, $x^n - 1 = \Phi_1(x) \cdot \Phi_2(x) \cdot \Phi_3(x) \cdot \Phi_4(x) \cdot \Phi_6(x) \cdot \Phi_{12}(x)$, 其中

$$\Phi_1(x) = x - 1,$$

$$\Phi_2(x) = x + 1,$$

$$\Phi_3(x) = x^2 + x + 1,$$

$$\Phi_4(x) = x^2 + 1,$$

$$\Phi_6(x) = x^2 - x + 1,$$

$$\Phi_{12}(x) = x^4 - x^2 + 1.$$

定义 2.52　对素数 p, $F_{p^n}^*$ 的子群 $G_{\Phi_n(p)} = \{a \in F_{p^n} : a^{\Phi_n(p)} = 1\}$ 称为 $\boldsymbol{n}$ **次割圆群**.

2.2　椭圆曲线

本节介绍书中大部分密码机制都会使用到的椭圆曲线以及定义在其上的点群的相关性质.

2.2.1　椭圆曲线及点群

给定一个域 F, 椭圆曲线的通用 Weierstrass 等式为

$$E : Y^2 + a_1XY + a_3Y = X^3 + a_2X^2 + a_4X + a_6,$$

其中 $a_i \in F$. 包含坐标在 F 上的曲线点 (称为 F-点) 和一个特殊定义的无穷远点 $\mathcal{O}$ 的集合为

$$E(F) = \{\mathcal{O}\} \cup \{(X,Y) \in F^2 : Y^2 + a_1XY + a_3Y = X^3 + a_2X^2 + a_4X + a_6, a_i \in F\}.$$

本书关注特征不等于 2 和 3 的有限域上的椭圆曲线. 除非专门声明, 书中所指的曲线均定义在这类域上. 在此情况下存在如下变换: 因 $\mathrm{char}(F) \neq 2$, Weierstrass 等式左边配平方有

$$(Y + (a_1X + a_3)/2)^2 = X^3 + (a_2 + a_1^2/4)X^2 + (a_4 + a_1a_3/2)X + (a_3^2/4 + a_6).$$

设 $Y_1 = Y + (a_1X + a_3)/2$, 又因 $\text{char}(F) \neq 3$, 再设 $X_1 = X + (a_2 + a_1^2/4)/3$, Weierstrass 等式转换为如下短形式

$$E_{a,b} : Y_1^2 = X_1^3 + aX_1 + b,$$

其中 $a, b \in F$ 满足 $4a^3 + 27b^2 \neq 0$. 另外, 我们经常用到 F 的代数闭包上点集合:

$$E(\overline{F}) = \{\mathcal{O}\} \cup \{(X, Y) \in \overline{F}^2 : Y^2 = X^3 + aX + b, a, b \in F\}.$$

设域 L 满足 $F \subseteq L \subseteq \overline{F}$. 后面除非专门声明, 椭圆曲线上的点属于某个集合 $E(L)$.

如图 2.1 所示, 给定两个非 $\mathcal{O}$ 点 P 和 Q, 按照如下规则定义椭圆曲线上的点加运算:

(1) 过 P 和 Q 两点做直线 ℓ. 直线 ℓ 和椭圆曲线相交于第三点 C.

(2) 找到 C 相对于 x 轴的反射, 记为点 R.

(3) 设 $P + Q = R$.

若 $P = Q$, 则步骤 1 中直线 ℓ 为椭圆曲线 P 点处的切线. 另外定义 $\mathcal{O} + \mathcal{O} = \mathcal{O}$.

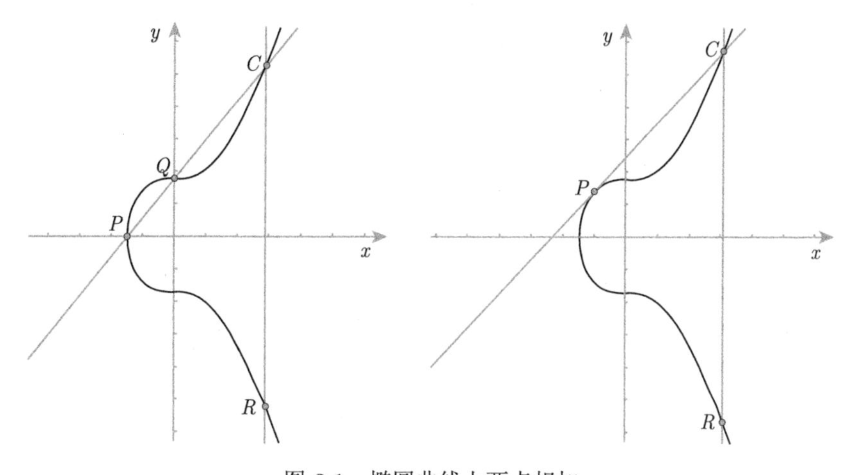

图 2.1 椭圆曲线上两点相加

设曲线 E 上两个点 $P = (x_1, y_1), Q = (x_2, y_2)$, P 和 Q 不同时为 $\mathcal{O}$. 通过如下方式计算 $P + Q = R = (x_3, y_3)$:

- 若 $x_1 = x_2$ 且 $y_1 \neq y_2$, 即直线 ℓ 垂直于 x 轴. 因垂线 ℓ 与 E 交于无穷远的第三点, 无穷远点的反射仍为无穷远点, 有 $R = \mathcal{O}$.
- 若 $x_1 \neq x_2$, 则 $x_3 = \lambda^2 - x_1 - x_2, y_3 = \lambda(x_1 - x_3) - y_1$, 其中$\lambda = \dfrac{y_2 - y_1}{x_2 - x_1}$ 为直线 ℓ 的斜率.

- 若 $P = Q$ 且 $y_1 \neq 0$, 则 $x_3 = \lambda^2 - 2x_1, y_3 = \lambda(x_1 - x_3) - y_1$, 其中$\lambda = \dfrac{3x_1^2 + a}{2y_1}$ 为切线 ℓ 的斜率.
- 若 $P = Q$ 且 $y_1 = 0$, 即 P 点在 x 轴上, 切线 ℓ 垂直于 x 轴, ℓ 与 E 交于无穷远的第三点, 有 $R = \mathcal{O}$.
- 若 $Q = \mathcal{O}$, 因过无穷远点和 P 的直线 ℓ 垂直于 x 轴, 与 E 相交于 P 对 x 轴的反射点 $C = (x_1, -y_1)$ 且 C 对 x 轴的反射还原为 P, 有 $R = P$.

定理 2.21 ([6] 中性质 2.2 或 [7] 中定理 2.1) $E(\overline{F})$ 以及如上定义的点加运算形成一个交换群.

2.2.2 椭圆曲线同构

$E(L)$ 是一个群. 一个自然的问题是点群同构的曲线间存在怎样的关系. 这里简单讨论一种曲线间关系: **曲线同构**. 若在域 F 上曲线 E 和 E' 同构, 则 $E(F)$ 和 $E'(F)$ 同构.

定义 2.53 设 E 和 E' 为定义在域 F 上的椭圆曲线. E 和 E' 间的**同源**为 F 上一个非常量的映射 $\psi : E \to E'$, 即系数在 F 中的有理函数满足 $\psi(\mathcal{O}_E) = \mathcal{O}_{E'}$.

定义 2.54 设 E 和 E' 为定义在域 F 上的椭圆曲线. E 和 E' 间的**同构**为一个同源 $\psi : E \to E'$, 存在一个同源 $\bar{\psi} : E' \to E$ 满足 $\psi \circ \bar{\psi}$ 和 $\bar{\psi} \circ \psi$ 都是恒等映射.

定理 2.22 ([6] 中性质 III.3.1.b) 设在域 F 上采用 Weierstrass 等式定义的两条椭圆曲线 E 和 E'. 每个在 $\overline{F}$ 上从 E 到 E' 的同构映射 ψ 都具有形式:

$$\psi(X, Y) = (u^2X + r, u^3Y + su^2X + t),$$

其中 $r, s, t \in \overline{F}$, $u \in \overline{F}^*$. E 和 E' 在 F 上同构当且仅当存在这样的 $r, s, t \in F$, $u \in F^*$.

对 Weierstrass 短等式定义的曲线 $E_{a,b}$, 设 $u \in \overline{F}^*, X_1 = u^2X, Y_1 = u^3Y$, $E_{a,b}$ 变换为 $E_{a',b'}$:

$$Y_1^2 = X_1^3 + a'X_1 + b',$$

其中 $a' = u^4a, b' = u^6b$. 可以看到, 当 $E_{a,b}$ 和 $E_{a',b'}$ 同构时, 两曲线具有如下相同的 ***j*-不变量**:

$$j(E) = 1728(4a^3)/(4a^3 + 27b^2).$$

若 j-不变量为 0, Weierstrass 短等式变为 $Y^2 = X^3 + b$; 若 j-不变量为 1728, Weierstrass 短等式变为 $Y^2 = X^3 + aX$.

定理 2.23 ([6] 中性质 III.1.4.b) 若在域 F 上的两条椭圆曲线同构, 则两曲线的 j-不变量相同, 而具有相同 j-不变量的曲线在 $\overline{F}$ 上必然同构.

推论 2.3 两条椭圆曲线 $E_{a,b}, E_{a',b'}$ 在特征大于 3 的域 F 上同构的充分必要条件是存在 $u \in F^*$ 满足 $a' = u^4 a, b' = u^6 b$.

据此, 我们可以定义与曲线 $E_{a,b}$ 在 $\overline{F}$ 上同构的曲线 $E_{a',b'}$ 为 $a' = v^2 a, b' = v^3 b$, 其中 v 是 F 上非平方剩余. $E_{a',b'}$ 和 $E_{a,b}$ 相互称为对方的**扭曲线**.

定理 2.24 ([6] 中定理 III.10.1) 设域 F 上两条椭圆曲线 E, E', $\#E(F) = \#E'(F)$, $j(E) = j(E')$. 对应 $j \neq 0$ 和 1728, $j = 1728$, $j = 0$ 三种情况, E 和 E' 分别在 F 的 2 次、4 次和 6 次扩域上同构.

2.2.3 有限域上的椭圆曲线

为了进行计算, 密码学关注于阶有限的元素. 椭圆曲线点群 $E(\overline{F})$ 中阶有限的点称为**扭点**. 设正整数 n, 定义 nP 为 n 个点 P 相加 (也记为 $[n]P$), 以及集合

$$E(n) = \{P \in E(\overline{F}) | nP = \mathcal{O}\}.$$

$E(n)$ 对点加运算构成一个群, 其结构由如下定理决定.

定理 2.25 ([6] 中推论 III.6.4) 设 E 为定义在域 F 上的椭圆曲线, $\mathrm{char}(F) = p$. 对正整数 n, 若 $p = 0$ 或 $p \nmid n$, 则有 $E[n] \cong \mathbb{Z}/n\mathbb{Z} \oplus \mathbb{Z}/n\mathbb{Z}$. 若 $p > 0$ 且 $p|n$, $n = p^d n', p \nmid n'$, 则有 $E[n] \cong \mathbb{Z}/n'\mathbb{Z} \oplus \mathbb{Z}/n'\mathbb{Z}$ 或 $E[n] \cong \mathbb{Z}/n\mathbb{Z} \oplus \mathbb{Z}/n'\mathbb{Z}$.

若 $E[p] \cong \mathbb{Z}_p$, 则称 E 为常曲线. 若 $E[p] \cong \{0\}$, 则称 E 为**超奇异曲线**. 若 n 是素数, $\gcd(n, p) = 1$, 则根据定理 2.25, $E[n] \cong \mathbb{Z}/n\mathbb{Z} \oplus \mathbb{Z}/n\mathbb{Z}$, 即 E 上存在两个点 U, V, 对任意 $P \in E[n]$, $P = aU + bV, a, b \in \mathbb{Z}/n\mathbb{Z}$. (U, V) 为一组基.

下面我们进一步考察有限域上椭圆曲线扭点集的性质. 首先我们考察 $E(F_q)$ 的结构和元素的个数. 定理 2.26 给出了 $E(F_q)$ 的结构.

定理 2.26 (Cassels 定理) 设 E 为定义在域 F_q 上的椭圆曲线. $E(F_q)$ 或者是循环群或者 $E(F_q) \cong \mathbb{Z}/n_1\mathbb{Z} \oplus \mathbb{Z}/n_2\mathbb{Z}$, 其中 $n_1 \mid n_2$.

因为对每个平方剩余: $g(X) = X^3 + aX + b \in F_q$, 最多有两个平方根 $Y \in F_q$ 满足 $Y^2 = g(X)$, 所以 $E(F_q)$ 最多有 $2q + 1$ 个点. Hasse 定理给出了 $E(F_q)$ 阶的更精确估计.

定理 2.27 (Hasse 定理) 设 E 为定义在域 F_q 上的椭圆曲线, 有

$$q + 1 - 2\sqrt{q} \leqslant \#E(F_q) \leqslant q + 1 + 2\sqrt{q}.$$

$E(F_q)$ 的阶可以采用如下的方式计算. 设 t 是下面定义的 Frobenius 自同态的迹, t 和点群的阶有如下关系:

$$\#E(F_q) = q + 1 - t.$$

迹 t 可采用 Schoof 算法[9] 计算. 另外, 两条扭曲线的点群的阶有如下关系:

$$\#E_{a,b}(F_q) + \#E_{a',b'}(F_q) = 2q + 2.$$

因此可根据一条曲线上点群的阶快速确定其扭曲线上点群的阶.

按照定义 2.48 中 F_q 上的 Frobenius 同态映射定义, 椭圆曲线上 Frobenius 映射定义为

$$\phi : \begin{cases} E(\overline{F_q}) \longrightarrow E(\overline{F_q}), \\ (x,y) \longmapsto (x^q, y^q) = (x^q, y(x^3+ax+b)^{(q-1)/2}), \\ \mathcal{O} \longmapsto \mathcal{O}. \end{cases}$$

上述映射称为 **Frobenius 自同态**. Frobenius 自同态和 Frobenius 迹具有如下关系: 对任意的点 P,

$$\phi(\phi(P)) - [t]\phi(P) + [q]P = \mathcal{O}.$$

ϕ 的特征多项式为 $X^2 - tX + q$.

我们还关心扭点群之间的关系. 显然, $E[n] \subseteq E(\overline{F_q})$, 但 $E[n]$ 中不是所有点的坐标都在 F_q 中. $E[n]$ 和 $E(L)$ 具有如下关系.

定理 2.28 ([10])　设 E 为定义在域 F_q 上的椭圆曲线, 素数 $n \neq \mathrm{char}(F)$, $n \mid \#E(F_q)$, $n \nmid (q-1)$. $E(F_{q^k})$ 包括 n^2 个阶为 n 的点当且仅当 $n \mid (q^k - 1)$.

定理 2.25 显示当 $p > 0, p \nmid n$ 时, $E[n]$ 有 n^2 个点. 再根据定理 2.28, 有 $E[n] \subseteq E(F_{q^k})$. 设 $\gcd(q,n) = 1$, k 是满足 $n \mid (q^k - 1)$ 的最小正整数. 根据定理 2.28, k 确定了 F_q 的最小扩域 F_{q^k} 满足 $E(F_{q^k})$ 包括所有 n 阶点. 该 k 值称为 E 关于 n 的**嵌入次数**.

前面已经看到, 对素数 n, $E[n]$ 是两个 n 阶循环群的直积. 域 F_q 上椭圆曲线的 $E[n]$ 群有如下直积.

性质 2.1　设 E 为定义在域 F_q 上的椭圆曲线, 素数 $n \mid \#E(F_q)$, $n \nmid (q-1)$, E 关于 n 的嵌入次数 $k > 1$, 则

$$E[n] \cong (\mathrm{Ker}(\phi - [1]) \cap E[n]) \oplus (\mathrm{Ker}(\phi - [q]) \cap E[n]),$$

其中 $\mathrm{Ker}(\phi - [1]) \cap E[n] = E(F_q)[n]$, $\mathrm{Ker}(\phi - [q]) \cap E[n] \subseteq E(F_{q^k})[n]$.

鉴于扭曲线的存在对双线性对快速计算具有重要作用, 这里进一步考察有限域上椭圆曲线的扭曲线情况.

定义 2.55　设定义在 F_q 上的两条椭圆曲线为 E, E'. 称 E' 是 E 的 **d 次数扭曲线**当最小的正整数 d 定义一个同构映射 Ψ_d,

$$\Psi_d : E'(F_q) \to E(F_{q^d}).$$

根据定理 2.24, 我们知道定义在 F_q 上的椭圆曲线 E 的扭曲线只会存在于 F_q 的 2, 4 或 6 次扩域上. 在后面的双线性对计算中, 我们关心扩域次数 $d < k$ 的情况. 此时我们可以考虑使用扭曲线上 n 阶扭点的群 $E'(F_{q^{k/d}})[n]$ 代替 $E(F_{q^k})[n]$ 以加快双线性对的运算. [11,12] 详细给出了 $\Psi_d : E'(F_q) \to E(F_{q^d})$.

1. $d = 2$. 设 $\beta \in F_{q^{k/2}}$, $X^2 - \beta$ 在 $F_{q^{k/2}}$ 上是不可约多项式. $E'(F_{q^{k/2}})$ 的等式为 $Y^2 = X^3 + a/\beta^2 X + b/\beta^3$(D-类) 或 $Y^2 = X^3 + a\beta^2 X + b\beta^3$(M-类). 另外一种快速计算的映射对应 $E'(F_{q^{k/2}})$ 的等式为 $\beta Y^2 = X^3 + aX + b$(快速). 同构映射为

$$\Psi_2 : \begin{cases} E'(F_{q^{k/2}}) \longrightarrow E(F_{q^k}), \\ \quad (x, y) \longmapsto (\beta x, y\beta^{3/2}), \qquad \text{(D-类)} \\ \quad (x, y) \longmapsto (x/\beta, y/\beta^{3/2}), \quad \text{(M-类)} \\ \quad (x, y) \longmapsto (x, y\beta^{1/2}). \qquad \text{(快速)} \end{cases}$$

2. $d = 4$. 根据定理 2.24, $j(E) = 1728$, E 的等式为 $Y^2 = X^3 + aX$. 设 $\beta \in F_{q^{k/4}}$, $X^4 - \beta$ 在 $F_{q^{k/4}}$ 上是不可约多项式. $E'(F_{q^{k/4}})$ 的等式为 $Y^2 = X^3 + a/\beta X$(D-类) 或 $Y^2 = X^3 + a\beta X$(M-类). 同构映射为

$$\Psi_4 : \begin{cases} E'(F_{q^{k/4}}) \longrightarrow E(F_{q^k}), \\ \quad (x, y) \longmapsto (x\beta^{1/2}, y\beta^{3/4}), \qquad \text{(D-类)} \\ \quad (x, y) \longmapsto (x/\beta^{1/2}, y/\beta^{3/4}). \quad \text{(M-类)} \end{cases}$$

3. $d = 3$ 或 6. 根据定理 2.24, $j(E) = 0$, E 的等式为 $Y^2 = X^3 + b$. 设 $\beta \in F_{q^{k/d}}$, $X^d - \beta$ 在 $F_{q^{k/d}}$ 上是不可约多项式. $E'(F_{q^{k/d}})$ 的等式为 $Y^2 = X^3 + b/\beta$(D-类) 或 $Y^2 = X^3 + b\beta$(M-类). 同构映射为

$$\Psi_d : \begin{cases} E'(F_{q^{k/d}}) \longrightarrow E(F_{q^k}), \\ \quad (x, y) \longmapsto (x\beta^{1/3}, y\beta^{1/2}), \qquad \text{(D-类)} \\ \quad (x, y) \longmapsto (x/\beta^{1/3}, y/\beta^{1/2}). \quad \text{(M-类)} \end{cases}$$

另外, 扭曲线的阶有如下的计算方法.

性质 2.2 ([11]) 设 E 是定义在 F_q 上的椭圆曲线, $\#E(F_q) = q + 1 - t$, E 有 d 次扭曲线 E'. $E'(F_q)$ 的阶可能为

$$
\begin{aligned}
d=2:\quad & \#E'(F_q)=q+1+t. & \\
d=3:\quad & \#E'(F_q)=q+1-(3f-t)/2, & t^2-4q=-3f^2, \\
& \#E'(F_q)=q+1+(3f+t)/2, & t^2-4q=-3f^2. \\
d=4:\quad & \#E'(F_q)=q+1-f, & t^2-4q=-f^2, \\
& \#E'(F_q)=q+1+f, & t^2-4q=-f^2. \\
d=6:\quad & \#E'(F_q)=q+1-(3f+t)/2, & t^2-4q=-3f^2, \\
& \#E'(F_q)=q+1+(3f-t)/2, & t^2-4q=-3f^2.
\end{aligned}
$$

2.3 双 线 性 对

椭圆曲线上的双线性对是构造众多标识密码方案的基础数学工具. 本节介绍椭圆曲线双线性的相关定义、构造以及计算方法.

2.3.1 除子

设 E 为定义于域 F 上的椭圆曲线. $E(\overline{F})$ 中的每个点都定义一个符号 (P). E 上的**除子**D 是符号的线性组合

$$
D=\sum_{P\in E(\overline{F})} a_P(P),
$$

其中 $a_P\in\mathbb{Z}$ 且仅有有限个 $a_P\neq 0$. E 上所有的除子构成一个交换群, 称为**除子群**, 记作 $\mathrm{Div}(E)$. 除子的**次数**和除子的**和**分别定义为

$$
\deg\left(\sum_{P\in E(\overline{F})} a_P(P)\right)=\sum_{P\in E(\overline{F})} a_P\in\mathbb{Z},
$$

$$
\mathrm{sum}\left(\sum_{P\in E(\overline{F})} a_P(P)\right)=\sum_{P\in E(\overline{F})} a_P P\in E(\overline{F}).
$$

次数为 0 的除子构成 $\mathrm{Div}(E)$ 的一个子群, 记作 $\mathrm{Div}^0(E)$.

E 的一个**函数**$f(X,Y)\in\overline{F}(X,Y)$ 至少在 $E(\overline{F})$ 中一个点上有定义.

$$
f: E(\overline{F})\longrightarrow \overline{F}\cup\{\infty\}.
$$

设 E 的函数 f 和点 $P=(x,y)$. 若 $f(x,y)=0$, 则称 f 在 P 点有**零**; 若 $f(x,y)=\infty$, 则称 f 在 P 点有**极**.

例子 2.21 对等式 $Y^2 = X^3 + 8X$, 函数 $f(X,Y) = X/Y$ 在 $(0,0)$ 处无定义. 但是, 在等式定义的椭圆曲线 E 上

$$\frac{X}{Y} = \frac{XY}{Y^2} = \frac{XY}{X^3+8X} = \frac{Y}{X^2+8}$$

在点 $(0,0)$ 处取值为 0. 类似地, 函数 Y/X 在点 $(0,0)$ 处取值为 ∞.

在 P 点, 存在一个函数 $u_P(P) = 0$, 每个函数 f 都有形式:

$$f = u_P^r g, \quad r \in \mathbb{Z}, \quad g(P) \neq 0 \text{ 和 } \infty,$$

且 r 和函数 u_P 无关. 定义 f 在 P 点的**阶**为 $\mathrm{ord}_P(f) = r$.

例子 2.22 设椭圆曲线 E 的等式为 $Y^2 = X^3 + 8$. 对点 $P = (1,3)$, 函数 $f(X,Y) = Y - 3$ 在 P 点有零. 取 $u_P = X - 1$, 重写等式为

$$(Y+3)(Y-3) = X^3 - 1 = (X-1)(X^2+X+1),$$

有

$$f(X,Y) = Y - 3 = (X-1)\left(\frac{X^2+X+1}{Y+3}\right),$$

且 $\dfrac{X^2+X+1}{Y+3}$ 在 P 点不等于 0 和 ∞, 因此 $\mathrm{ord}_P(f) = 1$.

对点 $\mathcal{O}$, 取 $u_{\mathcal{O}} = X/Y$, 重写等式为

$$\left(\frac{X}{Y}\right)^3 = Y^{-1}\left(1 - \frac{8}{X^3+8}\right).$$

因 $1 - \dfrac{8}{X^3+8}$ 在 $\mathcal{O}$ 不等于 0 和 ∞, 所以

$$Y = \left(\frac{X}{Y}\right)^{-3}\left(1 - \frac{8}{X^3+8}\right),$$

即 $\mathrm{ord}_{\mathcal{O}}(Y) = -3$.

设非零函数 f, f 的**主除子**为

$$\mathrm{div}(f) = \sum_{P \in E(\overline{K})} \mathrm{ord}_P(f)(P).$$

例子 2.23 设椭圆曲线 E 的等式为 $y^2 = x^3 + ax^2 + b(b \neq 0)$, 非垂直线 $Ax + By + C = 0$ 和 E 相交于三个点 R, S, T. 那么函数 $f(x,y) = Ax + By + C$ 在 R, S, T 有零且阶为 1, 在无穷远点 $\mathcal{O}$ 的阶为 -3, 即 $\mathrm{div}(f) = (R) + (S) + (T) - 3(\mathcal{O})$.

定理 2.29 ([7] 中定理 11.2) 设 E 为定义在域 F 上的椭圆曲线, D 为 E 上的一个次数为 0 的除子. E 上存在一个函数 f 满足 $\mathrm{div}(f) = D$ 当且仅当 $\mathrm{sum}(D) = \mathcal{O}$.

除子具有许多性质, 以下是一些后面要用到的性质.

性质 2.3 设两个函数 f, g, 整数 n, 有

1. 若 f 和 g 无公共点, 则 $f(\mathrm{div}(g)) = g(\mathrm{div}(f))$;
2. 若 $\mathrm{div}(f) = \mathrm{div}(g)$, 则 $f = cg$, 其中 c 是非 0 常数;
3. $n \cdot \mathrm{div}(f) = \mathrm{div}(f^n)$;
4. $\mathrm{div}(f/g) = \mathrm{div}(f) - \mathrm{div}(g)$.

2.3.2 Weil 对

我们首先简单地描述一种构造 Weil 对的方法. 设 $P, Q \in E[n]$. 根据定理 2.29, E 上存在一个函数 f 满足 $\mathrm{div}(f) = n(Q) - n(\mathcal{O}) = D$. 这是因为 $\deg(D) = 0$, $\mathrm{sum}(D) = nQ - n\mathcal{O} = \mathcal{O}$. 选择 $Q' \in E[\overline{F}]$ 满足 $nQ' = Q$. 则存在一个函数 g 满足

$$\mathrm{div}(g) = \sum_{R \in E[n]} ((Q' + R) - (R)) = D'.$$

这是因为 $\deg(D') = \sum_{R \in E[n]} (1 - 1) = 0$, $\mathrm{sum}(D') = \sum_{R \in E[n]} (Q' + R - R) = n^2 Q' = nQ = \mathcal{O}$.

设函数 $n * f = f \circ n$, 即先 n 倍点再作用函数 f. 因 $n(Q' + R) = Q, nR = \mathcal{O}$, 有

$$\mathrm{div}(n * f) = n \cdot \mathrm{div}(f) = n \cdot (n(Q) - n(\mathcal{O})) = nD = \mathrm{div}(g^n).$$

最后, 对任意的 $T \in E(\overline{F}), nT \notin E[n^2]$, 有

$$g^n(P + T) = f(n(P + T)) = f(nT) = g^n(T),$$

即 $\dfrac{g(P+T)}{g(T)} \in \mu_n$. [7] 中 11.2 证明了 $\dfrac{g(P+T)}{g(T)}$ 和 T 的选择无关.

定义 2.56 **Weil 对**为如下映射:

$$e_n = \begin{cases} E[n] \times E[n] & \longrightarrow & \mu_n, \\ (P, Q) & \longmapsto & \dfrac{g(P+T)}{g(T)}. \end{cases}$$

定理 2.30 ([6] 中定理 III.8.1 或 [7] 中定理 11.7) Weil 对具有如下性质:

- 双线性: 对所有 $P, Q, R \in E[n]$, 有 $e_n(P + R, Q) = e_n(P, Q) \cdot e_n(R, Q)$ 且 $e_n(P, Q + R) = e_n(P, Q) \cdot e_n(P, R)$.

- 非退化性: 若对所有 $P \in E[n]$, 有 $e_n(P,Q) = 1$, 则 $Q = \mathcal{O}$; 若对所有 $Q \in E[n]$, 有 $e_n(P,Q) = 1$, 则 $P = \mathcal{O}$.
- 交替性: 对所有的 $P \in E[n]$, $e_n(P,P) = 1$.

前面介绍的 Weil 对构造方法需要寻找除子 D' 的函数, 过程中需要计算 $2n^2$ 项之和. 这个操作在大扭点群上计算效率不高. 下面是另外一个等价的 Weil 对构造方法.

首先定义函数对除子的计算: 设一个函数 f 和一个除子 $D = \sum_P a_P(P)$, $\deg(D)$=0, div(f) 和 D 没有公共点. 定义

$$f(D) = \prod_P f^{a_P}(P).$$

定理 2.31 ([7] 中 11.6.1 小节) 设 E 为定义在域 F 上的椭圆曲线, $P, Q \in E[n]$, 次数为 0 的除子 D_P 和 D_Q 没有公共点且满足 $\mathrm{sum}(D_P) = P$, $\mathrm{sum}(D_Q) = Q$. 另设函数 $f_{n,P}$ 和 $f_{n,Q}$ 满足 $\mathrm{div}(f_{n,P}) = nD_P$, $\mathrm{div}(f_{n,Q}) = nD_Q$. 则 Weil 对也可定义为

$$e_n(P,Q) = \frac{f_{n,Q}(D_P)}{f_{n,P}(D_Q)}.$$

上面 Weil 对中, 除子的自然选择是 $D_P = (P) - (\mathcal{O}), D_Q = (Q+R) - (R)$, 其中 R 为随机选择的点并满足 D_P 和 D_Q 没有公共点, 即 $R \notin \{\mathcal{O}, P, -Q, P-Q\}$. Weil 对采用如下方式计算:

$$e_n(P,Q) = \frac{f_{n,Q}(D_P)}{f_{n,P}(D_Q)} = \frac{f_{n,Q}(P) f_{n,Q}^{-1}(\mathcal{O})}{f_{n,P}(Q+R) f_{n,P}^{-1}(R)} = \frac{f_{n,Q}(P) f_{n,P}(R)}{f_{n,P}(Q+R) f_{n,Q}(\mathcal{O})}.$$

2.3.3 Tate 对

设 E 为定义在域 F_q 上的椭圆曲线, $P \in E(F_q)[n], Q \in E(F_q)$. 像 Weil 对的第二个构造一样, 选择除子 $D_P = (P) - (\mathcal{O})$, 必然存在函数 $f_{n,P}$ 满足 $\mathrm{div}(f_{n,P}) = nD_P$. 选择除子 $D_Q = (Q+R) - (R)$, 其中 $R \in E(\overline{F_q})$ 为随机选择的点但 $R \notin \{\mathcal{O}, P, -Q, P-Q\}$.

定义 2.57 设 E 为定义在 F_q 上的椭圆曲线, n 为整数, $n|q-1$. 定义映射

$$\tau_n = \begin{cases} E(F_q)[n] \times E(F_q)/nE(F_q) & \longrightarrow \quad F_q^*/(F_q^*)^n, \\ \qquad (P,Q) & \longmapsto \quad f_{n,P}(D_Q). \end{cases}$$

τ_n 称为 **Tate-Lichtenbaum 对**.

容易看到 Weil 对和 Tate-Lichtenbaum 对具有如下关系:

$$e_n(P,Q)=\frac{f_{n,Q}(D_P)}{f_{n,P}(D_Q)}=\frac{\tau_n(Q,P)}{\tau_n(P,Q)},$$

即 Weil 对可以通过两个 Tate-Lichtenbaum 对计算得出. τ_n 比 Weil 更高效. 但是 τ_n 在密码应用中有个缺点. τ_n 将 $E(F_q)[n]$ 中的一个点和 $E(F_q)/nE(F_q)$ 中的一个陪集映射到 $F_q^*/(F_q^*)^n$ 中的一个陪集. 因为结果陪集包括多个元素, 所以计算值具有不确定性, 而密码运算需要确定性结果. 解决这个问题的一个方法是对结果陪集进行归一化处理. 注意到 $a\in F_{q^k}$, 则 $a^{(q^k-1)/n}\in u_n$. 陪集 $a(F_q^*)^n$ 和 $b(F_q^*)^n$ 相等当且仅当 $a^{(q^k-1)/n}=b^{(q^k-1)/n}$. 另外, 指数运算是商群 $F_q^*/(F_q^*)^n$ 到 u_n 的同态映射, 所以映射 $\tau_n^{(q^k-1)/n}$ 的结果集为 u_n. 对 τ_n 的第二个输入, 当素数 n 满足 $n|q-1$ 且 $n\mid \#E(F_q)$ 时, $E(F_{q^k})[n]$ 是 $E(F_q)/nE(F_q)$ 中各个陪集的代表的集合. 这样有下面修改后的双线性对.

定义 2.58 设 E 为定义在 F_q 上的椭圆曲线, n 为素数, $n|q-1$ 且 $n\mid\#E(F_q)$, $k>1$ 为 E 关于 n 的嵌入次数. 定义映射

$$\hat{\tau}_n=\begin{cases} E(F_q)[n]\times E(F_{q^k})[n] \longrightarrow \mu_n, \\ \qquad (P,Q) \longmapsto f_{n,P}(D_Q)^{(q^k-1)/n}. \end{cases}$$

$\hat{\tau}_n$ 称为**约化的 Tate-Lichtenbaum 对**, 后文简称为 **Tate 对**. 函数 $f_{n,P}$ 上的指数运算 $(q^k-1)/n$ 称为**最后幂乘运算**.

定理 2.32 ([7] 中定理 11.8 和 11.7 节) Tate 对具有如下性质:

- 双线性: 对所有 $P,R\in E(F_q)[n], Q,S\in E(F_{q^k})[n]$, 有 $\hat{\tau}(P+R,Q)=\hat{\tau}(P,Q)\cdot\hat{\tau}(R,Q)$ 且 $\hat{\tau}(P,Q+S)=\hat{\tau}(P,Q)\cdot\hat{\tau}(P,S)$.
- 非退化性: 若对所有 $P\in E(F_q)[n]$, 有 $\hat{\tau}(P,Q)=1$, 则 $Q=\mathcal{O}$; 若对所有 $Q\in E(F_{q^k})[n]$, 有 $\hat{\tau}(P,Q)=1$, 则 $P=\mathcal{O}$.

若最后幂乘运算比 τ_n 更加高效, 则 Tate 对相较于 Weil 对计算速度就会更快.

2.3.4 Miller 算法

Weil 对 e_n 或者 Tate 对 $\hat{\tau}_n$ 的核心计算过程完成如下操作: 设 $P,Q\in E[r]$, 对除子 $D_P=(P)-(\mathcal{O})$, 找到函数 $f_{n,P}$ 满足 $\mathrm{div}(f_{n,P})=nD_P$; 然后对除子 $D_Q=(Q+R)-(R)$, 计算 $f_{n,P}(D_Q)$. Miller 设计了一个平方后再乘的循环方法来完成这一过程.

定义 **Miller 函数**为

$$\mathrm{div}(f_{\lambda,P})=\lambda(P)-(\lambda P)-(\lambda-1)(\mathcal{O}).$$

因为 $nP=\mathcal{O}$, 有 $\mathrm{div}(f_{n,P})=n(P)-(\mathcal{O})-(n-1)(\mathcal{O})=nD_P$. 一个重要观察是: 设正整数 λ,ν, 有

$$f_{\lambda+\nu,P}=f_{\lambda,P}f_{\nu,P}u_{\lambda P,\nu P},$$

其中 $\mathrm{div}(u_{\lambda P,\nu P})=(\lambda P)+(\nu P)-((\lambda+\nu)P)-(\mathcal{O})$. 这个关系可以根据 Miller 函数的定义进行简单验证:

$$\begin{aligned}f_{\lambda,P}f_{\nu,P}u_{\lambda P,\nu P}&=\lambda(P)-(\lambda P)-(\lambda-1)(\mathcal{O})+\nu(P)-(\nu P)-(\nu-1)(\mathcal{O})\\&\quad+\mathrm{div}(u_{\lambda P,\nu P})\\&=(\lambda+\nu)(P)-((\lambda+\nu)P)-(\lambda+\nu-1)(\mathcal{O})\\&=\mathrm{div}(f_{\lambda+\nu,P}).\end{aligned}$$

因此, 寻找并计算函数 $f_{n,P}$ 的关键转为寻找并计算 $u_{\lambda P,\nu P}, n=\lambda+\nu$ 满足上面的要求. $u_{\lambda P,\nu P}$ 可以采用如下方式构造:

- 若 $\lambda P=-\nu P$, 设 $u_{\lambda P,\nu P}=x-x_{\lambda P}$.
- 否则, 过 $\lambda P,\nu P$ 做直线 $\ell_{\lambda P,\nu P}$(当 $\lambda P=\nu P$ 时, $\ell_{\lambda P,\nu P}$ 为 E 在 λP 点的切线), 根据点群计算方法, 有 $\mathrm{div}(\ell_{\lambda P,\nu P})=(\lambda P)+(\nu P)+(-\lambda P-\nu P)-3(\mathcal{O})$. 再过 $(\lambda P+\nu P)$ 和 $-(\lambda P+\nu P)$ 做垂线 $v_{\lambda P+\nu P}$, 根据点群计算方法, 有 $\mathrm{div}(v_{\lambda P+\nu P})=(\lambda P+\nu P)+(-\lambda P-\nu P)-2(\mathcal{O})$. 设 $u_{\lambda P,\nu P}=\dfrac{\ell_{\lambda P,\nu P}}{v_{\lambda P+\nu P}}$, 有 $\mathrm{div}(u_{\lambda P,\nu P})=(\lambda P)+(\nu P)-((\lambda+\nu)P)-(\mathcal{O})$.

Miller 算法的第二个特点是采用平方后再乘的方式逐步累积中间函数对除子的计算结果, 具体的过程见算法 1. Miller 算法在实际密码应用过程中可以进一步简化. Barreto 等[13] 注意到, 当选择适当的参数后, 在 Tate 对的计算过程中函数 f 不需对除子 $D_Q=(Q+R)-(R)$ 进行计算而只需对 (Q) 进行计算. 对 Weil 对也有类似的结果[14]. Granger[15] 给出了这一方法正确性的一般性证明. 下面是 [5] 中引理 26.3.11 的直观证明.

性质 2.4 ([5]) 当 $n>4$ 时, 有

$$\hat{\tau}_n(P,Q)=f_{n,P}(Q)^{(q^k-1)/n}.$$

证明 在构造 Tate 对时, 选择了除子 $D_Q=(Q+R)-(R)$, 其中随机点 $R\in E(F_{q^k})\setminus\{\mathcal{O},P,-Q,P-Q\}$ 均可. 这里选择 $R\in E(F_q)\setminus\{\mathcal{O},P\}$($D_Q$ 和 D_P 不会有公共点). 这样有 $f_{n,P}(R)\in F_q^*$. 因 $k>1$, $f_{n,P}(R)^{(q^k-1)/n}=1$, 即

$$\hat{\tau}_n(P,Q)=\left(\frac{f_{n,P}(Q+R)}{f_{n,P}(R)}\right)^{(q^k-1)/n}=f_{n,P}(Q+R)^{(q^k-1)/n}.$$

算法 1 Miller 算法

Input: $P \in E[n], D_Q \in \text{Div}^0(E), n = \sum_{i=0}^{s} n_i 2^i, n_i \in \{0,1\}$

Output: $f_{n,P}(D_Q)$

```
1  Z = P
2  f = 1
3  for i = s − 1 to 0 do
4  |   f = f^2
5  |   f = f · ℓ_{Z,Z}(D_Q)/v_{Z+Z}(D_Q)
6  |   Z = Z + Z
7  |   if n_i = 1 then
8  |   |   f = f · ℓ_{Z,P}(D_Q)/v_{Z+P}(D_Q)
9  |   |   Z = Z + P
10 return f
```

设 $R = 2P$. 因 $n > 4$, 除子 $(2R) - (R)$ 和 D_P 没有公共点. 设除子 $D_R = (Q+R) - (Q) - (2R) + (R)$, 有 $\deg(D_R) = 0$ 且 $\text{sum}(D_R) = \mathcal{O}$. 根据定理 2.29, 存在一个函数 $h \in F_{q^k}(E)$, $\text{div}(h) = D_R$. 根据性质 2.3, 有

$$\begin{aligned} f_{n,P}((Q+R)-(Q)) &= f_{n,P}((2R)-(R)+\text{div}(h)) \\ &= f_{n,P}((2R)-(R))h(\text{div}(f_{n,P})). \end{aligned}$$

因为 $f_{n,P}((2R)-(R)) \in F_q^*$, $h(\text{div}(f_{n,P})) = (h(P)/h(\mathcal{O}))^n \in (F_{q^k}^*)^n$, 在执行最后幂乘运算后, 有

$$f_{n,P}((Q+R)-(Q))^{(q^k-1)/n} = (f_{n,P}((Q+R))/f_{n,P}(Q))^{(q^k-1)/n} = 1.$$

最后有 $\hat{\tau}_n(P,Q) = f_{n,P}((Q+R))^{(q^k-1)/n} = f_{n,P}(Q)^{(q^k-1)/n}$. □

根据上面的结论, Miller 算法中 ℓ, v 只需对 Q 进行计算. 更进一步地, 如果选择合适的 Q, 函数 v 也可省略. 注意到若 $Q \in E(F_{q^d})[n]$, 则 $x_Q \in F_{q^d}$, $v_{\lambda P+\nu P}(Q) = x_Q - x_{\lambda P+\nu P} \in F_{q^d}$. 根据定理 2.9, $v^{q^d-1} = 1$, 即经过最后幂乘运算后, f 的分母为 1, 因此无须计算 v. 由此, Barreto 等[13] 给出了计算 Tate 对的 Miller 优化算法 (算法 2: BKLS 算法). 对超奇异曲线, 有 $Q \in E(F_q)[n]$, [13] 中分析对一些常用的超奇异曲线同样无须计算 f 的分母.

算法 2 BKLS 算法

Input: $P \in E(F_q)[n], Q \in E(F_{q^d}), n = \sum_{i=0}^{s} n_i 2^i, n_i \in \{0,1\}$

Output: $f_{n,P}(Q)$

1 $Z = P$
2 $f = 1$
3 **for** $i = s-1$ **to** 0 **do**
4 $\quad f = f^2$
5 $\quad f = f \cdot \ell_{Z,Z}(Q)$
6 $\quad Z = Z + Z$
7 $\quad$ **if** $n_i = 1$ **then**
8 $\quad\quad f = f \cdot \ell_{Z,P}(Q)$
9 $\quad\quad Z = Z + P$
10 $f = f^{(q^k-1)/n}$
11 **return** f

2.3.5 Ate 对

Miller 算法进一步优化的方向是减少循环的长度 s. Duursma 和 Lee[16] 首先提出在超椭圆曲线上缩短 Miller 循环的方法. Barreto 等[17] 提出在 (小特征) 超奇异曲线上高效的 Eta 对. Hess 等[11] 进一步提出如下优化的 Tate 对: Ate 对.

定义 2.59 设 E 为定义在 F_q 上的椭圆曲线, n 为素数, $n|q-1$ 且 $n \mid \#E(F_q)$, $k>1$ 为 E 关于 n 的嵌入次数. 设 t 为 Frobenius 映射 ϕ 的迹, $T = t-1$. 定义映射

$$a_{T,n} = \left\{ \begin{array}{ccc} E(F_q)[n] \times \mathrm{Ker}(\phi - [q]) \cap E[n] & \longrightarrow & \mu_n, \\ (P,Q) & \longmapsto & f_{T,Q}(P)^{(q^k-1)/n}. \end{array} \right.$$

$a_{T,n}$ 称为 **Ate 对**.

这里的 Ate 对定义和 Tate 对的输入点顺序保持一致. 该定义和 [11] 中的交换输入群位置的 Ate 对定义相同, 即为 Q 点相关除子的函数对 P 点除子的计算. [11] 还给出一种在扭曲线上定义的 Ate 对, 其为 P 点相关除子的函数对 Q 点除子的计算, 但是 Q 点所在群需要另行定义. [18] 中进一步给出了扭曲线上优化的 Ate 对的定义. 这里不再展开扭曲线上 Ate 对的相关内容, 读者可以参考上述文献.

Tate 对中第一个输入并不必须在 $E(F_q)[n]$ 中, [19] 中推广的定义为

$$\begin{array}{rccc} \tau_n: & E(F_{q^k})[n] \times E(F_{q^k})/nE(F_{q^k}) & \longrightarrow & F_{q^k}^*/(F_{q^k}^*)^n, \\ \hat{\tau}_n: & E(F_{q^k})[n] \times E(F_{q^k})[n] & \longmapsto & \mu_n. \end{array}$$

Ate 对和 Tate 对有如下关系:

定理 2.33 ([11]) 使用定义 2.59 中的记号. 设整数

$$L = T^k - 1/n, \quad c = \sum_{i=0}^{k-1} q^i T^{k-1-i} = kq^{k-1} \mod n,$$

有

$$a_{T,n}(P,Q)^c = \hat{\tau}_n(Q,P)^L,$$

$a_{T,n}$ 是双线性对. $a_{T,n}$ 非退化, 当且仅当 $n \nmid L$.

证明 如 Vercauteren 在 [20] 中的观察, 按照 Miller 函数的定义, 容易验证有

$$f_{\lambda\nu,Q} = f_{\lambda,Q}^{\nu} f_{\nu,[\lambda]Q}. \tag{2.1}$$

另外, 根据 P,Q 所在群的选择, $\phi(P)=P$, $\phi(Q)=[q]Q$. 对整数 d, 有

$$(f_{d,Q}(P))^q = f_{d,\phi(Q)}(\phi(P)) = f_{d,[q]Q}(P), \tag{2.2}$$

即有

$$f_{T,[q^i]Q}(P) = f_{T,Q}^{q^i}(P). \tag{2.3}$$

后面我们将反复利用以上公式证明各种对的双线性和非退化性. 下面证明 Ate 对是 Tate 对的一个幂运算.

$$\begin{aligned}
&\hat{\tau}_n(P,Q)^L \\
&= f_{n,Q}(P)^{L(q^k-1)/n} \\
&= \frac{f_{Ln,Q}(P)^{(q^k-1)/n}}{f_{L,[n]Q}(P)^{(q^k-1)/n}} \quad (\text{应用等式 (2.1)}) \\
&= f_{Ln,Q}(P)^{(q^k-1)/n} \quad (\text{因为 } nQ=\mathcal{O}) \\
&= \left(\frac{f_{T^k,Q}(P)}{f_{1,Q}(P)\dfrac{\ell_{[T^k-1]Q,Q}(P)}{v_{[T^k]Q}(P)}} \right)^{(q^k-1)/n} \quad (\text{应用 Miller 函数定义}) \\
&= f_{T^k,Q}(P)^{(q^k-1)/n} \quad (\text{因为 } f_{1,Q}=1, [T^k-1]Q=\mathcal{O}) \\
&= \left(f_{T,Q}^{T^{k-1}}(P) \cdot f_{T,[T]Q}^{T^{k-2}} \cdot \cdots \cdot f_{T,[T^{k-2}Q]}^{T}(P) \cdot f_{T,[T^{k-1}Q]}(P) \right)^{(q^k-1)/n} \quad (\text{应用等式 (2.1)}) \\
&= \left(\prod_{i=0}^{k-1} f_{T,[T^{k-1-i}]Q}^{T^i}(P) \right)^{(q^k-1)/n}
\end{aligned}$$

$$
\begin{aligned}
&= \left(\prod_{i=0}^{k-1} f_{T,[q^{k-1-i}]Q}^{q^i}(P)\right)^{(q^k-1)/n} \qquad (\text{因为 } T = q \mod n) \\
&= \left(\prod_{i=0}^{k-1} f_{T,Q}^{q^i q^{k-1-i}}(P)\right)^{(q^k-1)/n} \qquad (\text{应用等式 (2.3)}) \\
&= (f_{T,Q}^{kq^{k-1}}(P))^{(q^k-1)/n} \\
&= a_{T,n}(P,Q)^c \quad (\text{其中 } c = kq^{k-1}).
\end{aligned}
$$

因为 $n \nmid L$, $\hat{\tau}_n(P,Q)$ 阶为素数 n, 所以 $a_{T,n}$ 非退化. □

因为 $|t| \leqslant 2\sqrt{q}$, 在实际应用的椭圆曲线上, n 接近 q, 所以 Ate 对的 Miller 循环减少了接近一半的长度. Ate 对相较于 Tate 对速度有了显著提升, 但是可以进一步优化. 为了评估一种双线性对 Miller 循环长度的减少程度, Vercauteren[20] 提出了优化的双线性对的概念.

2.3.6 优化的双线性对

定义 2.60 设 k 是嵌入次数, n 为双线性对 $\hat{e}$ 定义中群的阶. 若 $\hat{e}$ 可以使用 $\log_2 n/\varphi(k) + \varepsilon(k)$ 个 Miller 基础循环完成计算, 其中 $\varphi(k)$ 是欧拉函数, $\varepsilon(k) \leqslant \log_2(k)$, 则称 $\hat{e}$ 是**优化的双线性对**.

Ate 对虽然显著减少了 Miller 循环的长度, 但是当 $k > 3$ 时, Ate 对仍不是满足定义 2.60 的优化双线性对. Lee 等[21], Hess[18] 和 Vercauteren[20] 分别提出优化的双线性对. 这里介绍 Lee 等提出的 R-ate 对和 Vercauteren 构造的优化 Ate 对.

定义 2.61 设 E 为定义在 F_q 上的椭圆曲线, n 为素数, $n|q-1$ 且 $n|\#E(F_q)$, $k > 1$ 为 E 关于 n 的嵌入次数. 设 $A, B, a, b \in \mathbb{Z}, A = aB + b$. 定义映射

$$
R_{A,B,n} = \begin{cases} E(F_q)[n] \times \mathrm{Ker}(\phi - [q]) \cap E[n] \longrightarrow \mu_n, \\ (P,Q) \longmapsto \left(f_{a,[B]Q}(P)\, f_{b,Q}(P)\, \dfrac{\ell_{[aB]Q,[b]Q}(P)}{v_{[A]Q}(P)}\right)^{(q^k-1)/n}. \end{cases}
$$

称 $R_{A,B,n}$ 为 **R-ate 对**.

定理 2.34 ([21]) 使用定义 2.61 中的记号. 设 $L_1, L_2, c_1, c_2 \in \mathbb{Z}$ 满足

$$
\hat{\tau}_n^{L_1}(P,Q) = (f_{A,Q}(P))^{c_1(q^k-1)/n},
$$

$$
\hat{\tau}_n^{L_2}(P,Q) = (f_{B,Q}(P))^{c_2(q^k-1)/n}.
$$

设 $c=\mathrm{lcm}(c_1,c_2), L=(c/c_1)L_1-a(c/c_2)L_2$, 有

$$R_{A,B,n}(P,Q)^c=\hat{\tau}_n^L(P,Q).$$

R-ate 对是双线性对. 当 $n\nmid L$ 时, R-ate 非退化.

证明　根据

$$\begin{aligned}f_{A,Q}(P)&=f_{aB+b,Q}(P)\\&=f_{aB,Q}(P)f_{b,Q}(P)\frac{\ell_{[aB]Q,[b]Q}(P)}{v_{[A]Q}(P)}\quad(\text{应用 Miller 函数})\\&=f_{B,Q}^a(P)f_{a,[B]Q}(P)f_{b,Q}(P)\frac{\ell_{[aB]Q,[b]Q}(P)}{v_{[A]Q}(P)}\quad(\text{应用等式 (2.1)}),\end{aligned}$$

有

$$R_{A,B,n}=\left(\frac{f_{A,Q}(P)}{f_{B,Q}^a(P)}\right)^{(q^k-1)/n}.$$

所以 R-ate 是双线性对 (可以看到 R-ate 是两个 Ate 对的比. R 代表比率). 另外,

$$\begin{aligned}\hat{\tau}_n^L(P,Q)&=\hat{\tau}_n^{(c/c_1)L_1-a(c/c_2)L_2}(P,Q)\\&=\frac{\hat{\tau}_n(P,Q)^{(c/c_1)L_1}}{\hat{\tau}_n(P,Q)^{a(c/c_1)L_2}}\\&=\left(\frac{f_{A,Q}(P)}{f_{B,Q}^a(P)}\right)^{c(q^k-1)/n}.\end{aligned}$$

当 $n\nmid L$ 时, 上面等式左边非退化. □

注意到不是任意 A 和 B 都可满足定理 2.34 中的要求, [21] 中分析有如下四种 (A,B) 的选择. 设 $T_i=q^i \mod n$.

1. $(A,B)=(q^i,n)$;
2. $(A,B)=(q,T_1), q>T_1$;
3. $(A,B)=(T_i,T_j)$;
4. $(A,B)=(n,T_j)$.

其中选择 1 对应 Ate_i 对[22]. 选择 3 可以同时选择 A 和 B, 因此更加灵活. 对大多数双线性对友好的曲线, 通过选择 $T_i=aT_j+b$ 可以有效缩小 a 和 b 使得 R-ate 的计算满足优化双线性对的要求. 当使用选择 3 时, R-ate 计算方式如下:

$$R_{A,B,n}(Q,P)=\left(f_{a,[T_j]Q}(P)f_{b,Q}(P)\frac{\ell_{[aT_j]Q,[b]Q}(P)}{v_{[q^i]Q}(P)}\right)^{(q^k-1)/n}$$

$$= \left(f_{a,Q}^{q_j}(P) f_{b,Q}(P) \frac{\ell_{[aT_j]Q,[b]Q}(P)}{v_{[q^i]Q}(P)} \right)^{(q^k-1)/n}.$$

Vercauteren[20] 提出另外一种 Miller 循环长度优化的双线性对构造：优化 Ate 对.

定义 2.62 设 E 为定义在 F_q 上的椭圆曲线, n 为素数, $n|q-1$ 且 $n|\#E(F_q)$, $k>1$ 为 E 关于 n 的嵌入次数. 设整数 $T=\sum_{i=0}^{l} c_i q^i, l=\varphi(k)-1, n \mid T$. 定义映射

$$\hat{a}_{T,n} = \begin{cases} E(F_q)[n] \times \mathrm{Ker}(\phi - [q]) \cap E[n] \longrightarrow \mu_n, \\ (P,Q) \longmapsto \left(\prod_{i=0}^{l} f_{c_i,Q}^{q^i}(P) \cdot \prod_{i=0}^{l-1} \frac{\ell_{[s_{i+1}]Q,[c_i q^i]Q}(P)}{v_{[s_i]Q}(P)} \right)^{(q^k-1)/n} \end{cases},$$

其中 $s_i = \sum_{j=i}^{l} c_j q^j$. $\hat{a}_{T,n}$ 称为**优化 Ate 对**.

定理 2.35 ([20]) 使用定义 2.62 中的记号. 设整数 $L=T/n$, 有

$$\hat{a}_{T,n}(Q,P) = \frac{\hat{\tau}_n(Q,P)^L}{\left(\prod_{i=0}^{l} f_{q_i,Q}^{c^i}(P) \right)^{(q^k-1)/n}}.$$

$\hat{a}_{T,n}$ 是双线性对. 当 $n \nmid L$ 且 $Lkq^{k-1} \neq ((q^k-1)/n) \sum_{i=0}^{l} ic_i q^{i-1} \mod n$ 时, $\hat{a}_{T,n}$ 非退化.

这个定理可以采用类似于定理 2.33 中的证明方法综合利用等式 (2.1)—(2.3) 进行证明. 读者可自行证明或者参考 [20].

为了使得优化 Ate 对尽可能快速运算, 我们需要 c_i 尽可能小, 例如 $(1,0,-1)$, 或者 c_i 间从高位开始具有尽可能多的相同比特以便于并行计算. Vercauteren 提出采用计算格 (见第 7 章) 上最短向量的方法计算 c_i. 给定如下 $l=\varphi(k)-1$ 维格

$$\boldsymbol{B} = \begin{bmatrix} n & 0 & 0 & \cdots & 0 \\ -q & 1 & 0 & \cdots & 0 \\ -q^2 & 0 & 1 & \cdots & 0 \\ \vdots & \vdots & \vdots & & \vdots \\ -q^{\varphi(k)-1} & 0 & 0 & \cdots & 1 \end{bmatrix}.$$

设

$$\boldsymbol{v} = [w_0, w_1, w_2, \cdots, w_l] \cdot \boldsymbol{B}$$

$$= [w_0 n - w_1 q - w_2 q^2 - \cdots - w_l q^l, w_1, w_2, \cdots, w_l]$$

$$= [c_0, c_1, c_2, \cdots, c_l].$$

根据 Minkowski 定理, 格上存在一个短向量 $\boldsymbol{v}$ 满足 $\|\boldsymbol{v}\|_\infty \leqslant n^{1/\varphi(k)}$, 其中 $\|\boldsymbol{v}\|_\infty = \max|v_i|$. 此时有 $w_0 n = \sum_{i=0}^{l} c_i q^i = Ln$, 即 $L = w_0$. 需要注意的是, 找到多个大小接近 $n^{1/\varphi(k)}$ 的 c_i 只能保证并行计算 f_i 的情况下得到优化的双线性对. 在串行计算 f_i 时, 理想情况是找到短向量使得仅有一个 $|c_i| \approx n^{1/\varphi(k)}$. 在双线性对友好的曲线上计算优化 T 的方法将在 11.6 节进一步介绍.

2.3.7 四类双线性对

前面介绍了众多的双线性对. 这些双线性对都满足如下的通用定义.

定义 2.63 在阶为素数 p 的循环群 $\mathbb{G}_1$, $\mathbb{G}_T$ 和群 $\mathbb{G}_2$ 上, 定义双线性对

$$\hat{e} : \mathbb{G}_1 \times \mathbb{G}_2 \to \mathbb{G}_T,$$

具有如下性质:

1. 双线性: 对任意的 $(P, Q) \in \mathbb{G}_1 \times \mathbb{G}_2$ 和任意的 $(a, b) \in \mathbb{Z}_p \times \mathbb{Z}_p$, $\hat{e}(aP, bQ) = \hat{e}(P, Q)^{ab}$.
2. 非退化性: 存在非零元 $P \in \mathbb{G}_1$ 和 $Q \in \mathbb{G}_2$ 满足 $\hat{e}(P, Q) \neq 1$.
3. 可计算性: 对任意的 $(P, Q) \in \mathbb{G}_1 \times \mathbb{G}_2$, $\hat{e}(P, Q)$ 可有效计算.

在此以后, 本书将使用 F_q 表示特征为素数 q 的域. 采用 Weil 对、Tate 对、Ate 对或优化 Ate 对等实例化 $\hat{e}$ 时, 设 $\mathbb{G}_1 = E(F_q)[p]$, $\mathbb{G}_T = \mu_p$. 但是选择不同的 $\mathbb{G}_2$ 将在密码应用中产生不同的效果. 例如, 若 P, Q 同属于 $E(F_q)[p]$, 则 Weil 对 $e_p(P, Q) = 1$ (因为 Weil 对有交替性). 对这种选择, 当 $k > 1$ 时, Tate 对也会退化. Galbraith 等[23] 根据密码应用的需求, 将双线性对分为三种类型. Shacham[24] 进一步定义了第四种类型.

- 类型 1: 设 $\mathbb{G}_2 = \mathbb{G}_1$. 这种类型主要对应超奇异曲线上的双线性对. 超奇异曲线存在扭曲映射 $\psi^{-1} : E(F_q)[p] \to E(F_{q^k})[p], \psi^{-1}(\mathbb{G}_1) \neq \mathbb{G}_1$. 在实际应用过程中, 我们多采用 $\hat{e}(P, Q) = \hat{\tau}(P, \psi^{-1}(Q))$. 这类曲线上 $\mathbb{G}_1$ 和 $\mathbb{G}_2$ 间有高效可计算同态映射且存在高效的哈希映射将字节串映射到 $\mathbb{G}_1$ 和 $\mathbb{G}_2$. 另外一种情况是 $k = 1$ 且有循环群 $E(F_q)[p]$ 的常曲线上的双线性对, 但在实际中极少应用.
- 类型 2: 设 $\mathbb{G}_2 \subset E(F_{q^k})[p]$ 但 $\mathbb{G}_2 \neq E(F_q)[p]$ 且 $\mathbb{G}_2 \neq \mathrm{Ker}(\phi - [q]) \cap E[p]$, 比如 $\mathbb{G}_2 = \left\langle \dfrac{1}{k} G_1 + G_2 \right\rangle$, 其中 $G_1 \in E(F_q)[p], G_2 \in \mathrm{Ker}(\phi - [q]) \cap E[p]$ 均是各自所在群的生成元. 在这类设置下, 存在 $\mathbb{G}_2$ 到 $\mathbb{G}_1$ 的高效可计算同态映射, 但没有高效的哈希映射将字节串映射到 $\mathbb{G}_2$.

- 类型 3: 设 $\mathbb{G}_2 = \mathrm{Ker}(\phi - [q]) \cap E[p]$. 此情况对应常曲线上双线性对的通常使用方式, 如优化 Ate 对. 在这类设置下, $\mathbb{G}_1$ 和 $\mathbb{G}_2$ 间没有已知的可有效计算的同态映射, 但存在高效和相对高效的哈希映射将字节串分别映射到 $\mathbb{G}_1$ 和 $\mathbb{G}_2$ (映射方法见 11.7 节).
- 类型 4: 设 $\mathbb{G}_2 = E(F_{q^k})[p]$. 此时, $\mathbb{G}_2$ 有 p^2 个点. 在这类设置下, 存在 $\mathbb{G}_2$ 到 $\mathbb{G}_1$ 的高效计算同态映射, 同时存在高效和相对高效的哈希映射将字节串分别映射到 $\mathbb{G}_1$ 和 $\mathbb{G}_2$, 但是哈希映射不能将字节串映射到子群 $\left\langle \frac{1}{k}G_1 + G_2 \right\rangle \subset \mathbb{G}_2$. 另外, 因为 $\mathbb{G}_1 \subset \mathbb{G}_2$, 所以可能出现双线性值退化为 1 的情况.

对定义 2.55 中的曲线 E 和扭曲线 E', 当 $n > 6$ 时, Ate 对、R-ate 或优化 Ate 对等的 $\mathbb{G}_2$ 群可以采用扭曲线 E' 上的对应点群 $\mathbb{G}_2' = \Psi_d^{-1}(\mathbb{G}_2)$ 进行表达. Miller 循环中使用扭曲线上的点进行点乘运算, 然后采用 Ψ_d 将点映射回到 $\mathbb{G}_2$ 上再进行函数计算. 这样可以获得 $\mathbb{G}_2$ 中点的简洁表示并加快双线性对的计算.

参 考 文 献

[1] 聂灵沼, 丁石孙. 代数学引论. 2 版. 北京: 高等教育出版社, 2000.

[2] Shoup V. A Computational Introduction to Number Theory and Algebra. Cambridge: Cambridge University Press, 2005.

[3] Blake I, Seroussi G, Smart N. Elliptic Curves in Cryptography. Cambridge: Cambridge University Press, 1999.

[4] Cohen H, Frey G, Avanzi R, et al. Handbook of Elliptic and Hyperelliptic Curve Cryptography. Boca Raton: CRC Press, 2006.

[5] Galbraith S. Mathematics of Public Key Cryptography. 2nd ed. Cambridge: Cambridge University Press, 2018.

[6] Silverman J. The Arithmatic of Elliptic Curves. Berlin: Springer-Verlag, 1986.

[7] Washington L. Elliptic Curves Number Theory and Cryptography. 2nd ed. Boca Raton: CRC Press, 2013.

[8] Mrabet N, Joye M. Guide to Pairing-Based Cryptography. Boca Raton: CRC Press, 2017.

[9] Schoof R. Elliptic curves over finite fields and the computation of square roots mod p. Math. Comp., 1985, 44(170): 483-494.

[10] Balasubramanian R, Koblitz N. The improbability that an elliptic curve has subexponential discrete log problem under the Menezes-Okamoto-Vanstone algorithm. J. Cryptology, 1998, 11: 141-145.

[11] Hess F, Smart N, Vercauteren F. The Eta pairing revisited. IEEE Trans. Inf. Theory, 2006, 52(10): 4595-4602.

[12] Scott M. A note on twists for pairing friendly curves. http://indigo.ie/mscott/twists.pdf. 2021 年 10 月访问.

[13] Barreto P, Kim H, Lynn B, et al. Efficient implementation of pairing-based cryptosystems. J. Cryptology, 2004, 17(4): 321-334.

[14] Miller V. The Weil pairing and its efficient calculation. J. Cryptology, 2004, 17(4): 235-261.

[15] Granger R, Hess F, Oyono R, et al. Ate pairing on hyperelliptic curves. EUROCRYPT 2007, LNCS 4515: 430-447.

[16] Duursma I, Lee H. Tate pairing implementation for hyperelliptic curves $y^2 = x^p - x + d$. ASIACRYPT 2003, LNCS 2894: 111-123.

[17] Barreto P, Galbraith S, Ó hÉigeartaigh C, et al. Efficient pairing computation on supersingular Abelian varieties. Des. Codes Crypt., 2007, 42(3): 239-271.

[18] Hess F. Pairing lattices. Pairing 2008, LNCS 5209: 18-38.

[19] Frey G, Rück H. A remark concerning m-divisibility and the discrete logarithm in the divisor class group of curves. Math. Comp., 1994, 62(206): 865-874.

[20] Vercauteren F. Optimal pairings. IEEE Trans. Inf. Theory, 2010, 56(1): 455-461.

[21] Lee E, Lee H, Park C. Efficient and generalized pairing computation on Abelian varieties. IEEE Trans. Information Theory, 2009, 55(4): 1793-1803.

[22] Zhao C, Zhang F, Huang J. A note on the ate pairing. IACR Cryptology ePrint Archive, 2007, Report 2007/247.

[23] Galbraith S, Paterson K, Smart N. Pairings for cryptographers. IACR Cryptology ePrint Archive, 2006, Report 2006/165.

[24] Shacham H. New paradigms in signature schemes. PhD Thesis, U. Stanford, 2005.

第 3 章　双线性对相关的复杂性问题

现代密码学构建于一系列计算复杂性假设的基础之上. 作为密码学的一个分支, 标识密码学也不例外. 本章展示众多标识密码算法依赖的双线性对相关计算复杂性假设, 然后考察椭圆曲线点群上以及扩域的循环子群中离散对数算法的计算复杂性.

3.1　双线性对相关的复杂性假设

我们采用 (ϵ, t)-优势 (Adv) 量化一个计算问题的求解算法效率. 当一个算法最多使用 t 时间就能以不小于 ϵ 的概率求解某计算问题, 则称该算法对该问题具有 (ϵ, t)-优势. 类似地, 对于一个判定性问题, 当一个算法最多使用 t 时间且作出正确判定的概率减去 1/2 的绝对值的两倍不小于 ϵ, 则称该算法具有 (ϵ, t)-优势. 如果一个问题没有概率多项式时间算法, 我们就说这个问题是困难的. 确切地说, 如果一个问题的所有多项式时间算法成功的概率 ϵ 都可忽略得小, 则该问题是困难的.

定义 3.1 (可忽略函数)　*设函数 $\epsilon(\kappa): \mathbb{N} \to \mathbb{R}$. 若对任意常量 $c \geqslant 0$, 都存在正整数 k' 对每个 $\kappa > \kappa'$ 满足 $\epsilon(\kappa) < \kappa^{-c}$, 则称函数 $\epsilon(\kappa)$ 是可忽略的, 记作 $\mathrm{negl}(\kappa)$.*

3.1.1　常用复杂性假设

众多采用双线性构造的标识密码系统的安全性基于本节列举的复杂性问题假设. 这些复杂性假设大体上可以分为三类: 第一类是和循环群上的离散对数相关的计算或判定性复杂性假设; 第二类是和双线性对相关的计算或判定性复杂性假设; 第三类是前两类假设对应的间隙 (Gap) 假设, 即存在判定性问题的高效算法或者假定存在判定谕示的情况下, 对应计算问题的复杂性假设. 为了便于描述这些复杂性假设, 我们采用直观描述而非量化定义. 另外, 除非特别声明, 每个复杂性问题都定义在一组双线性对参数 $(\mathbb{G}_1, \mathbb{G}_2, \mathbb{G}_T, \hat{e}, p, P_1 \in_R \mathbb{G}_1^*, P_2 \in_R \mathbb{G}_2^*)$ 之上. $\in_R$ 指从集合中均匀随机选取元素. 我们采用计算或判定性问题的下标来标识问题中某个输入或输出元素所在的群, 例如, $\mathrm{BDH}_{1,1,2}$ 表示下面定义的 BDH 问题的三个输入分别来自 $\mathbb{G}_1, \mathbb{G}_1$ 和 $\mathbb{G}_2$. 另外, 对一些涉及可计算同构映射 $\psi: \mathbb{G}_2 \to \mathbb{G}_1$ 的复杂性假设, 这里采用上标方式进行标记, 比如 $\mathrm{BDH}_{2,1,2}^{\psi}$.

首先是一系列的循环群 $(\mathbb{G}_1, \mathbb{G}_2, \mathbb{G}_T)$ 上离散对数相关的复杂性假设.

假设 3.1 (离散对数 (DL)) 对随机数 $a \in_R \mathbb{Z}_p^*$ 和值 $i \in \{1, 2, T\}$, 给定 aP_i, 计算 a 是困难的.

假设 3.2 (ℓ-离散对数 (ℓ-DL)) 对随机数 $a \in_R \mathbb{Z}_p^*$ 和值 $i \in \{1, 2, T\}$, 给定 $(aP_i, \cdots, a^\ell P_i)$, 计算 a 是困难的.

假设 3.3 (Diffie-Hellman(DH)) 对随机数 $a, b \in_R \mathbb{Z}_p^*$ 和值 $i, j, k \in \{1, 2\}$, 给定 (aP_i, bP_j), 计算 abP_k 是困难的.

假设 3.4 (ℓ-Diffie-Hellman 逆 (ℓ-DHI)) 对正整数 ℓ 和随机数 $a \in_R \mathbb{Z}_p^*$ 以及值 $i \in \{1, 2, T\}$, 给定 $(aP_i, a^2P_i, \cdots, a^\ell P_i)$, 计算 $\dfrac{1}{a}P_i$ 是困难的.

假设 3.5 (ℓ-强 Diffie-Hellman(ℓ-SDH)) 对正整数 ℓ 和随机数 $a \in_R \mathbb{Z}_p^*$ 以及值 $i \in \{1, 2, T\}$, 给定 $(aP_i, a^2P_i, \cdots, a^\ell P_i)$, 计算 $\left(h, \dfrac{1}{a+h}P_i\right)$ 是困难的, 其中 $h \in \mathbb{Z}_p^*$.

定理 3.1 ([1]) 复杂性假设 DH 和 1-DHI 是等价的.

证明 如果存在算法 $\mathcal{A}$ 可以求解 DH 问题, 我们可以构造算法 $\mathcal{B}$ 求解 1-DHI 问题. 给定一个 1-DHI 问题的实例 (P_i, aP_i), 算法 $\mathcal{B}$ 设 $Q_i = aP_i, \dfrac{1}{a}Q_i = P_i$, 调用 $\mathcal{A}$ 以 Q_i 为生成元求解 $\left(\dfrac{1}{a}Q_i, \dfrac{1}{a}Q_i\right)$ 的 DH 值 $\dfrac{1}{a^2}Q_i = \dfrac{1}{a}P_i$.

如果存在算法 $\mathcal{A}$ 可以求解 1-DHI 问题, 我们可以构造算法 $\mathcal{B}$ 求解 DH 问题. 给定一个 DH 问题的实例 (aP_i, bP_i), 算法 $\mathcal{B}$ 设 $Q_i = aP_i, \dfrac{1}{a}Q_i = P_i$, 调用 $\mathcal{A}$ 以 Q_i 为生成元求解 $\dfrac{1}{a}Q_i$ 的 DHI 值 $aQ_i = a^2P_i$, 调用 $\mathcal{A}$ 以 $Q_i' = bP_i$ 为生成元求解 $\dfrac{1}{b}Q_i'$ 的 DHI 值 b^2P_i, 调用 $\mathcal{A}$ 以 $Q_i'' = (a+b)P_i$ 为生成元求解 $\dfrac{1}{a+b}Q_i''$ 的 DHI 值 $(a+b)^2P_i$. 用算法 $\mathcal{B}$ 计算

$$\frac{1}{2}((a+b)^2 - a^2 - b^2)P_i = abP_i. \qquad \square$$

容易看出对 $\ell > 1$, ℓ-DHI 问题比 DH 问题简单, 而 ℓ-SDH 问题不比 ℓ-DHI 问题更难. 为了分析这些假设的合理性, Boneh 和 Boyen[2] 在一般群模型[3] 下证明了 ℓ-SDH 问题的计算复杂性下界: 假定在选择的群上 DL 问题最快的算法是通用 DL 算法, 那么当 $\ell < o(\sqrt[3]{p})$ 时, 以 ϵ 的概率成功求解 ℓ-SDH 问题需要群上 $\Omega(\sqrt{\epsilon p/\ell})$ 个运算. Cheon[4] 进一步证明如下两个定理, 显示 Boneh 和 Boyen 对 ℓ-SDH 问题给出的计算复杂性下界在一般群上是紧致的.

定理 3.2 ([4]) 设 P 是循环群中的一个元素. 群的阶为素数 p. 设 ℓ 是 $p-1$ 的正数因子. 给定 $P, Q_1 = aP$ 和 $Q_\ell = a^\ell P$, 存在使用 $O(\log p \cdot (\sqrt{(p-1)/\ell} + \sqrt{\ell}))$ 个群运算和 $O(\max\{\sqrt{(p-1)/\ell}, \sqrt{\ell}\})$ 大小的存储空间可求解 a 的算法.

定理 3.3 ([4]) 设 P 是循环群中的一个元素. 群的阶为素数 p. 设 ℓ 是 $p+1$ 的正数因子. 给定 $Q_j = a^j P, j \in \{1, 2, \cdots, 2\ell\}$, 存在使用 $O(\log p \cdot (\sqrt{(p+1)/\ell} + \ell))$ 个群运算和 $O(\max\{\sqrt{(p+1)/\ell}, 2\ell\})$ 大小的存储空间可求解 a 的算法.

ℓ-SDH 还有更多变形, 这里不再一一列举. 下面是一系列使用双线性对的复杂性假设.

假设 3.6 (双线性对 Diffie-Hellman(BDH)) 对随机数 $a, b, c \in_R \mathbb{Z}_p^*$, 给定 (aP_i, bP_j, cP_k) 和值 $i, j, k \in \{1, 2\}$, 计算 $\hat{e}(P_1, P_2)^{abc}$ 是困难的.

显而易见, $\mathrm{BDH}_{i,j,k}$ 假设成立则意味着当 $k \neq k'$ 时 $\mathrm{DH}_{i,j,k'}$ 假设成立. 因此椭圆曲线上 BDH 问题可能比 DH 问题简单[5]. 但是经过 20 多年的研究, 还没有发现在 DH 问题困难的双曲线参数下 BDH 问题是容易的情况. Galbraith 等[6] 研究了下面假设 3.7 中的 FAPI 问题和 DH 以及 BDH 问题的关系, 并分析了 Tate 对和 Ate 对上求解 BDH 的困难性. [6] 显示若 FAPI_1 和 FAPI_2 有多项式时间算法, 则 DH_i 都有多项式时间算法, 其中 $i \in \{1, 2, T\}$. 若 FAPI_i 有多项式时间算法, 则 $\mathrm{BDH}_{i,i,3-i}$ 有多项式时间算法, 即可以通过求解 FAPI 问题来求解 BDH 问题. 求解 FAPI 或者要对双线性对计算中的 Miller 循环求逆或者对最后的幂乘运算求逆. [6] 显示双线性对其中一个求逆运算可能有多项式时间算法, 但是没有发现两个求逆运算可同时在多项式时间内完成.

假设 3.7 (固定参数双线性对逆 (FAPI)) 给定随机 P_i 和值 $i \in \{1, 2\}, Z \in \mathbb{G}_T$, 计算 P_{3-i} 满足 $\hat{e}(P_1, P_2) = Z$ 是困难的.

在历史文献中还有一些 BDH 假设的变形, 下面列出本书中密码机制使用到的一些假设.

假设 3.8 (双线性对逆 DH(BIDH)) 对随机数 $a, b \in_R \mathbb{Z}_p^*$, 给定 (aP_i, bP_j) 和值 $i, j \in \{1, 2\}$, 计算 $\hat{e}(P_1, P_2)^{b/a}$ 是困难的.

假设 3.9 (ℓ-双线性 Diffie-Hellman 逆 (ℓ-BDHI)) 对正整数 ℓ 和随机数 $a \in_R \mathbb{Z}_p^*$, 给定 $(aP_i, a^2P_i, \cdots, a^\ell P_i)$ 和值 $i \in \{1, 2\}$, 计算 $\hat{e}(P_1, P_2)^{1/a}$ 是困难的.

假设 3.10 (ℓ-弱双线性 Diffie-Hellman 逆 (ℓ-wBDHI)) 对正整数 ℓ 和随机数 $a \in_R \mathbb{Z}_p^*$, 给定 $(aP_i, a^2P_i, \cdots, a^\ell P_i, \beta P_j)$ 和值 $i, j \in \{1, 2\}$, 计算 $\hat{e}(P_1, P_2)^{a^{\ell+1}\beta}$ 是困难的.

假设 3.11 (ℓ-双线性 Diffie-Hellman 指数 (ℓ-BDHE)) 对正整数 ℓ 和随机数 $a \in_R \mathbb{Z}_p^*$, 给定 $(aP_i, a^2P_i, \cdots, a^\ell P_i, a^{\ell+2}P_i, \cdots, a^{2\ell}P_i, \beta P_j)$ 和值 $i, j \in \{1, 2\}$, 计算 $\hat{e}(P_1, P_2)^{a^{\ell+1}\beta}$ 是困难的.

假设 3.12 (ℓ-增强的双线性 Diffie-Hellman 指数 (ℓ-ABDHE)) 对正整数 ℓ

和随机数 $a \in_R \mathbb{Z}_p^*$, 给定 $(aP_i, a^2P_i, \cdots, a^{\ell}P_i, a^{\ell+2}P_i, \cdots, a^{2\ell}P_i, \beta P_j, \beta a^{\ell+2}P_j)$ 和值 $i, j \in \{1, 2\}$, 计算 $\hat{e}(P_1, P_2)^{a^{\ell+1}\beta}$ 是困难的.

显然若 ℓ-ABDHE 假设成立, 则 ℓ-BDHE 假设成立; 若 ℓ-BDHE 假设成立, 则 ℓ-wBDHI 假设成立. 容易看出若 ℓ-BDHI$_i$ 假设成立, 则 ℓ-wBDHI$_i$ 也成立: 给定一个 ℓ-BDHI$_i$ 问题实例 $(aP_i, a^2P_i, \cdots, a^{\ell}P_i)$, 随机选择 $r \in_R \mathbb{Z}_p^*$, 生成 ℓ-wBDHI$_i$ 问题实例 $(a^{\ell}P_i, a^{\ell-1}P_i, \cdots, aP_i, [r](a^{\ell}P_i))$, 调用 ℓ-wBDHI$_i$ 算法求得 $T = \hat{e}(P_1, P_2)^{ra^{\ell}/a^{\ell+1}}$, 返回 $T^{1/r}$ 为 ℓ-BDHI$_i$ 的解. 下面分析 1-BDHI, BIDH, BDH 间的关系.

定理 3.4 ([7])　复杂性假设 1-BDHI$_2^{\psi}$, BIDH$_{2,2}^{\psi}$ 和 BDH$_{2,2,2}^{\psi}$ 是等价的.

证明　首先证明如果存在算法 $\mathcal{A}$ 可以求解 1-BDHI$_2$ 问题, 我们可以构造算法 $\mathcal{B}$ 求解 BDH$_{2,2,2}^{\psi}$ 问题. 给定一个 BDH$_{2,2,2}^{\psi}$ 问题的实例 $(P_1, P_2, aP_2, bP_2, cP_2)$, 算法 $\mathcal{B}$ 采用如下过程计算 $\hat{e}(P_1, P_2)^{abc}$.

1. (a) 设 $d = 1/(a+b+c)$, 算法 $\mathcal{B}$ 不知道该值.
   (b) 设 $Q_2 = (a+b+c)P_2$, $Q_1 = \psi(Q_2)$ 和 $dQ_2 = P_2$.
   (c) 调用 $\mathcal{A}$ 求解 1-BDHI$_2$ 问题 (Q_1, Q_2, dQ_2), 获得

$$T_1 = \hat{e}(Q_1, Q_2)^{1/d} = \hat{e}(P_1, P_2)^{(a+b+c)^3}.$$

2. 按照步骤 1 的方法获得 $T_2 = \hat{e}(P_1, P_2)^{a^3}$, $T_3 = \hat{e}(P_1, P_2)^{b^3}$, $T_4 = \hat{e}(P_1, P_2)^{c^3}$, $T_5 = \hat{e}(P_1, P_2)^{(a+b)^3}$, $T_6 = \hat{e}(P_1, P_2)^{(a+c)^3}$ 和 $T_7 = \hat{e}(P_1, P_2)^{(b+c)^3}$.
3. 计算输出 $\hat{e}(P_1, P_2)^{abc} = \left(\dfrac{T_1 \cdot T_2 \cdot T_3 \cdot T_4}{T_5 \cdot T_6 \cdot T_7}\right)^{1/6}$.

下面再证明如果算法 $\mathcal{A}$ 可求解 BDH$_{2,j,k}$ 问题, 我们可以构造算法 $\mathcal{B}$ 求解 BIDH$_{2,j}^{\psi}$ 问题, 其中 $j, k \in \{1, 2\}$. 给定一个 BIDH$_{2,j}^{\psi}$ 问题的实例 (P_1, P_2, aP_2, bP_j), 算法 $\mathcal{B}$ 采用如下方法计算 $\hat{e}(P_1, P_2)^{b/a}$.

1. 设 $a' = 1/a, b' = b/a, c' = 1/a$, 算法 $\mathcal{B}$ 不知道该值.
2. 设 $Q_2 = aP_2$, $Q_1 = \psi(Q_2)$.
3. 调用 $\mathcal{A}$ 求解如下 BDH$_{2,j,k}$ 问题: 当 $k = 1$ 时, 求解 $(Q_1, Q_2, a'Q_2 = P_2, b'Q_j = bP_j, c'Q_1 = P_1)$; 当 $k = 2$ 时, 求解 $(Q_1, Q_2, a'Q_2 = P_2, b'Q_j = bP_j, c'Q_2 = P_2)$, 获得 $\hat{e}(Q_1, Q_2)^{a'b'c'} = \hat{e}(P_1, P_2)^{b/a}$.

最后, 若存在 $\mathcal{A}$ 可以求解 BIDH$_{i,j}$ 问题, 那么求解 1-BDHI$_i$ 的算法 $\mathcal{B}$ 工作如下: 给定一个 1-BDHI$_i$ 问题 (P_1, P_2, aP_i), 当 $j=1$ 时, 调用 $\mathcal{A}$ 计算 (P_1, P_2, aP_i, P_1); 当 $j = 2$ 时, 调用 $\mathcal{A}$ 计算 (P_1, P_2, aP_i, P_2), 求得 $\hat{e}(P_1, P_2)^{1/a}$. □

下面是和 ℓ-BDHI 密切相关的另外两个计算复杂性假设. 为了方便分析一些标识密码机制的安全性, 这里给出这些假设的定义并分析其和 ℓ-BDHI 的关系.

假设 3.13 (ℓ-双线性碰撞攻击假设 (ℓ-BCAA1)) 对正整数 ℓ 和随机数 $a \in_R \mathbb{Z}_p^*$, 给定 $\left(aP_i, h_0, \left(h_1, \frac{1}{h_1+a}P_j\right), \cdots, \left(h_\ell, \frac{1}{h_\ell+a}P_j\right)\right)$ 和值 $i, j \in \{1,2\}$, 其中随机数 $h_i \in_R \mathbb{Z}_p^*$ $(0 \leqslant i \leqslant \ell)$ 各不相同, 计算 $\hat{e}(P_1, P_2)^{1/(a+h_0)}$ 是困难的.

假设 3.14 (ℓ-双线性碰撞攻击假设 $'$(ℓ-BCAA1$'$)) 对正整数 ℓ 和随机数 $a \in_R \mathbb{Z}_p^*$, 给出 $\left(aP_i, h_0, \left(h_1, \frac{a}{h_1+a}P_j\right), \cdots, \left(h_\ell, \frac{a}{h_\ell+a}P_j\right)\right)$ 和值 $i, j \in \{1,2\}$, 其中随机数 $h_i \in_R \mathbb{Z}_p^*$ $(0 \leqslant i \leqslant \ell)$ 各不相同, 计算 $\hat{e}(P_1, P_2)^{a/(a+h_0)}$ 是困难的.

定理 3.5 ([7]) 如果存在多项式时间算法可以求解 (ℓ-1)-BDHI$_2$, 那么存在多项式时间算法可以求解 ℓ-BCAA1$^{\psi}_{i,2}$. 如果存在多项式时间算法可以求解 (ℓ-1)-BCAA1$_{i,2}$, 那么存在多项式时间算法可以求解 ℓ-BDHI$^{\psi}_2$. 类似地, 如果存在多项式时间算法可以求解 (ℓ-1)-BDHI$_2$, 那么存在多项式时间算法可以求解 ℓ-BCAA1$'^{\psi}_{i,2}$. 如果存在多项式时间算法可以求解 (ℓ-1)-BCAA1$'_{i,2}$, 那么存在多项式时间算法可以求解 ℓ-BDHI$^{\psi}_2$. 因此 ℓ-BCAA1$_{i,2}$ 和 ℓ-BCAA1$'_{i,2}$ 是等价的.

证明 如果存在多项式时间算法 $\mathcal{A}$ 可以求解 (ℓ-1)-BDHI$_2$ 问题, 我们采用如下方式构造多项式时间算法 $\mathcal{B}$ 求解 ℓ-BCAA1$^{\psi}_{i,2}$.

给定一个 ℓ-BCAA1$^{\psi}_{i,2}$ 问题的实例

$$\left(Q_1, Q_2, yQ_i, h_0, \left(h_1, \frac{1}{h_1+y}Q_2\right), \cdots, \left(h_\ell, \frac{1}{h_\ell+y}Q_2\right)\right),$$

算法 $\mathcal{B}$ 按照如下步骤计算 $\hat{e}(Q_1, Q_2)^{1/(y+h_0)}$.

1. 设 $x = y + h_0$, 算法 $\mathcal{B}$ 不知道该值. 另设

$$P_2 = \frac{1}{(y+h_1)\cdots(y+h_\ell)}Q_2.$$

2. 对每个 $j = 1, \cdots, \ell-1$, 算法 $\mathcal{B}$ 计算

$$x^j P_2 = \frac{(y+h_0)^j}{(y+h_1)\cdots(y+h_\ell)}Q_2 = \sum_{i=1}^{\ell} \frac{c_{ij}}{y+h_i}Q_2,$$

   其中 $c_{ij} \in \mathbb{Z}_p$ 可从多个 h_i 计算得出.

3. 设 $P_1 = \psi(P_2)$.
4. 调用算法 $\mathcal{A}$ 求解 (ℓ-1)-BDHI$_2$ 问题 $(P_1, P_2, xP_2, \cdots, x^{\ell-1}P_2)$, 获得 $T = \hat{e}(P_1, P_2)^{1/x}$.
5. 设

$$f(z) = \prod_{i=1}^{\ell}(z + h_i - h_0) = \sum_{i=0}^{\ell} d_i z^i.$$

因 h_i 各不相同, 所以公式中的 d_i 可根据多个 h_i 和 $d_0 \neq 0$ 计算得出.

6. 进一步有

$$Q_2 = f(x)P_2 = \sum_{i=0}^{\ell} d_i x^i P_2$$

和

$$\frac{1}{x}Q_2 = \frac{f(x)}{x}P_2 = \sum_{i=0}^{\ell} d_i x^{i-1} P_2.$$

7. 计算

$$\begin{aligned}
&\hat{e}(Q_1, Q_2)^{1/(y+h_0)} \\
&= \hat{e}\left(\frac{1}{x}\psi(Q_2), Q_2\right) \\
&= \hat{e}\left(\sum_{i=0}^{\ell} d_i x^{i-1}\psi(P_2), Q_2\right) \\
&= T^{d_0^2} \cdot \hat{e}\left(d_0 P_1, \sum_{i=1}^{\ell} d_i x^{i-1} P_2\right) \cdot \hat{e}\left(\sum_{i=1}^{\ell} d_i \psi(x^{i-1}P_2), Q_2\right).
\end{aligned}$$

类似地, 我们可以证明 $(\ell-1)$-BDHI$_2$ 和 ℓ-BCAA1$'^{\psi}_{i,2}$ 之间存在相同关系.

如果存在多项式时间算法 $\mathcal{A}$ 可以求解 $(\ell$-1)-BCAA1$_{i,2}$, 我们采用如下方式构造多项式时间算法 $\mathcal{B}$ 求解 ℓ-BDHI$_2^{\psi}$. 给定一个 ℓ-BDHI$_2^{\psi}$ 问题的实例

$$(P_1, P_2, xP_2, x^2P_2, \cdots, x^{\ell}P_2),$$

算法 $\mathcal{B}$ 按照如下步骤计算 $\hat{e}(P_1, P_2)^{1/x}$.

1. 随机选择 $h_0, \cdots, h_{\ell-1} \in \mathbb{Z}_p^*$. 设 $y = x - h_0$ 但算法 $\mathcal{B}$ 不知道该值.
2. 设 $f(z)$ 是多项式

$$f(z) = \prod_{i=1}^{\ell-1}(z + h_i - h_0) = \sum_{i=0}^{\ell-1} c_i z^i.$$

因 h_i 各不相同, 所以常数项 c_0 非 0. c_i 可根据多个 h_i 计算得出.

3. 计算

$$Q_2 = \sum_{i=0}^{\ell-1} c_i x^i P_2 = f(x)P_2$$

和

$$yQ_2 = \sum_{i=0}^{\ell-1} c_i x^{i+1} P_2 - h_0 Q_2 = xf(x)P_2 - h_0 Q_2.$$

4. 对每个 $1 \leqslant i \leqslant \ell - 1$, 计算

$$f_i(z) = \frac{f(z)}{z + h_i - h_0} = \sum_{j=0}^{\ell-2} d_j z^j$$

和

$$\frac{1}{y + h_i} Q_2 = \frac{1}{x + h_i - h_0} f(x) P_2 = f_i(x) P_2 = \sum_{j=0}^{\ell-2} d_j x^j P_2.$$

5. 设 $Q_1 = \psi(Q_2)$.
6. 调用 $\mathcal{A}$ 求解 (ℓ-1)-BCAA1$_{i,2}$ 问题: 当 $i = 1, 2$ 时, 分别根据输入

$$\left(Q_1, Q_2, \psi(yQ_2), h_0, \left(h_1, \frac{1}{y+h_1} Q_2\right), \cdots, \left(h_{\ell-1}, \frac{1}{y+h_{\ell-1}} Q_2\right)\right)$$

和输入

$$\left(Q_1, Q_2, yQ_2, h_0, \left(h_1, \frac{1}{y+h_1} Q_2\right), \cdots, \left(h_{\ell-1}, \frac{1}{y+h_{\ell-1}} Q_2\right)\right)$$

获得

$$T = \hat{e}(Q_1, Q_2)^{1/(y+h_0)} = \hat{e}(Q_1, Q_2)^{1/x} = \hat{e}(P_1, P_2)^{f^2(x)/x}.$$

7. 根据

$$\frac{1}{x} Q_2 = \frac{f(x)}{x} P_2 = \sum_{i=0}^{\ell-1} c_i x^{i-1} P_2 = c_0 \frac{1}{x} P_2 + \sum_{i=1}^{\ell-1} c_i x^{i-1} P_2,$$

设

$$T' = \sum_{i=1}^{\ell-1} c_i x^{i-1} P_2 = \frac{f(x) - c_0}{x} P_2.$$

那么有

$$\hat{e}\left(\frac{1}{x} Q_1, Q_2\right) = \hat{e}(P_1, P_2)^{c_0^2/x} \cdot \hat{e}(\psi(T'), Q_2 + c_0 P_2).$$

计算

$$\hat{e}(P_1, P_2)^{1/x} = (T / \hat{e}(\psi(T'), Q_2 + c_0 P_2))^{1/c_0^2}.$$

类似地, 我们可以证明 $(\ell-1)$-BCAA$1'_{i,2}$ 和 ℓ-BDHI$_2^{\psi}$ 之间存在相同关系. □

我们也经常利用如下一些计算复杂性假设的判定性或间隙类型的假设变形来分析标识密码机制的安全性.

假设 3.15 (判定性 DH(DDH)) 对随机数 $a, b, r \in_R \mathbb{Z}_p^*$ 和值 $i \in \{1, 2, T\}$, 区分 (aP_i, bP_i, abP_i) 和 (aP_i, bP_i, rP_i) 是困难的.

[6] 证明若 FAPI$_i$ 不是困难的, 则 DDH$_i$ 不是困难的.

假设 3.16 (对称外部判定性 DH(SXDH)) 在 $\mathbb{G}_1$ 和 $\mathbb{G}_2$ 群上 DDH 都是困难的.

假设 3.17 (Gap DH(GDH)) 对随机数 $a, b \in_R \mathbb{Z}_p^*$ 和值 $i \in \{1, 2, T\}$, 给定 (aP_i, bP_i) 和 DDH 高效判定算法, 计算 abP_i 是困难的.

假设 3.18 (判定性线性 (DLIN)) 对随机数 $a, b, c, d,\ r \in_R \mathbb{Z}_p^*$ 和值 $i \in \{1, 2, T\}$, 区分 $(aP_i, bP_i, acP_i, bdP_i, (c+d)P_i)$ 和 $(aP_i, bP_i, acP_i, bdP_i,\ rP_i)$ 是困难的.

假设 3.19 (判定性 BDH(DBDH)) 对随机数 $a, b, c, r \in_R \mathbb{Z}_p$ 和值 $i, j,\ k \in \{1, 2\}$, 区分 $(aP_i, bP_j, cP_k, \hat{e}(P_1, P_2)^{abc})$ 和 $(aP_i, bP_j, cP_k, \hat{e}(P_1, P_2)^r)$ 是困难的.

假设 3.20 (Gap BDH(GBDH)) 对随机数 $a, b, c \in_R \mathbb{Z}_p$ 和值 $i, j, k \in \{1, 2\}$, 给定 (aP_i, bP_j, cP_k) 和 DBDH 高效判定算法, 计算 $\hat{e}(P_1, P_2)^{abc}$ 是困难的.

假设 3.21 (判定性 BIDH(DBIDH)) 对随机数 $a, b, r \in_R \mathbb{Z}_p$ 和值 $i, j \in \{1, 2\}$, 区分 $(aP_i, bP_j, \hat{e}(P_1, P_2)^{b/a})$ 和 $(aP_i, bP_j, \hat{e}(P_1, P_2)^r)$ 是困难的.

假设 3.22 (Gap ℓ-BCAA1(ℓ-GBCAA1)) 对正整数 ℓ 和随机数 $a \in_R \mathbb{Z}_p^*$, 给定 $\left(aP_i, h_0, \left(h_1, \dfrac{1}{h_1+a}P_j\right), \cdots, \left(h_\ell, \dfrac{1}{h_\ell+a}P_j\right)\right)$ 和值 $i, j \in \{1, 2\}$ 以及 DBIDH 高效判定算法, 其中随机数 $h_i \in_R \mathbb{Z}_p^* (0 \leqslant i \leqslant \ell)$ 各不相同, 计算 $\hat{e}(P_1, P_2)^{1/(a+h_0)}$ 是困难的.

假设 3.23 (Gap ℓ-BCAA$1'$(ℓ-GBCAA$1'$)) 对正整数 ℓ 和随机数 $a \in_R \mathbb{Z}_p^*$, 给定 $\left(aP_i, h_0, \left(h_1, \dfrac{a}{h_1+a}P_j\right), \cdots, \left(h_\ell, \dfrac{a}{h_\ell+a}P_j\right)\right)$ 和值 $i, j \in \{1, 2\}$ 以及 DBIDH 高效判定算法, 其中随机数 $h_i \in_R \mathbb{Z}_p^*$ $(0 \leqslant i \leqslant \ell)$ 各不相同, 计算 $\hat{e}(P_1, P_2)^{a/(a+h_0)}$ 是困难的.

前述复杂性假设众多, 梳理这些问题间的关系将有益于对复杂性假设的合理性进行评估. 鉴于判定性问题和间隙问题都不比对应的计算问题更困难, 这里只分析计算问题间的关系 (判定性问题的复杂性在下一节分析). 另外, 因为 $\mathbb{G}_1, \mathbb{G}_2$ 间同构映射的可计算性会导致问题间关系复杂化, 所以我们仅考察类型 1 双线性对参数上的问题 (即同构映射和逆映射都可计算). 图 3.1 给出了计算问题间在标准模型下的已知关系.

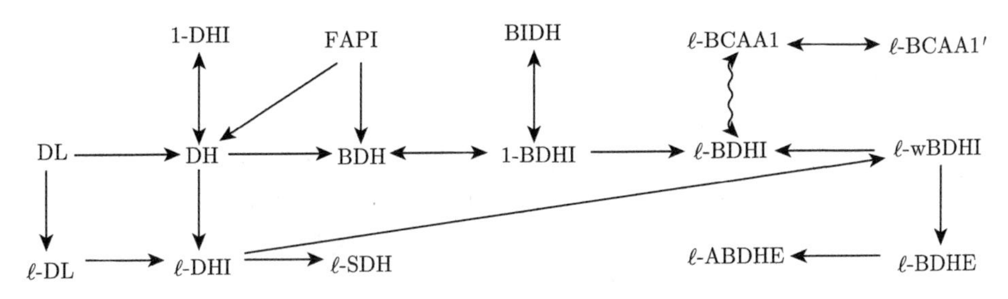

$A \to B$: 若A问题有概率多项式时间算法，则B问题有概率多项式时间算法(类型1双线性对曲线上$\mathrm{FAPI}_1=\mathrm{FAPI}_2$);

$\ell\text{-}A \rightsquigarrow \ell\text{-}B$: 若$\ell\text{-}A$问题有概率多项式时间算法，则$(\ell-1)\text{-}B$问题有概率多项式.

图 3.1 复杂性问题间已知关系

3.1.2 Uber 问题族

为了考察复杂性假设的合理性, 一系列的工作在一般群模型下[3] 分析了多个问题的复杂性, 比如 [2] 分析了 ℓ-SDH 的复杂性, [8] 分析了 DLIN 的复杂性. 鉴于这些工作在一般群下都采用相似的分析得出相关问题类似的复杂性结论, Boneh 等[9] 进一步将众多问题统一到单一判定性复杂性问题框架下, 并给出该框架问题复杂性的一个主定理. 这样一来, 符合框架的特例问题的复杂性就不需要再单独分析. Boyen[10] 对该问题框架进行了进一步的扩展, 如支持非对称双线性对、灵活挑战 (以便覆盖 ℓ-SDH 等攻击者可选择部分输出值的问题)、分数形式的指数 (或加法群上分数形式的倍数)、合数阶群上相关复杂性问题等. 这一假设框架称为 Uber 问题族 (Uber 为德语“超级”一词中 $\ddot{u}$ 去掉顶部的点, 暗含比超级差一点的意思).

在给出 Uber 问题族的复杂性主定理前, 先介绍一些和定理相关的基本概念. 设 $\vec{R} = \langle R_1, \cdots, R_r \rangle \in F_p[X_1, \cdots, X_m]^r, W = F_p[X_1, \cdots, X_m]$ 分别为 m 个变量的多项式组和多项式. 若存在 $\{a_i\} \in F_p$ 满足 $W = \sum_{i=1}^{r} a_i R_i$, 则称 W 在 $\vec{R}$ 上线性相关. 当 W 不在 $\vec{R}$ 上线性相关时, 称 W 线性独立于 $\vec{R}$. 设 $\vec{R}, \vec{S}, \vec{T}$ 是长度分别为 r, s, t 的 m 个变量的多项式组. 若存在 $\{a_{i,j}\}, \{b_{i,j}\}, \{c_{i,j}\}, \{d_i\} \in F_p$ 满足

$$W = \sum_{i=1}^{r}\sum_{j=1}^{s} a_{i,j} R_i S_j + \sum_{i=1}^{r}\sum_{j=1}^{r} b_{i,j} R_i R_j + \sum_{i=1}^{s}\sum_{j=1}^{s} c_{i,j} S_i S_j + \sum_{i=1}^{t} d_i T_i,$$

则称 W 在 $(\vec{R}, \vec{S}, \vec{T})$ 上线性相关. 其中, 对类型 2 双线性对, $b_{i,j} = 0$, 对类型 3 双线性对, $b_{i,j} = c_{i,j} = 0$. 当 W 不在 $(\vec{R}, \vec{S}, \vec{T})$ 上是类型 χ 线性相关时, 则称 W 是类型 χ 线性独立于 $(\vec{R}, \vec{S}, \vec{T})$. 对一个多项式 $W = F_p[X_1, \cdots, X_m]$, 定义其总次数 d_W 为多项式各项次数之和. 对一个多项式组 $\vec{R}$, 定义 $d_{\vec{R}} = \max\{d_{R_i}\}$.

定理 3.6 ([10], Uber 主定理)　设 $\vec{R},\vec{S},\vec{T}$ 是长度分别为 r,s,t 的 m 个变量的多项式组, W 为 m 个变量的多项式. 设

$$d=\begin{cases}\max\{2d_{\vec{R}},2d_{\vec{S}},d_{\vec{R}}+d_{\vec{S}},d_{\vec{T}},d_W\}, & \text{类型 1 双线性对},\\ \max\{2d_{\vec{R}},d_{\vec{R}}+d_{\vec{S}},d_{\vec{T}},d_W\}, & \text{类型 2 双线性对},\\ \max\{d_{\vec{R}}+d_{\vec{S}},d_{\vec{T}},d_W\}, & \text{类型 3 双线性对}.\end{cases}$$

设 $\xi_{\mathbb{G}_1},\xi_{\mathbb{G}_2},\xi_{\mathbb{G}_T}:F_p\to\{0,1\}^*$ 分别是 $\mathbb{G}_1,\mathbb{G}_2,\mathbb{G}_T$ 群的任意外部字符串编码映射. 设任意一个算法 $\mathcal{A}$ 最多执行 o 询问. 询问可以是: ① $\mathbb{G}_1$, $\mathbb{G}_2$, $\mathbb{G}_T$ 上的群运算; ② 双线性对运算; ③ 同构映射 $\psi:\mathbb{G}_2\to\mathbb{G}_1$ 或其逆映射. 若 W 线性独立于 $(\vec{R},\vec{S},\vec{T})$, 有

$$\mathrm{Adv}_{\mathcal{A}}=\left|2\Pr\left[\mathcal{A}\begin{pmatrix}p,\\ \xi_{\mathbb{G}_1}(\vec{R}(x_1,\cdots,x_m)),\\ \xi_{\mathbb{G}_2}(\vec{S}(x_1,\cdots,x_m)),\\ \xi_{\mathbb{G}_T}(\vec{T}(x_1,\cdots,x_m)),\\ \xi_{\mathbb{G}_T}(V_0)\\ \xi_{\mathbb{G}_T}(V_1)\end{pmatrix}=b\;\middle|\;\begin{matrix}x_1,\cdots,x_m,y\in F_p,\\ b\in_R\{0,1\},\\ V_b=W(x_1,\cdots,x_m),\\ V_{1-b}=y\end{matrix}\right]-1\right|$$

$$\leqslant\frac{(o+r+s+t+2)^2d}{p}.$$

定理证明可见 [9]. 下面示例显示 Uber 问题族可包含众多常用判定性问题. 鉴于判定性问题不比对应计算问题更困难, 因此 Uber 主定理同样适用于对应的计算性问题.

- 判定性 DH_1 问题: $\vec{R}=\langle 1,a,b\rangle$, $\vec{S}=\vec{T}=\langle 1\rangle$, $W=ab$.
- 判定性 $\mathrm{BDH}_{1,1,2}$ 问题: $\vec{R}=\langle 1,a,b\rangle$, $\vec{S}=\langle 1,c\rangle$, $\vec{T}=\langle 1\rangle$, $W=abc$.
- 判定性 ℓ-BDHI_1 问题: $\vec{R}=\langle 1,a,a^2,\cdots,a^\ell\rangle$, $\vec{S}=\vec{T}=\langle 1\rangle$, $W=a^{\ell+1}$.

推论 3.1　按照定理 3.6 中的记号, 设多项式 W 独立于 $(\vec{R},\vec{S},\vec{T})$. 当安全参数趋近 ∞ 时, 任何随机算法在一般群模型下以 $\Omega(1)$ 的优势解决 $(\vec{R},\vec{S},\vec{T},W)$-判定性 DH 问题, 其用时至少为 $\Omega(\sqrt{p/d}-\max\{r,s,t\})$.

Bauer 等[11] 在代数群模型下进一步分析了 Uber 问题族, 并在代数群模型下证明: 若 ℓ-DL 复杂性假设成立, 则 Uber 问题族的复杂性假设也成立, 其中 ℓ 依赖于多项式组 $\vec{R},\vec{S}$ 及 $\vec{T}$ 的次数.

3.1.3　同构映射的作用

高效可计算的同构映射 ψ 对一些算法的正确性和安全性都具有影响. Chatterjee 和 Menezes[12] 对 ψ 的作用进行了详细的讨论. [12] 分析显示通过适当地

选取参数, 其讨论的密码机制可以从类型 2 双线性对转变为在类型 3 双线性对上的构造, 并且安全性证明不依赖 ψ 的存在. 支持密码机制安全性证明的方法是对机制依赖的复杂性问题的输入进行扩展, 提前添加安全性证明过程所需要的元素, 例如对 $\mathrm{BDH}_{1,1,2}$ 的输入扩展为 (aP_1, bP_1, cP_2, aP_2). 需要指出的是这样的结论仅是经验性的. 一些证明可能需要对证明中间过程生成的元素应用同构映射, 例如定理 3.5 的证明过程. 另外, 还有一些算法专门利用了类型 3 双曲线对上同构映射难以计算的特点来实现某种安全功能, 比如第 6 章中的 MB-1+2′ 协议使用 ψ 在类型 3 群上计算困难的性质来实现主密钥前向安全. 还有一些复杂性假设如 SXDH 要求同态映射 ψ 和 ψ^{-1} 的计算都是困难的.

本书采用复杂性问题加映射上标的方式来表明证明过程直接采用谕示计算 ψ 的情况, 比如 $\mathrm{BDH}^{\psi}_{2,1,2}$, $\ell\text{-BDHI}^{\psi}_{2}$ 等. 读者可以根据 [12] 中的方法尝试将相关证明进行转换.

3.2 椭圆曲线上的离散对数算法

双线性对涉及三个群 $\mathbb{G}_1, \mathbb{G}_2, \mathbb{G}_T$. 对 BDH 问题, 如果能够求解其中任意一个群上的离散对数问题, BDH 问题就可求解. $\mathbb{G}_1, \mathbb{G}_2$ 是椭圆曲线上的扭点群. 扭点群上的离散对数问题目前还没有能够利用该类群特性的高效算法. 已知的离散对数算法都是通用算法, 即这些算法可以求解任意群上的离散对数问题. 通用的算法有小步大步 (BSGS: Baby Step Giant Step)[13]、Pollard Rho[14]、Kangaroo[14,15]、Gaudry-Schost[16] 等.

根据 Pohlig-Hellman 算法[17], 合数阶群上的离散对数问题可以转换为子群上的离散对数问题. 根据定理 3.7, 安全的系统参数要求 N 有足够大的素阶子群.

定理 3.7 ([17]) 设 $\mathbf{G}$ 的阶 N 有分解 $N = \prod_{i=1}^{r} p_i^{e_i}$, 其中 p_i 为各不相同的素数. 则 $\mathbf{G}$ 上的离散对数问题可以通过求解各个阶为 $p_i^{e_i}$ 的子群上的离散对数问题来求解.

对 $h = g^a \in \mathbf{G}$, Pohlig-Hellman 算法利用各个子群上的 DL 求解算法计算 $x_i = a \mod p_i^{e_i}$, 然后利用中国剩余定理求解 $a \mod N$. 求解 x_i 的方法为: 若 $e_i = 1$, 则可以直接用子群 DL 算法计算 x_i; 否则, 设 $\gamma = N/p^{e_i}$, $b = g^{\gamma}, c = h^{\gamma}$, 有 $c = b^{a \mod p^{e_i}}$, 因此可通过求解 $\log_b c$ 得到 x_i. 此 DL 问题求解过程为: 设 $x_i = x_{i,0} + x_{i,1}p_i + \cdots + x_{i,e_i-1}p^{e_i-1}, b_1 = b^{p^{e_i-1}}$, 有 $b_1^{x_{i,0}} = c^{p^{e_i-1}}$. 求解该 DL 问题获得 $x_{i,0}$. 定义 $c_1 = cb^{-x_{i,0}}$, 有 $c_1^{p^{e_i-2}} = b_1^{x_{i,1}}$. 求解该 DL 问题获得 $x_{i,1}$. 以此类推, 获得 $x_{i,j}$.

BSGS 算法. 设 $m = \lceil\sqrt{N}\rceil$. BSGS 算法是先预计算表 $\{(j, g^j) : j \in \{0, m-1\}\}$, 该步骤称为小步; 然后根据表中第二个值排序并计算 $\beta = g^{-m}$; 再执行大步

计算 $h, h\beta, h\beta^2, \cdots$, 直到 $h\beta^i = g^j$. 此时有 $\log_g h = im + j$. 算法需要 $O(\sqrt{N})$ 个存储和 $O(\sqrt{N})$ 个群操作. 当知道 a 属于某个大小为 I 的区间时, BSGS 的操作开销为 $O(\sqrt{I})$ 个群操作. BSGS 还有一些优化的变形, 如 [18-21] 等, 这些优化仅改进算法复杂性中的常数项.

Pollard Rho 算法. 根据生日悖论, 对 N 个元素的集合和从集合中随机抽取元素并补充相同元素的实验, 出现抽取元素相同的情况时实验平均抽取次数小于 $\sqrt{\pi N/2}+2$ ([22] 中定理 14.1.1). 利用生日悖论原理可以采用如下方法构造一个 DL 求解算法: 随机选择 $u, v \in \mathbb{Z}_N$, 计算 $x = g^u h^v$, 将 (x, u, v) 放入一个初始为空的列表中. 如果列表中已经存在 (x, u', v') 且 $v' - v \mod N$ 是可逆的, 则计算 $a = (u' - u)/(v' - v) \mod N$. 算法是尝试找到一个随机碰撞 x, 根据生日悖论, 该算法的计算和存储复杂性仍然都为 $O(\sqrt{N})$. Pollard Rho 算法则使用伪随机行走寻找碰撞同时减少存储的开销, 其基本原理是构造一个伪随机递归函数:

$$f: \mathbf{G} \to \mathbf{G}, x_{i+1} = f(x_i), x_1 = g^{u_1} h^{v_1}.$$

因为 $\mathbf{G}$ 是有限的且 f 是伪随机的, 必有某对 $x_i = g^{u_i} h^{v_i}, x_j = g^{u_j} h^{v_j}, i \neq j$ 满足 $x_i = x_j$. 若 $v_i - v_j \mod N$ 可逆, 则可以求解 $\log_g h$. 实际上, f 产生的序列最后会形成循环, 即对某个 m 和 $j_0 > 0$, 对每个 $j > j_0$ 有 $x_j = x_{m+j}$. 若以 x_i 为点, 当 $x_j = f(x_i)$ 时, 则 x_i 到 x_j 有边, f 产生的序列形成图 3.2. 图形和希腊字母 Rho: ρ 相似, 算法因此得名. 图形的尾部和循环的平均长度都为 $\sqrt{\pi N/8} \approx 0.627\sqrt{N}$.

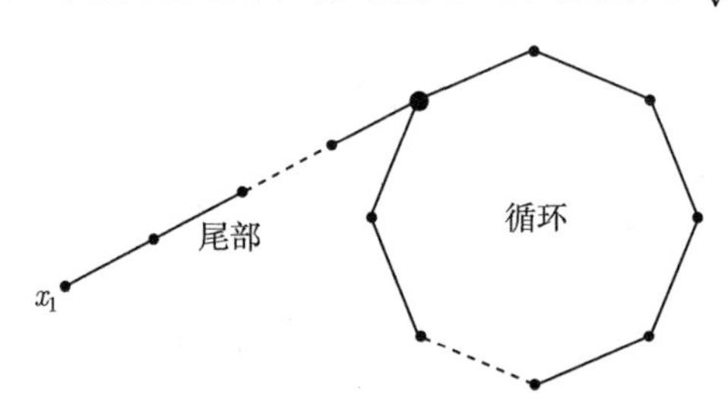

图 3.2 Pollard Rho 算法的路径

上述过程中还有两个重要部分待确定: f 的构造和寻找循环的方法. Pollard Rho 算法构造伪随机 f 的方法如下: 将 $\mathbf{G}$ 分割为不相交的 n 个子集 $\mathbf{G} = \mathbf{S}_1 \cup \mathbf{S}_1 \cup \cdots \cup \mathbf{S}_n$, 定义一个选择函数 $S: \mathbf{G} \to \{1, n\}$ 和 $\mathbf{S}_i = \{d \in \mathbf{G} : S(d) = i\}$. 可简单定义选择函数 $S(d) = (\mathrm{Int}(d) \mod n) + 1$, 其中 $\mathrm{Int}(d)$ 将元素 d 转换为非负整数. 更加随机的选择可见 [23] 等. Pollard Rho 行走函数的定义如下. ① 预计算 $g'_j = g^{a_j} h^{b_j}, 1 \leqslant j \leqslant n, a_j, b_j \in_R \mathbb{Z}_N$. ② 设 $x_1 = g$, 计算

$$x_{i+1} = f(x_i) = \begin{cases} x_i^2, & S(x_i) = 1, \\ x_i g'_j, & S(x_i) = j, j \in \{2, n\}, \end{cases}$$

对 $x_i = g^{u_i} h^{v_i}$, 算法不需要使用表来存储 u_i, v_i. $u_1 = 1, v_1 = 0$, 可计算

$$u_{i+1} = \begin{cases} 2u_i \mod N, & S(x_i) = 1, \\ u_i + a_{S(x_i)} \mod N, & S(x_i) = j \in \{2, n\}, \end{cases}$$

$$v_{i+1} = \begin{cases} 2v_i \mod N, & S(x_i) = 1, \\ v_i + b_{S(x_i)} \mod N, & S(x_i) = j \in \{2, n\}. \end{cases}$$

利用上述 f 和计算 u_i, v_i 的方法定义伪随机行走为: $(x_{i+1}, u_{i+1}, v_{i+1}) \leftarrow \mathbf{walk}(x_i, u_i, v_i)$.

寻找循环可以使用 Floyd 循环查找方法. Floyd 方法可以查找 $x_{2e} = x_e$, 其基本过程如下:

1. $x \leftarrow x_1, y \leftarrow x_1, e \leftarrow 1$.
2. 重复计算 $e \leftarrow e + 1, x \leftarrow f(x), y \leftarrow f(f(y))$, 直到 $x = y$.
3. 返回 e.

Floyd 方法找到 $x_{2e} = x_e$ 的平均计算开销是 $\sqrt{\pi^5 N/288} \approx 1.03\sqrt{N}$. 该方法的优点是只需要存储两个元素. 组合伪随机行走和 Floyd 循环查找方法形成算法 3. 可以看到, Pollard Rho 算法的计算开销为 $O(\sqrt{N})$, 存储开销 $O(1)$.

算法 3 Pollard Rho 算法[22]

```
Input: g, h = g^a
Output: a
1 x_1 = g, u_1 = 1, v_1 = 0
2 (x_2, u_2, v_2) ← walk(x_1, u_1, v_1)
3 while(x_1 ≠ x_2)
4     (x_1, u_1, v_1) ← walk(x_1, u_1, v_1)
5     (x_2, u_2, v_2) ← walk(walk(x_2, u_2, v_2))
6 if v_1 = v_2 mod N then
7     return ⊥
8 else
9     return (u_2 − u_1)/(v_2 − v_1) mod N
```

Pollard Rho 算法经过修改可以并行执行. 执行并行 Pollard Rho 算法的 K 个节点不再尝试自行查找循环中的碰撞, 而是检查行走过程中的点是否落入一个可快速辨识的点集合 $\mathcal{D}$ (集合 $\mathcal{D}$ 中的点可快速识别且在 $\mathbf{G}$ 上是均匀分布的). 如果行走点 $x \in \mathcal{D}$, 则将 (x, u, v) 发送给一个协调节点, 并重新从新的随机点开始行走. 协调节点将收到的各个行走节点生成的 (x, u, v) 放入一个列表中. 如果列表中已经存在 (x, u', v') 且 $v' - v \mod N$ 是可逆的, 则计算 $a = (u' - u)/(v' - v) \mod N$. 该算法工作的基本原理是: 各个并行节点从不同的随机初始点出发, 如

果两个节点的路径在某点重合, 则从重合点经过较短路径后会到达属于 $\mathcal{D}$ 的某个可快速辨识点. 协调节点需要存储收到的各个 (x, u, v), 存储开销比 Pollard Rho 算法大, 但计算开销减小. 设 $\theta = |\mathcal{D}|/|\mathbf{G}| \leqslant 1/(\log N)^2$, 并行 Pollard Rho 算法需要的计算开销为 $(\sqrt{\pi/2}/K + o(1))\sqrt{N}$ 个群操作, 存储开销为 $(\theta\sqrt{\pi N/2} + K)$ 个点 ([22] 中定理 14.3.2).

Kangaroo 算法. 若整数指数 $a \in [b, b+w]$ 且已知整数 b, w, 则可以使用 Kangaroo 算法求解 DL. 不失一般性, 假定 $a \in [0, w]$(若非如此, 可将初始 DL 问题转换为求解 $x = \log_g h'$, 其中 $h' = hg^{-b} = g^x, x = a - b \in [0, w]$). 算法中有两种袋鼠: 驯服的袋鼠从 $x_1 = g^{\lfloor w/2 \rfloor}$ 开始跳跃, 野生的袋鼠从 $y_1 = h = g^a$ 开始跳跃. 它们使用相同的跳跃函数 $x_{i+1} = f(x_i) = x_i g'_{S(x_i)}$, 其中 $g'_{S(x_i)} = g^{u_{S(x_i)}}, 1 \leqslant u_{S(x_i)} \leqslant \sqrt{w}$, $\dfrac{1}{n}\sum_{j=1}^{n} u_j \approx \sqrt{w}/2$. 所以, 驯服袋鼠的跳跃点为 $x_i = g^{u_i}$, 野生袋鼠的跳跃点为 $y_i = hg^{v_i}$. 当两只袋鼠跳到同一点后, 后续的跳跃点都相同, 经过一定步数后, 将到达可快速辨识点. 此时, 根据存储的可快速辨识点列表尝试求解离散对数. 和并行 Pollard Rho 算法不同, Kangaroo 算法中跳跃的步长较小, 以使其不会快速跳出 a 值的区间. 另外, 一只袋鼠碰到可快速辨识点并不更换新随机起点而是继续跳跃, 直到和另一只袋鼠的步点重合, 再寻找重合后的可快速辨识点从而求解 DL. 两只袋鼠步点会碰撞的原因是: 两只袋鼠各个步点的平均间隙为 ℓ. 如果一只袋鼠的步点和另一只袋鼠的步点独立, 则在同一区域, 两个步点重合的概率为 $1/\ell$. 因此平均跳跃 ℓ 步后, 两个步点应以不可忽略的概率重合. 算法的计算复杂性为 $(2 + o(1))\sqrt{w}$ 个群操作. Kangaroo 算法也可并行执行以提高效率.

以上各个算法的计算复杂性都是 $O(\sqrt{N})$, 这与 Shoup[3] 在一般群模型下证明的 DL 问题复杂性结论相同 (定理 3.8). 目前, 在普通椭圆曲线的 $\mathbb{G}_1, \mathbb{G}_2$ 上, 离散对数的计算复杂性为 $O(\sqrt{p})$. 利用双线性对计算 $\mathbb{G}_1, \mathbb{G}_2$ 上离散对数的算法在下一节讨论.

定理 3.8 ([3]) *设 $\mathbf{G}$ 是阶为素数 p 的循环群. 设 A 是一个 DL 问题的通用算法, 其在一般群下询问了 m 次谕示. 对任意均匀随机选取的 $a \in_R \mathbb{Z}_p$ 和编码函数 σ, $A(\sigma(g), \sigma(g^a)) = a$ 的概率为 $O(m^2/p)$.*

3.3 有限域上的离散对数算法

Menezes, Okamoto 和 Vanstone[24] 提出使用双线性对计算椭圆曲线点群上离散对数的 MOV 方法: 对一个离散对数问题 $Q = aP \in \mathbb{G}_1$, 随机选择 $R \in \mathbb{G}_2$, 分别计算 $\alpha = \hat{e}(P, R), \beta = \hat{e}(Q, R)$, 然后在 $\mathbb{G}_T$ 上计算 $a = \log_\alpha \beta$. 因此, $\mathbb{G}_T$ 上

离散对数问题的复杂性应与 $\mathbb{G}_1, \mathbb{G}_2$ 点群上的离散对数问题一样, 都具有规定的复杂性, 才能保证双线性对密码系统的安全性. $\mathbb{G}_T$ 是有限域 F_{q^k} 的乘法子群. 有限域乘法群上离散对数问题是密码学研究的一个重要问题, 其计算复杂性可用如下 L-表达:

$$L_Q(\alpha, c) = \exp((c + o(1))(\log Q)^{\alpha}(\log\log Q)^{1-\alpha}),$$

其中 $Q = q^k, \alpha \in [0, 1], c > 0$. $L_Q(\cdot, \cdot)$ 可以表达多项式时间 $L_Q(0, c) = (\log Q)^c$ 到指数时间 $L_Q(1, c) = Q^c$ 中的各类计算复杂性. 本节中对数 log 如果没有底数则指自然对数.

有限域乘法群不是一般群, 其上的离散对数问题有亚指数时间算法. 在 20 世纪 20 年代, Kraitchik[25] 提出用指标计算法 (Index Calculus) 求解离散对数, 在该算法基础上后续衍生出众多算法, 例如素域上的离散对数算法[26,27] 等. 指标计算法基本过程是: 设 q 是素数, B 是某个正整数以及素数集合 $\mathcal{B} = \{p_1, p_2, \cdots, p_s\}$, 其中每个素数 $p_j \leqslant B$. 算法分为三个阶段.

1. 关系收集阶段. 搜索 $z_i \in \mathbb{Z}_p^*$, 满足分解

$$g^{z_i} \mod q = \prod_{j=1}^{s} p_j^{e_{i,j}}.$$

获得一个关系

$$z_i = \sum_{j=1}^{s} e_{i,j} \log_g p_j \mod (q-1).$$

2. 线性代数阶段. 使用上个阶段收集的关系形成如下线性方程组:

$$\begin{bmatrix} e_{1,1} & e_{1,2} & \cdots & e_{1,s} \\ e_{2,1} & e_{2,2} & \cdots & e_{2,s} \\ \vdots & \vdots & & \vdots \\ e_{s,1} & e_{s,2} & \cdots & e_{s,s} \end{bmatrix} \begin{bmatrix} v_1 \\ v_2 \\ \vdots \\ v_s \end{bmatrix} = \begin{bmatrix} z_1 \\ z_2 \\ \vdots \\ z_s \end{bmatrix}.$$

求解方程组获得向量 $\boldsymbol{v}$, 其中 $\boldsymbol{v}$ 中值 $v_j = \log_g p_j$.

3. 离散对数求解阶段. 搜索 t 满足 $g^t h = \prod_{j=1}^{s} p_j^{e_{t,j}} \mod q$. 计算离散对数

$$\log_g h = \sum_{j=1}^{s} e_{t,j} \log_g p_j - t = \sum_{j=1}^{s} e_{t,j} v_j - t \mod (q-1).$$

算法中 B 称为平滑值. 若 $r = g^{z_i}$ 可分解为 p_j 幂的积, 则称 r 对 $\mathcal{B}$ 是平滑的. 显然 $\mathcal{B}$ 中元素个数越少, 随机的 r 对 $\mathcal{B}$ 是平滑的概率越小. 若 s 越大, 则阶段 2 的线性方程组越大, 求解 $\boldsymbol{v}$ 的开销也越大. 因此算法需要选择优化的 B. 当 $B = L_Q(1/2, 1/2)$ 时, 算法的复杂性为 $L_Q(1/2, 2)$.

指标计算法后续的工作都是对三个阶段进行各种改进. 可以看到, 阶段 1 需要利用整数分解算法, 如椭圆曲线方法 (ECM: Elliptic Curve Method)[28], 对 $r = g^{z_i}$ 进行分解. 若 r 越大, 则分解越困难. Coppersmith, Odlzyko 和 Schroeppel[29] 提出通过筛法提高关系收集阶段的效率 (COS 算法). 选择 A 是模 q 的平方剩余使得 $\mathbb{Q}[\sqrt{A}]$ 是唯一析因整环 (UFD: Unique Factorization Domain), 即环中非零元可以唯一分解为素元素或不可约元素的乘积. 例如当 $3 = q \mod 8$ 时, 存在 u, v 满足: $q = u^2 + 2v^2, A = \theta^2 = -2$, 进而可定义对应的 UFD: $\mathbb{Q}[\theta]$. 定义环同态映射:

$$\begin{aligned} \phi : \mathbb{Z}[\theta] &\longrightarrow F_q, \\ \theta &\longmapsto m \mod q, m = u/v. \end{aligned}$$

那么有 $\phi(a - b\theta) = a - bu/v = (av - bu)v^{-1} \mod q$, $|u|, |v| \leqslant \sqrt{q}$. 关系收集阶段变为寻找 (a, b) 在 $\mathbb{Z}$ 上满足 $av - bu = \prod_{j=1}^{s} p_j^{e_j}$, 同时在 $\mathbb{Z}[\theta]$ 上满足 $a - b\theta = \prod_{i=1}^{s'} \mathfrak{p}_i^{e'_i}$ 且 $\mathcal{N}(\mathfrak{p}_i) \leqslant B$, 其中 $\mathfrak{p}_j$ 是 $\mathbb{Z}[\theta]$ 的素理想, $\mathcal{N}(\mathfrak{p}_i)$ 是 $\mathfrak{p}_i$ 的范数. $a - b\theta$ 的范数为 $a^2 + b^2$. 第二个分解是将 $\mathbb{Z}[\theta]$ 的理想分解为素理想的积. $(a - b\theta)$ 范数的分解是该元素分解中素理想的范数的幂积, 即 $\mathcal{N}(a - b\theta) = \prod_{i=1}^{s'} (\mathcal{N}(\mathfrak{p}_i))^{e'_i}$. 对第二个分解应用环同态映射 ϕ 后有

$$av - bu = \prod_{j=1}^{s} p_j^{e_j} = v \prod_{i=1}^{s'} \phi(\mathfrak{p}_i)^{e'_i}.$$

取底为 g 的对数后有

$$\sum e_j \log_g p_j = \log_g v + \sum e'_i \log_g \phi(\mathfrak{p}_i).$$

选择 $\mathcal{B} = \{v\} \cup \{p_j \leqslant B\} \cup \{\phi(\mathfrak{p}_i) : \mathcal{N}(\mathfrak{p}_i) \leqslant B\}$, 收集足够关系后构造 $2B + \epsilon$ 个线性方程组. 取 $0 < a < E, -E < b < E$, 则 $\mathcal{N}(a - b\theta) = a^2 + b^2$ 的上界为 E^2. 取 $E = B = L_Q(1/2, 1/2)$, 关系收集阶段的复杂性为 $L_Q(1/2, 1)$. 选择 $|a|, |b| \ll \sqrt{q}$, $a - b\theta$ 的范数和值 $av - bu$ 相比 q 要小得多, 可以加快分解. 虽然阶段 2 的矩阵大小变为 $N = 2B + \epsilon$, 但是利用矩阵的稀疏性, 采用 [29] 提出的修改 Lanczos 算法或者 Wiedemann[30] 方法求解线性方程组的计算复杂性都为 $O(N^2)$. 因此, 整个 COS 算法的复杂性降低到 $L_Q(1/2, 1)$.

Coppersmith 提出二元域上更加高效的算法[31], 其复杂性为 $L_Q(1/3, c)$. Adleman 和 Huang 推广 Coppersmith 算法到其他小特征域上, 提出函数域筛算法 (FFS: Function Field Sieve), 其复杂性为 $L_Q(1/3, \sqrt[3]{32/9})$[32,33]. Gordon[34] 提出用数域筛算法 (NFS: Number Field Sieve) 求解素域上的离散对数, 其复杂性为 $L_Q(1/3, \sqrt[3]{9})$. Schirokauer[35,36] 提出塔式数域筛算法 (TNFS: Tower Number Field Sieve), 将算法复杂性降低到 $L_Q(1/3, \sqrt[3]{k \cdot 64/9})$.

COS 算法的筛法可以看作设 $f(x)=x^2-A, g(x)=vx-u$, $f(x), g(x)$ 有共同的根 $m=u/v$, ϕ 是 $\mathbb{Z}[\theta]$ 到 F_q 的映射. Gordon 则选择 $f(x)\in\mathbb{Z}[x]$ 为一个次数 $d>1$ 的首 1 且在 $\mathbb{Q}$ 上不可约多项式, $f(m)=0 \mod q$. 可选的构造为: 设 $m\approx q^{1/d}$, 定义多项式 $f(x)=c_0+c_1x+\cdots+c_dx^d$, 其中 c_i 满足 $q=\sum_{i=0}^{d}c_im^i$, 即 c_i 是以 m 为基表达 q 的系数. 这样的 $f(x)$ 满足 $f(m)=q$ 且不可约. 定义 $g(x)=x-m$. 两个多项式有共同根 m. 当 $q>2^{d^2}$ 时, $f(x)$ 是首 1 多项式. 设 α_f 为 $f(x)$ 的根. 定义环同态映射:

$$\begin{aligned}\phi:\mathbb{Z}[x]/(f(x)) &\longrightarrow F_q,\\ \alpha_f &\longmapsto m \mod q.\end{aligned}$$

和 COS 算法一样, 关系收集过程需要将理想 $a-b\alpha_f$ 分解为 $\mathbb{Z}[\alpha_f]$ 上素理想的积. 但是 $\mathbb{Z}[\alpha_f]$ 不再必然是 UFD, 因此需要选择那些仅使用范数不大于 B 的素理想的好分解. 因为多项式 $f(x)$ 的系数 $c_i<q^{1/d}$, 所以可通过选择适当的 d, 优化 $a-b\alpha_f$ 的范数和 $a-bm$ 都是 B 平滑的概率, 同时使得线性代数阶段的复杂性也尽量小. $a-b\alpha_f$ 的范数定义为

$$\mathcal{N}(a-b\alpha_f)=\operatorname{Res}(f(x),a-bx)=\sum_{i=0}^{d}a^ib^{d-i}c_i.$$

当 $d=\sqrt[3]{3\dfrac{\log Q}{\log\log Q}}$ 时, 算法有最小的计算复杂性 $L_Q(1/3,\sqrt[3]{64/9})$. 由于分解因子的集合 $\mathcal{B}$ 小了很多 ($B=L_Q(1/3,\cdot)$), 阶段 3 难以直接找到 g^th 对 $\mathcal{B}$ 的分解. Joux 和 Lercier 提出两阶段分解法[37]: 首先使用范数大小不超过 $B_1=L_Q(2/3,\cdot)$ 的分解因子将 g^th 进行分解, 然后对范数超过 B 的分解因子进行再分解, 最后计算离散对数. 可以看到阶段 1 的过程包含两个子过程: 过程 ① 选择合适的多项式; 过程 ② 收集关系. [36] 放宽对不可约多项式 f 的要求为 $f(m)=q$, f 的首系数和常数为 B 平滑, f 的系数小. 图 3.3 示意了构造线性关系时环的映射关系. 后面众多工作尝试选择不同的多项式构造环以及环间的映射关系来提高关系收集过程的效率.

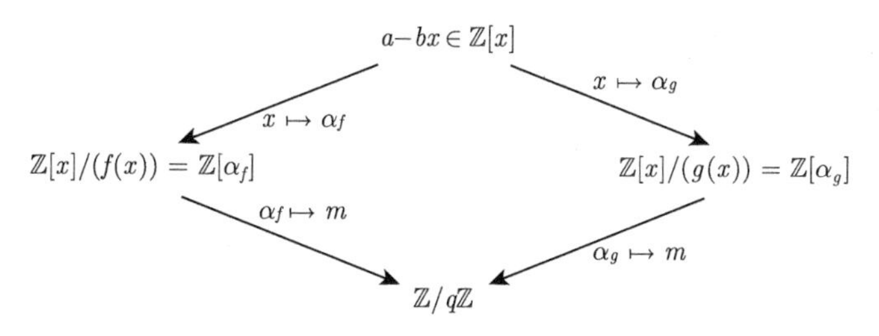

图 3.3 经典 NFS 的环交换图

在 2006 年, Joux, Lercier, Smart 和 Vercauteren[38] 提出了扩域上求解离散对数的 NFS 算法 (JLSV 算法), 实现了以 $L_Q(1/3, c)$ 时间求解任意有限域上的离散对数问题. 特别地, JLSV 算法选择 k 次多项式 $f(x), g(x)$ 有共同的因子 φ. 两个多项式在 F_q 上不可约. $F_q[x]/(\varphi) \simeq F_{q^k}$. 设域特征 $q = L_Q(l_q, c)$, [38] 根据域 F_{q^k} 特征大小的不同将有限域上的离散对数问题分为以下三种类型, 以及类型间的两种边界情况: $l_q = 1/3$ 以及 $l_q = 2/3$.

- 小特征: $l_q < 1/3$. 如特征 2, 3 的超奇异曲线上双线性对使用的扩域 $F_{2^{mk}}, F_{3^{mk}}$, 即 $q = 2^m$ 或 $q = 3^m$, m 是正整数. 算法复杂性为 $L_Q(1/3, \sqrt[3]{32/9})$.
- 中等特征: $1/3 < l_q < 2/3$. 如普通双线性对友好曲线 (见第 11 章)BN, BLS-12, KSS-18, BLS-24, BLS-48 等曲线上双线性对使用的扩域 $F_{q^{12}}$, $F_{q^{18}}$, $F_{q^{24}}$, $F_{q^{48}}$, 其中 q 可能是 250—640 比特素数. 算法复杂性为 $L_Q(1/3, \sqrt[3]{128/9})$.
- 大特征: $2/3 < l_p < 1$. 如嵌入次数为 2 的超奇异曲线上双线性对使用的扩域 F_{q^2}, q 可能是 1000—3000 比特大素数. 算法复杂性为 $L_Q(1/3, \sqrt[3]{64/9})$.

从 2013 年开始, 一系列突破性工作显著降低了小特征和中等特征域上离散对数的复杂性. 首先, Joux[39] 将小特征域上离散对数复杂性降低到 $L_Q(1/4+o(1), c)$. Barbulescu 等[40] 提出拟多项式时间算法. 经过一系列的改进工作[41-46], 在 2019 年, Kleinjung 和 Wesolowski[47] 证明了在固定特征下离散对数有多项式时间算法, 具体计算复杂性为 $(qn)^{2\log_2 n+O(1)}$, 其中 $Q = q^n$, $n = mk$, $m, k \geqslant 1$. 这些工作使得小特征 2, 3 的曲线不再适用于双线性对密码系统.

对于双线性对使用的中等和大特征有限域, Joux 和 Pierrot[48] 首先考察了特殊特征值的情况 (JP 方法): q 由 λ 次多项式生成 (如 BN, BLS, KSS 曲线等均是该情况). 该类中等域上离散对数的复杂性降低到 $L_Q\left(1/3, \sqrt[3]{\frac{64}{9}\cdot\frac{\lambda+1}{\lambda}}\right)$, 大特征域上复杂性降低为 $L_Q(1/3, \sqrt[3]{32/9})$. 对一般情况的 q 和 k, [49, 50] 则给出了改进 NFS 算法, 中等特征域上 NFS-Conj 算法复杂性由 $L_Q(1/3, \sqrt[3]{128/9})$ 降低为 $L_Q(1/3, \sqrt[3]{96/9})$, 大特征域上推广的 Joux-Lercier 算法 NFS-GJL 复杂性为 $L_Q(1/3, \sqrt[3]{64/9})$. 基于 [36] 的工作, Barbulescu 等[51] 在 2015 年通过选择不同的多项式改进 TNFS: 对大特征域, 其复杂性为 $L_Q(1/3, \sqrt[3]{64/9})$; 对中等特征域, 算法复杂性则超过 $L_Q(1/3, c)$; 针对多项式生成的特征值 $q = \mathrm{poly}(u), u \approx q^{1/\lambda}, \lambda = \sqrt[3]{3/2}\left(\frac{Q}{\log\log Q}\right)^{1/3}$, 特殊塔式算法 STNFS 的计算复杂性可降低到 $L_Q(1/3, \sqrt[3]{32/9})$.

对合数扩张次数 $k=\eta\cdot\gamma$ 且 $\gcd(\eta,\gamma)=1,\gamma\neq 1$, Kim 和 Barbulescu[52] 提出扩展的 TNFS(exTNFS) 算法, 将中等特征域上的离散对数计算复杂性降低到 $L_Q(1/3,\ \sqrt[3]{48/9})$. [52] 选择 η 次多项式 $h(t)\in\mathbb{Z}[t]$, $h(t)$ 在 F_q 上不可约. 定义 $R=\mathbb{Z}[t]/(h(t))$, 有 $R\simeq F_{q^\eta}$. 选择整数系数多项式 $f(x)$, $g(x)$, 它们有关于模 q 的共同因子 $\gamma(x)$. $\gamma(x)$ 的次数为 γ 且在 F_{q^η} 上不可约. exTNFS 中线性关系的构造示意如图 3.4, 其中扩张 $K_f=\mathbb{Q}[\iota][\alpha_f], K_g=\mathbb{Q}[\iota][\alpha_g]$, ι,α_f,α_g 分别是 $h(t)$, $f(x), g(x)$ 的根. 若将多个数域的方法混合, 则 MexTNFS 的复杂性可以进一步降低到 $L_Q(1/3,\ \sqrt[3]{45/9})$. 对多项式生成的特征和满足前面条件的合数扩张次数 k, 特殊扩展 TNFS (SexTNFS) 算法的复杂性降低到 $L_Q(1/3, \sqrt[3]{32/9})$. [53] 进一步去除了 [52] 中对合数 k 的限制条件, 在保持相同复杂性的同时, 算法可支持任意合数 k.

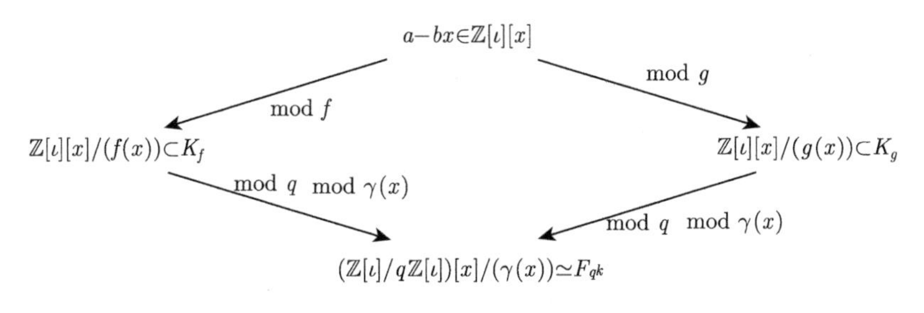

图 3.4 exTNFS 的环交换图

在 2013 年, Joux[54] 提出精准方法 (Pinpointing method), 更加快速地完成中等素数特征情况指标计算法中的筛阶段. 对特征 $q=L_Q(1/3,\alpha D)$, 其中 D,α 满足 $(D+1)\alpha\geqslant\dfrac{2}{3\sqrt{\alpha D}}$, 算法复杂性可能降低到 $L_Q(1/3,\ 2\alpha)$, 其中 $\alpha\in[3^{-2/3},\ (2/3)^{2/3})(D=1)$ 或 $L_Q\left(1/3, D^2\alpha+\dfrac{1}{9D^2\alpha}\right)(D>1)$. 特别地, 当 $D=1,\alpha=3^{-2/3}$ 时, 算法复杂性可能降低到 $L_Q(1/3,\ 0.96)$.

表 3.1 总结了目前中等特征和大特征扩域上离散对数问题的计算复杂性. 这些进展显著地影响了众多嵌入次数 k 为合数的双线性对友好曲线 (如 BN, BLS, KSS 等) 的安全参数选择. 使用这些曲线的密码系统需要选择更大的扩域来补偿因离散对数算法进展带来的安全性损失[55-58]. 最新的中等特征域上离散对数的 exTNFS 算法最快计算记录可见 [59]. 该记录和理论分析的复杂性是匹配的.

对 128 比特安全级别, [56] 推荐使用 440—448 比特特征的素域上的 BLS12 曲线或 FKM 曲线[60,61], 略小于 [55] 中推荐的域. De Micheli, Gaudry 和 Pierrot[58] 则发现在 192 或 256 比特安全时, 可以考虑小特征和中等特征的边界情况 (即

$l_q = 1/3$), 通过选择合适的 q, 离散对数算法的复杂性相较于 F_q 的情况并未显著降低. 例如当 k 是合数时, 若选择 $q = L_Q(1/3, 3.86)$, F_{q^k} 上离散对数的复杂性为 $L_Q(1/3, 1.93)$, 对应 $c = 64.7$.

表 3.1 中等特征和大特征扩域上离散对数的计算复杂性

扩张次数 k	特征值 q 形式	$L_Q(1/3, \sqrt[3]{c/9})$ 中的 c 值与对应算法	
		中等特征 (k 大)	大特征 (k 小)
素数	非多项式	96(NFS-Conj)	64(TNFS, NFS-GJL)
素数	多项式	64(JP)	32(STNFS, JP)
合数	非多项式	48(exTNFS-Conj)	64(TNFS, NFS-GJL)
合数	多项式	32(SexTNFS)	32(STNFS, JP)

参考文献

[1] Mitsunari S, Sakai R, Kasahara M. A new traitor tracing. IEICE Trans., 2002, E85-A(2): 481-484.

[2] Boneh D, Boyen X. Short signatures without random oracles. EUROCRYPT 2004, LNCS 3027: 56-73.

[3] Shoup V. Lower bounds for discrete logarithms and related problems. EUROCRYPT 1997, LNCS 1233: 256-266.

[4] Cheon J. Security analysis of the strong Diffie-Hellman problem. EUROCRYPT 2006, LNCS 4004: 1-11.

[5] Verheul E. Evidence that XTR is more secure than supersingular elliptic curve cryptosystems. EUROCRYPT 2001, LNCS 2045: 195-210.

[6] Galbraith S, Hess F, Vercauteren F. Aspects of pairing inversion. IEEE Tran. on Information Theory, 2008, 54(12): 5719-5728.

[7] Chen L, Cheng Z. Security proof of Sakai-Kasahara's identity-based encryption scheme. Cryptography and Coding, 2005, LNCS 3796: 442-459.

[8] Boneh D, Boyen X, Shacham H. Short group signatures. CRYPTO 2004, LNCS 3152: 41-55.

[9] Boneh D, Boyen X, Goh E. Hierarchical identity based encryption with constant size ciphertext. EUROCRYPT 2005, LNCS 3494: 440-456.

[10] Boyen X. The Uber-assumption family: A unified complexity framework for bilinear groups. Pairing 2008, LNCS 5209: 39-56.

[11] Bauer B, Fuchsbauer G, Loss J. A classification of computational assumptions in the algebraic group model. CRYPTO 2020, LNCS 12171: 121-151.

[12] Chatterjee S, Menezes A. On cryptographic protocols employing asymmetric pairings—The role of Ψ revisited. Discrete Applied Mathematics, 2011, 159: 1311-1322.

[13] Shanks D. Class number, a theory of factorization, and genera. Symposia in Applied Mathematics, 1969, 20: 415-440.

[14] Pollard J. Monte Carlo methods for index computation (mod p). Mathematics of Computation, 1978, 32: 918-924.

[15] van Oorschot P, Wiener M. Parallel collision search with cryptanalytic applications. J. of Cryptology, 1999, 12(1): 1-28.

[16] Gaudry P, Schost É. A low-memory parallel version of Matsuo, Chao, and Tsujii's algorithm. ANTS VI, 2004, LNCS 3076: 208-222.

[17] Pohlig S, Hellman M. An improved algorithm for computing logarithms over GF(p) and its cryptographic significance. IEEE Trans. Inf. Theory, 1978, 24: 106-110.

[18] Pollard J. Kangaroos, monopoly and discrete logarithms. J. of Cryptology, 2000, 13(4): 437-447.

[19] Stein A, Teske E. Optimized baby step-giant step methods. J. Ramanujan Math. Soc., 2005, 20(1): 27-58.

[20] Bernstein D, Lange T. Non-uniform cracks in the concrete: The power of free precomputation. ASIACRYPT 2013, LNCS 8270: 321-340.

[21] Galbraith S, Wang P, Zhang F. Computing elliptic curve discrete logarithms with improved baby-step giant-step algorithm. Advances in Mathematics of Communications, 2017, 11(3): 453-469.

[22] Galbraith S. Mathematics of Public Key Cryptography. 2nd ed. Cambridge: Cambridge University Press, 2018.

[23] Teske E. On random walks for Pollard's rho method. Math. Comp., 2001, 70(234): 809-825.

[24] Menezes A, Okamoto T, Vanstone S. Reducing elliptic curve logarithms to logarithms in a finite field. IEEE Transactions on Information Theory, 1993, 39(5): 1639-1646.

[25] Kraitchik M. Théorie des Nombres. Gauthier-Villars, 1922.

[26] Western A, Miller P. Indices and Primitive Roots. Royal Society Mathematical Tables vol. 9. Cambridge: Cambridge University Press, 1968.

[27] Adleman L. A subexponential algorithm for the discrete logarithm problem with applications to cryptography. FOCS 1979: 55-60.

[28] Lenstra H. Factoring integers with elliptic curves. Annals of Mathematics, 1987, 126: 649-673.

[29] Coppersmith D, Odlzyko A, Schroeppel R. Discrete logarithms in GF(p). Algorithmica, 1986, 1(1-4): 1-15.

[30] Wiedemann D. Solving sparse linear equations over finite fields. IEEE Tran. on Information Theory, 1986, IT-32(1): 54-62.

[31] Coppersmith D. Fast evaluation of logarithms in fields of characteristic two. IEEE Tran. on Information Theory, 1984, 30(4): 587-594.

[32] Adleman L. The function field sieve. ANTS-I, 1994, LNCS 877: 108-121.

[33] Adleman L, Huang M. Function field sieve method for discrete logarithms over finite fields. Information and Computation, 1999, 151(1/2): 5-16.

[34] Gordon D. Discrete logarithms in GF(p) using the number field sieve. SIAM Journal on Discrete Mathematics, 1993, 6(1): 124-138.

[35] Schirokauer O. Discrete logarithms and local units, theory and applications of numbers without large prime factors. Philos. Trans. Roy. Soc. London Ser. A, 1993, vol. 345: 409-423.

[36] Schirokauer O. Using number fields to compute logarithms in finite fields. Math. Comput., 2000, 69(231): 1267-1283.

[37] Joux A, Lercier R. Improvements to the general number field sieve for discrete logarithms in prime fields. Math. Comp., 2003, 72(242): 953-967.

[38] Joux A, Lercier R, Smart N, et al. The number field sieve in the medium prime case. CRYPTO 2006, LNCS 4117: 326-344.

[39] Joux A. A new index calculus algorithm with complexity $L(1/4 + \mathrm{o}(1))$ in small characteristic. SAC 2013, LNCS 8282: 355-379.

[40] Barbulescu R, Gaudry P, Joux A, et al. A heuristic quasi-polynomial algorithm for discrete logarithm in finite fields of small characteristic. EUROCRYPT 2014, LNCS 8441: 1-16.

[41] Granger R, Kleinjung T, Zumbrägel J. Breaking '128-bit secure' supersingular binary curves (or how to solve discrete logarithms in $\mathbb{F}_{2^{4\cdot 1223}}$ and $\mathbb{F}_{2^{12\cdot 367}}$). CRYPTO 2014, LNCS 8617: 126-145.

[42] Joux A, Pierrot C. Improving the polynomial time precomputation of Frobenius representation discrete logarithm algorithms: Simplified setting for small characteristic finite fields. ASIACRYPT 2014, LNCS 8873: 378-397.

[43] Granger R, Kleinjung T, Zumbrägel J. On the discrete logarithm problem in finite fields of fixed characteristic. Trans. Amer. Math. Soc., 2018, 370: 3129-3145.

[44] Granger R, Kleinjung T, Zumbrägel J. Indiscreet logarithms in finite fields of small characteristic. Advances in Mathematics of Communications, 2018, 12: 263-286.

[45] Adj G, Canales-Martínez I, Cruz-Cortés N, et al. Computing discrete logarithms in cryptographically-interesting characteristic-three finite fields. Amer. Math. Soc., 2018, 12(4): 741-759.

[46] Joux A, Pierrot C. Algorithmic aspects of elliptic bases in finite field discrete logarithm algorithms. IACR Cryptology ePrint Archive, 2019, Report 2019/782.

[47] Kleinjung T, Wesolowski B. Discrete logarithms in quasi-polynomial time in finite fields of fixed characteristic. J. Amer. Math. Soc., 2022, 35: 581-624.

[48] Joux A, Pierrot C. The special number field sieve in F_{p^n}, application to pairing-friendly constructions. Pairing 2013, LNCS 8365: 45-61.

[49] Barbulescu R, Gaudry P, Guillevic A, et al. Improving NFS for the discrete logarithm problem in non-prime finite fields. EUROCRYPT 2015, LNCS 9056: 129-155.

[50] Sarkar P, Singh S. New complexity trade-offs for the (multiple) number field sieve algorithm in non-prime fields. EUROCRYPT 2016, LNCS 9665: 429-458.

[51] Barbulescu R, Gaudry P, Kleinjung T. The tower number field sieve. ASIACRYPT 2015, LNCS 9453: 31-55.

[52] Kim T, Barbulescu R. The extended tower number field sieve: A new complexity for the medium prime case. CRYPTO 2016, LNCS 9814: 543-571.

[53] Kim T, Jeong J. Extended tower number field sieve with application to finite fields of arbitrary composite extension degree. PKC 2017, LNCS 10174: 388-408.

[54] Joux A. Faster index calculus for the medium prime case application to 1175-bit and 1425-bit finite fields. EUROCRYPT 2013, LNCS 7881: 177-193.

[55] Barbulescu R, Duquesne S. Updating key size estimations for pairings. J. of Cryptology, 2019, 32: 1298-1336.

[56] Guillevic A. A short-list of pairing-friendly curves resistant to Special TNFS at the 128-bit security level. PKC 2019, LNCS 12111: 535-564.

[57] Barbulescu R, El Mrabet N, Ghammam L. A taxonomy of pairings, their security, their complexity. IACR Cryptology ePrint Archive, 2019, Report 2019/485.

[58] De Micheli G, Gaudry P, Pierrot C. Asymptotic complexities of discrete logarithm algorithms in pairing-relevant finite fields. CRYPTO 2020, LNCS 12171: 32-61.

[59] De Micheli G, Gaudry P, Pierrot C. Lattice enumeration for tower NFS: A 521-bit discrete logarithm computation. ASIACRYPT 2021, LNCS 13090: 67-96.

[60] Fotiadis G, Martindale C. Optimal TNFS-secure pairings on elliptic curves with even embedding degree. IACR Cryptology ePrint Archive, 2018, Report 2018/969.

[61] Fotiadis G, Konstantinou E. TNFS resistant families of pairing friendly elliptic curves. IACR Cryptology ePrint Archive, 2018, Report 2018/1017.

第 4 章　标识加密算法

4.1　标识加密简介

公钥密码系统中用户有两把钥匙: 一把钥匙 K_{pub} 是公开的, 另一把钥匙 K_{priv} 为用户私有的. 公钥密码系统在实际应用中需要解决一个关键问题: 各个用户如何安全地公开自己的公钥而不引起混乱, 简单地讲就是如何将用户的身份和用户的密钥安全地对应起来. 传统的公钥系统一般采用证书机制实现用户身份和用户密钥的安全对应. Shamir[1] 在 1984 年提出了基于标识的密码技术 (IBC). 标识密码系统使用用户的标识作为用户的公钥, 更加准确地说, 用户的公钥可以从用户的标识和一套公开的系统参数通过规定的方法计算得出. 在这种情况下, 用户不需要申请和交换数字证书, 从而简化了公钥管理的复杂性. 用户的私钥由系统中受信任的第三方: 密钥生成中心 (KGC: Key Generation Center), 使用其拥有的秘密和公开的系统参数按照规定的标识私钥生成算法计算生成. 用户从 KGC 获得标识私钥后进行相关密码运算. Shamir[1] 基于 RSA 问题构造了一个标识密钥的生成算法和标识签名算法. 在 2000 年, 研究人员陆续提出标识加密算法的构造[2-8] 等, 以及众多标识加密机制的扩展, 如分层标识加密[9]、模糊标识加密[10]、基于属性的加密[10]、广播标识加密[11]、可撤销标识密码系统[12]、函数加密[13] 等.

基于双线性对, [2,5,6] 分别给出了三个标识密钥生成方法: SOK, SK 和 BB_1 标识密钥生成算法. [14] 将这三种算法分别称为**全域哈希、指数逆、可交换掩藏**类型标识密钥生成方法. 这三个密钥生成方法产生了广泛的影响. 大量标识密码研究工作采用这三种标识密钥生成方法构造了众多标识密码原语, 包括标识加密、标识签名、标识密钥交换协议等. 本章介绍标识加密机制, 首先给出标识加密算法的定义和安全模型, 再给出采用这三种标识密钥生成方法的标识加密算法的典型构造: BF-IBE, SM9-IBE 和 SK-KEM 以及 BB_1-IBE, 接着给出标识加密算法的一些重要扩展, 包括分层标识加密、可撤销标识加密、门限标识加密等, 最后考察一些无须双线性对的标识加密算法.

从 BF-IBE 开始, 构造标识密码算法的同时提供算法的安全性证明成为标识密码研究的传统. 本章选择了一些典型的标识加密构造和安全性证明方法, 包括 BF-IBE 及其在随机谕示下的证明方法、标准模型 (无须随机谕示) 下可证明选择标识安全的 BB_1-IBE、采用 Waters 双系统证明方法和合数阶群的 LW-HIBE[15]、采用 Cramer-Shoup 证明技术在标准模型下有紧致归约的 Gentry-IBE[16] 等. 通过对这些机制的介绍, 读者可对基于双线性对的 IBE 构造和安全性证明方法有基本的了解.

限于篇幅, 本章仅给出部分算法的完整安全性证明, 也未包括许多有重要影响的工作, 例如 [6] 中的第二个 IBE (BB_2-IBE 基于 ℓ 类复杂性假设在标准模型有可证明安全性)、标准模型下可证明完整安全性的 Waters-IBE[8]、标准模型安全的小公共参数 HIBE[17]、随机谕示模型下有紧凑安全归约的 BF-IBE 变形[18]、采用孪生 DH 方法构造的 IBE[19]、提出双系统证明技术的 Waters-IBE2[20]、以非黑盒归约方式基于 DH 复杂性假设构造的 IBE[21] 等. 另外, IBE 可用于将选择明文攻击安全的机制转换为选择密文攻击安全的公钥加密机制, 例如, [22] 提出的将 ℓ 层选择明文安全标识加密方法转换为 $\ell-1$ 层选择密文安全标识加密方法的通用方法以及 [23] 提出的转换机制等. 读者可参考相关文献了解更多细节.

4.2 标识加密算法安全性定义

4.2.1 公钥加密算法及其安全性定义

在定义标识加密算法及其安全性前, 我们首先考察标准公钥加密算法 (PKE: Public Key Encryption) 及其安全性定义. 标准公钥加密算法由如下三个子算法构成.

- **Generate** $\mathbb{G}_{\text{PKE}}(1^\kappa)$: 对安全参数输入 1^κ, 该概率算法计算输出公钥 K_{pub} 和私钥 K_{priv}.

$$(K_{pub}, K_{priv}) \leftarrow \mathbb{G}_{\text{PKE}}(1^\kappa).$$

- **Encrypt** $\mathbb{E}_{\text{PKE}}(K_{pub}, m; r)$: 该算法接收来自明文消息空间 $\mathbb{M}_{\text{PKE}}(K_{pub})$ 的消息 m、来自随机数空间 $\mathbb{R}_{\text{PKE}}(K_{pub})$ 的随机数 r 和 K_{pub}, 计算输出属于密文空间 $\mathbb{C}_{\text{PKE}}(K_{pub})$ 的密文 C,

$$C \leftarrow \mathbb{E}_{\text{PKE}}(K_{pub}, m; r),$$

我们也使用定义 $\mathbb{E}_{\text{PKE}}(K_{pub}, m)$, 这时假定算法内部生成随机数 r. 本书不讨论确定性公钥加密算法.

- **Decrypt** $\mathbb{D}_{\text{PKE}}(K_{pub}, K_{priv}, C)$: 该确定性算法接收 K_{pub}, K_{priv} 和 C 作为输入, 当密文有效时, 计算输出明文 m; 否则输出一个解密失败的标记 $\perp$.

$$(m \text{ 或 } \perp) \leftarrow \mathbb{D}_{\text{PKE}}(K_{pub}, K_{priv}, C).$$

公钥加密算法有许多不同的安全性定义. 最基本的安全性定义为单向加密 (OWE: One Way Encryption) 安全, 即攻击者不能由密文获取完整明文. 我们普遍使用不可区分安全性定义 (IND) 来刻画公钥加密算法抵抗更强攻击者的能力. 根据攻击者的能力不同, 不可区分安全可以进一步分为选择明文攻击 (CPA: Chosen Plaintext Attack) 安全和选择密文攻击 (CCA: Chosen Ciphertext Attack) 安全. 这些安全性定义都可以采用表 4.1 中的一个游戏来刻画. 这些游戏在挑战者和一个两阶段的攻击者 $\mathcal{A}=(\mathcal{A}_1,\mathcal{A}_2)$ 之间展开.

表 4.1 PKE 安全模型

OWE 攻击游戏	IND 攻击游戏
1. $(K_{pub},K_{priv})\leftarrow \mathbb{G}_{\text{PKE}}(1^\kappa)$.	1. $(K_{pub},K_{priv})\leftarrow \mathbb{G}_{\text{PKE}}(1^\kappa)$.
2. $sts\leftarrow \mathcal{A}_1^{\mathcal{O}_{\text{PKE}}}(K_{pub})$.	2. $(sts,m_0,m_1)\leftarrow \mathcal{A}_1^{\mathcal{O}_{\text{PKE}}}(K_{pub})$.
3. $m\leftarrow \mathbb{M}_{\text{PKE}}(K_{pub}),r\leftarrow \mathbb{R}_{\text{PKE}}(K_{pub})$.	3. $b\leftarrow\{0,1\},r\leftarrow \mathbb{R}_{\text{PKE}}(K_{pub})$.
4. $C^*\leftarrow \mathbb{E}_{\text{PKE}}(K_{pub},m;r)$.	4. $C^*\leftarrow \mathbb{E}_{\text{PKE}}(K_{pub},m_b;r)$.
5. $m'\leftarrow \mathcal{A}_2^{\mathcal{O}_{\text{PKE}}}(K_{pub},C^*,sts)$.	5. $b'\leftarrow \mathcal{A}_2^{\mathcal{O}_{\text{PKE}}}(K_{pub},C^*,sts,m_0,m_1)$.

游戏中, m_0 和 m_1 是两个来自明文空间 $\mathbb{M}_{\text{PKE}}(\cdot)$ 的等长消息, sts 是攻击者 $\mathcal{A}$ 的状态信息. $\mathcal{O}_{\text{PKE}}$ 是加密安全模型下挑战者提供给攻击者的谕示集合, 用于抽象刻画攻击者的能力. 攻击者在物理世界通过攻击手段获取相关数据, 而在游戏中则可通过访问相关谕示获得对应数据. 根据模型模拟攻击者的能力不同, 挑战者提供不同的谕示. 具体如下.

- 单向加密 (OWE) 模型和选择明文攻击 (CPA) 模型: 在该模型中攻击者没有可访问的谕示.
- 选择密文攻击 (CCA) 模型: 在该模型中攻击者能访问解密谕示. 解密谕示接收攻击者选择的密文 C 后, 采用私钥对 C 进行解密并向攻击者提供解密结果. 为了排除攻击者简单赢得游戏的情况, 模型要求在阶段 2 中 $\mathcal{A}_2$ 不使用 C^* 作为输入访问解密谕示.

在上述两类游戏中, 若 $m=m'$ 或 $b=b'$, 我们就说攻击者 $\mathcal{A}$ 成功赢得了游戏. 为了度量 $\mathcal{A}$ 成功的概率, 我们使用 MOD 代表攻击的模式, 包括 CPA 或 CCA, 定义攻击者 $\mathcal{A}$ 在 OWE 游戏中的优势为

$$\mathtt{Adv}_{\text{PKE},\mathcal{A}}^{\mathtt{OWE\text{-}MOD}}=\Pr[m'=m],$$

定义攻击者 $\mathcal{A}$ 在 IND 游戏中的优势为

$$\mathtt{Adv}_{\text{PKE},\mathcal{A}}^{\mathtt{IND\text{-}MOD}}=|\,2\Pr[b'=b]-1\,|\,.$$

定义 4.1 如果在某种安全模型下 (OWE-CPA 或 OWE-CCA 或 IND-CPA 或 IND-CCA), 所有的概率多项式时间攻击者的优势 $\epsilon(\kappa)$ 都可忽略得小, 则称一个公钥加密算法在相应的安全模型下是安全的.

4.2.2　标识加密算法及其安全性定义

下面给出标识加密算法的形式定义. 标识加密算法包括如下四个子算法. 其中 **Setup** 和 **Extract** 只能由密钥生成中心执行. 这些算法定义在明文空间 $\mathbb{M}_{\mathtt{ID}}(\cdot)$、密文 $\mathbb{C}_{\mathtt{ID}}(\cdot)$ 和随机数空间 $\mathbb{R}_{\mathtt{ID}}(\cdot)$ 之上. 这些空间和主公钥 $M_{\mathfrak{pk}}$ 相关, 而主公钥和安全参数 κ 相关. 四个子算法都是关于安全参数的多项式时间算法.

- **Setup** $\mathbb{G}_{\mathtt{ID}}(1^\kappa)$: 对安全参数输入 1^κ, 该概率算法计算输出主公钥 $M_{\mathfrak{pk}}$ 和主私钥 $M_{\mathfrak{sk}}$.

$$(M_{\mathfrak{pk}}, M_{\mathfrak{sk}}) \leftarrow \mathbb{G}_{\mathtt{ID}}(1^\kappa).$$

- **Extract** $\mathbb{X}_{\mathtt{ID}}(M_{\mathfrak{pk}}, M_{\mathfrak{sk}}, \mathtt{ID}_A)$: 对输入 $M_{\mathfrak{pk}}, M_{\mathfrak{sk}}$ 和实体 A 的标识 $\mathtt{ID}_A \in \{0,1\}^*$, 该概率算法计算输出与 $\mathtt{ID}_A$ 对应的标识私钥 D_A.

$$D_A \leftarrow \mathbb{X}_{\mathtt{ID}}(M_{\mathfrak{pk}}, M_{\mathfrak{sk}}, \mathtt{ID}_A).$$

- **Encrypt** $\mathbb{E}_{\mathtt{ID}}(M_{\mathfrak{pk}}, \mathtt{ID}_A, m; r)$: 该算法接收 $M_{\mathfrak{pk}}, \mathtt{ID}_A$, 消息 $m \in \mathbb{M}_{\mathtt{ID}}(M_{\mathfrak{pk}})$ 和随机数 $r \in \mathbb{R}_{\mathtt{ID}}(M_{\mathfrak{pk}})$ 作为输入, 计算输出密文 $C \in \mathbb{C}_{\mathtt{ID}}(M_{\mathfrak{pk}})$.

$$C \leftarrow \mathbb{E}_{\mathtt{ID}}(M_{\mathfrak{pk}}, \mathtt{ID}_A, m; r).$$

  我们也使用定义 $\mathbb{E}_{\mathtt{ID}}(M_{\mathfrak{pk}}, \mathtt{ID}_A, m)$, 这时假定算法内部生成随机数 r.

- **Decrypt** $\mathbb{D}_{\mathtt{ID}}(M_{\mathfrak{pk}}, \mathtt{ID}_A, D_A, C)$: 该确定性算法接收 $M_{\mathfrak{pk}}, \mathtt{ID}_A, D_A$ 和 C 作为输入, 当密文有效时, 计算输出明文 m; 否则输出一个解密失败的标记 $\perp$.

$$(m \text{ 或 } \perp) \leftarrow \mathbb{D}_{\mathtt{ID}}(M_{\mathfrak{pk}}, \mathtt{ID}_A, D_A, C).$$

因加密是个随机过程, 我们要求不应有过多的随机数 r 产生同样的明密文对. 这样的要求可确切地定义如下: 对每个 ID, $m \in \mathbb{M}_{\mathtt{ID}}(M_{\mathfrak{pk}})$ 和 $C \in \mathbb{C}_{\mathtt{ID}}(M_{\mathfrak{pk}})$, 设 $\gamma(M_{\mathfrak{pk}})$ 是满足如下定义的最小上界

$$|\{r \in \mathbb{R}_{\mathtt{ID}}(M_{\mathfrak{pk}}) : \mathbb{E}_{\mathtt{ID}}(M_{\mathfrak{pk}}, \mathtt{ID}, m; r) = C\}| \leqslant \gamma(M_{\mathfrak{pk}}),$$

那么 $\gamma = \dfrac{\gamma(M_{\mathfrak{pk}})}{|\mathbb{R}_{\mathtt{ID}}(M_{\mathfrak{pk}})|}$ 是关于安全参数 κ 的可忽略函数 (也称γ **一致性**). 本章无特殊说明, 相关机制均具有 γ 一致性. 特别地, 如果密码机制构建于阶为 p 的循环群上, $\gamma = 1/p$.

Boneh 和 Franklin[4] 给出了 IBE 的安全性形式定义. 类似于 PKE 的安全性定义, 根据安全性要求的不同, 这些定义包括单向加密安全和不可区分安全两种类型. 根据攻击者的能力不同, 不可区分安全可以进一步分为选择明文攻击安

全和选择密文攻击安全. 这些安全性定义都可以采用表 4.2 中的一个游戏来刻画. 这些游戏在挑战者和一个两阶段的攻击者 $\mathcal{A}=(\mathcal{A}_1,\mathcal{A}_2)$ 之间展开.

表 4.2 IBE 安全模型

ID-OWE 攻击游戏	ID-IND 攻击游戏
1. $(M_{\mathfrak{pk}}, M_{\mathfrak{sk}}) \leftarrow \mathbb{G}_{\mathtt{ID}}(1^\kappa)$.	1. $(M_{\mathfrak{pk}}, M_{\mathfrak{sk}}) \leftarrow \mathbb{G}_{\mathtt{ID}}(1^\kappa)$.
2. $(sts, \mathtt{ID}^*) \leftarrow \mathcal{A}_1^{\mathcal{O}_{\mathtt{ID}}}(M_{\mathfrak{pk}})$.	2. $(sts, \mathtt{ID}^*, m_0, m_1) \leftarrow \mathcal{A}_1^{\mathcal{O}_{\mathtt{ID}}}(M_{\mathfrak{pk}})$.
3. $m \leftarrow \mathbb{M}_{\mathtt{ID}}(M_{\mathfrak{pk}}), r \leftarrow \mathbb{R}_{\mathtt{ID}}(M_{\mathfrak{pk}})$.	3. $b \leftarrow \{0,1\}, r \leftarrow \mathbb{R}_{\mathtt{ID}}(M_{\mathfrak{pk}})$.
4. $C^* \leftarrow \mathbb{E}_{\mathtt{ID}}(M_{\mathfrak{pk}}, \mathtt{ID}^*, m; r)$.	4. $C^* \leftarrow \mathbb{E}_{\mathtt{ID}}(M_{\mathfrak{pk}}, \mathtt{ID}^*, m_b; r)$.
5. $m' \leftarrow \mathcal{A}_2^{\mathcal{O}_{\mathtt{ID}}}(M_{\mathfrak{pk}}, C^*, sts, \mathtt{ID}^*)$.	5. $b' \leftarrow \mathcal{A}_2^{\mathcal{O}_{\mathtt{ID}}}(M_{\mathfrak{pk}}, C^*, sts, \mathtt{ID}^*, m_0, m_1)$.

和一般 PKE 相似, 上述游戏中, m_0 和 m_1 是两个来自明文空间 $\mathbb{M}_{\mathtt{ID}}(\cdot)$ 的等长消息, sts 是攻击者 $\mathcal{A}$ 的状态信息. $\mathcal{O}_{\mathtt{ID}}$ 是标识加密安全模型下挑战者提供给攻击者的谕示集合, 用于抽象刻画攻击者的能力. 根据模型模拟攻击者的能力不同, 挑战者提供不同的谕示. 具体如下.

- 单向加密 (OWE) 模型和选择明文攻击 (CPA) 模型: 在该模型中攻击者可访问标识私钥获取谕示. 该谕示接收攻击者选择的 $\mathtt{ID} \neq \mathtt{ID}^*$ 作为请求输入, 输出 ID 对应的标识私钥 $D_{\mathtt{ID}}$.
- 选择密文攻击 (CCA) 模型: 在该模型中攻击者不仅能像 CPA 模型一样访问标识私钥提取谕示, 还能访问解密谕示. 解密谕示接收攻击者选择的标识 ID 和密文 C 后, 采用 ID 对应的私钥对 C 进行解密并向攻击者提供解密结果. 为了排除攻击者简单赢得游戏的情况, 模型要求在阶段 2 中 $\mathcal{A}_2$ 不使用 $(\mathtt{ID}^*, C^*)$ 作为输入访问解密谕示.

在上述两类游戏中, 若 $m = m'$ 或 $b = b'$, 我们就说攻击者 $\mathcal{A}$ 成功赢得了游戏. 为了度量 $\mathcal{A}$ 成功的概率, 我们使用 MOD 代表攻击的模式, 包括 CPA 或 CCA, 定义攻击者 $\mathcal{A}$ 在 ID-OWE 游戏中的优势为

$$\mathtt{Adv}_{\mathtt{ID},\mathcal{A}}^{\mathtt{ID\text{-}OWE\text{-}MOD}} = \Pr[m' = m],$$

定义攻击者 $\mathcal{A}$ 在 ID-IND 游戏中的优势为

$$\mathtt{Adv}_{\mathtt{ID},\mathcal{A}}^{\mathtt{ID\text{-}IND\text{-}MOD}} = |\ 2\Pr[b' = b] - 1\ |\ .$$

定义 4.2 如果在某种安全模型下 (ID-OWE-CPA 或 ID-OWE-CCA 或 ID-IND-CPA 或 ID-IND-CCA), 所有的概率多项式时间攻击者的优势 $\epsilon(\kappa)$ 都可忽略得小, 则称一个 IBE 算法在相应的安全模型下是安全的.

Canetti 等[24] 定义了一个更弱的安全性模型: 选择标识模型. 在该模型下攻击者在上表中各个游戏的步骤 1 前 (还未生成系统参数) 就先确定待攻击的标识

$\mathtt{ID}^*$. 对这类攻击者的 ID-IND 模型, 我们使用 sID-IND-CPA 和 sID-IND-CCA 这样的命名. 为了区分, 我们将表 4.2 定义的安全性称为完整安全性.

4.2.3 标识混合加密机制及其安全性定义

直接构造的标识加密算法的消息空间中消息长度有限. 支持加密任意长度消息的一般方法是采用混合加密机制. 一个混合加密机制包括两个基本部件: 一个是公钥密码部件, 称为密钥封装机制 (KEM: Key Encapsulation Mechanism), 用于生成数据加密密钥; 另一个是对称密码部件, 称为数据封装机制 (DEM: Data Encapsulation Mechanism), 用于使用 KEM 生成的数据加密密钥通过对称加密机制加密消息数据.

Cramer 和 Shoup[25] 形式化地定义了混合加密机制的安全性并给出了满足选择密文攻击不可区分安全性 (IND-CCA) 的混合加密机制的一般构造方法. Bentahar 等[26] 将这一方法推广到标识加密机制. 其基本方法是组合符合一定安全性要求的标识密钥封装机制 (ID-KEM) 和数据封装机制来构造安全的混合标识加密机制. 一个 ID-KEM 定义在数据加密密钥空间 $\mathbb{K}_{\mathtt{ID\text{-}KEM}}(\cdot)$、密钥封装空间 $\mathbb{C}_{\mathtt{ID\text{-}KEM}}(\cdot)$ 和随机数空间 $\mathbb{R}_{\mathtt{ID\text{-}KEM}}(\cdot)$ 之上. ID-KEM 由以下四个多项式时间子算法构成.

- **Setup** $\mathbb{G}_{\mathtt{ID\text{-}KEM}}(1^\kappa)$: 该算法和 IBE 的 $\mathbb{G}_{\mathtt{ID}}(1^\kappa)$ 相同.
- **Extract** $\mathbb{X}_{\mathtt{ID\text{-}KEM}}(M_{\mathfrak{pk}}, M_{\mathfrak{sk}}, \mathtt{ID}_A)$: 该算法和 IBE 的 $\mathbb{X}_{\mathtt{ID}}(M_{\mathfrak{pk}}, M_{\mathfrak{sk}}, \mathtt{ID}_A)$ 相同.
- **Encapsulate** $\mathbb{E}_{\mathtt{ID\text{-}KEM}}(M_{\mathfrak{pk}}, \mathtt{ID}_A; r)$: 该算法接收 $M_{\mathfrak{pk}}, \mathtt{ID}_A$ 和随机数 $r \in \mathbb{R}_{\mathtt{ID\text{-}KEM}}(M_{\mathfrak{pk}})$ 作为输入, 计算输出数据加密密钥 $K \in \mathbb{K}_{\mathtt{ID\text{-}KEM}}(M_{\mathfrak{pk}})$ 和密钥的封装 $C \in \mathbb{C}_{\mathtt{ID\text{-}KEM}}(M_{\mathfrak{pk}})$.

$$(K, C) \leftarrow \mathbb{E}_{\mathtt{ID\text{-}KEM}}(M_{\mathfrak{pk}}, \mathtt{ID}_A; r).$$

  我们也使用简化定义 $\mathbb{E}_{\mathtt{ID\text{-}KEM}}(M_{\mathfrak{pk}}, \mathtt{ID}_A)$, 这时假定 $\mathbb{E}_{\mathtt{ID\text{-}KEM}}$ 随机生成 r.

- **Decapsulate** $\mathbb{D}_{\mathtt{ID\text{-}KEM}}(M_{\mathfrak{pk}}, \mathtt{ID}_A, D_A, C)$: 该确定性算法接收 $M_{\mathfrak{pk}}$, $\mathtt{ID}_A$, D_A 和 C 作为输入, 当封装 C 有效时, 计算输出密钥 K; 否则输出一个解封装失败的标记 $\perp$.

$$(K \text{ 或 } \perp) \leftarrow \mathbb{D}_{\mathtt{ID\text{-}KEM}}(M_{\mathfrak{pk}}, \mathtt{ID}_A, D_A, C).$$

类似 4.2.2 小节中 IBE 的安全性定义, ID-KEM 的安全性定义采用表 4.3 中的游戏来刻画. 游戏在挑战者和一个两阶段的攻击者 $\mathcal{A} = (\mathcal{A}_1, \mathcal{A}_2)$ 之间展开.

上述游戏中, sts 是攻击者 $\mathcal{A}$ 的阶段信息. $\mathcal{O}_{\mathtt{ID\text{-}KEM}}$ 是标识密钥封装安全模型下挑战者提供给攻击者的谕示集合, 用于抽象刻画攻击者的能力. 在 CCA 模型下, 攻击者可以访问如下两个谕示.

1. 标识私钥获取谕示: 该谕示接收攻击者选择的 $\mathtt{ID} \neq \mathtt{ID}^*$ 作为请求输入, 输出 ID 对应的标识私钥 $D_{\mathtt{ID}}$.
2. 解封装谕示: 该谕示接收攻击者选择的标识 ID 和密钥封装 C 后, 采用 ID 对应的私钥对 C 进行解封装并向攻击者提供解封装结果. 为了排除攻击者简单赢得游戏的情况, 模型要求在阶段 2 中 $\mathcal{A}_2$ 不使用输入 $(\mathtt{ID}^*, C^*)$ 访问解封装谕示.

表 4.3　ID-KEM 安全模型

ID-IND 攻击游戏
1. $(M_{\mathfrak{pk}}, M_{\mathfrak{sk}}) \leftarrow \mathbb{G}_{\text{ID-KEM}}(1^\kappa)$.
2. $(sts, \mathtt{ID}^*) \leftarrow \mathcal{A}_1^{\mathcal{O}_{\text{ID-KEM}}}(M_{\mathfrak{pk}})$.
3. $(K_0, C^*) \leftarrow \mathbb{E}_{\text{ID-KEM}}(M_{\mathfrak{pk}}, \mathtt{ID}^*)$.
4. $K_1 \leftarrow \mathbb{K}_{\text{ID-KEM}}(M_{\mathfrak{pk}})$.
5. $b \leftarrow \{0, 1\}$.
6. $b' \leftarrow \mathcal{A}_2^{\mathcal{O}_{\text{ID-KEM}}}(M_{\mathfrak{pk}}, C^*, sts, \mathtt{ID}^*, K_b)$.

若 $b = b'$, 我们就说攻击者 $\mathcal{A}$ 成功赢得了游戏. 为了度量 $\mathcal{A}$ 成功的概率, 我们定义攻击者 $\mathcal{A}$ 赢得游戏的优势为

$$\mathtt{Adv}_{\mathtt{ID\text{-}KEM},\mathcal{A}}^{\mathtt{ID\text{-}IND\text{-}CCA}} = |\, 2\Pr[b' = b] - 1 \,| \,.$$

定义 4.3　如果对任意的概率多项式时间攻击者 $\mathcal{A}$, 其赢得游戏的优势 $\epsilon(\kappa)$ 都可忽略得小, 则称一个 ID-KEM 算法是 ID-IND-CCA 安全的.

混合加密机制还需要数据封装机制 DEM. 因为 DEM 每次加密消息数据都会使用不同的数据加密密钥, 因此我们只需要满足安全要求的一次对称加密机制. 一次对称加密机制由两个确定性的子算法构成, 其定义在密钥空间 $\mathbb{K}_{\mathtt{SK}}(1^\kappa)$ 和明文消息空间 $\mathbb{M}_{\mathtt{SK}}(1^\kappa)$ 以及密文空间 $\mathbb{C}_{\mathtt{SK}}(1^\kappa)$ 之上.

- $\mathbb{E}_{\mathtt{SK}}(K, m)$: 该算法接收 $K \in \mathbb{K}_{\mathtt{SK}}(1^\kappa)$ 和消息 $m \in \mathbb{M}_{\mathtt{SK}}(1^\kappa)$ 为输入, 加密输出密文 $C \in \mathbb{C}_{\mathtt{SK}}(1^\kappa)$.

$$C \leftarrow \mathbb{E}_{\mathtt{SK}}(K, m).$$

- $\mathbb{D}_{\mathtt{SK}}(K, C)$: 该算法接收密钥 K 和密文 C 作为输入, 如果密文 C 合法, 解密输出明文消息 m; 否则输出解密失败的标记 $\perp$.

$$(m \text{ 或 } \perp) \leftarrow \mathbb{D}_{\mathtt{SK}}(K, C).$$

对 $m \in \mathbb{M}_{\mathtt{SK}}(1^\kappa)$ 和 $K \in \mathbb{K}_{\mathtt{SK}}(1^\kappa)$, 两个算法满足 $\mathbb{D}_{\mathtt{SK}}(K, \mathbb{E}_{\mathtt{SK}}(K, m)) = m$ (即该对称加密算法是一个双射).

一次对称加密机制的安全性可以采用表 4.4 中的寻找-猜测 (FG) 游戏来刻画. 游戏同样在挑战者和一个两阶段的攻击者 $\mathcal{A} = (\mathcal{A}_1, \mathcal{A}_2)$ 之间展开. 游戏中, sts 是攻击者 $\mathcal{A}$ 的阶段信息, m_0 和 m_1 是两个来自明文消息空间 $\mathbb{M}_{\mathtt{ID}}(\cdot)$ 的等长消息. $\mathcal{O}_{\mathtt{SK}}$ 是挑战者提供给攻击者的谕示集合. 在 CCA 模型下, 攻击者可以访问如下谕示.

- 解密谕示: 该谕示接收密文 C 作为输入, 使用游戏第 3 步选择的密钥 K 调用 $\mathbb{D}_{\mathtt{SK}}(K, C)$, 返回解密输出给攻击者.

若 $b = b'$, 我们就说攻击者 $\mathcal{A}$ 成功赢得了游戏. 为了度量 $\mathcal{A}$ 成功的概率, 我们定义攻击者 $\mathcal{A}$ 赢得游戏的优势为

$$\mathtt{Adv}_{\mathtt{DEM},\mathcal{A}}^{\mathtt{FG\text{-}CCA}} = |\, 2\Pr[b' = b] - 1 \,| \, .$$

表 4.4 DEM 安全模型

FG 攻击游戏
1. $(sts, (m_0, m_1)) \leftarrow \mathcal{A}_1(1^\kappa)$.
2. $b \leftarrow \{0, 1\}$.
3. $K \leftarrow \mathbb{K}_{\mathtt{SK}}(1^\kappa)$.
4. $C^* \leftarrow \mathbb{E}_{\mathtt{SK}}(K, m_b)$.
5. $b' \leftarrow \mathcal{A}_2^{\mathcal{O}_{\mathtt{SK}}}(C^*, sts, m_0, m_1)$.

定义 4.4 如果对任意的概率多项式时间攻击者 $\mathcal{A}$, 其赢得游戏的优势 $\epsilon(\kappa)$ 都可忽略得小, 则称该一次加密算法是 FG-CCA 安全的.

符合该安全性定义的一次加密算法是容易构造的. 一些安全的 DEM 构造可见 [25, 27]. 混合标识加密算法 $\mathcal{E} = (\mathbb{G}_{\mathtt{ID}}, \mathbb{X}_{\mathtt{ID}}, \mathbb{E}_{\mathtt{ID}}, \mathbb{D}_{\mathtt{ID}})$ 可以通过结合 ID-KEM $\mathcal{E}_1 = (\mathbb{G}_{\mathtt{ID\text{-}KEM}}, \mathbb{X}_{\mathtt{ID\text{-}KEM}}, \mathbb{E}_{\mathtt{ID\text{-}KEM}}, \mathbb{D}_{\mathtt{ID\text{-}KEM}})$ 和 DEM $\mathcal{E}_2 = (\mathbb{E}_{\mathtt{SK}}, \mathbb{D}_{\mathtt{SK}})$ 来构造. 构造方法如下: $\mathbb{G}_{\mathtt{ID}}$ 直接调用 $\mathbb{G}_{\mathtt{ID\text{-}KEM}}$, $\mathbb{X}_{\mathtt{ID}}$ 直接调用 $\mathbb{X}_{\mathtt{ID\text{-}KEM}}$, 而加解密子算法按表 4.5 中的方法构造. 这里假定 $\mathbb{K}_{\mathtt{ID\text{-}KEM}}(M_{\mathfrak{pk}})$ 和 $\mathbb{K}_{\mathtt{SK}}(1^\kappa)$ 两个空间相同.

表 4.5 混合 IBE

$\mathbb{E}_{\mathtt{ID}}(M_{\mathfrak{pk}}, \mathtt{ID}_A, m)$	$\mathbb{D}_{\mathtt{ID}}(M_{\mathfrak{pk}}, \mathtt{ID}_A, D_A, C)$
1. $(K, C_1) \leftarrow \mathbb{E}_{\mathtt{ID\text{-}KEM}}(M_{\mathfrak{pk}}, \mathtt{ID}_A)$.	1. 解析 C 为 (C_1, C_2). 若解析失败, 输出 $\perp$ 并终止.
2. $C_2 \leftarrow \mathbb{E}_{\mathtt{SK}}(K, m)$.	2. $K \leftarrow \mathbb{D}_{\mathtt{ID\text{-}KEM}}(M_{\mathfrak{pk}}, \mathtt{ID}_A, D_A, C_1)$.
3. 输出 $C = (C_1, C_2)$.	3. 若 $K = \perp$, 输出 $\perp$ 并终止.
	4. $m \leftarrow \mathbb{D}_{\mathtt{SK}}(K, C_2)$.
	5. 输出 m.

类似于混合加密机制的组合安全性结果[25], Bentahar 等[26] 证明了关于混合标识加密机制安全性的如下结论.

定理 4.1 ([26])　若存在概率多项式时间 ID-IND-CCA 攻击者 $\mathcal{A}$ 可以攻击按照上述方式构造的混合 IBE $\mathcal{E}$, 则存在 ID-IND-CCA 攻击者 $\mathcal{B}_1$ 或 FG-CCA 攻击者 $\mathcal{B}_2$, 其用时与 $\mathcal{A}$ 基本相同, 满足

$$\mathtt{Adv}^{\mathtt{ID\text{-}IND\text{-}CCA}}_{\mathtt{ID},\mathcal{A}} \leqslant 2\mathtt{Adv}^{\mathtt{ID\text{-}IND\text{-}CCA}}_{\mathtt{ID\text{-}KEM},\mathcal{B}_1} + \mathtt{Adv}^{\mathtt{FG\text{-}CCA}}_{\mathtt{DEM},\mathcal{B}_2}.$$

4.3 BF-IBE

Boneh 和 Franklin[4] 在 2001 年发表了第一个基于双线性对构造的安全性可证明的实用标识加密算法 BF-IBE. BF-IBE 也是首批被工业界实践应用并标准化的标识加密算法. 鉴于该算法在理论和实践中的重要影响, 这里详细描述该算法和安全性分析. 在 [4] 中 BF-IBE 采用对称双线性对 (即类型 1 双线性对), 在后来的标准 [28,29] 中 BF-IBE 支持非对称双线性对 (特别是类型 3 双线性对). BF-IBE 采用全域哈希方法构造标识密钥. 该方法需要一个将标识字符串映射到椭圆曲线点群 ($\mathbb{G}_1$ 或 $\mathbb{G}_2$) 中的点. 若存在高效算法将标识字符串映射到 $\mathbb{G}_2$ 中元素, 则可选择私钥处于 $\mathbb{G}_2$ 群中, 这将有助于减小密文和主公钥的大小, 并且可以加速加密和解密过程. 这样的快速映射算法将在 11.7 节描述. 本节描述使用非对称双线性对的 BF-IBE 算法且标识将映射到 $\mathbb{G}_2$ 群, 因此标识私钥也在 $\mathbb{G}_2$ 群 (注意: 这样的映射群选择与 ISO/IEC 18033-5[29] 的规范刚好相反). 设 $\mathbb{M}_{\mathtt{ID}}(M_{\mathfrak{pk}}) = \{0,1\}^{\delta}$, BF-IBE 工作方法如下.

- **Setup** $\mathbb{G}_{\mathtt{ID}}(1^{\kappa})$:
  1. 生成三个阶为素数 p 的群 $\mathbb{G}_1$, $\mathbb{G}_2$ 和 $\mathbb{G}_T$ 以及双线性对 $\hat{e}:\mathbb{G}_1\times\mathbb{G}_2\rightarrow\mathbb{G}_T$. 随机选择生成元 $P_1\in_R\mathbb{G}_1$.
  2. 选择随机数 $s\in_R\mathbb{Z}_p^*$, 计算 $P_{pub}=sP_1$.
  3. 选择四个哈希函数: $H_1:\{0,1\}^*\rightarrow\mathbb{G}_2^*$, $H_2:\mathbb{G}_T\rightarrow\{0,1\}^{\delta}$, $H_3:\{0,1\}^{\delta}\times\{0,1\}^{\delta}\rightarrow\mathbb{Z}_p^*$, $H_4:\{0,1\}^{\delta}\rightarrow\{0,1\}^{\delta}$.
  4. 输出主公钥 $M_{\mathfrak{pk}}=(\mathbb{G}_1,\mathbb{G}_2,\mathbb{G}_T,\hat{e},\ P_1,P_{pub},H_1,H_2,H_3,H_4)$ 和主私钥 $M_{\mathfrak{sk}}=s$.
- **Extract** $\mathbb{X}_{\mathtt{ID}}(M_{\mathfrak{pk}},M_{\mathfrak{sk}},\mathtt{ID}_A)$:
  1. 计算 $Q=H_1(\mathtt{ID}_A)$.
  2. 计算输出标识私钥 $D_A=sQ$.
- **Encrypt** $\mathbb{E}_{\mathtt{ID}}(M_{\mathfrak{pk}},\mathtt{ID}_A,m)$:
  1. 选择随机数 $\sigma\in_R\{0,1\}^{\delta}$, 计算 $r=H_3(\sigma,m)$, $Q=H_1(\mathtt{ID}_A)$.
  2. 计算输出密文

$$C=(rP_1,\sigma\oplus H_2(\hat{e}(rP_{pub},Q)),m\oplus H_4(\sigma)).$$

- **Decrypt** $\mathbb{D}_{\mathtt{ID}}(M_{\mathfrak{pk}}, \mathtt{ID}_A, D_A, C)$:
  1. 解析 C 为 (C_1, C_2, C_3). 若 $C_1 = \mathcal{O}$ 或者 C_2 或 $C_3 \notin \{0,1\}^{\delta}$, 则输出 $\perp$ 并终止.
  2. 计算 $B = \hat{e}(C_1, D_A)$, $\sigma = C_2 \oplus H_2(B)$, $m = C_3 \oplus H_4(\sigma)$.
  3. 计算 $r = H_3(\sigma, m)$. 若 $r = 0$, 则输出 $\perp$ 并终止.
  4. 检查 $C_1 = rP_1$ 是否成立. 若成立, 则输出明文 m; 否则输出 $\perp$.

BF-IBE 和 Sakai-Ohgishi-Kasahara[2] 非交互密钥协商机制使用了相同的标识密钥生成方法. 这里统称为 SOK 密钥生成方法. 如 **Setup** 和 **Extract** 所示, 该方法使用哈希函数 H_1 将标识映射到 $\mathbb{G}_2^*$ 中一个元素. 正如 Naor 注意到的, 任意的标识加密算法的密钥生成方法都是一个标准的数字签名算法[4], SOK 密钥生成方法是一个全域哈希的签名算法[30]. Boneh, Lynn 和 Shacham[31] 进一步分析了该签名算法的安全性. 鉴于该签名算法生成的签名值仅有一个点, 该算法称为 **BLS 短签名算法**. BLS 短签名算法使用 $\mathbb{G}_{\mathtt{ID}}(1^{\kappa})$ 为用户生成密钥对, 用户公钥为 $M_{\mathfrak{pk}}$, 私钥为 $M_{\mathfrak{sk}}$, 使用 $\mathbb{X}_{\mathtt{ID}}(M_{\mathfrak{pk}}, M_{\mathfrak{sk}}, m)$ 对消息 m 生成签名值 D. 验签过程为: 检查如下等式是否成立, 如果等式成立则签名有效; 否则签名无效. BF-IBE 中用户采用相同方法验证获取的标识私钥的正确性.

$$\hat{e}(P_{pub}, H_1(m)) \stackrel{?}{=} \hat{e}(P_1, D).$$

鉴于 $\mathbb{G}_2$ 中元素的表达比 $\mathbb{G}_1$ 中元素的表达数据更长, 短签名应用中交换 P_{pub} 和 D 所在群, 即设置 $P_{pub} = sP_2 \in \mathbb{G}_2^*, H_1 : \{0,1\}^* \to \mathbb{G}_1^*$.

BF-IBE 利用了 Fujisaki 和 Okamoto 变换[32] 在随机谕示模式将一个 ID-IND-CPA 安全的标识加密算法转换为 ID-IND-CCA 安全的标识加密算法. Fujisaki-Okamoto 变换将一个公钥加密算法 $\mathbb{E}_{\mathtt{PKE}}$ 和一个对称加密算法 $\mathbb{E}_{\mathtt{SK}}$ 采用如下方法组合为一个混合加密算法[32]:

$$\mathbb{E}_{\mathtt{PKE}}^{hy}(K_{pub}, m; \sigma) = (\mathbb{E}_{\mathtt{PKE}}(K_{pub}, \sigma; H_3(\sigma, m)), \mathbb{E}_{\mathtt{SK}}(H_4(\sigma), m)).$$

Boneh 和 Franklin 在分析 BF-IBE 的安全性时采用如下的方法: 首先证明如果存在一个 ID-IND-CCA 攻击者可以成功攻击 BF-IBE, 那么存在一个 IND-CCA 攻击者可以成功攻击公钥加密算法 BasicPub^{hy}, 进而存在一个 IND-CPA 攻击者可以成功攻击公钥加密算法 BasicPub, 最后证明如果存在一个 IND-CPA 攻击者可攻击 BasicPub, 那么可以利用该攻击者求解 BDH 问题.

$$\mathcal{A}_{\mathtt{BF\text{-}IBE}}^{\mathtt{ID\text{-}IND\text{-}CCA}} \xrightarrow{(1)} \mathcal{A}_{\mathtt{BasicPub}^{hy}}^{\mathtt{IND\text{-}CCA}} \xrightarrow{(2)} \mathcal{A}_{\mathtt{BasicPub}}^{\mathtt{IND\text{-}CPA}} \xrightarrow{(3)} \mathcal{A}_{BDH}.$$

BasicPub 工作方式如下.

- **Generate** $\mathbb{G}_{\text{PKE}}(1^\kappa)$:
  1. 生成三个阶为素数 p 的群 $\mathbb{G}_1$, $\mathbb{G}_2$ 和 $\mathbb{G}_T$ 以及双线性对 $\hat{e}:\mathbb{G}_1\times\mathbb{G}_2\rightarrow\mathbb{G}_T$. 随机选择生成元 $P_1\in_R\mathbb{G}_1$, $P_2\in_R\mathbb{G}_1$.
  2. 选择随机数 $s\in_R\mathbb{Z}_p^*$, 计算 $P_{pub}=sP_1, P'_{pub}=sP_2$. 随机选择 $Q\in_R\mathbb{G}_2^*$.
  3. 选择一个哈希函数: $H_2:\mathbb{G}_T\rightarrow\{0,1\}^\delta$.
  4. 输出公钥 $K_{pub}=(\mathbb{G}_1,\mathbb{G}_2,\mathbb{G}_T,\hat{e},P_1,P_{pub},Q,P'_{pub},H_2)$ 和私钥 $K_{priv}=sQ$.
- **Encrypt** $\mathbb{E}_{\text{PKE}}(K_{pub},m;r)$:
  计算输出密文 $C=(rP_1, m\oplus H_2(\hat{e}(rP_{pub},Q)))$.
- **Decrypt** $\mathbb{D}_{\text{PKE}}(K_{pub},K_{priv},C)$:
  1. 解析 C 为 (C_1,C_2). 若 $C_1=\mathcal{O}$ 或者 $C_2\notin\{0,1\}^\delta$, 则输出 $\perp$ 并终止.
  2. 计算输出明文 $m=C_2\oplus H_2(\hat{e}(C_1,D_A))$.

将 BasicPub 作为公钥加密算法 $\mathbb{E}_{\text{PKE}}$ 并且 $\mathbb{E}_{\text{SK}}(H_4(\sigma),m)$ 采用一次一密: $m\oplus H_4(\sigma)$ 构造, 应用 Fujisaki-Okamoto 变换后得到 BasicPub^{hy}.

下面按照 Galindo[33] 的方法, 我们构建 $\mathcal{A}^{\texttt{ID-IND-CCA}}_{\texttt{BF-IBE}}\xrightarrow{(1)}\mathcal{A}^{\texttt{IND-CCA}}_{\texttt{BasicPub}^{hy}}$ 的安全归约, 得到如下结论.

引理 4.1 ([33]) 在随机谕示模式下, 若存在一个 ID-IND-CCA 的攻击者 $\mathcal{A}$ 在攻击 BF-IBE 的过程中运行时间为 $t(\kappa)$, 最多请求了 q_X 次获取私钥询问、q_D 次不同标识上的解密询问、q_1 次 H_1 询问 (包括因私钥获取触发的 H_1 询问) 并具有优势 $\epsilon(\kappa)$, 那么存在一个 IND-CCA 攻击者 $\mathcal{B}$ 攻击 BasicPub^{hy} 的优势和运行时间分别为

$$\texttt{Adv}_{\mathcal{B}}(\kappa)\geqslant\frac{\epsilon(\kappa)}{q_1},$$

$$t_{\mathcal{B}}(\kappa)\leqslant t(\kappa)+(q_1+q_D)\mathcal{T}^{\mathcal{S}},$$

其中 $\mathcal{T}^{\mathcal{S}}$ 是 $\mathbb{G}_2$ 中随机点乘的时间.

证明 从 BasicPub^{hy} 的挑战者 $\mathcal{C}$ 获得公钥 $K_{pub}=(\mathbb{G}_1,\mathbb{G}_2,\mathbb{G}_T,\hat{e},P_1,P_{pub},Q,P'_{pub},H_2,H_3,H_4)$ 后, $\mathcal{B}$ 随机选择 $1\leqslant I\leqslant q_1$, $\mathcal{A}$ 采用如下过程进行游戏.

- $\mathbb{G}_{\text{ID}}(1^\kappa)$: $\mathcal{B}$ 根据公钥 K_{pub} 生成 BF-IBE 的主公钥 $M_{\mathfrak{pk}}=(\mathbb{G}_1,\mathbb{G}_2,\mathbb{G}_T,\hat{e},P_1,P_{pub},H_1,H_2,H_3,H_4)$. 函数 H_1 将在下面模拟为 $\mathcal{B}$ 控制的随机谕示. $\mathcal{B}$ 将主公钥返回给 $\mathcal{A}$ ($\mathcal{B}$ 不知道主私钥为 $M_{\mathfrak{sk}}=s$). 需要注意的是, 在该游戏中 $\mathcal{B}$ 并不控制其他随机谕示 H_2,H_3 和 H_4.
- $H_1(\texttt{ID}_i)$: $\mathcal{B}$ 维持一个包括表项 $(\texttt{ID}_i,b_i,Q_i)$ 的列表 H_1^{list}. 当 $\mathcal{A}$ 使用 $\texttt{ID}_i$ 询问谕示 H_1, $\mathcal{B}$ 按照如下方式响应:
  1. 若 $\texttt{ID}_i$ 出现在 H_1^{list} 中的某个表项 $(\texttt{ID}_i,Q_i,b_i)$ 中, 则 $\mathcal{B}$ 返回 $H_1(\texttt{ID}_i)=Q_i$;

2. 否则, 若询问是第 I 个不同的 ID, 则 $\mathcal{B}$ 将表项 $(\mathtt{ID}_i, Q, \perp)$ 插入列表, 返回 $H_1(\mathtt{ID}_i) = Q$;
3. 否则, $\mathcal{B}$ 随机选择 $b_i \in_R \mathbb{Z}_p^*$, 将表项 $(\mathtt{ID}_i,\ b_iP_1,\ b_i)$ 插入列表, $\mathcal{B}$ 返回 $H_1(\mathtt{ID}_i) = b_iP_1$.

- **标识私钥获取** $(\mathtt{ID}_i)$: $\mathcal{B}$ 查询 H_1^{list}. 若 $\mathtt{ID}_i$ 不在列表上, $\mathcal{B}$ 询问 $H_1(\mathtt{ID}_i)$. $\mathcal{B}$ 检查对应表项中的 b_i: 若 $b_i \neq \perp$, 则返回 $b_iP'_{pub}$; 否则, $\mathcal{B}$ 终止游戏 (**事件 1**).
- **解密** $(\mathtt{ID}_i, C_i)$: $\mathcal{B}$ 首先查询 H_1^{list}. 若 $\mathtt{ID}_i$ 不在列表上, 则 $\mathcal{B}$ 询问 $H_1(\mathtt{ID}_i)$. 根据 H_1^{list} 中对应 $\mathtt{ID}_i$ 表项中 b_i 的值不同, $\mathcal{B}$ 采用不同方式响应:
  1. 若 $b_i \neq \perp$, 则 $\mathcal{B}$ 首先计算标识私钥 $D_i = b_iP'_{pub}$, 使用标识私钥解密 C_i 并返回结果;
  2. 否则 $(b_i = \perp)$, $\mathcal{B}$ 将 C_i 传递给 $\mathcal{C}$ 请求解密, 并将结果返回给 $\mathcal{A}$.
- **挑战**: 当收到 $\mathcal{A}$ 提供的标识 $\mathtt{ID}^*$ 和消息 m_0, m_1 后, 如果 $H_1(\mathtt{ID}^*) \neq Q$, 则 $\mathcal{B}$ 终止游戏 (**事件 2**); 否则 $\mathcal{B}$ 将消息 m_0, m_1 提供给挑战者 $\mathcal{C}$ 获得密文 C, 将 C 返回给 $\mathcal{A}$.
- **猜测**: 当 $\mathcal{A}$ 输出其猜测 b' 后, $\mathcal{B}$ 将 b' 提供给 $\mathcal{C}$.

显然对 $\mathcal{A}$ 来讲, 上述模拟游戏在不终止的情况下和真实攻击环境是不可区分的. 根据游戏规则, $\overline{\text{事件 2}}$ 意味着 $\overline{\text{事件 1}}$. 所以我们有

$$\Pr[\mathcal{B}\text{ 成功}] = \Pr[b = b' | \overline{\text{事件 2}}] \geqslant \frac{\epsilon(\kappa)}{q_1}. \qquad \square$$

如 Fujisaki 和 Okamoto 在 [34] 中指出的, 当 $\mathbb{E}_{\mathtt{SK}}$ 是确定的双射对称加密算法时 (一次一密是双射对称加密), 前面的 Fujisaki-Okamoto 变换将一个 IND-CPA 安全的公钥加密算法转换为 IND-CCA 安全的公钥加密算法. 特别地, 根据 [34] 中定理 B.1, 我们有如下安全性结论.

引理 4.2 *在随机谕示模式下, 若存在一个 IND-CCA 攻击者 $\mathcal{A}$ 在攻击 BasicPub^{hy} 的过程中运行时间为 $t(\kappa)$, 最多请求了 q_3 次 H_3 询问、q_4 次 H_4 询问、q_D 次解密询问并具有优势 $\epsilon(\kappa)$, 那么存在一个 IND-CPA 的攻击者 $\mathcal{B}$ 攻击 BasicPub 的优势和运行时间分别为*

$$\mathtt{Adv}_{\mathcal{B}}(\kappa) \geqslant \frac{1}{2(q_3+q_4)}\left[(\epsilon(\kappa)+1)\left(1-\frac{1}{p}-\frac{1}{2^\delta}\right)^{q_D}-1\right],$$

$$t_{\mathcal{B}}(\kappa) \leqslant t(\kappa) + (q_3+q_4)\mathcal{T}^{\mathcal{O}} + (q_D+1)\mathcal{T}^{\mathtt{BasicPub}},$$

其中 $\mathcal{T}^{\mathtt{BasicPub}}$ 是一次 BasicPub 的最长运行时间, $\mathcal{T}^{\mathcal{O}}$ 是随机谕示时间.

引理 4.2 完成了 $\mathcal{A}^{\texttt{IND-CCA}}_{\texttt{BasicPub}^{hy}} \xrightarrow{(2)} \mathcal{A}^{\texttt{IND-CPA}}_{\texttt{BasicPub}}$ 的安全归约. 最后我们按照 [35] 中引理 4.3 的方法给出 $\mathcal{A}^{\texttt{IND-CPA}}_{\texttt{BasicPub}} \xrightarrow{(3)} \mathcal{A}_{\text{BDH}}$ 的安全归约, 证明如下结论.

引理 4.3 ([35]) 在随机谕示模式下, 若存在一个 IND-CPA 的攻击者 $\mathcal{A}$ 在攻击 BasicPub 的过程中运行时间为 $t(\kappa)$, 最多请求了 q_2 次 H_2 询问并具有优势 $\epsilon(\kappa)$, 那么存在一个算法求解 $\text{BDH}^{\psi}_{2,1,2}$ 问题的优势和运行时间分别为

$$\texttt{Adv}_{\mathcal{B}}(\kappa) \geqslant \frac{\epsilon(\kappa)}{q_2},$$

$$t_{\mathcal{B}}(\kappa) \leqslant O(t(\kappa)).$$

证明 给定一个包括双线性对参数的 $\text{BDH}^{\psi}_{2,1,2}$ 问题的实例 $(P_1, *, aP_2, bP_1, cP_2)$ (下面过程 P_2 不是必需的), $\mathcal{B}$ 和 $\mathcal{A}$ 采用如下过程进行游戏.

- $\mathbb{G}_{\texttt{PKE}}(1^{\kappa})$: $\mathcal{B}$ 根据问题中的双线性对参数模拟 $\mathbb{G}_{\texttt{PKE}}$ 生成公钥 $K_{pub} = (\mathbb{G}_1, \mathbb{G}_2, \mathbb{G}_T, \hat{e}, P_1, \psi(aP_2), cP_2, H_2)$, 即使用 $P_{pub} = \psi(aP_2)$, $Q = cP_2$. 函数 H_2 将在下面模拟为 $\mathcal{B}$ 控制的随机谕示. $\mathcal{B}$ 将公钥返回给 $\mathcal{A}$. 注意到私钥为 $K_{priv} = acP_2$.
- $H_2(B_i)$: $\mathcal{B}$ 维持一个包括表项 (B_i, h_i) 的列表 H_2^{list}. 当 $\mathcal{A}$ 使用 B_i 询问谕示 H_2 时, $\mathcal{B}$ 按照如下方式响应:
  1. 若 B_i 出现在 H_2^{list} 中的某个表项 (B_i, h_i) 中, 则 $\mathcal{B}$ 返回 $H_2(B_i) = h_i$;
  2. 否则, $\mathcal{B}$ 随机选择 $h_i \in \{0,1\}^{\delta}$, 将 (B_i, h_i) 插入列表, 返回 $H_2(B_i) = h_i$.
- **挑战**: 当收到 $\mathcal{A}$ 提供的消息 m_0, m_1 后, $\mathcal{B}$ 随机 $C_2 \in \{0,1\}^{\delta}$, 将 $C = (bP_1, C_2)$ 返回给 $\mathcal{A}$.
- **猜测**: 当 $\mathcal{A}$ 输出其猜测后, $\mathcal{B}$ 从 H_2^{list} 中随机选择一个表项 (B_i, h_i), 返回 B_i 作为 $\text{BDH}^{\psi}_{2,1,2}$ 的解.

显然对 $\mathcal{A}$ 来讲, 上述模拟游戏和真实攻击环境是不可区分的.

断言 4.1 设事件 $\mathcal{H}$ 为 $\mathcal{A}$ 在真实攻击中询问了 $H_2(\hat{e}(bP_1, K_{priv})) = H_2(\hat{e}(bP_1, acP_2))$. $\Pr[\mathcal{H}] \geqslant \epsilon(\kappa)$.

证明 因为 H_2 是随机谕示, 所以 $\Pr[b = b'|\overline{\mathcal{H}}] = \dfrac{1}{2}$. 我们有

$$\begin{aligned}\Pr[b = b'] &= \Pr[b = b'|\mathcal{H}]\Pr[\mathcal{H}] + \Pr[b = b'|\overline{\mathcal{H}}]\Pr[\overline{\mathcal{H}}] \\ &\leqslant \Pr[\mathcal{H}] + \Pr[b = b'|\overline{\mathcal{H}}]\Pr[\overline{\mathcal{H}}] = \frac{1}{2} + \frac{1}{2}\Pr[\mathcal{H}],\end{aligned}$$

$$\begin{aligned}\Pr[b = b'] &\geqslant \Pr[b = b'|\overline{\mathcal{H}}]\Pr[\overline{\mathcal{H}}] \\ &= \frac{1}{2}(1 - \Pr[\mathcal{H}]) = \frac{1}{2} - \frac{1}{2}\Pr[\mathcal{H}].\end{aligned}$$

因此, 我们有 $\epsilon(\kappa) \leqslant |2\Pr[b=b']-1| \leqslant \Pr[\mathcal{H}]$, 即 $\Pr[\mathcal{H}] \geqslant \epsilon(\kappa)$. □

这样就完成了该引理的证明. □

根据引理 4.1—引理 4.3, 对于 BF-IBE 我们有如下安全性结论.

定理 4.2 若 H_1, H_2, H_3, H_4 是随机谕示且 $\mathrm{BDH}_{2,1,2}^{\psi}$ 计算复杂性假设成立, 则 BF-IBE 是 ID-IND-CCA 安全的. 具体地, 若存在一个 ID-IND-CCA 攻击者 $\mathcal{A}$ 攻击 BF-IBE 的过程中运行时间为 $t(\kappa)$, 最多请求了 q_i 次 H_i 询问、q_X 次获取私钥询问、q_D 次不同标识上的解密询问并具有优势 $\epsilon(\kappa)$, 那么存在一个算法 $\mathcal{B}$ 求解 $\mathrm{BDH}_{2,1,2}^{\psi}$ 的优势和运行时间分别为

$$\mathrm{Adv}_{\mathcal{B}}(\kappa) \geqslant \frac{1}{2(q_3+q_4)q_2}\left[\left(\frac{\epsilon(\kappa)}{q_1}+1\right)\left(1-\frac{1}{p}-\frac{1}{2^{\delta}}\right)^{q_D}-1\right],$$

$$t_{\mathcal{B}}(\kappa) \leqslant t(\kappa)+(q_3+q_4)\mathcal{T}^{\mathcal{O}}+(q_D+1)\mathcal{T}^{\mathtt{BasicPub}}+(q_1+q_D)\mathcal{T}^{\mathcal{S}},$$

其中 $\mathcal{T}^{\mathtt{BasicPub}}$ 是一次 BasicPub 的最长运行时间, $\mathcal{T}^{\mathcal{O}}$ 是随机谕示时间, $\mathcal{T}^{\mathcal{S}}$ 是 $\mathbb{G}_2$ 中随机点乘的时间.

值得注意的是, 对 BF-IBE, 理论上 P_2 不需要作为主公钥的一个元素进行公开. 在没有 P_2 的情况下, $\mathrm{BDH}_{2,1,2}^{\psi}$ 问题变为: 给定 (P_1, aP_2, bP_1, cP_2) 和同态映射谕示 ψ, 计算 $\hat{e}(P_1, cP_2)^{ab}$. 该问题的困难度至少不小于包括 P_2 的 BDH 问题. 为了证明本节中 BF-IBE 的安全性, Boneh 和 Franklin 在 [35] 中引入了另外一个复杂性假设 co-BDH, 即给定随机实例 $(P_1, P_2, aP_1, bP_1, aP_2, cP_2)$, 求解 $\hat{e}(P_1, P_2)^{abc}$ 是困难的. 基于这样的复杂性假设, BF-IBE 的安全性证明过程不需要同态映射谕示 ψ.

4.4 SM9-IBE 与 SK-KEM

SM9-IBE 和 SK-KEM 均采用指数逆标识密钥生成方法. 指数逆方法由 Sakai 和 Kasahara[5] 首先提出. [6] 提出另外一个指数逆密钥生成算法并构造了 BB_2-IBE. 若我们将点乘采用指数运算表达, 标识私钥的生成过程涉及主私钥求逆后再执行指数运算. 因此这类密钥生成方法称为指数逆方法. SM9-IBE 的核心部件 SM9-KEM 和 SK-KEM 都是标识密钥封装算法. 另外两个算法都在工业界得到应用. 本节对两个算法一并介绍, 并给出 SM9-KEM 的安全性详细分析.

4.4.1 SM9-IBE

SM9-IBE 是一个混合标识加密算法, 其 DEM 支持 ISO/IEC 18033-2[27] 中规定的 DEM2 和 DEM3. DEM2 支持加密变长的明文消息. DEM3 使用密钥派生函数 (KDF: Key Derivation Function) 派生数据加密密钥流后和消息进行异或

实现加密. DEM 的具体构造可以参考 [27, 36]. 这里仅描述 SM9 标识密码封装机制.

下面是 SM9-IBE 使用到的一些类型转换支持函数.

- $BITS(n)$: 计算整数 n 的比特长度的函数.
- $BS2IP(m)$: 将比特串 m 转为整数的函数.
- $EC2OSP(C)$: 将椭圆曲线上点 C 转为字节串的函数.
- $FE2OSP(w)$: 将域上元素 w 转为字节串的函数.
- $I2OSP(n,l)$: 将整数 n 转为 l 字节长的字节串的函数.

SM9-IBE 需要两个子函数. 第一个是密钥派生函数: $\text{KDF}(H_v, Z, l)$. KDF (H_v, Z, l) 使用一个输出长度为 v 比特的哈希函数 H_v 将比特串 Z 通过规定的哈希计算后输出 l 比特的比特串. 该 KDF 的消息哈希计算方法与 ISO/IEC 18033-2 [27] 规定的 KDF2 函数一致. 函数具体步骤可以参考 [27, 36]. 第二个函数 $\text{H2RF}_i(H_v, Z, n)$ 将一个比特串 Z 转换为在区间 $[1, n-1]$ 中的一个整数, 其计算过程如下:

1. 计算 $l = 8 \times \lceil (5 \times BITS(n))/32 \rceil$.
2. 计算 $Ha = \text{KDF}(H_v, I2OSP(i,1) \| Z, l)$.
3. 计算输出 $h_i = (BS2IP(Ha) \mod (n-1)) + 1$.

SM9-KEM 的构造如下.

- **Setup** $\mathbb{G}_{\texttt{ID-KEM}}(1^\kappa)$:
  1. 生成三个阶为素数 p 的群 $\mathbb{G}_1$, $\mathbb{G}_2$ 和 $\mathbb{G}_T$ 以及双线性对 $\hat{e}: \mathbb{G}_1 \times \mathbb{G}_2 \to \mathbb{G}_T$. 随机选择生成元 $P_1 \in_R \mathbb{G}_1, P_2 \in_R \mathbb{G}_2$.
  2. 选择随机数 $s \in_R \mathbb{Z}_p^*$, 计算 $P_{pub} = sP_1$.
  3. 计算 $J = \hat{e}(P_{pub}, P_2)$.
  4. 选择哈希函数 H_v 和后缀 $hid = 0x03$.
  5. 输出主公钥 $M_{\mathfrak{pk}} = (\mathbb{G}_1, \mathbb{G}_2, \mathbb{G}_T, \hat{e},\ P_1, P_2, P_{pub}, J,\ H_v,\ hid)$ 和主私钥 $M_{\mathfrak{sk}} = s$.
- **Extract** $\mathbb{X}_{\texttt{ID-KEM}}(M_{\mathfrak{pk}}, M_{\mathfrak{sk}}, \texttt{ID}_A)$:
  1. 若 $s + \text{H2RF}_1(H_v, \texttt{ID}_A \| hid, p) \mod p = 0$, 则输出错误并终止;
  2. 否则输出标识私钥

$$D_A = \frac{s}{s + \text{H2RF}_1(H_v, \texttt{ID}_A \| hid, p)} P_2.$$

- **Encapsulate** $\mathbb{E}_{\texttt{ID-KEM}}(M_{\mathfrak{pk}}, \texttt{ID}_A)$:
  1. 计算 $h_1 = \text{H2RF}_1(H_v, \texttt{ID}_A \| hid, p)$, $Q = h_1 P_1 + P_{pub}$.
  2. 选择随机数 $r \in_R \mathbb{Z}_p^*$, 计算密文 $C = rQ$.

3. 计算 $B = J^r$, $K = \mathrm{KDF}(H_v, EC2OSP(C)\|FE2OSP(B)\|\mathtt{ID}_A, l)$, 其中 l 是 DEM 需要的数据加密密钥的比特长度.
4. 输出 (K, C).

- **Decapsulate** $\mathbb{D}_{\texttt{ID-KEM}}(M_{\mathfrak{pk}}, \mathtt{ID}_A, D_A, C)$:
1. 如果 $C \notin \mathbb{G}_1^*$, 输出 $\perp$ 并终止.
2. 计算 $B = \hat{e}(C, D_A)$, $K = \mathrm{KDF}(H_v, EC2OSP(C)\|FE2OSP(B)\|\mathtt{ID}_A, l)$.
3. 输出 K.

下面我们只分析 SM9-KEM 的安全性, 而从定理 4.1 和定理 4.3 以及 [27] 中相关 DEM 的安全性可进一步得到 SM9-IBE 的安全性. 为了保证分析过程的简洁性, 下面的证明将不再考虑具体的编码操作.

定理 4.3 ([37]) 若 $\mathrm{H2RF}_1$ 和 KDF 是随机谕示且 Gap-ℓ-BCAA$1'_{1,2}$ 计算复杂性假设成立, 则 SM9-KEM 是 ID-IND-CCA 安全的. 具体地, 若存在一个 ID-IND-CCA 攻击者 $\mathcal{A}$ 攻击 SM9-KEM 的过程中运行时间为 $t(\kappa)$, 最多请求了 q_1+1 次 $\mathrm{H2RF}_1$ 询问、q_2 次输入含 $\mathtt{ID}^*$ 的 KDF 询问并具有优势 $\epsilon(\kappa)$, 那么存在一个算法 $\mathcal{B}$ 求解 Gap-q_1-BCAA$1'_{1,2}$ 的优势和运行时间分别为

$$\mathtt{Adv}_{\mathcal{B}}(\kappa) \geqslant \frac{\epsilon(\kappa)}{q_1+1},$$

$$t_{\mathcal{B}}(\kappa) \leqslant t(\kappa) + 2q_2\mathcal{T}^{DBIDH},$$

其中 $\mathcal{T}^{DBIDH}$ 是单次询问 $\mathrm{DBIDH}_{1,1}$ 谕示的耗时.

证明 给定一个包括双线性对参数的 Gap-q_1-BCAA$1'_{1,2}$ 问题的实例 $\left(P_1, P_2, xP_1, h_0, \left(h_1, \frac{x}{h_1+x}P_2\right), \cdots, \left(h_{q_1}, \frac{x}{h_{q_1}+x}P_2\right)\right)$ 和 $\mathrm{DBIDH}_{1,1}$ 谕示 $\mathcal{O}_{DBIDH}$, 其中 $h_i \in_R \mathbb{Z}_p^*, 0 \leqslant i \leqslant q_1$, $\mathcal{B}$ 随机选择 $1 \leqslant I \leqslant q_1+1$ 后, 和 $\mathcal{A}$ 采用如下过程进行游戏:

- $\mathbb{G}_{\texttt{ID-KEM}}(1^\kappa)$: $\mathcal{B}$ 根据问题中的双线性对参数模拟 $\mathbb{G}_{\texttt{ID-KEM}}$ 生成主公钥 $M_{\mathfrak{pk}} = (\mathbb{G}_1, \mathbb{G}_2, \mathbb{G}_T, \hat{e}, P_1, P_2, xP_1, \hat{e}(xP_1, P_2), H_v, hid)$, 即使用 x 作为主私钥. 函数 $\mathrm{H2RF}_1$ 和 KDF 基于哈希函数 H_v 构造, 并且输入值空间可区分, 将在下面的证明中模拟为 $\mathcal{B}$ 控制的两个不同的随机谕示. $\mathcal{B}$ 将主公钥提供给 $\mathcal{A}$.
- $\mathrm{H2RF}_1(\mathtt{ID}_i)$: $\mathcal{B}$ 维持一个包括表项 $(\mathtt{ID}_i, h_i, D_i)$ 的列表 $\mathrm{H2RF}_1^{list}$. 当 $\mathcal{A}$ 使用 $\mathtt{ID}_i$ 询问谕示 $\mathrm{H2RF}_1$ 时, $\mathcal{B}$ 按照如下方式响应:
1. 若 $\mathtt{ID}_i$ 出现在 $\mathrm{H2RF}_1^{list}$ 中的某个表项 $(\mathtt{ID}_i, h_i, D_i)$ 中, 则 $\mathcal{B}$ 返回 $\mathrm{H2RF}_1(\mathtt{ID}_i) = h_i$.

2. 否则, 若询问是第 I 个不同的 ID, 则 $\mathcal{B}$ 将表项 $(\mathtt{ID}_i, h_0, \perp)$ 插入列表, 返回 $\mathrm{H2RF}_1(\mathtt{ID}_i) = h_0$.
3. 否则, $\mathcal{B}$ 从 Gap-q_1-BCAA$1'_{1,2}$ 问题实例中随机选择一个未选择的 $h_i, i > 0$, 将表项 $\left(\mathtt{ID}_i, h_i, \dfrac{x}{h_i + x} P_2\right)$ 插入列表. $\mathcal{B}$ 返回 $\mathrm{H2RF}_1(\mathtt{ID}_i) = h_i$.

- $\mathrm{KDF}(C_i, X_i, \mathtt{ID}_i)$: $\mathcal{B}$ 维持一个包括表项 $((C_i, X_i, \mathtt{ID}_i), K_i)$ 的列表 KDF^{list}. 收到 $(C_i, X_i, \mathtt{ID}_i)$ 的询问后, $\mathcal{B}$ 按照如下方式响应:
  1. 若表项 $((C_i, X_i, \mathtt{ID}_i), K_i)$ 出现在列表中, 则 $\mathcal{B}$ 返回 K_i.
  2. 否则, $\mathcal{B}$ 查询列表 $\mathrm{H2RF}_1^{list}$. 若 $\mathtt{ID}_i$ 不在列表中, 则 $\mathcal{B}$ 询问 $\mathrm{H2RF}_1(\mathtt{ID}_i)$. 根据 $\mathrm{H2RF}_1^{list}$ 中对应 $\mathtt{ID}_i$ 表项中 D_i 的值不同, $\mathcal{B}$ 采用不同方式响应:
     – 若 $D_i = \perp$, 则
       (a) $\mathcal{B}$ 使用 $(xP_1, P_2, (h_0 + x)P_1, C_i, X_i)$ 询问谕示 $\mathcal{O}_{DBIDH}$.
       (b) 若 $\mathcal{O}_{DBIDH}$ 返回 1 并且一个以 $(C_i, \mathtt{ID}_i)$ 为索引的表项出现在列表 $\mathcal{L}_D$ 中 ($\mathcal{L}_D$ 是后面的解封装 Decapsulation 谕示维护的列表), $\mathcal{B}$ 将 $((C_i,\ X_i,\ \mathtt{ID}_i),\ K_i)$ 插入 KDF^{list}, 返回 $\mathcal{L}_D$ 表项中的 K_i.
       (c) 否则, $\mathcal{B}$ 随机数选择 $K_i \in \{0,1\}^l$, 将表项 $((C_i,\ X_i,\ \mathtt{ID}_i), K_i)$ 插入 KDF^{list}, 并且若 $\mathcal{O}_{DBIDH}$ 返回值是 1 时, $\mathcal{B}$ 还将表项 $(C_i, \mathtt{ID}_i, K_i)$ 插入 $\mathcal{L}_D$. $\mathcal{B}$ 返回 K_i.
     – 否则 $(D_i \neq \perp)$, $\mathcal{B}$ 随机选择 $K_i \in \{0,1\}^l$, 将表项 $((C_i,\ X_i,\ \mathtt{ID}_i), K_i)$ 插入 KDF^{list}, 返回 K_i.
- **标识私钥获取** $(\mathtt{ID}_i)$: $\mathcal{B}$ 查询 $\mathrm{H2RF}_1^{list}$. 若 $\mathtt{ID}_i$ 不在列表上, $\mathcal{B}$ 询问 $\mathrm{H2RF}_1(\mathtt{ID}_i)$. $\mathcal{B}$ 检查对应表项中的 D_i: 若 $D_i \neq \perp$, 则返回 D_i; 否则, $\mathcal{B}$ 终止游戏 (**事件 1**).
- **解封装** $(\mathtt{ID}_i, C_i)$: $\mathcal{B}$ 维护一个包括表项为 $(C_i, \mathtt{ID}_i, K_i)$ 的列表 $\mathcal{L}_D$. 为响应解封装询问, $\mathcal{B}$ 首先查询 $\mathrm{H2RF}_1^{list}$. 若 $\mathtt{ID}_i$ 不在列表上, 则 $\mathcal{B}$ 询问 $\mathrm{H2RF}_1(\mathtt{ID}_i)$. 根据 $\mathrm{H2RF}_1^{list}$ 中对应 $\mathtt{ID}_i$ 表项中 D_i 的值不同, $\mathcal{B}$ 采用不同方式响应:
  1. 若 $D_i \neq \perp$, 则 $\mathcal{B}$ 首先计算 $T_i = \hat{e}(C_i, D_i)$, 询问 $K_i = \mathrm{KDF}(C_i, T_i, \mathtt{ID}_i)$. $\mathcal{B}$ 返回 K_i.
  2. 否则 $(D_i = \perp)$, $\mathcal{B}$ 执行如下操作:
     – 若 $\mathcal{L}_D$ 中存在以 $(C_i, \mathtt{ID}_i)$ 为索引的表项, 则返回表项中的 K_i.
     – 否则, $\mathcal{B}$ 随机选择 $K_i \in \{0,1\}^l$, 将表项 $(C_i, \mathtt{ID}_i, K_i)$ 插入 $\mathcal{L}_D$. $\mathcal{B}$ 返回 K_i.
- **挑战**: 在某个阶段, $\mathcal{A}$ 结束第一阶段的游戏并输出 $\mathtt{ID}^*$. 若 $\mathcal{A}$ 还未询问

H2RF$_1$(ID*), 则 $\mathcal{B}$ 执行这个询问. 若对应的 $D_{\mathtt{ID}^*} \neq \perp$, 则 $\mathcal{B}$ 终止游戏 (**事件 2**); 否则, $\mathcal{B}$ 随机选择 $y \in \mathbb{Z}_p^*$ 和 $K^* \in \{0,1\}^l$, 返回 (K^*, yP_1) 作为挑战. 若 $(\mathtt{ID}^*, yP_1)$ 已经出现在解封装谕示的询问中, 则 $\mathcal{B}$ 选择新随机数后重试.

- **猜测**: 当 $\mathcal{A}$ 输出其猜测后, $\mathcal{B}$ 按照如下方式求解 Gap-q_1-BCAA$1'_{1,2}$ 问题:
  1. 对 KDF^{list} 上的每个表项 $((yP_1,\ X_j,\ \mathtt{ID}^*),\ K_j)$, $\mathcal{B}$ 询问 $\mathcal{O}_{DBIDH}$ 谕示判定 $(xP_1, P_2, (h_0+x)P_1, yP_1, X_j)$. 若 $\mathcal{O}_{DBIDH}$ 返回 1, 则 $\mathcal{B}$ 输出 $X_j^{1/y}$ 作为 Gap-q_1-BCAA$1'_{1,2}$ 问题的解.
  2. 若没有一个表项满足条件, 则 $\mathcal{B}$ 失败 (**事件 3**).

断言 4.2 *若 $\mathcal{B}$ 在模拟的游戏中不终止, 则 $\mathcal{A}$ 不能区分真实的攻击环境和模拟的游戏.*

证明 因 Gap-q_1-BCAA$1'_{1,2}$ 问题的实例的随机性, $\mathcal{B}$ 对 H2RF$_1$ 的响应是在 $\mathbb{Z}_p^*$ 上随机均匀分布的, 和真实攻击环境一致. KDF 模拟为随机谕示, 其利用 DBIDH$_{1,1}$ 的谕示保证对 KDF 的询问响应与解封装谕示的响应保持一致. 具体地, 下面分析两种不同的情况.

- 攻击者询问 KDF$(C_i, X_i, \mathtt{ID}_i)$: 若 KDF$(C_i, X_i, \mathtt{ID}_i)$ 还未询问过, $\mathcal{B}$ 需要确保该随机谕示的询问响应和解封装询问响应在 $\mathtt{ID}_i = \mathtt{ID}^*$ 时保持一致 (若 $\mathtt{ID}_i \neq \mathtt{ID}^*$, 按照 $\mathcal{B}$ 的响应方法, 则解封装谕示必然询问了 KDF). $\mathcal{B}$ 利用 DBIDH$_{1,1}$ 谕示检测 $\hat{e}\left(C_i, \dfrac{x}{h_0+x}P_2\right) \stackrel{?}{=} X_i$. 若等式成立且解封装谕示上已经询问了 $(\mathtt{ID}_i, C_i)$, 则 $\mathcal{B}$ 使用解封装过程生成的 K_i 作为响应. 若仅等式成立, 则将 $(C_i, \mathtt{ID}_i, K_i)$ 插入列表 $\mathcal{L}_D$ 中.

- 攻击者以 $(\mathtt{ID}^*, C_i)$ 询问解封装谕示: $\mathcal{B}$ 无法计算 $T_i = \hat{e}\left(C_i, \dfrac{x}{h_0+x}P_2\right)$ $\left(\text{如游戏不终止, 则必有 } D_{\mathtt{ID}^*} = \dfrac{x}{h_0+x}P_2\right)$. 若 KDF$(C_i, X_i, \mathtt{ID}_i)$ 未被询问过, 即 $(\mathtt{ID}_i,\ C_i,\ K_i)$ 不在 $\mathcal{L}_D$ 列表中, 则 $\mathcal{B}$ 返回随机 K_i; 否则 $\mathcal{B}$ 返回 $\mathcal{L}_D$ 中以 $(\mathtt{ID}_i, C_i)$ 为索引的表项中的 K_i. 该表项是响应 KDF 请求时插入的.

其他响应都是按照算法规定正常执行的. 综上所述, $\mathcal{A}$ 不能区分真实攻击环境和模拟的游戏. □

我们现在评估 $\mathcal{B}$ 不终止游戏的概率. 事件 3 意味着挑战中对应的 $T = \hat{e}\left(C^*, \dfrac{x}{h_0+x}P_2\right)$ 未在 KDF 上询问过. 因为 KDF 是随机谕示, 所以 $\Pr[b = b' | \text{事件 3}] = \dfrac{1}{2}$. 类似断言 4.1 中的证明, 我们有 $\Pr[\overline{\text{事件 3}}] \geqslant \epsilon(\kappa)$. 注意, 根据游

戏规则 $\overline{\text{事件 2}}$ 意味着 $\overline{\text{事件 1}}$. 整体上, 我们有

$$\Pr[\mathcal{B}\text{ 成功}] = \Pr[b = b' | \overline{\text{事件 3}} \wedge \overline{\text{事件 2}}] \geqslant \frac{\epsilon(\kappa)}{q_1 + 1}. \qquad \square$$

值得注意的是, 在 $M_{\mathfrak{pk}}$ 包括 $J = \hat{e}(P_{pub}, P_2)$ 的情况下, 理论上 P_2 是不需要公开的. 在没有 P_2 的情况下, Gap-ℓ-BCAA$1'_{1,2}$ 可能更困难.

4.4.2 SK-KEM

另一个采用指数逆密钥生成方法的重要标识密钥封装机制是 SK-KEM [38]. SK-KEM 被 ISO/IEC[29], IEEE[28], IETF[39] 和 3GPP[40] 等组织采纳为标准算法. SK-KEM 采用 [26] 中一个通用变换将一个 ID-OWE-CPA 安全的 ID-KEM 转换为 ID-IND-CCA 安全的 ID-KEM. SK-KEM 工作方式如下.

- **Setup** $\mathbb{G}_{\texttt{ID-KEM}}(1^\kappa)$:
  1. 生成三个阶为素数 p 的群 $\mathbb{G}_1$, $\mathbb{G}_2$ 和 $\mathbb{G}_T$ 以及双线性对 $\hat{e} : \mathbb{G}_1 \times \mathbb{G}_2 \to \mathbb{G}_T$. 随机选择生成元 $P_1 \in_R \mathbb{G}_1, P_2 \in_R \mathbb{G}_2$.
  2. 选择随机数 $s \in_R \mathbb{Z}_p^*$, 计算 $P_{pub} = sP_1$, $J = \hat{e}(P_1, P_2)$.
  3. 选择四个哈希函数, $H_1 : \{0,1\}^* \to \mathbb{Z}_p$, $H_2 : \mathbb{G}_T \to \{0,1\}^\delta$, $H_3 : \{0,1\}^\delta \to \mathbb{Z}_p$, $H_4 : \{0,1\}^\delta \to \{0,1\}^l$.
  4. 输出主公钥 $M_{\mathfrak{pk}} = (\mathbb{G}_1, \mathbb{G}_2, \mathbb{G}_T, \hat{e}, P_1, P_2, P_{pub}, J, H_1, H_2, H_3, H_4)$ 和主私钥 $M_{\mathfrak{sk}} = s$.
- **Extract** $\mathbb{X}_{\texttt{ID-KEM}}(M_{\mathfrak{pk}}, M_{\mathfrak{sk}}, \texttt{ID}_A)$:
  1. 若 $s + H_1(\texttt{ID}_A) \mod p = 0$, 则输出错误并终止;
  2. 否则输出标识私钥

$$D_A = \frac{1}{s + H_1(\texttt{ID}_A) \mod p} P_2.$$

- **Encapsulate** $\mathbb{E}_{\texttt{ID-KEM}}(M_{\mathfrak{pk}}, \texttt{ID}_A)$:
  1. 选择随机数 $\sigma \in_R \{0,1\}^\delta$, 计算 $r = H_3(\sigma)$, $Q = H_1(\texttt{ID}_A)P_1 + P_{pub}$.
  2. 计算密文 $C = (rQ, \sigma \oplus H_2(J^r))$, 计算 $K = H_4(\sigma)$.
  3. 输出 (K, C).
- **Decapsulate** $\mathbb{D}_{\texttt{ID-KEM}}(M_{\mathfrak{pk}}, \texttt{ID}_A, D_A, C)$:
  1. 解析 C 为 (C_1, C_2). 若 $C_1 \notin \mathbb{G}_1^*$ 或者 $C_2 \notin \{0,1\}^\delta$, 则输出 $\perp$ 并终止.
  2. 计算 $T = \hat{e}(C_1, D_{\texttt{ID}})$, $\sigma = H_2(T) \oplus C_2$, $r = H_3(\sigma)$.
  3. 计算 $Q = H_1(\texttt{ID}_A)P_1 + P_{pub}$, 检查 $C_1 = rQ$ 是否成立. 若不成立, 则输出 $\perp$ 并终止.
  4. 计算输出 $K = H_4(\sigma)$.

定理 4.4 ([38]) 若 H_i 是随机谕示且 ℓ-BDHI$_2^\psi$ 计算复杂性假设成立, 则 SK-KEM 是 ID-IND-CCA 安全的. 具体地, 若存在一个 ID-IND-CCA 攻击者 $\mathcal{A}$ 攻击 SK-KEM 的过程中最多请求了 q_i 次 H_i 询问、q_X 私钥获取询问和 q_D 解封装密询问并具有优势 $\epsilon(\kappa)$, 那么存在一个算法 $\mathcal{B}$, 求解 q_ℓ-BDHI$_{1,2}^\psi$ 的优势为

$$\mathtt{Adv}_{\mathcal{B}}(\kappa) \geqslant \frac{1}{q_2 q_\ell (q_3+q_4+q_D)}\left[\epsilon(\kappa) - \frac{2(q_3+q_4+q_D)}{2^\delta} - \frac{2q_D}{p}\right],$$

其中 $q_\ell = q_1 + q_X + 1$.

因为在安全归约过程中私钥获取询问必然触发 H_1 询问, 所以 q_1 实际已经包括 q_X, 因此 q_ℓ 中的 q_X 部分可以忽略. 因为安全归约需要将 q_ℓ-BDHI$_2^\psi$ 转换为 $(q_\ell-1)$-BCAA1$_{1,2}$ 问题, 其过程需要多个点乘运算, 这里没有给出 $\mathcal{B}$ 的运行时间. 若直接使用 $(q_\ell-1)$-BCAA1$_{1,2}$ 问题进行安全性归约, 则 $t_{\mathcal{B}}(\kappa)$ 和 $t_{\mathcal{A}}(\kappa)$ 实质相同. 可以看到 SM9-KEM 比 SK-KEM 密钥封装大小和运算速度都更高效. SM9-KEM 的安全性依赖于更强的 Gap 类复杂性假设, 但是安全归约更紧凑. 相反地, SK-KEM 依赖的复杂性假设更弱, 但是和 BF-IBE 一样, 安全归约松散.

4.5 BB$_1$-IBE

Boneh 和 Boyen [6] 提出了两个标识加密算法并在标准模型下 (不依赖随机谕示) 证明算法在攻击人预先选定攻击标识时具有选择密文攻击不可区分安全性 (sID-IND-CCA). 如在 4.2.2 小节描述的, 该模型下需要攻击者在获得主公钥前必须选定待攻击的标识 ID*. 这里描述 [6] 中第一个标识加密算法 (BB$_1$-IBE). 该算法提出的标识密钥生成方法被称为可交换掩藏方法[14]. 该算法的明文空间 $\mathbb{M}_{\mathtt{ID}}(\cdot)$ 为 $\mathbb{G}_T$, 标识空间为 $\mathbb{Z}_p$. 基础的 BB$_1$-IBE 工作方式如下.

- **Setup** $\mathbb{G}_{\mathtt{ID}}(1^k)$:
  1. 生成三个阶为素数 p 的群 $\mathbb{G}_1$, $\mathbb{G}_2$ 和 $\mathbb{G}_T$ 以及双线性对 $\hat{e}:\mathbb{G}_1\times\mathbb{G}_2\to\mathbb{G}_T$. 随机选择生成元 $P_1\in_R\mathbb{G}_1$, $P_2\in_R\mathbb{G}_2$.
  2. 选择随机数 $s_1,s_2,s_3\in_R\mathbb{Z}_p^*$, 计算 $R=s_1P_1, T=s_3P_1, J=\hat{e}(s_1P_1,s_2P_2)$.
  3. 输出主公钥 $M_{\mathfrak{pk}}=(\mathbb{G}_1,\mathbb{G}_2,\mathbb{G}_T,\hat{e},P_1,P_2,R,T,J)$ 和主私钥 $M_{\mathfrak{sk}}=(s_1,s_2,s_3)$.
- **Extract** $\mathbb{X}_{\mathtt{ID}}(M_{\mathfrak{pk}}, M_{\mathfrak{sk}}, \mathtt{ID}_A)(\mathtt{ID}_A\in\mathbb{Z}_p)$:
  1. 随机选择 $u\in_R\mathbb{Z}_p^*$.
  2. 计算 $t=s_1s_2+u(s_1\mathtt{ID}_A+s_3) \mod p$. 若 $t=0$, 转步骤 1.
  3. 计算 $D_{0,A}=tP_2, D_{1,A}=uP_2$.
  4. 输出标识私钥 $D_A=(D_{0,A},D_{1,A})$.

- **Encrypt** $\mathbb{E}_{\mathtt{ID}}(M_{\mathfrak{pk}}, \mathtt{ID}_A, m)(m \in \mathbb{G}_T)$:
  1. 选择随机数 $r \in_R \mathbb{Z}_p^*$.
  2. 计算输出密文 $C = (rP_1, (r\mathtt{ID}_A)R + rT, m \cdot J^r)$.
- **Decrypt** $\mathbb{D}_{\mathtt{ID}}(M_{\mathfrak{pk}}, \mathtt{ID}_A, D_A, C)$:
  1. 解析 C 为 (C_1, C_2, C_3).
  2. 计算 $B = \hat{e}(C_1, D_{0,A})/\hat{e}(C_2, D_{1,A})$.
  3. 计算输出明文 $m = C_3/B$.

Boneh 和 Boyen[6] 基于 DBDH 假设证明该算法是 sID-IND-CPA 安全的. 这个算法可以扩展成为层次标识加密算法 HIBE. Canetti 等[22] 提出可以使用 sID-IND-CPA 安全的 ℓ 层 HIBE 构造 sID-IND-CCA 安全的 ℓ-1 层 HIBE. 所以通过两层 BB_1-IBE 可以构造不依赖随机谕示并且 sID-IND-CCA 安全的 IBE 算法. 另外, [6] 显示一个 sID-IND-CPA 安全的 IBE 实际上也是 ID-IND-CPA 安全的 IBE, 但安全归约会松散 N 倍, N 是 IBE 系统中标识的个数. 因此 [6] 在理论上构造了不依赖随机谕示的安全 IBE, 但是这样变换出的算法效率很低. 其他变换方法, 如非交互零知识证明[24] 等, 同样面临转换后机制的效率严重下降的问题.

如果我们接受随机谕示模型, 则只需使用随机谕示 $H : \{0,1\}^* \to \mathbb{Z}_p$ 将标识映射到 $\mathbb{Z}_p$, 上述算法可以简单地变换为标准安全的算法. 其安全归约会松散 q_H 倍, q_H 是攻击者询问随机谕示 H 的次数. 标准 [29] 中规定的 BB_1-KEM 引入了两个哈希函数 H_1 和 H_2: H_1 用于将标识映射到 $\mathbb{Z}_p$, H_2 用于将上面过程的中间结果 B 变换为 ID-KEM 输出的数据加密密钥 K. BB_1-KEM 的密钥封装为 $C = (C_1, C_2)$, 其安全性可以归约到 GBDH 复杂性假设. Boyen[14] 结合一次签名机制构建了随机谕示模型下 ID-IND-CCA 安全的完整 BB_1-IBE, 其安全性可以归约到 BDH 复杂性假设.

4.6 分层标识加密算法

4.6.1 分层标识加密机制及其安全性定义

传统公钥管理机制如基于证书的 PKI 支持分层级进行证书的管理. 一个 PKI 系统可以包括根证书机构、二级证书机构、注册机构等. 根 CA 为其下属 CA 签发证书机构证书. 二级或更低级的 CA 为其管理的用户签发用户证书. 这种架构体现了一个复杂组织采用分层管理的理念. 分层标识密码是对标识密码进行推广以反映现实中对实体进行分层管理的需求. Horwitz 和 Lynn[9] 首先提出分层标识加密技术 HIBE. 在分层标识加密系统中, 一个实体的标识由多个部分组成: $(\mathtt{ID}_1, \mathtt{ID}_2, \cdots, \mathtt{ID}_\ell)$. $\mathtt{ID}_1 \cdots \mathtt{ID}_i$ 是 $\mathtt{ID}_{i+1}$ 的前缀. 如图 4.1所示, 第 i 层的节点只可生成以根节点到该节点路径上所有标识 $(\mathtt{ID}_1, \cdots, \mathtt{ID}_i)$ 连接作为前缀的标识对应的标识私钥.

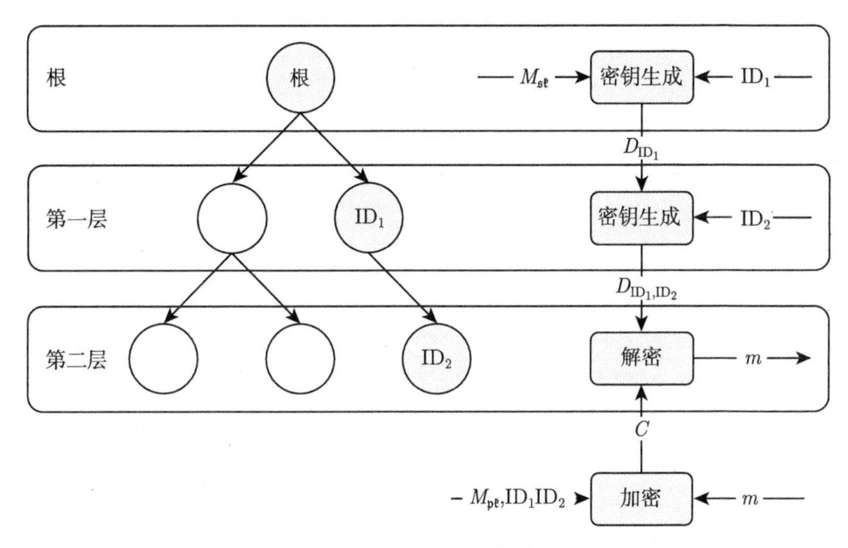

图 4.1 分层标识加密

HIBE 是 IBE 的扩展, 所以包括了 IBE 的所有构成函数. 另外, 下级节点获得上级节点提供的标识前缀对应的标识密钥后, 可以自行派生所有以其标识作为前缀的下级标识的标识私钥, 即下级节点可以代理上级节点的一部分标识密钥生成功能. HIBE 由如下 5 个函数构成.

- **Setup** $\mathbb{G}_{\texttt{HIBE}}(1^{\kappa},\ell)$: 该算法核心功能和 IBE 的 $\mathbb{G}_{\texttt{ID}}(1^{\kappa})$ 相同. 一些 HIBE 要求在初始化过程中指定标识层次数 ℓ.
- **Extract** $\mathbb{X}_{\texttt{HIBE}}(M_{\mathfrak{pk}},M_{\mathfrak{sk}},\texttt{ID}_A)$: 该算法和 IBE 的 $\mathbb{X}_{\texttt{ID}}(M_{\mathfrak{pk}},M_{\mathfrak{sk}},\texttt{ID}_A)$ 功能相同.
- **Delegate** $\mathbb{T}_{\texttt{HIBE}}(M_{\mathfrak{pk}},D_{\texttt{ID}_k},\texttt{ID}_{k+1})$: 第 k 层节点在获得 k 层完整标识对应的标识密钥后, 生成以前 k 层标识为前缀的 $k+1$ 层标识对应的标识密钥.
- **Encrypt** $\mathbb{E}_{\texttt{HIBE}}(M_{\mathfrak{pk}},\texttt{ID}_A,m)$: 该算法和 IBE 的 $\mathbb{E}_{\texttt{ID}}$ 的功能相同.
- **Decrypt** $\mathbb{D}_{\texttt{HIBE}}(M_{\mathfrak{pk}},\texttt{ID}_A,D_A,C)$: 该算法和 IBE 的 $\mathbb{D}_{\texttt{ID}}$ 的功能相同.

HIBE 的安全性定义可采用 IBE 的安全性定义方式. 类似于表 4.2 中定义的各种游戏, 可以定义分层标识选择密文攻击不可区分安全 (ID-IND-CCA)、选择分层标识选择密文攻击不可区分安全 (sID-IND-CCA), 以及对应的选择明文攻击安全性定义. 和 IBE 的安全性定义唯一的不同是, 在游戏中, 攻击者算法 $\mathcal{A}$ 在访问标识私钥获取谕示时不可以请求挑战标识 $\texttt{ID}^*$ 的任意前缀标识对应的标识私钥. 这是因为根据 HIBE 的代理函数 Delegate 的定义, 攻击者获得前缀标识的私钥后, 可以生成任意使用该前缀的标识对应的私钥, 包括 $\mathtt{ID}^*$ 对应的私钥, 即可简单赢得游戏.

Gentry 和 Silverberg[41] 提出了第一个抵抗用户合谋攻击的分层标识加密算法 GS-HIBE. 该算法支持在根节点系统初始化后, 再增加多个层次的下级节点. 这种方式具有很好的灵活性, 但是 GS-HIBE 算法生成的密文会跟随加密使用的标识的层次数线性增大. 为了解决这一问题, Boneh 等[42] 提出密文长度固定的分层加密算法: BBG-HIBE. 该算法要求根节点在初始化系统时就确定系统支持的最大标识层次数. 系统参数将随着设定的标识层次数线性增大. 显然这两种不同的技术路径各有优缺点, 在满足一定的条件下, 可以将两种技术进行组合应用[42], 达到比较好的平衡. BBG-HIBE 的安全性归约到一个和标识层次数相关的不确定复杂性假设. Waters[20] 利用双系统加密技术基于标准复杂性假设构建了一个 Waters-HIBE. Waters 使用标签技术来支持双系统加密技术. 标签技术使得密文中元素个数随着标识的层次数线性增大. Lewko 和 Waters[15] 进一步在合数阶的群上利用双系统加密技术设计了一个密文长度固定的 LW-HIBE.

另外, 还有一些 HIBE 的通用构造方法. Boyen[43] 提出的方法可将满足特定要求的使用指数逆密钥生成方法的 IBE 转换为 HIBE. Döttling 和 Garg[44] 提出将任意 IBE 转换为选择标识安全的 HIBE 的方法.

4.6.2 GS-HIBE

GS-HIBE 是 BF-IBE 的自然扩展, 其根节点和 BF-IBE 具有相同的系统初始化过程, 生成随机主私钥 $s_0 \in \mathbb{Z}_p^*$ 和对应的 $P_{pub} = s_0 P_2$. 根节点采用全域哈希的方式将标识映射为群中的一个元素 Q_1, 对应标识私钥为 $s_0 Q_1$. 类似地, 各下级节点具有自己的随机密钥 s_i 和密钥 $s_i P_2$, 生成到下一级标识对应的私钥 $s_i Q_{i+1}$ 并和上级节点的标识密钥求和, 形成对应标识的标识密钥序列. $s_i P_2$ 类似于中间节点的标识主公钥数据. 对每个标识, 其值可以不同. 下面是 ID-IND-CPA 安全的 GS-HIBE. 类似于 BF-IBE, Fujisaki-Okamoto 变换可将其转化为随机谕示模型下 ID-IND-CCA 安全的 HIBE.

- **Setup** $\mathbb{G}_{\mathtt{HIBE}}(1^\kappa, \cdot)$:
  1. 生成三个阶为素数 p 的群 $\mathbb{G}_1$, $\mathbb{G}_2$ 和 $\mathbb{G}_T$ 以及双线性对 $\hat{e}: \mathbb{G}_1 \times \mathbb{G}_2 \to \mathbb{G}_T$. 随机选择生成元 $P_1 \in_R \mathbb{G}_1, P_2 \in_R \mathbb{G}_2$.
  2. 选择随机数 $s_0 \in_R \mathbb{Z}_p^*$, 计算 $P_{pub} = s_0 P_2$.
  3. 选择两个哈希函数: $H_1: \{0,1\}^* \to \mathbb{G}_1^*$, $H_2: \mathbb{G}_T \to \{0,1\}^\delta$.
  4. 输出主公钥 $M_{\mathfrak{pk}} = (\mathbb{G}_1, \mathbb{G}_2, \mathbb{G}_T, \hat{e}, P_2, P_{pub}, H_1, H_2)$ 和主私钥 $M_{\mathfrak{sk}} = s_0$.
- **Extract** $\mathbb{X}_{\mathtt{HIBE}}(M_{\mathfrak{pk}}, M_{\mathfrak{sk}}, \mathtt{ID}_k)$:
  1. 解析 $\mathtt{ID}_k$ 为 $(\mathtt{ID}_1, \mathtt{ID}_2, \cdots, \mathtt{ID}_k)$.

2. 对 t 从 1 到 k 执行
   - 计算 $Q_t = H_1(\mathtt{ID}_1 \| \mathtt{ID}_2 \| \cdots \| \mathtt{ID}_t)$.
   - 计算 $S_{\mathtt{ID}_t} = S_{\mathtt{ID}_{t-1}} + s_{t-1} Q_t = \sum_{i=1}^{t} s_{i-1} Q_i$, 其中 $S_{\mathtt{ID}_0} = \mathcal{O}$.
   - 选择随机数 $s_t \in_R \mathbb{Z}_p^*$, 计算 $X_t = s_t P_2$ (X_k 不必计算).
3. 输出标识私钥 $D_{\mathtt{ID}_k} = (S_{\mathtt{ID}_k}, X_1, \cdots, X_{k-1})$.

- **Delegate** $\mathbb{T}_{\mathtt{HIBE}}(M_{\mathfrak{pk}}, D_{\mathtt{ID}_k}, \mathtt{ID}_{k+1})$:
  1. 解析 $\mathtt{ID}_{k+1}$ 为 $(\mathtt{ID}_1, \mathtt{ID}_2, \cdots, \mathtt{ID}_k, \mathtt{ID}_{k+1})$, 解析 $D_{\mathtt{ID}_k}$ 为 $(S_{\mathtt{ID}_k}, X_1, \cdots, X_{k-1})$.
  2. 计算 $Q_{k+1} = H_1(\mathtt{ID}_1 \| \mathtt{ID}_2 \| \cdots \| \mathtt{ID}_{k+1})$.
  3. 选择随机数 $s_k \in_R \mathbb{Z}_p^*$, 计算 $S_{\mathtt{ID}_{k+1}} = S_{\mathtt{ID}_k} + s_k Q_{k+1}, X_k = s_k P_2$.
  4. 输出标识私钥 $D_{\mathtt{ID}_{k+1}} = (S_{\mathtt{ID}_{k+1}}, X_1, \cdots, X_{k-1}, X_k)$.
- **Encrypt** $\mathbb{E}_{\mathtt{HIBE}}(M_{\mathfrak{pk}}, \mathtt{ID}_k, m)(m \in \{0,1\}^\delta)$:
  1. 解析 $\mathtt{ID}_k$ 为 $(\mathtt{ID}_1, \mathtt{ID}_2, \cdots, \mathtt{ID}_{k-1}, \mathtt{ID}_k)$, 计算 $Q_i = H_1(\mathtt{ID}_1 \| \mathtt{ID}_2 \| \cdots \| \mathtt{ID}_i)$.
  2. 随机选择 $r \in_R \mathbb{Z}_p^*$, 计算输出密文

$$C = (rP_2, rQ_2, \cdots, rQ_k, H_2(\hat{e}(rQ_1, P_{pub})) \oplus m).$$

- **Decrypt** $\mathbb{D}_{\mathtt{HIBE}}(M_{\mathfrak{pk}}, \mathtt{ID}_k, D_{\mathtt{ID}_k}, C)$:
  1. 解析 $C = (C_1, C_2, \cdots, C_k, V)$, $D_{\mathtt{ID}_k} = (S_{\mathtt{ID}_k}, X_{\mathtt{ID}_1} \cdots, X_{\mathtt{ID}_{k-1}})$.
  2. 计算 $T = \hat{e}(S_{\mathtt{ID}_k}, C_1) / \prod_{i=2}^{k} \hat{e}(C_i, X_{\mathtt{ID}_{i-1}})$.
  3. 计算输出明文 $m = V \oplus H_2(T)$.

算法的正确性验证如下: 若 $k=1$, 这个算法退化为 Boneh-Franklin 的 BasicIBE. 当 $k \geqslant 2$ 时,

$$T = \frac{\hat{e}\left(\sum_{i=1}^{k} s_{i-1} Q_i, C_1\right)}{\prod_{i=2}^{k} \hat{e}(C_i, X_{\mathtt{ID}_{i-1}})} = \frac{\prod_{i=1}^{k} \hat{e}(s_{i-1} Q_i, rP_2)}{\prod_{i=2}^{k} \hat{e}(rQ_i, s_{i-1} P_2)}$$

$$= \hat{e}(s_0 Q_1, rP_2) = \hat{e}(rQ_1, P_{pub}).$$

GS-HIBE 的安全性可以归约到 $\mathrm{BDH}_{1,1,2}^{\psi}$ 复杂性假设.

4.6.3 BBG-HIBE

在 BBG-HIBE 中, 根节点需要在初始化时指定标识层次数 ℓ. 该算法假定 ℓ 层标识由 ℓ 个 $\mathbb{Z}_p^*$ 中的整数序列构成. 在标准模型下, BBG-HIBE 的选择标识选择明文攻击不可区分安全性 (sID-IND-CPA) 可以归约到 ℓ-wBDHI 复杂性. 如

4.5 节所述, ℓ 层 sID-IND-CPA 安全的 HIBE 可以转换为 ℓ-1 层 sID-IND-CCA 安全的 HIBE. 另外, 通过应用抵抗碰撞的哈希函数 $H:\{0,1\}^* \to \mathbb{Z}_p^*$, 算法可以支持任意的标识集. BBG-HIBE 工作方式如下.

- **Setup** $\mathbb{G}_{\mathtt{HIBE}}(1^\kappa, \ell)$:
  1. 生成三个阶为素数 p 的群 $\mathbb{G}_1$, $\mathbb{G}_2$ 和 $\mathbb{G}_T$ 以及双线性对 $\hat{e}:\mathbb{G}_1\times\mathbb{G}_2\to\mathbb{G}_T$. 随机选择生成元 $P_1,U_1,R_1,R_2,\cdots,R_\ell\in_R\mathbb{G}_1, P_2\in_R\mathbb{G}_2$.
  2. 选择随机数 $s\in\mathbb{Z}_N$, 计算 $U_2=sP_2, D_0=sP_1$.
  3. 输出主公钥 $M_{\mathfrak{pk}}=(\mathbb{G}_1,\mathbb{G}_2,\mathbb{G}_T,\hat{e},P_1,P_2,U_1,U_2,R_1,\cdots,R_\ell)$ 和主私钥 $M_{\mathfrak{sk}}=D_0$.
- **Extract** $\mathbb{X}_{\mathtt{HIBE}}(M_{\mathfrak{pk}}, M_{\mathfrak{sk}}, \mathtt{ID}_k)$:
  1. 解析 $\mathtt{ID}_k$ 为 $(I_1,I_2,\cdots,I_{k-1},I_k), I_j\in\mathbb{Z}_p^*$.
  2. 选择随机数 $t\in_R\mathbb{Z}_p^*$, 计算 $D_{\mathtt{ID}_1}=tP_2$ 和

$$D_{\mathtt{ID}_0}=sP_1+t\left(\sum_{i=1}^{k}I_kR_i+U_1\right).$$

  3. 输出标识私钥

$$D_{\mathtt{ID}_k}=(D_{\mathtt{ID}_0},D_{\mathtt{ID}_1},tR_{k+1},\cdots,tR_\ell).$$

- **Delegate** $\mathbb{T}_{\mathtt{HIBE}}(M_{\mathfrak{pk}}, D_{\mathtt{ID}_k}, \mathtt{ID}_{k+1})$:
  1. 解析 $\mathtt{ID}_{k+1}$ 为 $(I_1,I_2,\cdots,I_k,I_{k+1})$, 解析 $D_{\mathtt{ID}_k}$ 为 $(D_{\mathtt{ID}_0},D_{\mathtt{ID}_1},D_{\mathtt{ID}_{k+1}},\cdots,D_{\mathtt{ID}_\ell})$.
  2. 选择随机数 $t\in_R\mathbb{Z}_p^*$, 计算 $D'_{\mathtt{ID}_1}=D_{\mathtt{ID}_1}+tP_2$ 和

$$D'_{\mathtt{ID}_0}=D_{\mathtt{ID}_0}+I_{k+1}D_{\mathtt{ID}_{k+1}}+t\left(\sum_{i=1}^{k+1}I_iR_i+U_1\right).$$

  3. 输出标识私钥

$$\begin{aligned}D_{\mathtt{ID}_{k+1}}&=(D'_{\mathtt{ID}_0},D'_{\mathtt{ID}_1},D_{\mathtt{ID}_{k+2}}+tR_{k+2},\cdots,D_{\mathtt{ID}_\ell}+tR_\ell)\\&=\left(sP_1+t'\left(\sum_{i=1}^{k+1}I_iR_i+U_1\right),t'P_2,t'R_{k+2},\cdots,t'R_\ell\right),\end{aligned}$$

  其中 $t'=\sum t_i \mod p$, t_i 为各级节点生成的随机数.
- **Encrypt** $\mathbb{E}_{\mathtt{HIBE}}(M_{\mathfrak{pk}}, \mathtt{ID}_k, m)(m\in\mathbb{G}_T)$:
  1. 解析 $\mathtt{ID}_k$ 为 $(I_1,I_2,\cdots,I_{k-1},I_k)$.

2. 随机选择 $r \in_R \mathbb{Z}_p^*$, 计算输出密文

$$C = \left(\hat{e}(rP_1, U_2) \cdot m, rP_2, r\left(\sum_{i=1}^{k} I_i R_i + U_1\right)\right).$$

- **Decrypt** $\mathbb{D}_{\mathtt{ID}}(M_{\mathfrak{pk}}, \mathtt{ID}_k, D_{\mathtt{ID}_k}, C)$:
  1. 解析 $C = (C_1, C_2, C_3)$, $D_{\mathtt{ID}_k} = (D_{\mathtt{ID}_0}, D_{\mathtt{ID}_1}, \cdots)$.
  2. 计算输出明文 $m = C_1 \cdot \hat{e}(C_3, D_{\mathtt{ID}_1})/\hat{e}(D_{\mathtt{ID}_0}, C_2)$.

算法的正确性验证如下:

$$T = \frac{\hat{e}(C_3, D_{\mathtt{ID}_1})}{\hat{e}(D_{\mathtt{ID}_0}, C_2)} = \frac{\hat{e}\left(r\left(\sum_{i=1}^{k} I_i R_i + U_1\right), tP_2\right)}{\hat{e}\left(sP_1 + t\left(\sum_{i=1}^{k} I_k R_i + U_1\right), rP_2\right)} = \frac{1}{\hat{e}(rP_1, sP_2)}.$$

4.6.4 LW-HIBE

LW-HIBE 和 BBG-HIBE 具有许多相似性, 都是密文长度固定的 HIBE, 两个算法具有相似的加密和解密过程. LW-HIBE 使用了合数阶群上的双线性对. 群 $\mathbb{G}$ 的阶 N 是三个不同的素数 p_i 的乘积, 即 $N = p_1p_2p_3$. 在 $\mathbb{G}$ 的三个子群 $\mathbb{G}_{p_1}, \mathbb{G}_{p_2}, \mathbb{G}_{p_3}$ 上, 设 $P_i \in \mathbb{G}_{p_i}, P_j \in \mathbb{G}_{p_j}, i \neq j$, 则有 $\hat{e}(P_i, P_j) = 1$. LW-HIBE 的构造如下.

- **Setup** $\mathbb{G}_{\mathtt{HIBE}}(1^\kappa, \ell)$:
  1. 生成阶为 $N = p_1p_2p_3$ 的双线性对群 $\mathbb{G}$, 以及双线性对 $\hat{e}: \mathbb{G} \times \mathbb{G} \to \mathbb{G}_T$, 其中 p_i 为素数. 随机选择 $P, U_1, R_1, R_2, \cdots, R_\ell \in_R \mathbb{G}_{p_1}, U_3 \in_R \mathbb{G}_{p_3}$.
  2. 选择随机数 $s \in_R \mathbb{Z}_p^*$, 计算 $P_{pub} = \hat{e}(P, P)^s$.
  3. 输出主公钥 $M_{\mathfrak{pk}} = (\mathbb{G}, \mathbb{G}_T, N, \hat{e}, P, P_{pub}, U_1, U_3, R_1, \cdots, R_\ell)$ 和主私钥 $M_{\mathfrak{sk}} = s$.
- **Extract** $\mathbb{X}_{\mathtt{HIBE}}(M_{\mathfrak{pk}}, M_{\mathfrak{sk}}, \mathtt{ID}_k)$:
  1. 解析 $\mathtt{ID}_k$ 为 $(I_1, I_2, \cdots, I_{k-1}, I_k), I_j \in \mathbb{Z}_p^*$.
  2. 选择随机数 $t \in_R \mathbb{Z}_N$, 随机生成 $X_3, X_3', X_{k+1}, \cdots, X_\ell \in_R \mathbb{G}_{p_3}$.
  3. 计算 $D_{\mathtt{ID}_1} = tP + X_3$ 和

$$D_{\mathtt{ID}_0} = sP + t\left(\sum_{i=1}^{k} I_i R_i + U_1\right) + X_3'.$$

  4. 输出标识私钥

$$D_{\mathtt{ID}_k} = (D_{\mathtt{ID}_0}, D_{\mathtt{ID}_1}, tR_{k+1} + X_{k+1}, \cdots, tR_\ell + X_\ell).$$

- **Delegate** $\mathbb{T}_{\mathtt{HIBE}}(M_{\mathfrak{pk}}, D_{\mathtt{ID}_k}, \mathtt{ID}_{k+1})$:
  1. 解析 $\mathtt{ID}_k$ 为 $(I_1, I_2, \cdots, I_k, I_{k+1})$, 解析 $D_{\mathtt{ID}_k}$ 为 $(D_{\mathtt{ID}_0}, D_{\mathtt{ID}_1}, D_{\mathtt{ID}_k+1}, \cdots, D_{\mathtt{ID}_\ell})$.
  2. 选择随机数 $t' \in_R \mathbb{Z}_N$, 以及元素 $\tilde{X}_3, \tilde{X}_3', \tilde{X}_{k+2}, \cdots, \tilde{X}_\ell \in_R \mathbb{G}_{p_3}$, 计算 $D'_{\mathtt{ID}_1} = D_{\mathtt{ID}_1} + t'P + \tilde{X}_3$ 和

$$D'_{\mathtt{ID}_0} = D_{\mathtt{ID}_0} + (I_{k+1} D_{\mathtt{ID}_{k+1}} + [t' * I_{k+1}] R_{k+1} + \tilde{X}_3') + t' \left(\sum_{i=1}^{k+1} I_i R_i + U_1 \right).$$

  3. 输出标识私钥 $D_{\mathtt{ID}_{k+1}} = (D'_{\mathtt{ID}_0}, D'_{\mathtt{ID}_1}, D_{\mathtt{ID}_{k+2}} + t' R_{k+2} + \tilde{X}_{k+2}, \cdots, D_{\mathtt{ID}_\ell} + t' R_\ell + \tilde{X}_\ell)$.
- **Encrypt** $\mathbb{E}_{\mathtt{HIBE}}(M_{\mathfrak{pk}}, \mathtt{ID}_k, m)(m \in \mathbb{G}_T)$:
  1. 解析 $\mathtt{ID}_k$ 为 $(I_1, I_2, \cdots, I_{k-1}, I_k)$.
  2. 随机选择 $r \in_R \mathbb{Z}_p^*$, 计算输出密文

$$C = \left(P_{pub}^r \cdot m, rP, r \left(\sum_{i=1}^{k} I_i R_i + U_1 \right) \right).$$

- **Decrypt** $\mathbb{D}_{\mathtt{HIBE}}(M_{\mathfrak{pk}}, \mathtt{ID}_k, D_{\mathtt{ID}_k}, C)$:
  1. 解析 $C = (C_1, C_2, C_3)$, $D_{\mathtt{ID}_k} = (D_{\mathtt{ID}_0}, D_{\mathtt{ID}_1}, \cdots)$.
  2. 计算输出明文 $m = C_1 \cdot \hat{e}(D_{\mathtt{ID}_1}, C_3)/\hat{e}(D_{\mathtt{ID}_0}, C_2)$.

算法的正确性验证如下 (注意, 对 $X_1 \in \mathbb{G}_{p_1}, X_3 \in \mathbb{G}_{p_3}$, 有 $\hat{e}(X_1, X_3) = 1$):

$$T = \frac{\hat{e}(C_3, D_{\mathtt{ID}_1})}{\hat{e}(D_{\mathtt{ID}_0}, C_2)} = \frac{\hat{e}\left(r \left(\sum_{i=1}^{k} I_i R_i + U_1 \right), tP + X_3 \right)}{\hat{e}\left(sP + t \left(\sum_{i=1}^{k} I_i R_i + U_1 \right) + X_3', rP \right)} = \frac{1}{\hat{e}(rP_1, sP_2)}.$$

LW-HIBE 的安全性依赖如下三个复杂性假设. 这三个复杂性假设都定义在合数阶群双线性对相关的参数 $(\mathbb{G}, \mathbb{G}_T, \hat{e}, N = p_1 p_2 p_3, P_1 \in_R \mathbb{G}_{p_1}, P_3 \in \mathbb{G}_{p_3})$ 上. 在一般群模型下可以证明若 N 难分解, 则这三个复杂性假设就成立[15].

假设 4.1 区分随机选取的 $T_1 \in_R \mathbb{G}_{p_1 p_2}$ 和 $T_2 \in_R \mathbb{G}_{p_1}$ 是困难的.

假设 4.2 随机选取 $X_1 \in_R \mathbb{G}_{p_1}$, $X_2, Y_2 \in_R \mathbb{G}_{p_2}, Y_3 \in_R \mathbb{G}_{p_3}$. 给定 $(X_1 + X_2, Y_2 + Y_3)$, 区分随机选取的 $T_1 \in_R \mathbb{G}$ 和 $T_2 \in_R \mathbb{G}_{p_1 p_3}$ 是困难的.

假设 4.3 随机选取 $X_2, Y_2, Z_2 \in_R \mathbb{G}_{p_2}, a, b \in_R \mathbb{Z}_N$. 给定 $(aP_1 + X_2, bP_1 + Y_2, Z_2)$, 区分 $\hat{e}(P_1, P_1)^{ab}$ 和随机选取的 $T_2 \in_R \mathbb{G}_T$ 是困难的.

LW-HIBE 的安全性证明利用了 Waters 提出的**双系统加密技术**. 在双系统中密文和密钥有两种模式: 正常模式和半工作模式. 真实系统中不会有使用半工作的密文和密钥. 正常模式的密钥可以解密正常模式的密文和半工作的密文. 正常模式的密文可以使用正常密钥或者半工作密钥解密. 但是半工作密钥不能解密半工作的密文. 半工作的密钥和密文是使用 $\mathbb{G}_{p_2}$ 中的随机元素对正常密钥和密文中属于 $\mathbb{G}_{p_1}, \mathbb{G}_{p_3}$ 的元素进行掩藏生成的. 因为对 $X_1 \in \mathbb{G}_{p_1}, X_2 \in \mathbb{G}_{p_2}, X_3 \in \mathbb{G}_{p_3}$, $\hat{e}(X_2, X_1) = \hat{e}(X_2, X_3) = 1$, 所以正常密钥可以解密半工作的密文, 半工作的密钥可以解密正常密文.

双系统加密的安全性证明由一系列的不同区分的游戏组成. 第一个游戏是使用正常密文和正常密钥的游戏 (正常游戏). 下个游戏 (受限游戏) 不允许攻击者询问标识模 p_2 (标识是整数序列) 等于挑战标识的私钥获取谕示. 设攻击者在攻击过程中一共请求了 q 个密钥. 在第 0 个到第 q 个模拟游戏序列中的某个游戏 i (模拟游戏 i) 中, 密文是半工作的, 并且前 i 个密钥也是半工作的, 其他密钥则是正常密钥. 在第 q 个模拟游戏中, 所有的密钥都是半工作的 (受限游戏 q). 在最后一个挑战游戏中 (最后游戏), 挑战密文也是半工作的, 因此攻击者无法使用获得的密钥解密挑战密文. Lewko 和 Waters 证明: ① 如果有攻击者可以区分正常游戏和受限游戏, 则有算法可以攻破假设 4.2; ② 如果有攻击者可以区分受限游戏和模拟游戏 0, 则有算法可以攻破假设 4.1; ③ 如果有攻击者可以区分模拟游戏 $i-1$ 和模拟游戏 i, 则有算法可以攻破假设 4.2; ④ 如果有攻击者可以区分模拟游戏 q 和最后游戏, 则有算法可以攻破假设 4.3.

4.7 特性标识加密

4.7.1 匿名且归约紧致的标识加密

Boneh 和 Boyen[6] 提出了一个采用指数逆密钥生成算法的标识加密算法 BB_2-IBE. 该算法的 sID-IND-CPA 安全性可以归约到 ℓ-BDHI 复杂性假设. Gentry[16] 进一步提出在标准模型下有紧致安全归约的 ID-IND-CCA 安全标识加密算法 Gentry-IBE, 并且该算法具有接收人匿名性. 接收人匿名性是指监听人根据密文难以区分用于加密的标识. 这一属性在公钥搜索加密中具有重要用途. Gentry-IBE 的构造如下.

- **Setup** $\mathbb{G}_{\mathrm{ID}}(1^\kappa)$:
  1. 生成三个阶为素数 p 的群 $\mathbb{G}_1$, $\mathbb{G}_2$ 和 $\mathbb{G}_T$ 以及双线性对 $\hat{e}: \mathbb{G}_1 \times \mathbb{G}_2 \to \mathbb{G}_T$. 随机选择生成元 $P_1 \in_R \mathbb{G}_1, P_2, R_1, R_2, R_3 \in_R \mathbb{G}_2$.
  2. 选择随机数 $s \in_R \mathbb{Z}_p^*$, 计算 $P_{pub} = sP_1$.
  3. 选择全域单向哈希函数 H.

4. 输出主公钥 $M_{\mathfrak{pk}} = (\mathbb{G}_1, \mathbb{G}_2, \mathbb{G}_T, \hat{e}, P_1, P_2, P_{pub}, R_1, R_2, R_3, H)$ 和主私钥 $M_{\mathfrak{sk}} = s$.

- **Extract** $\mathbb{X}_{\mathtt{ID}}(M_{\mathfrak{pk}}, M_{\mathfrak{sk}}, \mathtt{ID}_A)(\mathtt{ID}_A \in \mathbb{Z}_p^*)$:
  1. 随机选择 $u_i \in_R \mathbb{Z}_p^*$, 其中 $i = 1, 2, 3$.
  2. 计算 $D_{0,A}^{(i)} = u_i$, $D_{1,A}^{(i)} = \dfrac{1}{s - \mathrm{ID}_A}(R_i - u_i P_2)$.
  3. 输出标识私钥 $D_A = (D_{0,A}^{(i)}, D_{1,A}^{(i)})$.
- **Encrypt** $\mathbb{E}_{\mathtt{ID}}(M_{\mathfrak{pk}}, \mathtt{ID}_A, m)(m \in \mathbb{G}_T)$:
  1. 选择随机数 $r \in_R \mathbb{Z}_p^*$.
  2. 计算 $C_1 = rP_{pub} - [r\mathtt{ID}_A]P_1$, $C_2 = \hat{e}(P_1, P_2)^r$, $C_3 = m \cdot \hat{e}(P_1, R_1)^{1/r}$.
  3. 计算 $\beta = H(C_1, C_2, C_3)$.
  4. 计算 $C_4 = \hat{e}(rP_1, R_2) \cdot \hat{e}(r\beta P_1, R_3)$.
  5. 输出密文 $C = (C_1, C_2, C_3, C_4)$.
- **Decrypt** $\mathbb{D}_{\mathtt{ID}}(M_{\mathfrak{pk}}, \mathtt{ID}_A, D_A, C)$:
  1. 解析 C 为 (C_1, C_2, C_3, C_4).
  2. 计算 $\beta = H(C_1, C_2, C_3)$.
  3. 检查 $C_4 = \hat{e}(\beta C_1, D_{1,A}^{(2)} + D_{1,A}^{(3)}) \cdot C_2^{D_{0,A}^{(2)} + D_{0,A}^{(3)}\beta}$ 是否成立. 若不成立, 则输出 $\perp$ 并终止.
  4. 计算输出明文 $m = C_3 \cdot \hat{e}(C_1, D_{1,A}^{(1)}) \cdot C_2^{D_{0,A}^{(1)}}$.

Gentry-IBE 的安全性可以归约到 ℓ-ABDHE 复杂性假设. ℓ-ABDHE 复杂性假设要求强于 ℓ-BDHE, 但 Gentry-IBE 算法的安全性证明技术和 BF-IBE 的证明技术以及 Waters 的双系统加密技术显著不同. Gentry-IBE 的证明利用了 Cramer-Shoup 签名算法[45] 中的技术, 使得 CPA 或者 CCA 游戏的模拟者可以响应任意标识的私钥获取请求. 但是模拟游戏有两个限制. ① 攻击者请求私钥的标识数是有限的. ② 对一个标识, 攻击者仅获取该标识的一个私钥 (也可以推广到一个有限的私钥集合上). 直观上, 游戏模拟者如果能够生成标识对应的私钥, 也就能够使用该私钥解密挑战中生成的密文. 这样的话, 攻击者似乎不能够为游戏模拟者额外提供有价值的信息来求解相关的困难问题. 这是 BF-IBE 的证明过程中要求模拟者不能生成挑战标识对应私钥的原因. 但是 Gentry-IBE 的密钥生成算法是随机算法, 一个标识可以有 p 个不同的私钥. 模拟者使用已知的一个私钥构造挑战密文. 模拟者确实可以解密消息, 但是仅能以相同概率确定构造的挑战密文正确还是错误. 这时模拟者利用攻击者在未请求挑战标识私钥的情况下判断密文的正确性来求解困难问题. Gentry 进一步将 Cramer-Shoup 加密算法[46] 中的技术推广到了标识加密领域来构造上述不依赖随机谕示的 ID-IND-CCA 安全的标识加密算法.

4.7.2 可撤销标识加密

标识密码系统采用标识和主公钥计算确定的实体公钥. 这种技术在实际应用中具有两面性. 对于加密过程, 这样的操作具有很好的简洁性, 但是标识私钥的泄露导致需要将对应的标识从安全的加密标识空间中移除. 如果加密方在加密过程中需要首先查询目前安全的加密标识空间, 标识密码系统的简洁性将遭到巨大的破坏, 这样的系统将更接近基于证书的传统公钥密码系统. 为了解决密钥丢失的问题, Boneh 和 Franklin 提出将加密标识扩展为基本身份标识附加时间周期: 系统中所有用户使用相同的时间周期, 加密过程使用的加密标识由用户的身份标识和一个周期性变化的公共标识构成. 采用这种方法的系统要求所有用户周期性地更新解密标识私钥. 这一方法在应用中仍然面临两个问题: ① 所有用户同时获取新解密私钥的操作可能在短时间内对密钥生成中心造成巨大的服务压力. ② 在单一时间周期内如果出现用户解密私钥丢失的情况, 由于无法撤销当前周期的私钥, 则在该周期内加密给该用户的新消息仍然面临泄露的风险. 为了应对以上的挑战, Boldyreva 等[12] 提出可撤销的标识加密技术 (RIBE) 以及 BGK-RIBE 算法. 可撤销的标识加密系统仍然采用定期更新解密私钥的思想. 密钥生成中心周期性地发布更新密钥, 拥有标识私钥的用户使用其私钥和 KGC 发布的对应新周期的更新密钥计算新时间周期内的解密私钥. RIBE 系统中发布的更新密钥只能用于未被撤销的身份标识对应私钥计算新解密私钥, 并且更新密钥的大小与系统中用户数的对数相关, 而非与用户数线性相关. 这样的系统基本解决了上述标识密码系统应用面临的第 1 个问题: 用户更新密钥时仅需获取系统的公共更新密钥数据, 该数据中元素个数大幅小于用户规模. 部分解决第 2 个问题的方法是选择合适的更新周期, 例如与 PKI 中证书撤销列表的更新周期相同. 4.7.3 小节将进一步讨论其他方法. RIBE 的定义如下.

- **Setup** $\mathbb{G}_{\mathtt{RIBE}}(1^\kappa, n)$: n 为系统中用户个数. 该算法核心功能和 IBE 的 $\mathbb{G}_{\mathtt{ID}}(1^\kappa)$ 相同, 算法额外输出空的撤销列表 RL 和状态 st.
- **Extract** $\mathbb{X}_{\mathtt{RIBE}}(M_{\mathfrak{pk}}, M_{\mathfrak{sk}}, \mathtt{ID}_A, st)$: 该算法核心功能和 IBE 的 $\mathbb{X}_{\mathtt{ID}}(M_{\mathfrak{pk}}, M_{\mathfrak{sk}}, \mathtt{ID}_A)$ 相同, 算法额外更新状态 st.
- **KeyUpd** $\mathbb{U}_{\mathtt{RIBE}}(M_{\mathfrak{pk}}, M_{\mathfrak{sk}}, t, RL, st)$: t 为时间. KGC 执行该算法输出 t 时间的更新密钥 ku_t.
- **KeyDer** $\mathbb{K}_{\mathtt{RIBE}}(D_A, ku_t)$: 该概率算法使用标识私钥 D_A 和更新密钥 ku_t 计算标识 $\mathtt{ID}_A$ 在时间 t 的解密私钥 $d_{A,t}$. 如果标识 $\mathtt{ID}_A$ 被撤销了, 则算法将返回 $\perp$.
- **Encrypt** $\mathbb{E}_{\mathtt{RIBE}}(M_{\mathfrak{pk}}, \mathtt{ID}_A, m, t)$: 该算法核心功能和 IBE 的 $\mathbb{E}_{\mathtt{ID}}$ 相同, 但加密过程额外使用到时间 t.

- **Decrypt** $\mathbb{D}_{\texttt{RIBE}}(M_{\texttt{pk}}, \texttt{ID}_A, d_{A,t}, C)$: 该算法和 IBE 的 $\mathbb{D}_{\texttt{ID}}$ 的功能相同, 使用用户 $\texttt{ID}_A$ 在时间 t 的解密私钥 $d_{A,t}$ 进行解密运算.
- **Revoke** $\mathbb{R}_{\texttt{RIBE}}(\texttt{ID}_A, t, RL, st)$: 该算法撤销 $\texttt{ID}_A$, 更新撤销列表 RL.

RIBE 的安全性定义和普通 IBE 的类似 (挑战过程需要同时指定 $\texttt{ID}^*$ 和时间 t^*), 为攻击者提供新增的谕示访问请求包括如下两方面. ① 更新密钥谕示: 允许攻击者请求指定时间 t 的更新密钥. ② 撤销列表谕示: 允许攻击者获得在指定时间撤销指定标识的撤销列表. 为了防止简单成功攻击, 要求游戏中更新密钥谕示和撤销列表谕示的询问时间不早于所有以前的询问. 若攻击者以挑战 $\texttt{ID}^*$ 询问了标识私钥获取谕示, 则一定以输入 $\texttt{ID}^*, t$ $(t \leqslant t^*)$ 询问过撤销列表谕示. 同普通 IBE 一样, 安全模型也有攻击者提前选择攻击标识和时间以及自适应选择攻击标识和时间的区别, 包括 sRID-IND-CPA, sRID-IND-CCA 以及 RID-IND-CPA, RID-IND-CCA 等安全.

BGK-RIBE 使用二叉树来表达用户标识. 用户标识放在二叉树的叶子节点. 一个叶子节点有三种状态: 未使用、已使用未撤销、已使用已撤销. 树上一个中间节点 v 有两个子节点, 分别为 v_l 和 v_r. 这里假定用户标识空间和时间标识空间是相互独立的 (交集为空), 并且都属于 $\mathbb{Z}_p^*$. 如有必要, 可以使用抗碰撞的哈希函数将用户标识和时间标识映射到 $\mathbb{Z}_p^*$ 上. KGC 周期性执行 **KeyUpd** 时仅发布用于未撤销用户标识的更新密钥. 为了减少更新密钥发布数据, 算法采用 **KUNodes** 来确定需要发布数据的节点. 如图 4.2 所示, 叶子节点 011 对应的标识 3 被撤销了. **KUNodes** 算法将输出 $(00, 010, 1)$ 三个节点. KGC 在执行 **KeyUpd** 时仅发布这三个节点的更新密钥值.

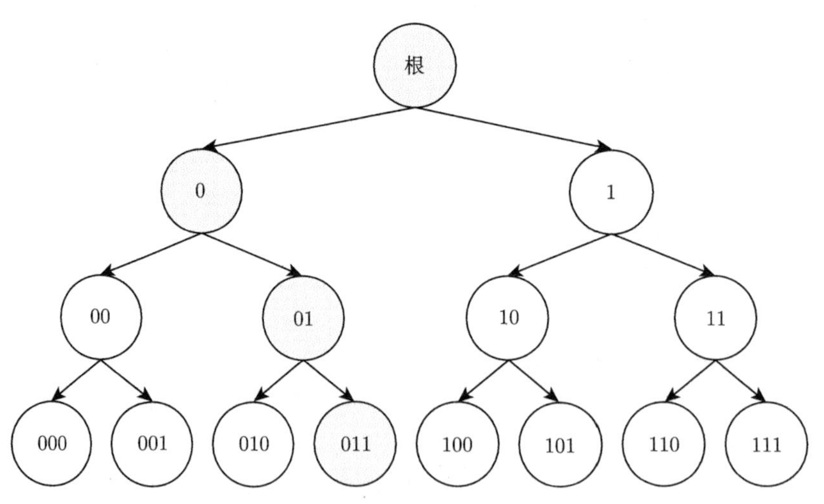

图 4.2 用户标识的二叉树表示

KUNodes(T, RL, t)

$X, Y \leftarrow \varnothing$.

$\forall (v_i, t_i) \in RL$,

若 $t_i \leqslant t$, 则将二叉树 T 上 v_i 到根节点路径上的节点 ($\mathrm{Path}(v_i)$) 加入 X.

$\forall x \in X$,

若 $x_l \notin X$, 则将 x_l 加入 Y.

若 $x_r \notin X$, 则将 x_r 加入 Y.

若 $Y = \varnothing$, 则将根节点加入 Y.

返回 Y.

BGK-RIBE 使用多项式插值方法计算更新密钥值. 定义拉格朗日插值多项式为

$$\mathcal{L}_{i,J}(x) = \prod_{j \in J, j \neq i} \left(\frac{x - j}{i - j} \right),$$

其中 $x, i \in \mathbb{Z}, J \subset \mathbb{Z}$. 定义函数

$$H_{P,J,R_1,\cdots,R_{|J|}}(x) = [x^2]P \sum_{i=1}^{|J|} [\mathcal{L}_{i,J}(x)] R_i.$$

BGK-RIBE 的构造如下, 其中 $J = \{1, 2, 3\}$.

- **Setup** $\mathbb{G}_{\texttt{RIBE}}(1^\kappa, n)$:
  1. 生成三个阶为素数 p 的群 $\mathbb{G}_1$, $\mathbb{G}_2$ 和 $\mathbb{G}_T$ 以及双线性对 $\hat{e} : \mathbb{G}_1 \times \mathbb{G}_2 \to \mathbb{G}_T$. 随机选择生成元 $P_1, R_1, R_2, R_3 \in_R \mathbb{G}_2, P_2 \in_R \mathbb{G}_1$.
  2. 选择随机数 $s \in_R \mathbb{Z}_p^*$, 计算 $P_{pub} = sP_2$.
  3. 构建一个至少有 n 个叶子节点的二叉树 T.
  4. 输出主公钥 $M_{\mathfrak{pk}} = (\mathbb{G}_1, \mathbb{G}_2, \mathbb{G}_T, \hat{e}, P_1, P_2, P_{pub}, R_1, R_2, R_3)$、主私钥 $M_{\mathfrak{sk}} = s$、状态 $st = T$ 和空撤销列表 RL.
- **Extract** $\mathbb{X}_{\texttt{RIBE}}(M_{\mathfrak{pk}}, M_{\mathfrak{sk}}, \texttt{ID}_A, st)(\texttt{ID}_A \in \mathbb{Z}_p^*)$:
  1. 在二叉树 T 中选择一个未用的叶子节点 v, 将 $\texttt{ID}_A$ 放入叶子节点 v.
  2. 对二叉树 T 中从叶子节点 v 到根节点路径上的每个节点 $u \in \mathrm{Path}(v)$,
     - 若 x 未定义, 随机选择 $x \in_R \mathbb{Z}_p^*$, 将 x 存入节点 u.
     - 随机选择 $r_u \in \mathbb{Z}_p^*$, 计算 $D_u = [x\texttt{ID}_A + s]P_1 + r_u H_{P_1,J,R_1,R_2,R_3}(\texttt{ID}_A)$, $d_u = r_u P_2$.
     - 返回 $D_A = \{(u, D_u, d_u)\}_{u \in \mathrm{Path}(v)}$ 和 $st = T$.
- **KeyUpd** $\mathbb{U}_{\texttt{RIBE}}(M_{\mathfrak{pk}}, M_{\mathfrak{sk}}, t, RL, st)(t \in \mathbb{Z}_p^*)$:

1. 对 **KUNodes**(T, RL, t) 中的每个节点 u,
   - 随机选择 $r_u \in \mathbb{Z}_p^*$, 计算 $E_u = [xt+s]P_1 + r_u H_{P_1,J,R_1,R_2,R_3}(t)$, $e_u = r_u P_2$.
   - 返回 $ku_t = \{(u, E_u, e_u)\}_{u \in \mathbf{KUNodes}(T, RL, t)}$.

- **KeyDer** $\mathbb{K}_{\mathtt{RIBE}}(D_A, ku_t)$:

1. 对每个 $(i, D_i, d_i) \in D_A$ 和每个 $(j, E_j, e_j) \in ku_t$, 若存在 $i = j$, 则返回 $d_{A,t} = (D_i, E_j, d_i, e_j)$; 否则返回 $\perp$.

- **Encrypt** $\mathbb{E}_{\mathtt{RIBE}}(M_{\mathfrak{pk}}, \mathtt{ID}_A, m, t)$:

1. 选择随机数 $r \in \mathbb{Z}_p^*$.
2. 计算 $C_1 = m \cdot \hat{e}(P_1, P_{pub})^r$, $C_2 = rP_2$, $C_3 = rH_{P_1,J,R_1,R_2,R_3}(\mathtt{ID}_A)$, $C_4 = rH_{P_1,J,R_1,R_2,R_3}(t)$.
3. 输出密文 $C = (C_1, C_2, C_3, C_4, t)$.

- **Decrypt** $\mathbb{D}_{\mathtt{RIBE}}(M_{\mathfrak{pk}}, \mathtt{ID}_A, d_{A,t}, C)$:

1. 解析 $C = (C_1, C_2, C_3, C_4, t)$, $d_{A,t} = (D, E, d, e)$.
2. 计算明文 $m = C_1 \cdot \left(\dfrac{\hat{e}(C_3, d)}{\hat{e}(D, C_2)}\right)^{t/(t-\mathtt{ID}_A)} \cdot \left(\dfrac{\hat{e}(C_4, e)}{\hat{e}(E, C_2)}\right)^{\mathtt{ID}_A/(\mathtt{ID}_A-t)}$.

- **Revoke** $\mathbb{R}_{\mathtt{RIBE}}(\mathtt{ID}_A, t, RL, st)$:

1. 对所有和 $\mathtt{ID}_A$ 相关的节点 v, 将 (v, t) 加入 RL 中, 返回 RL.

上述算法是 sRID-IND-CPA 安全的 RIBE, 其安全性可以归约到 DBDH 复杂性假设. 该算法可以进一步扩展实现 CCA 安全性. Libert 和 Vergnaud[47] 构造了 RID-IND-CCA 安全的 RIBE. 因 RIBE 中未被撤销的用户在每个时间周期都生成对应该周期的解密私钥, Seo 和 Emura[48] 进一步研究在用户多个前期解密私钥同时丢失的情况下, 新周期内加密数据的安全性, 提出抗解密密钥泄露 (DKER) 的 RIBE. Watanabe 等[49] 进一步给出了短主公钥抗解密密钥泄露的 RIBE.

4.7.3 门限标识加密与调节安全标识加密

解决密钥安全性的一个方法是采用门限技术将密钥安全地分割成 n 个密钥分片后由不同的实体持有, 并要求 $t+1$ 个持有不同密钥分片的实体一起协作才能完成需要密钥的密码运算, 包括解密或者签名运算等, 记作 (n, t) 门限密码机制 (一些文献也使用 t 表示需要 t 个密钥分片实体协作实现密码运算). 门限密码机制除了增强私钥的安全性外, 还可用于解决标识私钥撤销的问题. 上节中提到标识私钥撤销面临两个问题. 采用可撤销标识密码技术仅部分解决了第 2 个问题: 可撤销标识密码可以阻止被撤销的标识私钥生成新周期下的解密私钥. 但在当前周期中密钥丢失的情况下, 用户仍然无法及时撤销当前解密私钥. 基于证书的密钥管理系统中, 用户在密钥丢失后申请撤销证书, 加密方可以采用如在线证书状态协

议 (OCSP) 实时查询到该证书已被撤销, 进而终止加密操作, 防止敏感信息泄露. Boneh 等提出基于调节安全 RSA 算法 (mRSA) 的标识密码机制 IB-mRSA[50, 51]. 调节安全的系统中有个受信任的中间实体 (SEM: Security Mediator) 拥有所有用户的部分私钥, 而用户仅拥有另外一部分私钥. 作为一种两方门限密码机制, 单一一方无法完成需要私钥的运算, 即用户需要和 SEM 进行协作才能完成解密或者签名运算. 如果要撤销某个用户的私钥, 中间实体只需停止为被撤销的用户私钥提供运算服务即可. 这样的机制保持了标识密码系统中加密过程的简洁性, 同时支持密钥的实时撤销. 当然, 鉴于 SEM 拥有所有用户的部分私钥, SEM 可以随时恢复对被撤销私钥的运算服务, 从而恢复被撤销的密钥. 这种能力和证书撤销列表 (CRL) 仍然存在重要差别. 标识密钥进行分割有两种方式: ① 分布式的标识私钥生成机制, 即主私钥由多份秘密构成, 多个密钥生成中心各自拥有一份秘密, 用户的标识私钥也由多份密钥构成, 由多个密钥生成中心分别生成, 交由多个实体分别持有; ② 完整标识私钥分割机制, 即由一个密钥生成中心生成用户标识私钥后再采用密钥共享机制将标识私钥分割为多份, 交由多个实体分别持有. 第 1 种方式将在第 10 章介绍. 这里介绍采用第 2 种方式的 Baek-Zhang 门限标识加密算法: BZ-TIBE 以及调节安全的标识加密算法[52]. 鉴于 IB-mRSA 是一个基于大数分解复杂性假设的标识加密算法, 我们将在 4.8.2 小节再介绍.

门限标识加密算法的定义是在 IBE 定义的基础上增加标识密钥共享并替换解密函数来实现.

- **Setup** $\mathbb{G}_{\texttt{TIBE}}(1^\kappa)$: 该算法功能和 IBE 的 $\mathbb{G}_{\texttt{ID}}(1^\kappa)$ 相同.
- **Extract** $\mathbb{X}_{\texttt{TIBE}}(M_{\mathfrak{pk}}, M_{\mathfrak{sk}}, \texttt{ID}_A)$: 该算法功能和 IBE 的 $\mathbb{X}_{\texttt{ID}}(M_{\mathfrak{pk}}, M_{\mathfrak{sk}}, \texttt{ID}_A)$ 相同.
- **KeyDis** $\mathbb{S}_{\texttt{TIBE}}(M_{\mathfrak{pk}}, D_A, n, t)$: 该随机算法采用密钥共享机制将标识私钥 D_A 分割为 n 个密钥分片 $D_A^{(i)}$ 以及对应的验证公钥 $V_A^{(i)}$, 并满足需要 $t+1$ 份密钥分片才可还原 D_A 的要求.
- **Encrypt** $\mathbb{E}_{\texttt{TIBE}}(M_{\mathfrak{pk}}, \texttt{ID}_A, m, t)$: 该算法功能和 IBE 的 $\mathbb{E}_{\texttt{ID}}$ 相同.
- **Decrypt** $\mathbb{D}_{\texttt{TIBE}}(M_{\mathfrak{pk}}, \texttt{ID}_A, D_A^{(i)}, C)$: 该算法使用私钥分片 $D_A^{(i)}$, 生成解密分片 $\delta_C^{(i)}$ 或失败 $\perp$.
- **Verify** $\mathbb{V}_{\texttt{TIBE}}(M_{\mathfrak{pk}}, \{V_A^{(i)}\}_{1\leqslant i\leqslant n}, \delta_C^{(j)}, C)$: 该算法验证解密分片 $\delta_C^{(j)}$ 的正确性.
- **Combine** $\mathbb{C}_{\texttt{TIBE}}(M_{\mathfrak{pk}}, \{\delta_C^{(i)}\}_{i\in\Phi}, C)$: 该算法使用 $t+1$ 个验证正确的 $\delta_C^{(i)}$ 分片, 计算输出明文 m 或者解密失败 $\perp$.

门限标识加密算法的安全性可以采用和普通 IBE 类似的游戏来定义. 不同的是, 攻击者可以攻击 t 个解密服务实体获得这些实体持有的标识私钥分片. 特别地, 攻击者可以获取挑战目标标识 $\texttt{ID}^*$ 私钥的 t 个私钥分片. 另外, 游戏中的解密谕示执行门限机制中的 $\mathbb{D}_{\mathtt{TIBE}}$ 函数.

BZ-TIBE 基于 BF-IBE 进行构造. 为了满足门限标识加密的安全性需要, BZ-TIBE 另外引入了三个安全工具. ① 公开可验证加密: 用于在不解密明文的情况检测密文的合法性. 这个工具用于在安全游戏中帮助游戏模拟者在响应解密谕示时检查密文的有效性, 进而实现选择密文攻击安全. ② 密钥共享采用 Shamir 的密钥共享机制实现标识私钥的门限共享 (详细介绍见 10.2.2 小节). ③ 采用非交互零知识证明 (NIZKP: Non-Interactive Zero Knowledge Proof) 来证明各个解密分片间的一致性. BZ-TIBE 采用双线性对实现 NIZKP. Liu 等[53] 采用一次 Schnorr 签名实现非交互零知识证明以提高效率.

BZ-TIBE 具体构造如下. 鉴于标识私钥在密钥共享、解密等过程中有更多运算, 在非对称双线性对下, 将标识私钥放在 $\mathbb{G}_1$ 群上, 系统效率更高.

- **Setup** $\mathbb{G}_{\mathtt{TIBE}}(1^\kappa)$:
  1. 生成三个阶为素数 p 的群 $\mathbb{G}_1$, $\mathbb{G}_2$ 和 $\mathbb{G}_T$ 以及双线性对 $\hat{e}:\mathbb{G}_1\times\mathbb{G}_2\to\mathbb{G}_T$. 随机选择生成元 $P_2\in_R\mathbb{G}_1$.
  2. 选择随机数 $s\in_R\mathbb{Z}_p^*$, 计算 $P_{pub}=sP_2$.
  3. 选择四个哈希函数: $H_1:\{0,1\}^*\to\mathbb{G}_1^*$, $H_2:\mathbb{G}_T\to\{0,1\}^\delta$, $H_3:\mathbb{G}_2\times\{0,1\}^\delta\to\mathbb{G}_1^*$, $H_4:\mathbb{G}_T^3\to\mathbb{Z}_p^*$.
  4. 输出主公钥 $M_{\mathfrak{pk}}=(\mathbb{G}_1,\mathbb{G}_2,\mathbb{G}_T,\hat{e},\ P_2,P_{pub},H_1,H_2,H_3,H_4)$ 和主私钥 $M_{\mathfrak{sk}}=s$.
- **Extract** $\mathbb{X}_{\mathtt{TIBE}}(M_{\mathfrak{pk}},M_{\mathfrak{sk}},\mathtt{ID}_A)$: 该算法和 BF-IBE 的 $\mathbb{X}_{\mathtt{ID}}$ 过程相同.
- **KeyDis** $\mathbb{S}_{\mathtt{TIBE}}(M_{\mathfrak{pk}},D_A,n,t)$: 该算法随机选择 t 个 $R_i\in_R\mathbb{G}_1^*$, 生成多项式 $F(u)=D_A+\sum_{i=1}^t u^iR_i$. 计算私钥分片 $D_A^{(i)}=F(i)$ 和验证分片 $V_A^{(i)}=\hat{e}(D_A^{(i)},P_2)$, 其中 $1\leqslant i\leqslant n$.
- **Encrypt** $\mathbb{E}_{\mathtt{TIBE}}(M_{\mathfrak{pk}},\mathtt{ID}_A,m,t)$:
  1. 选择随机数 $r\in_R\mathbb{Z}_p^*$. 计算 $rQ=rH_1(\mathtt{ID}_A)$.
  2. 计算 $C_1=rP_2, C_2=m\oplus H_2(\hat{e}(rQ,P_{pub})), C_3=rH_3(C_1,C_2)$.
  3. 输出密文
  $$C=(C_1,C_2,C_3).$$
- **Decrypt** $\mathbb{D}_{\mathtt{TIBE}}(M_{\mathfrak{pk}},\mathtt{ID}_A,D_A^{(i)},C)$:
  1. 解析 C 为 (C_1,C_2,C_3). 检查 $\hat{e}(C_3,P_2)=\hat{e}(H_3(C_1,C_2),C_1)$ 是否成立. 若不成立, 则输出 $\delta_C^{(i)}=(i,$非法密文$)$.
  2. 随机选择 $T_i\in\mathbb{G}_1$, 计算 $K_i=\hat{e}(D_A^{(i)},C_1),\tilde{K}_i=\hat{e}(T_i,C_1),\tilde{Y}_i=\hat{e}(T_i,P_2)$, $\lambda_i=H_4(K_i,\tilde{K}_i,\tilde{Y}_i), L_i=T_i+\lambda_iD_A^{(i)}$.
  3. 输出 $\delta_C^{(i)}=(i,K_i,\tilde{K}_i,\tilde{Y}_i,\lambda_i,L_i)$.
- **Verify** $\mathbb{V}_{\mathtt{TIBE}}(M_{\mathfrak{pk}},\{V_A^{(i)}\}_{1\leqslant i\leqslant n},\delta_C^{(j)},C)$:

1. 解析 C 为 (C_1, C_2, C_3). 检查 $\hat{e}(C_3, P_2) = \hat{e}(H_3(C_1, C_2), C_1)$ 是否成立. 若不成立, 若 $\delta_C^{(i)} = (i,$ 非法密文$)$, 则返回有效解密分片, 否则返回无效解密分片.
2. (等式成立) 若 $\delta_C^{(i)} = (i,$ 非法密文$)$, 则返回无效解密分片.
3. 解析 $\delta_C^{(i)}$ 为 $(i, K_i, \tilde{K}_i, \tilde{Y}_i, \lambda_i, L_i)$.
4. 计算 $\lambda_i' = H_4(K_i, \tilde{K}_i, \tilde{Y}_i)$.
5. 检查 $\lambda_i' = \lambda_i, \hat{e}(L_i, C_1)/K_i^{\lambda_i'} = \tilde{K}_i, \hat{e}(L_i, P_2)/Y_i^{\lambda_i'} = \tilde{Y}_i$ 是否成立. 若成立, 则返回有效解密分片, 否则返回无效解密分片.

- **Combine** $\mathbb{C}_{\mathtt{TIBE}}(M_{\mathfrak{pk}}, \{\delta_C^{(i)}\}_{i\in\Phi}, C)$:
  1. 解析 C 为 (C_1, C_2, C_3). 检查 $\hat{e}(C_3, P_2) = \hat{e}(H_3(C_1, C_2), C_1)$ 是否成立. 若不成立, 返回 $\perp$.
  2. 解析 $\delta_C^{(i)}$ 为 $(i, K_i, \tilde{K}_i, \tilde{Y}_i, \lambda_i, L_i)$. 计算 $K = \prod_{i\in\Phi} K_i^{\mathcal{L}_{i,\Phi}(0)}$($\mathcal{L}_{i,\Phi}(0)$ 是拉格朗日系数, 定义见 4.7.2 小节).
  3. 输出明文 $m = H_2(K) \oplus C_2$.

Baek 和 Zhang 证明了上述门限加密算法的安全性在随机谕示模型下可以归约到 BDH 复杂性假设.

若 $n = 2, t = 1$, 并将 **KeyDis** 中生成的标识私钥 $F(1)$ 交给 SEM, $F(2)$ 交给用户, 上述 BZ-TIBE 可转为一个调节安全的 IBE 算法. 解密过程如下.

- SEM 执行:
  1. 检查 $\mathtt{ID}_A$ 是否撤销. 若标识撤销了, 则输出标识已撤销.
  2. 解析 C 为 (C_1, C_2, C_3). 检查 $\hat{e}(C_3, P_2) = \hat{e}(H_3(C_1, C_2), C_1)$ 是否成立. 若不成立, 则输出 $\delta_C^1 = (1,$ 非法密文$)$.
  3. 计算 $K_1 = \hat{e}(D_A^{(1)}, C_1)$.
  4. 输出 $\delta_C^{(1)} = (1, K_1)$.
- 用户执行:
  1. 解析 C 为 (C_1, C_2, C_3). 检查 $\hat{e}(C_3, P_2) = \hat{e}(H_3(C_1, C_2), C_1)$ 是否成立. 若不成立, 返回 $\perp$.
  2. 解析 $\delta_C^{(1)}$ 为 $(1, K_1)$. 计算 $K_2 = \hat{e}(D_A^{(2)}, C_1), K = \prod_{i\in\Phi} K_i^{\mathcal{L}_{i,\Phi}(0)}$(其中 $\Phi = \{1, 2\}$).
  3. 输出明文 $m = H_2(K) \oplus C_2$.

4.8 无双线性对的标识加密算法

Boneh 等[54] 证明在黑盒模式下不能基于陷门置换或者 CCA 安全的公钥加密算法构造 IBE. Papakonstantinou 等[55] 在一般群模型下证明以黑盒归约的方

式基于循环群上的 DDH 复杂性假设不足以实现 IBE. Döttling 和 Garg[21] 则以非黑盒的方式在循环群上构造了第一个基于 DH 复杂性假设的 IBE. 下面介绍两个不使用双线性对的标识加密算法: 基于平方剩余问题的 Cocks-IBE 和基于大数分解的调节安全标识加密机制 IB-mRSA.

4.8.1 基于平方剩余的标识加密算法

Cocks[3] 基于平方剩余复杂性假设构造了第一个标识加密算法: Cocks-IBE. 这里我们介绍 Joye 在 [56] 中推广的 Cocks-IBE. 首先给出一些基本定义. 设 $N = pq$, p, q 为两个素数. 定义雅可比符号 (见定义 2.34) 为 1 的整数集 $\mathbb{J}_N = \left\{a \in \mathbb{Z}_N^* : \left(\frac{a}{N}\right) = 1\right\}$. 定义平方剩余 (见定义 2.32) 的集合 $\mathbb{QR}_N = \left\{a \in \mathbb{Z}_N^* : \left(\frac{a}{p}\right) = \left(\frac{a}{q}\right) = 1\right\}$.

假设 4.4 (平方剩余复杂性假设) *设随机选择的素数 p, q. 给定 $N = pq$, 区分随机选择的 $x \in_R \mathbb{QR}_N$ 和 $y \in_R \mathbb{J}_N \backslash \mathbb{QR}_N$ 是困难的.*

- **Setup** $\mathbb{G}_{\mathtt{ID}}(1^\kappa)$:
  1. 生成两个等长的素数 p, q, 计算 $N = pq$. 选择一个随机数 $u \in \mathbb{J}_N \backslash \mathbb{QR}_N$.
  2. 选择一个哈希函数: $H : \{0,1\}^* \to \mathbb{J}_N$.
  3. 输出主公钥 $M_{\mathfrak{pk}} = (N, u, H)$ 和主私钥 $M_{\mathfrak{sk}} = \{p, q\}$.
- **Extract** $\mathbb{X}_{\mathtt{ID}}(M_{\mathfrak{pk}}, M_{\mathfrak{sk}}, \mathtt{ID}_A)$:
  1. 计算 $Q = H(\mathtt{ID}_A)$.
  2. 若 $Q \in \mathbb{QR}_N$, 则计算输出标识私钥 $D_A = Q^{1/2} \mod N$, 否则输出标识私钥 $D_A = (uQ)^{1/2} \mod N$.
- **Encrypt** $\mathbb{E}_{\mathtt{ID}}(M_{\mathfrak{pk}}, \mathtt{ID}_A, m)(m \in \{1, -1\})$:
  1. 选择随机数 $t, \tilde{t} \in_R \mathbb{Z}_N$ 满足 $\left(\frac{t}{N}\right) = \left(\frac{\tilde{t}}{N}\right) = m$.
  2. 计算输出密文

$$C = (t + Q/t \mod N, \quad \tilde{t} + uQ/\tilde{t} \mod N).$$

- **Decrypt** $\mathbb{D}_{\mathtt{ID}}(M_{\mathfrak{pk}}, \mathtt{ID}_A, D_A, C)$:
  1. 解析 C 为 (C_1, C_2).
  2. 若 $D_A^2 = H(\mathtt{ID}_A) \mod N$, 则设置 $\gamma = C_1$, 否则设置 $\gamma = C_2$.
  3. 输出明文 $m = \left(\frac{\gamma + 2D_A}{N}\right)$(雅可比符号).

Cocks-IBE 的 ID-IND-CPA 安全性在随机谕示模型下可以归约到平方剩余复杂性假设[56]. Joye 发现 Cocks-IBE 具同态乘法功能, 即对两个密文通过计算后可以得到对应两个明文乘积的新密文. 进一步地, Joye 在保持密文大小不变的情况下, 为 Cocks-IBE 添加了加密标识匿名性的安全功能.

Cocks-IBE 的计算过程是比较高效的, 但是密文扩展很大: 每 1 比特的明文对应 $2\lceil\log_2 N\rceil$ 比特的密文. Boneh 等[57] 提出了基于平方剩余的短密文标识加密算法 BGH-IBE. 对 ℓ 比特的明文, BGH-IBE 的密文长度为 $\lceil\log_2 N\rceil+\ell+1$ 比特. 但该算法需要在给定 $N, R, S \in \mathbb{Z}_N$ 的情况下, 求解 $\ell+1$ 个形如 $Rx^2+Sy^2=1$ 的等式, 其中 $x, y \in \mathbb{Z}_N$. [57] 进一步指出可以将明文平均分为 $\sqrt{\ell}$ 段, 以减少求解等式的个数, 但密文增大约 $\sqrt{\ell}$ 倍, 实现密文数据大小与密码运算效率之间的平衡. Jhanwar 和 Barua[58] 发现仅使用 $\mathbb{Z}_N$ 上求逆运算快速求解上述等式的方法, 使得密码运算性能显著提高. Elashry 等[59] 提出新的算法变形, 在不增加密文数据的情况下, 进一步降低需求解的等式数到 2 个.

4.8.2 基于大数分解的标识加密算法

Boneh 等基于大数分解复杂性假设采用调节安全 RSA 算法构造了一个特殊标识加密机制: IB-mRSA[50,60]. 如 4.7.3 小节介绍的, 调节安全的系统中除了密钥生成中心外, 还有一个受信任的实体: SEM. 用户的标识私钥被分割为两个部分: 一部分提供给用户; 另一部分提供给 SEM. 调节安全算法实际上是一种两方门限算法. 有意思的是, 仅通过在系统中引入一个额外的受信任的实体, 基于大数分解复杂性假设构造标识加密机制就变得不那么困难了. IB-mRSA 的构造如下.

- **Setup** $\mathbb{G}_{\mathtt{ID}}(1^\kappa)$:
  1. 生成两个比特长度为 $\kappa/2$ 的素数 p, q, 计算 $N=pq$.
  2. 选择一个哈希函数: $H:\{0,1\}^* \to \{0,1\}^\ell$.
  3. 输出主公钥 $M_{\mathfrak{pk}}=(N, H)$ 和主私钥 $M_{\mathfrak{sk}}=\{p, q\}$.
- **Extract** $\mathbb{X}_{\mathtt{ID}}(M_{\mathfrak{pk}}, M_{\mathfrak{sk}}, \mathtt{ID}_A)$:
  1. 计算 $e_A=0^{\kappa-\ell-1}\|H(\mathtt{ID}_A)\|1$.
  2. 计算标识私钥 $D_A=e_A^{-1} \mod \varphi(N)$.
  3. 随机选择 $d_{USR} \in_R \mathbb{Z}_N^*$. 计算 $d_{SEM}=D_A-d_{USR} \mod \varphi(N)$.
  4. 将 d_{USR} 提供给用户 A, d_{SEM} 提供给 SEM.
- **Encrypt** $\mathbb{E}_{\mathtt{ID}}(M_{\mathfrak{pk}}, \mathtt{ID}_A, m)(m \in \{1,-1\})$:
  1. 计算 $e_A=0^{\kappa-\ell-1}\|H(\mathtt{ID}_A)\|1$.
  2. 使用 e_A 作为公钥, 按照 RSA-OEAP 加密 m 输出密文 C.
- **Decrypt** $\mathbb{D}_{\mathtt{ID}}(M_{\mathfrak{pk}}, \mathtt{ID}_A, \cdot, C)$:
  1. SEM 执行:
     - 检查 $\mathtt{ID}_A$ 是否撤销. 若标识撤销了, 则输出标识已撤销.
     - 输出 $m_{SEM}=C^{d_{SEM}} \mod N$.

2. 用户执行:

– 计算 $m_{USR} = C^{d_{USR}} \mod N$.

– 输出明文 $m = m_{USR} \cdot m_{SEM} \mod N$.

虽然 [60] 声称 IB-mRSA 的安全性和 RSA-OAEP 机制相同, 但是 Libert 和 Quisquater[61] 发现 [60] 的证明过程中, 游戏模拟者不能回答内部攻击者可能发出的一些解密询问. [60] 实际上已经注意到内部攻击者的威胁, 并证明如下结论: 设用户 A 和 B, 其标识映射的公钥分别为 e_A 和 e_B. 对加密给 A 的密文 C_A, B 能够生成一个快速映射 $f(C_A) = C_B$ 并解密 C_B 的充分必要条件是 $e_A|e_B$. 虽然 IB-mRSA 中 e_A 的构造采用了哈希函数计算用户标识的哈希值再进行填充, 但是采用的填充方式: 低位填充 1 和高位填充 0 并不能确保找到这样的 e_B 满足 $e_A|e_B$ 是困难的. 要抵抗这样的攻击, 将 $\mathtt{ID}_A$ 映射到公钥 e_A 的映射 $\mathcal{F}$ 应满足三个条件: ① $\mathcal{F}$ 是抵抗碰撞的, 即找到不同的标识 $\mathtt{ID}_A \neq \mathtt{ID}_B$ 满足 $\mathcal{F}(\mathtt{ID}_A) = \mathcal{F}(\mathtt{ID}_B)$ 是困难的; ② $\mathcal{F}$ 是难除的, 即难以找到一组值 $(X_1, \cdots, X_n, Y)$ 满足 $\mathcal{F}(Y)|\prod_i \mathcal{F}(X_i)$; ③ 映射公钥 e_A 和 $\varphi(N)$ 是互素的. $\mathcal{F}$ 的一种构造方法是使用抗碰撞的哈希算法将标识确定地映射到 $\mathbb{Z}_N^*$ 中的素数.

虽然 IB-mRSA 非常接近标准的标识加密算法, 加密过程和 BF-IBE 一样仅需主公钥和接收方标识, 但是 IB-mRSA 对 SEM 的安全性要求非常高. SEM 和用户合谋就可以还原标识私钥 D_A, 按照 Boneh 的方法[62], 根据 e_A, D_A 可以进一步计算 N 的分解 p, q, 从而能够计算任意用户的标识私钥. 基于同样的原因, RSA 系统要求用户的模 N 各不相同. 4.7.3 小节中的门限标识加密算法和调节安全的标识加密算法则没有这样的问题.

参考文献

[1] Shamir A. Identity-based cryptosystems and signature schemes. CRYPTO 1984, LNCS 196: 47-53.

[2] Sakai R, Ohgishi K, Kasahara M. Cryptosystems based on pairing. Symposium on Cryptography and Information Security, 2000.

[3] Cocks C. An identity-based encryption scheme based on quadratic residues. Cryptography and Coding 2001, LNCS 2260: 360-363.

[4] Boneh D, Franklin M. Identity based encryption from the Weil pairing. CRYPTO 2001, LNCS 2139: 213-229.

[5] Sakai R, Kasahara M. ID based cryptosystems with pairing on elliptic curve. IACR Cryptology ePrint Archive, 2003, Report 2003/054.

[6] Boneh D, Boyen X. Efficient selective-ID secure identity based encryption without random oracles. EUROCRYPT 2004, LNCS 3027: 223-238.

[7] Boneh D, Boyen X. Secure identity based encryption without random oracles. CRYPTO 2004, LNCS 3152: 443-459.

[8] Waters B. Efficient identity-based encryption without random oracles. EUROCRYPT 2005, LNCS 3494: 114-127.

[9] Horwitz J, Lynn B. Toward hierarchical identity-based encryption. EUROCRYPT 2002, LNCS 2332: 466-481.

[10] Sahai A, Waters B. Fuzzy identity-based encryption. EUROCRYPT 2005, LNCS 3494: 457-473.

[11] Delerablée C. Identity-based broadcast encryption with constant size ciphertexts and private keys. ASIACRYPT 2007, LNCS 4833: 200-215.

[12] Boldyreva A, Goyal V, Kumar V. Identity-based encryption with efficient revocation. CCS 2008: 417-426.

[13] Boneh D, Sahai A, Waters B. Functional encryption: Definitions and challenges. TCC 2011, LNCS 6597: 253-273.

[14] Boyen X. A tapestry of identity-based encryption: Practical frameworks compared. Int. J. of Applied Cryptography, 2008, 1(1): 3-21.

[15] Lewko A, Waters B. New techniques for dual system encryption and fully secure HIBE with short ciphertexts. TCC 2010, LNCS 5978: 455-479.

[16] Gentry C. Practical identity-based encryption without random oracles. EUROCRYPT 2006, LNCS 4004: 445-464.

[17] Chatterjee S, Sarkar P. HIBE with short public parameters without random oracle. ASIACRYPT 2006, LNCS 4284: 145-160.

[18] Attrapadung N, Furukawa J, Gomi T, et al. Efficient identity-based encryption with tight security reduction. IEICE Transactions, 2007, 90-A(9): 1803-1813.

[19] Cash D, Kiltz E, Shoup V. The twin diffie-hellman problem and applications. EUROCRYPT 2000, LNCS 4965: 127-145.

[20] Waters B. Dual system encryption: Realizing fully secure IBE and HIBE under simple assumptions. CRYPTO 2009, LNCS 5677: 619-636.

[21] Döttling N, Garg S. Identity-based encryption from the Diffie-Hellman assumption. CRYPTO 2017, LNCS 10401: 537-569.

[22] Canetti R, Halevi S, Katz J. Chosen-ciphertext security from identity-based encryption. EUROCRYPT 2004, LNCS 3027: 207-222.

[23] Boyen X, Mei Q, Waters B. Direct chosen ciphertext security from identity-based techniques. CCS 2005: 320-329.

[24] Canetti R, Halevi S, Katz J. A forward-secure public-key encryption scheme. EUROCRYPT 2003, LNCS 2656: 255-271.

[25] Cramer R, Shoup V. Design and analysis of practical public-key encryption schemes secure against adaptive chosen ciphertext attack. SIAM Journal on Computing, 2003, 33: 167-226.

[26] Bentahar K, Farshim P, Malone-Lee J, et al. Generic constructions of identity-based and certificateless KEMs. J. of Cryptology, 2008, 21: 178-199.

[27] ISO/IEC. Information technology – Security techniques – Encryption algorithms – Part 2: Asymmetric ciphers. ISO/IEC 18033-2: 2006.

[28] IEEE 1363.3-2013. IEEE standard for identity-based cryptographic techniques using pairings. 2013.

[29] ISO/IEC. Information technology – Security techniques – Encryption algorithms – Part 5: Identity-based ciphers. ISO/IEC 18033-5: 2015.

[30] Bellare M, Rogaway P. The exact security of digital signatures—How to sign with RSA and rabin. EUROCRYPT 1996, LNCS 1070: 399-416.

[31] Boneh D, Lynn B, Shacham H. Short signatures from the Weil pairing. J. of Cryptology, 2004, 17: 297-319.

[32] Fujisaki E, Okamoto T. Secure integration of asymmetric and symmetric encryption schemes. CRYPTO 1999, LNCS 1666: 535-554.

[33] Galindo D. Boneh-Franklin Identity-based encryption revisited. ICALP 2005, LNCS 3580: 791-802.

[34] Fujisaki E, Okamoto T. Secure integration of asymmetric and symmetric encryption schemes. J. of Cryptology, 2013, 26: 80-101.

[35] Boneh D, Franklin M. Identity based encryption from the Weil pairing. SIAM J. of Computing, 2003, 32(3): 586-615.

[36] GM/T 0044-2016. Identity-based cryptographic algorithms SM9. 2016.

[37] Cheng Z. Security analysis of SM9 key agreement and encryption. Inscrypt 2018, LNCS 11449: 3-25.

[38] Chen L, Cheng Z, Malone-Lee J, et al. An efficient ID-KEM based on the Sakai-Kasahara key construction. IEE Proc. Information Security, 2006, 153(1): 19-26.

[39] IETF. RFC 6508 Sakai-Kasahara key encryption (SAKKE). 2012.

[40] ETSI. LTE; Mission Critical Push To Talk (MCPTT) Media Plan Control; Protocol Sepcification (3GPP TS 24.380 version 13.0.2 Release 13). 2016.

[41] Gentry C, Silverberg A. Hierarchical id-based cryptography. ASIACRYPT 2002, LNCS 2501: 548-566.

[42] Boneh D, Boyen X, Goh E. Hierarchical identity based encryption with constant size ciphertext. EUROCRYPT 2005, LNCS 3494: 440-456.

[43] Boyen X. General Ad Hoc encryption from exponent inversion IBE. EUROCRYPT 2007, LNCS 4515: 394-411.

[44] Döttling N, Garg S. From selective IBE to full IBE and selective HIBE. TCC 2017, LNCS 10677: 372-408.

[45] Cramer R, Shoup V. Signature schemes based on the strong RSA assumption. CCS 1999: 46-51.

[46] Cramer R, Shoup V. A practical public key cryptosystem provably secure against adaptive chosen ciphertext attacks. CRYPTO 1998, LNCS 1462: 13-25.

[47] Libert B, Vergnaud D. Adaptive-id secure revocable identity-based encryption. CT-RSA 2009, LNCS 5473: 1-15.

[48] Seo J, Emura K. Revocable identity-based encryption revisited: Security model and construction. PKC 2013, LNCS 7778: 216-234.

[49] Watanabe Y, Emura K, Seo J. New revocable IBE in prime-order groups: Adaptively secure, decryption key exposure resistant, and with short public parameters. CT-RSA 2017, LNCS 10159: 432-449.

[50] Boneh D, Ding X, Tsudik G. Identity-based mediated RSA. Information Security Application, 2002.

[51] Boneh D, Ding X, Tsudik G, et al. A method for fast revocation of public key certificates and security capabilities. USENIX Security Symposium, 2001, 22: 297-308.

[52] Baek J, Zheng Y. Identity-based threshold decryption. PKC 2004, LNCS 2947: 262-276.

[53] Liu S, Chen K, Qiu W. Identity-based threshold decryption revisited. ISPEC 2007, LNCS 4464: 329-343.

[54] Boneh D, Papakonstantinou P, Rackoff C, et al. On the impossibility of basing identity based encryption on trapdoor permutations. FOCS 2008: 283-292.

[55] Papakonstantinou P, Rackoff C, Vahlis Y. How powerful are the DDH hard groups? IACR Cryptology ePrint Archive, 2012, Report 2012/653.

[56] Joye M. Identity-based cryptosystems and quadratic residuosity. PKC 2016, LNCS 9614: 225-254.

[57] Boneh D, Gentry C, Hamburg M. Space-efficient identity based encryption without pairings. FOCS 2007: 647-657.

[58] Jhanwar M, Barua R. A variant of Boneh-Gentry-Hamburg's pairing-free identity based encryption scheme. Inscrypt 2008, LNCS 5487: 314-331.

[59] Elashry I, Mu Y, Susilo W. An efficient variant of Boneh-Gentry-Hamburg's identity-based encryption without pairing. WISA 2014, LNCS 8909: 257-268.

[60] Ding X, Tsudik G. Simple Identity-based cryptography with mediated RSA. ICT-RSA 2003, LNCS 2612: 193-210.

[61] Libert B, Quisquater J. Efficient revocation and threshold pairing based cryptosystems. PODC 2003: 163-171.

[62] Boneh D. Twenty years of attacks on the RSA cryptosystem. Notices of the AMS, 1999, 46(2): 203-213.

第 5 章　标识签名算法

数字签名技术用于在数字社会中实现类似于手写签名或者印章的功能, 即对数字文档进行数字签名. 数字签名技术能够提供比手写签名或印章更多的安全保障. 一个有效的数字签名能够确保: ① 签名操作确实由认定的签名人完成, 即签名人身份的真实性; ② 被签名的数字内容在签名后没有发生任何的改变, 即被签名数据 (也称签名消息或简称消息) 的完整性. 本章研究基于标识的数字签名技术, 包括标识签名算法的安全性定义和一般构造方法、基于双线性对和无双线性对的标识签名算法以及一些具有特殊属性的标识签名算法.

5.1　标识签名算法安全性定义

在定义标识签名算法及其安全性前, 我们首先考察标准签名算法及其安全性定义. 标准签名算法包括如下三个子算法.

- **Generate** $\mathbb{G}_{\text{PKS}}(1^\kappa)$: 对安全参数输入 1^κ, 该概率算法计算输出公钥 K_{pub} 和私钥 K_{prv}.

$$(K_{pub}, K_{prv}) \leftarrow \mathbb{G}_{\text{PKS}}(1^\kappa).$$

- **Sign** $\mathbb{S}_{\text{PKS}}(K_{pub}, K_{prv}, m)$: 该算法接收 K_{pub}、K_{prv}、消息 m 作为输入, 计算输出签名. 该算法可能是随机算法也可能是确定性算法.

$$\sigma \leftarrow \mathbb{S}_{\text{PKS}}(K_{pub}, K_{prv}, m).$$

- **Verify** $\mathbb{V}_{\text{PKS}}(K_{pub}, m, \sigma)$: 该确定性算法接收 K_{pub}, m 和 σ 作为输入, 输出 1 表示签名有效, 0 表示签名无效.

$$1 \text{ 或 } 0 \leftarrow \mathbb{V}_{\text{PKS}}(K_{pub}, m, \sigma).$$

标准签名算法的安全性可以由表 5.1 中的游戏定义. 游戏在模拟者和攻击者 $\mathcal{A}$ 之间展开. 攻击者可以通过选择指定的消息询问模拟者提供的签名谕示 $\mathcal{O}_{\text{PKS}}$ 获得该消息的签名. 在多次询问签名谕示后, $\mathcal{A}$ 输出一对消息 m^* 和签名 σ^*. 为了排除攻击者简单赢得游戏的情况, 游戏要求 σ^* 不是签名谕示对 m^* 的输出. 若 m^* 未询问过签名谕示, 则游戏定义了选择消息不可伪造安全性 (EUF-CMA: Existential Unforgeable under Chosen Message Attack). 若 $\mathcal{A}$ 能以消息 m^* 访问签名谕示, 但 σ^* 不是签名谕示对 m^* 的签名结果, 则游戏定义了选择消息强不可伪造安全性 (SUF-CMA: Strong UF-CMA). 定义攻击者 $\mathcal{A}$ 在游戏中的优势为

$$\mathtt{Adv}_{\mathtt{PKS},\mathcal{A}}^{\mathtt{MOD\text{-}CMA}} = \Pr[\mathcal{A} \text{ 成功}].$$

表 5.1 EUF-CMA 游戏

1. $(K_{pub}, K_{prv}) \leftarrow \mathbb{G}_{\mathtt{PKS}}(1^\kappa)$.
2. $(m^*, \sigma^*) \leftarrow \mathcal{A}^{\mathcal{O}_{\mathtt{PKS}}}(M_{\mathfrak{pk}})$.
3. 若 $1 \leftarrow \mathbb{V}_{\mathtt{PKS}}(K_{pub}, m^*, \sigma^*)$, 则成功.

定义 5.1 如果在某种安全模型下 (EUF-CMA 或 SUF-CMA), 所有的概率多项式时间攻击者的优势 $\epsilon(\kappa)$ 都可忽略得小, 则称一个公钥签名算法在相应的安全模型下是安全的.

标识签名算法 (IBS) 包括如下四个子算法. 其中 **Setup** 和 **Extract** 与标识加密算法中对应子算法功能相同.

- **Setup** $\mathbb{G}_{\mathtt{ID}}(1^\kappa)$: 对安全参数输入 1^κ, 该概率算法计算输出主公钥 $M_{\mathfrak{pk}}$ 和主私钥 $M_{\mathfrak{sk}}$.

$$(M_{\mathfrak{pk}}, M_{\mathfrak{sk}}) \leftarrow \mathbb{G}_{\mathtt{ID}}(1^\kappa).$$

- **Extract** $\mathbb{X}_{\mathtt{ID}}(M_{\mathfrak{pk}}, M_{\mathfrak{sk}}, \mathtt{ID}_A)$: 对输入 $M_{\mathfrak{pk}}, M_{\mathfrak{sk}}$ 和实体 A 的标识 $\mathtt{ID}_A \in \{0,1\}^*$, 该算法计算输出与 $\mathtt{ID}_A$ 对应的标识私钥 D_A.

$$D_A \leftarrow \mathbb{X}_{\mathtt{ID}}(M_{\mathfrak{pk}}, M_{\mathfrak{sk}}, \mathtt{ID}_A).$$

- **Sign** $\mathbb{S}_{\mathtt{ID}}(M_{\mathfrak{pk}}, \mathtt{ID}_A, D_A, m)$: 该算法接收 $M_{\mathfrak{pk}}, \mathtt{ID}_A$, 消息 m, 私钥 D_A 作为输入, 计算输出签名.

$$\sigma \leftarrow \mathbb{S}_{\mathtt{ID}}(M_{\mathfrak{pk}}, \mathtt{ID}_A, D_A, m).$$

- **Verify** $\mathbb{V}_{\mathtt{ID}}(M_{\mathfrak{pk}}, \mathtt{ID}_A, m, \sigma)$: 该确定性算法接收 $M_{\mathfrak{pk}}, \mathtt{ID}_A, m$ 和 σ 作为输入, 输出 1 表示签名有效, 0 表示签名无效.

$$1 \text{ 或 } 0 \leftarrow \mathbb{V}_{\mathtt{ID}}(M_{\mathfrak{pk}}, \mathtt{ID}_A, m, \sigma).$$

类似于标准签名算法的安全性定义, 标识签名算法的安全性可以由表 5.2 中的游戏定义. 根据安全模型模拟攻击者的能力不同, 游戏中模拟者提供不同的谕示 $\mathcal{O}_{\mathtt{ID}}$. 具体如下.

- 标识私钥获取谕示: 该谕示接收攻击者选择的标识 $\mathtt{ID} \neq \mathtt{ID}^*$ 作为请求输入, 输出 ID 对应的标识私钥 $D_{\mathtt{ID}}$.
- 标识消息签名谕示: 该谕示接收攻击者选择的标识 ID 和消息 m 后, 采用 ID 对应的标识私钥对 m 进行签名并向攻击者提供签名结果. 为了排除攻击者简单赢得游戏的情况, 要求 σ^* 不是标识消息签名谕示对 $(\mathtt{ID}^*, m^*)$ 的输出. 若不允许攻击者使用 $(\mathtt{ID}^*, m^*)$ 访问标识消息签名谕示, 则游戏定义了基于标识的选择消息不可伪造安全性 (ID-EUF-CMA). 若攻击者可以使用 $(\mathtt{ID}^*, m^*)$ 访问标识消息签名谕示获得签名 σ', 但 $\sigma' \neq \sigma^*$, 则上述游戏定义了基于标识的选择消息强不可伪造安全性 (ID-SUF-CMA).

定义攻击者 $\mathcal{A}$ 在游戏中的优势为

$$\mathtt{Adv}_{\mathtt{ID},\mathcal{A}}^{\mathtt{ID\text{-}MOD\text{-}CMA}} = \Pr[\mathcal{A} \text{ 成功}].$$

定义 5.2　*如果在某种安全模型下 (ID-EUF-CMA 或 ID-SUF-CMA), 所有的概率多项式时间攻击者的优势 $\epsilon(\kappa)$ 都可忽略得小, 则称一个标识签名算法在相应的安全模型下是安全的.*

类似于标识加密算法, 一种更弱的安全模型是选择标识安全模型. 在该模型下, 攻击者在表 5.2 中游戏的步骤 1 前 (模拟者还未生成系统参数) 就先确定待攻击的标识 $\mathtt{ID}^*$. 对这类攻击者的选择消息攻击, 我们使用 sID-EUF-CMA 和 sID-SUF-CMA 来命名.

表 5.2　ID-EUF-CMA 游戏

1. $(M_{\mathfrak{pk}}, M_{\mathfrak{sk}}) \leftarrow \mathbb{G}_{\mathtt{ID}}(1^\kappa)$.
2. $(\mathtt{ID}^*, m^*, \sigma^*) \leftarrow \mathcal{A}^{\mathcal{O}_{\mathtt{ID}}}(M_{\mathfrak{pk}})$.
3. 若 $1 \leftarrow \mathbb{V}_{\mathtt{ID}}(M_{\mathfrak{pk}}, \mathtt{ID}^*, m^*, \sigma^*)$, 则成功.

5.2　标识签名算法的一般构造方法

Bellare, Namprempre 和 Neven [1] 给出了两种通用的 IBS 构造框架: ① 基于证书方式从标准签名算法构造 IBS; ② 从标准身份鉴别协议出发构造 IBS. 另外, Gentry 和 Silverberg [2] 提出可以将任意的两层 IBE 转换为一个标识签名算法的通用方法.

5.2.1　基于证书方法构造 IBS

在基于证书方式从标准签名算法构造 IBS 的方法中, KGC 和用户各自拥有独立的公私密钥对. KGC 以用户标识和用户公钥作为消息使用其私钥生成数字

签名 $cert$. 用户对消息 m 使用其私钥生成签名值 σ'. 用户公钥、$cert$ 和 σ' 一起构成用户的消息签名 σ. 验签者首先验证 $cert$ 是对用户标识和用户公钥在 KGC 公钥下的有效签名以确定用户标识和用户公钥对应关系的真实性, 再验证 σ' 是对消息 m 在用户公钥下的有效签名. 作为一种 IBS, 这里的证书不需要 CA 来进行管理和发布, 仅表示类似传统证书中证书机构签名的一种数据生成方法. 这样构造的 IBS 的安全性依赖于采用的公钥签名算法的安全性. 鉴于标准公钥签名算法可基于单向函数构造, 这种构造方法表明 IBS 也可基于单向函数构造. 这一结论显示构造 IBS 和构造 IBE 的困难性 [3] 存在显著的不同. 下面是基于证书方式从标准签名算法构造 IBS 的具体过程.

- **Setup** $\mathbb{G}_{\mathtt{ID}}(1^\kappa)$:
  1. $(M_{\mathfrak{pk}}, M_{\mathfrak{sk}}) \leftarrow \mathbb{G}_{\mathtt{PKS}}(1^\kappa)$.
  2. 输出 $(M_{\mathfrak{pk}}, M_{\mathfrak{sk}})$.
- **Extract** $\mathbb{X}_{\mathtt{ID}}(M_{\mathfrak{pk}}, M_{\mathfrak{sk}}, \mathtt{ID}_A)$:
  1. $(K_{pub}, K_{prv}) \leftarrow \mathbb{G}_{\mathtt{PKS}}(1^\kappa)$, $cert \leftarrow \mathbb{S}_{\mathtt{PKS}}(M_{\mathfrak{pk}}, M_{\mathfrak{sk}}, K_{pub}\|\mathtt{ID}_A)$.
  2. 输出 $D_A = (K_{pub}, K_{prv}, cert)$.
- **Sign** $\mathbb{S}_{\mathtt{ID}}(M_{\mathfrak{pk}}, \mathtt{ID}_A, D_A, m)$:
  1. 解析 D_A 为 $(K_{pub}, K_{prv}, cert)$.
  2. 计算 $\sigma' \leftarrow \mathbb{S}_{\mathtt{PKS}}(K_{pub}, K_{prv}, m)$.
  3. 输出签名 $\sigma = (\sigma', K_{pub}, cert)$.
- **Verify** $\mathbb{V}_{\mathtt{ID}}(M_{\mathfrak{pk}}, \mathtt{ID}_A, m, \sigma)$:
  1. 解析签名 σ 为 $(\sigma', K_{pub}, cert)$.
  2. 若 $1 \leftarrow \mathbb{V}_{\mathtt{PKS}}(M_{\mathfrak{pk}}, K_{pub}\|\mathtt{ID}_A, cert)$ 且 $1 \leftarrow \mathbb{V}_{\mathtt{PKS}}(K_{pub}, m, \sigma')$, 则输出 1; 否则输出 0.

5.2.2 基于身份鉴别协议构造 IBS

Fiat-Shamir 变换 (FS-I-2-S) 是一种将经典 3 步标准身份鉴别协议 (SI: Standard Identification) 转换为标准签名算法 (SS: Standard Signature) 的方法 [4]. Bellare 等将这个方法推广到标识签名领域, 给出了两种由一类特殊身份鉴别协议 (可转换身份鉴别协议 (cSI)) 构造 IBS 的方法 [1]. Bellare 等给出了两种构造路径. 路径 1: 由可转换身份鉴别协议采用 SI 到标识身份鉴别协议 IBI 的变换 (cSI-2-IBI) 形成 IBI, 再由 IBI 采用 Fiat-Shamir 变换形成 IBS. 路径 2: 由可转换身份鉴别协议采用 Fiat-Shamir 变换形成可转换标准签名算法 (cSS), 再由 cSS 采用可转换标准签名算法到标识签名算法的变换 (cSS-2-IBS) 形成 IBS. 图 5.1展示了上述转换过程.

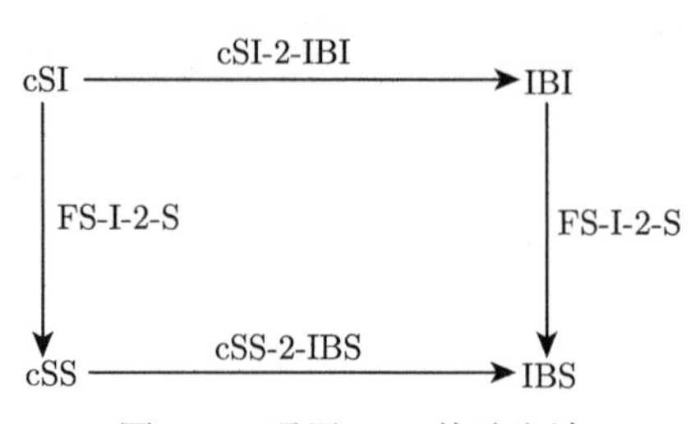

图 5.1　通用 IBS 构造方法

标准的身份认证协议 SI 由三个子算法构成 ($\mathbb{G}_{\mathrm{SI}}, \mathbb{P}_{\mathrm{SI}}, \mathbb{V}_{\mathrm{SI}}$). $\mathbb{G}_{\mathrm{SI}}$ 是一个随机算法, 接收安全参数输入 1^κ, 生成密钥对 (K_{pub}, K_{prv}). $\mathbb{P}_{\mathrm{SI}}$ 和 $\mathbb{V}_{\mathrm{SI}}$ 是多项式算法执行交互协议. $\mathbb{P}_{\mathrm{SI}}$ 为证明人协议算法, $\mathbb{V}_{\mathrm{SI}}$ 为验证人协议算法. $\mathbb{P}_{\mathrm{SI}}$ 使用 K_{pub} 和 K_{prv} 作为初始状态, $\mathbb{V}_{\mathrm{SI}}$ 使用 K_{pub} 作为初始状态. 交互协议结束时, $\mathbb{V}_{\mathrm{SI}}$ 输出 1 或者 0 表示是否成功确认证明人身份. 协议的正确性要求对于诚实执行协议的证明人, $\mathbb{V}_{\mathrm{SI}}$ 总是输出 1. 身份认证协议有多种安全性定义. 本节的构造仅需要身份认证协议具有被动攻击下抵抗伪冒攻击 (IMP-PA) 的安全性. 该安全性要求在游戏中攻击者 $\mathcal{A}$ 可访问协议谕示以获得 $\mathbb{P}_{\mathrm{SI}}$ 和 $\mathbb{V}_{\mathrm{SI}}$ 之间正常执行交互协议的消息. 攻击者冒充 $\mathbb{P}_{\mathrm{SI}}$ 与验证人 $\mathbb{V}_{\mathrm{SI}}$ 进行协议数据交换, 若 $\mathbb{V}_{\mathrm{SI}}$ 输出 1, 则 $\mathcal{A}$ 赢得游戏. 定义 $\mathcal{A}$ 的优势为其赢得游戏的概率. 被动攻击伪冒安全的身份认证协议要求任意多项式时间攻击者的优势都可忽略得小.

标识身份认证协议 IBI 由四个子算法构成 ($\mathbb{G}_{\mathrm{ID}}, \mathbb{X}_{\mathrm{ID}}, \mathbb{P}_{\mathrm{ID}}, \mathbb{V}_{\mathrm{ID}}$). $\mathbb{G}_{\mathrm{ID}}$ 和 $\mathbb{X}_{\mathrm{ID}}$ 的定义与 IBS 对应算法的定义相同. $\mathbb{P}_{\mathrm{ID}}$ 和 $\mathbb{V}_{\mathrm{ID}}$ 的功能与 SI 中的 $\mathbb{P}_{\mathrm{SI}}$ 和 $\mathbb{V}_{\mathrm{SI}}$ 相同, 只是 $\mathbb{P}_{\mathrm{ID}}$ 的初始状态是 $M_{\mathfrak{pk}}$、标识 ID 与标识私钥 D_{ID}, 而 $\mathbb{V}_{\mathrm{ID}}$ 的初始状态是 $M_{\mathfrak{pk}}$ 和标识 ID. IBI 的安全性可类似于 SI 进行定义. 不同的是, 在游戏中攻击者 $\mathcal{A}$ 还可访问标识私钥获取谕示以获得其选择标识对应的私钥, 但攻击者不可获取被冒充标识的私钥.

定义可转换身份鉴别协议 cSI 需要如下概念: 陷门可采样关系. 一个关系是次序对 (x, y) 的一个有限集合. 关系 $\mathbf{R}$ 的范围为 $\mathrm{Rng}(\mathbf{R}) = \{y : 存在\ x\ 满足 (x, y) \in \mathbf{R}\}$. x 的像为 $\mathbf{R}(x) = \{y : (x, y) \in \mathbf{R}\}$. y 的逆为 $\mathbf{R}^{-1}(y) = \{x : (x, y) \in \mathbf{R}\}$.

定义 5.3 (陷门可采样关系族 [1]) $\mathcal{F}$ 由三个多项式时间函数 (TDG, Smp, Inv) 构成. 函数具有如下属性:

- 高效生成: 对输入 1^κ, TDG 输出 $\mathbf{R}$ 的描述 $\langle\mathbf{R}\rangle$ 和陷门 t.
- 可采样性: 对输入 $\langle\mathbf{R}\rangle$, Smp 的输出在 $\mathbf{R}$ 上是均匀分布的.
- 可逆性: 对输入 $\langle\mathbf{R}\rangle$、陷门 t 和元素 y, 随机算法 Inv 输出 $\mathbf{R}^{-1}(y)$ 中的一个随机元素.
- 正规性: 对族中每个关系 $\mathbf{R}$, 存在整数 d 满足对所有的 $y \in \mathrm{Rng}(\mathbf{R})$,

$|\mathbf{R}^{-1}(y)| = d.$

定义 5.4 (可转换标准身份认证协议 [1]) 一个标准身份认证协议 SI = ($\mathbb{G}_{\text{SI}}$, $\mathbb{P}_{\text{SI}}$, $\mathbb{V}_{\text{SI}}$) 是**可转换的**当存在一个陷门可采样关系族 $\mathcal{F}$ = (TDG, Smp, Inv), 对任意的 $\kappa \in \mathbb{N}$, 以下过程的输出与 $\mathbb{G}_{\text{SI}}(1^k)$ 的分布相同.

$$(\langle\mathbf{R}\rangle, t) \leftarrow \text{TDG}(1^\kappa), \quad (x, y) \leftarrow \text{Smp}(\langle\mathbf{R}\rangle),$$
$$K_{pub} \leftarrow (\langle\mathbf{R}\rangle, y), \quad K_{prv} \leftarrow (\langle\mathbf{R}\rangle, x), \quad \text{输出}(K_{pub}, K_{prv}).$$

定义 5.5 (可转换标准签名算法 [1]) 一个标准签名算法 SS = ($\mathbb{G}_{\text{PKS}}, \mathbb{S}_{\text{PKS}}, \mathbb{V}_{\text{PKS}}$) 是**可转换的**当存在一个陷门可采样关系族 $\mathcal{F}$ = (TDG, Smp, Inv), 对任意的 $\kappa \in \mathbb{N}$, 以下过程的输出与 $\mathbb{G}_{\text{PKS}}(1^k)$ 的分布相同.

$$(\langle\mathbf{R}\rangle, t) \leftarrow \text{TDG}(1^\kappa), \quad (x, y) \leftarrow \text{Smp}(\langle\mathbf{R}\rangle),$$
$$K_{pub} \leftarrow (\langle\mathbf{R}\rangle, y), \quad K_{prv} \leftarrow (\langle\mathbf{R}\rangle, x), \quad \text{输出}(K_{pub}, K_{prv}).$$

两种由 cSI 到 IBS 的转换方法的初始机制都是经典 3 步标准身份鉴别协议. 该类协议的工作方式如图 5.2 所示: $\mathbb{P}_{\text{SI}}$ 首先生成均匀分布在承诺集 $CmtSet$ (K_{pub}, K_{prv}) 上的一个承诺 Cmt. $\mathbb{V}_{\text{SI}}$ 给出均匀分布在挑战集 $ChSet(K_{pub})$ 上的一个挑战 Ch. $\mathbb{P}_{\text{SI}}$ 进一步根据挑战给出一个响应 Rsp. $\mathbb{V}_{\text{SI}}$ 最后根据决定函数 $\text{Det}(K_{pub}, Cmt\|Ch\|Rsp)$ 决定是否确认 $\mathbb{P}_{\text{SI}}$ 的身份. 若对每个 $\kappa \in \mathbb{N}$ 有 $|CmtSet(K_{pub})| \geqslant 2^{\beta(\kappa)}$, 则 SI 的承诺长度为 $\beta(\cdot)$. 若 $2^{-\beta(\kappa)}$ 是可忽略的, 则 SI 是非平凡的.

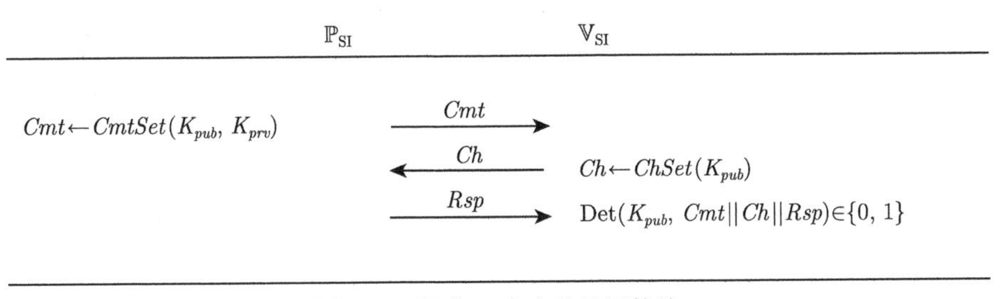

图 5.2 经典 3 步身份认证协议

表 5.3—表 5.5分别描述了转换过程使用的三个变换: cSI-2-IBI 变换、FS-I-2-S 变换、cSS-2-IBS 变换. 关于这些变换, [1] 有如下安全性结论:

- 设 SI 是 cSI, IBI = cSI-2-IBI(SI). 若 SI 是 IMP-PA 安全的, 则 IBI 是 IMP-PA 安全的.
- 设 SI 是非平凡的经典 3 步 SI, SS = FS-I-2-S(SI). 若 SI 是 IMP-PA 安全的, 则 SS 在随机谕示模型下是 EUF-CMA 安全的.

- 设 SS 是 cSS, IBS = cSS-2-IBS(SS). 若 SS 是 EUF-CMA 安全的, 则 IBS 是 ID-EUF-CMA 安全的.

表 5.3　cSI-2-IBI 变换

- **Setup** $\mathbb{G}_{\mathrm{ID}}(1^\kappa)$:
  1. $(\langle\mathbf{R}\rangle, t) \leftarrow \mathrm{TDG}(1^\kappa)$.
  2. 输出 $M_{\mathfrak{pk}} = (\langle\mathbf{R}\rangle, H), M_{\mathfrak{sk}} = t$, 其中 $H : \{0,1\}^* \to \mathrm{Rng}(\mathbb{R})$.
- **Extract** $\mathbb{X}_{\mathrm{ID}}(M_{\mathfrak{pk}}, M_{\mathfrak{sk}}, \mathrm{ID}_A)$:
  1. 计算 $x \leftarrow \mathrm{Inv}(\langle\mathbf{R}\rangle, t, H(\mathrm{ID}_A))$.
  2. 输出 $D_A = x$.
- $\mathbb{P}_{\mathrm{ID}}(M_{\mathfrak{pk}}, \mathrm{ID}_A, D_A)$: 输出 $\mathbb{P}_{\mathrm{SI}}((M_{\mathfrak{pk}}, H(\mathrm{ID}_A)), D_A)$.
- $\mathbb{V}_{\mathrm{ID}}(M_{\mathfrak{pk}}, \mathrm{ID}_A)$: 输出 $\mathbb{V}_{\mathrm{SI}}(M_{\mathfrak{pk}}, H(\mathrm{ID}_A))$.

表 5.4　FS-I-2-S 变换

- **Generate** $\mathbb{G}_{\mathrm{PKS}}(1^\kappa)$:
  1. $(K_{pub}, K_{prv}) \leftarrow \mathbb{G}_{\mathrm{SI}}(1^\kappa)$.
  2. 输出 $K'_{pub} = (K_{pub}, H), K'_{prv} = K_{prv}$, 其中 $H : \{0,1\}^* \to Chset(K_{pub})$.
- **Sign** $\mathbb{S}_{\mathrm{PKS}}(K'_{pub}, K'_{prv}, m)$:
  1. $(Cmt, St_P) \leftarrow \mathbb{P}_{\mathrm{SI}}(\mathrm{null}, K'_{pub}, K'_{prv})$.
  2. $Ch \leftarrow H(Cmt\|m)$.
  3. $(Rsp, St_P) \leftarrow \mathbb{P}_{\mathrm{SI}}(Ch, St_P)$.
  4. 输出 $\sigma = (Cmt, Rsp)$.
- **Verify** $\mathbb{V}_{\mathrm{PKS}}(K'_{pub}, m, \sigma)$:
  1. $Ch \leftarrow H(Cmt\|m)$.
  2. 输出 $\mathrm{Det}(K'_{pub}, Cmt\|Ch\|Rsp)$.

表 5.5　cSS-2-IBS 变换

- **Setup** $\mathbb{G}_{\mathrm{ID}}(1^\kappa)$: 同 cSI-2-IBI 变换.
- **Extract** $\mathbb{X}_{\mathrm{ID}}(M_{\mathfrak{pk}}, M_{\mathfrak{sk}}, \mathrm{ID}_A)$: 同 cSI-2-IBI 变换.
- **Sign** $\mathbb{S}_{\mathrm{ID}}(M_{\mathfrak{pk}}, \mathrm{ID}_A, D_A, m)$: 输出 $\mathbb{S}_{\mathrm{PKS}}((M_{\mathfrak{pk}}, H(\mathrm{ID}_A)), D_A, m)$.
- **Verify** $\mathbb{V}_{\mathrm{ID}}(M_{\mathfrak{pk}}, \mathrm{ID}_A, m, \sigma)$: 输出 $\mathbb{V}_{\mathrm{PKS}}((M_{\mathfrak{pk}}, H(\mathrm{ID}_A)), m, \sigma)$.

结合上述的变换, IBS = cSS-2-IBS(FS-I-2-S(SI)) = cSI-2-IBS(SI) 的过程如表 5.6 所示.

表 5.6 cSI-2-IBS 变换

- **Setup** $\mathbb{G}_{\text{ID}}(1^\kappa)$:
  1. $(\langle\mathbf{R}\rangle, t) \leftarrow \text{TDG}(1^\kappa)$.
  2. 输出 $M_{\mathfrak{pk}} = (\langle\mathbf{R}\rangle, H_1, G_2), M_{\mathfrak{sk}} = t$, 其中 $H_1 : \{0,1\}^* \to \text{Rng}(\mathbf{R})$, $H_2 : \{0,1\}^* \to Chset(M_{\mathfrak{pk}})$.
- **Extract** $\mathbb{X}_{\text{ID}}(M_{\mathfrak{pk}}, M_{\mathfrak{sk}}, \texttt{ID}_A)$:
  1. 计算 $x \to \text{Inv}(\langle\mathbf{R}\rangle, t, H_1(\texttt{ID}_A))$.
  2. 输出 $D_A = x$.
- **Sign** $\mathbb{S}_{\text{ID}}(M_{\mathfrak{pk}}, \texttt{ID}_A, D_A, m)$:
  1. $K_{pub} \leftarrow (\langle\mathbf{R}\rangle, H_1(\texttt{ID}_A))$.
  2. $(Cmt, St_P) \leftarrow \mathbb{P}_{\text{SI}}(\text{null}, K_{pub}, D_A)$.
  3. $Ch \leftarrow H_2(Cmt\|m)$.
  4. $(Rsp, St_P) \leftarrow \mathbb{P}_{\text{SI}}(Ch, St_P)$.
  5. 输出 $\sigma = (Cmt, Rsp)$.
- **Verify** $\mathbb{V}_{\text{ID}}(M_{\mathfrak{pk}}, \texttt{ID}_A, m, \sigma)$:
  1. $K_{pub} \leftarrow (\langle\mathbf{R}\rangle, H_1(\texttt{ID}_A))$.
  2. $Ch \leftarrow H_2(Cmt\|m)$.
  3. 输出 $\text{Det}(K_{pub}, Cmt\|Ch\|Rsp)$.

5.2.3 基于 HIBE 构造 IBS

Naor 注意到任意的标识加密算法的密钥生成方法都是一个标准的数字签名算法 [5]. 例如, BF-IBE 的密钥生成方法是著名的短签名算法 BLS [6]. 类似地, Gentry 和 Silverberg 注意到任意的两层 IBE 都可以转换为一个标识签名算法 [2]. 其基本思想是将待签名的消息作为二级标识, HIBE 的代理算法 $\mathbb{T}_{\texttt{HIBE}}$ 支持基于上级标识的私钥生成以上级标识为前缀的下级标识对应私钥, 这实际是使用上级标识私钥对消息的一个签名过程. 验证标识私钥正确性 (即签名的有效性) 的一个通用方法是对随机选择的一个明文使用两级标识进行加密后再使用对应的两级标识私钥进行解密, 根据解密结果的正确性验证两级标识私钥的正确性, 进而确定消息的签名是否有效. 这里要求两层 HIBE 对明文空间的任意消息 m',

$$\mathbb{D}_{\texttt{HIBE}}(M_{\mathfrak{pk}}, \texttt{ID}_2, D_{\texttt{ID}_2}, \mathbb{E}_{\texttt{HIBE}}(M_{\mathfrak{pk}}, \texttt{ID}_2, m')) \neq m'$$

的概率可忽略得小. 具体地, 对任意 ID-OW-CPA 安全的两层 IBE, 可以采用如下方式构造 IBS.

- **Setup** $\mathbb{G}_{\texttt{ID}}(1^\kappa)$: 同 HIBE 的 **Setup** 算法.
- **Extract** $\mathbb{X}_{\texttt{ID}}(M_{\mathfrak{pk}}, M_{\mathfrak{sk}}, \texttt{ID}_A)$: 同 HIBE 的 **Extract** 算法.
- **Sign** $\mathbb{S}_{\texttt{ID}}(M_{\mathfrak{pk}}, \texttt{ID}_A, D_A, m)$:
  1. 设置两层标识 $\texttt{ID}_2 = (\texttt{ID}_A, m)$.
  2. 计算 $\texttt{ID}_2$ 的标识私钥 $D_{\texttt{ID}_2} = \mathbb{T}_{\texttt{HIBE}}(M_{\mathfrak{pk}}, D_A, m)$.
  3. 设置签名 $\sigma = D_{\texttt{ID}_2}$.
- **Verify** $\mathbb{V}_{\texttt{ID}}(M_{\mathfrak{pk}}, \texttt{ID}_A, m, \sigma)$:
  1. 设置两层标识 $\texttt{ID}_2 = (\texttt{ID}_A, m)$
  2. 从 HIBE 的消息空间中随机选择消息 m'.
  3. 计算 $C = \mathbb{E}_{\texttt{HIBE}}(M_{\mathfrak{pk}}, \texttt{ID}_2, m')$.
  4. 计算 $\bar{m} = \mathbb{D}_{\texttt{HIBE}}(M_{\mathfrak{pk}}, \texttt{ID}_2, D_{\texttt{ID}_2}, C)$.
  5. 检查 $m' = \bar{m}$ 是否成立. 若成立, 则输出 1; 否则输出 0.

如果采用 4.6.2 小节中的 GS-HIBE, 上述通用构造 IBS 方法可以实例化为如下签名算法 GS-IBS. 其中两层标识私钥 $D_{\texttt{ID}_2}$ 的正确性验证, 即签名正确性验证可以采用比尝试加密随机消息后再解密更加高效的方式来实现. GS-IBS 的 ID-EUF-CMA 安全性可以归约到 DH 复杂性假设.

- **Setup** $\mathbb{G}_{\texttt{ID}}(1^\kappa)$:
  1. 生成三个阶为素数 p 的群 $\mathbb{G}_1$, $\mathbb{G}_2$ 和 $\mathbb{G}_T$ 以及双线性对 $\hat{e}: \mathbb{G}_1 \times \mathbb{G}_2 \rightarrow \mathbb{G}_T$. 随机选择生成元 $P_2 \in_R \mathbb{G}_1$.
  2. 选择随机数 $s \in_R \mathbb{Z}_p^*$, 计算 $P_{pub} = sP_2$.
  3. 选择两个哈希函数: $H_1 : \{0,1\}^* \rightarrow \mathbb{G}_1^*$.
  4. 输出主公钥 $M_{\mathfrak{pk}} = (\mathbb{G}_1, \mathbb{G}_2, \mathbb{G}_T, \hat{e}, P_2, P_{pub}, H_1)$ 和主私钥 $M_{\mathfrak{sk}} = s$.
- **Extract** $\mathbb{X}_{\texttt{ID}}(M_{\mathfrak{pk}}, M_{\mathfrak{sk}}, \texttt{ID}_A)$:
  1. 计算 $Q = H_1(\texttt{ID}_A)$.
  2. 输出标识私钥 $D_A = sQ$.
- **Sign** $\mathbb{S}_{\texttt{ID}}(M_{\mathfrak{pk}}, \texttt{ID}_A, D_A, m)$:
  1. 随机选择 $r \in_R \mathbb{Z}_p^*$, 计算 $R = rP_2, S = D_A + rH_1(\texttt{ID}_A \| m)$.
  2. 设置签名 $\sigma = (R, S)$.
- **Verify** $\mathbb{V}_{\texttt{ID}}(M_{\mathfrak{pk}}, \texttt{ID}_A, m, \sigma)$:
  1. 检查 $\hat{e}(S, P_2) = \hat{e}(H_1(\texttt{ID}_A), P_{pub}) \cdot \hat{e}(H_1(\texttt{ID}_A \| m), R)$ 是否成立. 若成立, 则输出 1; 否则输出 0.

5.3 基于双线性对的标识签名算法

5.3.1 CC-IBS 与 Hess-IBS

采用双线性对, Choon 与 Cheon [7] 以及 Hess [8] 分别构造了标识签名算法 CC-IBS 和 Hess-IBS. 这两个算法的密钥生成方法都使用 SOK 全域哈希密钥生成方法. CC-IBS 签名算法的具体过程如下.

- **Setup** $\mathbb{G}_{\mathtt{ID}}(1^\kappa)$:
  1. 生成三个阶为素数 p 的群 $\mathbb{G}_1, \mathbb{G}_2$ 和 $\mathbb{G}_T$ 以及双线性对 $\hat{e}: \mathbb{G}_1 \times \mathbb{G}_2 \rightarrow \mathbb{G}_T$. 随机选择生成元 $P_2 \in_R \mathbb{G}_2$.
  2. 选择随机数 $s \in_R \mathbb{Z}_p^*$, 计算 $P_{pub} = sP_2$.
  3. 选择两个哈希函数: $H_1 : \{0,1\}^* \rightarrow \mathbb{G}_1^*$, $H_2 : \{0,1\}^* \times \mathbb{G}_1 \rightarrow \mathbb{Z}_p^*$.
  4. 输出主公钥 $M_{\mathfrak{pk}} = (\mathbb{G}_1, \mathbb{G}_2, \mathbb{G}_T, \hat{e}, P_2, P_{pub}, H_1, H_2)$ 和主私钥 $M_{\mathfrak{sk}} = s$.
- **Extract** $\mathbb{X}_{\mathtt{ID}}(M_{\mathfrak{pk}}, M_{\mathfrak{sk}}, \mathtt{ID}_A)$:
  1. 计算 $Q = H_1(\mathtt{ID}_A)$.
  2. 计算输出标识私钥 $D_A = sQ$.
- **Sign** $\mathbb{S}_{\mathtt{ID}}(M_{\mathfrak{pk}}, \mathtt{ID}_A, D_A, m)$:
  1. 选择随机数 $r \in_R \mathbb{Z}_p^*$.
  2. 计算 $U = rH_1(\mathtt{ID}_A), h = H_2(m, U), V = (r + h)D_A$.
  3. 输出签名 $\sigma = (U, V)$.
- **Verify** $\mathbb{V}_{\mathtt{ID}}(M_{\mathfrak{pk}}, \mathtt{ID}_A, m, \sigma)$:
  1. 解析 σ 为 (U, V), 检查 $U, V \in \mathbb{G}_1^*$. 若检查失败, 则输出 0.
  2. 计算 $h = H_2(m, U), Q = H_1(\mathtt{ID}_A)$.
  3. 检查 $\hat{e}(V, P_2) = \hat{e}(U + hQ, P_{pub})$ 是否成立. 若成立, 则输出 1; 否则输出 0.

Hess-IBS 的 **Setup** 和 **Extract** 的过程与 CC-IBS 对应过程非常相似, 不同的是哈希函数 H_2 定义为 $H_2 : \{0,1\}^* \times \mathbb{G}_T \rightarrow \mathbb{Z}_p^*$. Hess-IBS 的签名和验签过程如下. 过程采用了 [8] 中建议的计算优化的方法.

- **Sign** $\mathbb{S}_{\mathtt{ID}}(M_{\mathfrak{pk}}, \mathtt{ID}_A, D_A, m)$:
  1. 选择随机数 $r \in_R \mathbb{Z}_p^*$.
  2. 计算 $U = \hat{e}(D_A, P_2)^r, h = H_2(m, U), V = (r - h)D_A$.
  3. 输出签名 $\sigma = (h, V)$.
- **Verify** $\mathbb{V}_{\mathtt{ID}}(M_{\mathfrak{pk}}, \mathtt{ID}_A, m, \sigma)$:
  1. 解析 σ 为 (h, V), 检查 $V \in \mathbb{G}_1^*$. 若检查失败, 则输出 0.
  2. 计算 $Q = H_1(\mathtt{ID}_A), U = \hat{e}(V, P_2) \cdot \hat{e}(hQ, P_{pub}), h' = H_2(m, U)$.

3. 检查 $h = h'$ 是否成立. 若成立, 则输出 1; 否则输出 0.

[7] 和 [8] 分别证明这两个算法的 ID-EUF-CMA 安全性可以归约到 DH 复杂性假设. 归约过程都采用了分叉引理的方法 [9]. [1] 显示这两个算法可以采用 5.2.2 小节中的通用方法从标准身份认证协议 SI 来构造. 两个算法对应的标准身份认证协议 SI (CC-SI 和 Hess-SI) 具有相同的密钥生成过程. 身份认证协议的密钥生成算法 $\mathbb{G}_{\mathrm{SI}}(1^\kappa)$ 如下:

1. 生成三个阶为素数 p 的群 $\mathbb{G}_1, \mathbb{G}_2$ 和 $\mathbb{G}_T$ 以及双线性对 $\hat{e}: \mathbb{G}_1 \times \mathbb{G}_2 \to \mathbb{G}_T$. 随机选择生成元 $P_2 \in_R \mathbb{G}_2$.
2. 选择随机元素 $Q \in \mathbb{G}_1^*$, 随机数 $s \in_R \mathbb{Z}_p^*$, 计算 $P_{pub} = sP_2, D = sQ$.
3. 输出公钥 $K_{pub} = (\mathbb{G}_1, \mathbb{G}_2, \mathbb{G}_T, \hat{e}, P_2, P_{pub}, Q)$ 和主私钥 $K_{prv} = (s, D)$.

两个 SI 的交互协议过程如图 5.3 和图 5.4 所示. [1] 证明了两个 SI 的 IMP-PA 安全性可以归约到 DH 复杂性假设. 根据 5.2.2 小节的结论, CC-IBS 和 Hess-IBS 的 ID-EUF-CMA 安全性同样可以归约到 DH 复杂性假设. 这与 [7] 和 [8] 中分别关于这两个算法的安全性结论是一致的.

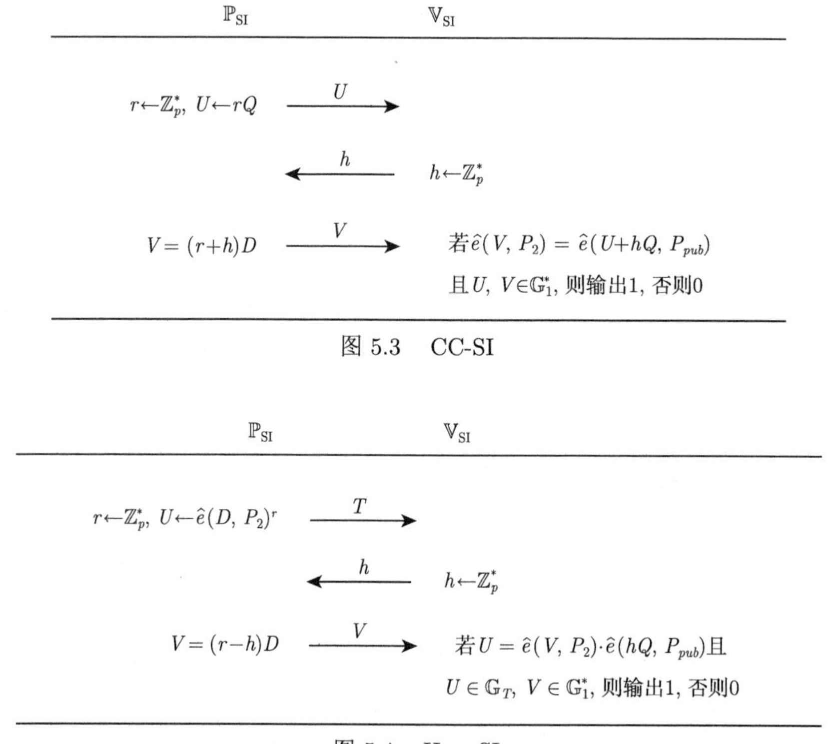

图 5.3　CC-SI

图 5.4　Hess-SI

5.3.2 BLMQ-IBS

Barreto 等 [10] 采用 SK 指数逆密钥生成方法构造了标识签名算法 BLMQ-IBS. 这个算法的签名过程没有双线性对计算, 验签过程中仅计算一次双线性对. 另外, BLMQ-IBS 的签名值长度与 Hess-IBS 相同, 比 CC-IBS 更短. 整体上, 相较于 CC-IBS 和 Hess-IBS, BLMQ-IBS 具有更高的效率.

- **Setup** $\mathbb{G}_{\mathtt{ID}}(1^{\kappa})$:
  1. 生成三个阶为素数 p 的群 $\mathbb{G}_1$, $\mathbb{G}_2$ 和 $\mathbb{G}_T$ 以及双线性对 $\hat{e}:\mathbb{G}_1\times\mathbb{G}_2\rightarrow\mathbb{G}_T$. 随机选择生成元 $P_1\in_R\mathbb{G}_1, P_2\in_R\mathbb{G}_2$.
  2. 选择随机数 $s\in_R\mathbb{Z}_p^*$, 计算 $P_{pub}=sP_2$, $J=\hat{e}(P_1,P_2)$.
  3. 选择两个哈希函数, $H_1:\{0,1\}^*\rightarrow\mathbb{Z}_p$, $H_2:\{0,1\}^*\times\mathbb{G}_T\rightarrow\mathbb{Z}_p^*$.
  4. 输出主公钥 $M_{\mathfrak{pk}}=(\mathbb{G}_1,\mathbb{G}_2,\mathbb{G}_T,\hat{e},\ P_1,P_2,P_{pub},J,\ H_1,\ H_2)$ 和主私钥 $M_{\mathfrak{sk}}=s$.
- **Extract** $\mathbb{X}_{\mathtt{ID}}(M_{\mathfrak{pk}},M_{\mathfrak{sk}},\mathtt{ID}_A)$:
  1. 若 $s+H_1(\mathtt{ID}_A) \mod p=0$, 则输出错误并终止.
  2. 否则输出标识私钥

$$D_A=\frac{1}{s+H_1(\mathtt{ID}_A) \mod p}P_1.$$

- **Sign** $\mathbb{S}_{\mathtt{ID}}(M_{\mathfrak{pk}},\mathtt{ID}_A,D_A,m)$:
  1. 选择随机数 $r\in_R\mathbb{Z}_p^*$.
  2. 计算 $R=J^r, h=H_2(m,R), V=(r+h)D_A$.
  3. 输出签名 $\sigma=(h,V)$.
- **Verify** $\mathbb{V}_{\mathtt{ID}}(M_{\mathfrak{pk}},\mathtt{ID}_A,m,\sigma)$:
  1. 解析 σ 为 (h,V), 检查 $V\in\mathbb{G}_1^*$. 若检查失败, 则输出 0.
  2. 计算 $Q=H_1(\mathtt{ID}_A)P_2+P_{pub}, T=\hat{e}(V,Q)\cdot J^{-h}, h'=H_2(m,T)$.
  3. 检查 $h=h'$ 是否成立. 若成立, 则输出 1; 否则输出 0.

[10] 证明了 BLMQ-IBS 的 ID-EUF-CMA 安全性在随机谕示模型下可归约到 ℓ-SDH 复杂性假设. 这里给出该结论的证明. 该证明是一个利用分叉引理 [9] 证明 IBS 安全性的典型示例. 证明过程分为两个阶段. 第一阶段是证明一个通用性结论, 即引理 5.1: 对任意的 IBS, 如果存在标准的 ID-EUF-CMA 攻击, 则必然存在选择标识攻击 (在攻击开始前 $\mathcal{A}$ 选定攻击标识 $\mathtt{ID}^*$ 的 sID-EUF-CMA), 但攻击者的优势减小为原有优势的 $1/q_{id}$, 其中 q_{id} 是攻击过程中涉及标识的个数. 第二个阶段是证明 BLMQ-IBS 对于选定标识选择消息攻击 (sID-EUF-CMA) 是安全的.

引理 5.1 ([7]) 如果存在一个攻击者 $\mathcal{A}_0$ 以优势 ϵ_0 和 t_0 赢得 ID-EUF-CMA

游戏且询问了 q_{H_1} 次随机谕示 H_1, 那么存在一个选择标识的攻击者 $\mathcal{A}_1$ 以优势 $\epsilon_1 \leqslant \epsilon_0\left(1-\frac{1}{2^\kappa}\right)\Big/q_{H_1}$ 和时间 $t_1 \leqslant t_0$ 赢得 sID-EUF-CMA 游戏且 $\mathcal{A}_1$ 和 $\mathcal{A}_0$ 询问了相同次数的标识私钥获取、签名谕示和 H_2 谕示.

定理 5.1 ([10]) 假定存在 ID-EUF-CMA 的攻击者 $\mathcal{A}$ 请求了 q_{H_i} 次随机谕示 $H_i(i=1,2)$ 和 q_s 次签名谕示. 假定在 t 时间内, $\mathcal{A}$ 成功伪造 BLMQ-IBS 签名的概率是 $\epsilon \geqslant 10(q_S+1)(q_S+q_{H_2})/2^\kappa$. 那么存在一个求解 q_{H_1}-SDH$_2^\psi$ 的算法, 其期望运行时间为

$$t' \leqslant 120686 q_{H_1} q_{H_2}(t+O(q_S\tau_p))/(\epsilon(1-q/2^\kappa))+O(q^2\tau_{mult}),$$

其中 τ_{mult} 是 $\mathbb{G}_2$ 上点乘的时间, τ_p 是双线性对计算时间.

证明 对给定 q_{H_1}-SDH$_2^\psi$ 输入 $(aP_2, a^2P_2, \cdots, a^{q_{H_1}}P_2)$ 以及相关的双线性对参数 (本定理要求参数中 $P_1=\psi(P_2)$), 算法 $\mathcal{B}$ 首先执行如下计算过程准备数据.

- 随机选择不同的 $w_1,\cdots,w_{q_{H_1}-1} \in_R \mathbb{Z}_p^*$. 设多项式 $f(z)=\prod_{i=1}^{q_{H_1}-1}(z+w_i)$. 整理 f 得到 $f(z)=\sum_{i=0}^{q_{H_1}-1} c_i z^i$, 其中常数项 c_0 非 0 且 c_i 可从 w_i 计算.
- 计算 $Q_2=\sum_{i=0}^{q_{H_1}-1} c_i a^i P_2 = f(a)P_2$ 和 $aQ_2=\sum_{i=0}^{q_{H_1}-1} c_i a^{i+1}P_2 = af(a)P_2$.
- 检查 $Q_2 \in \mathbb{G}_2^*$. 若 $Q_2 = 1_{\mathbb{G}_2}$, 则必有 $w_i=-a$ 且可简单判定, 此时, $\mathcal{B}$ 可直接求解 q_{H_1}-SDH$_2^\psi$.
- 计算 $f_i(z)=f(z)/(z+w_i)=\sum_{j=0}^{q_{H_1}-2} d_j z^j$ 和

$$\frac{1}{a+w_i}Q_1=\psi(f_i(a)P_2)=\sum_{j=0}^{q_{H_1}-2} d_j\psi(a^jP_2), \quad 1\leqslant i\leqslant q_{H_1}-1.$$

- 随机选择 $w_0 \in_R \mathbb{Z}_p^*$, 构成

$$\left(w_0, \left(w_1, \frac{1}{a+w_1}Q_1\right), \cdots, \left(w_{q_{H_1}-1}, \frac{1}{a+w_{q_{H_1}-1}}Q_1\right)\right).$$

完成数据准备后, $\mathcal{B}$ 与选择标识攻击者 $\mathcal{A}$ 采用如下方式开展 sID-EUF-CMA 游戏.

- $\mathbb{G}_{\mathtt{ID}}(1^\kappa)$: $\mathcal{B}$ 向 $\mathcal{A}$ 提供主公钥 $M_{\mathtt{pk}}=(\mathbb{G}_1,\mathbb{G}_2,\mathbb{G}_T,\hat{e},Q_1=\phi(Q_2),Q_2,P_{pub}=aQ_2, J=\hat{e}(Q_1,Q_2), H_1, H_2)$.
- $H_1(\mathtt{ID})$: $\mathcal{B}$ 维护一个表项格式为 $(\mathtt{ID}, w, D)$ 的列表 H_1^{list}. 若 $\mathtt{ID}=\mathtt{ID}^*$, $\mathcal{B}$ 将 $(\mathtt{ID}, w_0, \perp)$ 插入 H_1^{list} 后返回 w_0, 否则从 $(w_1,\cdots,w_{q_{H_1}-1})$ 中随机选择一个未使用的 w_i, 将 $\left(\mathtt{ID}, w_i, \frac{1}{y+w_i}Q_1\right)$ 插入 H_1^{list} 后返回 w_i.

- **标识私钥获取** (ID): 若 H_1^{list} 中无 ID 对应的表项, 则询问 $H_1(\text{ID})$, 返回表项中的 D.
- $H_2(m,R)$: $\mathcal{B}$ 维持一个表项格式为 (m,R,h) 的列表 H_2^{list}. 对询问, $\mathcal{B}$ 先检查 H_2^{list} 是否存在对应 (m,R) 的表项. 如果表项存在, 则返回表项中的 h; 否则随机选择 $h\in_R \mathbb{Z}_p^*$, 将 (m,R,h) 插入列表 H_2^{list} 后返回 h.
- **标识消息签名** (ID, m): 若 H_1^{list} 中无 ID 对应的表项, 则询问 $H_1(\text{ID})$. 若对应 ID 的表项中 $D\neq\perp$, 则返回 $\mathbb{S}_{\text{ID}}(M_{\mathfrak{pk}},\text{ID},D,m)$ 的运算结果; 否则 $(\text{ID}=\text{ID}^*)$, $\mathcal{B}$ 采用如下方式响应:
  1. 随机选择 $S\in_R \mathbb{G}_1, h\in_R \mathbb{Z}_p^*$, 计算 $Q_{\text{ID}^*}=H_1(\text{ID}^*)Q_2+P_{pub}$.
  2. 计算 $R=\hat{e}(S,Q_{\text{ID}^*})\cdot\hat{e}(Q_1,Q_2)^{-h}$.
  3. 将 (m,R,h) 插入列表 H_2^{list} 中, 返回签名 (h,S). 如果 H_2^{list} 已经存在对应 $(m,\ R)$ 的表项, 则终止游戏.

这里采用分叉引理: 在一个签名格式为 (m,R,h,S) 的签名算法中, (R,h,S) 分别对应 3 步诚实认证人执行零知识协议中的消息. 假定一个攻击者 $\mathcal{F}$ 在时间 t 内以优势 $\epsilon\geqslant 10(q_S+1)(q_S+q_H)/2^\kappa$ 伪造了签名 (m,R,h,S). 如果游戏模拟者可以在没有私钥的情况下生成 (R,h,S), 那么存在 $\mathcal{F}'$ 利用 $\mathcal{F}$ 在期望时间 $t'\leqslant 120686q_Ht/\epsilon$ 内生成两对消息签名 $(m,R,h_1,S_1),(m,R,h_2,S_2)$, 其中 $h_1\neq h_2$. 对于 BLMQ-IBS, $\mathcal{B}$ 执行 $\mathcal{F}'$ 获得两对消息与签名满足

$$\hat{e}(S_1,Q_{\text{ID}^*})\hat{e}(Q_1,Q_2)^{-h_1}=\hat{e}(S_2,Q_{\text{ID}^*})\hat{e}(Q_1,Q_2)^{-h_2},$$

其中 $Q_{\text{ID}^*}=H_1(\text{ID}^*)Q_2+P_{pub}=(w_0+a)Q_2$. 据此 $\mathcal{B}$ 可进一步计算

$$T=(h_1-h_2)^{-1}(S_1-S_2)=\frac{1}{w_0+a}Q_1.$$

因为 $\dfrac{1}{a+w_0}f(a)=\dfrac{\gamma_0}{a+w_0}+\sum_{i=1}^{q_{H_1}-2}\gamma_i a^{i-1}$, 其中 γ_i 可根据 w_i 计算, 且因 w_i 不同, 有 $\gamma_0\neq 0$, $\mathcal{B}$ 可计算 $\dfrac{1}{a+w_0}P_1=\gamma_0^{-1}\left(\dfrac{1}{a+w_0}Q_1-\sum_{i=1}^{q_{H_1}-2}\gamma_i\psi(a^{i-1}P_2)\right)$. $\mathcal{B}$ 输出 $\left(w_0,\dfrac{1}{a+w_0}P_1\right)$.

综合利用分叉引理和引理 5.1 得到定理的结论. □

5.4 无双线性对的标识签名算法

5.4.1 Shamir-IBS

Shamir 在提出标识密码概念的同时, 基于 RSA 复杂性问题构造了第一个标

识签名算法 [11]. Shamir-IBS 的具体过程如下.

- **Setup** $\mathbb{G}_{\mathtt{ID}}(1^{\kappa})$:
  1. 生成两个比特长度为 $\kappa/2$ 的素数 p, q 计算 $N = pq$.
  2. 选择两个哈希函数: $H_1 : \{0,1\}^* \to \mathbb{Z}_N^*$, $H_2 : \{0,1\}^* \times \mathbb{Z}_N \to \mathbb{Z}_N^*$.
  3. 随机选择 $e \in \mathbb{Z}_N^*$ 和 $\varphi(N)$ 互素, 计算 d 满足 $ed = 1 \mod \varphi(N)$.
  4. 输出主公钥 $M_{\mathfrak{pk}} = (N, e, H_1, H_2)$ 和主私钥 $M_{\mathfrak{sk}} = d$.
- **Extract** $\mathbb{X}_{\mathtt{ID}}(M_{\mathfrak{pk}}, M_{\mathfrak{sk}}, \mathtt{ID}_A)$:
  1. 计算 $X = H_1(\mathtt{ID}_A)$.
  2. 计算标识私钥 $D_A = X^d \mod N$.
- **Sign** $\mathbb{S}_{\mathtt{ID}}(M_{\mathfrak{pk}}, \mathtt{ID}_A, D_A, m)$:
  1. 选择随机数 $W \in_R \mathbb{Z}_N^*$.
  2. 计算 $S = W^e \mod N, T = D_A \cdot W^{H_2(m,S)} \mod N$.
  3. 输出签名 $\sigma = (S, T)$.
- **Verify** $\mathbb{V}_{\mathtt{ID}}(M_{\mathfrak{pk}}, \mathtt{ID}_A, m, \sigma)$:
  1. 解析 σ 为 (S, T), 检查 $S, T \in \mathbb{Z}_N^*$. 若检查失败, 则输出 0.
  2. 检查 $T^e = H_1(\mathtt{ID}_A) \cdot S^{H_2(m,S)} \mod N$ 是否成立. 若成立, 则输出 1; 否则输出 0.

[1] 显示 Shamir-IBS 可以采用通用变换方式获得 Shamir-IBS = cSS-2-IBS (FS-I-2-S(Shamir-SI)). 其中, Shamir-SI 工作过程如图 5.5所示, 其密钥生成算法 $\mathbb{G}_{\mathtt{SI}}(1^{\kappa})$ 工作如下:

1. 生成两个比特长度为 $\kappa/2$ 的素数 p, q 计算 $N = pq$.
2. 随机选择 $e \in_R \mathbb{Z}_N^*$ 和 $\varphi(N)$ 互素, 计算 d 满足 $ed = 1 \mod \varphi(N)$.
3. 随机选择 $X \in_R \mathbb{Z}_N^*$, 计算 $D = X^d \mod N$.
4. 输出公钥 $K_{pub} = (N, e, X)$ 和私钥 $K_{prv} = D$.

[1] 证明了 Shamir-SI 的 IMP-PA 安全性可归约到 RSA 复杂性假设. 根据 [1] 中的相关通用转换安全性结论, Shamir-IBS 的 ID-EUF-CMA 安全性在随机谕示模型下可归约到同一复杂性假设.

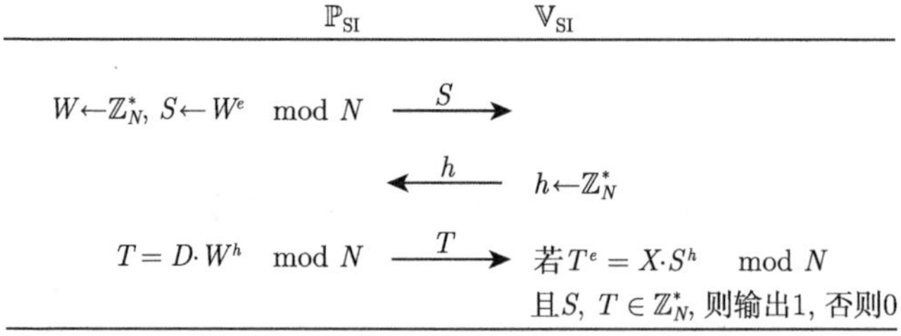

$\mathbb{P}_{\mathrm{SI}}$		$\mathbb{V}_{\mathrm{SI}}$
$W \leftarrow \mathbb{Z}_N^*$, $S \leftarrow W^e \mod N$	$\xrightarrow{S}$	
	$\xleftarrow{h}$	$h \leftarrow \mathbb{Z}_N^*$
$T = D \cdot W^h \mod N$	$\xrightarrow{T}$	若 $T^e = X \cdot S^h \mod N$ 且 $S, T \in \mathbb{Z}_N^*$, 则输出1, 否则0

图 5.5　Shamir-SI

5.4.2 基于 Schnorr 算法的 IBS

Bellare 等[1] 给出了基于离散对数的一些 IBS 构造, 包括 BNN-IBS([1] 中 6.3 节). Zhu, Yang 和 Wong[12] 采用 Schnorr 签名算法设计了一个改进的数字签名算法 ZYW-IBS. 后来, Galindo 和 Garcia[13] 提出了一个相似的标识签名算法 GG-IBS. ZYW-IBS 和 GG-IBS 之间的关系类似于 Schnorr 签名算法和全 Schnorr 签名算法的关系. 下面先介绍 GG-IBS 算法, 其工作方式如下 (注意, 这里的算法不再需要双线性对参数).

- **Setup** $\mathbb{G}_{\mathtt{ID}}(1^{\kappa})$:
  1. 生成一个阶为素数 p 的群 $\mathbb{G}$, 随机选择生成元 $P \in_R \mathbb{G}$.
  2. 选择两个哈希函数: $H_1 : \mathbb{G} \times \{0,1\}^* \to \mathbb{Z}_p^*$, $H_2 : \{0,1\}^* \times \mathbb{G} \times \{0,1\}^* \to \mathbb{Z}_p^*$.
  3. 随机选择 $s \in \mathbb{Z}_p^*$, 计算 $P_{pub} = sP$.
  4. 输出主公钥 $M_{\mathfrak{pk}} = (\mathbb{G}, P, P_{pub}, H_1, H_2)$ 和主私钥 $M_{\mathfrak{sk}} = s$.
- **Extract** $\mathbb{X}_{\mathtt{ID}}(M_{\mathfrak{pk}}, M_{\mathfrak{sk}}, \mathtt{ID}_A)$:
  1. 随机选择 $r \in_R \mathbb{Z}_p^*$, 计算 $Y = rP$, $z = r + sH_1(Y, \mathtt{ID}_A) \mod p$.
  2. 设置标识私钥 $D_A = (Y, z)$.
- **Sign** $\mathbb{S}_{\mathtt{ID}}(M_{\mathfrak{pk}}, \mathtt{ID}_A, D_A, m)$:
  1. 选择随机数 $u \in_R \mathbb{Z}_p^*$.
  2. 计算 $U = uP$, $v = u + zH_2(\mathtt{ID}_A, U, m) \mod p$.
  3. 输出签名 $\sigma = (U, v, Y)$.
- **Verify** $\mathbb{V}_{\mathtt{ID}}(M_{\mathfrak{pk}}, \mathtt{ID}_A, m, \sigma)$:
  1. 解析 σ 为 (U, v, Y), 检查 $U, Y \in \mathbb{G}^*$. 若检查失败, 则输出 0.
  2. 检查 $vP = U + d(Y + \lambda P_{pub})$ 是否成立, 其中 $\lambda = H_1(Y, \mathtt{ID}_A)$, $d = H_2(\mathtt{ID}_A, U, m)$. 若成立, 则输出 1; 否则输出 0.

如果我们使用证书方法构造 IBS 的框架分析 GG-IBS, 可以看到, GG-IBS 在标识私钥生成算法中将用户的公私密钥对和 KGC 的证书签名值进行合并以达到减小签名值数据的效果. 另外, 在验签算法中将证书签名验证和消息签名验证两个过程进行合并以节约计算开销. 具体地, 标识私钥生成过程 $\mathbb{X}_{\mathtt{ID}}$ 中, $(K_{pub}, K_{prv}) = (rP, r)$ 与 $cert = (rP, z)$ 合并为 (rP, z). 验签过程 $\mathbb{V}_{\mathtt{ID}}$ 中, 将证书签名验签过程等式 $zP = rP + H_1(rP, \mathtt{ID}_A)P_{pub}$ 代入消息签名验证过程等式 $vP = uP + H_2(\mathtt{ID}_A, uP, m)zP$ 中的 zP 得到

$$vP = uP + H_2(\mathtt{ID}_A, uP, m)(rP + H_1(rP, \mathtt{ID}_A)P_{pub}).$$

[13, 14] 显示这样的合并不影响该算法的安全性. 具体地, GG-IBS 的 ID-EUF-CMA 安全性在随机谕示模型下可以归约到 DL 复杂性假设. 如果 H_2 使用 λ 代

替 $\mathtt{ID}_A$ 作为输入, 则可进一步提高归约的紧致性.

GG-IBS 的 **Extract** 和 **Sign** 过程都采用全 Schnorr 算法, 输出的签名值分别包括椭圆曲线上的点 Y 和 U. ZYW-IBS 则在 **Extract** 过程采用 Schnorr 算法, 输出包括 Y 的哈希值, 因此其签名结果相较于 GG-IBS 更短. 算法的工作过程如下.

- **Setup** $\mathbb{G}_{\mathtt{ID}}(1^\kappa)$: 基本过程与 GG-IBS 中的 $\mathbb{G}_{\mathtt{ID}}$ 算法相同, 仅哈希函数定义有区别. 两个哈希函数分别为 $H_1 : \mathbb{G} \times \{0,1\}^* \times \mathbb{G} \to \mathbb{Z}_p^*$, $H_2 : \mathbb{G} \times \{0,1\}^* \times \{0,1\}^* \times \mathbb{G} \times \mathbb{Z}_p \to \mathbb{Z}_p^*$.
- **Extract** $\mathbb{X}_{\mathtt{ID}}(M_{\mathfrak{pk}}, M_{\mathfrak{sk}}, \mathtt{ID}_A)$:
  1. 随机选择 $r \in_R \mathbb{Z}_p^*$, 计算 $Y = rP$.
  2. 计算 $\lambda = H_1(P_{pub}, \mathtt{ID}_A, Y) \mod p$, $z = r - s\lambda \mod p$.
  3. 设置标识私钥 $D_A = (\lambda, z)$.
- **Sign** $\mathbb{S}_{\mathtt{ID}}(M_{\mathfrak{pk}}, \mathtt{ID}_A, D_A, m)$:
  1. 选择随机数 $u \in_R \mathbb{Z}_p^*$.
  2. 计算 $U = uP, d = H_2(P_{pub}, \mathtt{ID}_A, m, U, \lambda)$.
  3. 计算 $v = u - dz \mod p$.
  4. 输出签名 $\sigma = (\lambda, v, U)$.
- **Verify** $\mathbb{V}_{\mathtt{ID}}(M_{\mathfrak{pk}}, \mathtt{ID}_A, m, \sigma)$:
  1. 解析 σ 为 (λ, v, U). 检查 $U \in \mathbb{G}_1^*$. 若检查失败, 则输出 0.
  2. 计算 $d = H_2(P_{pub}, \mathtt{ID}_A, m, U, \lambda)$.
  3. 计算 $Y' = \lambda P_{pub} + d^{-1}(U - vP)$.
  4. 检查 $H_1(P_{pub}, \mathtt{ID}_A, Y') = \lambda$ 是否成立. 若成立则输出 1; 否则输出 0.

容易验证 $Y' = \lambda P_{pub} + d^{-1}(U - vP) = \lambda P_{pub} + zP = rP = Y$, 因此算法工作正确. Zhu 等在随机谕示模型下证明, 如果存在多项式时间的 ID-EUF-CMA 攻击者可以攻破 ZYW-IBS, 则存在多项式时间的同类攻击者可以攻破 BNN-IBS. 而根据 [1] 的分析, BNN-IBS 的 ID-EUF-CMA 安全性在随机谕示模型下可以归约到 DL 问题复杂性假设.

[15] 利用 Arazi [16] 对 Schnorr 签名算法的变形生成标识密钥, 并结合 ECDSA 算法的变形 (将 ECDSA 原来验签过程的整数求逆运算转移到签名过程) 设计了一个基于椭圆曲线的标识加密算法 (ECCSI: Elliptic Curve-based Certificateless Signatures for Identity-based encryption).

- **Setup** $\mathbb{G}_{\mathtt{ID}}(1^\kappa)$: 基本过程与 GG-IBS 中的 $\mathbb{G}_{\mathtt{ID}}$ 算法相同, 仅哈希函数定义有区别. 两个哈希函数分别为 $H_1 : \mathbb{G} \times \mathbb{G} \times \{0,1\}^* \times \mathbb{G} \to \mathbb{Z}_p^*$, $H_2 : \mathbb{Z}_p \times F_q \times \{0,1\}^* \to \mathbb{Z}_p^*$.
- **Extract** $\mathbb{X}_{\mathtt{ID}}(M_{\mathfrak{pk}}, M_{\mathfrak{sk}}, \mathtt{ID}_A)$:

1. 随机选择 $r \in_R \mathbb{Z}_p^*$, 计算 $Y = rP$, $z = s + rH_1(P, P_{pub}, \mathtt{ID}_A, Y) \mod p$.
2. 设置标识私钥 $D_A = (Y, z)$.

- **Sign** $\mathbb{S}_{\mathtt{ID}}(M_{\mathfrak{pk}}, \mathtt{ID}_A, D_A, m)$:
  1. 计算 $\lambda = H_1(P, P_{pub}, \mathtt{ID}_A, Y)$.
  2. 选择随机数 $u \in_R \mathbb{Z}_p^*$.
  3. 计算 $U = uP, d = H_2(\lambda, U_x, m)$, 其中 U_x 为 U 点的 x 轴.
  4. 计算 $v = u/(d + zU_x) \mod p$.
  5. 输出签名 $\sigma = (U_x, v, Y)$.
- **Verify** $\mathbb{V}_{\mathtt{ID}}(M_{\mathfrak{pk}}, \mathtt{ID}_A, m, \sigma)$:
  1. 解析 σ 为 (U_x, v, Y). 检查 $Y \in \mathbb{G}^*$. 若检查失败, 则输出 0.
  2. 计算 $\lambda = H_1(P, P_{pub}, \mathtt{ID}_A, Y), d = H_2(\lambda, U_x, m)$.
  3. 计算 $V = \lambda Y + P_{pub}, J = v(dP + U_x V)$.
  4. 检查 $U_x = J_x$ 是否成立. 若成立, 则输出 1; 否则输出 0.

ECCSI 没有公开的安全性分析, 但是利用改进的分叉引理 [17,18], 综合采用类似于 [13,14,19] 的方法可以证明其安全性在随机谕示模型下可以归约到 DL 复杂性假设.

5.5 特性标识签名算法

5.5.1 标识环签名

在 2001 年, Rivest, Shamir 和 Tauman [20] 提出环签名的概念. 环签名允许多个签名人形成一个签名人组, 组中的任意一个成员都可代表整个组匿名地生成某个消息的签名 (“匿名” 表示验签人无法判断生成签名的组成员身份). 环签名机制没有组成员管理机制, 因此也就没有组管理员, 签名人可以自行选择签名人组的成员. 和标准 IBS 类似, 标识环签名算法 RIBS 也由四个子算法 $(\mathbb{G}_{\mathtt{IDR}}, \mathbb{X}_{\mathtt{IDR}}, \mathbb{S}_{\mathtt{IDR}}, \mathbb{V}_{\mathtt{IDR}})$ 构成. 初始化算法 $\mathbb{G}_{\mathtt{IDR}}$ 和密钥获取算法 $\mathbb{X}_{\mathtt{IDR}}$ 的定义与 $\mathbb{G}_{\mathtt{ID}}, \mathbb{X}_{\mathtt{ID}}$ 相同. 环签名算法 $\mathbb{S}_{\mathtt{IDR}}(M_{\mathfrak{pk}}, L_{\mathtt{ID}}, D_A, m)$ 以系统主公钥、标识列表、标识签名私钥和消息为输入, 生成签名值. 环验签算法 $\mathbb{V}_{\mathtt{IDR}}(M_{\mathfrak{pk}}, L_{\mathtt{ID}}, m, \sigma)$ 验证对消息 m 的签名值 σ 在主公钥 $M_{\mathfrak{pk}}$ 和签名列表 $L_{\mathtt{ID}}$ 下是否有效.

标识环签名的安全性定义和标准 IBS 的 ID-EUF-CMA 类似. 游戏中模拟者提供消息环签名谕示对攻击者选定的标识列表和消息进行签名. 攻击者最后输出 $(L_{\mathtt{ID}}^*, m^*, \sigma^*)$. 游戏要求攻击者未通过标识私钥获取谕示获得列表 $L_{\mathtt{ID}}^*$ 中任意标识的私钥, 并且未使用 $(L_{\mathtt{ID}}^*, m^*)$ 请求消息环签名谕示生成签名. 另外, 环签名要求提供对签名人的无条件匿名性. 具体地, 对任意的 $(L_{\mathtt{ID}}, m, \sigma)$, 不是签名人的任意验签者 (包括拥有无限计算资源的验签者) 最多以 $1/n$ 的概率正确确定签名人,

其中 n 为列表 $L_{\mathtt{ID}}$ 中标识的个数.

Chow, Yiu 和 Hui [21] 将 CC-IBS 扩展为标识环签名, 其工作方式具体如下.

- **Setup** $\mathbb{G}_{\mathtt{IDR}}(1^\kappa)$: 和 CC-IBS 的 $\mathbb{G}_{\mathtt{ID}}$ 过程相同.
- **Extract** $\mathbb{X}_{\mathtt{IDR}}(M_{\mathfrak{pk}}, M_{\mathfrak{sk}}, \mathtt{ID}_A)$: 和 CC-IBS 的 $\mathbb{X}_{\mathtt{ID}}$ 过程相同.
- **Sign** $\mathbb{S}_{\mathtt{IDR}}(M_{\mathfrak{pk}}, L_{\mathtt{ID}}, D_A, m)$:
  1. 设标识列表 $L_{\mathtt{ID}}$ 共有 n 个标识, 签名人标识是 $L_{\mathtt{ID}}$ 中第 t 个标识.
  2. 对每个 $i \in \{1, \cdots, n\} \backslash \{t\}$, 随机选择 $U_i \in_R \mathbb{G}_1^*$, 计算 $h_i = H_1(m \| L_{\mathtt{ID}} \| U_i)$.
  3. 对标识列表 $L_{\mathtt{ID}}$ 中每个标识 $\mathtt{ID}_i$, 计算 $Q_{\mathtt{ID}_i} = H_1(\mathtt{ID}_i)$.
  4. 随机选择 $r \in_R \mathbb{Z}_p^*$, 计算 $U_t = rQ_{\mathtt{ID}_t} - \sum_{i \neq t}(U_i + h_i Q_{\mathtt{ID}_i})$.
  5. 计算 $h_t = H_1(m \| L_{\mathtt{ID}} \| U_t)$, $V = (h_t + r)D_A$.
  6. 输出签名 $\sigma = (U_1, \cdots, U_n, V)$.
- **Verify** $\mathbb{V}_{\mathtt{IDR}}(M_{\mathfrak{pk}}, L_{\mathtt{ID}}, m, \sigma)$:
  1. 对每个 $i \in \{1, \cdots, n\}$, 计算 $h_i = H_1(m \| L_{\mathtt{ID}} \| U_i)$.
  2. 对标识列表 $L_{\mathtt{ID}}$ 中每个标识 $\mathtt{ID}_i$, 计算 $Q_{\mathtt{ID}_i} = H_1(\mathtt{ID}_i)$.
  3. 检查 $\hat{e}(V, P_2) = \hat{e}(\sum_{i=1}^{n}(U_i + h_i Q_{\mathtt{ID}_i}), P_{pub})$ 是否成立. 若成立, 则输出 1; 否则输出 0.

Chow 等证明了上述标识群签名的安全性在随机谕示模型下可以归约到 DH 安全性假设且机制具有签名人匿名性.

5.5.2 标识聚合签名

在 1983 年, Itakura 和 Nakamura [22] 提出多签名的概念. 多签名机制允许多个签名人对消息进行签名并压缩, 最终生成的签名比各个签名人独立签名生成的签名值集合占用空间更小. 聚合签名 [23] 是一类可将多个签名压缩为一个签名的签名机制. 聚合签名可进一步分为通用聚合签名和顺序聚合签名等. 通用聚合签名机制中签名过程和聚合过程可以分离, 聚合过程可以由第三方执行. 顺序聚合签名中签名过程根据已经签名的消息集、已经聚合的签名以及待签名新消息进行签名并完成聚合操作, 即聚合操作由签名人在签名过程中完成. 标识多签名和通用标识聚合签名相较于标准标识签名算法多一个聚合算法 **Aggregate** $\mathbb{A}_{\mathtt{IDA}}(M_{\mathfrak{pk}}, w, \{(\mathtt{ID}_i, m_i, \sigma_i)\}_{i \in \mathbb{N}})$. 该算法以系统主公钥、可选的签名过程状态信息 w, 以及两组及以上的 (标识, 消息, 签名值)$\{(\mathtt{ID}_i, m_i, \sigma_i)\}_{i \in \mathbb{N}}$ 为输入, 输出聚合后的新签名值. 顺序聚合签名中签名算法为 $\mathbb{S}_{\mathtt{IDSA}}(M_{\mathfrak{pk}}, \{(\mathtt{ID}_i, m_i)\}_{i \in \mathbb{N}}, \sigma, \mathtt{ID}_A, D_A, m)$. 该算法以系统主公钥、当前已经完成签名的 (标识, 消息) 对 $\{(\mathtt{ID}_i, m_i)\}_{i \in \mathbb{N}}$、最近聚合签名值 σ、本次签名标识、标识私钥和消息为输入, 计算输出新的聚合签名值. 聚合签名验证算法 $\mathbb{V}_{\mathtt{IDA}}(M_{\mathfrak{pk}}, \{(\mathtt{ID}_i, m_i)\}_{i \in \mathbb{N}}, \sigma)$ 验证聚合签名值 σ 在主公钥 $M_{\mathfrak{pk}}$ 下对标识消息列表 $\{(\mathtt{ID}_i, m_i)\}_{i \in \mathbb{N}}$ 是否有效.

标识聚合签名的安全性定义和标准 IBS 的 ID-EUF-CMA 类似. 除了提供标识私钥获取谕示外, 在通用标识聚合签名游戏中, 模拟者还提供聚合签名谕示对攻击者选定的标识和消息列表进行聚合签名. 攻击者最后输出 $(\{(\mathtt{ID}_i^*, m_i^*)\}_{i\in\{1,\cdots,n\}}, \sigma^*)$. 游戏要求: ① $\mathbb{V}_{\mathtt{IDA}}(M_{\mathfrak{pk}}, \{(\mathtt{ID}_i^*, m_i^*)\}_{i\in\{1,\cdots,n\}}, \sigma^*) = 1$; ② 列表中至少存在一个 $\mathtt{ID}_k^*$ 未请求过标识私钥获取谕示; ③ 未使用包括 $(\mathtt{ID}_k^*, m_k^*)$ 的输入请求聚合签名谕示获得聚合签名. 在标识顺序聚合签名游戏中, 模拟者提供聚合签名谕示, 根据攻击者选定的标识、消息, 目前已经聚合的标识和消息列表以及当前聚合签名, 生成新的聚合签名. 攻击者最后输出 $(\{(\mathtt{ID}_i^*, m_i^*)\}_{i\in\{1,\cdots,n\}}, \sigma^*)$. 游戏要求: ① $\mathtt{ID}_i^* \neq \mathtt{ID}_j^*, i \neq j \in \{1,\cdots,n\}$; ② $\mathbb{V}_{\mathtt{IDA}}(M_{\mathfrak{pk}}, \{(\mathtt{ID}_i^*, m_i^*)\}_{i\in\{1,\cdots,n\}}, \sigma^*) = 1$; ③ 列表中至少存在一个 $\mathtt{ID}_k^*$ 未请求过标识私钥获取谕示; ④ 未使用如下输入请求聚合签名谕示生成聚合签名

$$(\mathtt{ID}_k^*, m_k^*, \{(\mathtt{ID}_1, m_1), \cdots, (\mathtt{ID}_t^*, m_t^*)\}, \tilde{\sigma}), \quad t \in \mathbb{N}, \quad \tilde{\sigma} \in \{0,1\}^*.$$

Gentry 和 Ramzan 提出一个通用标识聚合签名算法 GR-IBAS [24], 其工作过程如下.

- **Setup** $\mathbb{G}_{\mathtt{IDA}}(1^\kappa)$:
  1. 生成三个阶为素数 p 的群 $\mathbb{G}_1$, $\mathbb{G}_2$ 和 $\mathbb{G}_T$ 以及双线性对 $\hat{e}: \mathbb{G}_1 \times \mathbb{G}_2 \to \mathbb{G}_T$. 随机选择生成元 $P_2 \in_R \mathbb{G}_2$.
  2. 选择随机数 $s \in_R \mathbb{Z}_p^*$, 计算 $P_{pub} = sP_2$.
  3. 选择三个哈希函数: $H_1, H_2: \{0,1\}^* \to \mathbb{G}_1^*$, $H_3: \{0,1\}^* \times \{0,1\}^* \times \mathbb{G}_1 \to \mathbb{Z}_p^*$.
  4. 输出主公钥 $M_{\mathfrak{pk}} = (\mathbb{G}_1, \mathbb{G}_2, \mathbb{G}_T, \hat{e}, P_2, P_{pub}, H_1, H_2, H_3)$ 和主私钥 $M_{\mathfrak{sk}} = s$.
- **Extract** $\mathbb{X}_{\mathtt{IDA}}(M_{\mathfrak{pk}}, M_{\mathfrak{sk}}, \mathtt{ID}_A)$:
  1. 对 $i = 0, 1$, 计算 $Q_{A,i} = H_1(\mathtt{ID}_A \| i)$.
  2. 计算输出标识私钥 $D_A = (sQ_{A,0}, sQ_{A,1})$.
- **Sign** $\mathbb{S}_{\mathtt{IDA}}(M_{\mathfrak{pk}}, \mathtt{ID}_A, D_A, m_A)$:
  1. 第一个签名人选定一个未使用的字节串 w, 计算 $P_w = H_2(w)$.
  2. 计算 $h = H_3(m_A, \mathtt{ID}_A, w)$.
  3. 生成随机数 $r \in_R \mathbb{Z}_p^*$. 计算 $U_A = rP_1$, $S_A = rP_w + sQ_{A,0} + hsQ_{A,1}$.
  4. 输出签名 $\sigma_A = (w, U_A, S_A)$.
- **Aggregate** $\mathbb{A}_{\mathtt{IDA}}(M_{\mathfrak{pk}}, w, \{(\mathtt{ID}_i, m_i, \sigma_i)\}_{i\in\{1,\cdots,n\}})$:
  1. 对每个 $i \in \{1,\cdots,n\}$, 解析 $\sigma_i = (w, U_i, S_i)$, 检查 w 是否相同且 w 未使用过. 若检查失败, 则终止; 否则计算

$$Q_{i,0} = H_1(\mathtt{ID}_i \| 0), \quad Q_{i,1} = H_1(\mathtt{ID}_i \| 1), \quad h_i = H_3(m_i, \mathtt{ID}_i, w).$$

检查 $\hat{e}(S_i, P_2) = \hat{e}(U_i, P_2)\hat{e}(Q_{i,0} + h_i Q_{i,1}, P_{pub})$ 是否成立. 若不成立, 则

终止.

2. 计算 $U_n = \sum_{i=1}^{n} U_i, S_n = \sum_{i=1}^{n} S_i$.
3. 输出 $\sigma = (w, U_n, S_n)$.

- **Verify** $\mathbb{V}_{\mathtt{IDA}}(M_{\mathfrak{pk}}, \{(\mathtt{ID}_i, m_i)\}_{i\in\{1,\cdots,n\}}, \sigma)$:
  1. 解析 $\sigma = (w, U_n, S_n)$, 计算 $P_w = H_2(w)$.
  2. 对每个 $i \in \{1, \cdots, n\}$, 计算

$$Q_{i,0} = H_1(\mathtt{ID}_i \| 0), \quad Q_{i,1} = H_1(\mathtt{ID}_i \| 1), \quad h_i = H_3(m_i, \mathtt{ID}_i, w).$$

  3. 检查 $\hat{e}(S_n, P_2) = \hat{e}(U_n, P_2)\hat{e}(\sum_{i=1}^{n} Q_{i,0} + \sum_{i=1}^{n} h_i Q_{i,1}, P_{pub})$ 是否成立. 若成立, 则输出 1; 否则输出 0.

[24] 给出了上述机制的安全性到 DH 复杂性假设的归约. GR-IBAS 需要签名人对一个公共的不重复的数据 w 形成共识. 这一要求在应用中可能造成额外的复杂性. Boldyreva 等 [25] 提出的顺序标识聚合签名 BGOY-IBSAS 去除了这一要求. 该机制的工作过程如下.

- **Setup** $\mathbb{G}_{\mathtt{IDA}}(1^\kappa)$:
  1. 生成三个阶为素数 p 的群 $\mathbb{G}_1$, $\mathbb{G}_2$ 和 $\mathbb{G}_T$ 以及双线性对 $\hat{e}: \mathbb{G}_1 \times \mathbb{G}_2 \to \mathbb{G}_T$. 生成高效可计算的同态映射 $\psi^{-1}: \mathbb{G}_1 \to \mathbb{G}_2$.
  2. 随机选择生成元 $P_1 \in_R \mathbb{G}_1$, 计算 $P_2 = \psi^{-1}(P_1)$.
  3. 选择随机数 $s_1, s_2 \in_R \mathbb{Z}_p^*$, 计算 $T_1 = s_1 P_2, T_2 = s_2 P_2$.
  4. 选择三个哈希函数: $H_1, H_2: \{0,1\}^* \to \mathbb{G}_1^*$, $H_3: \{0,1\}^* \times \mathbb{G}_1 \to \mathbb{Z}_p^*$.
  5. 输出主公钥 $M_{\mathfrak{pk}} = (\mathbb{G}_1, \mathbb{G}_2, \mathbb{G}_T, \hat{e}, \psi^{-1}, P_1, P_2, T_1, T_2, H_1, H_2, H_3)$ 和主私钥 $M_{\mathfrak{sk}} = (s_1, s_2)$.
- **Extract** $\mathbb{X}_{\mathtt{IDA}}(M_{\mathfrak{pk}}, M_{\mathfrak{sk}}, \mathtt{ID}_A)$:
  1. 对 $i = 1, 2$, 计算 $Q_{A,i} = H_i(\mathtt{ID}_A)$.
  2. 计算输出标识私钥 $D_A = (s_1 Q_{A,1}, s_2 Q_{A,2})$.
- **Sign** $\mathbb{S}_{\mathtt{IDSA}}(M_{\mathfrak{pk}}, \{(\mathtt{ID}_i, m_i)\}_{i\in\{1,\cdots,t\}}, \sigma, \mathtt{ID}_A, D_A, m)$:
  1. 解析 $\sigma = (\sigma_1, \sigma_2, \sigma_3)$. 当 $i = 1$ 时, $\sigma = (1_{\mathbb{G}_1}, 1_{\mathbb{G}_1}, 1_{\mathbb{G}_1})$.
  2. 若 $\mathbb{V}_{\mathtt{IDA}}(M_{\mathfrak{pk}}, \{(\mathtt{ID}_i, m_i)\}_{i\in\{1,\cdots,t\}}, \sigma) = 0$, 则终止.
  3. 计算 $h = H_3(m_A, \mathtt{ID}_A)$.
  4. 生成随机数 $r, x \in_R \mathbb{Z}_p^*$. 计算

$$\sigma_3' = xP_1 + \sigma_3, \quad \sigma_2' = rP_1 + \sigma_2, \quad \sigma_1' = \sigma_1 + r\sigma_3 + x\sigma_2' + hs_1 Q_{A,1} + s_2 Q_{A,2}.$$

  5. 输出签名 $\sigma' = (\sigma_1', \sigma_2', \sigma_3')$.
- **Verify** $\mathbb{V}_{\mathtt{IDA}}(M_{\mathfrak{pk}}, \{(\mathtt{ID}_i, m_i)\}_{i\in\{1,\cdots,n\}}, \sigma)$:
  1. 解析 $\sigma = (\sigma_1, \sigma_2, \sigma_3)$.

2. 对每个 $i \in \{1, \cdots, n\}$, 检查 $\mathtt{ID}_i$ 和其他标识各不相同. 若相同, 则输出 0; 否则计算

$$Q_{i,1} = H_1(\mathtt{ID}_i), \quad Q_{i,2} = H_2(\mathtt{ID}_i), \quad h_i = H_3(m_i, \mathtt{ID}_i).$$

3. 检查 $\hat{e}(\sigma_1, P_2) = \hat{e}(\sigma_2, \psi^{-1}(\sigma_3))\hat{e}(\sum_{i=1}^{n} Q_{i,2}, T_2)\hat{e}(\sum_{i=1}^{n} h_i Q_{i,1}, T_1)$ 是否成立. 若成立, 则输出 1; 否则输出 0.

[25] 在随机谕示模型下分析了上述机制的安全性, 将其归约到一个 DH 的变形假设并在一般群模型下证明该 DH 变形问题是困难的.

5.5.3 门限标识签名

如 4.7.3 小节关于门限标识加密算法的讨论, 标识签名算法也可以利用门限技术增强签名私钥的安全性并解决私钥撤销的问题. 本节仍然仅讨论 KGC 生成标识私钥后再利用秘密共享机制实现门限签名的方案. 这里介绍 Baek 和 Zheng[26] 提出的门限标识签名算法 BZ-TIBS. 虽然该算法不是最高效的门限标识签名算法, 但是机制综合利用了双线性对参数相关的多个秘密共享机制, 具有很好的参考价值. BZ-TIBS 基于 Hess-IBS 算法, 结合如下四个机制实现标识私钥的分享以及 Hess-IBS 签名过程临时密钥的分布式生成.

- **基于双线性对的计算安全可验证密码分享机制 (CVSSBP: Computationally-secure Verifiable Secret-sharing Scheme based on the Bilinear Pairing)**: 该机制是计算安全的 Feldman 可验证秘密共享机制 [27] 在双线性对参数 $(\mathbb{G}_1, \mathbb{G}_2, \mathbb{G}_T, \hat{e}, p, P_1 \in_R \mathbb{G}_1^*, P_2 \in_R \mathbb{G}_2^*)$ 上的扩展. 秘密分发者采用 Shamir 秘密共享机制 [28] 分享秘密 $S \in \mathbb{G}_1^*$ 并生成秘密共享验证数据. 秘密共享方可以验证分发给其的秘密分片的正确性. 机制具体工作方法如下.
  1. 秘密分发者随机选择 t 个元素 $F_j \in \mathbb{G}_1^*, 1 \leqslant j \leqslant t$. 构造多项式 $F(x) = S + xF_1 + \cdots + x^t F_t$. 计算 $S_i = F(i), 0 \leqslant i \leqslant n$.
  2. 秘密分发者广播 $A_0 = \hat{e}(S, P_2)$ 和 $A_j = \hat{e}(F_j, P_2), 1 \leqslant j \leqslant t$.
  3. 秘密分发者将 S_i 安全地发送到各个秘密共享实体 $\Gamma_i, 1 \leqslant i \leqslant n$.
  4. 秘密共享方 Γ_i 根据如下条件检查其密钥分片的正确性

$$\hat{e}(S_i, P_2) = \prod_{j=0}^{t} A_j^{i^j}.$$

  [26] 分析显示了攻击者在 CVSSBP 机制中获得少于 $t+1$ 个秘密分片的情况下计算 S 的秘密信息的困难性可以归约到 FAPI 复杂性假设 (见假设 3.7 的定义).

- **无条件安全 VSSBP 机制 (UVSSBP: Unconditionally-secure VSSBP)**: 该机制是无条件安全的 Pedersen 可验证秘密共享机制 [29] 在双线性对参数上的扩展. 采用额外的公共参数 $X = aP_1 \in \mathbb{G}_1^*, Y = bP_2 \in \mathbb{G}_2^*$, 秘密分发者在不知道 a, b 的情况下以如下方法分享秘密 $S \in \mathbb{G}_1^*$.
  1. 秘密分发者随机选择 $r \in_R \mathbb{Z}_p^*$. 计算 $\delta_0 = Comm(S, r) = \hat{e}(S, P_2)\hat{e}(X, Y)^r$.
  2. 秘密分发者随机选择 t 个元素 $F_j \in \mathbb{G}_1^*, 1 \leqslant j \leqslant t$. 构造多项式 $F(x) = S + xF_1 + \cdots + x^t F_t$. 计算 $S_i = F(i), 1 \leqslant i \leqslant n$.
  3. 秘密分发者随机选择 t 个元素 $f_j \in \mathbb{Z}_p^*, 1 \leqslant j \leqslant t$. 构造多项式 $f(x) = r + xf_1 + \cdots + x^t f_t \mod p$. 计算 $r_i = f(i), 1 \leqslant i \leqslant n$.
  4. 秘密分发者广播 δ_0 和 $\delta_j = Comm(F_j, f_j), 1 \leqslant j \leqslant t$.
  5. 秘密分发者将 (S_i, r_i) 安全地发送到各个秘密共享实体 $\Gamma_i, 1 \leqslant i \leqslant n$.
  6. 各个秘密共享方 Γ_i 根据如下条件检查其密钥分片 (S_i, r_i) 的正确性

$$Comm(S_i, r_i) = \prod_{j=0}^{t} \delta_j^{i^j}. \tag{5.1}$$

  [26] 分析了上述机制的安全性并有如下结果: 在 UVSSBP 机制中拥有无限计算资源的攻击者在获得少于 $t+1$ 个秘密分片的情况下计算 S 的秘密信息也是不可能的, 即机制是无条件安全的. 另外, 如果攻击者能够伪造秘密分片通过上述正确性检查, 则攻击者能够求解 DH 问题.

- **分布式 UVSSBP 机制 (DUVSSBP: Distributed UVSSBP)**: 该机制是分布式的 UVSSBP 机制, 用于在没有秘密分发者的情况下, 实现 UVSSBP 机制相同的功能, 即各方共同生成分享的秘密 S.
  1. 每个秘密共享方 Γ_i 执行如下步骤:
     - 随机选择 t 个元素 $F_{ik} \in_R \mathbb{G}_1^*, 1 \leqslant k \leqslant t$ 和 $R_i \in_R \mathbb{G}_1^*$. 构造多项式 $F_i(x) = R_i + xF_{i1} + \cdots + x^t F_{it}$. 计算 $S_{ij} = F(j), 1 \leqslant j \leqslant n$.
     - 随机选择 t 个元素 $f_{ik} \in \mathbb{Z}_p^*, 1 \leqslant k \leqslant t$ 和 $r_i \in_R \mathbb{Z}_p^*$. 构造多项式 $f_i(x) = r_i + xf_{i1} + \cdots + x^t f_{it} \mod p$. 计算 $r_{ij} = f(j), 1 \leqslant j \leqslant n$.
     - 广播 $\delta_{i0} = Comm(R_i, r_{i0})$ 和 $\delta_{ik} = Comm(F_{ik}, f_{ik}), 1 \leqslant k \leqslant t$.
     - 将 (S_{ij}, r_{ij}) 发送给秘密共享方 $\Gamma_j, 1 \leqslant j \leqslant n$.
  2. 秘密共享方 Γ_j 检查分片的有效性

$$Comm(S_{ij}, r_{ij}) = \prod_{k=0}^{t} \delta_{ik}^{j^k}, \quad 1 \leqslant i \leqslant n. \tag{5.2}$$

  将检查合格的共享方编号 j 放入 Φ. 对于检查失败的处理过程见 [26] 或 10.2 节.

3. 秘密共享方 Γ_i 计算 $S_i = \sum_{j\in\Phi} S_{ji}, r_i = \sum_{j\in\Phi} r_{ji} \mod p$.
机制中共享的秘密为 $S = \sum_{i\in\Phi} R_i$, 但没有秘密共享方能够计算该值.

- **基于双线性对的分布式密钥生成协议 (DKPBP: Distributed Key generation Protocol based on the Bilinear Pairing)**: 该机制利用 DUVSSBP 机制实现基于双线性对的分布式密钥生成机制. 机制的具体工作过程如下.
  1. 执行 DUVSSBP 机制共享秘密 S.
  2. 对每个 $i \in \Phi$ 的秘密共享方 Γ_i, 广播 $\beta_{i0} = \hat{e}(R_i, P_2)$ 和 $\beta_{ik} = \hat{e}(F_{ik}, P_2)$, $1 \leqslant k \leqslant t$.
  3. 秘密共享方 Γ_j 根据如下条件检查他方广播数据的有效性
$$\hat{e}(S_{ij}, P_2) = \prod_{k=0}^{t} \beta_{ik}^{j^k}, \quad i \in \Phi. \tag{5.3}$$
  检查失败的处理过程见 [26] 或 10.2 节.
  4. 对每个 $i \in \Phi$ 的秘密共享方 Γ_i, 计算 $\beta_k = \prod_{i\in\Phi} \beta_{ik}, 0 \leqslant k \leqslant t$.
  协议中各方计算的 β_0 为
$$\beta_0 = \prod_{i\in\Phi} \beta_{i0} = \prod_{i\in\Phi} (R_i, P_2) = \hat{e}\left(\sum_{i\in\Phi} R_i, P_2\right) = \hat{e}(S, P_2).$$

门限标识签名算法 BZ-TIBS 的工作方式如下.

- **Setup** $\mathbb{G}_{\texttt{TIBS}}(1^\kappa)$:
  1. 生成三个阶为素数 p 的群 $\mathbb{G}_1$, $\mathbb{G}_2$ 和 $\mathbb{G}_T$ 以及双线性对 $\hat{e}: \mathbb{G}_1 \times \mathbb{G}_2 \to \mathbb{G}_T$. 随机选择生成元 $X \in_R \mathbb{G}_1$, 随机选择生成元 $P_2, Y \in_R \mathbb{G}_2$.
  2. 选择随机数 $s \in_R \mathbb{Z}_p^*$, 计算 $P_{pub} = sP_2$.
  3. 选择两个哈希函数: $H_1 : \{0,1\}^* \to \mathbb{G}_1^*$, $H_2 : \{0,1\}^* \times \mathbb{G}_T \to \mathbb{Z}_p^*$.
  4. 输出主公钥 $M_{\mathfrak{pk}} = (\mathbb{G}_1, \mathbb{G}_2, \mathbb{G}_T, \hat{e}, P_2, P_{pub}, X, Y, H_1, H_2)$ 和主私钥 $M_{\mathfrak{sk}} = s$.
- **Extract** $\mathbb{X}_{\texttt{TIBS}}(M_{\mathfrak{pk}}, M_{\mathfrak{sk}}, \texttt{ID}_A)$:
  1. 计算 $Q = H_1(\texttt{ID}_A)$.
  2. 计算输出标识私钥 $D_A = sQ$.
- **KeyDis** $\mathbb{S}_{\texttt{TIBS}}(M_{\mathfrak{pk}}, D_A, n, t)$: 执行 CVSSBP 机制在 n 个秘密共享节点间分享 D_A. 机制中, 秘密共享方 Γ_i 拥有的秘密分片为 $D_A^{(i)}, 1 \leqslant i \leqslant n$, 秘密共享验证数据为 $A_k, 0 \leqslant k \leqslant t$.
- **Sign** $\mathbb{S}_{\texttt{TIBS}}(M_{\mathfrak{pk}}, \texttt{ID}_A, D_A^{(i)}, m)$:

1. 秘密共享方共同执行 DKPBP 协议生成临时密钥 $S \in \mathbb{G}_1^*$ 和数据 $T = \hat{e}(S, P_2)$. 在 DKPBP 中, 秘密共享方的秘密为 R_i, 公钥验证数据为 β_k, 并且 $\beta_0 = \hat{e}(S, P_2) = T$.
2. 秘密共享方 Γ_i 计算 $h = H_2(m, T)$, 广播 $V_i = hD_A^{(i)} + R_i$.
3. 对每个 $i \in \Phi$ 的秘密共享方 Γ_i, 验证其广播数据

$$\hat{e}(V_i, P_2) = \left(\prod_{k=0}^{t} A_k^{i^k}\right)^h \prod_{k=0}^{t} \beta_k^{i^k}. \tag{5.4}$$

如果验证失败, 则将 i 从 Φ 移除.

4. 合成 $V = \sum \mathcal{L}_{i,\Phi}(0)V_i$ ($\mathcal{L}_{i,\Phi}(0)$ 是拉格朗日系数, 定义见 4.7.2 小节或 10.2.2 小节).
5. 输出签名 (h, V).

- **Verify** $\mathbb{V}_{\mathtt{ID}}(M_{\mathfrak{pk}}, \mathtt{ID}_A, m, \sigma)$: 该算法与 Hess-IBS 的验签算法一致.
  1. 解析 σ 为 (h, V).
  2. 计算 $Q = H_1(\mathtt{ID}_A), T = \hat{e}(V, P_2) \cdot \hat{e}(hQ, -P_{pub}), h' = H_2(m, T)$.
  3. 检查 $h = h'$ 是否成立. 若成立, 则输出 1; 否则输出 0.

[26] 分析了该门限算法的安全性可以归约到 DH 复杂性假设. 但这个算法的签名过程复杂, 要求参与方 Γ_i 广播 δ_{ik}, β_{ik} 和 V_i, 并且执行等式 (5.2)—(5.4) 的检查过程.

5.5.4 标识签密

在 1997 年, Zheng [30] 提出签密的概念. 签密机制允许以尽量小的开销同时完成消息加密和签名的功能. 签密机制可以用于同时需要签名和加密的场景, 减少签名加密的计算开销和密文数据大小. Boyen [31] 提出具有多个安全属性的标识签密算法, 包括: 签名不可否认性使得签密消息发送者不可否认其签名; 密文不可关联性使得发送者可以否认发送了密文, 这样即使签密数据包括了发送者对解密后明文的签名, 但该签名仅证明发送者曾经对明文进行了签名, 而不能确定签名人发送了该密文消息给指定接收者; 密文认证性使得合法接收者能够确定密文是从签名人发出的, 但是不能向第三方证明该判断; 密文匿名性确保密文中不包括发送者和接收者的身份信息明文. Chen 和 Malone-Lee [32] 基于 CC-IBS 提出 CML-IBSE, 进一步改进了 Boyen 算法的效率.

设明文消息空间为 $\{0,1\}^n$. 使用非对称双线性对的 CML-IBSE 的工作过程如下.

- **Setup** $\mathbb{G}_{\mathtt{ID}}(1^\kappa)$:

1. 生成三个阶为素数 p 的群 $\mathbb{G}_1$, $\mathbb{G}_2$ 和 $\mathbb{G}_T$ 以及双线性对 $\hat{e}:\mathbb{G}_1\times\mathbb{G}_2\rightarrow\mathbb{G}_T$. 随机选择生成元 $P_2\in_R\mathbb{G}_2$.
2. 选择随机数 $s\in_R\mathbb{Z}_p^*$, 计算 $P_{pub}=sP_2$.
3. 选择两个哈希函数: $H_1:\{0,1\}^{k_1}\rightarrow\mathbb{G}_1^*$, $H_2:\{0,1\}^{k_1}\rightarrow\mathbb{G}_2^*$, $H_3:\{0,1\}^n\times\mathbb{G}_1\rightarrow\mathbb{Z}_p^*$, $H_4:\mathbb{G}_T\rightarrow\{0,1\}^{k_1+k_2+n}$, 其中 k_1 是标识的比特长度, k_2 是 $\mathbb{G}_1^*$ 中元素的比特长度.
4. 输出主公钥 $M_{\mathfrak{pk}}=(\mathbb{G}_1,\mathbb{G}_2,\mathbb{G}_T,\hat{e},P_2,P_{pub},H_1,H_2,H_3,H_4)$ 和主私钥 $M_{\mathfrak{sk}}=s$.

- **Extract** $\mathbb{X}_{\mathtt{ID}}(M_{\mathfrak{pk}},M_{\mathfrak{sk}},\mathtt{ID}_U)$:
  1. 计算 $Q_{U,1}=H_1(\mathtt{ID}_U),Q_{U,2}=H_2(\mathtt{ID}_U)$.
  2. 计算输出标识私钥 $D_U=(sQ_{U,1},sQ_{U,2})$.
- **Sign/Encrypt** $\mathbb{SE}_{\mathtt{ID}}(M_{\mathfrak{pk}},\mathtt{ID}_A,D_A,m)$:
  1. 选择随机数 $r\in_R\mathbb{Z}_p^*$.
  2. 计算 $Q_{A,1}=H_1(\mathtt{ID}_A),X=rQ_{A,1},h=H_3(m,X),V=(r+h)sQ_{A,1}$.
  3. 计算 $Q_{B,2}=H_2(\mathtt{ID}_B),W=\hat{e}(rsQ_{A,1},Q_{B,2}),y=H_4(W)\oplus(V\|\mathtt{ID}_A\|m)$.
  4. 输出密文 $C=(X,y)$.
- **Decrypt/Verify** $\mathbb{DV}_{\mathtt{ID}}(M_{\mathfrak{pk}},\mathtt{ID}_B,D_B,C)$:
  1. 计算 $W'=\hat{e}(X,sQ_{B,2})$, $V'\|\mathtt{ID}_S\|m'=y\oplus H_4(W')$.
  2. 计算 $h'=H_3(m',X),Q_{S,1}=H_1(\mathtt{ID}_S)$.
  3. 检查 $\hat{e}(V',P_2)=\hat{e}(X+h'Q_{S,1},P_{pub})$ 是否成立. 若成立, 则输出 m' 和 $\mathtt{ID}_S$; 否则输出 $\perp$.

[32] 在支持上述安全属性的标识签密模型下分析了算法的安全性, CML-IBSE 的安全性可以归约到 BDH 复杂性假设.

Barreto 等 [10] 基于 BLMQ-IBS 构造了一个具备签名不可否认性和标识匿名性并更加高效的标识签密算法 BLQM-IBSE. 设明文消息空间为 $\{0,1\}^n$, BLMQ-IBSE 工作方式如下.

- **Setup** $\mathbb{G}_{\mathtt{ID}}(1^\kappa)$:
  1. 生成三个阶为素数 p 的群 $\mathbb{G}_1$, $\mathbb{G}_2$ 和 $\mathbb{G}_T$ 以及双线性对 $\hat{e}:\mathbb{G}_1\times\mathbb{G}_2\rightarrow\mathbb{G}_T$. 随机选择生成元 $P_1\in_R\mathbb{G}_1,P_2\in_R\mathbb{G}_2$.
  2. 选择随机数 $s\in_R\mathbb{Z}_p^*$, 计算 $T_1=sP_1,T_2=sP_2$, $J=\hat{e}(P_1,P_2)$.
  3. 选择三个哈希函数, $H_1:\{0,1\}^*\rightarrow\mathbb{Z}_p$, $H_2:\{0,1\}^*\times\mathbb{G}_T\rightarrow\mathbb{Z}_p^*$, $H_3:\mathbb{G}_T\rightarrow\{0,1\}^n$.
  4. 输出主公钥 $M_{\mathfrak{pk}}=(\mathbb{G}_1,\mathbb{G}_2,\mathbb{G}_T,\hat{e},P_1,P_2,T_1,T_2,J,H_1,H_2,H_3)$ 和主私钥 $M_{\mathfrak{sk}}=s$.
- **Extract** $\mathbb{X}_{\mathtt{ID}}(M_{\mathfrak{pk}},M_{\mathfrak{sk}},\mathtt{ID}_U)$:

1. 若 $s + H_1(\mathtt{ID}_U) \mod p = 0$, 则输出错误并终止.
2. 否则

$$D_{U,1} = \frac{1}{s + H_1(\mathtt{ID}_U) \mod p} P_1, \quad D_{U,2} = \frac{1}{s + H_1(\mathtt{ID}_U) \mod p} P_2.$$

3. 输出标识私钥 $D_U = (D_{U,1}, D_{U,2})$.

- **Sign/Encrypt** $\mathbb{SE}_{\mathtt{ID}}(M_{\mathfrak{pk}}, \mathtt{ID}_A, D_A, m)$:
  1. 选择随机数 $r \in_R \mathbb{Z}_p^*$.
  2. 计算 $R = J^r, h = H_2(m, R), V = (r + h)D_{A,1}, c = m \oplus H_3(R)$.
  3. 计算 $X = r(H_1(\mathtt{ID}_B)P_1 + T_1)$.
  4. 输出密文 $C = (X, V, c)$.
- **Decrypt/Verify** $\mathbb{DV}_{\mathtt{ID}}(M_{\mathfrak{pk}}, \mathtt{ID}_A, \mathtt{ID}_B, D_B, C)$:
  1. 计算 $R = \hat{e}(X, D_{B,2}), m' = c \oplus H_3(R)$.
  2. 计算 $Q_{A,2} = H_1(\mathtt{ID}_A)P_2 + T_2$.
  3. 检查 $R = \hat{e}(V, Q_{A,2}) \cdot J^{-h}$ 是否成立. 若成立, 则输出 m'; 否则输出 $\perp$.

在标识签密安全模型下, [10] 分析了 BLMQ-IBSE 的加密安全性可以归约到 ℓ-BDHI 复杂性假设, 签名安全性可以归约到 ℓ-SDH 复杂性假设.

参 考 文 献

[1] Bellare M, Namprempre C, Neven G. Security proofs for identity-based identification and signature schemes. J. of Cryptology, 2009, 22: 1-61.

[2] Gentry C, Silverberg A. Hierarchical id-based cryptography. ASIACRYPT 2002, LNCS 2501: 548-566.

[3] Boneh D, Papakonstantinou P, Rackoff C, et al. On the impossibility of basing identity based encryption on trapdoor permutations. FOCS 2008: 25-28.

[4] Fiat A, Shamir A. How to prove yourself: Practical solutions to identification and signature problems. CRYPTO 1986, LNCS 263: 186-194

[5] Boneh D, Franklin M. Identity based encryption from the Weil pairing. CRYPTO 2001, LNCS 2139: 213-229.

[6] Boneh D, Lynn B, Shacham H. Short signatures from the Weil pairing. J. of Cryptology, 2004, 17: 297-319.

[7] Choon J, Cheon J. An identity-based signature from gap Diffie-Hellman groups. PKC 2003, LNCS 2567: 18-30.

[8] Hess F. Efficient identity based signature schemes based on pairings. SAC 2002, LNCS 2595: 310-324.

[9] Pointcheval D, Stern J. Security arguments for digital signatures and blind Signatures. J. of Cryptology, 2000, 13(3): 361-396.

[10] Barreto P, Libert B, McCullagh N, et al. Efficient and provably-secure identity-based signatures and signcryption from bilinear maps. ASIACRYPT 2005, LNCS 3788: 515-532.

[11] Shamir A. Identity-based cryptosystems and signature schemes. CRYPTO 1984, LNCS 196: 47-53.

[12] Zhu R, Yang G, Wong D. An efficient identity-based key exchange protocol with KGS forward secrecy for low-power devices. WINE 2005, LNCS 3828: 500-509.

[13] Galindo D, Garcia F. A Schnorr-like lightweight identity-based signature scheme. AFRICACRYPT 2009, LNCS 5580: 135-148.

[14] Chatterjee S, Kamath C, Kumar V. Galindo-Garcia identity-based signature revisited. ICISC 2012, LNCS 7839: 456-471.

[15] IETF. RFC 6507: Elliptic curve-based certificateless signatures for identity-based encryption (ECCSI). 2012.

[16] Arazi B. Certification of DL/EC keys. Submission to P1363 meeting, 1998, https://www.researchgate.net/publication/2606847_Certification_Of_Dlec_Keys.

[17] Boldyreva A, Palacio A, Warinschi B. Secure proxy signature schemes for delegation of signing rights. J. of Cryptology, 2012, 25: 57-115.

[18] Brickell E, Pointcheval D, Vaudenay S, et al. Design validations for discrete logarithm based signature schemes. PKC 2000, LNCS 1751: 276-292.

[19] Malone-Lee J, Smart N. Modifications of ECDSA. SAC 2002, LNCS 2595: 1-12.

[20] Rivest R, Shamir A, Tauman Y. How to leak a secret. ASIACRYPT 2001, LNCS 2248: 552-565.

[21] Chow S, Yiu S, Hui L. Efficient identity based ring signature. ACNS 2005, LNCS 3531: 499-512.

[22] Itakura K, Nakamura K. A public-key cryptosystem suitable for digital multisignatures. NEC Research and Development, 1983, 71: 1-8.

[23] Boneh D, Gentry C, Lynn B, et al. Aggregate and verifiably encrypted signatures from bilinear maps. EUROCRYPT 2003, LNCS 2656: 416-432.

[24] Gentry C, Ramzan Z. Identity-based aggregate signatures. PKC 2006, LNCS 3958: 257-273.

[25] Boldyreva A, Gentry C, O'Neill A, et al. Ordered multisignatures and identity-based sequential aggregate signatures, with applications to secure routing. CCS 2007: 276-285.

[26] Baek J, Zheng Y. Identity-based threshold signature scheme from the bilinear pairings. IAS track of ITCC, 2004: 124-128.

[27] Feldman P. A practical scheme for non-interactive verifiable secret sharing. FOCS 1987: 427-437.

[28] Shamir A. How to share a secret. Commun. ACM, 1979, 22(11): 612-613.

[29] Pedersen T. Non-interactive and information-theoretic secure verifiable secret sharing. CRYPTO 1991, LNCS 576: 129-140.

[30] Zheng Y. Digital signcryption or how to achieve cost(signature & encryption) $\ll$ cost(signature) + cost(encryption). CRYPTO 1997, LNCS 1294: 165-179.

[31] Boyen X. Multipurpose identity-based signcryption: A Swiss army knife for identity-based cryptography. CRYPTO 2003, LNCS 2729: 382-398.

[32] Chen L, Malone-Lee J. Improved identity-based signcryption. PKC 2005, LNCS 3386: 362-379.

第 6 章　标识密钥交换协议

本章研究另外一个重要的标识密码原语: 基于标识的密钥交换协议. 我们首先定义基于标识的两方密钥交换协议的安全模型, 然后梳理一部分两方标识密钥交换协议并且给出一个协议的安全性证明示例, 最后概览一些具有特殊属性的标识密钥交换协议.

6.1　标识密钥交换协议安全性定义

密钥交换协议是一种允许双方或多方安全地建立共同会话密钥的密码机制. 一般地, 每次执行密钥交换协议 (开展一个协议会话) 将会产生不同的会话密钥. 如果协议的一方可以确定只有参与执行协议的特定方才能够获得交换的会话密钥, 则称该协议提供隐式密钥认证能力. 如果一个协议提供隐式密钥认证, 则称该协议为认证密钥交换 (AK: Authenticated Key exchange). 如果在协议中, 一方可以确定参与执行协议的特定方获得了正确交换的会话密钥, 则称该协议为带密钥确认的协议. 如果一个协议既能支持认证能力又能提供密钥确认能力, 则称该协议为带密钥确认的认证密钥交换协议 (AKC: Authenticated Key exchange with Confirmation)[1].

一个认证密钥交换协议还可能具有如下一些有价值的安全属性.

1. 已知会话密钥安全 (KSK: Known Session Key secrecy): 指每次协议的执行都会产生不同的会话密钥 K 且一个会话密钥的泄露不会危及其他会话密钥的安全性, 包括并行的、以前的, 以及将来的会话密钥的安全性.
2. 前向安全 (FS: Forward Secrecy): 指如果一方或多方的长期密钥泄露后, 以前使用这些密钥执行协议生成的会话密钥的安全性不会受到影响. 如果协议中一方或多方但不是全部参与方的长期密钥泄露不会影响各方一起参与交换的会话密钥的安全性, 则称该协议具有前向安全性. 如果所有参与方的长期密钥都泄露也不影响各方共同参与交换的会话密钥的安全性, 则称该协议具有完美前向安全性 (PFS: Perfect Forward Secrecy).
3. 主密钥前向安全 (MFS: Master-key Forward Secrecy): 在标识密码系统中, 密钥生成中心可利用主私钥生成系统中任意实体标识对应的私钥. 如果主私钥泄露也不影响系统中任何一方以前执行协议建立的会话密钥的安全性, 则称该协议具有主密钥前向安全性.

4. 抗密钥泄露伪装 (KCI: Key Compromise Impersonation): 实体 A 的长期密钥泄露可能导致攻击者利用该密钥伪装成 A 和其他方执行协议. 但抗密钥泄露伪装要求攻击者在拥有 A 的长期密钥但不拥有 B 的密钥时, 不能在和 A 执行的协议会话中成功伪装成 B.
5. 抗不知密钥共享 (UKS: Unknown Key Share): 若实体 A 是和实体 B 共享了该会话密钥, A 不能被欺骗认为是和 C 共享了该会话密钥.

将一个 AK 转换为 AKC 的通用方法是利用交换的会话密钥派生出一个消息认证密钥, 然后结合消息认证码 (MAC: Message Authentication Code) 机制生成包括会话各方的标识信息、协议会话过程交换的消息、各方的长期公钥 (标识密钥交换协议无须该数据)、消息序号等内容的消息认证码, 再将消息认证码作为独立消息或者作为密钥交换消息附加部分传递给对方. 一方接收到对方的消息认证码后, 按照约定自行重新计算对应的消息认证码并进行比较. 如果两个消息认证码匹配, 则一方完成针对另一方的密钥确认. 鉴于该方法的通用性, 本章后面只讨论认证密钥交换协议.

设计安全的密钥交换协议并不是一件容易的事, 经常出现设计的协议不能满足期望的安全要求. 因此研究人员提出一系列分析密钥交换协议安全性的方法. Burrows 等 [2] 提出采用基于形式逻辑的符号化证明来分析协议的安全性. 基于逻辑证明的方法甚至可以借助计算机自动化分析一些协议, 给出安全性证明过程或者发现协议的安全问题. 这种方法的问题是形式化证明安全的协议并不能保证协议在计算上也是安全的.

借助计算不可区分安全性的概念, Bellare 和 Rogaway [3] 定义了基于对称密码的两方密钥交换协议的安全模型. 在模型中, 一个安全的密钥交换协议要求攻击者在发起允许的攻击后, 不能区分交换的会话密钥和会话密钥空间中的一个随机密钥. 此后, 该模型被进一步扩展以支持更多类型的协议和安全属性, 包括基于公钥密码的两方密钥交换协议 [4]、有信任服务器的三方密钥交换协议 [5]、群组密钥交换协议 [6,7], 以及有额外安全属性的密钥交换协议, 如前向安全 [8]、抗字典攻击 [8]、基于智能卡的模型 [9] 等. 对于标识密钥交换协议, Chen 等 [10] 对 [4] 中的基于公钥密码的两方密钥交换协议模型进行了扩展以支持标识密钥交换协议的安全分析. 后文将这些模型统称为 BR 模型, 虽然这些模型之间存在差异 [11].

在 1998 年, Bellare 等 [12] 采用模拟方法提出新的密钥交换安全模型. 模拟方法的基本思想是首先在一个攻击者只能被动侦听消息的理想环境下设计满足安全需求的简单协议, 然后使用一个认证器将简单协议编译为高级协议. 该方法要求一个有效的认证器必须保证主动攻击者在真实环境下攻击高级协议和被动攻击者在理想环境下攻击简单协议的输出是计算不可区分的, 即在真实环境下高级协议模拟了理想环境下的简单协议. 这是一种模块化的设计: 理想环境下的协议和安全的认证器可以独立设计. 在 2001 年, Canetti 和 Krawczyk [13] 改进了 Bellare 等的模拟模型 (称为 CK 模型) 并提出了安全通道的概念. 在此基础上, 他们进一步提出了通用组合安全 (UC: Universal Composability) 的概念 [14], 即在该模型下证明安全的协议可以和其他任意 UC 安全的协议进行组合, 而组合后的协议保持相同的安全性. CK 模型引入了一个重要的谕示询问: 会话状态披露 (Session-State-Reveal). 该询问允许攻击者获得指定会话的当前状态信息. LaMacchia 等 [15] 对 CK 模型进行了扩展以赋予攻击者一些新的能力, 称为 eCK 模型. eCK 模型使用临时密钥披露询问 (Ephemeral-Key-Reveal) 代替会话状态披露询问. 临时密钥披露询问允许攻击者获得和指定会话相关的临时秘密, 而非不确定的会话状态信息. Choo 等 [11] 分析了 BR 模型和 CK 模型之间的关系, 指出在特定的协议会话标识定义下, CK 模型比所有的 BR 模型都强, 即在这种 CK 模型下证明安全的协议在 BR 模型下也是安全的. 但是 [16] 显示 CK 和 eCK 之间并不兼容, 即在各自模型下证明安全的协议在另一个模型下仍然可能被攻破.

在本章, 我们将使用 [10] 中增强的 BR 模型 (mBR) 来分析两方标识密钥交换协议. 在该安全模型中, 参与协议会话的每一方都表示为一个谕示. 谕示 $\Pi_{i,j}^s$ 代表实体 i 的第 s 个会话实例, 该会话的另一方声称是实体 j. 这里 j 并不用于确定一个谕示, 使用 i 和 s 就可以唯一确定谕示 $\Pi_{i,j}^s$. j 是实体 i 接受会话 s 后输出其认定的会话另一方标识. 另外, s 只是概念上的会话标识, 方便标记实体的一个会话. 会话标识是一个重要的安全概念, 将在后面专门定义. 谕示 $\Pi_{i,j}^s$ 执行预定的协议 Π, 其输出为 $\Pi(1^k, i, j, S_i, P_i, P_j, tran_{i,j}^s, r_{i,j}^s, X) = (M, \delta_{i,j}^s, \sigma_{i,j}^s, j)$, 其中 X 是输入消息, M 是输出消息, P_i 和 S_i 分别是实体 i 的公私密钥对, $\delta_{i,j}^s$ 代表谕示的接受状态: 接受或者拒绝或未确定, $\sigma_{i,j}^s$ 是生成的会话密钥, P_j 是实体 j 的公钥, $tran_{i,j}^s$ 是会话的当前记录. 一旦产生了响应, 会话记录 $tran_{i,j}^s$ 更新为 $tran_{i,j}^s.X.M$, 即将输入和输出按顺序附加到原有会话记录后.

协议的安全性由表 6.1 中的游戏来刻画. 游戏在挑战者和一个两阶段的攻击者 $\mathcal{A} = (\mathcal{A}_1, \mathcal{A}_2)$ 之间展开. 游戏中, sts 是攻击者 $\mathcal{A}$ 的阶段信息. $\mathcal{O}_{\text{IDKE}}$ 是标识密钥交换协议安全模型下挑战者提供给攻击者的谕示集合, 用于抽象刻画攻击者的能力. 根据模型的安全强度的不同, $\mathcal{A}$ 可发起如下一系列的谕示访问.

表 6.1　标识密钥交换协议安全模型

ID-IND 攻击游戏
1. $(M_{\mathfrak{pk}}, M_{\mathfrak{sk}}) \leftarrow \mathbb{G}_{\text{IDKE}}(1^k)$.
2. $(sts, \Pi_{i,j}^s) \leftarrow \mathcal{A}_1^{\mathcal{O}_{\text{IDKE}}}(M_{\mathfrak{pk}})$.
3. $K_0 \leftarrow \sigma_{i,j}^s$, $K_1 \leftarrow \mathbb{K}_{\text{IDKE}}(M_{\mathfrak{pk}})$.
4. $b \leftarrow \{0, 1\}$.
5. $b' \leftarrow \mathcal{A}_2^{\mathcal{O}_{\text{IDKE}}}(M_{\mathfrak{pk}}, sts, \Pi_{i,j}^s, K_b)$.

1. $Send(\Pi_{i,j}^s, X)$: 收到消息 X, 谕示 $\Pi_{i,j}^s$ 执行协议, 输出响应消息 M 或者一个决定, 显示其接收或者拒绝该会话. 如果 $\Pi_{i,j}^s$ 不存在, $\mathcal{O}_{\texttt{IDKE}}$ 则会创建该谕示. 若 $X = \lambda$, $\Pi_{i,j}^s$ 将作为协议会话的发起者按照协议生成并发送第一个报文, 否则将创建谕示 $\Pi_{i,j}^s$ 作为协议会话的响应者, 以 X 作为收到的第一个报文, 执行协议生成并输出响应消息 M 或者一个决定, 显示其接收或者拒绝该会话. 根据协议的要求, 可以进一步限制 $i \neq j$, 即不允许实体和自己创建协议会话. 该请求允许攻击者使用自己选择的报文发起新会话或者响应已有会话.
2. $Reveal(\Pi_{i,j}^s)$: 如果谕示未接受会话, 则输出 $\perp$; 否则输出谕示生成的会话密钥. 该请求允许攻击者获得任意一个协议会话的会话密钥.
3. $Corrupt(i)$: 谕示返回实体 i 的长期密钥 (私钥). 该请求允许攻击者获得任意实体的长期密钥 (私钥).

当第一阶段结束后, 攻击者选择一个新鲜谕示 $\Pi_{i,j}^s$ 发出挑战请求 $Test(\Pi_{i,j}^s)$. 挑战者随机选择 $b \in_R \{0,1\}$, 若 $b = 0$ 则返回新鲜谕示生成的会话密钥 $\sigma_{i,j}^s$; 否则返回一个从会话密钥空间 $\mathbb{K}_{\texttt{IDKE}}(M_{\mathfrak{pt}})$ 中随机生成的 K_1. 新鲜谕示的概念在后面定义. 在发出挑战请求之后, 攻击者进入第二阶段, 可以继续发起如阶段 1 中的各类询问. 但是询问面临如下限制.

1. **限制 1**: 不允许向挑战请求中指定的新鲜谕示 $\Pi_{i,j}^s$ 发送 $Reveal$ 请求.
2. **限制 2**: 如果存在 $\Pi_{j,i}^t$ 和挑战请求中指定的新鲜谕示 $\Pi_{i,j}^s$ 具有匹配的会话 (匹配会话根据会话标识定义来确定), 则不允许发送 $Corrupt(j)$ 请求.

若 $b = b'$, 我们就说攻击者 $\mathcal{A}$ 成功赢得了游戏. 为了度量 $\mathcal{A}$ 成功的概率, 我们定义攻击者 $\mathcal{A}$ 赢得游戏的优势为

$$\texttt{Adv}_{\mathcal{A}}(k) = |2\Pr[b' = b] - 1|.$$

下面定义新鲜谕示 $\Pi_{i,j}^s$ 这一重要的安全概念. 可以看到上述安全性定义方法和 4.2.1 小节中密钥封装算法的安全性定义方法有许多类似的地方, 包括两阶段游戏以及不可区分性的使用. 密钥封装算法模型中攻击者选择一个挑战标识 ID*, 这里攻击者要选择一个挑战的新鲜谕示. 但是新鲜谕示的定义更复杂, 不同的定义会生成不同强度的安全模型. 这里我们采用如下的定义.

定义 6.1 (新鲜谕示)　当一个谕示 $\Pi_{i,j}^s$ 满足: ① $\Pi_{i,j}^s$ 接受了会话; ② $\Pi_{i,j}^s$ 未被询问 $Reveal$ 请求; ③ 实体 $j \neq i$ 未被请求 $Corrupt$ 询问; ④ 若存在 $\Pi_{j,i}^t$ 和 $\Pi_{i,j}^s$ 有匹配的会话, 则 $\Pi_{j,i}^t$ 未被请求 $Reveal$ 询问, 称该谕示是新鲜的.

下面我们对新鲜谕示的条件进行逐一分析. 条件 ① 要求被挑战的会话实例已经完成了协议规定的操作, 生成了会话密钥并输出了其认定的会话另一方标识 j. 利用计算不可区分性检测一个 (单方) 成功完成会话的会话密钥的安全性是游

戏的目的, 因此该条件是合理的. 条件 ② 和 ④ 显然是必须的, 否则攻击者可以使用 *Reveal* 请求获得会话密钥成功攻击任意协议. 条件 ③ 是关于协议另一方的长期私钥的安全性. 显然在会话完成前, 如果实体 j 的长期私钥泄露, 攻击者可以伪冒 j 和 i 完成协议, 生成会话密钥并赢得游戏, 因此需要排除该简单情况. 挑战之后, 攻击者是否能够通过 $Corrupt(j)$ 请求获得 j 的长期私钥, 这涉及考察的协议是否具有前向安全的能力. 新鲜谕示仅要求挑战时 (实体 i 已经完成协议操作并接受了该会话), 实体 j 的长期私钥未泄露.

另一个重要的安全性定义是**会话标识** (SID: Session Identity). 我们使用会话标识定义匹配会话的概念. 两个谕示具有相同的会话标识, 则说两个谕示具有匹配的会话. 如 [11] 中显示的, 不同的会话标识定义也会定义不同强度的安全模型. 这里会话标识定义为谕示的会话记录, 即协议执行过程中收到和产生的消息的顺序拼接.

完成了会话标识、匹配会话和新鲜谕示的定义后, 下面我们就可以定义密钥交换协议的安全性了.

定义 6.2 设 Π 是密钥交换协议. 若

1. 在协议消息正常传递的安全环境中, 具有匹配会话的谕示 $\Pi_{i,j}^s$ 和 $\Pi_{j,i}^t$ 总是接受会话并生成相同的会话密钥且该密钥在会话密钥空间上是均匀分布的;
2. 对任意的概率多项式时间攻击者 $\mathcal{A}$, $\mathtt{Adv}_{\mathcal{A}}(k)$ 是可忽略的函数,

则 Π 是安全的密钥交换协议.

满足上述定义的密钥交换协议, 具有如下一系列的安全属性, 包括双向密钥认证、已知会话密钥安全、抗密钥泄露伪装和抗不知密钥共享攻击 [17,18].

- 双向密钥认证: 定义 6.2 和定义 6.1 中的条件②和④保证了只有会话参与双方才能计算会话密钥. 因此, 满足定义的协议必然具有双向密钥认证能力.
- 已知会话密钥安全: *Reveal* 询问允许攻击者获得会话密钥. 定义 6.2 和定义 6.1 中条件②和④保证即使攻击者获得了其他会话的会话密钥, 也不能获得新鲜会话生成的会话密钥的更多信息. 即, 对攻击者来说, 获得其他会话密钥对获取新鲜会话的会话密钥的秘密信息没有帮助.
- 抗密钥泄露伪装: 这是一个身份认证机制必需的安全属性. 对于认证密钥协商协议 (AKA: Authenticated Key Agreement), 即会话密钥由双方共同协商生成的 AK, 我们简单地修改这个概念为: 攻击者获得了实体 A 的长期私钥后不能伪装成实体 B 和 A 建立会话并且计算 A 在该会话生成的会话密钥的任意比特信息. 定义 6.2 和定义 6.1 中条件②, ③和④保证了在 A 的长期私钥泄露的情况下, 会话密钥的安全性. 对于一些协议, 如两

报文密钥协商协议, 实体 A 可能隐式地认为该会话的另外一方是 B, 会话不能完成实体身份认证. 但是因为会话密钥具有安全性, 通过简单地添加密钥确认过程, 协议就可以抵抗攻击者冒充实体 B 的攻击.

- 抗不知密钥共享: 设在一个密钥交换协议中, 攻击者成功诱导实体 i 执行一个会话 s 和实体 j 生成了一个会话密钥 K, 但是 i 认为该会话的另外一方是实体 w. 那么攻击者可利用上述模型中的谕示询问轻松赢得游戏: 攻击者请求 $Reveal(\Pi_{i,w}^s)$ 询问, 选择 $\Pi_{j,i}^t$ 作为新鲜谕示发起 $Test$ 请求就可以赢得游戏. 因此定义 6.2 和定义 6.1 中的条件②和④保证了满足定义的协议具有抗不知密钥共享攻击的能力.

上面游戏定义中, 第二阶段的限制 2 要求挑战之后, 如果存在 $\Pi_{j,i}^t$ 和新鲜谕示 $\Pi_{i,j}^s$ 具有匹配的会话, 则不允许攻击者获取实体 j 的长期私钥. 所以满足这样安全模型的协议不能保证具有前向安全性. 实际上, 对于众多两报文密钥交换协议, 第二阶段的限制 2 是必须的, 否则存在如下的攻击: 攻击者 $\mathcal{A}$ 选择随机数 r_i 自行生成协议的首个消息发送给实体 j (对许多首个消息无须发送者签名的协议, $\mathcal{A}$ 都可构造该消息), 实体 j 生成响应消息并接受会话, 生成会话密钥. $\mathcal{A}$ 选择 j 的该会话为新鲜会话, 显然该会话满足定义 6.1. $\mathcal{A}$ 在第二阶段请求 $Corrupt(i)$ 获得实体 i 的长期私钥 S_i, $\mathcal{A}$ 根据其随机数 r_i、长期私钥 S_i 以及会话的消息, 可以计算出 j 生成的会话密钥, 从而赢得游戏. 因此, 这里我们使用一个较弱的前向安全的定义. 该安全性要求攻击者在发起 $Test$ 的会话中仅是诚实地传递消息, 但攻击者可以在任意时刻获得该会话某一方的长期私钥. 如果攻击者可以获得两方实体的公钥, 则该协议有完美前向安全性. 前向安全的正式定义如下.

定义 6.3　设 Π 是密钥交换协议. 如果在上述游戏中规定: $Test(\Pi_{i,j}^s)$ 请求中的 $\Pi_{i,j}^s$ 存在一个和其具有相同会话标识的谕示 $\Pi_{j,i}^t$ 且 $\Pi_{i,j}^s$ 和 $\Pi_{j,i}^t$ 都接受了会话并都未被请求过 $Reveal$ 询问. 若对任意的概率多项式时间的攻击者 $\mathcal{A}$, 在获得 i 或 j 中的一个实体的长期密钥的情况下, $\mathtt{Adv}_{\mathcal{A}}(k)$ 是可忽略的函数, 则该协议是前向安全的; 若攻击者 $\mathcal{A}$ 在获得 i 和 j 的长期密钥的情况下, $\mathtt{Adv}_{\mathcal{A}}(k)$ 仍是可忽略的函数, 则该协议是完美前向安全的.

在标识密码系统中, KGC 掌握主密钥, 因此可以生成任意实体的标识私钥. 对标识密钥交换协议, 我们可以进一步类似地定义主密钥前向安全.

在增强的 BR 模型下, Cheng 等 [18] 引入$Coin(\Pi_{i,j}^s, r)$ 询问. 该询问允许获取谕示 $\Pi_{i,j}^s$ 在协议会话过程中生成的随机数, 甚至允许攻击者强制 $\Pi_{i,j}^s$ 使用指定的随机数 r. 类似地, eCK 模型中 [15] 引入临时密钥获取询问支持攻击者获取谕示在指定会话中生成的临时密钥. 通过引入这样的询问, 安全模型可以覆盖更多的攻击类型, 包括秘密泄露攻击等.

6.2 经典 Diffie-Hellman 密钥交换协议

Diffie-Hellman(DH) 密钥协商协议 [19] 是最著名的非对称密钥交换协议, 也是众多密钥协商协议的基础. 该协议定义在一个阶为 p 的循环群 $\mathbb{G}$ 上. 设 $P \in \mathbb{G}$ 为群的生成元. 协议两方如图 6.1 所示实现密钥交换: 实体 A, B 分别选择随机数 $r_A, r_B \in_R \mathbb{Z}_p^*$, 并各自生成并交换协议消息 $T_A = r_A P$, $T_B = r_B P$. 双方协商生成会话密钥 $r_A T_B = r_B T_A = r_A r_B P$. 如果 $\mathbb{G}$ 是乘法群, 则 $T_A = P^{r_A}$, $T_B = P^{r_B}$, 会话密钥为 $P^{r_A r_B}$. 因此 P 称为 DH 协议的基. $r_A r_B P$ 称为临时 DH 密钥或 DH 协商密钥.

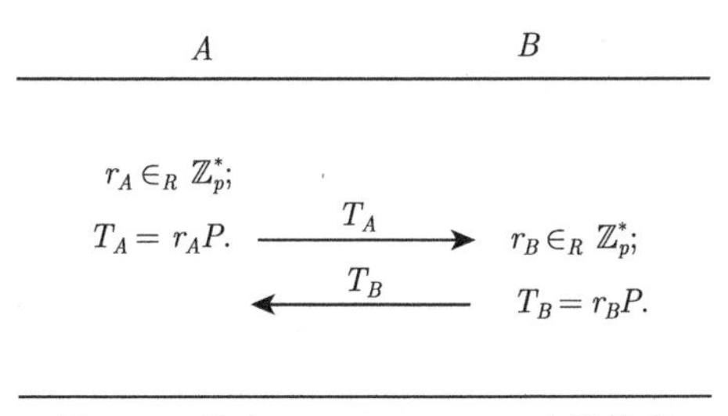

图 6.1 基本 Diffie-Hellman 密钥协商

基本 DH 密钥协商协议仅使用临时密钥 r_A, r_B, 不具备密钥认证能力, 因此受到中间人攻击的威胁. 如图 6.2 所示, 攻击者 $\mathcal{A}$ 选择 $r_C \in_R \mathbb{Z}_p^*$ 向 A 伪装成 B, 向 B 伪装成 A, 分别执行 DH 协议, 然后计算与 A 的会话密钥 $r_C r_A P$ 以及与 B 的会话密钥 $r_C r_B P$. 若实体 A 和 B 有长期公私密钥对 $(Y_A = x_A P, x_A)$ 和 $(Y_B = x_B P, x_B)$, 其中 $x_A, x_B \in_R \mathbb{Z}_p^*$, 且 DH 协议交换的是各自公钥 Y_A 和 Y_B, 则协商出的密钥为 $x_A x_B P$. 这样的密钥称为静态 DH 密钥. 利用临时密钥对和长期密钥对, 以 DH 协议为基础构建安全、高效的密钥协商协议一直是一个重要研究方向.

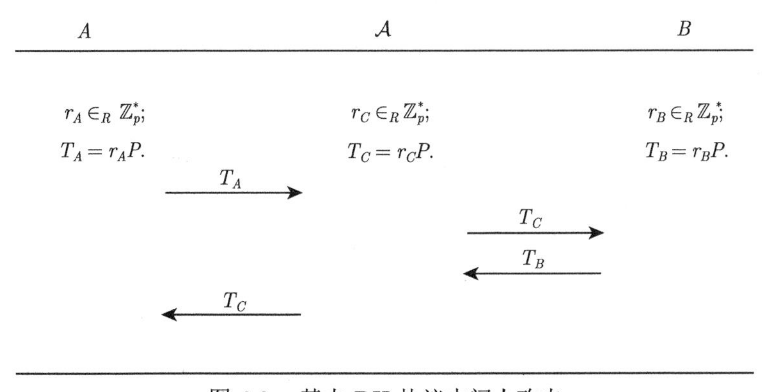

图 6.2 基本 DH 协议中间人攻击

在 1986 年, Matsumoto, Takashima 和 Imai [20] 发表了三类以 DH 协议为基础的认证密钥协商协议: MTI 协议族. 这些协议将 DH 协议的临时密钥和实体的长期密钥进行组合后计算会话密钥. MTI 协议族分为 A, B 和 C 三个类型. 鉴于许多密钥协商协议都可以看作 MTI 协议族的组合或扩展, 特别是本章后面的许多标识密钥交换协议都可以看作 MTI 协议族在双线性对相关群上的扩展, 这里展示 MTI 协议族. MTI 不同类型协议下双方交换报文有所区别: 对 $r_A, r_B \in_R \mathbb{Z}_p^*$, MTI-A 类型协议交换 r_AP 和 r_BP, MTI-B 和 MTI-C 类型协议交换 r_AY_B 和 r_BY_A. 协议通过不同函数族 $F_k(x_A, x_B, r_A, r_B)$, $k \in \mathbb{Z}$, 构造会话密钥 $F_k(\cdots)P$. 协议族中协议的工作过程可见表 6.2 示例.

表 6.2　MTI 协议族

类型	T_A	T_B	K_A	K_B	$K_{AB}(k=0)$	F_k
$A(0)$	r_AP	r_BP	$x_AT_B + r_AY_B$	$x_BT_A + r_BY_A$	$(x_Ar_B + x_Br_A)P$	$x_Ax_B^kr_B + x_Bx_A^kr_A$
$B(0)$	r_AY_B	r_BY_A	$x_A^{-1}T_B + r_AP$	$x_B^{-1}T_A + r_BP$	$(r_A + r_B)P$	$x_A^kr_A + x_B^kr_B$
$C(0)$	r_AY_B	r_BY_A	$r_Ax_A^{-1}T_B$	$r_Bx_B^{-1}T_A$	$(r_Ar_B)P$	$x_A^kr_Ax_B^kr_B$

除 MTI 协议族外, 还有一些协议, 如站到站协议 (STS: Station-To-Station)[21]、统一模型协议 (UMP: Unified Model Protocol)[22]、(H)MQV 协议 [23,24]、签名后消息认证协议 (SIGMA)[25] 等也有广泛应用. 这些协议对标识密钥交换协议的设计也有重要影响, 下面对这些协议做一个介绍. UMP 协议中双方按照基本 DH 协议交换报文, 会话密钥包括临时 DH 密钥 r_Ar_BP 以及静态 DH 密钥 x_Ax_BP.

在 1995 年, Menezes, Qu 和 Vanstone [23] 公开发表 MQV 协议. 该协议在 IEEE 1363 中标准化 [22]. 在 2005 年, Krawczyk [24] 提出 MQV 的变形 HMQV. 两个协议具有相同的框架 (图 6.3). 协议中 A 和 B 仍然按照基本 DH 协议交换报文. 在计算会话密钥前, A 和 B 首先根据交换的报文, 本方的临时密钥和长期密钥各自计算秘密 $w_A = r_A + \bar{t}_Ax_A \mod p$ 和 $w_B = r_B + \bar{t}_Bx_B \mod p$, 其中 $\bar{t}_i = \pi(T_i, j), i, j \in \{A, B\}, i \neq j$. 两方各自计算协商的秘密 $XK = w_A(T_B + \bar{t}_BY_B) = w_B(T_A + \bar{t}_AY_A) = (r_A + \bar{t}_Ax_A)(r_B + \bar{t}_Bx_B)P$ 以及会话密钥 $K = H(XK)$. H 是密钥派生函数 KDF 或哈希函数. MQV 和 HMQV 不同的地方在于函数 π 的构造. MQV 中 $\pi(T_i, j) = X(T_i) \mod 2^{\lceil \rho/2 \rceil} + 2^{\lceil \rho/2 \rceil}$, 其中 $\rho = \lceil \log_2 p \rceil$, $X(T_i)$ 为点 T_i 的 x 轴. HMQV 中 $\pi(T_i, j) = H2I(T_i \| j) \mod 2^{\lceil \rho/2 \rceil} + 2^{\lceil \rho/2 \rceil}$, 其中 $H2I(\cdot)$ 函数首先对输入计算哈希值再将哈希值转换为整数. 注意到 $\bar{t}_i$ 的比特数只有 p 的一半, 因此可以快速计算 $\bar{t}_BY_B$ 和 $\bar{t}_AY_A$.

HMQV 尝试通过修改 π 的构造以实现协议可证明安全性. Krawczyk 的核心观察是如果采用 HMQV 中 π 的构造, $XK_A = w_A(T_B + \bar{t}_BY_B)$ 是对消息 "B" 在挑战 $T_B + \bar{t}_BY_B$ 下的挑战应答签名 (XCR). 同理, $XK_B = w_B(T_A + \bar{t}_AY_A)$ 是对

消息 "A" 在挑战 $T_A + \bar{t}_A Y_A$ 下的挑战应答签名, 即协议两方同时执行挑战应答签名. 该机制称为双重挑战应答签名 (DCR). 其中用到的 XCR 工作如下: 对一个挑战者, 其生成挑战 $C = cP$ 和消息 m, 签名人拥有公私密钥对 (xP, x) 生成签名 $(bP, \sigma = (b + hx)cP)$, 其中 $h = H(cP, m)$. 挑战者检查 $\sigma = c(bP + hxP)$ 是否成立. 若等式成立, 则接受签名; 否则拒绝签名. Krawczyk 证明了在随机谕示模型下如果有攻击者可以伪造 XCR 的签名, 则可以利用其求解 DH 问题. 关于 HMQV 协议的安全性, 在随机谕示模式下, Krawczyk 证明了在 CK 模型下如果存在 HMQV 的攻击者, 则存在攻击者可以伪造 DCR 签名, 而如果可以伪造 DCR 的签名, 则可以伪造 XCR 的签名. 注意到, 根据 [26,27] 的分析, HMQV 和 MQV 一样需要 CA 验证 A 和 B 拥有申请证书的公钥对应的私钥, 同时 A 和 B 需要验证 T_B 和 T_A 是群 $\mathbb{G}$ 中非 0 元素, 以抵抗小子群攻击等. 另外, Kunz-Jacques 和 Pointcheval [28] 对 MQV 以及 MTI/C0 协议在 BR 模型下进行了安全性分析, 证明其安全性在随机谕示模型下可以归约到 DH 的一些变形问题的复杂性假设.

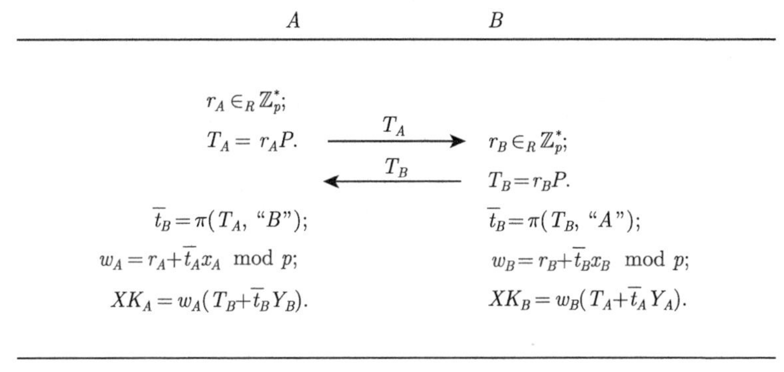

图 6.3 (H)MQV 协议

Diffie 等设计的 STS 协议及其变形 SIGMA 具有众多应用, 包括 IPsec VPN 的互联网密钥交换协议 (IKE: Internet Key Exchange)[29] 和传输层安全协议 (TLS: Transport Layer Security)[30]. STS 使用签名机制对基本 DH 协议进行增强. 协议双方对交换的 DH 消息生成数字签名并在协议报文中发送给对方. 各方成功验证对方的数字签名后再生成会话密钥: DH 协商密钥 $r_A r_B P$. 为了加强安全性, STS 协议规定一方使用派生密钥 $EK = \text{KDF}(r_A r_B P)$ 和对称加密算法 $\mathbb{E}_{EK}$ 对签名结果进行加密后再发送给对方. STS 协议是一个三报文协议, 工作方法见图 6.4.

STS 协议不能抵抗未知密钥共享攻击 [31]. Bellare 等在 [12] 中证明了如果在签名消息中添加对方的标识信息, 则改造后的 STS 协议具有所需的安全性, 包括抵抗未知密钥共享攻击 (改造后的 STS 协议见 6.4 节). 但是在这样的协议中

发起方 A 在第一个报文就需要提供其身份信息. Krawczyk 提出在 STS 协议上附加消息认证码的方法增强安全性, 形成 SIGMA 协议 (SIGn-and-MAc). 为了提供用户标识机密性的保护, 协议双方可使用 STS 中的加密机制将标识信息和签名值一起加密. 鉴于对称加密使用 DH 协议密钥派生的加密密钥, 而 DH 协议中临时公钥的真实性需要数字签名来验证, 抵抗主动攻击的用户标识保护能力进一步区分保护协议发起方标识和保护协议接收方标识两种情况, 分别对应 SIGMA-I 和 SIGMA-R 协议. SIGMA-I 是三报文协议而 SIGMA-R 将协议响应者 B 在 SIGMA-I 中的加密部分推迟到第 4 个报文. TLS 1.3 使用 SIGMA-I 协议提供协议发起者 (对应 TLS 协议中的客户端) 身份机密性, IKE 使用 SIGMA-R 的变形提供协议响应者身份机密性. 图 6.5 展示了 SIGMA-I 协议的过程, 其使用额外的密钥派生函数派生消息认证码机制 (MAC) 的密钥 MK_A 和 MK_B. 另外, 协议使用密钥派生函数作用于 DH 协商密钥 r_Ar_BP 派生会话密钥 K_A, K_B. 协议中双方均需验证对方签名的有效性和消息认证码的正确性后再计算会话密钥. SIGMA 协议以及其在 TLS 1.3 密钥交换协议中的安全性分析可见 [32, 33].

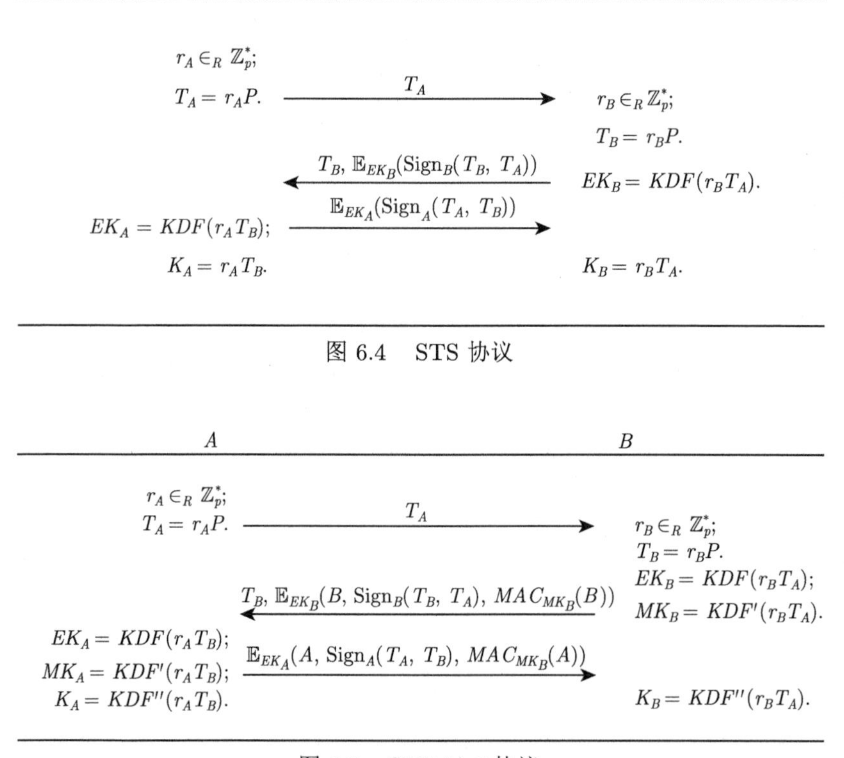

图 6.4　STS 协议

图 6.5　SIGMA-I 协议

6.3 基于双线性对的标识密钥交换协议

与标识加密算法类似, 基于双线性对的标识密钥交换协议主要使用 SOK 全域哈希密钥生成方法和 SK 指数逆密钥生成方法生成密钥. 基于 SOK 密钥生成方法的标识密钥交换协议具有如下初始化和密钥生成函数.

- **Setup** $\mathbb{G}_{\mathtt{IDKE}}(1^k)$:
  1. 生成三个阶为素数 p 的群 $\mathbb{G}_1$, $\mathbb{G}_2$ 和 $\mathbb{G}_T$ 以及双线性对 $\hat{e}:\mathbb{G}_1\times\mathbb{G}_2\to\mathbb{G}_T$. 随机选择生成元 $P_1\in\mathbb{G}_1$.
  2. 选择随机数 $s\in\mathbb{Z}_p^*$, 计算 $P_{pub}=sP_1$.
  3. 选择两个哈希函数: $H_1:\{0,1\}^*\to\mathbb{G}_2^*$, $H_2:\{0,1\}^*\to\{0,1\}^l$ (l 为会话密钥长度). 这里不约定哈希函数的输入, 具体输入在各个协议中规定.
  4. 输出主公钥 $M_{\mathfrak{pk}}=(\mathbb{G}_1,\mathbb{G}_2,\mathbb{G}_T,\hat{e},P_1,P_{pub},H_1,H_2)$ 和主私钥 $M_{\mathfrak{sk}}=s$. 对类型 4 的双线性对, 同构映射 $\psi:\mathbb{G}_2\to\mathbb{G}_1$ 和其逆映射 ψ^{-1} 也是主公钥的一部分.
- **Extract** $\mathbb{X}_{\mathtt{IDKE}}(M_{\mathfrak{pk}},M_{\mathfrak{sk}},\mathtt{ID}_A)$:
  1. $Q=H_1(\mathtt{ID}_A)$.
  2. 输出 $D_A=sQ$.

基于 SK 密钥生成方法的标识密钥交换协议具有如下初始化和密钥生成函数.

- **Setup** $\mathbb{G}_{\mathtt{IDKE}}(1^\kappa)$:
  1. 生成三个阶为素数 p 的群 $\mathbb{G}_1$, $\mathbb{G}_2$ 和 $\mathbb{G}_T$ 以及双线性对 $\hat{e}:\mathbb{G}_1\times\mathbb{G}_2\to\mathbb{G}_T$. 随机选择生成元 $P_1\in_R\mathbb{G}_1,P_2\in_R\mathbb{G}_2$.
  2. 选择随机数 $s\in_R\mathbb{Z}_p^*$, 计算 $P_{pub}=sP_1$, $J=\hat{e}(P_1,P_2)$.
  3. 选择两个哈希函数, $H_1:\{0,1\}^*\to\mathbb{Z}_p$, $H_2:\{0,1\}^*\to\{0,1\}^l$ (l 为会话密钥长度). 同 SOK 方法对应定义, 这里不约定哈希函数的输入.
  4. 输出主公钥 $M_{\mathfrak{pk}}=(\mathbb{G}_1,\mathbb{G}_2,\mathbb{G}_T,\hat{e},P_1,P_2,P_{pub},J,H_1,H_2)$ 和主私钥 $M_{\mathfrak{sk}}=s$.
- **Extract** $\mathbb{X}_{\mathtt{IDKE}}(M_{\mathfrak{pk}},M_{\mathfrak{sk}},\mathtt{ID}_A)$:
  1. 若 $s+H_1(\mathtt{ID}_A)\mod p=0$, 则输出错误并终止.
  2. 否则输出标识私钥

$$D_A=\frac{1}{s+H_1(\mathtt{ID}_A)\mod p}P_2.$$

根据协议消息的构成, 基于 DH 的密钥交换协议大体上可分为两类: 一类协议交换 DH 类型的消息; 另一类协议在 DH 类型消息的基础上添加额外增强消息内容, 如利用签名或加密机制生成的数据. 对于 DH 类型的消息, 基于 SOK 密钥生成方法的密钥交换协议根据传递消息的生成方法不同, 可进一步分为三种子类型. 消息类型 1 协议: 以 $\mathbb{G}_1$ 或 $\mathbb{G}_2$ 中的生成元 P_1 或 P_2 为 DH 基生成的消息. 消息类型 2 协议: 以本方标识映射的公钥为 DH 基生成的消息. 消息类型 3 协议: 基于本方标识私钥和对方标识公钥形成 $\mathbb{G}_T$ 中的共享秘密为 DH 基生成的消息. 基于 SK 密钥生成方法的密钥交换协议的消息生成方法和前面三类消息方法都不同, 归属于消息类型 4 协议: 以对方标识映射的公钥为 DH 基生成的消息. 类似于传统的非对称密钥交换协议, 第二类协议中的额外增强消息内容, 如签名或加密数据, 可以使用标识签名或标识加密机制生成. 例如, STS 协议或者 SIGMA 协议中的签名算法可以使用相应的标识密码算法进行替代, 将基于传统公钥的协议改造为基于标识的对应协议. 这类协议的框架对标识密码没有不同, 因此本章不专门介绍该类型下通常协议的标识协议推广, 仅介绍该类型下一些新的协议设计, 称为消息类型 5 协议.

6.3.1 消息类型 1 的协议

这里描述 7 个此类型的标识密钥交换协议: Sakai-Ohgishi-Kasahara(SOK) 无交互标识密钥协商协议 [34]、Smart-Chen-Kudla(SCK) 协议 [10,35]、Choie-Jeong-Lee(CJL) 协议 [36]、Ryu-Yoon-Yoo(RYY) 协议 [37]、Shim-Yuan-Li(SYL) 协议 [38,39]、Huang-Cao(HC) 协议 [40]、Fujioka-Suzuki-Ustaoglu(FSU) 协议 [41]. SOK 密钥交换协议是首个基于双线性对的非交互标识密钥协商协议. SCK 协议是对 Smart 协议 [42] 的增强 [35]. 该协议的安全性和灵活性都很好, 具有众多安全属性并在四种类型的双线性对上都可实现. CJL 协议类似于 SCK 协议, 但性能稍低. RYY 协议是统一模型协议 (UMP) 在标识密钥交换协议上的推广. SYL 协议是对 Shim 协议 [38] 的增强 [39]. SYL 协议也具有众多安全属性 [10] 并且只需要一个双线性对计算, 但是该协议需要类型 1 或类型 4 的双线性对. FSU 协议是结合 SOK 协议和 SYL 协议形成的扩展, 需要两个双线性对计算. 同 SYL 协议一样, FSU 协议需要类型 1 或类型 4 的双线性对. HC 协议是通过双密钥的方式采用孪生 BDH 方法 [43] 对 SYL 协议的另外一个扩展. Ni 等 [44] 同样采用孪生 BDH 方法对 SCK 协议进行了扩展. 但两个协议相比原有对应协议 (SYL 和 SCK) 在效率上均出现大幅度降低. SOK 协议无消息交换, 另外 6 个协议生成和交换相同的消息.

- **SOK 协议**: A 和 B 直接按照如下方式计算会话的会话密钥.

1. A 计算协商的秘密: $ZK = \hat{e}(\psi(Q_B), D_A)$.
2. B 计算协商的秘密: $ZK = \hat{e}(\psi(Q_A), D_B)$.
3. 双方计算会话密钥: $K = H_2(\mathtt{ID}_A, \mathtt{ID}_B, ZK)$.

SOK 协议没有报文交换, ZK 类似于静态 DH 密钥, 可以用于需要节约通信开销的场景. 但该协议在固定协议方之间总是生成相同会话密钥. 因此该协议不能提供已知会话密钥安全 (KSK). 另外, 如果实体 A 的密钥丢失了, 则攻击者可以伪装为任意实体 B 和 A 生成会话密钥, 即该协议不能抵抗密钥泄露伪装攻击 (KCI). 显然该协议也不能提供前向安全. 虽然 SOK 协议的安全性不高, 但该协议可以作为基础协议构造安全性更高的协议, 如 RYY 协议、BMP 协议、FSU 协议、Scott 协议等. SOK 协议也可按照传统公钥静态共享密钥协议的各种扩展方式进行扩展, 如 Ateniese-Steiner-Tsudik 协议 [45] 的标识密钥协议推广等.

除 SOK 协议外, 其他协议中实体 A 和 B 随机选择 $r_A, r_B \in_R \mathbb{Z}_p^*$, 计算并交换如下消息:

$$
\begin{aligned}
A \to B &: T_A = r_A P_1; \\
B \to A &: T_B = r_B P_1.
\end{aligned}
$$

结束消息交换后, A 和 B 按照如下方式计算会话的会话密钥.

- **SCK 协议**:

1. A 计算协商的秘密: $XK = \hat{e}(r_A P_{pub}, Q_B) \cdot \hat{e}(T_B, D_A) = \hat{e}(P_{pub}, r_A Q_B + r_B Q_A)$ 和 $YK = r_A T_B = r_A r_B P_1$.
2. B 计算协商的秘密: $XK = \hat{e}(r_B P_{pub}, Q_A) \cdot \hat{e}(T_A, D_B) = \hat{e}(P_{pub}, r_A Q_B + r_B Q_A)$ 和 $YK = r_B T_A = r_A r_B P_1$.
3. 双方计算会话密钥: $K = H_2(\mathtt{ID}_A, \mathtt{ID}_B, T_A, T_B, XK, YK)$.

Smart 协议计算会话密钥时 H_2 不包括 DH 协商密钥 $YK = r_A r_B P_1$. 通过引入 YK 后, SCK 协议可以提供完美前向安全以及主密钥前向安全. Smart 协议的安全性证明还需使用 Gap 类假设 GBDH. Chen 等 [10] 注意到, 如果利用双线性对构造 $\mathbb{G}_1$ 群上 DDH 问题的判定算法, 在会话密钥派生过程包括 $r_A r_B P_1$ 后, 在随机谕示模型下游戏模拟者可以在没有私钥的情况下回答会话密钥披露谕示请求 (Reveal). 因此, 在随机谕示模型下 SCK 协议的安全性证明可以归约到标准的 BDH 复杂性假设 (安全性证明见 6.3.7小节). SCK 协议需要两个双线性对运算计算秘密 XK. 为了加速协议在线执行过程, 可以对首个双线性对进行预计算, 或者采用优化的两个双线性对乘积计算方法加速计算 (见 11.6 节).

- **CJL 协议**:

1. A 计算协商的秘密: $XK = \hat{e}(hr_A P_{pub}, Q_B) \cdot \hat{e}(hT_B, D_A) = \hat{e}(P_{pub}, r_B Q_A + r_A Q_B)^h$, 其中 $h = H_3(r_A T_B)$.
2. B 计算协商的秘密: $XK = \hat{e}(hr_B P_{pub}, Q_A) \cdot \hat{e}(hT_A, D_B) = \hat{e}(P_{pub}, r_B Q_A + r_A Q_B)^h$, 其中 $h = H_3(r_B T_A)$.
3. 双方计算会话密钥: $K = H_2(\mathtt{ID}_A, \mathtt{ID}_B, T_A, T_B, XK)$.

可以看到 CJL 协议在协商秘密的生成过程中也使用了 DH 协商密钥 $r_A r_B P_1$, 通过哈希函数计算 h 后计算 XK, 即 $CJL.XK = SCK.XK^h$. 在随机谕示模型下, CJL 协议和 SCK 协议具有相同的安全性. 但 CJL 协议计算会话密钥过程相比 SCK 协议需要额外计算一个 $\mathbb{G}_1$ 上的点乘运算或者 $\mathbb{G}_T$ 上的一个幂乘运算, 因此性能比 SCK 协议稍差. 利用 6.3.7 小节中类似的方法, 在随机谕示模型下, CJL 协议的安全性也可以归约到 BDH 复杂性假设. 采用优化 SCK 协议计算的同样方法, CJL 协议的性能也可进行优化.

- **RYY 协议**:

1. A 计算协商的秘密: $XK = \hat{e}(\psi(D_A), Q_B) = \hat{e}(\psi(Q_A), Q_B)^s$ 和 $YK = r_A T_B$.
2. B 计算协商的秘密: $XK = \hat{e}(\psi(Q_A), D_B) = \hat{e}(\psi(Q_A), Q_B)^s$ 和 $YK = r_B T_A$.
3. 双方计算会话密钥: $K = H_2(\mathtt{ID}_A, \mathtt{ID}_B, T_A, T_B, XK, YK)$.

RYY 协议是 UMP 协议在标识密钥交换协议上的自然推广, 是 SOK 协议和 DH 协议的结合. 协议能够提供完美前向安全和主密钥前向安全. 另外, 通过引入 DH 协议作为部件, 会话密钥跟随会话消息不同而不同, 因此 RYY 协议具有已知会话密钥安全. 但该协议仍然不能抵抗 KCI 攻击. RYY 协议中的 XK 可以离线计算以优化协议的在线性能. Boyd-Mao-Paterson[46] 提出了一个带密钥确认的三报文协议 (BMP 协议). 该协议使用 DH 协商密钥 YK 派生会话密钥, 使用 SOK 协议建立的静态共享秘密 XK 进行密钥确认. 因为协议一方可以完全模拟另一方执行协议, 这样的协议提供可抵赖安全性, 即协议执行方可以抵赖其曾经参与某次协议会话的执行.

- **SYL 协议**:

1. A 计算协商的秘密: $XK = \hat{e}(T_B + \psi(Q_B), \psi^{-1}(r_A P_{pub}) + D_A) = \hat{e}(r_B P_1 + \psi(Q_B), r_A P_2 + Q_A)^s$ 和 $YK = r_A T_B$.
2. B 计算协商的秘密: $XK = \hat{e}(r_B P_{pub} + \psi(D_B), \psi^{-1}(T_A) + Q_A) = \hat{e}(r_B P_1 + \psi(Q_B), r_A P_2 + Q_A)^s$ 和 $YK = r_B T_A$.
3. 双方计算会话密钥: $K = H_2(\mathtt{ID}_A, \mathtt{ID}_B, T_A, T_B, XK, YK)$.

Shim 协议计算会话密钥时 H_2 不包括 DH 协商密钥 $YK = r_A r_B P_1$. 和 Smart 协议不同, Shim 协议不能抵抗中间人攻击 [47]. 一个攻击者 $\mathcal{A}$ 采用图 6.6 所示方式生成消息 T'_A 和 T'_B, 其中 $x, y \in \mathbb{Z}_p^*$ 是 $\mathcal{A}$ 选择的整数. 协议完成后, 实体 A 计算 $XK_A = \hat{e}(T'_B + \psi(Q_B), \psi^{-1}(r_A P_{pub}) + D_A) = \hat{e}(T_A, \psi^{-1}(P_{pub}))^y \cdot \hat{e}(P_{pub}, Q_A)^y$. 实体 B 计算 $XK_B = \hat{e}(r_B P_{pub} + \psi(D_B), \psi^{-1}(T'_A) + Q_A) = \hat{e}(P_{pub}, \psi^{-1}(T_B))^x \cdot \hat{e}(\psi(Q_A), P_{pub})^x$. $\mathcal{A}$ 根据主公钥, x, y 和协议消息可以计算 XK_A 和 XK_B. 通过在会话密钥计算过程中引入 DH 协商密钥, 协议强制 $\mathcal{A}$ 知晓满足 $T'_A = x' P_1$ 和 $T'_B = y' P_1$ 的整数 x' 和 y'. 这显著地限制了 $\mathcal{A}$ 在攻击过程中生成 T'_A 和 T'_B 的自由. Chen 等 [10] 分析显示 SYL 协议具有很好的安全性.

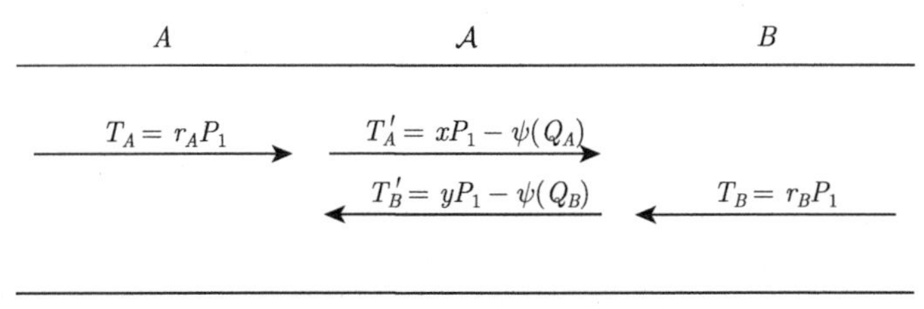

图 6.6 Shim 协议中间人攻击

- **FSU 协议**:

1. A 计算协商的秘密: $XK = \hat{e}(T_B + \psi(Q_B), \psi^{-1}(r_A P_{pub}) + D_A)$, $YK = r_A T_B$ 和 $ZK = \hat{e}(\psi(D_A), Q_B)$.
2. B 计算协商的秘密: $XK = \hat{e}(r_B P_{pub} + \psi(D_B), \psi^{-1}(T_A) + Q_A)$, $YK = r_B T_A$ 和 $ZK = \hat{e}(\psi(Q_A), D_B)$.
3. 双方计算会话密钥: $K = H_2(\mathtt{ID}_A, \mathtt{ID}_B, T_A, T_B, XK, YK, ZK)$.

FSU 协议在 SYL 协议的基础上进一步引入 SOK 协商的静态密钥 ZK 参与派生会话密钥. 显然 FSU 协议的安全性不弱于 SYL 协议. 通过在会话密钥派生函数 H_2 引入 ZK 作为输入, FSU 协议降低了会话临时秘密 r_A, r_B 被攻击者获取的情况下带来的安全风险 [41]. 协议可以在 eCK 模型下证明其安全性.

- **HC 协议**: 该协议需要额外的哈希函数 $H'_1 : \{0,1\}^* \to \mathbb{G}_2^*$, 且密钥生成函数 $\mathbb{X}_{\mathtt{IDKE}}$ 生成的标识私钥包括两个点, 即 $D_A = (D_{A,1}, D_{A,2}) = (sQ_{A,1}, sQ_{A,2}) = (sH'_1(\mathtt{ID}_A), sH_1(\mathtt{ID}_A))$. HC 协议的工作方式如下:

1. A 计算协商的秘密: $XK = \hat{e}(T_B + \psi(Q_{B,1}), \psi^{-1}(r_A P_{pub}) + D_{A,1})$ 和 $YK = r_A T_B$ 和 $ZK = \hat{e}(T_B + \psi(Q_{B,2}), \psi^{-1}(r_A P_{pub}) + D_{A,2})$.
2. B 计算协商的秘密: $XK = \hat{e}(r_B P_{pub} + \psi(D_{B,1}), \psi^{-1}(T_A) + Q_{A,1})$ 和 $YK = r_B T_A$ 和 $ZK = \hat{e}(r_B P_{pub} + \psi(D_{B,2}), \psi^{-1}(T_A) + Q_{A,2})$.
3. 双方计算会话密钥: $K = H_2(\mathtt{ID}_A, \mathtt{ID}_B, T_A, T_B, XK, YK, ZK)$.

Cash 等 [43] 发现孪生 BDH 方法可以协助实现标识加密算法安全性到标准 BDH 复杂性假设的紧致归约, 特别地, 通过两次加密构造陷门后, 游戏模拟者可以在没有私钥的情况下回答解密谕示请求. Huang 和 Cao [40] 将该技术引入到标识密钥交换协议中来实现协议的安全性证明, 特别是在没有私钥的情况下回答会话密钥披露谕示请求. 但是利用该方法后, HC 协议的计算量相较于 SYL 协议有显著增加.

6.3.2 消息类型 2 的协议

这里描述 4 个此类型的密钥交换协议: Chen-Kudla(CK) 协议 [48]、Wang 协议 [49]、Chow-Choo(CC) 协议 [50] 和 Wang-Cao-Cheng-Choo(WCCC) 协议 [51]. 这

些协议工作方式如下. 实体 A 和 B 随机选择 $r_A, r_B \in_R \mathbb{Z}_p^*$, 计算并交换如下消息:

$$\begin{aligned} A \to B &: T_A = r_A\psi(Q_A); \\ B \to A &: T_B = r_B Q_B. \end{aligned}$$

结束消息交换后, A 和 B 按照如下方式计算会话的会话密钥.

- **CK 协议**:

1. A 计算协商的秘密: $XK = \hat{e}(\psi(D_A), r_A Q_B + T_B) = \hat{e}(\psi(Q_A), Q_B)^{s(r_A+r_B)}$.
2. B 计算协商的秘密: $XK = \hat{e}(T_A + r_B\psi(Q_A), D_B) = \hat{e}(\psi(Q_A), Q_B)^{s(r_A+r_B)}$.
3. 双方计算会话密钥: $K = H_2(\mathtt{ID}_A, \mathtt{ID}_B, T_A, T_B, XK)$.

CK 协议具有抵抗 KSK, KCI 和 UKS 攻击的能力, 其安全性可以在随机谕示模型下归约到 GBDH 复杂性假设. 该协议仅具有部分前向安全能力.

- **Wang 协议和 CC 协议**:

1. A 计算协商的秘密:

$$XK = \hat{e}((r_A + h_A)\psi(D_A), h_B Q_B + T_B) = \hat{e}(\psi(Q_A), Q_B)^{s(r_A+h_A)(r_B+h_B)},$$

其中 $h_A = H_3(T_A, T_B)$, $h_B = H_3(T_B, T_A)$, 哈希函数 $H_3 : \{0,1\}^* \to \mathbb{Z}_p^*$. CC 协议与 Wang 协议非常相似, 其中 $h_A = H_3(T_A, \mathtt{ID}_B)$, $h_B = H_3(T_B, \mathtt{ID}_A)$.

2. B 计算协商的秘密:

$$XK = \hat{e}(h_A\psi(Q_A) + T_A, (r_B + h_B)D_B) = \hat{e}(\psi(Q_A), Q_B)^{s(r_A+h_A)(r_B+h_B)}.$$

3. 双方计算会话密钥: $K = H_2(\mathtt{ID}_A, \mathtt{ID}_B, T_A, T_B, XK)$.

这两个协议都是 HMQV 协议在标识密钥交换协议上的推广. Wang 协议中的 DCR 可以看作对收到消息的签名, 而 CC 协议则是 HMQV 在标识密码协议上的直接映射. Wang 在 mBR 模型下分析了协议的安全性, 证明在随机谕示模型下协议的安全性可以归约到 DBDH 复杂性假设. Chow 和 Choo 则在受限的 CK 模型下 (不允许攻击者对部分会话发起会话状态披露询问) 分析协议的安全性可以归约到 BDH 复杂性假设. CC 协议相较于 Wang 协议有一个优点, 实体 i 计算 h_i 时不依赖于对方的消息, 因此一些计算可以离线执行. 两个协议都有完美前向安全.

- **WCCC 协议**:

1. A 计算协商的秘密: $XK = \hat{e}(\psi(D_A), T_B) = \hat{e}(\psi(Q_A), Q_B)^{sr_B}$, $YK = \hat{e}(r_A\psi(D_A), Q_B) = \hat{e}(\psi(Q_A), Q_B)^{sr_A}$, $ZK = XK^{r_A} = \hat{e}(\psi(Q_A), Q_B)^{sr_Ar_B}$.
2. B 计算协商的秘密: $XK = \hat{e}(r_B\psi(Q_A), D_B) = \hat{e}(\psi(Q_A), Q_B)^{sr_B}$, $YK = \hat{e}(\psi(T_A), D_B) = \hat{e}(\psi(Q_A), Q_B)^{sr_A}$, $ZK = YK^{r_B} = \hat{e}(\psi(Q_A), Q_B)^{sr_Ar_B}$.

3. 双方计算会话密钥: $K = H_2(\mathtt{ID}_A,\ \mathtt{ID}_B,\ T_A,\ T_B,\ XK, YK, ZK)$.

Wang 等 [51] 采用 Kudla-Paterson 模块化证明方法 [52] 在 mBR 模型下证明了 WCCC 协议的安全性可以归约到 GBDH 复杂性假设. 该协议具有完美前向安全性. 协议的部分协商秘密 (A 的 YK 和 B 的 XK) 可以离线预计算, 以提高协议的在线效率.

此类协议需要可计算的同构映射 ψ, 即不能在第 3 类双线性对上直接实现这些协议. 一种解决方法是将协议进行如下改造: 主公钥 $M_{\mathfrak{pk}}$ 添加元素 $sP_2 \in \mathbb{G}_2^*$ 和哈希函数 $H_1' : \{0,1\}^* \to \mathbb{G}_1^*$; 密钥生成函数扩展为 $D_A = (D_{A,1}, D_{A,2}) = (sQ_{A,1}, sQ_{A,2}) = (sH_1'(\mathtt{ID}_A), sH_1(\mathtt{ID}_A))$.

实体 A 和 B 随机选择 $r_A, r_B \in_R \mathbb{Z}_p^*$, 计算并交换如下消息:

$$A \to B \ : \ T_A = r_A Q_{A,1};$$
$$B \to A \ : \ T_B = r_B Q_{B,2}.$$

结束消息交换后, CK′ 协议中 A 和 B 按照如下方式计算会话的会话密钥. 其他协议也可进行类似修改.

1. A 计算协商的秘密: $XK = \hat{e}(D_{A,1}, xQ_{B,2} + T_B) = \hat{e}(Q_{A,1}, Q_{B,2})^{s(r_A+r_B)}$.
2. B 计算协商的秘密: $XK = \hat{e}(T_A + r_B Q_{A,1}, D_{B,2}) = \hat{e}(Q_{A,1}, Q_{B,2})^{s(r_A+r_B)}$.
3. 双方计算会话密钥: $K = H_2(\mathtt{ID}_A,\ \mathtt{ID}_B,\ T_A,\ T_B,\ XK)$.

6.3.3 消息类型 3 的协议

Scott [53] 设计了此类型报文的协议. 实体 A 和 B 随机选择 $r_A, r_B \in_R \mathbb{Z}_p^*$, 计算并交换如下消息:

$$A \to B \ : \ T_A = \hat{e}(\psi(D_A), Q_B)^{r_A};$$
$$B \to A \ : \ T_B = \hat{e}(\psi(Q_B), D_A)^{r_B}.$$

结束消息交换后, A 和 B 按照如下方式计算会话的会话密钥.

1. A 计算协商的秘密: $XK = T_B^{r_A}$.
2. B 计算协商的秘密: $XK = T_A^{r_B}$.
3. 双方计算会话密钥: $K = H_2(\mathtt{ID}_A,\ \mathtt{ID}_B,\ T_A,\ T_B,\ XK)$.

该协议以双方共享的静态密钥 $\hat{e}(\psi(Q_B), D_A)$ 为基执行 DH 协议. 该协议改进了 SOK 协议的安全性, 但是仍然不能抵抗 KCI 攻击. Scott 协议中的消息可以离线预计算以提高协议在线过程的效率. 显然, 该协议以及 RYY 协议都可以采用类似 CK′ 协议等的方法在类型 3 双线性对上实现.

6.3.4　消息类型 4 的协议

这类协议主要是 McCullagh 和 Barreto 提出的 MB 协议 [54,55] 及其变种. 在 MB 协议中, 实体 A 和 B 随机选择 $r_A, r_B \in_R \mathbb{Z}_p^*$, 计算并交换如下消息:

$$A \to B \quad : \quad T_A = r_A Q_B;$$
$$B \to A \quad : \quad T_B = r_B Q_A,$$

其中 $Q_i = H_1(\mathtt{ID}_i)P_1 + P_{pub}, i \in \{A, B\}$. 结束消息交换后, A 和 B 按照如下方式计算会话的会话密钥.

- **MB-1 协议**:

1. A 计算协商的秘密: $XK = \hat{e}(r_A T_B, D_A) = J^{r_A r_B}$.
2. B 计算协商的秘密: $XK = \hat{e}(r_B T_A, D_B) = J^{r_A r_B}$.
3. 双方计算会话密钥: $K = H_2(\mathtt{ID}_A,\ \mathtt{ID}_B,\ T_A,\ T_B,\ XK)$.

MB-1 协议是 McCullagh 和 Barreto 提出的第一个此类型的协议. MB-1 不能抵抗图 6.7 所示的 KCI 攻击 [56]. 一个攻击者 $\mathcal{A}_B$ 在获取了 A 的长期私钥 D_A 后冒充 B 和 A 按照如下方式执行协议. $\mathcal{A}_B$ 计算协商的密码 $XK = \hat{e}(T_A, D_A)^{r_B} = \hat{e}(T_B, D_A)^{r_A}$. 在 Cheng 和 Chen 指出该攻击后 [56], McCullagh 和 Barreto 提出 MB-2 协议.

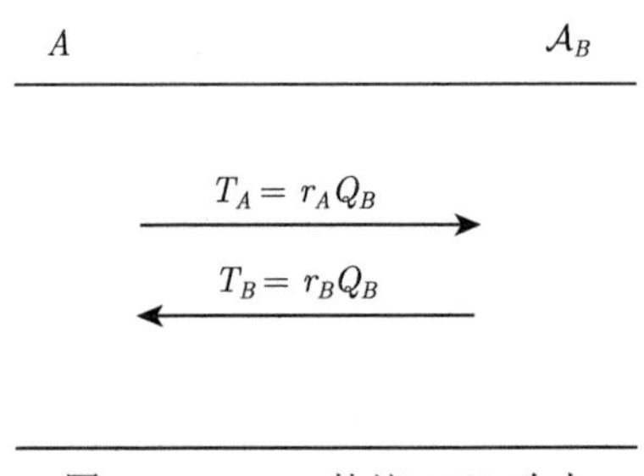

图 6.7　MB-1 协议 KCI 攻击

- **MB-2 协议**:

1. A 计算协商的秘密: $XK = J^{r_A} \cdot \hat{e}(T_B, D_A) = J^{r_A + r_B}$.
2. B 计算协商的秘密: $XK = J^{r_B} \cdot \hat{e}(T_A, D_B) = J^{r_A + r_B}$.
3. 双方计算会话密钥: $K = H_2(\mathtt{ID}_A,\ \mathtt{ID}_B,\ T_A,\ T_B,\ XK)$.

Cheng 和 Chen [56] 分析了该协议的安全性, 在 mBR 模型下证明了该协议的安全性可以归约到 ℓ-GBCAA1 复杂性假设, 根据定理 3.5 可进一步归约到 ℓ-GBDHI 复杂性假设. 但是 MB-2 协议不能像 MB-1 协议一样支持完美前向安全. 解决该问题的简单方法是合并 MB-1 和 MB-2 协议协商的密钥用于派生会话密钥. 另一个简单变形是将 MB-2 协议协商的秘密分拆为 J^{r_A} 和 J^{r_B} 两个部分, 不进行两者间的乘法运算, 形成 MB-1+2′ 协议. SM9 密钥协商算法采用了这样的构造 [57]. 显然在随机谕示模型下, MB-1+2′ 协议的安全性不低于 MB-1+2 协议. 这两个协议都支持完美前向安全. 在 ψ 不可计算的情况下或者 P_1 和 P_2 是独立随机选择的情况下, 两个协议还支持主密钥前向安全 [58].

- **MB-1+2 协议**:

1. A 计算协商的秘密: $XK = \hat{e}(r_A T_B, D_A) = J^{r_A r_B}, YK = J^{r_A} \cdot \hat{e}(T_B, D_A) = J^{r_A + r_B}$.
2. B 计算协商的秘密: $XK = \hat{e}(r_B T_A, D_B) = J^{r_A r_B}, YK = J^{r_B} \cdot \hat{e}(T_A, D_B) = J^{r_A + r_B}$.
3. 双方计算会话密钥: $K = H_2(\mathtt{ID}_A,\ \mathtt{ID}_B,\ T_A,\ T_B,\ XK, YK)$.

- **MB-1+2′ 协议**:

1. A 计算协商的秘密: $XK = \hat{e}(T_B, D_A) = J^{r_B}, YK = J^{r_A}, ZK = XK^{r_A} = J^{r_A r_B}$.
2. B 计算协商的秘密: $XK = J^{r_B}, YK = \hat{e}(T_A, D_B) = J^{r_A}, ZK = YK^{r_B} = J^{r_A r_B}$.
3. 双方计算会话密钥: $K = H_2(\mathtt{ID}_A,\ \mathtt{ID}_B,\ T_A,\ T_B,\ XK, YK, ZK)$.

6.3.5 消息类型 5 的协议

- **CCCT 协议**:

在许多场景下, 保护用户的身份隐私是一个重要的安全考虑. 例如, 在 5G 通信网络中用户隐私保护需要满足三个安全要求 [59]. ① 用户标识的机密性: 在空口链路上不能侦听到用户的标识信息. ② 用户位置的机密性: 在空口链路上不能侦听到某个用户是否处在或进入某个区域. ③ 用户不可追踪性: 攻击者不能根据空口链路数据判断同一用户是否使用了不同服务. 一些密钥协商协议专门考虑协议参与方的身份私密性, 例如, IKE [60] 可以防止被动攻击者获取协议参与方的身份信息, 防止主动攻击者获得协议响应方的身份信息. TLS 1.3 则可以保护协议会话发起者的身份信息. 考虑到这些要求, Cheng 等 [61] 设计了一个在客户/服务器模式下提供客户身份隐私保护的标识密钥协商协议 CCCT. CCCT 协议使用 SOK 密钥生成算法生成主密钥和标识私钥. 主公钥 $M_{\mathfrak{pk}}$ 需要额外添加两个哈希函数 $H_3 : \mathbb{G}_2 \times \mathbb{G}_2 \to \mathbb{Z}_p^*, H_4 : \mathbb{G}_T \to \{0,1\}^w$, 其中 $w = \lceil \log_2 p \rceil + \xi$, ξ 是客户端标识比特数. CCCT 的协议按照如下方式生成交换报文并计算会话密钥 K. 协议过程见图 6.8.

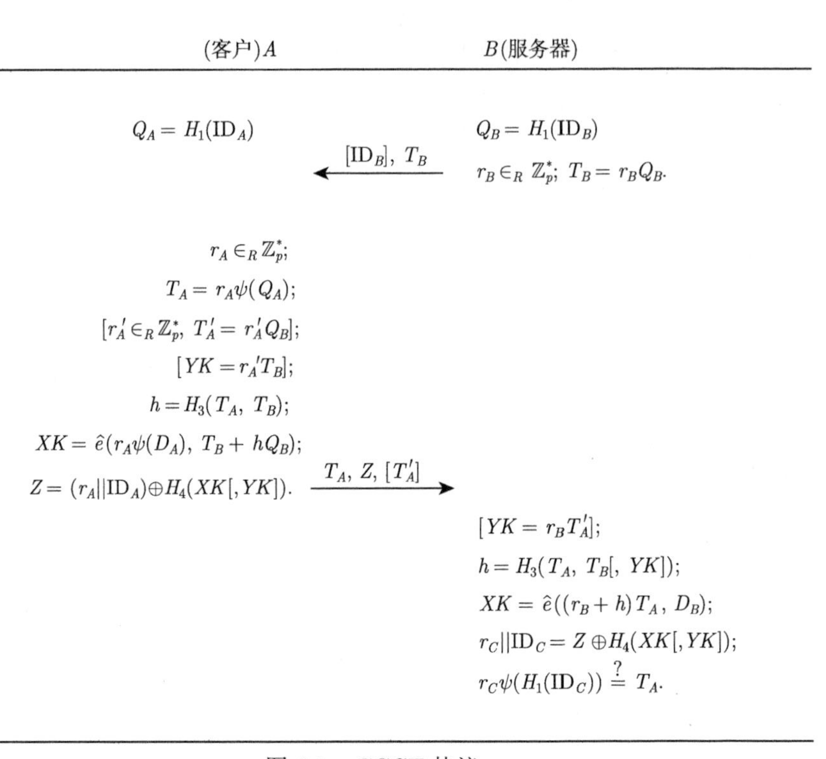

图 6.8 CCCT 协议

1. 服务器 B 生成随机数 $r_B \in \mathbb{Z}_p^*$, 计算 $T_B = r_B Q_B$. B 将 T_B 以及可选的标识信息 $\mathtt{ID}_B$ 发送给客户端 A.
2. 客户 A 生成随机数 $r_A \in \mathbb{Z}_p^*$, 计算 $T_A = r_A\psi(Q_A), h = H_3(T_A, T_B)$, $XK = \hat{e}(r_A\psi(D_A), T_B + hQ_B) = \hat{e}(\psi(Q_A), Q_B)^{sr_A(r_B+h)}$, $Z = (r_A\|\mathtt{ID}_A) \oplus H_4(XK)$. A 将 T_A 和 Z 发送给服务器 B. A 计算会话密钥 $K = H_2(\mathtt{ID}_A, \mathtt{ID}_B, T_A, T_B, Z, XK)$.
3. 服务器计算 $h = H_3(T_A, T_B)$, $XK = \hat{e}((r_B + h)T_A, D_B) = \hat{e}(\psi(Q_A), Q_B)^{sr_A(r_B+h)}$, 解密 $Z \oplus H_4(XK)$ 获得 $r_C\|C$, 校验 $r_C\psi(H_1(\mathtt{ID}_C)) = T_A$ 是否成立. 如果不成立, 则终止协议; 否则 B 计算会话密钥 $K = H_2(\mathtt{ID}_C, \mathtt{ID}_B, T_A, T_B, Z, XK)$.

Cheng 等 [61] 在随机谕示模型下证明了在 BDH 复杂性假设成立的条件下, CCCT 协议可以抵抗已知客户密钥攻击; 在 GBDH 复杂性假设成立的条件下, 协议可以抵抗已知服务器密钥攻击; 在 BDH 复杂性假设成立的条件下, 协议有完美前向安全性. 协议为客户 A 提供标识机密性保护. 客户发送的 Z 是使用协商的秘密 XK 派生密钥流后与 $r_A\|\mathtt{ID}_A$ 异或生成. 假定 H_4 是随机谕示, 则派生的密钥

流在 $\{0,1\}^w$ 是均匀随机分布的. XK 已经被证明只有协议双方才能计算, 所以攻击者不能区分 Z 和 $\{0,1\}^w$ 上的随机数据, 无法获取 $\mathtt{ID}_A$ 的相关信息. 另外, 协议中客户端将 r_A 提供给协议对方, 这一独特的设计实际上意味着即使将非新鲜会话中的临时秘密 r_A 披露给攻击者也不会影响协议的安全性.

CCCT 协议需要可计算同构映射 ψ. 采用类似于消息类型 2 协议的改造方法后, 该协议也可在类型 3 双线性对上实现. CCCT 协议还可通过简单扩展 (CCCT^+) 以支持主密钥前向安全: 客户 A 生成第二个随机数 $r'_A \in_R \mathbb{Z}_p^*$, 计算 $T'_A = r'_A Q_B, YK = r'_A T_B, Z = (r_A \| \mathtt{ID}_A) \oplus H_4(XK, YK)$. 客户端发送给服务器的消息也包括 T'_A. 双方计算的会话密钥为 $K = H_2(\mathtt{ID}_A, \mathtt{ID}_B, T_A, T'_A, T_B, Z, XK, YK)$. 即使被动侦听协议消息的 KGC 也无法计算 $YK = r'_A r_B Q_B$, 因此 K 具有主密钥前向安全性.

- **HWB 协议**:

Hölbl, Welzer 和 Brumen [62] 采用标识签名算法对基本 DH 协议交换报文进行签名的方法设计了标识密钥交换协议——HWB 协议. 该协议与 Arazi 协议 [63] 的方法相同. 协议中签名算法和基本 DH 协议复用随机数, 并在可能的情况下复用 DH 协议的临时公钥. 具体地, 协议中实体 A 和 B 随机选择 $r_A, r_B \in_R \mathbb{Z}_p^*$, 分别计算 $T_A = r_A P_1, T_B = r_B P_1$, 并使用 5.3.1 小节中的 Hess 签名算法对 T_A, T_B 进行签名. 签名过程计算 $U_i = \hat{e}(D_i, P_2)^{r_i}, h_i = H_3(T_i, U_i), V_i = (r_i - h_i) D_i$ 生成签名值 $\sigma_i = (h_i, V_i), i \in \{A, B\}$. 协议方 i 校验对方签名值是对消息 T_j 的有效签名. 验证过程如下: 协议方 j 计算 $U'_i = \hat{e}(V_i, P_2) \cdot \hat{e}(H_1(\mathtt{ID}_i), P_{pub})^{h_i}$, 检查 $h_i = H_3(T_i, U'_i)$ 是否成立. 若成立则签名有效, 否则签名无效. 如果签名有效, 则两方计算会话密钥 $K = r_A r_B P_1$. 协议中 $H_1 : \{0,1\}^* \to \mathbb{G}_1^*$, $H_3 : \{0,1\}^* \times \mathbb{G}_T \to \mathbb{Z}_p^*$.

$$
\begin{aligned}
A \to B \quad &: \quad T_A = r_A P_1, \sigma_A = (h_A, V_A); \\
B \to A \quad &: \quad T_B = r_B P_1, \sigma_B = (h_B, V_B).
\end{aligned}
$$

在类型 1 双线性对下, U_i 可以通过 $U_i = \hat{e}(D_i, T_i)$ 来计算, 这样可以节约一次 $\mathbb{G}_1$ 上点乘运算或者 $\mathbb{G}_T$ 上的一次幂乘运算, 这也是采用 Hess 签名算法的原因.

[62] 声称该协议具有抵抗不知密钥共享攻击的能力. 实际上该协议不能抵抗该种攻击. 如图 6.9 所示, 攻击者 C 收到 A 的报文后对 T_A 生成自己的签名 $\sigma_C = (h_C, V_C)$, 将消息 T_A, σ_C 发送到 B. 在 B 生成响应后, C 将其转发到 A. A 验证 B 的签名后认为其和 B 共享会话密钥 $K = r_A r_B P_1$, 而 B 则认为其和 C 共享了同一密钥. 该攻击能够工作的原因是, 协议方 B 无法根据 Hess 签名算法的验签过程确定 C 在签名过程中使用了同一随机数 r_A 生成了 T_A 及其签名值 (h_C, V_C). 抵抗该攻击的简单方法是使用密钥派生方法如 $K = H_2(A, B, T_A, T_B, r_A r_B P_1)$ 生成会话密钥, 或者计算签名 σ_A, σ_B 时分别使用 $h_1 =$

$H_3(T_1\|B,U_1)$, $h_2 = H_3(T_2\|T_1\|A,U_2)$. 这里称改进的协议为 HWB$^+$.

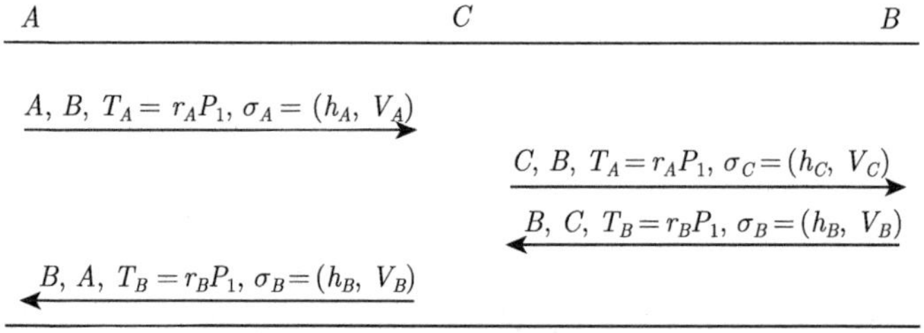

A	C	B
$A, B, T_A = r_AP_1, \sigma_A = (h_A, V_A)$ →		
	$C, B, T_A = r_AP_1, \sigma_C = (h_C, V_C)$ →	
	← $B, C, T_B = r_BP_1, \sigma_B = (h_B, V_B)$	
← $B, A, T_B = r_BP_1, \sigma_B = (h_B, V_B)$		

图 6.9　HWB 不知密钥共享攻击

6.3.6　协议对比

表 6.3 总结对比了目前介绍的基于双线性对的各个标识密钥交换协议. 对比内容包括协议的密钥生成 P 方法、依赖的双线性对、安全属性、安全分析模型和安全归约的复杂性假设、计算开销以及协议消息的长度. 其中计算开销部分使用 P 表示双线性对, $\bar{P}$ 表示可预计算双线性对, $\tilde{P}$ 表示快速计算两个以上双线性对, H_i 表示字符串映射到群 $\mathbb{G}_i$, M_i 表示群 $\mathbb{G}_i$ 上的随机数倍点, E 表示 $\mathbb{G}_T$ 上的随机数幂运算.

6.3.7　协议安全性证明实例

SCK 协议是一个安全的标识认证密钥协商协议. 该协议具有众多安全属性, 包括完美密钥前向安全性和主密钥前向安全性. 作为示例, 下面给出该协议安全性定理 6.1 的详细证明过程. 协议的前向安全性证明可参见 [10]. 定理 6.1 证明过程利用了双线性友好曲线上 DDH 问题容易求解的特性, 使用 DDH 和随机谕示帮助模拟者在不知道某个实体的标识私钥的情况下, 正确回答对该实体参与会话的 *Reveal* 请求, 并保持随机谕示响应的一致性.

定理 6.1 ([10])　若 $\mathrm{BDH}^{\psi}_{2,2,1}$ 复杂性假设成立, 在随机谕示模型下, SCK 是一个安全的 AK. 具体地, 若存在一个攻击者 $\mathcal{A}$ 在攻击 SCK 协议过程中发出 q_i 次 H_i 随机谕示询问, 创建了 q_O 个会话谕示并且赢得游戏的优势为 $\epsilon(\kappa)$, 运行时间为 $t(\kappa)$, 那么存在一个算法 $\mathcal{B}$ 求解 $\mathrm{BDH}^{\psi}_{2,2,1}$ 问题的优势和运行时间分别为

$$\mathrm{Adv}_{\mathcal{B}}(\kappa) \geqslant \frac{1}{q_1 \cdot q_O \cdot q_2}\epsilon(\kappa),$$

$$t_{\mathcal{B}}(\kappa) \leqslant t(\kappa) + O(q_2^2\mathcal{T}^P),$$

其中 $\mathcal{T}^P$ 是双线性对计算耗时.

表 6.3 基于双线性对的标识密钥交换协议对比

协议	密钥生成	双线性对类型	安全属性						安全模型/复杂性假设	计算开销	消息长度
			KSK	FS			KCI	UKS			
				部分	完美	主私钥					
SOK	SOK	1,2,3,4	×	×	×	×	×	✓	—	$\bar{P}+1H_2$	0
Smart	SOK	1,2,3,4	✓	✓	×	×	✓	✓	mBR/GBDH	$2\tilde{P}+2M_1+1H_2$	$2\mathbb{G}_1$
SCK	SOK	1,2,3,4	✓	✓	✓	✓	✓	✓	mBR/BDH	$2\tilde{P}+3M_1+1H_2$	$2\mathbb{G}_1$
CJL	SOK	1,2,3,4	✓	✓	✓	✓	✓	✓	mBR/BDH	$2\tilde{P}+4M_1+1H_2$	$2\mathbb{G}_1$
RYY	SOK	1,2,3,4	✓	✓	✓	✓	×	✓	BR/BDH	$1\bar{P}+2M_1+1H_2$	$2\mathbb{G}_1$
BMP	SOK	1,2,3,4	✓	✓	✓	✓	×	✓	BR/BDH	$1\bar{P}+2M_1+1H_2$	$2\mathbb{G}_1$
SYL	SOK	1,4	✓	✓	✓	✓	✓	✓	mBR/BDH	$1P+3M_1+1H_2$	$2\mathbb{G}_1$
FSU	SOK	1,4	✓	✓	✓	✓	✓	✓	eCK/BDH	$1P+1\bar{P}+3M_1+1H_2$	$2\mathbb{G}_1$
HC	SOK	1,4	✓	✓	✓	✓	✓	✓	eCK/BDH	$2P+3M_1+2H_2$	$2\mathbb{G}_1$
CK	SOK	1,2,3,4	✓	✓	×	×	✓	✓	mBR/GBDH	$1P+1M_1+1M_2+1H_2$	$1\mathbb{G}_1+1\mathbb{G}_2$
Wang	SOK	1,2,3,4	✓	✓	✓	×	✓	✓	mBR/DBDH	$1P+2M_1+1M_2+1H_2$	$1\mathbb{G}_1+1\mathbb{G}_2$
CC	SOK	1,2,3,4	✓	✓	✓	×	✓	✓	CK/BDH	$1P+2M_1+1M_2+1H_2$	$1\mathbb{G}_1+1\mathbb{G}_2$
WCCC	SOK	1,2,3,4	✓	✓	✓	×	✓	✓	mBR/BDH	$1P+1\bar{P}+2M_1+$ $1E+1H_2$	$1\mathbb{G}_1+1\mathbb{G}_2$
Scott	SOK	1,2,3,4	✓	✓	✓	✓	×	✓	—	$1\bar{P}+2E+1H_2$	$2\mathbb{G}_T$
MB-1	SK	1,2,3,4	✓	✓	✓	✓①	×	✓	—	$1P+3M_1$	$2\mathbb{G}_1$
MB-2	SK	1,2,3,4	✓	✓	×	×	✓	✓	mBR/ℓ-GBCAA1	$1P+2M_1+1E$	$2\mathbb{G}_1$
MB-1+2	SK	1,2,3,4	✓	✓	✓	✓①	✓	✓	mBR/ℓ-GBCAA1	$1P+2M_1+2E$	$2\mathbb{G}_1$
MB-1+2′	SK	1,2,3,4	✓	✓	✓	✓①	✓	✓	mBR/ℓ-GBCAA1	$1P+2M_1+2E$	$2\mathbb{G}_1$
CCCT	SOK	1,2,3,4	✓	✓	✓	×	✓	✓	mBR/GBDH	$1P+2M_1+1M_2+1H_1$	$1\mathbb{G}_1+1\mathbb{G}_2+$ $\lceil\log_2 p\rceil+\xi$
CCCT$^+$	SOK	1,2,3,4	✓	✓	✓	✓	✓	✓	mBR/GBDH	$1P+4M_1+1M_2+1H_1$	$2\mathbb{G}_1+1\mathbb{G}_2+$ $\lceil\log_2 p\rceil+\xi$
HWB	SOK	1,2,3,4	✓	✓	✓	✓	✓	×	—	$1P+2\tilde{P}+5M_1+1H_1$	$2\mathbb{G}_1+\lceil\log_2 p\rceil$
HWB$^+$	SOK	1,2,3,4	✓	✓	✓	✓	✓	✓	—	$1P+2\tilde{P}+5M_1+1H_1$	$2\mathbb{G}_1+\lceil\log_2 p\rceil$

① 有条件的主私钥前向安全.

证明　按照前面的规定, 我们定义会话标识为消息的拼接 $xP_1\|yP_1$. 容易看到, SCK 满足定义 6.2 中的条件 1. 下面证明该协议满足安全 AK 定义 6.2 中的条件 2.

给定一个 $\mathrm{BDH}_{2,2,1}^{\psi}$ 问题的实例 $(P_1, P_2, aP_2, bP_2, cP_1)$, 我们构造一个算法 $\mathcal{B}$, 利用 $\mathcal{A}$ 作为子过程求解 $\mathrm{BDH}_{1,2,1}^{\psi}$ 问题. $\mathcal{B}$ 随机选择 I, J 满足 $1 \leqslant I \leqslant q_1$ 和 $1 \leqslant J \leqslant q_O$ 后与 $\mathcal{A}$ 采用如下过程进行游戏. 其中我们对符号 $\Pi_{i,j}^t$ 的定义稍作改变, 由原来指实体 i 的第 t 个会话实例改为整个游戏中的第 t 个会话实例, 其实体对象为 i, 如果该实体接受了会话, 其输出的另一方实体为 j. 另外, 在标识密码系统中实体的标识和实体的公钥在同一主公钥下是等价的, 因此我们不再专门描述公钥. 模型中的协议执行函数 $\Pi(1^k, i, j, S_i, P_i, P_j, tran_{i,j}^s, r_{i,j}^s, X)$ 变为 $\Pi(1^k, i, j, D_i, tran_{i,j}^s, r_{i,j}^s, X)$. 以上改变不会实质上改变安全模型的有效性.

- **Setup** $\mathbb{G}_{\mathtt{IDKE}}(1^k)$: $\mathcal{B}$ 利用 $\mathrm{BDH}_{2,2,1}^{\psi}$ 问题的实例构建主公钥 $M_{\mathfrak{pk}} = (\mathbb{G}_1, \mathbb{G}_2, \mathbb{G}_T, \hat{e}, P_1, \psi(aP_2), H_1, H_2)$ 返回给 $\mathcal{A}$, 即设 $P_{pub} = \psi(aP_2) = aP_1$, $M_{\mathfrak{sk}} = a$. $\mathcal{B}$ 不知道 $M_{\mathfrak{sk}}$. H_i 是两个由 $\mathcal{B}$ 控制的随机谕示.
- $H_1(\mathtt{ID}_i)$: $\mathcal{B}$ 维护一个表项为 $(\mathtt{ID}_i, Q_i, \ell_i)$ 的列表 H_1^{list}. $\mathcal{B}$ 按照如下方式响应询问:
  1. 若 $\mathtt{ID}_i$ 已经出现在 H_1^{list} 某个表项 $(\mathtt{ID}_i, Q_i, \ell_i)$ 中, 则 $\mathcal{B}$ 返回 $H_1(\mathtt{ID}_i) = Q_i$;
  2. 否则, 若 $\mathtt{ID}_i$ 是第 I 个不同的标识询问, $\mathcal{B}$ 将 $(\mathtt{ID}_i, bP_2, \perp)$ 插入列表, 返回 bP_2 (因此 $\mathtt{ID}_I$ 对应的私钥 D_I 为 abP_2, 但 $\mathcal{B}$ 不知道该值);
  3. 否则, $\mathcal{B}$ 随机选择 $\ell_i \in \mathbb{Z}_p^*$, 将 $(\mathtt{ID}_i, \ell_i P_2, \ell_i)$ 插入列表, 返回 $\ell_i P_2$.
- **Corrupt**$(\mathtt{ID}_i)$: $\mathcal{B}$ 查询 H_1^{list}. 如果 $\mathtt{ID}_i$ 未出现在列表项中, $\mathcal{B}$ 询问 $H_1(\mathtt{ID}_i)$. $\mathcal{B}$ 检查表项中的 ℓ_i 值: 若 $\ell_i \neq \perp$, 则 $\mathcal{B}$ 返回 $\ell_i aP_2$; 否则 $\mathcal{B}$ 终止游戏 (**事件 1**).
- **Send**$(\Pi_{i,j}^t, X)$: $\mathcal{B}$ 维护一个表项为 $(\Pi_{i,j}^t, tran_{i,j}^t, r_{i,j}^t, XK_{i,j}^t, K_{i,j}^t, f_{i,j}^t)$ 的列表 $\mathfrak{L}$. 其中 $tran_{i,j}^t$ 是谕示目前的消息记录; $r_{i,j}^t$ 是谕示生成输出消息的随机数; $f_{i,j}^t$ 是特殊谕示 (拥有 H_2 询问中的第 I 个不同标识的谕示) 生成输出消息的随机数, $XK_{i,j}^t$ 和 $K_{i,j}^t$ 初值为 $\perp$. $\mathfrak{L}$ 可能被 *Reveal* 和 H_2 询问更新. $\mathcal{B}$ 采用如下方式响应询问:
  1. 若 X 是会话的第二个消息 (即 $\mathfrak{L}$ 上已经存在一个谕示 $\Pi_{i,j}^t$ 且该谕示是会话发起者, 已经输出了会话的第一个消息), 则接受该会话并确定对方标识为 $\mathtt{ID}_j$, 否则 (即要创建新的谕示).
  2. 询问 $H_1(\mathtt{ID}_i)$ 和 $H_1(\mathtt{ID}_j)$.
  3. 若 $t = J$ (即要创建第 J 个谕示),

– 若 $\ell_j \neq \perp$(即 $\mathtt{ID}_j$ 不是第 I 个不同的 $H_1(\mathtt{ID}_i)$), 则终止游戏 (**事件 2**).

– 否则, 设置 $T_i = cP_1$, $r^t_{i,j} = \perp$. 如果 $X = \lambda$, 则创建一个会话发起者谕示 $\Pi^t_{i,j}$, 更新 $tran^t_{i,j} = cP_1$, 并输出 T_i; 否则创建一个会话响应者谕示 $\Pi^t_{i,j}$, 更新 $tran^t_{i,j} = X.cP_1$, 接受该会话并确定对方标识为 $\mathtt{ID}_j$, 输出 T_i.

4. 否则,

– 若 $\ell_i = \perp$, 随机生成 $f^t_{i,j} \in \mathbb{Z}^*_p$, 计算 $T_i = f^t_{i,j}P_{pub}$, 设置 $r^t_{i,j} = \perp$; 否则随机生成 $r^t_{i,j} \in \mathbb{Z}^*_p$, 计算 $T_i = r^t_{i,j}P_1$, 设置 $f^t_{i,j} = \perp$.

– 按照 $t = J$ 中的过程创建谕示 $\Pi^t_{i,j}$, 更新 $tran^t_{i,j}$, 输出消息 T_i. 如果 $\Pi^t_{i,j}$ 是会话响应者, 则接受该会话并确定对方标识为 $\mathtt{ID}_j$.

• **Reveal**($\Pi^t_{i,j}$): $\mathcal{B}$ 维护一个表项为 $(\mathtt{ID}_i, \mathtt{ID}_j, X_i, X_j, \Pi^t_{i,j})$ 的列表 $\mathcal{L}$. $\mathcal{B}$ 按照如下方式进行响应:

1. 从列表 $\mathfrak{L}$ 获得对应 $\Pi^t_{i,j}$ 的表项. 若 $\Pi^t_{i,j}$ 未接受, 则响应 $\perp$.
2. 若 $t = J$ 或者若第 J 个谕示为 $\Pi^J_{a,b}$ 且 $\mathtt{ID}_a = \mathtt{ID}_j, \mathtt{ID}_b = \mathtt{ID}_i$ 且 $\Pi^J_{a,b}$ 和 $\Pi^t_{i,j}$ 有相同的会话标识 (即有相同的消息记录, 因此是匹配的会话), 则终止游戏 (**事件 3**).
3. 若 $K^t_{i,j} \neq \perp$, 则返回 $K^t_{i,j}$, 否则按照如下方式计算会话密钥:

– 若 $r^t_{i,j} \neq \perp$ (因此, $\ell_i \neq \perp$ 且 $D_i = \ell_i aP_2$), 计算 $XK^t_{i,j} = \hat{e}(r^t_{i,j}P_{pub}, Q_j) \cdot \hat{e}(X, \ell_i aP_2)$, 其中 ℓ_i, Q_j 是以 $\mathtt{ID}_i$ 为索引在 H^{list}_1 查询到的列表项 $(\mathtt{ID}_i, Q_j, \ell_i)$ 中对应值, X 是 $tran^t_{i,j}$ 上接收的消息. 询问 H_2, 若 $\Pi^t_{i,j}$ 是会话发起者, 计算 $K^t_{i,j} = H_2(\mathtt{ID}_i, \mathtt{ID}_j, r^t_{i,j}P_2, X, XK^t_{i,j}, r^t_{i,j}X)$, 否则计算 $K^t_{i,j} = H_2(\mathtt{ID}_j, \mathtt{ID}_i, X, r^t_{i,j}P_2, XK^t_{i,j}, r^t_{i,j}X)$. 更新 $\mathfrak{L}$ 设置 $K^t_{i,j}$, 并将 $K^t_{i,j}$ 返回给 $\mathcal{A}$.

– 否则 ($r^t_{i,j} = \perp$, 因此 $r^t_{i,j} = f^t_{i,j}a$ 且 $D_i = abP_2$), $\mathcal{B}$ 不知道以上两值, 无法直接计算 $XK^t_{i,j} = \hat{e}(f^t_{i,j}aP_{pub}, Q_j) \cdot \hat{e}(X, abP_2)$ 与 $f^t_{i,j}aX$ (注意模型要求 $i \neq j$). $\mathcal{B}$ 将利用 $\mathbb{G}_1$ 上 DDH 问题容易计算的特性 (可以利用双线性对 $\hat{e}$ 完成 DDH 判定), 采用如下方式计算会话密钥:

(a) 查询 H^{list}_2(该列表为 H_2 谕示维护的列表), 若 $\Pi^t_{i,j}$ 是会话发起者, 查找表项 $(\mathtt{ID}_i, \mathtt{ID}_j, f^t_{i,j}P_{pub}, X, XK_u, YK_u, h_u)$, 否则查找表项 $(\mathtt{ID}_j, \mathtt{ID}_i, X, f^t_{i,j}P_{pub}, XK_u, YK_u, h_u)$, 满足等式 $\hat{e}(X, f^t_{i,j}aP_2) = \hat{e}(YK_u, P_2)$, 即 $YK_u = f^t_{i,j}aX$.

(b) 若找到 YK_u, 则计算

$$\begin{aligned} XK^t_{i,j} &= \hat{e}(r^t_{i,j}P_{pub}, Q_j) \cdot \hat{e}(X, D_i) \\ &= \hat{e}(f^t_{i,j}aP_{pub}, \ell_j P_2) \cdot \hat{e}(X, abP_2) \end{aligned}$$

$$= \hat{e}(f_{i,j}^t P_{pub}, \ell_j a P_2) \cdot \hat{e}\left(\frac{1}{f_{i,j}^t} YK_u, bP_2\right),$$

设置 $YK_{i,j}^t = YK_u$, 按照协议规定询问 H_2 计算 $K_{i,j}^t$.

(c) 否则, 随机选择 $K_{i,j}^t \in \{0,1\}^l$.

(d) 若 $\Pi_{i,j}^t$ 是会话发起者, 则将 $(\mathtt{ID}_i, \mathtt{ID}_j, f_{i,j}^t P_{pub}, X, \Pi_{i,j}^t)$ 插入列表 $\mathcal{L}$, 否则将 $(\mathtt{ID}_j, \mathtt{ID}_i, X, f_{i,j}^t P_{pub}, \Pi_{i,j}^t)$ 插入列表 $\mathcal{L}$.

(e) $\mathcal{B}$ 使用 $K_{i,j}^t$ 更新 $\mathfrak{L}$ 表项, 向 $\mathcal{A}$ 返回 $K_{i,j}^t$.

- $H_2(\mathtt{ID}_u^a, \mathtt{ID}_u^b, X_u, Y_u, XK_u, YK_u)$: $\mathcal{B}$ 维护一个表项为 $(\mathtt{ID}_u^a, \mathtt{ID}_u^b, X_u, Y_u, XK_u, YK_u, h_u)$ 的列表 H_2^{list}. $\mathcal{B}$ 按照如下方式响应请求:
  1. 若列表中有以 $(\mathtt{ID}_u^a, \mathtt{ID}_u^b, X_u, Y_u, XK_u, YK_u)$ 为索引的表项, 则 $\mathcal{B}$ 返回表项中的 h_u;
  2. 否则, $\mathcal{B}$ 以 $(\mathtt{ID}_u^a, \mathtt{ID}_u^b, X_u, X_u)$ 为索引查询 *Reveal* 操作维护的列表 $\mathcal{L}$ 的表项. 如果找到表项, 设表项中的谕示为 $\Pi_{i,j}^t$. 不失一般性, 假定 Y_u 是谕示 $\Pi_{i,j}^t$ 生成的消息, 所以 X_u 是谕示 $\Pi_{i,j}^t$ 收到的消息. 根据 *Send* 请求的处理方式, 必有 $Y_u = f_{i,j}^t aP_1$, 其中 $f_{i,j}^t$ 是列表 $\mathfrak{L}$ 上 $\Pi_{i,j}^t$ 谕示生成的随机数.
     - 检查 $\hat{e}(X_u, f_{i,j}^t aP_2) = \hat{e}(YK_u, P_2)$ 是否成立. 若等式成立, 即 $YK_u = f_{i,j}^t aX$, $\mathcal{B}$ 按如下方式响应:

       (a) 在 H_1^{list} 找到对应 $\mathtt{ID}_j$ 的表项, 获取 ℓ_j.

       (b) 采用 *Reveal* 响应中相同的方法计算:

$$\begin{aligned} XK_{i,j}^t &= \hat{e}(r_{i,j}^t P_{pub}, Q_j) \cdot \hat{e}(X_u, D_i) \\ &= \hat{e}(f_{i,j}^t aP_{pub}, \ell_j P_2) \cdot \hat{e}(X_u, abP_2) \\ &= \hat{e}(f_{i,j}^t P_{pub}, \ell_j aP_2) \cdot \hat{e}\left(\frac{1}{f_{i,j}^t} YK_u, bP_2\right). \end{aligned}$$

注意: 只有当 $D_i = abP_2$ 且 $Reveal(\Pi_{i,j}^t)$ 已经被询问了, 但是 $H_2(\mathtt{ID}_u^a, \mathtt{ID}_u^b, X_u, Y_u, XK_{i,j}^t, YK_u)$ 未被询问时, $\Pi_{i,j}^t$ 和相关信息才出现在 $\mathcal{L}$ 的表项中, 此时 $\mathfrak{L}$ 中对应 $\Pi_{i,j}^t$ 的 $K_{i,j}^t$ 是随机生成的数据.

(c) 设置 $h_u = K_{i,j}^t$. 将 $(\mathtt{ID}_u^a, \mathtt{ID}_u^b, X_u, Y_u, \Pi_{i,j}^t)$ 从列表 $\mathcal{L}$ 中移除. 把 $(\mathtt{ID}_u^a, \mathtt{ID}_u^b, X_u, Y_u, XK_{i,j}^t, YK_u, h_u)$ 插入列表 H_2^{list}.

(d) 检查 $XK_{i,j}^t = XK_u$ 是否成立. 若不等, $\mathcal{B}$ 随机选择 $h_u \in \{0,1\}^l$, 将 $(\mathtt{ID}_u^a, \mathtt{ID}_u^b, X_u, Y_u, XK_u, YK_u, h_u)$ 插入列表 H_2^{list}.

(e) 返回 h_u 给 $\mathcal{A}$.

   – 否则 (列表 $\mathcal{L}$ 没有表项满足等式检查), $\mathcal{B}$ 随机选择 $h_u \in \{0,1\}^l$, 将 $(\mathtt{ID}_u^a, \mathtt{ID}_u^b, X_u, Y_u, XK_u, YK_u, h_u)$ 插入列表 H_2^{list}, 返回 h_u.

  3. 否则 ($\mathcal{L}$ 中没有以 $(\mathtt{ID}_u^a, \mathtt{ID}_u^b, X_u, Y_u)$ 为索引的表项), $\mathcal{B}$ 随机选择 $h_u \in \{0,1\}^l$, 将 $(\mathtt{ID}_u^a, \mathtt{ID}_u^b, X_u, Y_u, XK_u, YK_u, h_u)$ 插入列表 H_2^{list}, 返回 h_u.

- **挑战 Test**$(\Pi_{i,j}^t)$: 若 $t \neq J$ 或 $t = J$ 但存在谕示 $\Pi_{j,i}^w$ 和 $\Pi_{i,j}^t$ 有相同的会话标识且被请求了 *Reveal* 询问, $\mathcal{B}$ 终止游戏 (**事件 4**)(根据游戏规则, $\Pi_{i,j}^t$ 一定已经接受了会话并输出会话对方标识为 $\mathtt{ID}_j$); 否则, 应有 $\ell_j = \perp, Q_j = bP_2$, $r_{i,j}^t = \perp$, $\mathcal{B}$ 随机选择 $K' \in \{0,1\}^l$, 返回 K' 给 $\mathcal{A}$.
- **猜测**: 一旦 $\mathcal{A}$ 结束了询问并返回其猜测 b', $\mathcal{B}$ 按照如下步骤计算 $\mathrm{BDH}_{2,2,1}^{\psi}$ 的答案:

  1. 计算 $D = \hat{e}(X, \ell_i P_{pub})$, 其中 X 是 $\Pi_{i,j}^J$ 的接收消息. 注意, 根据定义 6.1, $i \neq j$, 因此有 $D_i = \ell_i a P_2$, $\ell_i \neq \perp$ 是以 $\Pi_{i,j}^J$ 的标识 $\mathtt{ID}_i$ 为索引从列表 H_1^{list} 中对应表项获得的. 挑战的会话密钥应为

$$\begin{aligned} XK_{i,j}^t &= \hat{e}(cP_{pub}, bP_2) \cdot \hat{e}(X, \ell_i a P_2) \\ &= \hat{e}(P_1, P_2)^{abc} \cdot D. \end{aligned}$$

  2. $\mathcal{B}$ 从列表 H_2^{list} 随机选择 XK_ς, 返回 XK_ς / D 作为 BDH 的解.

断言 6.1 *若 $\mathcal{B}$ 没有终止游戏, $\mathcal{A}$ 不能区分实际攻击环境和模拟游戏.*

证明 游戏中所有的随机谕示都正确地响应了询问. 特别地, $\mathcal{B}$ 利用双线性对作为 $\mathbb{G}_1$ 群上 DDH 算法实现了 H_2 响应和 *Reveal* 询问响应之间的一致性. *Send* 询问的响应消息是在协议消息空间中随机均匀分布的. *Corrupt* 响应的私钥和主公钥以及 H_1 的输出是协调的. 因此 $\mathcal{A}$ 不能区分实际攻击环境和模拟游戏. □

断言 6.2 *设事件 5 为 H_2 上有过使用 $XK = \hat{e}(cP_{pub}, bP_2) \cdot \hat{e}(X, \ell_i a P_2)$ 的询问. 那么 $\Pr[\text{事件 } 5] \geqslant \epsilon(k)$.*

证明 假定在游戏中, *Test* 选择的新鲜谕示为 $\Pi_{i,j}^t$ 且实体 i 是会话发起者 (类似地, 实体 i 是会话的响应者时结论也成立). 设 $\mathcal{H}$ 为如下事件: ($\mathtt{ID}_i$, $\mathtt{ID}_j$, X_i^t, X_j^t, $*$, $*$) 在 H_2 上进行了询问, 其中 X_i^t 是实体 i 在该会话上生成的消息, X_j^t 是实体 j 在该会话上生成的消息或者来自于攻击者 $\mathcal{A}$. 下面分析如下情况:

- 情况 1: $\mathcal{A}$ 询问了 *Reveal*$(\Pi_{u,v}^w)$, 其中 $u \notin \{i,j\}$ 或 $v \notin \{i,j\}$, 即实体的标识不同于新鲜会话. 因使用不同于 $\mathtt{ID}_i$ 或 $\mathtt{ID}_j$ 的标识询问 H_2, 这类询问不会触发事件 $\mathcal{H}$.
- 情况 2: $\mathcal{A}$ 询问了 *Reveal*$(\Pi_{j,i}^w)$, 其中实体 j 是会话的发起者 (如果实体 i 在新鲜会话中是响应者, 那么 j 也是响应者, 即 j 在第 w 个会话中和 i 在第 t 个会话中具有相同的角色). 这样的 *Reveal* 询问会询问 $H_2(\mathtt{ID}_j, \mathtt{ID}_i, *,$

$*, *, *)$, 但不会触发事件 $\mathcal{H}$.

- 情况 3: $\mathcal{A}$ 询问了 $Reveal(\Pi_{j,i}^w)$, 其中实体 j 是会话的响应者 (如果实体 i 在新鲜会话中是响应者, 那么 j 是发起者, 即 i 和 j 在会话中具有配对的角色). 在这种情况下, $H_2(\mathtt{ID}_i, \mathtt{ID}_j, X_i^w, X_j^w, *, *)$ 可能被询问. 按照游戏的规则, $\Pi_{j,i}^w$ 和 $\Pi_{i,j}^t$ 不应有匹配的会话, 即有 $X_i^t \neq X_i^w$ 或 $X_j^t \neq X_j^w$. 因此事件 $\mathcal{H}$ 不会被这类询问触发.
- 情况 4: $\mathcal{A}$ 询问了 $Reveal(\Pi_{i,j}^w)$, 其中 $w \neq t$ 且实体 i 在第 t 个会话与第 w 个会话具有不同的角色. 像情况 2 中分析的一样, 事件 $\mathcal{H}$ 不会被这类询问触发.
- 情况 5: $\mathcal{A}$ 询问了 $Reveal(\Pi_{i,j}^w)$, 其中 $w \neq t$ 且实体 i 在第 t 个会话与第 w 个会话中的角色相同. 因为两个谕示 $\Pi_{i,j}^t$ 和 $\Pi_{i,j}^w$ 中, 实体 i 都不受攻击者控制, 那么 $X_i^t = X_i^w$ 发生的概率可忽略得小. 因此事件 $\mathcal{H}$ 最多以可忽略的概率发生.

设 $\mathcal{H}'$ 为如下事件: $H_2(\mathtt{ID}_i, \mathtt{ID}_j, X_i^t, X_j^t, XK_{i,j}^t, YK_{i,j}^t)$ 被询问了, 其中 $YK_{i,j}^t$ 是 X_i^t 和 X_j^t 的 DH 值, $XK_{i,j}^t$ 是按照协议计算的双线性对的结果. 在游戏中, 有两种情况下事件 $\mathcal{H}'$ 可能发生.

- 情形 1: $\mathcal{B}$ 不能计算 $XK_{i,j}^t$ 和 $YK_{i,j}^t$, 但被要求在 *Reveal* 询问中返回 $K_{i,j}^t$. 虽然对应值的 H_2 询问未被显式请求, $\mathcal{H}'$ 实际上是发生了, 因为在随机谕示模式下, 后续的询问 $H_2(\mathtt{ID}_i, \mathtt{ID}_j, X_i^t, X_j^t, XK_{i,j}^t, YK_{i,j}^t)$ 要求返回同样的 $K_{i,j}^t$.
- 情形 2: 攻击者询问了 $H_2(\mathtt{ID}_i, \mathtt{ID}_j, X_i^t, X_j^t, XK_{i,j}^t, YK_{i,j}^t)$.

根据上面的分析, *Reveal* 询问仅会以可忽略的概率触发 $\mathcal{H}'$ 事件. 因此情形 1 发生的概率可忽略得小, 即: 若事件 $\mathcal{H}'$ 发生, 应该是 $\mathcal{A}$ 询问了 $H_2(\mathtt{ID}_i, \mathtt{ID}_j, X_i^t, X_j^t, XK_{i,j}^t, YK_{i,j}^t)$.

因为 H_2 是随机谕示, $\Pr[b = b' | \overline{\mathcal{H}'}] = \dfrac{1}{2}$. 类似断言 4.1 中的证明, 我们有 $\epsilon(k) = |2\Pr[b = b'] - 1| \leqslant \Pr[\mathcal{H}']$, 即 $\mathcal{A}$ 计算以概率 $\epsilon(k)$ 计算了 $XK_{j,i}^t$ 并使用该值询问了 H_2. □

设**事件 6** 为攻击中 $\mathcal{A}$ 确实选择了 $\Pi_{i,j}^J$ 作为挑战中的新鲜谕示且 $\mathtt{ID}_j$ 是 H_1 上第 I 个不同的标识询问. 那么根据 6.1节中密钥交换协议安全性定义的规则, **事件 1, 2, 3, 4** 不会发生, 游戏不会终止. 因此,

$$\Pr[\overline{(\text{事件 } 1 \vee \text{事件 } 2 \vee \text{事件 } 3 \vee \text{事件 } 4)}] = \Pr[\text{事件 } 6] \geqslant \frac{1}{q_1 \cdot q_O}.$$

设**事件 7** 为 $\mathcal{B}$ 找到了正确的 XK_ς. 综上所述

$$\begin{aligned}\Pr[\mathcal{B}\text{ 成功}] &= \Pr[\text{事件 }6\wedge\text{事件 }5\wedge\text{事件 }7]\\ &\geqslant \frac{1}{q_1\cdot q_O\cdot q_2}\Pr[\text{事件 }5]\\ &\geqslant \frac{1}{q_1\cdot q_O\cdot q_2}\epsilon(k).\end{aligned}$$

□

6.4 无双线性对的标识密钥交换协议

Okamoto[64] 提出了第一个标识密钥交换协议. 该协议采用如下类似于 Shamir-IBS(见 5.4.1 小节) 的密钥生成算法. 该协议不能抵抗 KCI 攻击.

- **Setup** $\mathbb{G}_{\mathtt{IDKE}}(1^\kappa)$:
  1. 生成两个比特长度为 $\kappa/2$ 的素数 p, q, 计算 $N=pq$.
  2. 选择一个哈希函数: $H_1:\{0,1\}^*\to\mathbb{Z}_N^*$.
  3. 随机选择 $e\in_R\mathbb{Z}_N^*$ 和 $\varphi(N)$ 互素, 计算 d 满足 $ed=1 \mod \varphi(N)$.
  4. 随机选择元素 g, 使得 g 同时是 $\mathbb{Z}_p^*$ 和 $\mathbb{Z}_q^*$ 的生成元.
  5. 输出主公钥 $M_{\mathfrak{pk}}=(N,e,H_1,g)$ 和主私钥 $M_{\mathfrak{sk}}=d$.
- **Extract** $\mathbb{X}_{\mathtt{IDKE}}(M_{\mathfrak{pk}}, M_{\mathfrak{sk}}, \mathtt{ID}_A)$:
  1. 计算 $X_A=H_1(\mathtt{ID}_A)$.
  2. 计算标识私钥 $D_A=X_A^{-d} \mod N$.

协议中实体 A 和 B 随机选择 $r_A, r_B\in_R\mathbb{Z}_N$, 计算并交换如下消息:

$$\begin{aligned}A\to B &: T_A=g^{r_A}D_A \mod N\\ B\to A &: T_B=g^{r_B}D_B \mod N\end{aligned}$$

1. A 计算协商的秘密: $K=(T_B^eH_1(\mathtt{ID}_B))^{r_A}=((g^{r_B}D_B)^eX_B)^{r_A}=g^{er_Ar_B} \mod N$.
2. B 计算协商的秘密: $K=(T_A^eH_1(\mathtt{ID}_A))^{r_B}=((g^{r_A}D_A)^eX_A)^{r_B}=g^{er_Ar_B} \mod N$.

Günther[65] 提出了一个基于离散对数的标识密钥交换协议. 协议采用 ElGamal 签名算法生成标识密钥, 其密钥生成过程如下.

- **Setup** $\mathbb{G}_{\mathtt{IDKE}}(1^\kappa)$:
  1. 生成素数 p. 随机选择生成元 $g\in\mathbb{Z}_p^*$.
  2. 选择一个哈希函数: $H_1:\{0,1\}^*\to\mathbb{Z}_p^*$.

3. 随机选择 $s \in_R \mathbb{Z}_{p-1}$ 且 s 和 $p-1$ 互素, 计算 $Y = g^s \mod p$.
4. 输出主公钥 $M_{\mathfrak{pk}} = (p, g, Y, H_1)$ 和主私钥 $M_{\mathfrak{sk}} = s$.

- **Extract** $\mathbb{X}_{\mathtt{IDKE}}(M_{\mathfrak{pk}}, M_{\mathfrak{sk}}, \mathtt{ID}_A)$:

1. 计算 $x_A = H_1(\mathtt{ID}_A)$.
2. 随机选择 $k \in_R \mathbb{Z}_{p-1}$ 且 k 和 $p-1$ 互素.
3. 计算 $u_A = g^k \mod p, v_A = (x_A - su_A)/k \mod (p-1)$.
4. 输出标识私钥 $D_A = (u_A, v_A)$.

通过公式 $u_A^{v_A} \stackrel{?}{=} g^{H_1(\mathtt{ID}_A)}Y^{-u_A} = g^{kv_A} \mod p$ 可以校验 KGC 对消息 $\mathtt{ID}_A$ 的 ElGamal 签名的正确性, 即校验标识私钥的正确性. 因为 v_A 不公开, 所以只有拥有标识私钥的实体才可验证私钥的正确性. [1] 中 12.60 小节给出了一个优化的 ElGamal 签名方法用于标识私钥的生成.

Günther 协议是一个三报文协议, 协议过程如图 6.10 所示. 协商的会话密钥为 $K = u_A^{v_A r_B} u_B^{v_B r_A} \mod p$, 其中 r_A, r_B 分别是实体 A 和 B 在协议中生成的随机密钥.

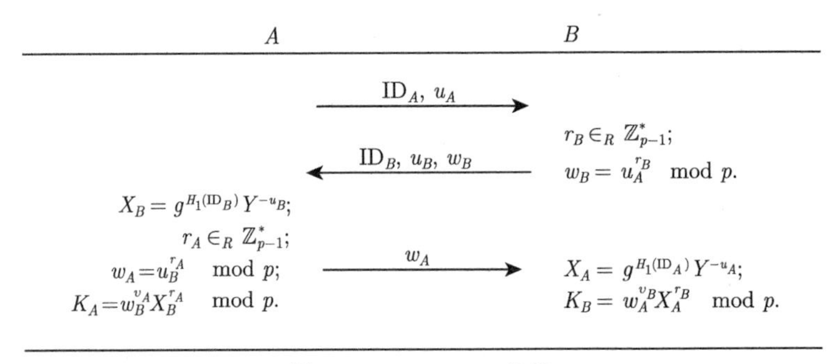

图 6.10 Günther 协议

该协议还有一些变形, 包括支持完美前向安全性的变形以及 Saeednia 协议 [66]. Saeednia 协议将 Günther 协议改进为两报文协议, 同时可以在不增加消息的情况下, 支持完美前向安全性. Saeednia 协议的密钥生成算法如下.

- **Setup** $\mathbb{G}_{\mathtt{IDKE}}(1^\kappa)$:

1. 生成素数 p, $p-1$ 有大素因子 q. 随机选择生成元 $g \in \mathbb{Z}_q$.
2. 选择一个哈希函数: $H_1 : \{0,1\}^* \to \mathbb{Z}_p^*$.
3. 随机选择 $s \in_R \mathbb{Z}_q$, 计算 $Y = g^s \mod p$.
4. 输出主公钥 $M_{\mathfrak{pk}} = (p, g, Y, H_1)$ 和主私钥 $M_{\mathfrak{sk}} = s$.

- **Extract** $\mathbb{X}_{\mathtt{IDKE}}(M_{\mathfrak{pk}}, M_{\mathfrak{sk}}, \mathtt{ID}_A)$:

1. 计算 $x_A = H_1(\mathtt{ID}_A)$.
2. 随机选择 $k \in_R \mathbb{Z}_q$.

3. 计算 $u_A = g^k \mod p, v_A = x_A k + u_A s \mod q$.

4. 输出标识私钥 $D_A = (u_A, v_A)$.

Extract 算法也是一个 ElGamal 签名的变形, 通过公式 $g^{v_A} \stackrel{?}{=} u_A^{H_1(\mathtt{ID}_A)} Y^{u_A} \mod p$ 可以校验 KGC 对消息 $\mathtt{ID}_A$ 的签名的正确性. Saeednia 协议的过程如图 6.11 所示. 协商的会话密钥为 $K = g^{r_B v_A} g^{v_B r_A} g^{r_B r_A} \mod p$, 其中 r_A, r_B 分别是实体 A 和 B 在协议中生成的随机密钥.

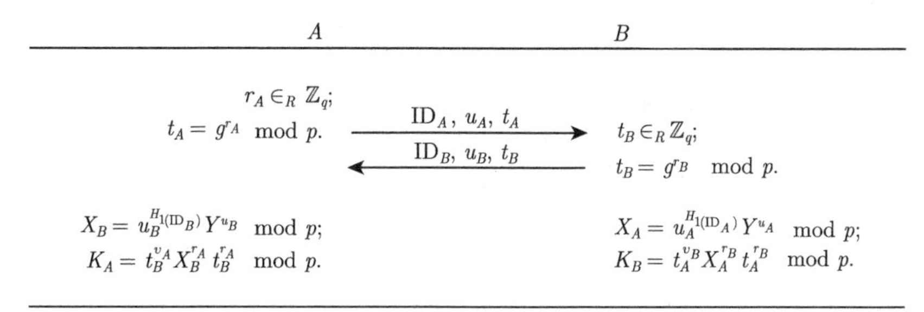

图 6.11 Saeednia 协议

Günther 协议和 Saeednia 协议都只有启发式的安全性分析, 没有形式化的安全性证明. 另外, 还有一类协议采用类似 Okamoto 协议的 **Setup** 方法但采用自认证密钥的方式生成用户密钥对 [67,68].

Zhu, Yang 和 Wong 设计了基于椭圆曲线离散对数问题的标识签名算法 ZYW-IBS(见 5.4.2 小节), 并基于此算法按照改进的 STS 协议 (图 6.12) 构造了一个无双线性对的标识密钥交换协议 ZYW 协议 [69]. ZYW 协议中签名消息还包括本方标识以及会话标识信息. [69] 在 CK 模型下证明协议的安全性, 其中披露会话状态询问返回会话中的随机密钥 r_A 或 r_B.

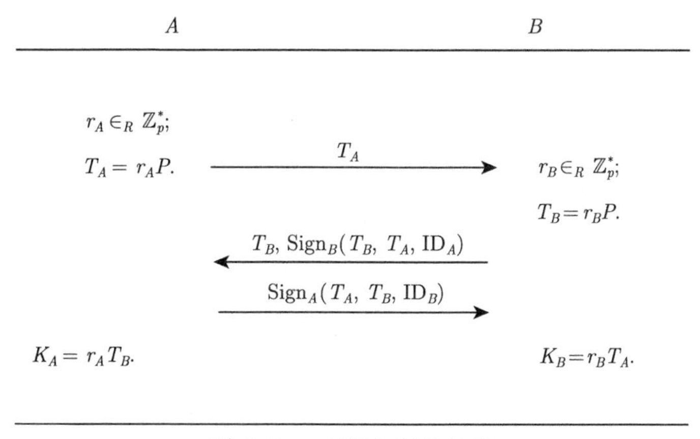

图 6.12 改进的 STS 协议

Fiore 和 Gennaro [70] 采用基于 Schnorr 签名算法构造的标识密钥生成方法 (该方法和 5.4.2 小节中 GG-IBS 的密钥生成方法相同), 结合 MTI-A(0) 以及基本 DH 协议形成如下协议 (这里采用 GG-IBS 的符号标记). 协议中实体 A 和 B 随机选择 $r_A, r_B \in_R \mathbb{Z}_p^*$, 计算并交换如下消息:

$$A \to B \ : \ Y_A, T_A = r_A P;$$
$$B \to A \ : \ Y_B, T_B = r_B P.$$

1. A 计算协商的秘密: $XK = (z_A + r_A)(T_B + X_B) = (z_A + r_A)(z_B + r_B)P, YK = r_A T_B = r_A r_B P$, 其中 $X_B = Y_B + H_1(Y_B, \mathtt{ID}_B)P_{pub} = z_B P$.
2. B 计算协商的秘密: $XK = (z_B + r_B)(T_A + X_A) = (z_A + r_A)(z_B + r_B)P, YK = r_B T_A = r_A r_B P$, 其中 $X_A = Y_A + H_1(Y_A, \mathtt{ID}_A)P_{pub} = z_A P$.
3. 双方计算会话密钥: $K = H_2(XK, YK)$.

[70] 给出了一个在 CK 模型下从 FG 协议的安全性到 GDH 复杂性假设的归约. 但是 Cheng 和 Ma [71] 利用 CK 模型的披露会话状态请求成功地给出了一个攻击 (图 6.13). 攻击者 $\mathcal{A}$ 在实体 A 生成协议报文 $(Y_A, T_A = r_A P)$ 后, 使用披露会话状态请求获得会话临时密钥 r_A, 然后生成消息 $(Y_B, T_B = r_E P - X_B)$. 注意到 A 计算 $XK = (z_A + r_A)(T_B + X_B) = (z_A + r_A)r_E P = r_E X_A + r_E T_A$, $\mathcal{A}$ 在没有 A 的标识私钥 z_A 的情况下也可以计算 XK. 另外, $\mathcal{A}$ 获得 r_A 后就可以计算 XK_2.

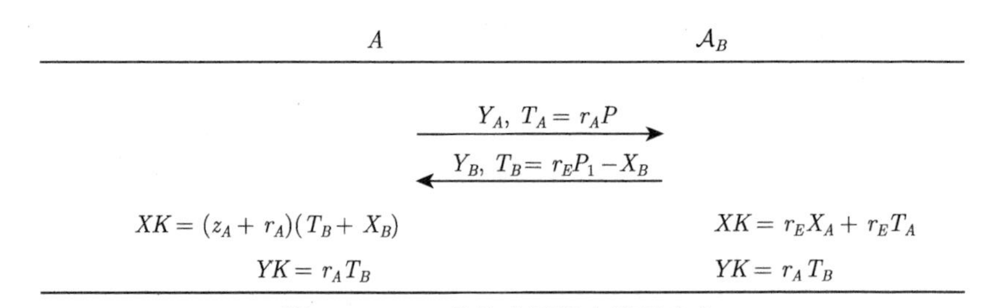

图 6.13　FG 协议会话状态泄露攻击

Fiore 和 Gennaro [70] 认可 [71] 的攻击是有效的, 但是认为该攻击在 CK 模型下是不允许的. 实际上, CK 模型 [11,13] 允许在新鲜会话上发起披露会话状态请求, 因此 FG 协议只能在弱化的 CK 模型或者 BR 模型下证明其安全性. 该攻击再次显示安全协议分析面临的挑战. [70] 另外指出可以采用孪生 DH 方法 [43] 对协议进行扩展, 扩展协议的安全性可以归约到 DH 复杂性假设.

参考文献

[1] Menezes A, Van Oorschot P, Vanstone S. Handbook of Applied Cryptography. Boca Raton: CRC Press, 1997.

[2] Burrows M, Abadi M, Needham R. A logic for authentication. DEC Systems Research Center Technical Report 39, 1990.

[3] Bellare M, Rogaway P. Entity authentication and key distribution. CRYPTO 1993, LNCS 773: 232-249.

[4] Blake-Wilson S, Menezes A. Entity authentication and authenticated key transport protocols employing asymmetric techniques. Security Protocols Workshop, 1997, LNCS 1361: 137-158.

[5] Bellare M, Rogaway P. Provably secure session key distribution: The three party case. STOC 1995: 57-66.

[6] Bresson E, Chevassut O, Pointcheval D. Provably authenticated group Diffie-Hellman key exchange — the dynamic case. ASIACRYPT 2001, LNCS 2248: 290-309.

[7] Pereira O. Modelling and security analysis of authenticated group key agreement protocols. Dissertation, Universite Catholique de Louvain, Louvain-la-Neuve, 2003.

[8] Bellare M, Pointcheval P, Rogaway P. Authenticated key exchange secure against dictionary attacks. EUROCRYPT 2000, LNCS 1807: 139-155.

[9] Shoup V, Rubin A. Session key distribution using smart cards. EUROCRYPT 1996, LNCS 1070: 321-331.

[10] Chen L, Cheng Z, Smart N. Identity-based key agreement protocols from pairings. IJIS, 2007, 6: 213-241.

[11] Choo K, Boyd C, Hitchcock Y. Examining indistinguishability-based proof models for key establishment protocols. ASIACRYPT 2005, LNCS 3788: 585-604.

[12] Bellare M, Canetti R, Krawczyk H. A modular approach to the design and analysis of authentication and key exchange protocols. STOC 1998: 419-428.

[13] Canetti R, Krawczyk H. Analysis of key-exchange protocols and their use for building secure channels. EUROCRYPT 2001, LNCS 2045: 453-474.

[14] Canetti R, Krawczyk H. Universally composable notions of key exchange and secure channels. EUROCRYPT 2002, LNCS 2332: 337-351.

[15] LaMacchia B, Lauter K, Mityagin A. Stronger security of authenticated key exchange. ProvSec 2007, LNCS 4784: 1-16.

[16] Cremers C. Examining indistinguishability-based security models for key exchange protocols: The case of CK, CK-HMQV, and eCK. ASIACCS 2011: 80-91.

[17] Blake-Wilson S, Johnson D, Menezes A. Key agreement protocols and their security analysis. Cryptography and Coding, 1997, LNCS 1355: 30-45.

[18] Cheng Z, Nistazakis M, Comley R, et al. On the indistinguishability-based security model of key agreement protocols-simple cases. IACR Cryptology ePrint Archive, 2005, Report 2005/129.

[19] Diffie W, Hellman M. New directions in cryptography. IEEE Trans. on Information Theory, 1976, 22 (6): 644-654.

[20] Matsumoto T, Takashima Y, Imai H. On seeking smart public-keydistribution systems. IEICE TRANSACTIONS 1986, 2: 99-106.

[21] Diffie W, Van Oorschot P, Wiener M. Authentication and authenticated key exchanges. Designs, Codes and Cryptography, 1992, 2: 107-125.

[22] IEEE. P1363 Standard Specification for Public-Key Cryptography. 2000.

[23] Menezes A, Qu M, Vanstone S. Some new key agreement protocols providing mutual implicit authentication. SAC 1995: 22-32.

[24] Krawczyk H. HMQV: A high-performance secure Diffie-Hellman protocol. CRYPTO 2005, LNCS 3621: 546-566.

[25] Krawczyk H. SIGMA: The 'SIGn-and-MAc' approach to authenticated Diffie-Hellman and its use in the IKE protocols. CRYPTO 2003, LNCS 2729: 400-425.

[26] Menezes A, Ustaoglu B. On the importance of public-key validation in the MQV and HMQV key agreement protocols. INDOCRYPT 2006, LNCS 4329: 133-147.

[27] Hao F. On robust key agreement based on public key authentication. SCN, 2014, 7(1): 77-87.

[28] Kunz-Jacques S, Pointcheval D. About the Security of MTI/C0 and MQV. SCN 2006, LNCS 4116: 156-172.

[29] IETF. RFC 2409 The Internet key exchange protocol (IKE). 1998.

[30] IETF. RFC 8446 The transport layer security (TLS) protocol version 1.3. 2018.

[31] Lowe G. Some new attacks upon security protocols. IEEE Computer Security Foundations Workshop, 1996: 162-169.

[32] Diemert D, Jager T. On the tight security of TLS 1.3: Theoretically-sound cryptographic parameters for real-world deployments. J. of Cryptology- Special Issue on TLS 1.3, 2020, 34: 30.

[33] Davis H, Günther F. Tighter proofs for the SIGMA and TLS 1.3 key exchange protocols. ACNS 2021, LNCS 12727: 448-479.

[34] Sakai R, Ohgishi K, Kasahara M. Cryptosystems based on pairing. Proc. of 2000 Symposium on Cryptography and Information Security, 2000, Japan.

[35] Chen L, Kudla C. Identity based authenticated key agreement from pairings. IEEE Computer Security Foundations Workshop, 2003: 219-233.

[36] Choie Y, Jeong E, Lee E. Efficient identity-based authenticated key agreement protocol from pairings. Applied Mathematics and Computation, 2005, 162: 179-188.

[37] Ryu E, Yoon E, Yoo K. An efficient ID-based authenticated key agreement protocol from pairings. NETWORKING 2004, LNCS 3042: 1458-1463.

[38] Shim K. Efficient ID-based authenticated key agreement protocol based on the Weil pairing. Electronics Letters, 2003, 39: 653-654.

[39] Yuan Q, Li S. A new effcient ID-based authenticated key agreement protocol. IACR Cryptology ePrint Archive, 2005, Report 2005/309.

[40] Huang H, Cao Z. An ID-based authenticated key exchange protocol based on bilinear Diffie-Hellman problem. ASIACCS 2009: 333-342.

[41] Fujioka A, Suzuki K, Ustaoglu B. Ephemeral key leakage resilient and efficient ID-AKEs that can share identities, private and master Keys. Pairing 2010, 6487: 187-205.

[42] Smart N. An identity based authenticated key agreement protocol based on the Weil pairing. Electronics Letters, 2002, 38: 630-632.

[43] Cash D, Kiltz E, Shoup V. The twin diffie-hellman problem and applications. EUROCRYPT 2000, LNCS 4965: 127-145.

[44] Ni L, Chen G, Li J, et al. Strongly secure identity-based authenticated key agreement protocols. Computers & Electrical Engineering, 2011, 37(2): 205-217.

[45] Ateniese G, Steiner M, Tsudik G. Authenticated group key agreement and friends. CCS 1998: 17-26.

[46] Boyd C, Mao W, Paterson K. Key agreement using statically keyed authenticators. ACNS 2004, LNCS 3089: 248-262.

[47] Sun H, Hsieh B. Security analysis of Shim's authenticated key agreement protocols from pairings. IACR Cryptology ePrint Archive, 2003, Report 2003/113.

[48] Chen L, Kudla C. Identity based authenticated key agreement from pairings. IACR Cryptology ePrint Archive, 2002, Report 2002/184.

[49] Wang Y. Efficient identity-based and authenticated key agreement protocol. Transactions on Computational Science XVII, 2013, LNCS 7420: 172-197.

[50] Chow S, Choo K. Strongly-secure identity-based key agreement and anonymous extension. ISC 2007, LNCS 4779: 203-220.

[51] Wang S, Cao Z, Cheng Z. et al. Perfect forward secure identity-based authenticated key agreement protocol in the escrow mode. Sci. China Ser. F-Inf. Sci., 2009, 52: 1358-1370.

[52] Kudla C, Paterson K. Modular security proofs for key agreement protocols. ASIACRYPT 2005, LNCS 3788: 549-565.

[53] Scott M. Authenticated ID-based key exchange and remote log-in with insecure token and PIN number. IACR Cryptology ePrint Archive, 2002, Report 2002/164.

[54] McCullagh N, Barreto P. A new two-party identity-based authenticated key agreement. CT-RSA 2005, LNCS 3376: 262-274.

[55] McCullagh N, Barreto P. A new two-party identity-based authenticated key agreement. IACR Cryptology ePrint Archive, 2004, Report 2004/122.

[56] Cheng Z, Chen L. On security proof of McCullagh-Barreto's key agreement protocol and its variants. IJSN, 2007, 2(3/4): 251-259.

[57] GM/T 0044-2016. Identity-based cryptographic algorithms SM9. 2016.

[58] Cheng Z. Security analysis of SM9 key agreement and encryption. Inscrypt 2018, LNCS 11449: 3-25.

[59] 3GPP. 3G Security; Security Architecture (3GPP TS 33.102 version 15.0.0 release 15). 2018.

[60] IETF. RFC 7296 Internet key exchange protocol version 2 (IKEv2). 2014.

[61] Cheng Z, Chen L, Comley R, et al. Identity-based key agreement with unilateral identity privacy using pairings. ISPEC 2006, LNCS 3903: 202-213.

[62] Hölbl M, Welzer T, Brumen B. An improved two-party identity-based authenticated key agreement protocol using pairings. J. Comput. Syst. Sci., 2012, 78(1): 142-150.

[63] Arazi B. Integrating a key distribution procedure into the digital signature standard. Electronics Letters, 1993, 29(11): 966-967.

[64] Okamoto E. Key distribution systems based on identification information. CRYPTO 1987, LNCS 293: 175-184.

[65] Günther C. An identity-based key-exchange protocol. EUROCRYPT 1989, LNCS 434: 29-37.

[66] Saeednia S. Improvement of Günther's identity-based key exchange protocol. Electronics Letters, 2000, 36(18): 1535-1536.

[67] Girault M, Paillès J. An identity-based scheme providing zero-knowledge authentication and authenticated key exchange. ESORICS 1990, LNCS 473: 173-184.

[68] Girault M. Self-certified public keys. EUROCRYPT 1991, LNCS 547: 490-497.

[69] Zhu R, Yang G, Wong D. An efficient identity-based key exchange protocol with KGS forward secrecy for low-power devices. Theoretical Computer Science, 2007, 378(2): 198-207.

[70] Fiore D, Gennaro R. Identity-based key exchange protocols without pairings. Transactions on Computational Science, 2010, 10: 42-77.

[71] Cheng Q, Ma C. Ephemeral key compromise attack on the IB-KA protocol. IACR Cryptology ePrint Archive, 2009, Report 2009/568.

第 7 章　格基标识加密

Shor [1,2] 在 1994 年提出利用量子傅里叶变换等方法在多项式时间内求解大数分解和有限域上的离散对数问题, 使得量子计算机可能破解目前使用的 RSA 密码系统和离散对数公钥密码系统. 在 2003 年, Proos 和 Zalka [3] 首次详细分析了应用 Shor 方法求解椭圆曲线离散对数问题 (ECDLP). 在 2017 年, Roetteler 等 [4] 给出了椭圆曲线点加的具体量子电路并评估了量子 ECDLP 算法的开销. Häner 等 [5] 进一步优化了 [4] 中的量子电路并给出更新的 ECDLP 量子电路复杂性评估. 虽然根据 [4,5] 的评估, 求解 256 比特素域上的 ECDLP 需要的逻辑量子比特超过 2000 个, 远超目前量子计算机的水平, 但是我们仍需未雨绸缪, 研究在量子计算时代可以安全使用的公钥密码算法.

格上一些困难问题 [6,7] 即使在能够利用量子叠加态的计算模型下, 仍然还没有找到多项式时间算法 (目前只有指数时间算法). 因此利用这些困难问题构造的公钥密码系统很可能在量子计算机时代仍然是安全的. 本章介绍一些基于格构造的陷门和标识加密算法. 首先介绍一些格的基础知识, 然后描述首个格基标识加密算法 GPV-IBE [8] 及其在随机谕示模型下的安全性分析. 7.3 节介绍一些在标准模型下安全性可证明的格基标识加密算法和相关陷门构造.

7.1　格密码预备知识

7.1.1　格的相关定义

定义 7.1　设 $\mathbb{R}^n$ 为 n 维欧几里得空间, $\boldsymbol{b}_1, \cdots, \boldsymbol{b}_m \in \mathbb{R}^n$ 为 m 个线性无关的向量 $(m \leqslant n)$. 格是包含于 $\mathbb{R}^n$ 的集合

$$\Lambda = \mathcal{L}(\boldsymbol{b}_1, \cdots, \boldsymbol{b}_m) = \left\{ \sum_{i=1}^{m} x_i \boldsymbol{b}_i : x_i \in \mathbb{Z} \right\}.$$

令 $\boldsymbol{B} \in \mathbb{R}^{n\times m}$ 是由 $\boldsymbol{b}_i$ 构成的矩阵, 其中 $\boldsymbol{b}_i$ 为 $\boldsymbol{B}$ 的第 i 列向量. 记 $\Lambda = \mathcal{L}(\boldsymbol{B}) = \{\boldsymbol{B}\boldsymbol{x} : \boldsymbol{x} \in \mathbb{Z}^m\}$. 称 m 为格的秩. 当 $m = n$ 时, 称 Λ 为满秩格. 可以看到, 对于向量加运算, Λ 是 $\mathbb{R}^n$ 的加法子群且是离散的. 定义如下陪集的商群 $\mathbb{R}^n/\Lambda$.

$$\boldsymbol{c}+\Lambda=\{\boldsymbol{c}+\boldsymbol{v}:\boldsymbol{v}\in\Lambda\},\quad \boldsymbol{c}\in\mathbb{R}^n.$$

商群的加法操作为 $(\boldsymbol{c}_1+\Lambda)+(\boldsymbol{c}_2+\Lambda)=(\boldsymbol{c}_1+\boldsymbol{c}_2)+\Lambda$.

定义 7.2 **范数**是一个函数 $\|\cdot\|:\mathbb{R}^n\to\mathbb{R}$ 满足:

- $\|\boldsymbol{x}\|\geqslant 0$ 且 $\|\boldsymbol{x}\|=0$ 当且仅当 $\boldsymbol{x}=\boldsymbol{0}$;
- $\|\alpha\boldsymbol{x}\|=|\alpha|\|\boldsymbol{x}\|,\alpha\in\mathbb{R}$;
- $\|\boldsymbol{x}+\boldsymbol{y}\|\leqslant\|\boldsymbol{x}\|+\|\boldsymbol{y}\|$.

设 $\boldsymbol{x}^t=[x_1,\cdots,x_n]$. 常用的范数有:

- 欧几里得范数: $\ell_2=\sqrt{\sum_{i=1}^n x_i^2}=\|\boldsymbol{x}\|$.
- 无穷范数: $\ell_\infty=\max_{i=1}^n|x_i|=\|\boldsymbol{x}\|_\infty$.

默认情况下范数指欧几里得范数. 根据上面定义, 进一步定义矩阵 $\boldsymbol{R}$ 的一些范数:

- $\|\boldsymbol{R}\|$ 代表矩阵中列的最大 ℓ_2.
- $\|\boldsymbol{R}\|_{\rm GS}$ 代表矩阵 $\boldsymbol{R}$ 经过 Gram-Schmidt 变换后得到 $\tilde{\boldsymbol{R}}$ 后的 $\|\tilde{\boldsymbol{R}}\|$.
- 记 $s(\boldsymbol{R})_1$ 为 $\boldsymbol{R}$ 的谱范数: $s(\boldsymbol{R})_1=\sup_{\|\boldsymbol{x}\|=1}(\boldsymbol{R}\boldsymbol{x})=\max_{\|\boldsymbol{y}\|\neq 0}\|\boldsymbol{R}\boldsymbol{y}\|/\|\boldsymbol{y}\|$.

格的**最短距离**是格的最短非 $\boldsymbol{0}$ 向量的长度:

$$\lambda_1(\Lambda)=\min_{\boldsymbol{x}\in\Lambda\setminus\{\boldsymbol{0}\}}\|\boldsymbol{x}\|=\min_{\boldsymbol{x}\neq\boldsymbol{y}\in\Lambda}\|\boldsymbol{x}-\boldsymbol{y}\|.$$

格的**第 i 个连续最小** $\lambda_i(\Lambda)$ 是中心在原点包含 i 个线性无关格向量的最小球的半径.

定义 7.3 设 $\text{span}(\boldsymbol{B})=\{\boldsymbol{B}\boldsymbol{z}:\boldsymbol{z}\in\mathbb{R}^m\}$, $\langle\boldsymbol{x},\boldsymbol{y}\rangle$ 为两个向量的内积. Λ 的**对偶**定义为

$$\Lambda^*=\{\boldsymbol{x}\in\text{span}(\boldsymbol{B}):\forall\boldsymbol{v}\in\Lambda,\langle\boldsymbol{x},\boldsymbol{v}\rangle\in\mathbb{Z}\}.$$

可以看到 Λ^* 也是一个格. 当 $\boldsymbol{B}$ 是满秩格 Λ 的基时, $(\boldsymbol{B}^{-1})^t$ 为 Λ^* 的基, 其中 $\boldsymbol{B}^t$ 为矩阵 $\boldsymbol{B}$ 的转置.

定义 7.4 设 q 为素数, $\boldsymbol{A}\in\mathbb{Z}_q^{n\times m}$, $\boldsymbol{u}\in\mathbb{Z}_q^n$. 定义如下三个$m$ **维模格**:

$$\begin{aligned}\Lambda_q(\boldsymbol{A})&=\{\boldsymbol{x}\in\mathbb{Z}_q^m:\exists\boldsymbol{s}\in\mathbb{Z}_q^n,\boldsymbol{x}=\boldsymbol{A}^t\boldsymbol{s}\mod q\},\\ \Lambda_q^\perp(\boldsymbol{A})&=\{\boldsymbol{e}\in\mathbb{Z}^m:\boldsymbol{A}\boldsymbol{e}=\boldsymbol{0}\mod q\},\\ \Lambda_q^{\boldsymbol{u}}(\boldsymbol{A})&=\{\boldsymbol{x}\in\mathbb{Z}^m:\boldsymbol{A}\boldsymbol{x}=\boldsymbol{u}\mod q\}.\end{aligned}$$

因 $\Lambda_q^\perp(\boldsymbol{A})=q\cdot\Lambda_q(\boldsymbol{A})^*$ 且 $\Lambda_q(\boldsymbol{A})=q\cdot\Lambda_q^\perp(\boldsymbol{A})^*$, $\Lambda_q(\boldsymbol{A})$ 和 $\Lambda_q^\perp(\boldsymbol{A})$ 互为对偶. 另外, 对 $\boldsymbol{z}\in\Lambda_q^{\boldsymbol{u}}(\boldsymbol{A})$, 有 $\Lambda_q^{\boldsymbol{u}}(\boldsymbol{A})=\Lambda_q^\perp(\boldsymbol{A})+\boldsymbol{z}$.

7.1.2 格上的高斯函数

设有限集合 S 上的两个概率分布 $X=\{X_\kappa\}$ 与 $Y=\{Y_\kappa\}$, κ 为参数. X 和 Y 之间的统计距离定义为

$$\Delta=\frac{1}{2}\sum_{\alpha\in S}|\Pr[X=\alpha]-\Pr[Y=\alpha]|.$$

如果两个概率分布之间的统计距离是关于 κ 可忽略的 ($\Delta\leqslant\epsilon(\kappa)$), 那么我们称两个概率分布是统计不可区分的或是统计上接近的. 若对任意多项式算法 $\mathcal{A}$ 有

$$|\Pr[\mathcal{A}(X_\kappa)=1]-\Pr[\mathcal{A}(Y_\kappa)=1]|\leqslant\epsilon(\kappa),$$

则称两个概率分布是计算不可区分的.

对任意正数 $\sigma\in\mathbb{R}$ 和任意的向量 $\boldsymbol{c}\in\mathbb{R}^n$, 定义以 $\boldsymbol{c}$ 为中心, 以 σ 为参数 (标准方差为 σ^2) 的**高斯函数**为

$$\rho_{\sigma,\mathbf{c}}(\boldsymbol{x})=\exp(-\pi\|\boldsymbol{x}-\mathbf{c}\|^2/\sigma^2).$$

格上离散高斯函数定义为

$$D_{\Lambda,\sigma,\boldsymbol{c}}=\frac{\rho_{\sigma,\boldsymbol{c}}(\boldsymbol{x})}{\rho_{\sigma,\boldsymbol{c}}(\Lambda)},$$

其中 $\rho_{\sigma,\boldsymbol{c}}(\Lambda)=\sum_{\boldsymbol{y}\in\Lambda}\rho_{\sigma,\boldsymbol{c}}(\boldsymbol{y})$. 在上面定义中, 若 $\boldsymbol{c}=\mathbf{0}$ 或 $\sigma=1$, 则省略对应符号. 另外, $D_{\Lambda^m,\sigma,\mathbf{c}}=(D_{\Lambda,\sigma,\mathbf{c}})^m$.

Micciancio 和 Regev [9] 提出格的一个重要度量参数: 平滑参数 (Smoothing Parameter). 它是最小的正实数 σ 使得 $D_{\Lambda,\sigma}$ 的行为非常接近连续的高斯函数, 或者可认为是最小的宽度 $\sigma>0$ 使得几乎每个陪集 $\boldsymbol{c}+\mathcal{L}$ 都有相同的高斯质量 $\rho_\sigma(\boldsymbol{c}+\mathcal{L})=\sum_{\boldsymbol{x}\in\mathbf{c}+\mathcal{L}}\rho_\sigma(\boldsymbol{x})$.

定义 7.5 对任意的 n 维格 Λ 和正实数 ϵ, 平滑参数 η_ϵ 是最小的正实数 σ 满足

$$\rho_{1/\sigma}(\Lambda^*\setminus\{0\})\leqslant\epsilon.$$

定理 7.1 ([9]) 设满秩格 $\Lambda\subseteq\mathbb{R}^n$, 有

$$\eta_{2^{-n}}(\Lambda)\leqslant\sqrt{n}/\lambda_1(\Lambda^*).$$

定理 7.2 ([8–10]) 设满秩格 $\Lambda\subseteq\mathbb{R}^n$ 有基 $\boldsymbol{B}$, $\epsilon\in(0,1/2)$, 有

$$\eta_\epsilon(\Lambda)\leqslant\min\|\boldsymbol{B}\|_{\text{GS}}\cdot\sqrt{\log(2n(1+1/\epsilon))/\pi}\leqslant\lambda_n(\Lambda)\cdot\sqrt{\log O(n/\epsilon)}.$$

特别地, 对任意的 $\omega(\sqrt{\log n})$, 存在可忽略函数 $\epsilon(n)$ 使得 $\eta_\epsilon\leqslant\|\boldsymbol{B}\|_{\text{GS}}\cdot\omega(\sqrt{\log n})$.

下面是一些关于离散高斯分布的结论. 设 $q \geqslant 2$, 对矩阵 $\boldsymbol{A} \in \mathbb{Z}_q^{n\times m}$, 其列向量生成 $\mathbb{Z}_q^n$(即 $\boldsymbol{A}\cdot\mathbb{Z}^m = \mathbb{Z}_q^n$), $\boldsymbol{S}$ 是 $\Lambda_q^{\perp}(\boldsymbol{A})$ 的任意基, 任意 $\boldsymbol{u} \in \mathbb{Z}_q^n$, 设 $\sigma \geqslant \|\boldsymbol{S}\|_{\text{GS}} \cdot \omega(\sqrt{\log m})$, 有:

- ([9])$\Pr_{\boldsymbol{x}\leftarrow D_{\Lambda_q^{\boldsymbol{u}}(\boldsymbol{A}),\sigma}}[\|\boldsymbol{x}\| > \sigma\sqrt{m}\ ] \leqslant \epsilon(n)$.
- ([7,11]) $D_{\Lambda_q^{\perp}(\boldsymbol{A}),\sigma}$ 上的 $O(m\log m)$ 独立采样大概率包括了 $\mathbb{Z}^m$ 的 m 组线性无关向量, 不包括的概率为 $\epsilon(n)$.

7.1.3 格相关的计算困难问题

格上有些计算问题目前只有指数时间算法, 其中一些计算问题被用来构造密码系统. 下面是其中一些和本章相关的计算问题.

定义 7.6　短整数解 ($\text{SIS}_{n,m,q,\beta}$: Short Integer Solution). 给定均匀随机采样的矩阵 $\boldsymbol{A} \in \mathbb{Z}_q^{n\times m}$, 输出一个非 $\boldsymbol{0}$ 的整数向量 $\boldsymbol{x} \in \mathbb{Z}^m$ 满足 $\boldsymbol{A}\boldsymbol{x} = \boldsymbol{0} \mod q$ 且范数 $\|\boldsymbol{x}\| \leqslant \beta$.

定义 7.7　非齐次短整数解 ($\text{ISIS}_{n,m,q,\beta}$: Inhomogeneous Short Integer Solution). 给定均匀随机采样的矩阵 $\boldsymbol{A} \in \mathbb{Z}_q^{n\times m}$ 和 $\boldsymbol{u} \in \mathbb{Z}_q^n$, 输出一个非 $\boldsymbol{0}$ 的整数向量 $\boldsymbol{x} \in \mathbb{Z}^m$ 满足 $\boldsymbol{A}\boldsymbol{x} = \boldsymbol{u} \mod q$ 且范数 $\|\boldsymbol{x}\| \leqslant \beta$.

定义 7.8　最短向量问题 (SVP: Shortest Vector Problem). 给定格 Λ 的任意基 $\boldsymbol{B}$, 输出非 $\boldsymbol{0}$ 最短格向量 $\boldsymbol{v}$, 即 $\boldsymbol{v} \in \Lambda$ 满足 $\|\boldsymbol{v}\| = \lambda_1(\Lambda)$.

很多情况下使用最短向量的近似解更容易构造密码系统. 近似短向量由近似参数 γ 来决定解的近似程度. γ 一般是格维数 n 的一个函数 $\gamma(n) \geqslant 1$.

定义 7.9　近似最短向量问题 (SVP_γ : Approximate Shortest Vector Problem). 给定 n 维格 Λ 的一个基 $\boldsymbol{B}$, 输出格向量 $\boldsymbol{v} \in \Lambda$ 满足 $\|\boldsymbol{v}\| \leqslant \gamma(n)\cdot\lambda_1(\Lambda)$.

定义 7.10　近似最短无关向量组问题 (SIVP_γ: Approximate Shortest Independent Vectors Problem). 给定满秩 n 维格 Λ 的一个基 $\boldsymbol{B}$, 输出 n 个线性无关格向量组成的集合 $\boldsymbol{S} = \{\boldsymbol{s}_i\} \subset \Lambda$, 其中每个 $\boldsymbol{s}_i$ 都满足 $\|\boldsymbol{s}_i\| \leqslant \gamma(n)\cdot\lambda_n(\Lambda)$.

定义 7.11　判定性近似 SVP(GapSVP_γ: Decisional Approximate SVP). 给定 n 维格 Λ 的一个基 $\boldsymbol{B}$, 判定 $\lambda_1(\Lambda) \leqslant 1$ 还是 $\lambda_1(\Lambda) > \gamma(n)$.

定义 7.12　限定距离解码问题 (BDD_γ: Bounded Distance Decoding problem). 给定 n 维格 Λ 的一个基 $\boldsymbol{B}$ 和一个目标点 $\boldsymbol{t} \in \mathbb{R}^n$, $\boldsymbol{t}$ 和格的距离小于 $d = \lambda_1(\Lambda)/(2\gamma(n))$, 找到唯一点 $\boldsymbol{v} \in \Lambda$ 满足 $\|\boldsymbol{t} - \boldsymbol{v}\| < d$.

Regev [7] 在 2005 年提出著名的**带错误的学习问题** (LWE: Learning With Errors), 并通过量子算法建立了 LWE 问题和 GapSVP 以及 SIVP_γ 的联系.

定义 7.13　LWE 分布. 设向量 $\boldsymbol{s} \in \mathbb{Z}_q^n$, 在 $\mathbb{Z}_q^n \times \mathbb{Z}_q$ 上的 LWE 分布 $A_{\boldsymbol{s},\chi}$ 为均匀随机选取 $\boldsymbol{a} \in \mathbb{Z}_q^n$, 根据错误分布 χ 选择 e, 输出 $(\boldsymbol{a}, b = \langle\boldsymbol{s},\boldsymbol{a}\rangle + e \mod q)$.

定义 7.14　$\text{LWE}_{n,m,q,\chi}$ 问题. 给定 m 个从 $A_{\boldsymbol{s},\chi}$ 独立选取的随机采样, 计

算输出 $\boldsymbol{s}$, 即给定矩阵 $\boldsymbol{A} \in \mathbb{Z}_q^{n\times m}$ 和 $\boldsymbol{b}^t = \boldsymbol{s}^t\boldsymbol{A} + \boldsymbol{e}^t \mod q$, $\boldsymbol{e} \leftarrow \chi^m$, 求解 $\boldsymbol{s}$.

定义 7.15 判定性 $\mathbf{LWE}_{n,m,q,\chi}$ 问题. 给定 m 个从 $A_{\boldsymbol{s},\chi}$ 独立选取的随机采样或是均匀随机采样 $\boldsymbol{A} \in \mathbb{Z}_q^{n\times m}$ 和 $\boldsymbol{v} \in \mathbb{Z}_q^m$, 判定是哪种采样, 即给定矩阵 $\boldsymbol{A} \in \mathbb{Z}_q^{n\times m}$, 区分 $(\boldsymbol{A}, \boldsymbol{b}^t = \boldsymbol{s}^t\boldsymbol{A} + \boldsymbol{e}^t \mod q)$ 和 $(\boldsymbol{A}, \boldsymbol{v}^t)$.

Regev 使用量子归约算法证明了如下结论. 证明过程分为两个主要阶段: ① 证明利用 LWE 问题的求解算法作为子算法构造量子算法求解 GapSVP_γ 和 SIVP_γ; ② 使用经典归约 (不使用量子运算) 证明 LWE 问题和判定性 LWE 问题是 (关于 m) 多项式时间等价的.

定理 7.3 ([7]) 对任意的 n 维格和任意多项式 $m = m(n)$ 和 $q = q(n)$ 以及 $\alpha = \alpha(n) \in (0, 1)$ 满足 $\alpha q \geqslant 2\sqrt{n}$, χ 是参数为 αq 的离散高斯分布, 求解判定性 $\mathrm{LWE}_{n,m,q,\chi}$ 至少与量子算法求解 GapSVP_γ 和 SIVP_γ 一样难, 其中 $\gamma = \tilde{O}(n/\alpha)$.

可以看到当 n 固定时, α 变大, 则 γ 变小, 问题变难. Peikert [12] 进一步证明对指数 $q > 2^{n/2}$, GapSVP_γ 也可量子归约到判定性 $\mathrm{LWE}_{n,m,q,\chi}$ 问题. Brakerski 等 [13] 则给出了 GapSVP_γ 到 n^2 维格上判定性 LWE 问题的经典归约, 其中 $q = q(n)$ 为多项式. 一般认为 GapSVP_γ 是量子计算困难问题, 因此安全性可归约到 LWE 问题的密码系统是量子计算安全的. [14] 证明了若 LWE 分布中 $\boldsymbol{s} \leftarrow \chi^n$, LWE 问题的复杂性和原问题等价.

7.2 GPV 标识加密算法

7.2.1 短基陷门与短签名

如 Naor 指出的, 标识加密算法的密钥生成算法是一个签名算法. 所以要构造标识加密算法, 我们首先构造一个签名算法, 其签名值可以作为公钥加密算法的私钥, 标识映射为对应的公钥. Gentry, Peikert 和 Vaikuntanathan [8] 从 GGH 密码系统 [15] 和 Ajtai [16] 的格基陷门出发, 构造了一个以短基为陷门的陷门方法以及符合所述需求的 “短” 签名方案.

[15] 提出了一个构造格上陷门函数的基本思路: 对一个格同时构造两个基, 一个是由短向量构成的基, 用作陷门; 另一个难以求解短向量的基作为公开的 “困难” 基, 然后设计一个陷门函数 f_Λ: 函数可快速计算, 根据公开基难以求解该函数的逆函数 f_Λ^{-1}, 但是使用短基则容易求解逆函数 f_Λ^{-1}. 为了构造 GGH 加密算法, [15] 给出格上一个通用陷门函数构造方法: 给定格 Λ 的两个基 (困难基和短基), 在 Λ 的对偶 Λ^* 上随机选择一个向量 $\boldsymbol{v}$ 和一个小的扰动向量 $\boldsymbol{e}$, $\boldsymbol{e}$ 的长度要显著小于 $\lambda_1(\Lambda^*)$, 形成 $f_\Lambda(\boldsymbol{v}) = \boldsymbol{t} = \boldsymbol{v} + \boldsymbol{e}$. 因为 $\boldsymbol{e}$ 的长度很小, Λ^* 上只有一个点 $\boldsymbol{v}$ 和 $\boldsymbol{t}$ 最接近. 对符合距离要求的随机 $\boldsymbol{t}$ 在 Λ^* 上找到最接近的格向量 $f^{-1}(\boldsymbol{t}) = \boldsymbol{v} \in \Lambda^*$ 是 BDD 困难问题. 而在 Λ 的短基帮助下, 可以采用如

Babai 最近平面算法 [17] 等方法解码获得 $\boldsymbol{v}$. 下面是采用 LWE 问题的陷门函数实例.

根据计算 LWE 假设, 给定 $(\boldsymbol{A}, \boldsymbol{s}^t\boldsymbol{A}+\boldsymbol{e}^t \mod q)$, 难以计算 $\boldsymbol{s}$, 即 $g_{\boldsymbol{A}}(\boldsymbol{s}) = \boldsymbol{s}^t\boldsymbol{A}+\boldsymbol{e}^t \mod q$ 是单向函数. 首先以 $\boldsymbol{A}$ 为基定义 $\Lambda=\Lambda_q^{\perp}(\boldsymbol{A})$ 和 $\Lambda^*=\Lambda_q(\boldsymbol{A})=\{\boldsymbol{A}^t\boldsymbol{s} \mod q : \boldsymbol{s}\in\mathbb{Z}_q^n\}$(注意 Λ 和 Λ^* 互为对偶). 如果我们有矩阵 $\boldsymbol{T_A}\in\mathbb{Z}_q^{m\times m}$ 满足 $\boldsymbol{AT_A}=0 \mod q$ 且 $\|\boldsymbol{T_A}\|\ll q/\alpha$, 即 $\boldsymbol{T_A}$ 是格 $\Lambda_q^{\perp}(\boldsymbol{A})$ 的短基, 则可以用如下方法求解 $g_{\boldsymbol{A}}^{-1}$. 首先计算

$$\boldsymbol{y}^t=(\boldsymbol{s}^t\boldsymbol{A}+\boldsymbol{e}^t)\boldsymbol{T_A}=\boldsymbol{s}^t(\boldsymbol{AT_A})+\boldsymbol{e}^t\boldsymbol{T_A}=\boldsymbol{e}^t\boldsymbol{T_A} \mod q.$$

第三个等式是因为 $\boldsymbol{AT_A}=\boldsymbol{0} \mod q$. 因为 $\|\boldsymbol{e}\|$ 和 $\|\boldsymbol{T_A}\|$ 都是小的数, 如果 $\mathbb{Z}_q$ 使用 $[-q/2,q/2)$ 表达方式, 则将 $\boldsymbol{y}$ 转换为采用该表达的 $\hat{\boldsymbol{y}}$ 后, 在 $\mathbb{Z}$ 上有 $\hat{\boldsymbol{y}}^t=\boldsymbol{e}^t\boldsymbol{T_A}$. 此时求解 $\boldsymbol{e}^t=\hat{\boldsymbol{y}}^t\cdot\boldsymbol{T_A}^{-1}$, 其中 $\boldsymbol{T_A}^{-1}$ 是 $\boldsymbol{T_A}$ 在 $\mathbb{R}$ 上的逆. 在获得 $\boldsymbol{e}$ 后求解线性方程组即可获得 $\boldsymbol{s}$.

按照上述方式构造格上陷门函数, 需要一个给出格上两个基的方法, 其中一个基是短基. [15] 首先给出了一个构造, Ajtai [16] 以及后来的优化 [10,18] 等给出了从 SIS 格族里随机生成格和短基的方法.

定理 7.4([10,16,18]) *存在一个快速随机算法, 给定整数 $n,q,m\geqslant 6n\lceil\log q\rceil$, 输出一个近乎均匀随机分布 (统计不可区分) 的矩阵 $\boldsymbol{A}\in\mathbb{Z}_q^{n\times m}$ 定义格 $\Lambda_q^{\perp}(\boldsymbol{A})$ 并同时输出格的一个基 $\boldsymbol{S}\in\mathbb{Z}_q^{m\times m}$ 满足 $\|\boldsymbol{S}\|_{\text{GS}}=O(\sqrt{n\log q})$.*

为了构造 GGH 签名算法, [15] 提出对 $\mathbb{R}^n$ 上任意点 $\boldsymbol{t}$ 在格上寻找足够接近 $\boldsymbol{t}$ 的点 $\boldsymbol{v}$ (近似最近向量问题 ACVP: Approximate Closest Vector Problem) 的陷门函数构造. 同样地, 基于短基作为陷门输入, 解码获取 $\boldsymbol{v}$ 也是容易的. 注意此问题和 BDD 不同, BDD 仅有唯一解 $\boldsymbol{v}$, 而此构造有多个 $\boldsymbol{v}$ 同时满足要求. [15] 中解码过程生成的 $\boldsymbol{v}$ 和短基相关, 因此使用 $\boldsymbol{v}$ 作为签名将泄露短基的信息, 导致陷门泄露. [8] 则构造了一个解码采样方法, 其输出和使用的短基无关, 即无论使用哪个短基, 其解码输出分布均相同. [8] 将该种陷门形式化定义为**原像可采样陷门单向函数**.

1. 陷门函数生成: TrapGen(1^n) 输出 (A,T), 其中 A 是一个可快速计算的函数 $f_A:D_n\to R_n$ 的描述, T 是 f_A 的陷门.
2. 域上采样的函数值均匀分布: 使用采样函数 SampleDom(1^n) 根据域 D_n 上某个分布 χ 获取 x, 对应函数值 $f_A(x)$ 在 R_n 上是均匀分布的.
3. 使用陷门采样原像: 对每个 $y\in R_n$, SamplePre(A,T,y,σ) 的分布与原像 x 的分布相同, 其中 $x\leftarrow$SampleDom(1^n) 满足 $f_A(x)=y$, 即 SamplePre(A,T,y,σ) 计算输出 y 的原像分布和 SampleDom(1^n) 输出 x 满足 $f(x)=y$ 的分布统计不可区分.

4. 无陷门时函数为单向函数: 给定 A 和 y, 多项式时间算法计算出 x 满足 $f_A(x)=y$ 的概率可忽略.

[8] 给出了满足上述定义的构造: 采用 Ajtai 方法生成矩阵 $\boldsymbol{A}$ 和短基 $\boldsymbol{T_A}$, 分别用于定义格 $\Lambda_q^\perp(\boldsymbol{A})$ 和作为陷门. 陷门函数是 $f_{\boldsymbol{A}}(\boldsymbol{x})=\boldsymbol{A}\boldsymbol{x}=\boldsymbol{u} \bmod q$. SampleDom 是一个离散高斯采样: $\boldsymbol{x}\leftarrow D_{\mathbb{Z}^m,\sigma}$, 其参数和陷门的长度相关. SamplePre$(\boldsymbol{A},\boldsymbol{T_A},\boldsymbol{u},\sigma)$ 使用 $\boldsymbol{T_A}$ 计算输出某个 $\boldsymbol{x}'\leftarrow D_{\Lambda_q^{\boldsymbol{u}}(\boldsymbol{A}),\sigma}$. 这个陷门函数的安全性可以归约到 SIS 复杂性假设 [8].

定理 7.5 ([8]) 给定 $\boldsymbol{A}\in\mathbb{Z}_q^{n\times m}$ 定义格 $\Lambda_q^\perp(\boldsymbol{A})$ 和格上基 $\boldsymbol{T_A}\in\mathbb{Z}_q^{m\times m}$ 和 $\boldsymbol{u}\in\mathbb{Z}_q^n$, 存在随机多项式时间算法输出一个采样, 其分布和 $D_{\Lambda_q^{\boldsymbol{u}}(\boldsymbol{A}),\sigma}$ 统计接近, 其中 $\sigma\geqslant\|\boldsymbol{T_A}\|_{\text{GS}}\cdot\omega(\sqrt{\log m})$.

Gentry, Peikert 和 Vaikuntanathan[8] 提出离散高斯陷门采样方法后, 后面有一系列的改进工作. Peikert [19] 给出了更高效的并行采样方法, 在环上为亚线性开销. Ducas 和 Nguyen [20] 则提出可以使用 IEEE 双精度浮点数实现采样的快速方法. Brakerski 等 [13] 给出更小的高斯参数并且统计错误可以任意接近于 0 的采样方法, 但是采样效率变差. Lyubashevsky 和 Wichs [21] 提出使用区间均匀采样替代离散高斯采样, 使得采用方法实现不再依赖浮点运算, 但是该方法输出的向量更长, 需要更大的密钥来补偿由此带来的安全损失. 更多关于采样算法的综述可见 [22].

基于上述陷门函数, 使用全域哈希方法可以非常简单地构造 GPV 短签名算法 [8]. 签名短是指签名值仅有一个向量, 并不指签名值的具体长度. 算法使用一个哈希函数 H.

- **Generate** $\mathbb{G}_{\text{PKS}}(1^\kappa)$: $(\boldsymbol{A},\boldsymbol{T_A})\leftarrow$TrapGen$(1^n)$, 输出 $K_{pub}=\boldsymbol{A}, K_{prv}=\boldsymbol{T_A}$.
- **Sign** $\mathbb{S}_{\text{PKS}}(K_{pub},K_{prv},m)$: 若 (m,σ_m) 存在于本地列表 $\mathfrak{L}$ 中, 则输出签名 σ_m; 否则计算 $\sigma_m\leftarrow$SamplePre$(\boldsymbol{A},\boldsymbol{T_A},H(m),\sigma)$, 将 (m,σ_m) 放入本地的列表 $\mathfrak{L}$, 输出签名 σ_m.
- **Verify** $\mathbb{V}_{\text{PKS}}(K_{pub},m,\sigma_m)$: 若 $\sigma_m\in D_n$ 且 $f_{\boldsymbol{A}}(\sigma_m)=H(m)$, 则签名有效; 否则签名无效.

在随机谕示下, 算法的安全性可以简单地归约到使用的原像可采样陷门单向函数的安全性. 算法安全性要求对同一消息只能输出一个签名, 否则将泄露陷门信息, 因此算法是有状态的, 即需维持一个列表 $\mathfrak{L}$. 有两种方法可以去除状态维持操作. ① 签名过程中涉及的随机数使用以消息和一个全局密钥为种子的某个确定性伪随机数生成器生成, 这样使得有同样消息的签名操作总产生相同签名值. ② 将消息随机化为 $r\|m$ (r 为随机数), 签名值变为 $(r,\ \text{SamplePre}(\boldsymbol{A},\boldsymbol{T_A},H(r\|m),\sigma))$, 对应地调整验签操作.

7.2.2　对偶 Regev 加密

Regev [7] 基于 LWE 构造了一个公钥加密算法, 其中私钥是均匀随机采样的 $\boldsymbol{s} \in \mathbb{Z}_q^n$, 公钥是 m 个 LWE 分布 $A_{\boldsymbol{s},\chi}$ 采样 ($\boldsymbol{A} \in \mathbb{Z}_q^{n\times m}$, $\boldsymbol{b}^t = \boldsymbol{s}^t\boldsymbol{A} + \boldsymbol{e}^t \mod q$). 加密消息 $M \in \{0,1\}$ 生成的密文是 ($\boldsymbol{c}_0 = \boldsymbol{A}\boldsymbol{x}, c_1 = \boldsymbol{b}^t\boldsymbol{x} + M \cdot \lceil q/2 \rfloor$), 其中 $\boldsymbol{x} \in \{0,1\}^m$ 为均匀随机采样. 下面是 Regev 加密算法的对偶算法. 所谓对偶是交换密钥生成过程和加密过程中随机密钥对的角色. 对偶 Regev 加密的一个重要特征是一个特定公钥有多个对应的私钥. 这在后面构造 IBE 算法时起到重要作用.

- **Generate** $\mathbb{G}_{\text{PKE}}(1^\kappa)$:
  1. 均匀随机采样 $\boldsymbol{A} \leftarrow \mathbb{Z}_q^{n\times m}, \boldsymbol{x} \leftarrow \{0,1\}^m$.
  2. 计算 $\boldsymbol{u} = \boldsymbol{A}\boldsymbol{x} \mod q$.
  3. 输出 $K_{pub} = (\boldsymbol{A}, \boldsymbol{u}), K_{priv} = \boldsymbol{x}$.
- **Encrypt** $\mathbb{E}_{\text{PKE}}(K_{pub}, M)(M \in \{0,1\})$:
  1. 均匀随机采样 $\boldsymbol{s} \leftarrow \mathbb{Z}_q^n$, 离散高斯采样 $e_0 \leftarrow D_{\mathbb{Z},\sigma}$ 和 $\boldsymbol{e} \leftarrow D_{\mathbb{Z}^m,\sigma}$.
  2. 计算 $\boldsymbol{c}_0^t = \boldsymbol{s}^t\boldsymbol{A} + \boldsymbol{e}^t, c_1 = \boldsymbol{s}^t\boldsymbol{u} + e_0 + M \cdot \lceil q/2 \rfloor$.
  3. 输出密文 $C = (\boldsymbol{c}_0, c_1)$.
- **Decrypt** $\mathbb{D}_{\text{PKE}}(K_{pub}, K_{priv}, C)$:
  1. 计算 $z = c_1 - \boldsymbol{c}_0^t \cdot \boldsymbol{x} = M \cdot \lceil q/2 \rfloor + e_0 - \boldsymbol{e}^t \cdot \boldsymbol{x}$.
  2. 在 $\mathbb{Z}_q$ 上, 若 z 更接近于 0, 则输出 0; 若更接近于 $\lceil q/2 \rfloor$, 则输出 1.

因为 $\boldsymbol{e}, \boldsymbol{x}$ 都是小向量, 当 q 足够大时, 绝大多数情况下 $e_0 - \boldsymbol{e}^t \cdot \boldsymbol{x}$ 小于 $q/4$. 此时解密过程可以正确解密. 算法中, 私钥 $\boldsymbol{x}$ 可以是任意的小整数上分布, 只要该分布满足 $\boldsymbol{A}\boldsymbol{x}$ 和均匀随机分布统计不可区分即可. 比如根据引理 7.1, $\boldsymbol{x}$ 是离散高斯采样 $\boldsymbol{x} \leftarrow D_{\mathbb{Z}^m,\sigma}$ 也不影响算法的安全性. 采用离散高斯采样有助于下面构造 IBE.

引理 7.1 ([8])　对均匀随机采样的 $\boldsymbol{A} \in \mathbb{Z}_q^{n\times m}$ 和 $\boldsymbol{u} \in \mathbb{Z}_q^n$ 以及离散高斯随机采样 $\boldsymbol{x} \leftarrow D_{\mathbb{Z}^m,\sigma}$, 其中 $\sigma \geqslant \omega(\sqrt{\log m})$, 两个分布 $\boldsymbol{A}\boldsymbol{x}$ 和 $\boldsymbol{u}$ 是统计不可区分的.

下面分析算法的安全性. 设 $\boldsymbol{A}' = [\boldsymbol{A}|\boldsymbol{u}]$, 系统中的公私钥满足如下等式

$$\boldsymbol{A}' \cdot (-\boldsymbol{x}, 1) = \boldsymbol{0} \mod q.$$

可以看到从公钥计算有效的私钥就是求解 (非均匀) SIS 问题. 算法安全可以使用混合论证法: 由一系列的游戏组成的论证序列. 游戏 1 中使用均匀随机采样输出的 $\boldsymbol{A}'$ 代替算法中生成的 $\boldsymbol{A}$, 其他操作保持不变. 根据引理 7.2 有, 游戏 1 和标准 IND-CPA 游戏 0 是统计不可区分的. 游戏 2 将游戏 1 中的密文 C 生成方法修改为均匀随机采样. 根据判定性 LWE 假设, 游戏 2 和游戏 1 是计算不可区分的. 攻击者如果能够区分均匀随机采样生成的密文和真实密文就可求解对应的判定性 LWE 问题.

引理 7.2 ([7]) 设 $q > 2$ 是一个素数, $m \geqslant (n+1)\log q + \omega(\log n)$. 设三个均匀随机采样 $\boldsymbol{A}, \boldsymbol{B} \in \mathbb{Z}_q^{n\times m}$ 和 $\boldsymbol{X} \in \{-1,1\}^{m\times m}$, $(\boldsymbol{A}, \boldsymbol{AX})$ 和 $(\boldsymbol{A}, \boldsymbol{B})$ 是统计不可区分的.

7.2.3 GPV-IBE

下面是利用 GPV 短签名算法和对偶 Regev 加密构造的 GPV-IBE, 其中对偶 Regev 加密算法的私钥 $\boldsymbol{x}$ 分布与 GPV 短签名的分布相同, 均为离散高斯分布.

- **Setup** $\mathbb{G}_{\mathtt{ID}}(1^\kappa)$:
  1. 执行陷门生成算法 $(\boldsymbol{A}, \boldsymbol{T_A}) \leftarrow \text{TrapGen}(1^n, 1^m, q)$.
  2. 选择一个哈希函数 $H: \{0,1\}^* \to \mathbb{Z}_q^n$.
  3. 输出主公钥 $M_{\mathfrak{pk}} = (\boldsymbol{A}, H)$ 和主私钥 $M_{\mathfrak{sk}} = \boldsymbol{T_A}$.
- **Extract** $\mathbb{X}_{\mathtt{ID}}(M_{\mathfrak{pk}}, M_{\mathfrak{sk}}, \mathtt{ID}_A)$:
  1. 计算 $\boldsymbol{u} = H(\mathtt{ID}_A)$, 若本地列表 $\mathfrak{L}$ 中有 $(\boldsymbol{u}, D_A)$, 则输出 D_A; 否则
  2. 计算 $D_A = \boldsymbol{x} \leftarrow \text{SamplePre}(\boldsymbol{A}, \boldsymbol{T_A}, \boldsymbol{u}, \sigma)$ 满足 $\boldsymbol{Ax} = \boldsymbol{u} \mod q$, 将 $(\boldsymbol{u}, D_A)$ 放入 $\mathfrak{L}$ 中.
- **Encrypt** $\mathbb{E}_{\mathtt{ID}}(M_{\mathfrak{pk}}, \mathtt{ID}_A, M)$:
  1. 计算 $\boldsymbol{u} = H(\mathtt{ID}_A)$.
  2. 均匀随机采样 $\boldsymbol{s} \leftarrow \mathbb{Z}_q^n$, 离散高斯采样 $e_0 \leftarrow D_{\mathbb{Z},\sigma}$ 和 $\boldsymbol{e} \leftarrow D_{\mathbb{Z}^m,\sigma}$.
  3. 计算 $\boldsymbol{c}_0^t = \boldsymbol{s}^t\boldsymbol{A} + \boldsymbol{e}^t, c_1 = \boldsymbol{s}^t\boldsymbol{u} + e_0 + M \cdot \lceil q/2 \rfloor$.
  4. 输出密文 $C = (\boldsymbol{c}_0, c_1)$.
- **Decrypt** $\mathbb{D}_{\mathtt{ID}}(M_{\mathfrak{pk}}, \mathtt{ID}_A, D_A, C)$:
  1. 计算 $z = c_1 - \boldsymbol{c}_0^t \cdot \boldsymbol{x} = M \cdot \lceil q/2 \rfloor + e_0 - \boldsymbol{e}^t \cdot \boldsymbol{x}$.
  2. 在 $\mathbb{Z}_q$ 上, 若 z 更接近于 0, 则输出 0; 若更接近于 $\lceil q/2 \rfloor$, 则输出 1.

GPV-IBE 的安全性证明可以采用类似于 BF-IBE 的证明策略: 如果存在一个攻击者 $\mathcal{A}$ 可以赢得对 GPV-IBE 的 ID-IND-CPA 游戏, 则可以利用 $\mathcal{A}$ 构造一个攻击算法 $\mathcal{B}$ 赢得对偶 Regev 加密算法的 IND-CPA 游戏. 下面是 $\mathcal{B}$ 的构造方法.

- **Setup** 询问: $\mathcal{B}$ 通过 IND-CPA 游戏获得公钥 $(\boldsymbol{A}, \boldsymbol{u})$ 后, $\mathcal{B}$ 模拟 **Setup** 返回 $\mathcal{A}$: $\boldsymbol{A}$ 和随机谕示 H, $\mathcal{B}$ 同时随机选择整数 $I \in [1, Q_H]$, 其中 Q_H 是 $\mathcal{A}$ 在游戏中询问随机谕示的次数.
- $H(\mathtt{ID}_i)$ 询问: 如果 $i = I$, 即这是第 I 个不同 ID 的询问, 则设 $H(\mathtt{ID}_I) = \boldsymbol{u}$, 并将 $(\mathtt{ID}_I, \boldsymbol{u}, \perp)$ 放入列表 $\mathfrak{L}$. 如果 $i \neq I$, 则随机采样 $\boldsymbol{x} \leftarrow D_{\mathbb{Z}^m,\sigma}$, 计算 $\boldsymbol{u}_i = \boldsymbol{Ax}$, 将 $(\mathtt{ID}_i, \boldsymbol{u}_i, \boldsymbol{x})$ 放入列表 $\mathfrak{L}$ 后返回 $\boldsymbol{u}_i$.
- **标识私钥获取**$(\mathtt{ID}_i)$: 访问 $H(\mathtt{ID}_i)$, 返回 $\mathfrak{L}$ 上对应 $\mathtt{ID}_i$ 表项中的 $\boldsymbol{x}$. 若 $\boldsymbol{x} = \perp$, 则终止游戏.

- **挑战**: 从 $\mathcal{A}$ 获得挑战明文 M_1, M_2 后提供给 IND-CPA 的游戏模拟者, 获得对应密文转发给 $\mathcal{A}$, 返回 $\mathcal{A}$ 的判定 b'.

容易看到只要 $\mathcal{B}$ 不终止游戏, 对 $\mathcal{A}$ 请求的所有响应都是正确的. $\mathcal{A}$ 无法区分真实攻击和 $\mathcal{B}$ 模拟的游戏, 而且 $\mathcal{A}$ 如果正确判定 b, $\mathcal{B}$ 也将以同样的概率赢得 IND-CPA 游戏. $\mathcal{B}$ 不终止的概率为 $1/Q_H$, 因此, 这个归约和 BF-IBE 的证明一样, 不是紧致的.

Ducas, Lyubashevsky 和 Prest [23] 使用 NTRU 格将 GPV-IBE 机制实例化, 形成了一个实用的格基 DLP-IBE. Campbell 和 Groves [24] 结合 DLP-IBE 和 [25] 中 HIBE 的盆景树 (Bonsai Tree) 方法构造了 HIBE: LATTE. 欧洲电信标准化协会在 2019 年发表了技术报告 [26], 计划将其标准化. [27] 则优化了 LATTE 的实现, 显著提高了性能.

7.3 标准模型安全的 IBE

GPV-IBE 的安全性证明使用了随机谕示. Cash 等 [25] 构造了第一个标准模型下安全性可证明的格基 IBE 和 HIBE(CHKP-IBE). 很快地, Agrawal 等 [11] 构造了系统参数更小的 IBE 和 HIBE(ABB-IBE). 基于 [11, 16] 等工作, Micciancio 和 Peikert 提出一个 “装置” 陷门 ($\boldsymbol{G}$-陷门)[10], 该陷门可以用于标准模型安全的 (H)IBE [11,25] 等中, 以减少系统参数并提高原像采样效率. Yamada [28] 利用全同态陷门计算方法 [29] 给出在渐近安全强度下有小公共参数的标识加密算法, 但是该算法在实际安全参数下效率不高. Zhang 等 [30] 给出基于格的可编程哈希函数 (PHF: Programmable Hash Function) 的两个构造, 并利用其中一个 PHF 构造了一个 IBE(ZCZ-IBE). 在假定攻击者可获取私钥个数 Q 有限的情况下, 该 IBE 可使用很小的系统参数. 但是在确定了系统参数的情况下, 该方案依赖的 LWE 问题的复杂性随 Q^2 变大而降低, 因此 Q 不可过大. Boyen 和 Li [31] 使用全同态加密技术给出了归约紧凑的 IBE(BL-IBE). Lai 等 [32] 基于 [31] 的框架进一步去除了归约对超多项式模的要求. 这些方案使用了新的陷门来构造原像可采样陷门单向函数. 下面介绍 [10, 11, 25, 33] 中的陷门函数构造.

7.3.1 更多的格基陷门

扩展陷门 1. [25] 注意到 [8] 中的短基陷门可以进行如下扩展.

扩展 1: 对一个矩阵 $\boldsymbol{A}$ 定义的格 $\Lambda_q^{\perp}(\boldsymbol{A})$ 和格的短基 $\boldsymbol{S}$ 以及任意的 $\boldsymbol{A}_1$ 扩展的 $\boldsymbol{A}' = [\boldsymbol{A}|\boldsymbol{A}_1]$, 存在确定多项式算法 $\mathrm{ExtBasis}(\boldsymbol{A}, \boldsymbol{A}_1, \boldsymbol{S})$, 可根据 $\boldsymbol{S}$ 计算超格 $\Lambda_q^{\perp}(\boldsymbol{A}')$ 的短基 $\boldsymbol{S}'$ 满足 $\|\boldsymbol{S}\|_{\mathtt{GS}} = \|\boldsymbol{S}'\|_{\mathtt{GS}}$. 算法工作如下: 首先计算 $\boldsymbol{A}\boldsymbol{W} = -\boldsymbol{A}_1$

mod q 的解 $\boldsymbol{W}$, 然后设置

$$\boldsymbol{S}'=\begin{bmatrix}\boldsymbol{S} & \boldsymbol{W}\\ \boldsymbol{0} & \boldsymbol{I}\end{bmatrix},$$

其中 $\boldsymbol{I}$ 是单位矩阵. 可以看到 $\boldsymbol{A}'\boldsymbol{S}'=\boldsymbol{0} \mod q$, 所以 $\boldsymbol{s}_i'\in\Lambda_q^{\perp}(\boldsymbol{A}')$. 对任意的 $\boldsymbol{v}'=\boldsymbol{v}|\boldsymbol{v}_1\in\Lambda_q^{\perp}(\boldsymbol{A}')$, $\boldsymbol{0}=\boldsymbol{A}'\boldsymbol{v}'=\boldsymbol{A}\boldsymbol{v}+\boldsymbol{A}_1\boldsymbol{v}_1=\boldsymbol{A}\boldsymbol{v}-(\boldsymbol{A}\boldsymbol{W})\boldsymbol{v}_1=\boldsymbol{A}(\boldsymbol{v}-\boldsymbol{W}\boldsymbol{v}_1) \mod q$. 所以 $\boldsymbol{v}-\boldsymbol{W}\boldsymbol{v}_1\in\Lambda_q^{\perp}(\boldsymbol{A})$. 又由于 $\boldsymbol{S}$ 是基, 所以存在 $\boldsymbol{z}$ 满足 $\boldsymbol{S}\boldsymbol{z}=\boldsymbol{v}-\boldsymbol{W}\boldsymbol{v}_1 \mod q$. 设 $\boldsymbol{z}'=\boldsymbol{z}|\boldsymbol{v}_1$, 有 $\boldsymbol{S}'\boldsymbol{z}'=\boldsymbol{v}' \mod q$. 因为对任意 $\boldsymbol{v}'$, 前面等式都成立, 所以 $\boldsymbol{S}'$ 是 $\Lambda_q^{\perp}(\boldsymbol{A}')$ 的基. 另外, 经过 Gram-Schmidt 正交化后,

$$\tilde{\boldsymbol{S}}'=\begin{bmatrix}\tilde{\boldsymbol{S}} & \boldsymbol{0}\\ \boldsymbol{0} & \boldsymbol{I}\end{bmatrix},$$

所以有 $\|\tilde{\boldsymbol{S}}'\|=\|\tilde{\boldsymbol{S}}\|$. 另外, 对任意置换 $\boldsymbol{P}$, 同样有 $\boldsymbol{S}''=\boldsymbol{P}\boldsymbol{S}'$ 是$\Lambda_q^{\perp}(\boldsymbol{A}'\boldsymbol{P}^{-1})$ 的短基 (所以 $\boldsymbol{A}_1$ 在 $\boldsymbol{A}$ 左边或右边都可以). 一旦有了短基, 我们就可以在超格 $\Lambda_q^{\perp}(\boldsymbol{A}')$ 实现原像可采样函数. [11] 将该采样算法定义为 SampleLeft$(\boldsymbol{A},\boldsymbol{F},\boldsymbol{T_A},\boldsymbol{u},\sigma)$, 其中 $\boldsymbol{F}\in\mathbb{Z}_q^{n\times m_1}$, $\sigma>\|\boldsymbol{T_A}\|_{\text{GS}}\cdot\omega(\sqrt{\log(m+m_1)})$, 输出 $\boldsymbol{x}\in\Lambda_q^{\boldsymbol{u}}([\boldsymbol{A}|\boldsymbol{F}])$.

1. 随机采样向量 $\boldsymbol{x}_2\leftarrow D_{\mathbb{Z}^{m_1},\sigma}$.
2. 计算 $\boldsymbol{y}=\boldsymbol{u}-\boldsymbol{F}\boldsymbol{x}_2$ 以及 $\boldsymbol{x}_1\leftarrow$SamplePre$(\boldsymbol{A},\boldsymbol{T_A},\boldsymbol{y},\sigma)$.
3. 输出 $\boldsymbol{x}=[\boldsymbol{x}_1|\boldsymbol{x}_2]$.

扩展 2: 根据一个短基 $\boldsymbol{S}$ 生成另外一个较短基 $\boldsymbol{S}'$. 随机多项式算法 RandBasis($\boldsymbol{S}$, σ) 根据 m 维格 Λ 的基 $\boldsymbol{S}$ 和参数 $\sigma\geqslant\|\boldsymbol{S}\|_{\text{GS}}\cdot\omega(\sqrt{\log n})$ 计算另外的基 $\boldsymbol{S}'$ 满足 $\|\boldsymbol{S}'\|_{\text{GS}}\leqslant\sigma\sqrt{m}$ 且不泄露 $\boldsymbol{S}$ 的信息. 算法的基本过程是: ① 循环调用 $\boldsymbol{v}_i\leftarrow$SampleD$(\boldsymbol{S},\sigma,\boldsymbol{0})$ 获得 m 个线性无关的向量形成矩阵 $\boldsymbol{V}$, 其中多项式算法 SampleD$(\boldsymbol{B},\sigma,\boldsymbol{c})$ 输出 $D_{\mathcal{L}(\boldsymbol{B}),\sigma,\boldsymbol{c}}$ 的一个采样 [8]; ② 调用 ToBasis$(\boldsymbol{V},\text{HNF}(\boldsymbol{S}))$, 其中 HNF 是埃尔米特形式基 (格上该基具有唯一性并且根据 [34] 是最难的基), 用于隐藏 $\boldsymbol{S}$ 的信息. 确定性多项式算法 ToBasis$(\boldsymbol{V},\boldsymbol{B})$([6], 引理 7.1) 以 $\Lambda=\mathcal{L}(\boldsymbol{B})$ 的满秩矩阵 $\boldsymbol{V}$ 为输入, 输出 Λ 的基 $\boldsymbol{T}$, 满足对所有的 i, $\|\tilde{\boldsymbol{t}}_i\|\leqslant\|\tilde{\boldsymbol{v}}_i\|$, $\boldsymbol{t}_i,\boldsymbol{v}_i$ 分别是 $\boldsymbol{T},\boldsymbol{V}$ 的列向量.

扩展陷门 2. [11] 给出了格上另外一个短向量采样算法 SampleRight($\boldsymbol{A}$, $\boldsymbol{B}$, $\boldsymbol{R}$, $\boldsymbol{T_B}$, $\boldsymbol{u}$, σ), 其中 $\boldsymbol{B}\in\mathbb{Z}_q^{n\times m}$ 的秩为 n, $\boldsymbol{R}\in\{-1,1\}^{m\times m}$, $\boldsymbol{T_B}$ 是 $\Lambda_q^{\perp}(\boldsymbol{B})$ 的基, $\sigma>\|\boldsymbol{T_B}\|_{\text{GS}}\cdot\sqrt{m}\cdot\omega(\log m)$, 输出 $\boldsymbol{x}\in\Lambda_q^{\boldsymbol{u}}([\boldsymbol{A}|\boldsymbol{A}\boldsymbol{R}+\boldsymbol{B}])$. 该算法基本过程如下:

1. 对 $\boldsymbol{A}'=[\boldsymbol{A}|\boldsymbol{A}\boldsymbol{R}+\boldsymbol{B}]$, 使用增基方法 [25] 构造 $\Lambda_q^{\perp}(\boldsymbol{A}')$ 的 $2m$ 线性无关向量形成矩阵 $\boldsymbol{T}'_{\boldsymbol{A}'}$ 满足 $\|\boldsymbol{T}'_{\boldsymbol{A}'}\|_{\text{GS}}<\|\boldsymbol{T_B}\|_{\text{GS}}\cdot\sqrt{m}\cdot\omega(\sqrt{\log m})<\sigma/\omega(\sqrt{\log m})$.
   (a) 设 $\boldsymbol{T_B}=\{\boldsymbol{b}_1,\cdots,\boldsymbol{b}_m\}\subset\mathbb{Z}^{m\times m}$, 计算 $\boldsymbol{t}_i=-\boldsymbol{R}\boldsymbol{b}_i|\boldsymbol{b}_i\in\mathbb{Z}^{2m}$.

(b) 设 $\boldsymbol{u}_i$ 是 $\boldsymbol{I}_m$ 的第 i 列向量, 计算 $\boldsymbol{B}\boldsymbol{w}_i = -\boldsymbol{A}\boldsymbol{u}_i \mod q$. 设置 $\boldsymbol{t}_{m+i} = [\boldsymbol{u}_i - \boldsymbol{R}\boldsymbol{w}_i, \boldsymbol{w}_i]^t \in \mathbb{Z}^{2m}$.

(c) 由 $2m$ 个 $\boldsymbol{t}_i$ 组成矩阵 $\boldsymbol{T}'_{\boldsymbol{A}'}$, 则 $\boldsymbol{T}'_{\boldsymbol{A}'}$ 是 $\Lambda_q^\perp(\boldsymbol{A}')$ 上 $2m$ 个线性无关向量的矩阵且 $\|\boldsymbol{T}'_{\boldsymbol{A}'}\|_{\text{GS}}$ 满足要求.

2. 使用 ToBasis 从 $\boldsymbol{T}'_{\boldsymbol{A}'}$ 获得 $\Lambda_q^\perp(\boldsymbol{A}')$ 的基 $\boldsymbol{T}_{\boldsymbol{A}'}$.

3. 输出 $\boldsymbol{x} \leftarrow$SamplePre$(\boldsymbol{A}', \boldsymbol{T}_{\boldsymbol{A}'}, \boldsymbol{u}, \sigma)$.

如 [28] 所示, 上述采样算法可以进一步扩展为 SampleRight($\boldsymbol{A}$, $\boldsymbol{B}$, $\boldsymbol{R}$, y, $\boldsymbol{T}_{\boldsymbol{B}}$, $\boldsymbol{u}$, σ), 其中 q 为素数, $y \in \mathbb{Z}_q^*$, $\boldsymbol{R} \in \mathbb{Z}^{m\times m}$, $\boldsymbol{A}' = [\boldsymbol{A}|\boldsymbol{A}\boldsymbol{R} + y\boldsymbol{B}]$, $\sigma > \|\boldsymbol{T}_{\boldsymbol{B}}\|_{\text{GS}} \cdot \|\boldsymbol{R}\| \cdot \omega(\log m)$, 其他输入保持不变.

扩展陷门 3: $\boldsymbol{G}$-陷门. 扩展陷门 2 使用矩阵 $\boldsymbol{B}$ 定义的格 $\Lambda_q^\perp(\boldsymbol{B})$ 的短基作为陷门. Micciancio 和 Peikert [10] 将该方法进一步推广. 设矩阵 $\boldsymbol{A} \in \mathbb{Z}_q^{n\times \bar{m}}$, $\boldsymbol{F} \in \mathbb{Z}^{n\times nk}$ 形成扩展矩阵 $\boldsymbol{A}' = [\boldsymbol{A}|\boldsymbol{F}] \in \mathbb{Z}^{n\times(\bar{m}+nk)}$ 定义格 $\Lambda^\perp(\boldsymbol{A}') \subseteq \mathbb{Z}^{(\bar{m}+nk)\times(\bar{m}+nk)}$. 设 $\boldsymbol{G} \in \mathbb{Z}_q^{n\times nk}$ 定义一个格 $\Lambda^\perp(\boldsymbol{G})$ 以及格的基 $\boldsymbol{S} \in \mathbb{Z}^{nk\times nk}$. 设可逆矩阵 $\boldsymbol{H} \in \mathbb{Z}_q^{n\times n}$ 和矩阵 $\boldsymbol{R} \in \mathbb{Z}^{\bar{m}\times nk}$ 满足 $\boldsymbol{A}'[\boldsymbol{R}, \boldsymbol{I}]^t = \boldsymbol{H}\boldsymbol{G} \mod q$. 即 $\boldsymbol{F} = \boldsymbol{H}\boldsymbol{G} - \boldsymbol{A}\boldsymbol{R}$, $\boldsymbol{A}' = [\boldsymbol{A}|\boldsymbol{H}\boldsymbol{G} - \boldsymbol{A}\boldsymbol{R}]$. 容易验证格 $\Lambda^\perp(\boldsymbol{A}')$ 有基

$$\boldsymbol{S}_{\boldsymbol{A}'} = \begin{bmatrix} \boldsymbol{I} & \boldsymbol{R} \\ \boldsymbol{0} & \boldsymbol{I} \end{bmatrix} \begin{bmatrix} \boldsymbol{I} & \boldsymbol{0} \\ \boldsymbol{W} & \boldsymbol{S} \end{bmatrix},$$

满足 $\|\boldsymbol{S}_{\boldsymbol{A}'}\|_{\text{GS}} \leqslant (s_1(\boldsymbol{R})+1) \cdot \|\boldsymbol{S}\|_{\text{GS}}$, 其中 $\boldsymbol{W} \in \mathbb{Z}^{nk\times \bar{m}}$ 满足 $\boldsymbol{G}\boldsymbol{W} = -\boldsymbol{H}^{-1}\boldsymbol{A}'[\boldsymbol{I}, \boldsymbol{0}]^t$. 可以看到, 如果 $\boldsymbol{R}$ 和 $\boldsymbol{S}$ 的长度越短, $\boldsymbol{S}_{\boldsymbol{A}'}$ 越短.

[10] 采用一个特殊构造的 $\boldsymbol{G}$, 其有公开的短基 $\boldsymbol{S}$. 设 $k = \lceil \log_2 q \rceil$,

$$\boldsymbol{G} = \boldsymbol{I}_n \otimes \boldsymbol{g}^t = \begin{bmatrix} \cdots \boldsymbol{g}^t \cdots & & & \\ & \cdots \boldsymbol{g}^t \cdots & & \\ & & \ddots & \\ & & & \cdots \boldsymbol{g}^t \cdots \end{bmatrix} \in \mathbb{Z}_q^{n\times nk},$$

其中

$$\boldsymbol{g}^t = [1, 2, 4, \cdots, 2^{k-1}] \in \mathbb{Z}_q^k.$$

$\Lambda^\perp(\boldsymbol{G})$ 有公开的短基 $\boldsymbol{S}$ 满足 $\|\boldsymbol{S}\| \leqslant \sqrt{5}$.

$$\boldsymbol{S} = \begin{bmatrix} \boldsymbol{S}_k & & & & \\ & \boldsymbol{S}_k & & & \\ & & \ddots & & \\ & & & \boldsymbol{S}_k & \\ & & & & \boldsymbol{S}_k \end{bmatrix} \in \mathbb{Z}^{nk\times nk},$$

$$\boldsymbol{S}_k = \left[\begin{array}{ccccc|c} 2 & & & & & q_0 \\ -1 & 2 & & & & q_1 \\ & & \ddots & & & \vdots \\ & & & & 2 & q_{k-2} \\ & & & & -1 & q_{k-1} \end{array}\right].$$

由于 $\boldsymbol{g}^t$ 的特殊构造, 对任意 $u \in \mathbb{Z}_q$ 都可以找到短向量 $\boldsymbol{x}$ 满足 $\boldsymbol{g}^t \cdot \boldsymbol{x} = u \mod q$. $\boldsymbol{x}$ 就是 u 的二进制表达. 这意味着该单行 SIS 问题可以快速求解. 这个过程可以简单地扩展到 n 维 SIS, 即 $\boldsymbol{G}\boldsymbol{x} = \boldsymbol{u} \mod q$ 可以快速求解, 记该计算方法为函数 $G^{-1}: \mathbb{Z}_q^n \to \mathbb{Z}^{nk}$. 对任意 $\boldsymbol{u} \in \mathbb{Z}_q^n$ 满足 $\boldsymbol{G} \cdot G^{-1}(\boldsymbol{u}) = \boldsymbol{u} \mod q$.

LWE 问题 $\boldsymbol{b}^t = \boldsymbol{s}^t\boldsymbol{G} + \boldsymbol{e}^t$ 也可快速求解. 基本方法如下: 单个 $\boldsymbol{g}^t$ 子矩阵有

$$\begin{aligned} \boldsymbol{b}^t &= [b_0, b_1, \cdots, b_{k-1}] = s\boldsymbol{g}^t + \boldsymbol{e}^t \\ &= [s + e_0, 2s + e_1, \cdots, 2^{k-1}s + e_{k-1}] \mod q, \quad s \in \mathbb{Z}_q. \end{aligned}$$

通过判断 b_{k-1} 是接近于 0 还是 $q/2 \mod q$ 来决定 s_0 是 0 还是 1. 对 $b_{k-2} = 2^{k-2}s + e_{k-2} = 2^{k-1}s_1 + 2^{k-2}s_0 + e_{k-2} \mod q$, 通过判断 $b_{k-1} - 2^{k-2}s_0$ 是接近于 0 还是 $q/2 \mod q$ 来决定 s_1 是 0 还是 1, 并按此循环获取完整 s. 若 $e_i \in [-q/4, q/4)$, 则上述过程可正确求解 s. 采用相同方法通过其他子矩阵获得向量 $\boldsymbol{s}$ 中其他值.

鉴于 $\boldsymbol{H}$ 是可逆矩阵, 对 SIS 问题 $(\boldsymbol{H}\boldsymbol{G})\boldsymbol{x} = \boldsymbol{u}$, 解为 $\boldsymbol{x} = G^{-1}(\boldsymbol{H}^{-1} \cdot \boldsymbol{u})$. 对 LWE 问题 $\boldsymbol{b}^t = \boldsymbol{s}^t\boldsymbol{H}\boldsymbol{G} + \boldsymbol{e}^t$, 首先利用 $\boldsymbol{G}$ 求解 $\boldsymbol{s}^t\boldsymbol{H}$ 再乘以 $\boldsymbol{H}^{-1}$ 获得 $\boldsymbol{s}^t$. 设 $\boldsymbol{R}' = [\boldsymbol{R}, \boldsymbol{I}]^t$. 因为 $\boldsymbol{A}'\boldsymbol{R}' = \boldsymbol{H}\boldsymbol{G} \mod q$, 求解 SIS 问题 $\boldsymbol{A}'\boldsymbol{x} = \boldsymbol{u} \mod q$ 只需先计算 $\boldsymbol{w} = G^{-1}(\boldsymbol{H}^{-1}\boldsymbol{u})$, 再计算 $\boldsymbol{x} = \boldsymbol{R}'\boldsymbol{w} \mod q$. 容易验证

$$\boldsymbol{A}'\boldsymbol{x} = \boldsymbol{A}'\boldsymbol{R}'\boldsymbol{w} = \boldsymbol{H}\boldsymbol{G}\boldsymbol{w} = \boldsymbol{H}\boldsymbol{G}G^{-1}(\boldsymbol{H}^{-1}\boldsymbol{u}) = \boldsymbol{H}\boldsymbol{H}^{-1}\boldsymbol{u} = \boldsymbol{u} \mod q.$$

因 $\|\boldsymbol{x}\| \leqslant s_1(\boldsymbol{R}) \cdot \|\boldsymbol{w}\|$ 且 $\|\boldsymbol{w}\|$ 是小的, 只要 $s_1(\boldsymbol{R})$ 足够小, 就可保证 $\boldsymbol{x}$ 满足长度要求. 直接输出 $\boldsymbol{R}'\boldsymbol{w}$ 将会泄露 $\boldsymbol{R}$ 的信息. Peikert [19] 提出移动混合方法. 设 $\sigma_{\boldsymbol{G}} \geqslant \eta_\epsilon(\Lambda^\perp(\boldsymbol{G}))$. 随机采样 $\boldsymbol{p} \leftarrow D_{\mathbb{Z}^{\bar{m}+nk}, s_1(\boldsymbol{R}' \cdot \sigma_{\boldsymbol{G}})}$, $\boldsymbol{w} \leftarrow G^{-1}(\boldsymbol{H}^{-1}(\boldsymbol{u} - \boldsymbol{A}'\boldsymbol{p}))$, 输出 $\boldsymbol{x} = \boldsymbol{R}'\boldsymbol{w} + \boldsymbol{p}$. 类似地, LWE 问题 $\boldsymbol{b}^t = \boldsymbol{s}^t\boldsymbol{A}' + \boldsymbol{e}^t$ 也可以利用 $\boldsymbol{R}$ 求解:

$$\boldsymbol{b}^t\boldsymbol{R}' = (\boldsymbol{s}^t\boldsymbol{A}' + \boldsymbol{e}^t)\boldsymbol{R}' = (\boldsymbol{s}^t\boldsymbol{H})\boldsymbol{G} + \boldsymbol{e}^t\boldsymbol{R}'.$$

若 $\boldsymbol{e}^t\boldsymbol{R}'$ (错误将最大增长 $s_1(\boldsymbol{R})$ 倍) 的各个分量仍然在 $[-q/4, q/4)$ 中, 则可使用前面方法求解 $\bar{\boldsymbol{s}} = \boldsymbol{s}^t\boldsymbol{H}$, 然后输出 $\boldsymbol{s}^t = \bar{\boldsymbol{s}}\boldsymbol{H}^{-1}$ 作为 LWE 的解.

在 $\boldsymbol{A}$ 确定的情况下, 小长度 $\boldsymbol{R}$ 可作为陷门, [10] 称其为 $\boldsymbol{G}$-陷门, $\boldsymbol{H}$ 称为标签. 陷门生成方法 TrapGen($\boldsymbol{A}$, $\boldsymbol{H}$, σ) 以 $\boldsymbol{A} \in \mathbb{Z}^{n \times \bar{m}}$ 和可逆矩阵 $\boldsymbol{H} \in \mathbb{Z}_q^{n \times n}$ 以及

离散高斯分布参数 σ 为输入, 输出矩阵 $\boldsymbol{A}'$ 和陷门 $\boldsymbol{R} \in \mathbb{Z}^{\bar{m}\times nk}$, 其中 $k=\lceil \log_2 q\rceil$. 方法工作过程如下 ($\boldsymbol{H}$ 可等于 $\boldsymbol{I}$. 若 $\boldsymbol{A}$ 未给定, 则可均匀随机生成):

1. 随机采样 $\boldsymbol{R} \leftarrow D_{\mathbb{Z}^{\bar{m}\times nk},\sigma}$.
2. 输出 $\boldsymbol{A}' = [\boldsymbol{A}|\boldsymbol{HG}-\boldsymbol{AR}]$ 和陷门 $\boldsymbol{R}$.

为了安全性, 需要保证 $\boldsymbol{A}'$ 的随机性. 上述过程中 $\bar{m}$ 可以有两种取值. 取值 1: $\bar{m}=n\log_2 q$. 该设置保证 $\boldsymbol{A}'$ 的分布和均匀随机分布统计不可区分. $s_1(\boldsymbol{R}) = \sigma\cdot O(\sqrt{\bar{m}}+\sqrt{nk})$. 离散高斯分布参数 σ 可以使用 $\sqrt{2\pi}$, 即分布以 1/2 概率输出 0, 1/4 概率输出 ± 1, 此时设置 $\bar{m} \geqslant n\log_2 q + 2\log_2 \dfrac{nk}{2\delta}$, 其中 $\delta \leqslant (nk)/2\sqrt{q^n/2^{\bar{m}}}$. σ 还可取不小于 $\eta_\epsilon(\mathbb{Z})$, $\bar{m}$ 应不小于 [10] 中给出的下界. 具体地, 若 $\sigma = 2\eta_\epsilon(\mathbb{Z})$, 可取 $\bar{m} = n\log_2 q + \omega(\log n)$. 取值 2: $\bar{m}=2n$. 该设置下 $\boldsymbol{A}'$ 具有伪随机性 (和均匀随机采样计算不可区分), 离散高斯分布的参数 $\sigma=\alpha q$, 一般选择 $\alpha q>\sqrt{n}$.

$\boldsymbol{G}$-陷门有如下一些扩展:

- 对另外一个可逆矩阵 $\boldsymbol{H}'$, $\boldsymbol{R}$ 是 $[\boldsymbol{A}|(\boldsymbol{H}-\boldsymbol{H}')\boldsymbol{G}-\boldsymbol{AR}]$ 的陷门.
- $\boldsymbol{R}$ 是 $[\boldsymbol{A}'|\boldsymbol{A}_1]$ 的陷门, 有 $[\boldsymbol{A}'|\boldsymbol{A}_1][\boldsymbol{R},\boldsymbol{I},\boldsymbol{0}]^t = \boldsymbol{HG}$.
- 对新的标签 $\boldsymbol{H}'$ 可使用 $\boldsymbol{R}$ 获得一个离散高斯采样 $\bar{\boldsymbol{R}}$ 满足 $\boldsymbol{A}'[\bar{\boldsymbol{R}},\boldsymbol{I}]^t = \boldsymbol{H}'\boldsymbol{G}$. 新陷门 $\boldsymbol{R}'$ 不会泄露 $\boldsymbol{R}$ 的信息.

扩展陷门 4. [10,11] 都是基于格 Λ 的陷门构造更高维格的陷门. [33] 给出了从 $\Lambda_q^\perp(\boldsymbol{A})$ 的陷门 $\boldsymbol{T_A}$ 构造同维的格 $\Lambda_q^\perp(\boldsymbol{B})$ 的陷门的多项式算法 DelBasis($\boldsymbol{A},\boldsymbol{R},\boldsymbol{T_A}$, σ), 其中 $\boldsymbol{R}\in\mathbb{Z}^{m\times m}$ 是 $(D_{\mathbb{Z}^m,\sigma_R})^m$ 上的随机采样, $\boldsymbol{R}$ 是可逆矩阵, $\sigma_R = \sqrt{n\log q}\cdot\omega(\sqrt{\log m})$, $\sigma > \|\boldsymbol{T_A}\|_{\mathrm{GS}}\cdot\sigma_R\sqrt{m}\omega(\log^{3/2} m)$, $\boldsymbol{B} = \boldsymbol{AR}^{-1}$. DelBasis 的过程如下:

1. 设 $\boldsymbol{T_A} = \{\boldsymbol{a}_1,\cdots,\boldsymbol{a}_m\}\subset\mathbb{Z}^{m\times m}$, 计算 $\boldsymbol{T}'_{\boldsymbol{B}} = \{\boldsymbol{Ra}_1,\cdots,\boldsymbol{Ra}_m\}\subset\mathbb{Z}^{m\times m}$. 有 $\boldsymbol{T}'_{\boldsymbol{B}}$ 是 $\Lambda_q^\perp(\boldsymbol{B})$ 上 m 个线性无关的向量.
2. 使用 ToBasis 从 $\boldsymbol{T}'_{\boldsymbol{B}}$ 获得 $\Lambda_q^\perp(\boldsymbol{B})$ 的基 $\boldsymbol{T}''_{\boldsymbol{B}}$.
3. 输出 $\boldsymbol{T_B}\leftarrow$RandBasis$(\boldsymbol{T}''_{\boldsymbol{B}},\sigma)$.

若 $\boldsymbol{R}$ 是 ℓ 个 $(D_{\mathbb{Z}^m,\sigma_R})^m$ 上矩阵的积, 则 $\sigma > \|\boldsymbol{T_A}\|_{\mathrm{GS}}\cdot(\sigma_R\sqrt{m}\omega(\log^{1/2} m))^\ell\cdot\omega(\log m)$, 即 $\|\boldsymbol{T_B}\|_{\mathrm{GS}}/\|\boldsymbol{T_A}\|_{\mathrm{GS}} \leqslant (m\omega(\log m))^\ell\sqrt{m}\omega(\log m)$. 可以看到虽然格的维数没有增加, 但是陷门矩阵长度比其他方法生成的陷门矩阵的长度增长更快.

7.3.2 格基 IBE 框架

GPV-IBE 使用哈希函数 $H:\{0,1\}^*\to\mathbb{Z}_q^n$ 将标识 ID 映射到向量 $H(\mathrm{ID}) = \boldsymbol{u}\in\mathbb{Z}_q^n$, 其对应的私钥 $\boldsymbol{x}\in\mathbb{Z}^m$ 满足 $\boldsymbol{Ax}=\boldsymbol{u} \mod q$. 在标准模型下, [11, 25, 28, 30, 31] 都采用了相同的 IBE 密钥生成框架, 其中 [30] 的参数规模与其他方案不同. 这些方案都将标识映射到 $\boldsymbol{F}_{\mathrm{ID}}\in\mathbb{Z}_q^{n\times m'}$, 其对应的私钥为 $\boldsymbol{x}\in\mathbb{Z}^{m+m'}$ 满足 $[\boldsymbol{A}|\boldsymbol{F}_{\mathrm{ID}}]x=\boldsymbol{u} \mod q$. $\boldsymbol{x}$ 使用 SampleLeft 算法采样输出. 除 [31] 以外, 其他机制

都使用输出的密钥对配合对偶 Regev 加密方案进行数据加解密.

- **Setup** $\mathbb{G}_{\texttt{ID}}(1^\kappa)$:
  1. 执行陷门生成算法 $(\boldsymbol{A}, \boldsymbol{T_A}) \leftarrow \text{TrapGen}(1^n, 1^m, q)$, 随机采样 $\boldsymbol{u} \in \mathbb{Z}_q^n$.
  2. 生成标识映射函数 $\mathcal{H}$ 需要的相关矩阵 $\boldsymbol{B}_1, \cdots, \boldsymbol{B}_h \in \mathbb{Z}_q^{n\times m}, h \geqslant 0$, 以及可能的额外公共数据 $ExtPub$.
  3. 定义标识映射函数 $\mathcal{H}: \mathcal{ID} \times \{\{\boldsymbol{B}_i\}, ExtPub\} \to \mathbb{Z}_q^{n\times m'}$.
  4. 输出主公钥 $M_{\mathfrak{pk}} = (\boldsymbol{A}, \{\boldsymbol{B}_i\}, \mathcal{H}, \boldsymbol{u}, ExtPub)$ 和主私钥 $M_{\mathfrak{sk}} = \boldsymbol{T_A}$.
- **Extract** $\mathbb{X}_{\texttt{ID}}(M_{\mathfrak{pk}}, M_{\mathfrak{sk}}, \texttt{ID}_A)$:
  1. 计算 $\mathcal{H}(\texttt{ID}_A, \{\{\boldsymbol{B}_i\}, ExtPub\}) = \boldsymbol{F}_{\texttt{ID}} \in \mathbb{Z}_q^{n\times m'}$.
  2. 计算 $D_A = \boldsymbol{x} \leftarrow \text{SampleLeft}(\boldsymbol{A}, \boldsymbol{F}_{\texttt{ID}}, \boldsymbol{T_A}, \boldsymbol{u}, \sigma)$ 满足 $[\boldsymbol{A}|\boldsymbol{F}_{\texttt{ID}}]\boldsymbol{x} = \boldsymbol{u} \mod q$.

各个方案的标识映射函数 $\mathcal{H}$ 有所不同, 下面是其中一些方案的实现.

- 选择标识安全的 CHKP-IBE [25]. 设标识空间为 $\{0,1\}^\ell$. 算法不需要 $ExtPub$, $M_{\mathfrak{pk}} = (\boldsymbol{A}, \{\boldsymbol{B}_{i,0}, \boldsymbol{B}_{i,1}\}_{i=1}^\ell, \mathcal{H}, \boldsymbol{u})$.

$$\mathcal{H}(\texttt{ID}_A, \{\{\boldsymbol{B}_{i,0}, \boldsymbol{B}_{i,1}\}_{i=1}^\ell\}) = [\boldsymbol{B}_{1,\texttt{ID}_1}|\cdots|\boldsymbol{B}_{\ell,\texttt{ID}_\ell}] = \boldsymbol{F}_{\texttt{ID}}.$$

- 选择标识安全的 ABB-IBE [11]. 设标识空间为 $\mathbb{Z}_q^n$. 算法不需要 $ExtPub$, $M_{\mathfrak{pk}} = (\boldsymbol{A}, \{\boldsymbol{B}_1, \boldsymbol{B}_2\}, \mathcal{H}, \boldsymbol{u})$.

$$\mathcal{H}(\texttt{ID}_A, \{\{\boldsymbol{B}_1, \boldsymbol{B}_2\}\}) = \boldsymbol{B}_1 + H(\texttt{ID}_A)\boldsymbol{B}_2 = \boldsymbol{F}_{\texttt{ID}},$$

  其中 $H: \mathbb{Z}_q^n \to \mathbb{Z}_q^{n\times n}$ 满足当 $\texttt{ID} \neq \texttt{ID}'$ 时 $H(\texttt{ID}) - H(\texttt{ID}')$ 是可逆矩阵. 如果使用 $\boldsymbol{G}$-陷门, 则 $\boldsymbol{B}_2$ 可以用 $\boldsymbol{G}$ 代替, 无须放入系统参数中.

- 完整安全的 ABB-IBE [11]. 设标识空间为 $\{0,1\}^\ell$. 算法不需要 $ExtPub$, $M_{\mathfrak{pk}} = (\boldsymbol{A}, \{\boldsymbol{B}_i\}_{i=0}^\ell, \boldsymbol{u})$.

$$\mathcal{H}(\texttt{ID}_A, \{\{\boldsymbol{B}_i\}_{i=0}^\ell\}) = \boldsymbol{B}_0 + \sum_{i\in[1..\ell]|\texttt{ID}_i=1} \boldsymbol{B}_i = \boldsymbol{F}_{\texttt{ID}}.$$

- BL-IBE [31]. 设标识空间为 $\{0,1\}^\ell$. 算法需要一个安全的伪随机函数 PRF: $\{0,1\}^k \times \{0,1\}^\ell \to \{0,1\}$. $ExtPub$ 包括 PRF、PRF 的密钥 $K \in \{0,1\}^k$、PRF 的 NAND 布尔电路 $\mathcal{C}_{\text{PRF}}$. 算法选择的矩阵包括 $\{\{\boldsymbol{B}_i\}_{i=1}^k, \boldsymbol{A}_0, \boldsymbol{A}_1, \boldsymbol{C}_0, \boldsymbol{C}_1\}$, 这些矩阵均随机采样于 $\mathbb{Z}_q^{n\times m}$. 因此 $M_{\mathfrak{pk}} = (\boldsymbol{A}, \boldsymbol{A}_0, \boldsymbol{A}_1, \{\boldsymbol{B}_i\}_{i=1}^k, \boldsymbol{C}_0, \boldsymbol{C}_1, \boldsymbol{u}, (K, \text{PRF}, \mathcal{C}_{\texttt{PRF}}))$.

$$\begin{aligned}&\mathcal{H}(\texttt{ID}_A, \{\boldsymbol{A}_0, \boldsymbol{A}_1, \{\boldsymbol{B}_i\}_{i=1}^k, \boldsymbol{C}_0, \boldsymbol{C}_1, (K, \text{PRF}, \mathcal{C}_{\texttt{PRF}})\})\\ =&\boldsymbol{A}_{1-\texttt{PRF}(K,\texttt{ID}_A)} - \boldsymbol{A}_{\mathcal{C}_{\texttt{PRF}},\texttt{ID}_A},\end{aligned}$$

其中 $\boldsymbol{A}_{\mathcal{C}_{\mathtt{PRF}},\mathtt{ID}_A} = \mathrm{Eval}_{\mathtt{BV}}(\mathcal{C}_{\mathtt{PRF}}, \{\boldsymbol{B}_i\}_{i=1}^k, \boldsymbol{C}_{\mathtt{ID}_1}, \cdots, \boldsymbol{C}_{\mathtt{ID}_\ell}) \in \mathbb{Z}_q^{n\times m}$ 使用 BV 同态加密算法对 PRF 电路的计算 [31].

[11] 给出了 ABB-IBE 满足选择标识安全性的一个优雅证明. 其基本思路是, 在游戏开始前攻击者选定攻击 $\mathtt{ID}^*$ 后, 游戏模拟者 $\mathcal{S}$ 根据获得的 LWE 问题的 $\boldsymbol{b}^t = \boldsymbol{s}^t\boldsymbol{A}' + \boldsymbol{e}^t$, 其中 $\boldsymbol{A}' \in \mathbb{Z}^{n\times(m+1)}$, 获得矩阵 $\boldsymbol{A} = [\boldsymbol{a}_1', \cdots, \boldsymbol{a}_m']$ 以及向量 $\boldsymbol{u} = \boldsymbol{a}_0'$, 生成 $\boldsymbol{B}_2$ 及其格 $\Lambda^\perp(\boldsymbol{B}_2)$ 的短基 $\boldsymbol{T}_{\boldsymbol{B}_2}$, 生成 $\boldsymbol{B}_1 = \boldsymbol{A}\boldsymbol{R} - H(\mathtt{ID}^*)\boldsymbol{B}_2$ 以及 $M_{\mathtt{pt}}$. 对应任意 $\mathtt{ID} \neq \mathtt{ID}^*$ 的私钥请求, $\mathcal{S}$ 需要计算 $\boldsymbol{x}$ 满足 $[\boldsymbol{A}|\boldsymbol{B}_1 + H(\mathtt{ID})\boldsymbol{B}_2]\boldsymbol{x} = \boldsymbol{u}$. $\mathcal{S}$ 首先计算 $\boldsymbol{B}' = (H(\mathtt{ID}) - H(\mathtt{ID}^*))\boldsymbol{B}_2$, [11] 中 H 的构造保证 $H(\mathtt{ID}) - H(\mathtt{ID}^*)$ 是可逆矩阵, 这样 $\boldsymbol{T}_{\boldsymbol{B}_2}$ 也是格 $\Lambda^\perp(\boldsymbol{B}')$ 的短基, 请求 $\mathrm{SampleRight}(\boldsymbol{A}, \boldsymbol{B}', \boldsymbol{R}, \boldsymbol{T}_{\boldsymbol{B}_2}, \boldsymbol{u}, \sigma)$ 获得 $\boldsymbol{x}$. 设 $\boldsymbol{b}^* = [b_1, \cdots, b_m]^t$. 对于加密挑战, $\mathcal{S}$ 计算 $\boldsymbol{c}_0^* = [\boldsymbol{b}^*, \boldsymbol{R}^t\boldsymbol{b}^*]^t, c_1^* = b_0 + M^*\lceil q/2 \rfloor$, 均匀随机采样 $(\boldsymbol{c}_0, c_1)$ 和 $r \in \{0,1\}$, 若 $r = 0$, 响应输出 $(\boldsymbol{c}_0, c_1)$, 否则输出 $(\boldsymbol{c}_0^*, c_1^*)$. 若攻击者能够区分密文, 则 $\mathcal{S}$ 可求解判定性 LWE 问题.

参 考 文 献

[1] Shor P. Algorithms for quantum computation: Discrete logarithms and factoring. FOCS 1994: 124-134.

[2] Shor P. Polynomial-time algorithms for prime factorization and discrete logarithms on a quantum computer. SIAM J. of Computing, 1997, 26(5): 1484-1509.

[3] Proos J, Zalka C. Shor's discrete logarithm quantum algorithm for elliptic curves. January 2003. arXiv: quant-ph/0301141.

[4] Roetteler M, Naehrig M, Svore K, et al. Quantum resource estimates for computing elliptic curve discrete logarithms. ASIACRYPT 2017, LNCS 10625: 241-270.

[5] Häner T, Jaques S, Naehrig M, et al. Improved quantum circuits for elliptic curve discrete logarithms. PQCrypto 2020, IACR Cryptology ePrint Archive 2020/077.

[6] Micciancio D, Goldwasser S. Complexity of Lattice Problems a Cryptographic Perspective. New York: Springer-Verlag, 2002.

[7] Regev O. On lattices, learning with errors, random linear codes, and cryptography. J. of ACM, 2005, 56(6): 1-40.

[8] Gentry C, Peikert C, Vaikuntanathan V. Trapdoors for hard lattices and new cryptographic constructions. STOC 2008: 197-206.

[9] Micciancio D, Regev O. Worst-case to average-case reductions based on Gaussian measures. SIAM J. Computing, 2007, 37(1): 267-302.

[10] Micciancio D, Peikert C. Trapdoors for lattices: Simpler, tighter, faster, smaller. EUROCRYPT 2012, LNCS 7237: 700-718.

[11] Agrawal S, Boneh D, Boyen X. Efficient lattice (H)IBE in the standard model. EUROCRYPT 2010, LNCS 6110: 553-572.

[12] Peikert C. Public-key cryptosystems from the worst-case shortest vector problem: Extended abstract. STOC 2009: 333-342.

[13] Brakerski Z, Langlois A, Peikert C, et al. Classical hardness of learning with errors. STOC 2013: 575-584.

[14] Applebaum B, Cash D, Peikert C, et al. Fast cryptographic primitives and circular-secure encryption based on hard learning problems. CRYPTO 2009, LNCS 5677: 595-618.

[15] Goldreich O, Goldwasser S, Halevi S. Public-key cryptosystems from lattice reduction problems. CRYPTO 1997, LNCS 1294: 112-131.

[16] Ajtai M. Generating hard instances of the short basis problem. ICALP 1999, LNCS 1644: 1-9.

[17] Babai L. On Lovász' lattice reduction and the nearest lattice point problem. Combinatorica, 1986, 6(1): 1-13.

[18] Alwen J, Peikert C. Generating shorter bases for hard random lattices. Theory of Computing Systems, 2011, 48: 535-553.

[19] Peikert C. An efficient and parallel Gaussian sampler for lattices. CRYPTO 2010, LNCS 6223: 80-97.

[20] Ducas L, Nguyen P. Faster Gaussian lattice sampling using lazy floating-point arithmetic. ASIACRYPT 2012, LNCS 7658: 415-432.

[21] Lyubashevsky V, Wichs D. Simple lattice trapdoor sampling from a broad class of distributions. PKC 2015, LNCS 9020: 716-730.

[22] Nejatollahi H, Dutt N, Ray S, et al. Post-quantum lattice-based cryptography implementations: A survey. ACM Computing Surveys, 2019, 51(6): 1-41.

[23] Ducas L, Lyubashevsky V, Prest T. Efficient identity-based encryption over NTRU Lattices. ASIACRYPT 2014, LNCS 8874: 22-41.

[24] Campbell P, Groves M. Practical post-quantum hierarchical identity-based encryption. https://www.qub.ac.uk/csit/FileStore/Filetoupload,785752, en.pdf, 2017.

[25] Cash D, Hofheinz D, Kiltz E, et al. Bonsai trees, or how to delegate a lattice basis. J. of Cryptology, 2012, 25: 601-639.

[26] ETSI. TR 103 618 CYBER; Quantum-Safe Identity-based Encryption. 2019.

[27] Zhao R, McCarthy S, Steinfeld R, et al. Quantum-safe HIBE: Does it cost a Latte? IACR Cryptology ePrint Archive, 2021, Report 2021/222.

[28] Yamada S. Adaptively secure identity-based encryption from lattices with asymptotically shorter public parameters. EUROCRYPT 2016, LNCS 9666: 32-62.

[29] Boneh D, Gentry C, Gorbunov S, et al. Fully key-homomorphic encryption, arithmetic circuit ABE and compact garbled circuits. EUROCRYPT 2014, LNCS 8441: 533-556.

[30] Zhang J, Chen Y, Zhang Z. Programmable hash functions from lattices: Short signatures and IBEs with small key sizes. CRYPTO 2016, LNCS 9816: 303-332.

[31] Boyen X, Li Q. Towards tightly secure lattice short signature and ID-based encryption. ASIACRYPT 2016, LNCS 10032: 404-434.

[32] Lai Q, Liu F, Wang Z. Almost tight security in lattices with polynomial moduli-PRF, IBE, All-but-many LTF, and more. PKC 2020, LNCS 12110: 652-681.

[33] Agrawal S, Boneh D, Boyen X. Lattice basis delegation in fixed dimension and shorter ciphertext hierarchical IBE. CRYPTO 2010, LNCS 6223: 98-115.

[34] Micciancio D. Improving lattice based cryptosystems using the Hermite normal form. CaLC, 2001: 126-145.

第 8 章 函数加密

8.1 函数加密概况

在 2005 年, Sahai 和 Waters [1] 首次提出模糊标识加密 (FIBE: Fuzzy Identity-Based Encryption) 机制 SW-FIBE. 模糊标识加密允许采用描述性属性集合作为标识进行标识加密, 解密密钥对应的标识属性集合只要和加密用标识属性集合足够接近 (两个属性集合重叠部分足够大), 就可解密密文. 模糊标识加密是标识加密的重要扩展. 在这类机制中, 解密密钥不再需要和加密密钥完全匹配. Sahai 和 Waters 在 [1] 中进一步提出基于属性加密 (ABE: Attribute-Based Encryption) 的概念, 并构造了支持小属性空间和大属性空间的两个方案. 这两个方案仅支持门限类型的属性关系: 加解密过程中标识属性集合交集的大小需要超过规定门限值. 这类方案可以用在诸如生物特征类型标识的加密应用中. 生物特征采样过程具有不确定性, 但是采样技术的鲁棒性要求同一客体的特征样本差别足够小. 在 2006 年, Goyal 等 [2] 将属性加密算法进一步区分为密文策略属性加密算法 (CP-ABE: Ciphertext Policy-ABE) 和密钥策略属性加密算法 (KP-ABE: Key Policy-ABE), 并提出第一个支持以访问树方式表达策略的 KP-ABE(GPSW-ABE). 在 2007 年, Bethencourt, Sahai 和 Waters [3] 提出支持以访问树方式表达策略的 CP-ABE (BSW-ABE). 经过十多年的发展, 属性加密成为标识密码学的一个非常活跃的研究领域. 基于属性加密可以为数据安全访问提供细粒度、可扩展的访问控制. 特别是在云环境中, 数据拥有者可以自行基于属性加密技术授权数据使用者对云上加密存储数据的访问, 避免依赖不受信任的云平台提供者提供的传统访问控制功能.

在基于密文的运算方面, Boneh 等 [4] 在 2004 年提出关键字可搜索的公钥加密 (PEKS: Public key Encryption with Keyword Search), 允许被授权方在密文上搜索感兴趣的关键字. Boneh 和 Waters [5] 在 2007 年进一步提出用隐藏向量加密 (HVE: Hidden Vector Encryption) 原语实现在密文上的集合和区间搜索并且支持多个搜索条件的与操作. 在 2008 年, Katz, Sahai 和 Waters [6] 提出的内积断言加密 (IPPE: Inner Product Predicate Encryption) 支持包括多项式计算等更加复杂的查询条件. 在 2010 年, Neill [7] 以及 Boneh, Sahai 和 Waters [8] 分别提出函数加密 (FE: Functional Encryption) 的概念并给出安全性定义. 2015 年,

Abdalla 等 [9] 给出了第一个基于标准假设并且解密结果是对明文的函数计算的加密方案, 计算的函数为明文向量和解密密钥对应向量的内积, 称为内积加密 (IPE: Inner Product Encryption). Agrawal, Libert 和 Stehlé [10] 基于相同的复杂性假设进一步提出满足完整安全性定义 (相对于预先选择安全性) 的 IPE(ALS-IPE). Baltico 等 [11] 提出二次函数的加密方案. Wee [12] 进一步提出固定大小密钥和短密文的二次函数加密方案.

Boneh 等给出的函数加密定义是一个非常强大的密码原语. 前面提到的标识加密、关键字可搜索公钥加密、属性加密、匿名标识加密、隐藏向量加密、内积断言加密以及内积加密等都是函数加密的特例. 函数加密和电路混淆以及同态加密都有密切关系 [13]. 在函数加密系统中, 有三类密钥: 加密密钥、FE 解密密钥和主密钥. 加密密钥用于加密明文消息 m, 每个 FE 解密密钥都和一个函数 f 关联, 主密钥用于派生 FE 解密密钥. 传统公钥加密系统的安全性要求解密密钥, 或者成功解密密文获得完整明文, 或者解密失败且不能获得有关明文的任何额外信息. 函数加密系统则允许解密人成功解密时获得 $f(m)$. 可以看到, 函数加密系统和同态加密系统有两个主要区别: ① 同态加密系统允许任意人在密文上进行任意函数计算, 而函数加密系统则需要函数计算方获得函数对应的 FE 解密密钥才可进行对应函数计算; ② 同态加密系统中密文计算的结果仍然是密文, 需要解密密钥才可还原函数计算值, 而函数加密系统中密文计算的结果就是函数值本身. 因此函数加密系统更像是由计算者同时完成了函数运算和结果解密的同态加密系统. 同态加密和函数加密各有其应用场景. Boneh 等描述了一个场景显示函数加密系统的独特能力: 在一个邮件系统中, 出于安全考虑, 所有邮件均进行了加密处理. 垃圾邮件过滤器需要判断收到的加密邮件是否是垃圾邮件, 因此需要在加密邮件上计算判断函数. 如果计算结果显示为正常邮件, 则向接收人投递邮件, 否则进行邮件隔离. 函数加密机制可以满足以上场景的要求. 如果采用同态加密机制, 邮件过滤器则只能得到判断函数计算结果的密文, 仍然无法决定是否投递邮件. 另外, 对于一些函数加密可以进一步结合如属性加密技术对解密结果进行细粒度的授权访问控制 [14,15].

函数加密的研究目前大体可以分为三类: ① 公开索引的断言加密系统, 包括标识加密、属性加密、广播加密等; ② 私有索引的断言加密系统, 包括匿名标识加密、隐藏向量加密、内积断言加密等; ③ 非断言的函数加密, 包括内积加密、二次函数加密、电路函数加密等. 前两类函数加密系统更加接近传统公钥加密系统. 解密人在满足断言的情况下获得完整明文, 否则无法取得关于明文的任何额外信息. 公开索引断言加密系统中使用的索引 (如标识加密系统中密文对应的标识) 是公开的. 私有索引断言加密系统中使用的索引 (如内积断言加密中的属性 [6] 或策略隐藏属性加密中的策略 [16]) 则是秘密, 即使解密成功也不泄露索引信息.

这两类函数加密研究目前已经有众多成果，可以用于实现密文数据的细粒度访问控制. 第三类函数加密更加接近于同态加密, 目前仅支持简单函数加密的实际应用 [10–12].

本章主要介绍第一类函数加密机制中的属性加密. 属性加密可以分为密钥策略属性加密 KP-ABE 和密文策略属性加密 CP-ABE. KP-ABE 中访问控制策略被编码到用户的策略私钥中, 基于属性列表加密创建密文. 例如, 一个明文消息使用属性列表 (身份: 医生, 部门: 放射科, 职位: 主治医师) 加密. 一位医生的策略私钥关联的策略为 (身份: 医生 AND 部门: 内科), 则该医生无法解密该消息. 另外一医生的策略私钥关联的策略为 (身份: 医生 OR 职位: 主治医师), 则可查看该密文. CP-ABE 中访问策略作用于密文上, 属性私钥则关联于一个属性列表. 例如, 一个密文的访问策略是 (部门: 内科 AND 职位: 主治医师) OR (就诊编号: 3537), 一个护士持有属性为 (身份: 护士 AND 部门: 内科) 的私钥将无法解密密文, 而患者持有属性为 (就诊编号: 3537) 的私钥则可以读取明文.

可以看到, 在 KP-ABE 系统中, 数据拥有者对数据使用属性标识加密, 而密钥生成中心 (KGC) 则通过生成和分发策略密钥控制某个实体访问加密数据的能力. CP-ABE 则相反, 数据拥有者可以方便地指定加密数据的访问策略, 而密钥生成中心仅根据实体具有的属性生成并分发对应的属性密钥. KP-ABE 更适合在数据加密时还未指定访问策略的情况. CP-ABE 则赋予了数据拥有者更大的灵活性, 因此在云环境下具有良好的适应性. 除基本的 ABE 外, 还有众多安全增强的 ABE, 包括可撤销 ABE (属性撤销和用户撤销)、策略隐藏 ABE、策略可更新 ABE、多机构 ABE、分层 ABE、可追踪 ABE、计算外包 ABE、在线/离线 ABE 等. 广播加密也是一类特殊的门限 ABE. 另外, 各个 ABE 在属性集合和访问策略集合的大小是否受限、属性表达 (是否支持任意字符串属性以及是否允许相同属性多次使用)、访问策略的表达方式和能力 (门限、访问树、线性秘密共享、非单调访问结构、仅支持与门等)、使用的安全模型 (选择安全或完整安全, 标准模型、随机谕示模型或一般群模型) 和复杂性假设、计算效率等方面有所差异. 关于 CP-ABE 更加详细的资料可参考 [17].

为了抵抗可能的量子计算机攻击, 研究人员提出一些基于格的属性加密机制. Agrawal 等 [18] 提出基于 LWE 复杂性假设的 FIBE. 和 [18] 一样利用 Shamir 秘密共享机制, Zhang 等 [19] 构造了支持门限访问策略、基于 LWE 的 CP-ABE. Boyen [20] 构造了支持 LSSS 表达访问策略、基于 LWE 的 KP-ABE. Brakerski 和 Vaikuntanathan 提出支持采用电路表达访问策略的格基 CP-ABE [21]. 还有一些其他支持与门的格基 ABE, 如 [22, 23] 等. 目前格基的 ABE 机制效率仍然较差. 还有一些基于多线性对的 ABE 构造, 依赖于安全且可计算多线性对的存在. 本章将不讨论这两类 ABE.

本章最后两节分别介绍一个标识广播加密方案和函数加密的定义以及一个内积加密方案, 以便读者对该领域有一个比较完整的了解.

8.2 访问策略

属性加密系统中涉及访问策略的表达. 目前广泛使用的访问策略表达方式有: 布尔函数、(支持门限) 的访问树、线性秘密共享以及非单调的访问结构. 下面给出这些策略表达方式的形式定义以及示例.

8.2.1 访问结构

定义 8.1 (访问结构 [24]) 设 $\{P_1, P_2, \cdots, P_n\}$ 为一个集合. 集族 $\mathbb{A} \subseteq 2^{\{P_1, P_2, \cdots, P_n\}}$ 是**单调**的, 当对所有的 B, C, 如果 $B \in \mathbb{A}$ 且 $B \subseteq C$, 则 $C \in \mathbb{A}$. 一个访问结构 (单调访问结构) 是一个集族 (单调集族)$\mathbb{A}$, 即 $\mathbb{A}$ 是 $\{P_1, P_2, \cdots, P_n\}$ 非空子集的集族, $\mathbb{A} \in 2^{\{P_1, P_2, \cdots, P_n\}} \setminus \{\varnothing\}$. $\mathbb{A}$ 中的集合称为授权集合, $\mathbb{A}$ 外的集合称为非授权集合.

一个单调访问结构 $\mathbb{A}$ 可以使用 $\mathbb{A}$ 中的**最小元素**形成的集族 $\bar{\mathbb{A}}$ 来表达. $\mathbb{A}$ 中的最小元素是那些没有真子集在 $\mathbb{A}$ 中的集合. 给定 $\bar{\mathbb{A}}$, 对任意属性集合 S, 当且仅当存在 $A \in \bar{\mathbb{A}}$ 满足 $S \supseteq A$, 则 S 是一个授权集合. $\bar{\mathbb{A}}$ 称为 $\mathbb{A}$ 的最简形式. $\bar{\mathbb{A}}$ 中的每一个最小集合都代表 $\mathbb{A}$ 中的一个不同的授权集合序列, 并且这些集合序列的并集为 $\mathbb{A}$. 对于最小元素的一个直观的理解是: 在许多情况下 (单调访问结构), 如果一个属性集合满足访问策略, 则该集合的超集也满足访问策略. 因此, 在实际应用中, 我们可使用最简形式来代表一个访问结构.

例子 8.1 对于集合 $\{P_1, P_2, P_3, P_4\}$, 访问结构 $\{\{P_1, P_2\}, \{P_3, P_4\}, \{P_1, P_3, P_4\}, \{P_2, P_3, P_4\}, \{P_1, P_2, P_3\}, \{P_1, P_2, P_4\}, \{P_1, P_2, P_3, P_4\}\}$ 是单调的, $\bar{\mathbb{A}} = \{\{P_1, P_2\}, \{P_3, P_4\}\}$. 访问结构 $\{\{P_1, P_2\}\}$, 则不是单调的, 因为 $\{P_1, P_2, P_3\}, \{P_1, P_2, P_4\}$ 都不在访问结构中. 这个访问结构排除了 P_3, P_4.

8.2.2 布尔函数

布尔函数是一种直观的访问策略的表达方式. 比如 "(医生 AND 内科) OR 患者" 表示内科医生或者患者满足访问策略. 单调布尔函数 (不包括非操作 NOT) 比采用最简形式的访问结构更具表达性, 也更高效. 最简形式的访问结构可以简单地转换为单调布尔函数, 并且可能进一步化简.

例子 8.2 $\bar{\mathbb{A}} = \{\{P_1, P_2\}, \{P_3, P_4\}\}$ 的布尔函数表达为 (P_1 AND P_2) OR (P_3 AND P_4). 非单调访问结构 $\{\{P_1, P_2\}\}$ 的非单调布尔函数为 (P_1 AND P_2) AND NOT(P_3 OR P_4).

8.2.3 访问树

Goyal 等 [2] 提出使用 (单调) 访问树来表达访问结构. 在访问树中, 每个叶子节点对应一个属性, 非叶子节点则是一个 (n, t)-门限门 (这里指需要 $t+1$ 个叶子节点是真值输入的门). n 是节点的子节点的个数, $0 \leqslant t < n$ 是门限值. 当 $t = 0$ 时, 该门限门是或门, 当 $t = n - 1$ 时, 则门限门是与门. 因此, 门限门访问树比与或门访问树 (非叶子节点为与或门) 表达效率更高 (对同样的访问结构, 门限访问树的节点数, 特别是叶子节点数, 更少).

例子 8.3 访问结构 $\mathbb{A} = \{\{P_1, P_2\}, \{P_1, P_3\}, \{P_1, P_4\}, \{P_2, P_3\}, \{P_3, P_4\}, \{P_1, P_2, P_3\}, \{P_1, P_2, P_4\}, \{P_1, P_3, P_4\}, \{P_2, P_3, P_4\}, \{P_1, P_2, P_3, P_4\}\}$. $\bar{\mathbb{A}} = \{\{P_1, P_2\}, \{P_1, P_3\}, \{P_1, P_4\}, \{P_2, P_3\}, \{P_3, P_4\}\}$. 化简的布尔函数为 ($P_1$ AND (P_2 OR P_3 OR P_4)) OR (P_2 AND (P_3 OR P_4)) OR (P_3 AND P_4). 可以看到 4 个属性中任意两个就可以满足访问结构. $\mathbb{A}$ 的门限门访问树和与或门访问树的表达如图 8.1.

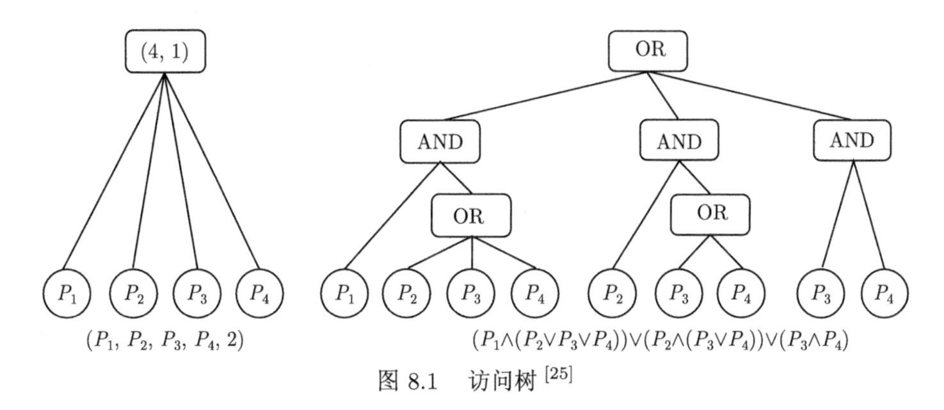

图 8.1 访问树 [25]

可以看到门限门访问树的表达效率最好 (叶子节点数最少), 而最简形式的访问结构的表达效率最差.

8.2.4 线性秘密共享

前面已经介绍了多种表达访问策略的方法, 这里介绍实现访问策略的安全方法. 一种方法是将加密过程中的秘密分散到满足访问策略需要的属性上 [2]. 针对上面例子的门限门访问树, 我们将加密秘密作为根节点的值, 采用门限秘密共享机制如 Shamir 秘密共享机制进行秘密分片, 每个叶子节点分配一个秘密分片. 解密过程通过获得超过门限个数的属性对应的正确秘密分片就可恢复根节点上的秘密, 进而解密密文. 如果访问树有多个层次, 可将上级秘密采用门限秘密共享机制逐级分散到下级节点, 直到叶子节点. [24] 显示了任意的单调访问结构都可使用线性秘密共享机制实现. Shamir 秘密共享机制就是一种线性秘密共享机制.

定义 8.2 (线性秘密共享机制 LSSS [24]) 一组实体集 $\mathbb{P}$ 的一个秘密共享机制 Π 是线性的 ($\mathbb{Z}_p$), 如果:

- 每个实体的分享形成 $\mathbb{Z}_p$ 上的一个向量.
- 存在一个 ℓ 行 n 列的矩阵 $\boldsymbol{M}$. 该矩阵称为 Π 的秘密生成矩阵. 对每个 $1 \leqslant i \leqslant \ell$, 第 i 行 $\boldsymbol{M}_i$ 标记为实体 $\rho(i)$, 其中函数 $\rho:\{1,2,\cdots,\ell\} \rightarrow \mathbb{P}$. 对一个列向量 $\boldsymbol{v}=[s,r_2,r_3,\cdots,r_n]^t$, 其中 $s \in \mathbb{Z}_p$ 是需共享的秘密, $r_i \in \mathbb{Z}_p$ 是随机数, 则 $\boldsymbol{Mv}$ 是 s 根据 Π 的 ℓ 个共享的向量. $(\boldsymbol{Mv})_i$ 是给实体 $\rho(i)$ 的秘密共享分片.

根据 [24], 每个满足上面定义的线性秘密共享机制都有线性重构的性质: 设 Π 是访问结构 $\mathbb{A}$ 的 LSSS. 对任意一个授权集合 $S \in \mathbb{A}$, 定义 $I=\{i \mid \rho(i) \in S\}(I \subset \{1,2,\cdots,\ell\})$. 存在常数 $\{\omega_i \in \mathbb{Z}_p\}_{i \in I}$ 满足 $\sum_{i \in I} \omega_i \boldsymbol{M}_i=[1,0,\cdots,0]$, 若 $\{\mathbb{A}_i\}$ 是秘密 s 的有效分享, 则

$$
\begin{aligned}
\sum_{i \in I} \omega_i \mathbb{A}_i &= \sum_{i \in I} \omega_i(\boldsymbol{M}_i \boldsymbol{v}) \\
&= \sum_{i \in I}(\omega_i \boldsymbol{M}_i) \boldsymbol{v}=[1,0,\cdots,0][s,r_2,\cdots,r_n]^t=s.
\end{aligned}
$$

在矩阵 $\boldsymbol{M}$ 行数相关的多项式时间内可计算出常数 $\{\omega_i\}$. 对任意的非授权集合, 则不存在这样的常数.

[26] 给出了一个将单调布尔函数 (与或门访问树) 转换为 LSSS 矩阵的方法. [25] 给出了可将门限访问树转换为 LSSS 矩阵的方法. 给定一个访问树, [26] 中 LSSS 矩阵的构造方法如下:

1. 设置访问树的根节点行向量为 $\boldsymbol{h}=[1]$, 计数为 $c=1$.
2. 如果父节点为或门, 则子节点的向量和父节点 $\boldsymbol{h}$ 相同, 计数 c 保持不变.
3. 如果父节点为与门, 将父节点行向量 $\boldsymbol{h}$ 后面填充 0, 使得向量长度为 c. 一个子节点行向量为 $\boldsymbol{h}\|1$, 另一子节点行向量为 $[0,\cdots,0]\|-1$, 其中 $[0,\cdots,0]$ 的长度为 c. 计数 c 增加 1.

根据 LSSS 的定义, 上述过程生成的矩阵 $\boldsymbol{M}$ 中的行向量集合的扩张包括 $[1,0,\cdots,0]$ 当且仅当行向量集合对应的属性集合是访问树的授权集合.

例子 8.4 对于例子 8.3 中的访问树, 按照 [26] 的方法生成对应 LSSS 矩阵 $\boldsymbol{M}$. 按照 [25] 中的方法生成 LSSS 矩阵 $\boldsymbol{M}'$.

$$\boldsymbol{M}=\begin{bmatrix}1&1\\0&-1\\0&-1\\0&-1\\1&1\\0&-1\\0&-1\\1&1\\0&-1\end{bmatrix}\begin{matrix}\rho(1)=P_1\\\rho(2)=P_2\\\rho(3)=P_3\\\rho(4)=P_4\\\rho(5)=P_2\\\rho(6)=P_3\\\rho(7)=P_4\\\rho(8)=P_3\\\rho(9)=P_4\end{matrix},\qquad \boldsymbol{M}'=\begin{bmatrix}1&1\\1&2\\1&3\\1&4\end{bmatrix}\begin{matrix}\rho(1)=P_1\\\rho(2)=P_2\\\rho(3)=P_3\\\rho(4)=P_4\end{matrix}$$

对简化的矩阵 $\boldsymbol{M}'$, 秘密 $s\in\mathbb{Z}_p$ 和随机数 $r_2\in\mathbb{Z}_p$, P_i 分别对应的秘密共享分片为 $s+r_2, s+2r_2, s+3r_3, s+4r_4$. 任意两个及以上的 P_i 形成一个授权集合, 就可重构 s. 例如: 对授权集合 $S=\{P_1,P_3\}$, 可计算 $\omega_1=3/2, \omega_3=-1/2$ 满足 $\omega_1(1,1)+\omega_3(1,3)=(1,0)$, 即 s 可采用如下方式重构:

$$\omega_1(s+r_2)+\omega_3(s+3r_3)=\frac{3}{2}s+\frac{3}{2}r_3-\frac{1}{2}s-\frac{3}{2}r_3=s.$$

8.3 密文策略属性加密算法

BSW-ABE [3] 是第一个支持丰富访问策略表达能力的 CP-ABE. 该算法采用访问树表达访问策略并采用属性密钥随机化方法抵抗合谋攻击. 但是 [3] 仅在一般群模型下证明了算法的安全性. Cheung 和 Newport [27] 设计了一个在标准模型下安全但仅支持与操作的 CP-ABE. Goyal 等 [28] 设计了在标准模型下可证明安全性并支持访问树的 CP-ABE, 但是该机制效率低. Lewko 等 [26] 构造了可证明满足完整安全性的 CP-ABE, 但因算法使用到合数群上的双线性对, 效率仍然不高. Waters 在 2008 年构造了支持 LSSS 表达访问策略的 CP-ABE [29]. 该算法是首个同时实现良好的策略表达性、标准模型下可证明安全性和具有较好运算效率的 CP-ABE.

以上标准模型下的算法仅适合小属性空间的应用. Rouselakis 和 Waters [30] 设计了一个支持大属性空间和 LSSS 访问策略的 CP-ABE, 并基于 ℓ 类型复杂性假设证明其选择策略安全性. Agrawal 和 Chase [31] 设计了一个支持大属性空间和 LSSS 访问策略表达, 解密高效的 CP-ABE (FAME-CP-ABE) (解密过程使用六个双线性对), 并在随机谕示模型下证明其完整安全性可以归约到 DLIN 复杂性假设. Xue 等 [32] 设计了一个采用访问树表达访问策略并支持大属性空间和属性比较的 CP-ABE, 其安全性归约到 DBDH 假设. Tomida, Kawahara 和 Nishimaki [33] 设计了支持非单调访问结构 (支持非操作)、大属性集、属性重用和 LSSS 访问策略的 CP-ABE (TKN-CP-ABE), 并证明其安全性可以归约到矩阵 DDH (MDDH) 假设 [34]. TKN-CP-ABE 也具有很好的解密效率 (在访问策略中属性不重用的情况下, 解密过程仅需要三个双线性对). 针对门限访问策略应用, Susilo 等 [35] 提出了一个支持较大属性空间的门限 CP-ABE, 其效率高于 SW-FIBE 以及 [36] 中的算法. 针对与门访问策略应用, Guo 等 [37] 提出了一个私钥固定大小的 CP-ABE.

另外, Okamoto 和 Takashima [38] 提出了一个支持非单调访问结构和内积断言的统一策略属性加密 UP-ABE, 其以特例形式可实例化为 CP-ABE 和 KP-ABE. 该算法使用两个双线性对向量空间, 安全性可以归约到 DLIN 复杂性假设, 但系统运算复杂.

8.3.1 密文策略属性加密算法安全性定义

密文策略属性加密算法由以下四个子算法构成.

- **Setup** $\mathbb{G}_{\texttt{CP-ABE}}(1^\kappa,\mathcal{U})$: $\mathcal{U}$ 为属性空间描述. 该算法功能和 IBE 的 $\mathbb{G}_{\texttt{ID}}(1^\kappa)$ 类似.
- **Extract** $\mathbb{X}_{\texttt{CP-ABE}}(M_{\mathfrak{pk}}, M_{\mathfrak{sk}}, S)$: 对属性集合 $S \subseteq \mathcal{U}$, 该算法功能和 IBE 的 $\mathbb{X}_{\texttt{ID}}(M_{\mathfrak{pk}}, M_{\mathfrak{sk}}, S)$ 类似, 生成属性私钥 D_S.
- **Encrypt** $\mathbb{E}_{\texttt{CP-ABE}}(M_{\mathfrak{pk}}, \mathbb{A}, m)$: 该算法以 $M_{\mathfrak{pk}}$、基于属性空间 $\mathcal{U}$ 的访问策略 $\mathbb{A}$ 和消息 m 为输入, 计算输出密文 C. 密文隐式包含 $\mathbb{A}$.
- **Decrypt** $\mathbb{D}_{\texttt{CP-ABE}}(M_{\mathfrak{pk}}, D_S, C)$: 该算法接收 $M_{\mathfrak{pk}}$, D_S 和 C 作为输入, 当密文有效且 D_S 对应的属性满足加密策略 $\mathbb{A}$ 时, 计算输出明文 m; 否则输出一个解密失败的标记 $\perp$.

类似于标识加密算法的安全性定义, CP-ABE 的安全性可以通过表 8.1 的游戏定义. 游戏在挑战者和一个两阶段的攻击者 $\mathcal{A} = (\mathcal{A}_1, \mathcal{A}_2)$ 之间展开. 在游戏中, sts 是攻击者 $\mathcal{A}$ 的阶段信息. 类似于 IBE, $\mathcal{O}_{\texttt{CP-ABE}}$ 是 CP-ABE 安全模型下挑战者提供给攻击者的谕示集合, 用于抽象刻画攻击者的能力. 在 CCA 模型下, 攻击者可以访问如下两个谕示.

1. 属性私钥获取谕示: 该谕示接收攻击者选择的属性集合 S 作为请求输入, 输出 S 对应的私钥 D_S. 为了排除无意义的简单攻击, 要求 S 不能满足访问策略 $\mathbb{A}^*$.
2. 解密谕示: 该谕示接收攻击者选择的使用访问策略 $\mathbb{A}$ 加密的密文 C 和属性 S, 若 S 满足策略 $\mathbb{A}$, 则采用 S 对应的私钥对 C 进行解密并向攻击者提供解密结果, 否则输出 $\perp$. 为了排除攻击者简单赢得游戏的情况, 模型要求在阶段 2 中 $\mathcal{A}_2$ 不使用输入 (S^*, C^*) 访问解密谕示, 其中 S^* 满足访问策略 $\mathbb{A}^*$.

若 $b = b'$, 我们就说攻击者 $\mathcal{A}$ 成功赢得了游戏. 为了度量 $\mathcal{A}$ 成功的概率, 我

们定义攻击者 $\mathcal{A}$ 赢得游戏的优势为

$$\mathtt{Adv}^{\mathtt{IND\text{-}CCA}}_{\mathtt{CP\text{-}ABE},\mathcal{A}} = |2\Pr[b' = b] - 1\,|\,.$$

定义 8.3 如果对任意的概率多项式时间攻击者 $\mathcal{A}$, 其赢得游戏的优势 $\epsilon(\kappa)$ 都可忽略得小, 则称一个 CP-ABE 算法是 CP-ABE-IND-CCA 安全的.

CPA 模型则仅提供属性私钥获取谕示, 并可定义 CP-ABE-IND-CPA 安全. 类似于 IBE, 我们也可以定义一个较弱的安全性模型: 选择安全 (CP-ABE-sIND-$*$), 即在游戏开始时, 攻击者就选定了攻击的访问策略 $\mathbb{A}^*$.

表 8.1 CP-ABE 安全模型

CP-ABE-IND 攻击游戏
1. $(M_{\mathfrak{pk}}, M_{\mathfrak{sk}}) \leftarrow \mathbb{G}_{\mathtt{CP\text{-}ABE}}(1^\kappa, \mathcal{U})$.
2. $(sts, \mathbb{A}^*, m_0, m_1) \leftarrow \mathcal{A}_1^{\mathcal{O}_{\mathtt{CP\text{-}ABE}}}(M_{\mathfrak{pk}})$.
3. $b \leftarrow \{0, 1\}$.
4. $C^* \leftarrow \mathbb{E}_{\mathtt{CP\text{-}ABE}}(M_{\mathfrak{pk}}, \mathbb{A}^*, m_b)$.
5. $b' \leftarrow \mathcal{A}_2^{\mathcal{O}_{\mathtt{CP\text{-}ABE}}}(M_{\mathfrak{pk}}, C^*, sts, m_0, m_1)$.

8.3.2 Waters-CP-ABE

Waters 在 [29] 中给出了三个 CP-ABE 算法. 三个算法都可在标准安全模型下将算法的选择安全性归约到双线性对相关的复杂性假设, 分别为 ℓ-并行 DBDHE、ℓ-DBDHE 和 DBDH 假设. 当属性在策略中不重复时, 通过简单变换 [39], 第二个算法效率更高 (加密过程更快, 密文更小, 解密过程仅需要两个双线性对计算). 这里给出两个算法采用非对称双线性对和随机谕示的构造 (采用随机谕示的全域哈希可支持大属性空间). Waters-CP-ABE1 工作方式如下.

- **Setup** $\mathbb{G}_{\mathtt{CP\text{-}ABE}}(1^\kappa, \mathcal{U})$:
  1. 生成三个阶为素数 p 的群 $\mathbb{G}_1$, $\mathbb{G}_2$ 和 $\mathbb{G}_T$ 以及双线性对 $\hat{e}: \mathbb{G}_1 \times \mathbb{G}_2 \to \mathbb{G}_T$. 随机选择生成元 $P_1 \in_R \mathbb{G}_1, P_2 \in_R \mathbb{G}_2$.
  2. 选择随机数 $a, b \in_R \mathbb{Z}_p^*$, 计算 $R_1 = bP_1, T = \hat{e}(P_1, P_2)^a$.
  3. 选择一个哈希函数, $H_1: \{0,1\}^* \to \mathbb{G}_1$.
  4. 输出主公钥 $M_{\mathfrak{pk}} = (\mathbb{G}_1, \mathbb{G}_2, \mathbb{G}_T, \hat{e}, P_1, P_2, R_1, T, H_1)$和主私钥$M_{\mathfrak{sk}} = aP_1$.
- **Extract** $\mathbb{X}_{\mathtt{CP\text{-}ABE}}(M_{\mathfrak{pk}}, M_{\mathfrak{sk}}, S)$: 对属性集合 $S = \{S_1, \cdots, S_t\}$:
  1. 选择随机数 $r \in \mathbb{Z}_p$, 计算 $X_1 = M_{\mathfrak{sk}} + rR_1 = (a + rb)P_1, X_2 = rP_2$.
  2. 对每个 S_i, 计算 $K_i = rH_1(S_i)$.
  3. 输出 $D_S = (X_1, X_2, K_1, \cdots, K_t)$.
- **Encrypt** $\mathbb{E}_{\mathtt{CP\text{-}ABE}}(M_{\mathfrak{pk}}, (\boldsymbol{M}, \rho), m)(m \in \mathbb{G}_T)$: 对访问策略 $\mathbb{A}$ 的 LSSS 表达 $(\boldsymbol{M}, \rho)$,

1. 对 $\ell \times n$ 的 LSSS 矩阵 $\boldsymbol{M}$, 选择随机向量 $\boldsymbol{v}^t = [v_1, v_2, \cdots, v_n] \in \mathbb{Z}_p^n$.
2. 计算 $[u_1, \cdots, u_\ell]^t = \boldsymbol{M}\boldsymbol{v} \mod p$.
3. 选择随机数 $r_i \in \mathbb{Z}_p$, 计算 $C_i = (C_{i,1}, C_{i,2}) = (u_i R_1 - r_i H_1(\rho(i)), r_i P_2)$, $i \in [1\,..\,\ell]$.
4. 输出密文 $C = (E_1 = m \cdot T^{v_1}, E_2 = v_1 P_2, C_1, \cdots, C_\ell, (\boldsymbol{M}, \rho))$.

- **Decrypt** $\mathbb{D}_{\text{CP-ABE}}(M_{\mathfrak{pk}}, D_S, C)$: 设私钥 D_S 对应的属性集合 S, $I \subset \{1, \cdots, \ell\}$ 且 $I = \{i : \rho(i) \in S\}$.

1. 若找到常数 $\{\omega_i \in \mathbb{Z}_p\}_{i \in I}$ 满足 $\sum_{i \in I} \omega_i \boldsymbol{M}_i = [1, 0, \cdots, 0]$, 则继续; 否则返回 $\perp$.
2. 计算 $Y = \sum_{i \in I} \omega_i C_{i,1}$.
3. 计算 $K = \dfrac{\hat{e}(X_1, E_2)}{\hat{e}(Y, X_2) \prod_{i \in I} \hat{e}(K_{\pi(\rho(i))}, \omega_i C_{i,2})}$, 其中 $\rho(i) = S_j$, $\pi(S_j)$ 返回 S_j 在 S 中的位置, 即 $K_{\pi(\rho(i))} = K_{S_j}$.
4. 输出 $m' = E_1 / K$.

注意, 若 $\{v_i\}$ 是秘密 v_1 的有效分享, 则 $\sum_{i \in I} \omega_i \mathbb{A}_i = v_1$, 进一步有

$$K = \frac{\hat{e}(P_1, P_2)^{av_1} \cdot \hat{e}(P_1, P_2)^{bv_1 r}}{\prod_{i \in I} \hat{e}(P_1, P_2)^{rbu_i\omega_i}} = \hat{e}(P_1, P_2)^{av_1}.$$

因此算法正确工作. [29] 基于 ℓ-并行 DBDHE 假设证明了无随机谕示、支持小属性空间的算法具有 CP-ABE-sIND-CPA 安全性 (即攻击者在游戏开始前就选择了攻击的访问策略 $\mathbb{A}^*$). 证明过程的主要挑战是处理同一属性出现在 LSSS 矩阵中多行的情况 (如例子 8.4). [29] 利用 ℓ-并行 DBDHE 问题中的额外项使得矩阵的多行映射到对应同一属性的群元素. 具体证明过程可见 [29]. 该算法可简单转为 sIND-CPA 安全的 CP-ABE-KEM, 即将 K 作为封装的数据加密密钥. 采用通用方法可进一步将 CPA 安全的密钥封装机制转化为 CCA 安全的密钥封装机制, 具体方法可见 [40].

Waters-CP-ABE2 的 **Setup** 和 **Extract** 和上面算法相同, 加解密过程如下.

- **Encrypt** $\mathbb{E}_{\text{CP-ABE}}(M_{\mathfrak{pk}}, (\boldsymbol{M}, \rho), m)(m \in \mathbb{G}_T)$: 对访问策略 $\mathbb{A}$ 的 LSSS 表达 $(\boldsymbol{M}, \rho)$,

1. 对 $\ell \times n$ 的 LSSS 矩阵 $\boldsymbol{M}$, 选择随机向量 $\boldsymbol{v}^t = [v_1, v_2, \cdots, v_n] \in \mathbb{Z}_p^n$.
2. 计算 $[u_1, \cdots, u_\ell]^t = \boldsymbol{M}\boldsymbol{v} \mod p$.
3. 计算 $C_i = u_i R_1 - v_1 H_1(\rho(i))$, $i \in [1\,..\,\ell]$.
4. 输出密文 $C = (E_1 = m \cdot T^{v_1}, E_2 = v_1 P_2, C_1, \cdots, C_\ell, (\boldsymbol{M}, \rho))$.

- **Decrypt** $\mathbb{D}_{\text{CP-ABE}}(M_{\mathfrak{pk}}, D_S, C)$: 设私钥 D_S 对应的属性集合 S, $I \subset \{1, \cdots, \ell\}$ 且 $I = \{i : \rho(i) \in S\}$.

1. 若找到常数 $\{\omega_i \in \mathbb{Z}_p\}_{i\in I}$ 满足 $\sum_{i\in I}\omega_i \boldsymbol{M}_i = [1,0,\cdots,0]$, 则继续; 否则返回 $\perp$.
2. 计算 $Y = -\sum_{i\in I}\omega_i C_i, Z = -\sum_{i\in I}\omega_i K_{\pi(\rho(i))}$.
3. 计算 $K = \hat{e}(Y, X_2)\cdot\hat{e}(X_1 + Z, E_2)$.
4. 输出 $m' = E_1/K$.

可以看到上面解密过程仅需计算 $|I|$ 个 $\mathbb{G}_1$ 和 $|I|$ 个 $\mathbb{G}_2$ 群上的点乘运算以及两个双线性对, 计算过程已经非常高效. [29] 在标准模型下将该算法的 sIND-CPA 安全性归约到 ℓ-DBDHE 复杂性假设. [41] 将该算法扩展到多权威中心的场景. 但是如 [42] 所示, 如果允许攻击者攻破部分权威中心, [41] 的多权威中心系统的主私钥将会泄露.

8.3.3 FAME-CP-ABE

Waters-CP-ABE1 的解密过程需要计算 $|I|+2$ 个双线性对, 在满足访问策略涉及属性较多时, 计算效率不高. Waters-CP-ABE2 的解密过程仅需要两个双线性对计算, 但是该算法的安全性证明需要一个 ℓ 类型的复杂性假设. Agrawal 和 Chase [31] 提出的 FAME-CP-ABE 算法解密过程使用固定个数的双线性对 (6 个), 并且该算法的完整安全性可在随机谕示模型下归约到 DLIN 复杂性假设. FAME-CP-ABE 算法的工作过程如下.

- **Setup** $\mathbb{G}_{\texttt{CP-ABE}}(1^\kappa, \mathcal{U})$:
  1. 生成三个阶为素数 p 的群 $\mathbb{G}_1$, $\mathbb{G}_2$ 和 $\mathbb{G}_T$ 以及双线性对 $\hat{e}:\mathbb{G}_1\times\mathbb{G}_2\to\mathbb{G}_T$. 随机选择生成元 $P_1\in_R\mathbb{G}_1, P_2\in_R\mathbb{G}_2$.
  2. 选择哈希函数, $H_1:\{0,1\}^*\to\mathbb{G}_1$.
  3. 选择随机数 $a_1,a_2,b_1,b_2,b_3\in_R\mathbb{Z}_p^*$, 计算 $R_1 = a_1P_2, R_2 = a_2P_2, T_1 = \hat{e}(P_1,P_2)^{d_1a_1+d_3}, T_2 = \hat{e}(P_1,P_2)^{d_2a_2+d_3}$.
  4. 输出主公钥 $M_{\mathfrak{pk}} = (\mathbb{G}_1,\mathbb{G}_2,\mathbb{G}_T,\hat{e},P_2,R_1,R_2,T_1,T_2,H_1)$ 和主私钥 $M_{\mathfrak{sk}} = (P_1,a_1,a_2,b_1,b_2,d_1P_1,d_2P_1,d_3P_1)$.
- **Extract** $\mathbb{X}_{\texttt{CP-ABE}}(M_{\mathfrak{pk}}, M_{\mathfrak{sk}}, S)$: 对属性集合 $S=\{S_1,\cdots,S_t\}$:
  1. 选择随机数 $r_1, r_2\in\mathbb{Z}_p$.
  2. 计算 $sk_0 = (b_1r_1P_2, b_2r_2P_2, (r_1+r_2)P_2)$.
  3. 对 $j=1,2$, 计算

$$sk'_j = \frac{b_1r_1}{a_j}H_1(011\|j)+\frac{b_2r_2}{a_j}H_1(012\|j)+\frac{r_1+r_2}{a_j}H_1(013\|j)+\frac{\sigma'}{a_j}P_1+d_jP_1.$$

  4. 对每个 $i\in[1..t], j=1,2$, 选择随机数 $\sigma_i\in\mathbb{Z}_p^*$, 计算

$$sk_{i,j} = \frac{b_1r_1}{a_j}H_1(S_i\|1\|j)+\frac{b_2r_2}{a_j}H_1(S_i\|2\|j)+\frac{r_1+r_2}{a_j}H_1(S_i\|3\|j)+\frac{\sigma_i}{a_j}P_1.$$

5. 设 $sk_i = (sk_{i,1}, sk_{i,2}, -\sigma_i P_1)$, $sk' = (sk'_1, sk'_2, d_3 P_1 - \sigma' P_1)$.
6. 输出 $D_S = (sk_0, \{sk_i\}_{i=1}^t, sk')$.

- **Encrypt** $\mathbb{E}_{\texttt{CP-ABE}}(M_{\mathfrak{pk}}, (\boldsymbol{M}, \rho), m)(m \in \mathbb{G}_T)$: 对访问策略 $\mathbb{A}$ 的 LSSS 表达 $(\boldsymbol{M}, \rho)$,
  1. 选择随机数 $s_1, s_2 \in \mathbb{Z}_p$, 计算 $C_0 = (s_1 R_1, s_2 R_2, (s_1 + s_2) P_2)$.
  2. 对 $\ell \times n$ 的 LSSS 矩阵 $\boldsymbol{M}$($M_{i,j}$ 是矩阵 $\boldsymbol{M}$ 中第 i 行 j 列的元素), 对 $i \in [1..\ell]$ 和 $j \in [1..3]$, 计算

$$C_{i,j} = s_1 H_1(\rho(i)\|j\|1) + s_2 H_1(\rho(i)\|j\|2) + \sum_{k=1}^{n} M_{i,k}(s_1 H_1(0\|k\|j\|1) + s_2 H_1(0\|k\|j\|2)),$$

$$C_i = (C_{i,1}, C_{i,2}, C_{i,3}).$$

  3. 计算 $C' = T_1^{s_1} \cdot T_2^{s_2} \cdot m$.
  4. 输出密文 $C = (C_0, \{C_i\}_{i=1}^{\ell}, C', (\boldsymbol{M}, \rho))$.

- **Decrypt** $\mathbb{D}_{\texttt{CP-ABE}}(M_{\mathfrak{pk}}, D_S, C)$: 设私钥 D_S 对应的属性集合 S, $I \subset \{1, \cdots, \ell\}$ 且 $I = \{i : \rho(i) \in S\}$.
  1. 若找到常数 $\{\omega_i \in \mathbb{Z}_p\}_{i \in I}$ 满足 $\sum_{i \in I} \omega_i \boldsymbol{M}_i = [1, 0, \cdots, 0]$, 则继续; 否则返回 $\perp$.
  2. 计算

$$Y = C' \cdot \hat{e}\left(\sum_{i \in I} \omega_i C_{i,1}, sk_{0,1}\right) \cdot \hat{e}\left(\sum_{i \in I} \omega_i C_{i,2}, sk_{0,2}\right) \cdot \hat{e}\left(\sum_{i \in I} \omega_i C_{i,3}, sk_{0,3}\right).$$

$$Z = \hat{e}\left(sk'_1 + \sum_{i \in I} \omega_i sk_{\pi(\rho(i)),1}, C_{0,1}\right) \cdot \hat{e}\left(sk'_2 + \sum_{i \in I} \omega_i sk_{\pi(\rho(i)),2}, C_{0,2}\right) \cdot \hat{e}\left(sk'_3 + \sum_{i \in I} \omega_i sk_{\pi(\rho(i)),3}, C_{0,3}\right).$$

  3. 输出 $m' = Y/Z$.

该算法的一个显著特点是解密过程双线性对的计算个数和访问策略中属性的个数无关. [31] 在随机谕示模型下采用类似于 [43] 中的混合证明方法证明该算法的 CPA 安全性可以归约到 DLIN 复杂性假设. 具体的证明过程可见 [31]. 在算法的具体实现过程中, 采用了安全的哈希函数代替随机谕示, 哈希输入数据采用不同前缀分隔不同的数据域. 将该算法转换为 CCA 安全的 CP-ABE-KEM 的方法可见 [40].

8.4 密钥策略属性加密算法

GSPW-KP-ABE [2] 是第一个密钥策略属性加密算法, 也是一系列改进或增强 KP-ABE 算法如 [39,44–46] 的基础. 该算法采用访问树表达访问策略. Ostrovsky, Sahai 和 Waters [45] 提出支持非单调访问结构的 KP-ABE. Attrapadung 等 [47] 提出支持非单调访问结构并且密文长度固定的 KP-ABE. Okamoto 和 Takashima 在 [48] 中给出了另外一种支持非单调访问结构的实现方法, 该方法进一步应用在如 [33, 49] 中. Hohenberger 和 Waters [39] 利用 Waters-CP-ABE [29] 的类似方法构造了一个高效解密的 KP-ABE(HW-KP-ABE 解密仅需要两个双线性对). Rouselakis 和 Waters [30] 采用类似于 BB-IBE [50] 和 SW-FIBE [1] 中的多项式方法构造了标准模型下支持大属性空间的 KP-ABE. Boneh 等 [51] 基于完全密钥同态加密原语构造了短私钥的 KP-ABE. Chen, Gay 和 Wee 在 [43] 中提出了一个通用框架并采用模块化的方式实现 (弱) 属性隐藏, 即如果解密失败, 解密人不能获取关于访问策略的信息. Attrapadung 等 [52] 提出了在密钥大小和密文大小之间进行平衡的 KP-ABE, 以同时实现大属性空间、策略高表达性和短密文. Chen 等 [53] 提出了第一个属性集合和访问策略集合大小无限制并且完整完全性可归约到静态复杂性假设的 KP-ABE. Attrapadung [54] 提出了几种转换, 可以动态地将支持简单断言的 ABE 进行组合, 形成访问策略表达性更丰富的 ABE. Attrapadung 和 Tomida [49] 则进一步提出了组合框架, 支持组合属性集合和访问集合大小无限制的 ABE 形成更强大的 ABE, 并且其安全性可以归约到矩阵 DDH 假设 (MDDH). Tomida, Kawahara 和 Nishimaki [33] 设计了支持非单调访问结构、属性集合和访问集合大小无限制、任意属性、属性可重用的 KP-ABE.

8.4.1 密钥策略属性加密算法安全性定义

密钥策略属性加密算法由以下四个子算法构成.

- **Setup** $\mathbb{G}_{\text{KP-ABE}}(1^\kappa,\mathcal{U})$: $\mathcal{U}$ 为属性空间描述. 该算法功能和 $\mathbb{G}_{\text{CP-ABE}}(1^\kappa,\mathcal{U})$ 类似.
- **Extract** $\mathbb{X}_{\text{KP-ABE}}(M_{\mathfrak{pk}}, M_{\mathfrak{sk}}, \mathbb{A})$: 对基于属性空间 $\mathcal{U}$ 之上的访问策略 $\mathbb{A}$, 该算法功能和 IBE 的 $\mathbb{X}_{\text{ID}}(M_{\mathfrak{pk}}, M_{\mathfrak{sk}}, \mathbb{A})$ 类似, 生成策略私钥 $D_{\mathbb{A}}$.
- **Encrypt** $\mathbb{E}_{\text{KP-ABE}}(M_{\mathfrak{pk}}, S, m)$: 该算法以 $M_{\mathfrak{pk}}$、属性集合 $S \subseteq \mathcal{U}$ 和消息 m 为输入, 计算输出密文 C. 密文隐式包含 S.
- **Decrypt** $\mathbb{D}_{\text{KP-ABE}}(M_{\mathfrak{pk}}, D_{\mathbb{A}}, C)$: 该算法接收 $M_{\mathfrak{pk}}$, $D_{\mathbb{A}}$ 和 C 作为输入, 当密文有效且附带属性 S 满足私钥对应策略 $\mathbb{A}$ 时, 计算输出明文 m; 否则输出一个解密失败的标记 $\perp$.

类似于 CP-ABE 的安全性定义, KP-ABE 的安全性可以通过表 8.2 的游戏定义. 游戏在挑战者和一个两阶段的攻击者 $\mathcal{A} = (\mathcal{A}_1, \mathcal{A}_2)$ 之间展开. 在游戏中, sts 是攻击者 $\mathcal{A}$ 的阶段信息. 类似于 CP-ABE, $\mathcal{O}_{\text{KP-ABE}}$ 是 KP-ABE 安全模型下挑战者提供给攻击者的谕示集合, 用于抽象刻画攻击者的能力. 在 CCA 模型下, 攻击者可以访问如下两个谕示.

1. 访问策略私钥获取谕示: 该谕示接收攻击者选择的访问策略 $\mathbb{A}$ 作为请求输入, 输出 $\mathbb{A}$ 对应的私钥 $D_{\mathbb{A}}$. 为了排除无意义的简单攻击, 要求 S^* 不能满足访问策略 $\mathbb{A}$.
2. 解密谕示: 该谕示接收攻击者选择的使用属性集合 S 加密的密文 C 和访问策略 $\mathbb{A}$, 若 S 满足策略 $\mathbb{A}$, 则采用 $\mathbb{A}$ 对应的私钥对 C 进行解密并向攻击者提供解密结果, 否则输出 $\perp$. 为了排除攻击者简单赢得游戏的情况, 模型要求在阶段 2 中 $\mathcal{A}_2$ 不使用输入 $(\mathbb{A}^*, C^*)$ 访问解密谕示, 其中 S^* 满足访问策略 $\mathbb{A}^*$.

表 8.2　KP-ABE 安全模型

KP-ABE-IND 攻击游戏
1. $(M_{\mathfrak{pk}}, M_{\mathfrak{sk}}) \leftarrow \mathbb{G}_{\text{CP-ABE}}(1^\kappa, \mathcal{U})$.
2. $(sts, S^*, m_0, m_1) \leftarrow \mathcal{A}_1^{\mathcal{O}_{\text{CP-ABE}}}(M_{\mathfrak{pk}})$.
3. $b \leftarrow \{0, 1\}$.
4. $C^* \leftarrow \mathbb{E}_{\text{CP-ABE}}(M_{\mathfrak{pk}}, S^*, m_b)$.
5. $b' \leftarrow \mathcal{A}_2^{\mathcal{O}_{\text{CP-ABE}}}(M_{\mathfrak{pk}}, C^*, sts, m_0, m_1)$.

若 $b = b'$, 我们就说攻击者 $\mathcal{A}$ 成功赢得了游戏. 为了度量 $\mathcal{A}$ 成功的概率, 我们定义攻击者 $\mathcal{A}$ 赢得游戏的优势为

$$\mathtt{Adv}^{\mathtt{IND\text{-}CCA}}_{\mathtt{KP\text{-}ABE},\mathcal{A}} = |2\Pr[b' = b] - 1\,|\,.$$

定义 8.4　*如果对任意的概率多项式时间攻击者 $\mathcal{A}$, 其赢得游戏的优势 $\epsilon(\kappa)$ 都可忽略得小, 则称一个 KP-ABE 算法是 KP-ABE-IND-CCA 安全的.*

CPA 模型则仅提供访问策略私钥获取谕示, 并可定义 KP-ABE-IND-CPA 安全. 类似于 CP-ABE, 我们也可以定义一个较弱的安全性模型: 选择安全 (KP-ABE-sIND-*), 即在游戏开始时, 攻击者就选定了攻击的属性集合 S^*.

8.4.2　GPSW-KP-ABE

GPSW-KP-ABE 算法作为第一个 KP-ABE, 产生了广泛的影响. 该算法的系统参数大小和属性空间大小线性相关, 因此仅适合于小属性空间的应用. 这里采用 [40] 中的定义, 特别是采用 LSSS 表达访问策略并使用密钥派生算法 KDF 派生一部分主私钥.

- **Setup** $\mathbb{G}_{\text{KP-ABE}}(1^\kappa, \mathcal{U})$:

1. 生成三个阶为素数 p 的群 $\mathbb{G}_1$, $\mathbb{G}_2$ 和 $\mathbb{G}_T$ 以及双线性对 $\hat{e}: \mathbb{G}_1 \times \mathbb{G}_2 \to \mathbb{G}_T$. 随机选择生成元 $P_1 \in_R \mathbb{G}_1, P_2 \in_R \mathbb{G}_2$.
2. 选择随机数 $a, b \in_R \mathbb{Z}_p^*$, 计算 $R_2 = bP_2, Y = \hat{e}(P_1, P_2)^a$.
3. 选择一个哈希函数, KDF: $\{0,1\}^* \to \mathbb{Z}_p$, 对可能的属性 $S_i \in \mathcal{U}$, 计算 $T_i = [\text{KDF}(a, S_i)]P_1$, $i \in [1..|\mathcal{U}|]$.
4. 输出主公钥 $M_{\mathfrak{pk}} = (\mathbb{G}_1, \mathbb{G}_2, \mathbb{G}_T, \hat{e}, P_1, P_2, Y, T_1, \cdots, T_{|\mathcal{U}|})$ 和主私钥 $M_{\mathfrak{sk}} = (a, R_2)$.

- **Extract** $\mathbb{X}_{\text{KP-ABE}}(M_{\mathfrak{pk}}, M_{\mathfrak{sk}}, (\boldsymbol{M}, \rho))$: 对访问策略 $\mathbb{A}$ 的 LSSS 表达 $(\boldsymbol{M}, \rho)$,
  1. 对 $\ell \times n$ 的 LSSS 矩阵 $\boldsymbol{M}$, 选择随机向量 $\boldsymbol{v}^t = [a, v_2, \cdots, v_n] \in \mathbb{Z}_p^n$.
  2. 计算 $[u_1, \cdots, u_\ell]^t = \boldsymbol{M}\boldsymbol{v} \mod p$.
  3. 对 $i \in [1..\ell]$, 计算 $\sigma_i = \dfrac{u_i}{\text{KDF}(a, S_{\pi(\rho(i))})}$, $sk_i = \sigma_i R_2$.
  4. 输出 $D_{\mathbb{A}} = (sk_1, \cdots, sk_\ell)$.
- **Encrypt** $\mathbb{E}_{\text{KP-ABE}}(M_{\mathfrak{pk}}, S, m)(m \in \mathbb{G}_T)$:
  1. 选择随机数 $r \in \mathbb{Z}_p$.
  2. 对属性集合 $S = \{S_1, \cdots, S_t\}$, 找到 S_i 对应的 T_j, 计算 $C_i = rT_j$, $i \in [1..t]$.
  3. 输出密文 $C = (C_0 = m \cdot T^r, C_1, \cdots, C_\ell, S)$.
- **Decrypt** $\mathbb{D}_{\text{KP-ABE}}(M_{\mathfrak{pk}}, D_{\mathbb{A}}, C)$: 设私钥 $D_{\mathbb{A}}$ 对应的访问策略表达 $(\boldsymbol{M}, \rho)$. 对密文属性 S, $I \subset \{1, \cdots, \ell\}$ 且 $I = \{i : \rho(i) \in S\}$.
  1. 若找到常数 $\{\omega_i \in \mathbb{Z}_p\}_{i \in I}$ 满足 $\sum_{i \in I} \omega_i \boldsymbol{M}_i = [1, 0, \cdots, 0]$, 则继续; 否则返回 $\perp$.
  2. 计算 $K = \sum_{i \in I} \hat{e}(\omega_i C_{\pi(\rho(i))}, sk_i)$.
  3. 输出 $m' = C_0 / K$.

[2] 基于 DBDH 假设证明了在标准模型下, 该算法具有 KP-ABE-sIND-CPA 安全性 (即攻击者在游戏开始前就选择了攻击的属性集合 S^*). 该算法可简单转化为 sIND-CPA 安全的 KP-ABE-KEM, 即将 $K = T^r$ 作为封装的数据加密密钥. 采用通用方法可进一步将 CPA 安全的密钥封装机制转化为 CCA 安全的密钥封装机制, 具体方法可见 [40]. 采用 SW-FIBE [1] 中的多项式方法, [2] 还给出了一个支持大属性空间的 KP-ABE. 读者可尝试采用随机谕示将上述算法扩展为支持大属性空间的 KP-ABE, 并进行安全性分析.

8.4.3 HW-KP-ABE

[39] 中给出了在标准模型下选择安全性可归约到 $|\mathcal{U}|$-DBDHE 复杂性假设的小属性空间算法, 并进一步采用随机谕示将算法扩展到支持大属性空间的 KP-ABE. 下面是支持大属性空间的 HW-KP-ABE 的构造.

- **Setup** $\mathbb{G}_{\texttt{KP-ABE}}(1^\kappa,\mathcal{U})$:
  1. 生成三个阶为素数 p 的群 $\mathbb{G}_1$, $\mathbb{G}_2$ 和 $\mathbb{G}_T$ 以及双线性对 $\hat{e}:\mathbb{G}_1\times\mathbb{G}_2\to\mathbb{G}_T$. 随机选择生成元 $P_1\in_R\mathbb{G}_1, P_2\in_R\mathbb{G}_2$.
  2. 选择随机数 $a,b\in_R\mathbb{Z}_p^*$, 计算 $R_1=bP_1, T=\hat{e}(P_1,P_2)^a$.
  3. 选择一个哈希函数, $H_1:\{0,1\}^*\to\mathbb{G}_1$.
  4. 输出主公钥 $M_{\mathfrak{pk}}=(\mathbb{G}_1,\mathbb{G}_2,\mathbb{G}_T,\hat{e},P_1,P_2,R_1,T,H_1)$ 和主私钥 $M_{\mathfrak{sk}}=a$.
- **Extract** $\mathbb{X}_{\texttt{KP-ABE}}(M_{\mathfrak{pk}},M_{\mathfrak{sk}},(\boldsymbol{M},\rho))$: 对访问策略 $\mathbb{A}$ 的 LSSS 表达 $(\boldsymbol{M},\rho)$, Γ 表示 $\boldsymbol{M}$ 中不同属性的集合, 即 $\Gamma=\{S_d|\exists i\in[1..\ell],\rho(i)=S_d\}$.
  1. 对 $\ell\times n$ 的 LSSS 矩阵 $\boldsymbol{M}$, 选择随机向量 $\boldsymbol{v}^t=[a,v_2,\cdots,v_n]\in\mathbb{Z}_p^n$.
  2. 计算 $[u_1,\cdots,u_\ell]^t=\boldsymbol{Mv}\mod p$.
  3. 对 $i\in[i..\ell]$, 选择随机数 $r_i\in\mathbb{Z}_p$, 计算

$$sk_{i,0}=u_iR_1+r_iH_1(\rho(i)),\quad sk_{i,1}=r_iR_1,$$

$$sk_{i,2}=\{Q_{i,j}=r_iH_1(S_j)\}_{S_j\in\Gamma\setminus\rho(i)}.$$

  4. 输出 $D_{\mathbb{A}}=(\{sk_{i,0},sk_{i,1},sk_{i,2}\}_{i=1}^{\ell})$.
- **Encrypt** $\mathbb{E}_{\texttt{KP-ABE}}(M_{\mathfrak{pk}},S,m)(m\in\mathbb{G}_T)$:
  1. 选择随机数 $r\in\mathbb{Z}_p$.
  2. 对属性集合 $S=\{S_1,\cdots,S_t\}$, 计算 $C_i=rH_1(S_i),i\in[1..t]$.
  3. 输出密文 $C=(E_0=m\cdot T^s,E_1=rR_1,C_1,\cdots,C_t,S)$.
- **Decrypt** $\mathbb{D}_{\texttt{KP-ABE}}(M_{\mathfrak{pk}},D_{\mathbb{A}},C)$: 设私钥 $D_{\mathbb{A}}$ 对应的访问策略表达 $(\boldsymbol{M},\rho)$. 对密文属性 S, $I\subset\{1,\cdots,\ell\}$ 且 $I=\{i:\rho(i)\in S\}$, 定义 $\triangle=\{S_j:\exists i\in I,\rho(i)=S_j\}$.
  1. 若找到常数 $\{\omega_i\in\mathbb{Z}_p\}_{i\in I}$ 满足 $\sum_{i\in I}\omega_i\boldsymbol{M}_i=[1,0,\cdots,0]$, 则继续; 否则返回 $\perp$.
  2. 计算

$$D_i=sk_{i,0}+\sum_{S_j\in\triangle\setminus\rho(i)}Q_{i,\pi(S_j)},$$

$$L=\sum_{S_j\in\triangle\setminus\rho(i)}C_{\pi(S_j)}.$$

  3. 计算 $K=\hat{e}(E_1,\sum_{i\in I}\omega_iD_i)\cdot\hat{e}(\omega_isk_{i,1},-L)$.
  4. 输出 $m'=E_0/K$.

[39] 给出了随机谕示模型下将上述算法的 KP-ABE-sIND-CPA 安全性归约到 q-BDHE 复杂性的方法说明, 其中 q 是对随机谕示的不同访问次数. 类似地, 采用 [40] 中的方法可将上述算法转换为 CCA 安全的 KP-KEM.

8.5 标识广播加密算法

8.5.1 标识广播加密算法安全性定义

广播加密是指在广播者通过广播信道向一个特定接收人集合发送加密消息. 接收人集合中的每个接收人都可以使用其自身的私钥解密消息. 安全的广播加密要求即使接收人集合外的人员相互串通、合谋也无法解密消息 [55]. 广播加密可认为是 $(n, 0)$-门限的 CP-ABE. 广播加密可用于如云上的共享文件加密、付费电视、通过内容发布网络 (CDN: Content Distribution Network) 发布受数字版权保护的内容等. 一种直观的广播加密构造方式是将消息分别加密给每个接收人, 但是这样不能有效节约信道上的传输开销以及加密计算开销. 另一种构造方式是采用混合加密机制 (见 4.2.3 小节). 先采用能够对不同接收人封装同一数据加密密钥的密钥封装机制, 对每个接收人分别执行密钥封装机制生成多个密钥封装密文, 然后使用数据加密密钥对广播消息进行数据加密封装生成一个数据封装密文. 如果密钥封装机制的密文个数和接收人个数线性相关, 这样的机制仍然不适合支持大的接收人集合. 因此广播加密的主要挑战是在抵抗合谋攻击的前提下, 尽量减少密文以及密钥 (包括公钥和私钥) 的大小. [56] 给出了密文和私钥都固定大小的广播加密以及密文和公钥大小与接收人个数的平方根线性相关的广播加密机制. 标识广播加密系统则是在广播加密系统中采用标识密码技术实现密钥管理. [57–59] 等给出了多接收人的标识密钥封装机制, 但这些机制的密钥封装密文大小仍然和接收人个数线性相关. Delerablée [60] 则提出了一种密文大小固定的标识广播密钥封装机制.

Delerablée 在广播加密定义 [56] 的基础上给出如下标识广播加密的定义 [60]. 该定义实际为标识广播密钥封装机制 (IBBE-KEM).

- **Setup** $\mathbb{G}_{\texttt{IBBE-KEM}}(1^{\kappa}, n)$: n 为一次加密接收人最大个数. 该算法功能和 ID-KEM 的 $\mathbb{G}_{\texttt{ID-KEM}}(1^{\kappa})$ 相同.
- **Extract** $\mathbb{X}_{\texttt{IBBE-KEM}}(M_{\mathfrak{pk}}, M_{\mathfrak{sk}}, \texttt{ID}_A)$: 该算法功能和 ID-KEM 的 $\mathbb{X}_{\texttt{ID-KEM}}(M_{\mathfrak{pk}}, M_{\mathfrak{sk}}, \texttt{ID}_A)$ 相同.
- **Encapsulate** $\mathbb{E}_{\texttt{IBBE-KEM}}(M_{\mathfrak{pk}}, S)$: 该算法以 $M_{\mathfrak{pk}}$、接收人列表 $S=\{\texttt{ID}_1, \cdots, \texttt{ID}_\ell\}$ 为输入 (其中 $\ell \leqslant n$), 计算输出 (K, C). C 称为密钥封装密文, $K \in \mathbb{K}_{\texttt{IBBE-KEM}}(M_{\mathfrak{pk}})$ 是用于 DEM 加密广播消息的对称密钥.
- **Decapsulate** $\mathbb{D}_{\texttt{IBBE-KEM}}(M_{\mathfrak{pk}}, S, \texttt{ID}_A, D_A, C)$: 该确定性算法接收 $M_{\mathfrak{pk}}$, S, $\texttt{ID}_A$, D_A 和 C 作为输入, 当密文有效且 $\texttt{ID}_A \in S$ 时, 计算输出数据加密密钥 K; 否则输出一个解封装失败标记 $\perp$.

将 4.2.3 小节中 ID-KEM 扩展到多接收人的场景下, IBBE-KEM 的安全性可以通过表 8.3 中的游戏定义. 游戏在挑战者和一个两阶段的攻击者 $\mathcal{A} = (\mathcal{A}_1, \mathcal{A}_2)$ 之间展开. 在游戏中, sts 是攻击者 $\mathcal{A}$ 的阶段信息. 类似于 ID-KEM, $\mathcal{O}_{\texttt{IBBE-KEM}}$ 是标识广播密钥封装安全模型下挑战者提供给攻击者的谕示集合. 在 CCA 模型下, 攻击者可以访问如下两个谕示.

1. 标识私钥获取谕示: 该谕示接收攻击者选择的 $\texttt{ID} \notin S^*$ 作为请求输入, 输出 ID 对应的标识私钥 $D_{\texttt{ID}}$.
2. 解封装谕示: 该谕示接收攻击者选择的标识集合 S、标识 ID 和密钥封装 C 后, 若 $\texttt{ID} \in S$, 则采用 ID 对应的私钥对 C 进行解封装并向攻击者提供解封装结果, 否则输出 $\perp$. 为了排除攻击者简单赢得游戏的情况, 模型要求在阶段 2 中 $\mathcal{A}_2$ 不使用输入 $(S^*, \texttt{ID}^*, C^*)$ 访问解封装谕示, 其中 $\texttt{ID}^* \in S^*$.

表 8.3　IBBE-KEM 安全模型

IBBE-KEM-IND 攻击游戏
1. $(M_{\mathfrak{pk}}, M_{\mathfrak{sk}}) \leftarrow \mathbb{G}_{\texttt{IBBE-KEM}}(1^\kappa, n)$.
2. $(sts, S^*) \leftarrow \mathcal{A}_1^{\mathcal{O}_{\texttt{IBBE-KEM}}}(M_{\mathfrak{pk}})$.
3. $(K_0, C^*) \leftarrow \mathbb{E}_{\texttt{IBBE-KEM}}(M_{\mathfrak{pk}}, S^*)$.
4. $K_1 \leftarrow \mathbb{K}_{\texttt{IBBE-KEM}}(M_{\mathfrak{pk}})$.
5. $b \leftarrow \{0, 1\}$.
6. $b' \leftarrow \mathcal{A}_2^{\mathcal{O}_{\texttt{IBBE-KEM}}}(M_{\mathfrak{pk}}, C^*, sts, S^*, K_b)$.

若 $b = b'$, 我们就说攻击者 $\mathcal{A}$ 成功赢得了游戏. 为了度量 $\mathcal{A}$ 成功的概率, 我们定义攻击者 $\mathcal{A}$ 赢得游戏的优势为

$$\texttt{Adv}_{\texttt{IBBE-KEM},\mathcal{A}}^{\texttt{IND-CCA}} = \mid 2\Pr[b' = b] - 1 \mid .$$

定义 8.5　*如果对任意的概率多项式时间攻击者 $\mathcal{A}$, 其赢得游戏的优势 $\epsilon(\kappa)$ 都可忽略得小, 则称一个 IBBE-KEM 算法是 IBBE-KEM-IND-CCA 安全的.*

CPA 模型则仅提供标识私钥获取谕示的访问, 并可定义 IBBE-KEM-IND-CPA 安全. 类似于 IBE 和 ID-KEM, 我们也可以定义一个较弱的安全性模型: 选择标识广播加密密钥封装安全 (IBBE-KEM-sIND-*), 即在游戏开始时, 攻击者就选定了攻击的标识集合 S^*.

8.5.2 Delerablée-IBBE-KEM

Delerablée 采用 SK 密钥生成方法构造了一个密文以及私钥大小和接收人个数无关的高效标识广播密钥封装机制. 系统参数的大小和最大接收人个数线性相关. 机制的工作方法如下.

- **Setup** $\mathbb{G}_{\texttt{IBBE-KEM}}(1^\kappa, n)$:
  1. 生成三个阶为素数 p 的群 $\mathbb{G}_1$, $\mathbb{G}_2$ 和 $\mathbb{G}_T$ 以及双线性对 $\hat{e} : \mathbb{G}_1 \times \mathbb{G}_2 \rightarrow \mathbb{G}_T$. 随机选择生成元 $P_1 \in_R \mathbb{G}_1, P_2 \in_R \mathbb{G}_2$.

2. 选择随机数 $s \in_R \mathbb{Z}_p^*$, 计算 $R_1 = sP_1, \cdots, R_n = s^n P_1$, $W = sP_2, J = \hat{e}(P_1, P_2)$.
3. 选择两个哈希函数, $H_1 : \{0,1\}^* \to \mathbb{Z}_p$, $H_2 : \mathbb{G}_T \to \{0,1\}^l$, l 为 DEM 的密钥长度.
4. 输出主公钥 $M_{\mathfrak{pk}} = (\mathbb{G}_1, \mathbb{G}_2, \mathbb{G}_T, \hat{e}, W, J, P_1, R_1, \cdots, R_n, H_1, H_2)$ 和主私钥 $M_{\mathfrak{sk}} = (s, P_2)$.

- **Extract** $\mathbb{X}_{\texttt{IBBE-KEM}}(M_{\mathfrak{pk}}, M_{\mathfrak{sk}}, \texttt{ID}_A)$:
  1. 若 $s + H_1(\texttt{ID}_A) \mod p = 0$, 则输出错误并终止;
  2. 否则输出标识私钥

$$D_A = \frac{1}{s + H_1(\texttt{ID}_A) \mod p} P_2.$$

- **Encapsulate** $\mathbb{E}_{\texttt{IBBE-KEM}}(M_{\mathfrak{pk}}, S)$: 其中 $S = \{\texttt{ID}_1, \cdots, \texttt{ID}_\ell\}$.
  1. 计算 $X = \prod_{j=1}^{\ell}(H_1(\texttt{ID}_j) + s)P_1$. 计算过程如下: 首先计算 $f(s) = \prod_{j=1}^{\ell}(H_1(\texttt{ID}_j) + s)$ 的系数, 设 $f(s) = cf_0 + cf_1 s + \cdots + cf_\ell s^\ell$, 再计算 $X = cf_0 P_1 + cf_1 R_1 + \cdots + cf_\ell R_\ell$.
  2. 选择随机数 $r \in_R \mathbb{Z}_p$, 计算密文 $C = (-rW, rX)$.
  3. 计算 $K = H_2(J^r)$.
  4. 输出 (K, C).
- **Decapsulate** $\mathbb{D}_{\texttt{IBBE-KEM}}(M_{\mathfrak{pk}}, S, \texttt{ID}_i, D_A, C)$:
  1. 解析 C 为 (C_1, C_2). 若 $C_1 \notin \mathbb{G}_2^*$ 或 $C_2 \notin \mathbb{G}_1^*$ 或 $\texttt{ID}_A \notin S$, 则输出 $\perp$ 并终止.
  2. 计算 $T_1 = \hat{e}(C_2, D_{\texttt{ID}})$.
  3. 计算 $PL = \frac{1}{s}(\prod_{j=1,j\neq i}^{\ell}(H_1(\texttt{ID}_j) + s) - \prod_{j=1,j\neq i}^{\ell} H_1(\texttt{ID}_j))P_1$. PL 的计算过程类似于 $\mathbb{E}_{\texttt{IBBE-KEM}}$ 中 X 的计算.
  4. 计算 $T_2 = \hat{e}(PL, C_1)$, $T = (T_1 \cdot T_2)^{\frac{1}{\prod_{j=1,j\neq i}^{\ell} H_1(\texttt{ID}_j)}}$.
  5. 计算输出 $K = H_2(T)$.

[60] 中的算法没有随机谕示 H_2, 封装的数据加密密钥为 J^r. Delerablée [60] 在随机谕示模型下分析该算法的 sID-IND-CPA 安全性可以归约到通用判定 DH 指数复杂性假设 (GDDHE) [61], 并提出可以采用 [62] 中的方法将该算法扩展到 sID-IND-CCA 安全. 通过引入随机谕示 H_2 后, 该算法的选择密文安全可以归约到更强的间隙 (Gap) 假设. 读者可以尝试作为练习进行证明. [63] 将该算法进一步扩展到支持撤销接收人标识的标识广播加密.

8.6　函数加密定义与内积加密算法

8.6.1　函数加密定义

Boneh 等 [8] 给出的函数加密原语非常强大, 本书中的许多内容, 包括标识加密、匿名标识加密、属性加密、标识广播加密等都是函数加密的特例. [8] 给出了函数加密的形式定义.

定义 8.6　功能 F 为定义在 (K, X) 上的函数 $F: K \times X \to \{0,1\}^*$, 其为一个 (确定) 图灵机. 集合 K 称为密钥空间, 集合 X 称为明文空间. K 中包括一个空密钥 ξ.

定义 8.7　对定义在 (K, X) 上的功能 F 的函数加密 (FE) 由四个算法 (**Setup**, **Extract**, **Encrypt**, **Decrypt**) 构成, 满足如下的正确性要求: 对任意的 $k \in K, x \in X$ 有

- **Setup**: 对安全参数输入 1^κ, 该算法计算输出主公钥 $M_{\mathfrak{pk}}$ 和主私钥 $M_{\mathfrak{sk}}$: $(M_{\mathfrak{pk}}, M_{\mathfrak{sk}}) \leftarrow \mathbb{G}_{\text{FE}}(1^\kappa)$. 为了便于描述, 这里设定 $M_{\mathfrak{sk}}$ 包括 $M_{\mathfrak{pk}}$.
- **Extract**: 该算法使用主私钥生成 k 对应的私钥 sk: $sk \leftarrow \mathbb{X}_{\text{FE}}(M_{\mathfrak{sk}}, k)$.
- **Encrypt**: 该算法使用主公钥 $M_{\mathfrak{pk}}$ 加密消息 m 生成密文 c: $c \leftarrow \mathbb{E}_{\text{FE}}(M_{\mathfrak{pk}}, m)$.
- **Decrypt**: 该算法使用私钥 sk 根据密文 c 计算 y: $y \leftarrow \mathbb{D}_{\text{FE}}(sk, c)$.

$y = F(k, x)$ 的概率为 1.

$\xi \in K$ 用于表达任何由密文有意泄露的信息, 例如明文的长度. 这个 FE 的定义具有非常强的通用性, 例如, 标准的公钥加密可以描述为 $K = \{1, \xi\}$ 的如下函数:

$$F(k, x) = \begin{cases} x, & k = 1, \\ len(x), & k = \xi. \end{cases}$$

在许多应用中明文 $x \in X$ 是一对 $(ind, m) \in I \times M$, 其中 ind 称为索引, 属于索引集合 I, m 称为消息负载, 属于消息集合 M. [5,6] 中定义了一类断言加密 (PE). 对应一个多项式断言 $P: K \times I \to \{0,1\}$, PE 使用 FE 描述为定义于 $\{K \cup \{\xi\}, I \times M\}$ 上的函数:

$$F(k \in K, (ind, m) \in X) = \begin{cases} m, & \text{如果} P(k, ind) = 1, \\ \perp, & \text{其他}. \end{cases}$$

有一类断言加密机制中明文的索引是公开的, 例如, 通常的标识加密系统中加密用的标识在密文中对任意人都是可读的, 即空密钥 ξ 会提供明文的索引和

长度.

$$F(\xi,(ind,m))=(ind,len(m)).$$

这类机制称为公开索引的断言加密. 标识加密、CP-ABE、KP-ABE 都是公开索引的断言加密的特例[8].

标识加密的 PE 定义:

- 密钥空间 $K=\{0,1\}^*\cup\{\xi\}$.
- 明文是一对 (ind,m), 索引空间 $I=\{0,1\}^*$.
- 断言 P 定义于 $K\times I$

$$P(k\in K\setminus\{\xi\},ind\in I)=\begin{cases}1, & \text{如果}k=ind,\\ 0, & \text{其他}.\end{cases}$$

KP-ABE 的 PE 定义:

- 密钥空间 K 是所有 n 个变量的多项式大小布尔函数 ϕ 的集合. 设变量 $z=(z_1,\cdots,z_n)\in\{0,1\}^n$, $\phi(z)$ 表示布尔函数对 z 的布尔值.
- 明文是一对 $(ind=z,m)$, 索引空间 $I=\{0,1\}^n$.
- 断言 P_n 定义于 $K\times I$

$$P_n(\phi\in K\setminus\{\xi\},ind=z\in I)=\begin{cases}1, & \text{如果}\phi(z)=1,\\ 0, & \text{其他}.\end{cases}$$

CP-ABE 的 PE 定义:

- 密钥空间 $K=\{0,1\}^n$ 是所有 n 个布尔变量 $z=(z_1,\cdots,z_n)\in\{0,1\}^n$.
- 明文是一对 $(ind=\phi,m)$, 索引空间 I 是所有 n 个变量的多项式大小布尔函数 ϕ 的集合.
- 断言 P_n 定义于 $K\times I$

$$P_n(z\in K\setminus\{\xi\},ind=\phi\in I)=\begin{cases}1, & \text{如果}\phi(z)=1,\\ 0, & \text{其他}.\end{cases}$$

匿名标识加密 (见 4.7.1 小节)、隐藏向量加密 HVE [5]、内积断言加密 IPPE [6,26,64] 则是非公开断言加密的特例. 例如, 内积断言加密 IPPE 的 FE 定义如下[8].

内积断言加密的 FE 定义:

- **Setup** 函数随机选择长度为 κ 的素数 p.
- 密钥空间 K 是所有的向量 $\boldsymbol{v}^t=[v_1,\cdots,v_n]\in\mathbb{Z}_p^n$.

- 明文是一对 $(ind = [w_1, \cdots, w_n], m), w_i \in \mathbb{Z}_p$, 索引空间 $I = \mathbb{Z}_p^n$.
- 断言 P_n 定义于 $K \times I$

$$
\begin{aligned}
&P_n([v_1, \cdots, v_n]^t \in K \setminus \{\xi\}, ind = [w_1, \cdots, w_n] \in I) \\
=&\begin{cases} 1, & \text{如果} \sum\limits_{i=1}^{n} v_i \cdot w_i = 0, \\ 0, & \text{其他}. \end{cases}
\end{aligned}
$$

[8] 进一步给出了函数加密安全性的两种定义: 基于不可区分游戏的安全性定义和基于模拟器的安全性定义, 并举例证明基于不可区分游戏的安全性定义不能定义所有函数加密的安全性. 另外, [8] 证明对索引公开的函数加密, 基于不可区分游戏的安全性定义和基于模拟器的安全性定义则是等价的. Goldwasser 等 [65] 进一步扩展定义了多输入函数加密, 即 F 作用在多个消息上 $y = F(k, x_1, \cdots, x_n)$, 并基于不可区分混淆电路给出了相关的构造. [65] 同时提出了多客户的函数加密, 即 F 的多个消息输入 x_i 来自于多个不同的客户.

8.6.2 内积加密

上一小节中介绍的各类函数加密特例仍然仅限于控制对密文的访问, 而不是实现基于密文的计算. 支持任意函数计算的通用函数加密仍然是一个巨大的挑战, [65, 66] 等采用不可区分混淆电路来构造通用函数加密. 现有函数加密研究的一个重要方向是针对特定函数来构造具有实用性的函数加密方案. 在 2015 年, Abdalla 等 [9] 给出的第一个解密结果是对明文的函数计算的加密方案, 其中计算函数为明文向量和解密密钥对应向量的内积, 称为内积加密 (IPE).

(模 p)IPFE 定义:

- **Setup** 函数随机选择长度为 κ 的素数 p.
- 密钥空间 K 是所有的向量 $\boldsymbol{v}^t = [v_1, \cdots, v_n] \in \mathbb{Z}_p^n$.
- 明文 $\boldsymbol{x}^t = [w_1, \cdots, w_n], w_i \in \mathbb{Z}_p$.
- $F(k, x) = \boldsymbol{v}^t \cdot \boldsymbol{x} = \sum_{i=1}^{n} v_i \cdot w_i \mod p$.

Bishop 等 [67] 采用双线性对构造了函数隐藏的内积加密. Agrawal 等 [10] 基于 [9] 中相同复杂性假设 (DDH, LWE) 以及 DCR(判定合数剩余) 进一步提出完整安全的 IPE (ALS-IPE). Baltico 等 [11] 给出了实现二次函数的加密方案. Wee 进一步提出了固定大小密钥和短密文的二次函数加密方案 [12]. 另外, [68] 给出了限定串谋攻击人个数的函数加密. 这类函数加密支持算术电路 [69], 但是在系统创建之初就限定了串谋攻击人的个数不超过某个多项式. 目前, 专用函数加密研究是一个新兴并且活跃的研究领域.

[10] 采用了不同的复杂性假设: DDH, LWE 和 DCR 分别构造了三个不同的

内积加密构造. 基于 DDH 的构造要求内积的值在一个足够小的区间中, 这样才能有效计算出内积值. 基于 LWE 的构造则没有这样的限制, 并且可以通过变换将内积计算变为 $\mathbb{Z}_p$ 上的运算. 基于 Paillier 同态加密系统, 可以构造 $\mathbb{Z}_N$ 上的内积, 其中 $N = pq, p, q$ 是两个素数. [70] 将 [10] 的工作进一步推广到多输入函数加密. 这里介绍基于 DDH 构造的内积加密算法 ALS-IPE.

- **Setup** $\mathbb{G}_{\text{FE}}(1^\kappa, 1^n)$:
  1. 生成阶为素数 $p > 2^\kappa$ 的群 $\mathbb{G}$, 随机选择生成元 $P_1, P_2 \in_R \mathbb{G}$.
  2. 对 $i \in [1..n]$, 随机选择 $s_i, t_i \in \mathbb{Z}_p$, 计算 $T_i = s_i P_1 + t_i P_2$.
  3. 输出主公钥 $M_{\mathfrak{pk}} = (\mathbb{G}, P_1, P_2, T_1, \cdots, T_n)$ 和主私钥 $M_{\mathfrak{sk}} = \{(s_i, t_i)\}_{i=1}^n$.
- **Extract** $\mathbb{X}_{\text{FE}}(M_{\mathfrak{sk}}, \boldsymbol{k})$: 对 $\boldsymbol{k}^t = [k_1, \cdots, k_n] \in \mathbb{Z}_p^n$, 计算

$$sk_k = (s_k, t_k) = \left(\sum_{i=1}^n s_i \cdot k_i, \sum_{i=1}^n t_i \cdot k_i \right) = (\langle \boldsymbol{s}, \boldsymbol{k} \rangle, \langle \boldsymbol{t}, \boldsymbol{k} \rangle).$$

- **Encrypt** $\mathbb{E}_{\text{FE}}(M_{\mathfrak{pk}}, \boldsymbol{m})$: 对 $\boldsymbol{m}^t = [m_1, \cdots, m_n] \in \mathbb{Z}_p^n$,
  1. 选择随机数 $r \in \mathbb{Z}_p$.
  2. 计算 $A = rP_1, B = rP_2, \{C_i = m_i P_1 + rT_i\}_{i=1}^n$.
  3. 输出密文 $C = (A, B, C_1, \cdots, C_n)$.
- **Decrypt** $\mathbb{D}_{\text{FE}}(sk_k, C)$:
  1. 计算

$$\begin{aligned}
E_k &= \sum_{i=1}^n k_i C_i - (s_k A + t_k B) \\
&= \sum_{i=1}^n k_i m_i P_1 + r \left(\sum_{i=1}^n k_i s_i \right) P_1 + r \left(\sum_{i=1}^n k_i t_i \right) P_1 - r s_k P_1 - r t_k P_1 \\
&= \sum_{i=1}^n k_i m_i P_1.
\end{aligned}$$

  2. 输出 $y = \log_{P_1}(E_k) = \sum_{i=1}^n k_i \cdot m_i \mod p = \langle \boldsymbol{k}, \boldsymbol{m} \rangle_p$.

因为 **Decrypt** 算法最后需要求解离散对数, 所以需要 y 所在区间 $[0..L]$ 足够小. [10] 在标准模型下证明了上述算法的不可区分完整安全性可以归约到 DDH 复杂性假设.

内积函数加密算法可以有多种实际应用, 例如, 采用内积函数计算生物特征样本间的汉明距离, 在密文上进行最近邻居的模糊搜索 [71]、神经网络训练 [72] 等. [10] 进一步显示了基于 $\mathbb{Z}_p$ 上的内积函数加密可以构造限定串谋攻击人个数的任意电路函数加密.

参考文献

[1] Sahai A, Waters B. Fuzzy identity-based encryption. EUROCRYPT 2005, LNCS 3494: 457-473.

[2] Goyal V, Pandey O, Sahai A, et al. Attribute-based encryption for fine-grained access control of encrypted data. CCS 2006: 89-98.

[3] Bethencourt J, Sahai A, Waters B. Ciphertext-policy attribute-based encryption. SP 2007: 321-334.

[4] Boneh D, Di Crescenzo G, Ostrovsky R, et al. Public key encryption with keyword search. EUROCRYPT 2004, LNCS 3027: 506-522.

[5] Boneh D, Waters B. Conjunctive, subset, and range queries on encrypted data. TCC 2007, LNCS 4392: 535-554.

[6] Katz J, Sahai A, Waters B. Predicate encryption supporting disjunctions, polynomial equations, and inner products. EUROCRYPT 2008, LNCS 4965: 146-162.

[7] O' Neill A. Definitional issues in functional encryption. IACR Cryptology ePrint Archive, 2010, Report 2010/556.

[8] Boneh D, Sahai A, Waters B. Functional encryption: Definitions and challenges. TCC 2011, LNCS 6597: 253-273.

[9] Abdalla M, Bourse F, De Caro A, et al. Simple functional encryption schemes for inner products. PKC 2015, LNCS 9020: 733-751.

[10] Agrawal S, Libert B, Stehlé D. Fully secure functional encryption for inner products, from standard assumptions. CRYPTO 2016, LNCS 9816: 333-362.

[11] Baltico C, Catalano D, Fiore D, et al. Practical functional encryption for quadratic functions with applications to predicate encryption. CRYPTO 2017, LNCS 10401: 67-98.

[12] Wee H. Functional encryption for quadratic functions from k-lin, revisited. TCC 2020, LNCS 12550: 210-228.

[13] Alwen J, Barbosa M, Farshim P, et al. On the relationship between functional encryption, obfuscation, and fully homomorphic encryption. IMACC 2013, LNCS 8308: 65-84.

[14] Abdalla M, Catalano D, Gay R, et al. Inner-product functional encryption with fine-grained access control. ASIACRYPT 2020, LNCS 12493: 467-497.

[15] Chen Y, Zhang L, Yiu S. Practical attribute based inner product functional encryption from simple assumptions. IACR Cryptology ePrint Archive, 2019, Report 2019/846.

[16] Nishide T, Yoneyama K, Ohta K. ABE with partially hidden encryptor-specified sccess structure. ACNS 2008, LNCS 5037: 111-129.

[17] 王建华, 王光波, 赵志远. 密文策略属性加密技术. 北京: 人民邮电出版社, 2020.

[18] Agrawal S, Boyen X, Vaikuntanathan V, et al. Fuzzy identity-based encryption from lattices. IACR Cryptology ePrint Archive, 2011, Report 2011/414.

[19] Zhang J, Zhang Z, Ge A. Ciphertext policy attribute-based encryption from lattices. CCS 2012: 16-17.

[20] Boyen X. Attribute-based functional encryption on lattices. TCC 2013, LNCS 7785: 122-142.

[21] Brakerski Z, Vaikuntanathan V. Lattice-inspired broadcast encryption and succinct ciphertext-policy ABE. IACR Cryptology ePrint Archive, 2020, Report 2020/191.

[22] Zhang J, Zhang Z. A ciphertext policy attribute-based encryption scheme without pairings. Inscrypt 2011, LNCS 7537: 324-340.

[23] Fun T, Samsudin A. Lattice ciphertext-policy attribute-based encryption from ring-lwe. ISTMET 2015: 258-262.

[24] Beimel A. Secure schemes for secret sharing and key distribution. PhD Thesis, Israel Institute of Technology, Technion, Haifa, Israel, 1996.

[25] Liu Z, Cao Z, Duncan S. Efficient generation of linear secret sharing scheme matrices from threshold access trees. IACR Cryptology ePrint Archive, 2010, Report 2010/374.

[26] Lewko A, Okamoto T, Sahai A, et al. Fully secure functional encryption: Attribute-based encryption and (hierarchical) inner product encryption. EUROCRYPT 2010, LNCS 6110: 62-91.

[27] Cheung L, Newport C. Provably secure ciphertext policy ABE. CCS 2007: 456-465.

[28] Goyal V, Jain A, Pandey O, et al. Bounded ciphertext policy attribute based encryption. ICALP 2008, LNCS 5126: 579-591.

[29] Waters B. Ciphertext-policy attribute-based encryption: An expressive, efficient, and provably secure realization. PKC 2011, LNCS 6571: 53-70. 另可见 https://eprint.iacr.org/2008/290.

[30] Rouselakis Y, Waters B. Practical constructions and new proof methods for large universe attribute-based encryption. CCS 2013: 463-474.

[31] Agrawal S, Chase M. FAME: Fast attribute-based message encryption. CCS 2017: 665-682.

[32] Xue K, Hong J, Xue Y, et al. CABE: A new comparable attribute-based encryption construction with 0-encoding and 1-encoding. IEEE Trans. Comput., 2017, 66(9): 1491-1503.

[33] Tomida J, Kawahara Y, Nishimaki R. Fast, compact, and expressive attribute-based encryption. Designs, Codes and Cryptography, 2021, 89: 2577-2626.

[34] Escala A, Herold G, Kiltz E, et al. An algebraic framework for Diffie-Hellman assumptions. J. of Cryptology, 2017, 30(1): 242-288.

[35] Susilo W, Yang G, Guo F, et al. Constant-size ciphertexts in threshold attribute-based encryption without dummy attributes. Inf. Sci., 2018, 429: 349-360.

[36] Herranz J, Laguillaumie F, Ràfols C. Constant size ciphertexts in threshold attribute-based encryption. PKC 2010, LNCS 6056: 19-34.

[37] Guo F, Mu Y, Susilo W, et al. CP-ABE with constant-size keys for lightweight devices. IEEE Tran. on Information Forensics and Security, 2014, 9(5): 763-771.

[38] Okamoto T, Takashima K. Fully secure functional encryption with general relations from the decisional linear assumption. CRYPTO 2010, LNCS 6223: 191-208.

[39] Hohenberger S, Waters B. Attribute-based encryption with fast decryption. PKC 2013, LNCS 7778: 162-179.

[40] ETSI. TS 103 532. CYBER; Attribute Based Encryption for Attribute Based Access Control. 2021.

[41] Malluhi Q, Shikfa A, Trinh V. A ciphertext-policy attribute-based encryption scheme with optimized ciphertext size and fast decryption. ASIACCS 2017: 230-240.

[42] Venema M, Alpár G. A bunch of broken schemes: A simple yet powerful linear approach to analyzing security of attribute-based encryption. CT-RSA 2021, LNCS 12704: 100-125.

[43] Chen J, Gay R, Wee H. Improved dual system ABE in prime-order groups via predicate encodings. EUROCRYPT 2015, LNCS 9057: 595-624.

[44] Chase M. Multi-authority attribute-based encryption. TCC 2007, LNCS 4392: 515-534.

[45] Ostrovsky R, Sahai A, Waters B. Attribute-based encryption with non-monotonic access structures. CCS 2007: 195-203.

[46] Green M, Hohenberger S, Waters B. Outsourcing the decryption of ABE ciphertexts. USENIX Security Symposium, 2011.

[47] Attrapadung N, Libert B, de Panafieu E. Expressive key-policy attribute-based encryption with constant-size ciphertexts. PKC 2011, LNCS 6571: 90-108.

[48] Okamoto T, Takashima K. Fully secure unbounded inner-product and attribute-based encryption. ASIACRYPT 2012, LNCS 7658: 349-366.

[49] Attrapadung N, Tomida J. Unbounded dynamic predicate compositions in ABE from standard assumptions. ASIACRYPT 2020, LNCS 12493: 405-436.

[50] Boneh D, Boyen X. Efficient selective-id secure identity-based encryption without random oracles. EUROCRYPT 2004, LNCS 3027: 223-238.

[51] Boneh D, Gentry C, Gorbunov S, et al. Fully key-homomorphic encryption, arithmetic circuit ABE and compact garbled circuits. EUROCRYPT 2014, LNCS 8441: 533-556.

[52] Attrapadung N, Hanaoka G, Matsumoto T, et al. Attribute based encryption with direct efficiency tradeoff. ACNS 2016, LNCS 9696: 249-266.

[53] Chen J, Gong J, Kowalczyk L, et al. Unbounded ABE via bilinear entropy expansion, revisited. EUROCRYPT 2108, LNCS 10820: 503-534.

[54] Attrapadung N. Unbounded dynamic predicate compositions in attribute-based encryption. EUROCRYPT 2019, LNCS 11476: 34-67.

[55] Fiat A, Naor M. Broadcast encryption. CRYPTO 1993, LNCS 773: 480-491.

[56] Boneh D, Gentry C, Waters B. Collusion resistant broadcast encryption with short ciphertexts and private keys. CRYPTO 2005, LNCS 3621: 258-275.

[57] Baek J, Safavi-Naini R, Susilo W. Efficient multi-receiver identity-based encryption and its application to broadcast encryption. PKC 2005, LNCS 3386: 380-397.

[58] Barbosa M, Farshim P. Efficient identity-based key encapsulation to multiple parties. IMACC 2005, LNCS 3796: 428-441.

[59] Chatterjee S, Sarkar P. Multi-receiver identity-based key encapsulation with shortened ciphertext. INDOCRYPT 2006, LNCS 4329: 394-408.

[60] Delerablée C. Identity-based broadcast encryption with constant size ciphertexts and private keys. ASIACRYPT 2007, LNCS 4833: 200-215.

[61] Boneh D, Boyen X, Goh E. Hierarchical identity based encryption with constant size ciphertext. EUROCRYPT 2005, LNCS 3494: 440-456.

[62] Canetti R, Halevi S, Katz J. Chosen-ciphertext security from identity-based encryption. EUROCRYPT 2004, LNCS 3027: 207-222.

[63] Susilo W, Chen R, Guo F, et al. Recipient revocable identity-based broadcast encryption: How to revoke some recipients in ibbe without knowledge of the plaintext. ASIACCS 2016: 201-210.

[64] Okamoto T, Takashima K. Hierarchical predicate encryption for inner products. ASIACRYPT 2009, LNCS 5912: 214-231.

[65] Goldwasser S, Dov Gordon S, Goyal V, et al. Multi-input functional encryption. EUROCRYPT 2014, LNCS 8441: 578-602.

[66] Waters B. A punctured programming approach to adaptively secure functional encryption. CRYPTO 2015, LNCS 9216: 678-697.

[67] Bishop A, Jain A, Kowalczyk L. Function-hiding inner product encryption. ASIACRYPT 2015, LNCS 9452: 470-491.

[68] Agrawal S, Rosen A. Functional encryption for bounded collusions, revisited. TCC 2017, LNCS 10677: 173-205.

[69] Applebaum B, Ishai Y, Kushilevitz E. How to garble arithmetic circuits. FOCS 2011: 120-129.

[70] Abdalla M, Gay R, Raykova M, et al. Multi-input inner-product functional encryption from pairings. EUROCRYPT 2017, LNCS 10210: 601-626.

[71] Kim S, Lewi K, Mandal A, et al. Function-hiding inner product encryption is practical. SCN 2018, LNCS 11035: 544-562.

[72] Xu R, Joshi J, Li C. CryptoNN: Training neural networks over encrypted data. ICDCS 2019: 1199-1209.

第 9 章　无证书公钥密码

9.1　密钥安全增强技术简介

在标识密码系统中, 用户的标识私钥由受信任的第三方密钥生成中心 (KGC) 使用主私钥遵循标识私钥生成算法计算生成. 这样的系统具有天然的密钥委托功能, 特别适合于对密钥恢复有需求的加密应用场景. 但是这样的密钥委托能力也带来潜在的安全风险: ① KGC 主私钥的泄露将导致系统中所有用户标识私钥丢失, 进一步导致所有已经生成的密文的安全性受到威胁; ② KGC 可能滥用其生成标识私钥的能力, 比如向某个实体非法提供某个用户的标识私钥.

第一个风险可以采用第 10 章中的分布式密钥生成机制来降低. 分布式密钥生成机制将 KGC 的主私钥分散到多个受信任的分中心, 每个分中心获得一部分主私钥, 而生成用户标识私钥的过程则需要超过门限数量的多个分中心共同协作. 这样的机制可以有效降低 KGC 主私钥泄露的风险. 如果各个分中心互不信任且没有机构可以同时控制超过门限数量的分中心, 则该机制也可降低第二个风险.

降低第二个风险的另一通常方法是在密钥生成过程中引入适当的安全机制来审计和发现恶意的密钥生成过程. 这样的机制可以显著提高 KGC 作恶的风险成本, 能有效阻吓 KGC 执行恶意操作. 例如, [1] 提出的可追责的 IBE(A-IBE: Accountable IBE). 其基本思路是在密钥生成过程中引入随机性, 使得一个标识可以对应指数个不同的标识私钥; 如果一个合法用户 A 发现某个实体 E 拥有 A 标识对应的私钥并且该私钥不同于 A 自身拥有的私钥, 则可断定 KGC 非法生成了 A 标识对应的另外一把私钥. 但是 A-IBE 需要密钥生成过程具有随机性, 因此并不适合所有的标识密码算法. 另外, [2] 提出匿名密文不可区分 IBE, 即通过隐藏密文对应的加密标识来增强密文的安全性, 其思路是使得攻击者不能判断解密需要的标识私钥, 因此不能实现有效解密. 但是该方法不能抵抗 KGC 枚举系统中所有用户的标识私钥来尝试解密. 另外, 实际应用系统中有许多额外信息可能泄露解密人的标识, 例如, 邮件投递过程需要接收人的邮件地址, 因此使用邮件标识执行匿名密文不可区分 IBE 也不能提高密文安全性. 完全匿名化的标识密码系统将丧失原有标识密码系统的核心优势: 密钥管理的简洁性.

有效应对上述两个风险的另一个方法是在密钥生成过程中引入用户端的输入, 即用户的密钥不再由 KGC 单独决定. 同时, 这类密码体制仍然不使用证书机制来管理用户公钥. 该体制的代表有: Girault [3] 在 1991 年提出的“自认证公钥”密码系统、Gentry [4] 在 2003 年提出的基于证书的加密 (CBE: Certificate-Based Encryption) 以及 Al-Riyami 和 Paterson [5] 在 2003 年提出的无证书公钥密码 (CL-PKC: Certificateless Public Key Cryptography). 这类密码体制介于传统证书公钥体制和标识密码体制之间. 在这种机制下, 用户私钥由两个秘密因素共同决定: 一个是由 KGC 生成的与用户身份相关的密钥, 另一个是由用户生成的密钥, 缺一不可. 另外, 从一个密钥不能计算另一个密钥, 即 KGC 不能 (在多项式时间内) 算出用户生成的密钥, 用户也不能 (在多项式时间内) 算出 KGC 生成的密钥. 因此, 无证书公钥密码系统不再有密钥托管的功能. 安全的无证书公钥密码系统要求即使是攻击者成功地替换了受害人的公钥, 攻击者仍然无法伪造受害人的签名, 或者解密一段给受害人的密文信息. 这样的系统无疑会降低攻击者的兴趣.

在无证书公钥密码系统中, 加密方仍然需要提前获取接收方公钥, 然后使用接收方标识、公钥和系统参数进行消息加密. 因此这类密码系统在加密应用中面临一些和传统证书系统类似的挑战, 包括接收方公钥的分发. 但在无证书公钥密码系统中, 公钥发布没有安全性要求, 可以采用简单方式如公共目录进行发布. 在数字签名应用中, 签名方可以将其公钥作为签名值的一部分进行传递, 验签方从签名值中提取签名方的公钥, 然后使用签名方标识、公钥和系统参数验证签名的正确性 (类似于 5.2.1 小节中基于证书的 IBS). 因此这类系统在签名应用中可像标识密码系统一样具有系统轻量、无证书管理等特征. 另外, KGC 不再能够恶意生成任意用户的密钥对而不被发现. 本章介绍无证书公钥体制中的无证书加密和签名机制的相关内容. 本章不对无证书密钥交换协议如 [5, 6] 等的相关内容进行展开.

9.2　自认证公钥机制

Girault [3] 指出在公钥系统中对受信任的权威机构有三种不同的信任级别. 级别 1: 权威机构知道所有用户的私钥, 可以冒充任意的用户而不被发现, 因此用户需要完全信任该权威机构不作恶 (标识密码系统的 KGC 需要该级别的信任). 级别 2: 权威机构不能 (在多项式时间内) 计算出用户的私钥, 但是可以通过生成虚假的证据来冒充用户, 并且不能确定是权威机构执行了欺骗行为. 级别 3: 权威机构的欺骗行为可以被发现并可确定欺骗行为来自权威机构. 证书系统中 CA 的信任级别可以到达 3 级: CA 如果为同一用户签发了两张不同证书, 两张证书的存在是 CA 实施了欺骗行为的确凿证据. Girault 提出介于基于标识的密码体制和基于证书的公钥体制之间的自认证公钥密码 (SCPK: Self-Certified Public Keys) 的概念. 在传统证书公钥系统中, 用户 I 拥有私钥 s 和公钥 P, 并且 I 和 P 之间的对应关系使用证书作为证据来证明. 在标识密码系统中, 标识对应公钥, 即: $I = P$, 而证据则是用户 I 拥有的标识私钥. 在自认证公钥系统中, 证据就是公钥 P. 在自认证公钥系统中, 权威机构生成系统公用的主公钥以及对应的主私钥; 用户生成自有密钥对, 并将其标识和密钥对中的公钥传递给权威机构. 权威机构使用其拥有的主私钥对用户的标识和公钥进行 (签名) 运算生成用户的公钥以及部分私钥 (有些机制无需该部分钥匙). 用户从权威机构获得相关密钥后, 计算其私钥. [3] 分别基于 RSA 签名算法和 ElGamal 签名算法给出了两个 SCPK 方案. SCPK 机制由 **Setup**、**Set-Secret-Value**, **Extract-Partial-Key**, **Set-Private-Key** 四个算法构成.

基于 RSA 签名算法的 SCPK

- **Setup** $\mathbb{G}_{\text{SCPK}}(1^\kappa)$: 该算法由权威机构 KGC 执行, 生成系统的主公钥和主私钥.
  1. 生成两个比特长度为 $\kappa/2$ 的素数 p, q, 计算 $N = pq$.
  2. 随机选择 $e \in_R \mathbb{Z}_N^*$ 和 $\varphi(N)$ 互素, 计算 d 满足 $ed = 1 \mod \varphi(N)$.
  3. 随机选择具有最大阶的元素 $g \in_R \mathbb{Z}_N^*$.
  4. 输出主公钥 $M_{\mathfrak{pk}} = (N, e, g)$ 和主私钥 $M_{\mathfrak{sk}} = d$.
- **Set-Secret-Value** $\mathbb{U}_{\text{SCPK}}(1^\kappa)$: 该算法由用户执行, 生成用户的公私密钥对 (U_A, x_A).
  1. 随机选择 $z \in_R \mathbb{Z}_N^*$.
  2. 输出 $U_A = g^{-z} \mod N$ 和 $x_A = z$.
- **Extract-Partial-Key** $\mathbb{X}_{\text{SCPK}}(M_{\mathfrak{pk}}, M_{\mathfrak{sk}}, \mathtt{ID}_A, U_A)(\mathtt{ID}_A \in \mathbb{Z}_N^*)$: 该算法由 KGC 执行, 生成用户的公钥以及可能的权威机构部分私钥 (本算法无机构部分私钥).
  1. 计算公钥 $P_A = (U_A \mathtt{ID}_A)^{-d} \mod N$.
- **Set-Private-Key** $\mathbb{K}_{\text{SCPK}}(M_{\mathfrak{pk}}, \mathtt{ID}_A, x_A, P_A, x)$: 该算法由用户执行, 生成用户的完整私钥.
  1. 设用户私钥 $s_A = z$.

容易验证生成的密钥对 (z, P_A) 满足 $P_A^e + \mathtt{ID}_A = g^{-z} \mod N$. 用户 A 可以使用该密钥对和用户 B 执行如下身份认证协议以证明其身份:

$$A \to B : \mathtt{ID}_A, P_A, t = g^x \mod N;$$

$$B \to A : c;$$

$$A \to B : y = x + zc \mod N,$$

其中 $x, c \in_R \mathbb{Z}_N$ 为随机数. B 收到 y 后验证等式 $g^y(P_A^e + \mathtt{ID}_A)^c = t \mod N$ 是否成立. 若等式成立, 则 A 的身份真实.

基于 ElGamal 签名算法的 SCPK

- **Setup** $\mathbb{G}_{\mathtt{SCPK}}(1^\kappa)$:
  1. 生成素数 p 且 $p-1$ 有大素因子. 随机选择生成元 $g \in \mathbb{Z}_p$.
  2. 随机选择 $s \in_R \mathbb{Z}_{p-1}$, 计算 $Y = g^s \mod p$.
  3. 输出主公钥 $M_{\mathfrak{pk}} = (p, g, Y)$ 和主私钥 $M_{\mathfrak{sk}} = s$.
- **Set-Secret-Value** $\mathbb{U}_{\mathtt{SCPK}}(1^\kappa)$:
  1. 随机选择 $z \in_R \mathbb{Z}_{p-1}$.
  2. 输出 $U_A = g^z \mod p$ 和 $x_A = z$.
- **Extract-Partial-Key** $\mathbb{X}_{\mathtt{SCPK}}(M_{\mathfrak{pk}}, M_{\mathfrak{sk}}, \mathrm{ID}_A, U_A)(\mathtt{ID}_A \in \mathbb{Z}_p^*)$: 该算法生成用户公钥和权威机构部分密钥.
  1. 随机选择 $k \in_R \mathbb{Z}_{p-1}$ 且 k 和 $p-1$ 互素.
  2. 计算 $P_A = U_A^k \mod p$, 并求解 $x = (\mathtt{ID}_A - sP_A)/k \mod (p-1)$.
  3. 输出 P_A, x.
- **Set-Private-Key** $\mathbb{K}_{\mathtt{SCPK}}(M_{\mathfrak{pk}}, \mathrm{ID}_A, x_A, P_A, x)$:
  1. 计算用户私钥 $s_A = xz^{-1} \mod p$.

容易验证 $Y^{P_A} P_A^{s_A} = g^{\mathrm{ID}_A} \mod p$. [3] 提出了使用生成的密钥结合 Beth 协议[7]进行身份认证. 可基于上述两个 SCPK 构造标识密钥交换协议, 具体见 6.4 节.

可以看到, 在上述两个 SCPK 机制中, KGC 均是对用户标识和提交的公钥数据进行数字签名, 并生成用户公钥 P_A 以及可能的部分额外密钥. Petersen 和 Horster[8] 提出基于 Schnorr 签名算法生成密钥对, 然后结合基于离散对数的标准加密算法和签名算法构造自认证公钥算法. 但是这种简单的组合并不能保证构造的自认证公钥密码机制的安全性. Petersen-Horster 密钥生成算法和 ECDSA 结合应用时完全不能抵抗伪造签名攻击[9]. Arazi[10] 在 1998 年提出基于 Schnorr 签名算法变形的密钥生成算法并且结合 ECIES 和 ECDSA 构造自认证公钥加密算法和签名算法. Pintsov 和 Vanstone[11] 提出隐式证书 (IC: Implicit Certificate) 的概念, 即用户的标识和权威机构生成的公钥按照证书方式组织数据 (称为隐式证书), 但是证书中不再包含 CA 对证书数据的签名. 隐式证书中的公钥数据则称为公钥还原值, 用于和标识、主公钥一起计算用户的完整公钥. 类似于 [8], [11] 使用 Schnorr 签名算法生成密钥对并结合 Pintsov-Vanstone 可部分恢复消息数字签名机制构造了数字签名机制 (OMC). Brown 等[12] 采用和 [10] 一样的密钥生成方法结合 ECDSA 形成基于隐式证书的数字签名机制, 并尝试分析该机制抵抗被动攻击的安全性. 这个机制后来成为 ECQV[13]. ECQV 结合 ECDSA 可以抵抗众多攻击, 但仍然不能抵抗对特定消息的伪造签名攻击[9].

自认证公钥 (以及隐式证书) 密码机制长时间没有严格的安全模型, 构造的算法多采用启发式方法进行分析, 没有严格的安全性分析, 因此出现构造的机制被发现不能抵抗攻击的情况. [12] 中的安全性证明也未能发现被分析算法中存在的安全问题[9]. Cheng 和 Chen[14] 将 Al-Riyami 和 Paterson 定义的 CL-PKC 和安全模型进行扩展. 扩展后的 CL-PKC 可以涵盖已有采用自认证公钥 (以及隐式证书) 的密码机制. [14] 在新模型下对多个无证书签名算法进行了安全性分析.

9.3 无证书公钥机制安全性定义

9.3.1 CL-PKC 的定义

Al-Riyami 和 Paterson[5] 定义无证书公钥加密机制 (后文称 AP-CL-PKE) 由以下 7 个随机多项式时间算法构成.

- **CL.Setup**(1^κ): 给定安全参数 1^κ, 该算法初始化无证书公钥系统, 生成系统主公钥和主私钥 $(M_{\mathfrak{pk}}, M_{\mathfrak{sk}})$. 该函数由 KGC 执行.
- **CL.Set-Secret-Value**$(M_{\mathfrak{pk}}, \mathtt{ID}_A)$: 该算法生成用户部分私钥 x_A.
- **CL.Extract-Partial-Key**$(M_{\mathfrak{pk}}, M_{\mathfrak{sk}}, \mathtt{ID}_A)$: 该算法由 KGC 执行, 以 $M_{\mathfrak{pk}}$ 和用户标识 $\mathtt{ID}_A$ 为输入, 为用户生成 KGC 部分私钥 D_A.
- **CL.Set-Private-Key**$(M_{\mathfrak{pk}}, x_A, D_A)$: 该算法生成用户的完整私钥 S_A.
- **CL.Set-Public-Key**$(M_{\mathfrak{pk}}, x_A)$: 该算法生成用户的 "声明" 公钥 P_A.
- **CL.Encrypt**$(M_{\mathfrak{pk}}, \mathtt{ID}_A, P_A, m)$: 该算法以 $M_{\mathfrak{pk}}$, $\mathtt{ID}_A$, P_A, 明文消息 $m \in \mathbb{M}_{\mathtt{CL}}(M_{\mathfrak{pk}})$ 和随机数 $r \in \mathbb{R}_{\mathtt{CL}}(M_{\mathfrak{pk}})$ 为输入, 返回密文 $C \in \mathbb{C}_{\mathtt{CL}}(M_{\mathfrak{pk}})$. 我们也使用定义 **CL.Encrypt** $(M_{\mathfrak{pk}}, \mathtt{ID}_A, P_A, m)$, 这时假定算法内部生成随机数 r.
- **CL.Decrypt**$(M_{\mathfrak{pk}}, \mathtt{ID}_A, P_A, S_A, C)$: 该算法使用私钥 S_A 解密密文 C, 输出明文 m 或终止符 $\perp$.

类似于 IBE, 我们要求不应有过多的随机数 r 产生同样的明密文对. 这样的要求可确切地定义如下: 对每个 $\mathtt{ID}$, $P_{\mathtt{ID}} \in \mathbb{P}_{\mathtt{CL}}(M_{\mathfrak{pk}})$, $m \in \mathbb{M}_{\mathtt{CL}}(M_{\mathfrak{pk}})$ 和 $C \in \mathbb{C}_{\mathtt{CL}}(M_{\mathfrak{pk}})$, 设 $\gamma(M_{\mathfrak{pk}})$ 是满足如下定义的最小上界

$$|\{r \in \mathbb{R}_{\mathtt{CL}}(M_{\mathfrak{pk}}) : \mathbb{E}_{\mathtt{CL}}(M_{\mathfrak{pk}}, \mathtt{ID}, P_{\mathtt{ID}}, m; r) = C\}| \leqslant \gamma(M_{\mathfrak{pk}}),$$

那么 $\gamma(M_{\mathfrak{pk}})/|\mathbb{R}_{\mathtt{CL}}(M_{\mathfrak{pk}})| \leqslant \gamma$ 是关于安全参数 κ 的可忽略函数 (也称γ **一致性**). 本章若无特殊说明, 相关 CL-PKE 机制均具有 γ 一致性. 特别地, 如果密码机制构建于阶为 p 的循环群上, $\gamma = 1/p$.

上述定义有多个不同的变形. [15] 提出通过连续执行 **CL.Set-Secret-Value** 和 **CL.Set-Public-Key** 后同时获得 (x_A, P_A) 并调用 **CL.Extract-Partial-**

Key($M_{\mathfrak{pt}}$, $M_{\mathfrak{st}}$, $\mathtt{ID}_A \| P_A$), AP-CL-PKE 可以覆盖 Gentry 提出的基于证书的加密 (CBE) [4]. [16] 则采用定义 **CL.Extract-Partial-Key**($M_{\mathfrak{pt}}$, $M_{\mathfrak{st}}$, $\mathtt{ID}_A$, U_A) 明确将 ID 和用户公钥作为两个独立输入. Baek 等 [17] 定义 **CL.Extract-Partial-Key** 有两个输出 D_A 和 W_A, 定义 **CL.Set-Public-Key** 包括额外输入 W_A(后文称为 BSS-CL-PKE). Dent 将这两类变化进一步简化为 [18]:

- **简化的 AP-CL-PKE 定义**
  - **CL.Setup**: 输入输出保持不变.
  - **CL.Set-User-Keys**($M_{\mathfrak{pt}}$, $\mathtt{ID}_A$): 算法是 **CL.Set-Secret-Value** 和 **CL. Set-Public-Key** 的合并.

$$(P_A, x_A) \leftarrow \textbf{CL.Set-User-Keys}(M_{\mathfrak{pt}},\ \mathtt{ID}_A).$$

  - **CL.Extract-Partial-Key**: 输入输出保持不变.
  - **CL.Encrypt**: 输入输出保持不变.
  - **CL.Decrypt**($M_{\mathfrak{pt}}, \mathtt{ID}_A, P_A, (x_A, D_A), C$): 解密使用的私钥包括 x_A, D_A.
- **简化的 BSS-CL-PKE 定义**
  - **CL.Setup**: 输入输出保持不变.
  - **CL.Extract-Partial-Key**: 输入输出保持不变, 但部分私钥 D_A 则可包括 [17] 中的部分公钥信息 W_A.
  - **CL.Set-User-Keys**($M_{\mathfrak{pt}}$, $\mathtt{ID}_A$, D_A): 算法是 **CL.Set-Secret-Value** 和 **CL.Set-Public-Key** 的合并, 且输入包括额外的 D_A.

$$(S_A, x_A) \leftarrow \textbf{CL.Set-User-Keys}(M_{\mathfrak{pt}},\ \mathtt{ID}_A, D_A).$$

  - **CL.Encrypt**: 输入输出保持不变.
  - **CL.Decrypt**: 输入输出保持不变.

这两种简化的模型并不相互兼容. 简化的 CL-PKE 定义仍然可以包括 CBE 机制. 但是在简化的 BSS-CL-PKE 定义下, 因为 **CL.Set-User-Keys** 只能在 **CL.Extract-Partial-Key** 之后执行, 所以不能覆盖 CBE 机制. 而在 AP-CL-PKE 定义和简化的 AP-CL-PKE 定义中, **CL.Extract-Partial-Key** 的输出并不包括可以公开的信息, 并且 **CL.Set-Public-Key** 和 **CL.Set-User-Keys** 的输入都不包括 D_A, 因此不能覆盖满足 BSS-CL-PKE 定义的机制. 为了同时覆盖所有符合以上定义的机制, 并能进一步支持采用自认证公钥的密码机制, [14, 19] 对 AP-CL-PKE 进行了进一步的扩展 (后文称为 SCPK-CL-PKE):

- **SCPK-CL-PKE 定义**
  - **CL.Setup**: 输入输出保持不变.

– **CL.Set-Secret-Value**: 算法同时输出用户部分的公私密钥对 (U_A, x_A).

$$(U_A, x_A) \leftarrow \textbf{CL.Set-Secret-Value}(M_{\mathfrak{pk}}, \texttt{ID}_A).$$

– **CL.Extract-Partial-Key**: 算法扩展允许 U_A 作为额外输入, 输出 KGC 为用户生成的部分公私密钥对 (W_A, D_A).

$$(W_A, D_A) \leftarrow \textbf{CL.Extract-Partial-Key}(M_{\mathfrak{pk}}, M_{\mathfrak{sk}}, \texttt{ID}_A, U_A).$$

– **CL.Set-Private-Key**: 算法基于已有秘密和公开信息形成用户的完整私钥

$$S_A \leftarrow \textbf{CL.Set-Private-Key}(M_{\mathfrak{pk}}, \texttt{ID}_A, U_A, x_A, W_A, D_A).$$

– **CL.Set-Public-Key**: 算法基于已有公开信息形成用户的"声明"公钥.

$$P_A \leftarrow \textbf{CL.Set-Public-Key}(M_{\mathfrak{pk}}, \texttt{ID}_A, U_A, W_A).$$

– **CL.Encrypt**: 输入输出保持不变.
– **CL.Decrypt**: 输入输出保持不变.

因为 **CL.Set-Public-Key** 的输入不包括 KGC 或者用户不知道的信息, 所以该函数可以和 **CL.Extract-Partial-Key** 或者 **CL.Set-Private-Key** 合并. 但为了更加接近 [5] 中的定义, 这里仍然使用独立的算法.

显然 SCPK-CL-PKE 的定义可以覆盖所有满足 AP-CL-PKE 定义的机制: SCPK-CL-PKE 定义中仅 **CL.Set-Public-Key** 的输入参数少于 AP-CL-PKE 中对应算法定义, 但是仅需在 SCPK-CL-PKE 中的 U_A 中包括 AP-CL-PKE 中的 P_A 就可实现 AP-CL-PKE 中 **CL.Set-Public-Key** 的功能. SCPK-CL-PKE 定义中比 CL-PKE 对应函数多出的参数可以使用 $\varnothing$ 代表空输入 (后面的安全性定义将支持该特殊输入). 同样地, SCPK-CL-PKE 定义可以覆盖所有满足 BSS-CL-PKE 定义的机制. 但是 BSS-CL-PKE 定义中 **CL.Extract-Partial-Key** 函数不包括 **CL.Set-Secret-Value** 的公钥输出 U_A, 因此 SCPK-CL-PKE 包括了更多可能的机制. 比如 SCPK-CL-PKE 的定义可以覆盖自认证公钥加密机制 (如基于 9.2 节中自认证公钥机制), 但是 BSS-CL-PKE 则不能. SCPK-CL-PKE 定义中 **CL.Set-Public-Key** 不再依赖用户的密钥 D_A, 使得 KGC 可以计算 P_A. 这一变化对下面定义算法的安全模型非常重要.

Al-Riyami 和 Paterson [5] 定义无证书签名 (CL-PKS) 由 7 个随机多项式时间算法构成. 其中 **CL.Setup**, **CL.Set-Secret-Value**, **CL.Extract-Partial-Key**, **CL.Set-Private-Key**, **CL.Set-Public-Key** 和 CL-PKE 的定义相同.

- **CL.Sign**($M_{\mathfrak{pt}}$, $\mathtt{ID}_A$, P_A, S_A, m): 算法以 $M_{\mathfrak{pt}}$、$\mathtt{ID}_A$、P_A、S_A 和消息 m 为输入, 输出对应的签名值 σ.
- **CL.Verify**($M_{\mathfrak{pt}}$, $\mathtt{ID}_A$, P_A, m, σ): 算法以 $M_{\mathfrak{pt}}$、$\mathtt{ID}_A$、P_A 和签名值 σ 为输入, 如果签名正确则输出 1, 否则输出 0.

和 CL-PKE 一样, CL-PKS 的定义也可以按照 BSS-CL-PKE 和 SCPK-CL-PKE 的方式进行扩展. 其中 SCPK-CL-PKS 的定义最通用. 和 SCPK-CL-PKE 一样, SCPK-CL-PKS 可以覆盖采用自认证公钥的签名机制.

9.3.2 CL-PKE 的安全性定义

采用类似于 IBE 和 PKE 的不可区分安全性定义方法, Al-Riyami 和 Paterson 给出了 CL-PKE 的安全性定义. CL-PKE 安全性定义包括两类不同的攻击者: 类型 I 攻击者为不掌握 KGC 主私钥的攻击者; 类型 II 攻击者为好奇的 KGC 攻击者. 两类攻击者都是由两个多项式时间算法构成的, 分别对应游戏的第一和第二阶段. 不可区分攻击游戏和单向攻击游戏的定义分别见表 9.1 和表 9.2. 类型 I 攻击者 $\mathcal{A}_I(\mathcal{A}_{I_1}, \mathcal{A}_{I_2})$ 可以选择任意的实体进行攻击, 包括替换其公钥, 但不能既在步骤 4 前替换 $\mathtt{ID}^*$ 的公钥又在某时间点从 KGC 获得 $\mathtt{ID}^*$ 的 KGC 部分密钥. 类型 II 攻击者 $\mathcal{A}_{II}(\mathcal{A}_{II_1}, \mathcal{A}_{II_2})$ 掌握主私钥, 因此可以生成任意实体的 KGC 部分密钥. $\mathcal{A}_{II}$ 可以监听发送给任意实体的密文, 但不主动生成并替换 $\mathtt{ID}^*$ 的公钥.

表 9.1　CL-IND-PKE 游戏

游戏 1: 类型 I 攻击者	游戏 2: 类型 II 攻击者
1. $(M_{\mathfrak{pt}}, M_{\mathfrak{st}}) \leftarrow$ **CL.Setup**(1^κ).	1. $(M_{\mathfrak{pt}}, M_{\mathfrak{st}}) \leftarrow$ **CL.Setup**(1^κ).
2. $(sts, \mathtt{ID}^*, m_0, m_1) \leftarrow \mathcal{A}_{I_1}^{\mathcal{O}_{\mathrm{CL}}}(M_{\mathfrak{pt}})$.	2. $(sts, \mathtt{ID}^*, m_0, m_1) \leftarrow \mathcal{A}_{II_1}^{\mathcal{O}_{\mathrm{CL}}}(M_{\mathfrak{pt}}, M_{\mathfrak{st}})$.
3. $b \leftarrow \{0,1\}$.	3. $b \leftarrow \{0,1\}$.
4. $C^* \leftarrow$ **CL.Encrypt**$(M_{\mathfrak{pt}}, \mathtt{ID}^*, P_{\mathtt{ID}^*}, m_b)$.	4. $C^* \leftarrow$ **CL.Encrypt**$(M_{\mathfrak{pt}}, \mathtt{ID}^*, P_{\mathtt{ID}^*}, m_b)$.
5. $b' \leftarrow \mathcal{A}_{I_2}^{\mathcal{O}_{\mathrm{CL}}}(sts, M_{\mathfrak{pt}}, C^*, \mathtt{ID}^*, P_{\mathtt{ID}^*}, m_0, m_1)$.	5. $b' \leftarrow \mathcal{A}_{II_2}^{\mathcal{O}_{\mathrm{CL}}}(sts, M_{\mathfrak{pt}}, M_{\mathfrak{st}}, C^*, \mathtt{ID}^*, P_{\mathtt{ID}^*}, m_0, m_1)$.

表 9.2　CL-OW-PKE 游戏

游戏 1: 类型 I 攻击者	游戏 2: 类型 II 攻击者
1. $(M_{\mathfrak{pt}}, M_{\mathfrak{st}}) \leftarrow$ **CL.Setup**(1^κ).	1. $(M_{\mathfrak{pt}}, M_{\mathfrak{st}}) \leftarrow$ **CL.Setup**(1^κ).
2. $(sts, \mathtt{ID}^*) \leftarrow \mathcal{A}_{I_1}^{\mathcal{O}_{\mathrm{CL}}}(M_{\mathfrak{pt}})$.	2. $(sts, \mathtt{ID}^*) \leftarrow \mathcal{A}_{II_1}^{\mathcal{O}_{\mathrm{CL}}}(M_{\mathfrak{pt}}, M_{\mathfrak{st}})$.
3. $m \leftarrow \mathbb{M}_{\mathrm{CL}}(M_{\mathfrak{pt}})$.	3. $m \leftarrow \mathbb{M}_{\mathrm{CL}}(M_{\mathfrak{pt}})$.
4. $C^* \leftarrow$ **CL.Encrypt**$(M_{\mathfrak{pt}}, \mathtt{ID}^*, P_{\mathtt{ID}^*}, m)$.	4. $C^* \leftarrow$ **CL.Encrypt**$(M_{\mathfrak{pt}}, \mathtt{ID}^*, P_{\mathtt{ID}^*}, m)$.
5. $m' \leftarrow \mathcal{A}_{I_2}^{\mathcal{O}_{\mathrm{CL}}}(sts, M_{\mathfrak{pt}}, C^*, \mathtt{ID}^*, P_{\mathtt{ID}^*})$.	5. $m' \leftarrow \mathcal{A}_{II_2}^{\mathcal{O}_{\mathrm{CL}}}(sts, M_{\mathfrak{pt}}, M_{\mathfrak{st}}, C^*, \mathtt{ID}^*, P_{\mathtt{ID}^*})$.

在游戏中, sts 为状态信息, $\mathcal{O}_{\mathrm{CL}}$ 为攻击者可以访问的谕示, $P_{\mathtt{ID}^*}$ 为 $\mathtt{ID}^*$ 执行 **CL.Encrypt** 时关联的公钥. 根据 CL-PKE 安全性定义, 攻击者可以向各类谕示发起如下请求.

- **获取公钥 Request-Public-Key**: 给定标识 $\mathtt{ID}_A$ 后, 谕示返回与 $\mathtt{ID}_A$ 关联

的公钥 P_A. 如果 P_A 不存在, 则执行必要的算法后返回 **CL.Set-Public-Key** 的结果, 并保存 **CL.Set-Private-Key** 的结果.

- **获取 KGC 部分密钥 Extract-Partial-Key**: 给定标识 $\mathtt{ID}_A$ 后, 谕示执行 **CL.Extract-Partial-Key** 并返回结果.
- **获取私钥 Extract-Private-Key**: 给定标识 $\mathtt{ID}_A$ 后, 返回对应的 S_A. 如果 S_A 不存在, 则执行必要的算法后返回 **CL.Set-Private-Key** 的结果.
- **替换公钥 Replace-Public-Key**: 给定标识 $\mathtt{ID}_A$ 和合法公钥 P_A 后, 将 $\mathtt{ID}_A$ 关联到新的公钥 P_A.
- **强解密 Decrypt^S**: 给定密文 C 和标识 $\mathtt{ID}_A$ 后, 谕示使用标识和加密公钥对应的完整私钥解密密文. 注意到, 加密过程使用的加密公钥可能已经被攻击者替换了. 因此该请求要求谕示提供强大的解密能力.

上面提供给攻击者的 **Decrypt^S** 可能过于强大, 仅用于提供给攻击者一种概念上的强能力, 进而定义一种不必需的强安全性. 在实际应用中, 解密人使用其拥有的私钥解密, 因此解密成功的概率应可忽略. 下面是另外三个解密请求, 分别对应实际系统的标准解密能力和另外两种概念性的解密能力: 要求类型 I 攻击者提供 x_A 的解密以及要求类型 II 攻击者提供 D_A 的解密.

- **解密 Decrypt**: 给定密文 C 和标识 $\mathtt{ID}_A$ 后, 谕示采用 **Request-Public-Key** 请求过程中保存的私钥 S_A 解密密文, 并返回结果.
- **解密 Decrypt^{SV}**: 攻击者请求用户 $\mathtt{ID}_A$ 解密 C 时, 若 $\mathtt{ID}_A$ 关联的公钥已被替换, 则攻击者需可提供新公钥对应的 x_A. 谕示使用 $\mathtt{ID}_A$ 关联的或攻击者提供的 x_A 以及 D_A 执行 **CL.Set-Private-Key** 以及其他必要的算法获得 S_A, 使用 S_A 作为私钥解密 C 并返回结果. 该请求用于类型 I 攻击者. 对于类型 II 攻击者, Decrypt^{SV} 与 Decrypt 请求提供的能力相同.
- **解密 Decrypt^{KGC}**: 攻击者请求 $\mathtt{ID}_A$ 解密 C 时提供任意的部分私钥 D_A, 谕示使用 $\mathtt{ID}_A$ 关联的 x_A 以及 D_A 执行 **CL.Set-Private-Key** 以及其他必要的算法获得 S_A, 使用 S_A 作为私钥解密 C 并返回结果. 该请求用于类型 II 的攻击者.

注意到在许多 CL-PKE 的构造中, S_A 中包括相互独立的 x_A 和 D_A. 另外, 考虑到生成 x_A 过程中随机数的安全性或者计算 P_A 过程的安全性缺陷可能导致 x_A 泄露, 以及 x_A 和 D_A 可能分离存储, [20, 21] 引入了针对 x_A 安全性的 **Extract-Secret-Value** 请求. 若 **Extract-Private-Key** 可用 **Extract-Secret-Value** 和 **Extract-Partial-Key** 合成, 则模型可不再需要单独**获取私钥**请求.

- **获取用户秘密 Extract-Secret-Value**: 谕示返回 **Request-Public-Key** 相应过程中生成的 x_A.

基于类型 I 攻击者游戏, 根据允许攻击者发起解密请求的能力不同, 可以定义如下几种安全模型. 其中, 强选择密文攻击 CCA^S 模型允许攻击者发起 **Decrypt**^{S}, 所以定义的安全性最强, 其次为 CCA^{SV}, 最弱为 CCA.

- $\mathrm{CCA}^S/\mathrm{CCA}^{SV}/\mathrm{CCA}$ 模型. 攻击者可以发起 **Request-Public-Key**, **Extract-Partial-Key**, **Extract-Private-Key** / **Extract-Secret-Value**, **Replace-Public-Key** 和 **Decrypt**^{S}/**Decrypt**^{SV}/**Decrypt** 请求. 为了排除不合理的攻击, 游戏有如下限制:
  - 若在某个标识上请求了 **Replace-Public-Key**, 则在该标识上不允许发起 **Extract-Private-Key**/**Extract-Secret-Value** 请求.
  - 不允许对 $\mathtt{ID}^*$ 既请求 **Extract-Partial-Key** 并且 $\mathcal{A}_{I_1}$ 又请求 **Replace-Public-Key**. 不允许对 $\mathtt{ID}^*$ 请求 **Extract-Private-Key**.
  - 在 $\mathcal{A}_{I_2}$ 中, 当 $\mathtt{ID}^*$ 的公钥是 $P_{\mathtt{ID}^*}$ 时, 不允许发起对 $(\mathtt{ID}^*, C^*)$ 的 **Decrypt**^{S}/**Decrypt**^{SV}/**Decrypt** 请求.
- CPA 模型/OW 模型. 类似于 CCA 模型, 但攻击者不能发起任何解密请求.

类似地, 基于类型 II 攻击者游戏, 定义如下几种安全模型 (AP-CL-IND-PKE 不允许攻击者发起任何的 **Replace-Public-Key** 请求). 同样地, CCA^S 定义的安全性最强, CCA 的安全性最弱.

- $\mathrm{CCA}^S/\mathrm{CCA}^{KGC}/\mathrm{CCA}$ 模型. 攻击者可以发起 **Request-Public-Key**, **Extract-Private-Key**/**Extract-Secret-Value**, **Replace-Public-Key** 和 **Decrypt**^{S}/ **Decrypt**^{KGC}/**Decrypt** 请求. 为了排除不合理的攻击, 游戏有如下限制:
  - 若在某个标识上请求了 **Replace-Public-Key**, 则该标识上不允许发起 **Extract-Private-Key**/**Extract-Secret-Value** 请求.
  - 不允许对 $\mathtt{ID}^*$ 发起 **Extract-Private-Key**/**Extract-Secret-Value** 请求.
  - 在 $\mathcal{A}_{II_2}$ 中, 当 $\mathtt{ID}^*$ 的公钥是 $P_{\mathtt{ID}^*}$ 时, 不允许发起对 $(\mathtt{ID}^*, C^*)$ 的 **Decrypt**^{S}/ **Decrypt**^{KGC}/**Decrypt** 请求.
- CPA 模型/OW 模型. 类似 CCA 模型, 但攻击者不能发起任何解密请求.

在 Al-Riyami 和 Paterson [5] 定义的 CL-IND-PKE 中, 游戏支持 **Extract-Private-Key** 而不支持 **Extract-Secret-Value**, 并且在类型 II 游戏中攻击者不能发起 **Replace-Public-Key** 请求.

在上述两类游戏中, 若 $b = b'$ 或 $m = m'$, 我们就说攻击者 $\mathcal{A}$ 成功赢得了游戏. 为了度量 $\mathcal{A}$ 成功的概率, 我们使用 MOD 代表攻击的模式, 包括 CPA, CCA, CCA^{SV}, CCA^{KGC}, CCA^S, 定义攻击者 $\mathcal{A}$ 在 CL-IND 游戏中的优势为

$$\mathtt{Adv}_{\mathtt{CL},\mathcal{A}}^{\mathtt{CL\text{-}IND\text{-}MOD}} = |\, 2\Pr[b' = b] - 1 \,| .$$

单向游戏 (CL-OW-PKE) 中的优势为

$$\mathtt{Adv}_{\mathtt{CL}}^{\mathtt{CL\text{-}OWE\text{-}MOD}}(\mathcal{A}) = \Pr[m' = m].$$

定义 9.1 *如果在某种安全模型下* (CL-IND-CPA *或* CL-IND-CCA *或* CL-IND-CCA^{SV} *或* CL-IND-CCA^{KGC} *或* CL-IND-CCA^{S}), *所有的概率多项式时间攻击者的优势* $\epsilon(\kappa)$ *都可忽略得小, 则称一个* CL-PKE *算法在相应的安全模型下是安全的.*

类似地, 可以定义 CL-OW 类型的安全性.

Au 等[22] 注意到恶意的 KGC 在执行 **CL.Setup** 过程中可能偏离算法的规定, 生成的主公钥和主私钥中存在特殊的性质, 从而使得 KGC 可以攻击 CL-PKE. [22] 给出了一种攻击 [5] 中 CL-PKE 机制的方法. 这类攻击显示在第 II 类游戏中, 应该由 $\mathcal{A}_{II}$ 来执行 **CL.Setup**. 这样的游戏称为类型 II$^+$ 游戏 (表 9.3): $\mathcal{A}_{II}$ 包括三个多项式时间算法, sts', sts 是状态信息. [18] 采用 Dodis-Katz 方法[23] 构造了一个类型 I 攻击 CL-IND-CCA 安全和恶意 KGC 模型下类型 II 攻击 CL-IND-CCA^W 安全的 CL-PKE. 另一种抵抗恶意 KGC 攻击的方法是采用可验证密钥生成机制, 确保 KGC 按照算法规定执行 **CL.Setup**[21]. 本章不再讨论恶意 KGC 模型.

表 9.3 CL-IND-PKE 游戏 II$^+$

类型 II$^+$ 攻击者
1. $(sts', M_{\mathfrak{pk}}, M_{\mathfrak{sk}}) \leftarrow \mathcal{A}_{II_0}(1^\kappa)$.
2. $(sts, \mathtt{ID}^*, m_0, m_1) \leftarrow \mathcal{A}_{II_1}^{\mathcal{O}_{\mathtt{CL}}}(sts', M_{\mathfrak{pk}}, M_{\mathfrak{sk}})$.
3. $b \leftarrow \{0, 1\}$.
4. $C^* \leftarrow$ **CL.Encrypt**$(M_{\mathfrak{pk}}, \mathtt{ID}^*, P_{\mathtt{ID}^*}, m_b)$.
5. $b' \leftarrow \mathcal{A}_{II_2}^{\mathcal{O}_{\mathtt{CL}}}(sts, M_{\mathfrak{pk}}, M_{\mathfrak{sk}}, C^*, \mathtt{ID}^*, P_{\mathtt{ID}^*}, m_0, m_1)$.

和采用证书管理公钥的传统公钥加密体系不同, 由于替换公钥攻击的存在, 一般的 CL-PKE 不能保证加密过程获取的公钥是接收人的真实公钥, 因此接收人收到密文信息后可能不能正确解密. Liu, Au 和 Susilo[24] 将该种攻击称为解密拒绝攻击 (DoDA) 并给出安全性定义. 该定义的实质是要求攻击者在执行包括替换攻击对象的公钥等攻击后, 加密人按照算法规定生成消息 m 的加密密文 C, 解密人使用其私钥解密 C 一定能够正确还原消息 m. [24] 使用 "自签名" 证书实现 DoDA 安全的 CL-PKE. 其基本方法是用户 A 通过向 KGC 申请两个基于标识的密钥, 一个密钥 $D_A^{(S)}$ 对应签名标识, 一个密钥 $D_A^{(E)}$ 对应加密标识. A 生成公钥 P_A 和秘密 x_A 后, 使用由 x_A 和 $D_A^{(S)}$ 构造的无证书签名私钥对 P_A 和 $\mathtt{ID}_A$ 进行

无证书签名. A 公开 P_A 和签名值 σ. 加密人在加密前首先验证签名值 σ 的有效性, 再使用 P_A 和加密标识进行无证书的公钥加密, A 则使用由 x_A 和 $D_A^{(E)}$ 构造的无证书解密私钥解密还原消息 m. 无证书签名机制的安全性保证攻击者无法伪造 A 对新公钥 P'_A 的签名值 σ', 从而排除了攻击者执行公钥替换攻击的能力. 注意到, [24] 中的 "自签名" 证书加密也不区分同一用户的第二组有效密钥是用户在生成第一组密钥后自行生成还是 KGC 伪冒用户生成. 因此, 以上模型无法覆盖采用自认证公钥的加密机制, 并且不能达到三级的安全要求 [3].

Cheng 和 Chen 定义了同时支持自认证公钥加密和 CL-PKE 的安全模型 (SCPK-CL-IND-PKE) [14]. 表 9.4 中的 SCPK-CL-IND-PKE 安全性定义和上面的 CL-IND-PKE 的安全性定义有以下几点不同. ① 模型不再使用 **Replace-Public-Key** 请求, 而是在谕示接收的请求中允许攻击者提供选择的公钥. 这一变化主要是应对在 CL-PKS 机制中, 签名公钥可以作为签名值的一部分传递, 这样的系统可没有公钥发布的过程. 这样的变化并不改变攻击者诱使加密人采用攻击者选择的公钥加密消息的能力. [25] 采用了类似的方法. ② 模型中的 **Request-Public-Key** 允许为指定标识的实体生成新的密钥对, 从而模拟合法用户更新密钥对的情况. ③ 攻击者在阶段一还要输出攻击的公钥 $P_{\mathtt{ID}^*}$. 这一要求也不会改变攻击者的能力. 攻击者可使用 **Request-Public-Key** 获取公钥或者提供自行生成的公钥. ④ 类型 I 的游戏中, 攻击者可以发起**获取私钥 Extract-Private-Key**$(\mathrm{ID}^*, P^\dagger)$ 请求, 只要 $(\mathtt{ID}^*, P^\dagger) \neq (\mathtt{ID}^*, P^*)$ 即可, 攻击者也可发起**获取 KGC 部分密钥 Extract-Partial-Key**$(\mathrm{ID}^*, U^\dagger)$ 请求, 只要该请求生成的公钥 $(\mathtt{ID}^*, P^\dagger) \neq (\mathtt{ID}^*, P^*)$ 即可. ⑤ 考虑到 **CL.Extract-Partial-Key** 可能是随机算法并且根据某个 S_A 和 **CL.Extract-Partial-Key** 请求获取的 D_A 计算对应的

表 9.4　SCPK-CL-IND-PKE 游戏

游戏 1: 类型 I 攻击者
1. $(M_{\mathfrak{pk}}, M_{\mathfrak{sk}}) \leftarrow \mathbf{CL.Setup}(1^\kappa)$.
2. $(sts, \mathtt{ID}^*, P_{\mathtt{ID}^*}, m_0, m_1) \leftarrow \mathcal{A}_{I_1}^{\mathcal{O}_{\mathrm{CL}}}(M_{\mathfrak{pk}})$.
3. $b \leftarrow \{0,1\}$.
4. $C^* \leftarrow \mathbf{CL.Encrypt}(M_{\mathfrak{pk}}, \mathtt{ID}^*, P_{\mathtt{ID}^*}, m_b)$.
5. $b' \leftarrow \mathcal{A}_{I_2}^{\mathcal{O}_{\mathrm{CL}}}(sts, M_{\mathfrak{pk}}, C^*, \mathtt{ID}^*, P_{\mathtt{ID}^*}, m_0, m_1)$.
6. 当 $b = b'$, $(\mathtt{ID}^*, P_{\mathtt{ID}^*}) \notin \mathbb{S}_1 \cup \mathbb{Q}$ 且 $(\mathtt{ID}^*, P_{\mathtt{ID}^*}, C^*) \notin \mathbb{D}$ 时, 则成功.
游戏 2: 类型 II 攻击者
1. $(M_{\mathfrak{pk}}, M_{\mathfrak{sk}}) \leftarrow \mathbf{CL.Setup}(1^\kappa)$.
2. $(sts, \mathtt{ID}^*, P_{\mathtt{ID}^*}, m_0, m_1) \leftarrow \mathcal{A}_{II_1}^{\mathcal{O}_{\mathrm{CL}}}(M_{\mathfrak{pk}}, M_{\mathfrak{sk}})$.
3. $b \leftarrow \{0,1\}$.
4. $C^* \leftarrow \mathbf{CL.Encrypt}(M_{\mathfrak{pk}}, \mathtt{ID}^*, P_{\mathtt{ID}^*}, m_b)$.
5. $b' \leftarrow \mathcal{A}_{II_2}^{\mathcal{O}_{\mathrm{CL}}}(sts, M_{\mathfrak{pk}}, M_{\mathfrak{sk}}, C^*, \mathtt{ID}^*, P_{\mathtt{ID}^*}, m_0, m_1)$.
6. 当 $b = b'$, $P_{\mathtt{ID}^*} \in \mathbb{P}$ 且 $(\mathtt{ID}^*, P_{\mathtt{ID}^*}) \notin \mathbb{S}_1 \cup \mathbb{S}_2$ 且 $(\mathtt{ID}^*, P_{\mathtt{ID}^*}, C^*) \notin \mathbb{D}$ 时, 则成功.

x_A 可能是不可行的, 为了定义尽可能强大的安全性, 因此模型同时支持三种密钥获取请求. 类型 II 攻击者不请求 **CL.Extract-Partial-Key**. ⑥ 类型 II 的游戏中不再禁止攻击者在 $\texttt{ID}^*$ 上发起 **Replace-Public-Key** 请求, 即, 不限制攻击者替换攻击对象 $\texttt{ID}^*$ 的公钥, 仅要求攻击者使用的公钥是某个合法用户的公钥 ($P_{\texttt{ID}^*} \in \mathbb{P}$). 变化 ①—③ 仅是用于更加直观模拟攻击者的行为. 变化 ④—⑥ 则为攻击者提供了更多的攻击能力. [19] 则采用 [5] 的 CL-PKE 安全性定义对算法进行安全分析. 模型中**获取 KGC 部分密钥 Extract-Partial-Key**(ID_A, U_A) 的输入 U_A 可以是特殊输入 $\varnothing$, 以覆盖标准 CL-PKE 方案的安全性.

SCPK-CL-IND-PKE 游戏中, 攻击者可以向谕示发起如下请求.

- **获取 KGC 部分密钥 Extract-Partial-Key**(ID_A, U_A): 谕示执行 **CL.Extract-Partial-Key**($M_{\mathfrak{pk}}$, $M_{\mathfrak{sk}}$, $\texttt{ID}_A$, U_A) 获得 (W_A, D_A). 若 $U_A \neq \varnothing$, 则进一步执行 **CL.Set-Public-Key**($M_{\mathfrak{pk}}$, $\texttt{ID}_A$, U_A, W_A) 获得 P_A, 将 $(\texttt{ID}_A, P_A)$ 加入集合 $\mathbb{Q}$. 谕示返回 (W_A, D_A). 注意到, **CL.Set-Public-Key**($M_{\mathfrak{pk}}$, $\texttt{ID}_A$, U_A, W_A) 不再依赖任何秘密输入, 因此谕示可以生成 P_A 并维护集合 $\mathbb{Q}$. 这是能够定义安全模型的一个关键因素. 该请求仅提供给类型 I 攻击者.
- **获取公钥 Get-Public-Key**($\texttt{ID}_A$, *newKey*): 如果 *newKey* 是真, 则谕示顺序执行 **CL.Set-Secret-Value**, **Extract-Partial-Key** 请求, **CL.Set-Private-Key** 和 **CL.Set-Public-Key**, 将 ($\texttt{ID}_A$, P_A, x_A, S_A) 加入集合 $\mathbb{L}$ 中, 将 P_A 加入集合 $\mathbb{P}$ 中, 返回 P_A. 如果 *newKey* 是假, 则查询集合 $\mathbb{L}$ 中对应 $\texttt{ID}_A$ 的最新元素, 返回其中的 P_A.
- **获取私钥 Extract-Private-Key**(ID_A, P_A): 谕示在集合 $\mathbb{L}$ 中查询 ($\texttt{ID}_A$, P_A) 对应的元素, 将 $(\texttt{ID}_A, P_A)$ 放入集合 $\mathbb{S}_1$ 后返回 S_A.
- **获取用户秘密 Extract-Secret-Value**(ID_A, P_A): 谕示在集合 $\mathbb{L}$ 中查询 ($\texttt{ID}_A$, P_A) 对应的元素, 将 $(\texttt{ID}_A, P_A)$ 放入集合 $\mathbb{S}_2$ 后返回 x_A.
- **解密 Decrypt**($\texttt{ID}_A, P_A, C$): 谕示在集合 $\mathbb{L}$ 中查询 $(\texttt{ID}_A, P_A)$ 对应的元素, 使用 S_A 对密文 C 进行解密, 在将 $(\texttt{ID}_A, P_A, C)$ 放入集合 $\mathbb{D}$ 后返回解密结果. 如果查询集合 $\mathbb{L}$ 的过程中未查到相关元素, 则使用属于 $\texttt{ID}_A$ 的最新 S_A 解密 C 返回结果.

类型 II 攻击者拥有主私钥, 因此不发起 **Extract-Partial-Key** 请求. 注意 [5] 的 CL-IND-PKE 安全性定义不支持 **Extract-Secret-Value** 请求, 而 [18,21] 中的安全性定义不同时支持 **Extract-Private-Key** 和 **Extract-Secret-Value**.

定义攻击者 $\mathcal{A}$ 在 SCPK-CL-IND-PKE 游戏中的优势为

$$\texttt{Adv}_{\texttt{CL},\mathcal{A}}^{\texttt{SCPK-CL-IND-MOD}} = |\, 2\Pr[\text{成功}] - 1 \,|\,.$$

9.3.3 CL-PKS 的安全性定义

Al-Riyami 和 Paterson [5] 给出了无证书公钥签名 (CL-PKS) 的定义和一个构造. Zhang 等 [26] 给出了 CL-PKS 选择消息不可伪造 (EUF-CMA) 的安全性定义. Huang 等 [27] 对 [26] 的定义进行了进一步的扩展, 支持 **Extract-Secret-Value** 和**强签名请求 Sign**^{S}. 和 CL-PKE 类似, CL-PKS 的安全性定义也采用两种游戏对应两类不同的攻击者. EUF-CMA 游戏的定义见表 9.5. [27] 的游戏中, 攻击者可以向谕示发起 **Request-Public-Key**, **Extract-Partial-Key**, **Extract-Secret-Value**, **Replace-Public-Key** 请求. 另外, 作为选择消息的签名攻击者, $\mathcal{A}$ 还可发出以下签名请求.

- **强签名 Sign**^{S}: 给定标识 $\mathtt{ID}_A$ 和消息 m 后, 谕示使用标识和签名公钥对应的完整私钥签名消息以保证签名值使用标识和签名公钥验证有效. 注意到, 签名公钥可能已经被攻击者替换, 因此该请求要求谕示提供强大的签名能力.
- **签名 Sign**^{SV}: 请求 $\mathtt{ID}_A$ 签名消息 m 时, 若 $\mathtt{ID}_A$ 关联的公钥已被替换, 则攻击者可提供新公钥对应的 x_A. 谕示使用 $\mathtt{ID}_A$ 关联的或攻击者提供的 x_A 以及 D_A 执行 **CL.Set-Private-Key** 以及其他必要的算法获得 S_A, 使用 S_A 作为私钥签名 m 并返回结果. 该请求用于类型 I 的攻击者. [26, 27] 中也允许类型 II 攻击者发起该请求. 因为攻击者知道主私钥, 所以可以生成 D_A, 进而可自行根据 x_A 和 D_A 计算 S_A 进行签名. 因此, 对类型 II 攻击者, 该请求不比普通的**签名 Sign** 提供额外的能力.
- **签名 Sign**: 谕示使用 $\mathtt{ID}_A$ 关联的 x_A 以及 D_A 执行 **CL.Set-Private-Key** 以及其他必要的算法获得 S_A, 使用 S_A 作为私钥签名 m 并返回结果.

对类型 I 攻击者, 根据允许攻击者发起签名请求的能力不同, 可以定义不同的安全模型, 其中 EUF-CMA^S 模型允许攻击者发起 **Sign**^{S} 请求, 所以定义的安全性最强, 其次为 EUF-CMA^{SV}, 最弱为 EUF-CMA.

- CMA^S/CMA^{SV}/CMA 模型. 攻击者可以发起 **Request-Public-Key**, **Extract-Partial-Key**, **Extract-Private-Key/Extract-Secret-Value**, **Replace-Public-Key** 和 **Sign**^{S}/**Sign**^{SV}/**Sign** 请求. 为了排除不合理的攻击, 游戏有如下限制:
  - 若在某个标识上请求了 **Replace-Public-Key**, 则在该标识上不允许发起 **Extract-Private-Key/Extract-Secret-Value** 请求.
  - 不允许对 $\mathtt{ID}^*$ 既请求 **Extract-Partial-Key** 又请求 **Replace-Public-Key**. 不允许对 $\mathtt{ID}^*$ 请求 **Extract-Private-Key**.
  - 不允许发起对 $(\mathtt{ID}^*, m^*)$ 的 **Sign**^{S}/**Sign**^{SV}/**Sign** 请求.

类似地, 对类型 II 攻击者, 可以定义如下安全模型.

- CMA^S/CMA 模型. 攻击者可以发起 **Request-Public-Key**, **Extract-Private-Key/Extract-Secret-Value**, **Replace-Public-Key** 和 **Sign**^{S} /**Sign** 请求. 为了排除不合理的攻击, 游戏有如下限制:
  - 若在某个标识上请求了 **Replace-Public-Key**, 则该标识上不允许发起 **Extract-Private-Key/Extract-Secret-Value** 请求.
  - 不允许对 ID* 发起 **Extract-Private-Key/Extract-Secret-Value** 请求.
  - 不允许发起对 $(\mathtt{ID}^*, m^*)$ 的 **Sign**^{S}/**Sign** 请求.

表 9.5 CL-EUF-CMA-PKS 游戏

游戏 1: 类型 I 攻击者	游戏 2: 类型 II 攻击者
1. $(M_{\mathfrak{pk}}, M_{\mathfrak{sk}})\leftarrow$ **CL.Setup**(1^κ). 2. $(\mathtt{ID}^*, m^*, \sigma^*)\leftarrow\mathcal{A}_I^{\mathcal{O}_{\mathrm{CL}}}(M_{\mathfrak{pk}})$. 3. 若$1\leftarrow$**CL.Verify**$(M_{\mathfrak{pk}}, \mathtt{ID}^*, P_{\mathtt{ID}^*}, m^*, \sigma^*)$, 则成功.	1. $(M_{\mathfrak{pk}}, M_{\mathfrak{sk}})\leftarrow$ **CL.Setup**(1^κ). 2. $(\mathtt{ID}^*, m^*, \sigma^*)\leftarrow\mathcal{A}_{II}^{\mathcal{O}_{\mathrm{CL}}}(M_{\mathfrak{pk}}, M_{\mathfrak{sk}})$. 3. 若$1\leftarrow$**CL.Verify**$(M_{\mathfrak{pk}}, \mathtt{ID}^*, P_{\mathtt{ID}^*}, m^*, \sigma^*)$, 则成功.

在 [27] 定义中, 上述游戏支持 **Extract-Secret-Value** 而不支持 **Extract-Private-Key**, 类型 II 攻击者也可以请求 **Sign**^{SV}. [26, 28] 使用的模型支持 **Extract-Private-Key** 但不支持 **Extract-Secret-Value**.

使用 MOD 代表攻击的模式, 包括 CMA, CMA^{SV}, CMA^S, 定义攻击者 $\mathcal{A}$ 在游戏中的优势为

$$\mathtt{Adv}_{\mathtt{CL},\mathcal{A}}^{\mathtt{CL\text{-}EUF\text{-}CMA\text{-}MOD}} = \Pr[\mathcal{A}\text{ 成功}].$$

定义 9.2 如果在某种安全模型下 (CL-EUF-CMA-PKS 或 CL-EUF-CMA-PKS^{SV} 或 CL-EUF-CMA-PKS^S), 所有的概率多项式时间攻击者成功的概率都可忽略得小, 则称一个 CL-PKS 算法在相应的安全模型下是安全的.

Cheng 和 Chen 将 AP-CL-PKS 定义扩展为 SCPK-CL-PKS 后, 定义了同时支持自认证公钥签名和 CL-PKS 的安全模型 (SCPK-CL-EUF-CMA-PKS) [14]. 游戏定义见表 9.6. SCPK-CL-EUF-CMA-PKS 模型中攻击者可以像 SCPK-CL-IND-PKE 游戏中的攻击者一样向谕示发出请求: **Extract-Partial-Key**$(\mathtt{ID}_A, U_A)$, **Get-Public-Key**$(\mathtt{ID}_A,\ newKey)$, **Extract-Private-Key**$(\mathtt{ID}_A,\ P_A)$, **Extract-Secret-Value**$(\mathtt{ID}_A,\ P_A)$. 作为选择消息的签名攻击者, $\mathcal{A}$ 还可向谕示发出以下签名请求.

- **签名 Sign**(ID_A, P_A, m): 谕示在集合 $\mathbb{L}$ 中查询 $(\mathtt{ID}_A, P_A)$ 对应的元素, 使用 S_A 对消息 m 进行签名得到签名值 σ, 在将 $(\mathtt{ID}_A, P_A, m)$ 放入集合 $\mathbb{M}$ 后返回签名值 σ. 如果查询集合 $\mathbb{L}$ 的过程中未查到相关元素, 则返回错误.

可以看到该请求和 [27] 的 **Sign** 请求功能相同.

表 9.6　SCPK-CL-EUF-CMA-PKS 游戏

游戏 1: 类型 I 攻击者
1. $(M_{\mathfrak{pk}}, M_{\mathfrak{sk}}) \leftarrow$ **CL.Setup**(1^κ).
2. $(\mathtt{ID}^*, P_{\mathtt{ID}^*}, m^*, \sigma^*) \leftarrow \mathcal{A}_I^{\mathcal{O}_{\mathrm{CL}}}(M_{\mathfrak{pk}})$.
3. 若 $(\mathtt{ID}^*, P_{\mathtt{ID}^*}) \notin \mathbb{S}_1 \cup \mathbb{Q}$ 且 $(\mathtt{ID}^*, P_{\mathtt{ID}^*}, m^*) \notin \mathbb{M}$ 且 $1 \leftarrow$ **CL.Verify**$(M_{\mathfrak{pk}}, \mathtt{ID}^*, P_{\mathtt{ID}^*}, m^*, \sigma^*)$, 则成功.
游戏 2: 类型 II 攻击者
1. $(M_{\mathfrak{pk}}, M_{\mathfrak{sk}}) \leftarrow$ **CL.Setup**(1^κ).
2. $(\mathtt{ID}^*, P_{\mathtt{ID}^*}, m^*, \sigma^*) \leftarrow \mathcal{A}_{II}^{\mathcal{O}_{\mathrm{CL}}}(M_{\mathfrak{pk}}, M_{\mathfrak{sk}})$.
3. 若 $P_{\mathtt{ID}^*} \in \mathbb{P}$, $(\mathtt{ID}^*, P_{\mathtt{ID}^*}) \notin \mathbb{S}_1 \cup \mathbb{S}_2$ 且 $(\mathtt{ID}^*, P_{\mathtt{ID}^*}, m^*) \notin \mathbb{M}$ 且 $1 \leftarrow$ **CL.Verify**$(M_{\mathfrak{pk}}, \mathtt{ID}^*, P_{\mathtt{ID}^*}, m^*, \sigma^*)$, 则成功.

对选择消息强不可伪造 (SUF-CMA) 的安全性, 要求谕示响应 **Sign** 请求时将 $(\mathtt{ID}_A, P_A, m, \sigma)$ 放入集合 $\mathbb{M}$, 攻击者成功的一个条件变更为 $(\mathtt{ID}^*, P_{\mathtt{ID}^*}, m^*, \sigma^*) \notin \mathbb{M}$.

9.4　无证书加密机制

自 Al-Riyami 和 Paterson [5] 基于 BF-IBE 给出第一个 CL-PKE 构造后, 出现大量的 CL-PKE 的具体构造. [15] 给出了一个改进效率的构造. 但是 [29,30] 指出 [15] 中的方案存在攻击. [29] 的改进方案和 Cheng-Comley 方案 [20] 类似. Shi 等 [31] 及 Libert 和 Quisquater [30] 分别基于 SK-IKE [32] 和 SK-IBE2 [32] 各自构造了一个高效的 CL-PKE. [30] 同时证明 Fujisaki-Okamoto 第 2 变换的简单扩展 [33] 可以将 CL-OW-CPA 安全的 CL-PKE 转化为 CL-IND-CCA 安全的 CL-PKE. 基于 Cheng-Comley 方案, Cheng 等 [21] 证明 Fujisaki-Okamoto 第 1 变换的简单扩展 [34] 可将 CL-OW-CPA 安全的 CL-PKE 转化为 CL-IND-CCA 安全的 CL-PKE, 并给出基于 BF-IBE 和 $\mathrm{BB_1}$-IBE 构造的两个 CL-PKE 及安全性分析. Chow 等 [35] 给出了安全调节的 SEM-CL-PKE 以解决密钥撤销的问题.

Baek, Safavi-Naini 和 Susilo [17] 通过扩展 CL-PKE 的定义给出了无须双线性对的 CL-PKE(BSS-CL-PKE). 但是 [17] 中的安全性证明存在错误, 不能支持替换公钥攻击. Sun, Zhang 和 Baek [36] 对 BSS-CL-PKE 进行了扩展 (SZB-CL-PKE) 并给出安全性证明. SZB-CL-PKE 的效率和传统 PKE 相比仍然较慢. Cheng 和 Chen [14] 进一步扩展 CL-PKE 的定义以支持自认证公钥加密机制. Cheng 采用 [14] 的框架基于标准 ECC 加密算法构造了 SCPK-CL-PKE 并在代数群模型 [37] 下给出了安全性分析 [38]. 另外, Lai 等 [39] 基于 RSA 假设构造了 CL-PKE, 但使用的安全模型较弱. [40] 对基于 RSA 的 CL-PKE 进行改进以达到 CCA 安全性.

在标准模型下, Liu 等[24] 基于 Waters-IBE[41] 构造了支持普通解密请求的 CL-PKE. Park 等[42] 基于 Gentry-IBE[43] 构造了支持强解密的 CL-PKE, 但算法仅支持选择标识安全. Dent 等[44] 基于 Waters-IBE 和 [45] 中的 CCA 安全方法构造了同时支持自适应选择标识以及强解密的 CL-PKE. Chow 等[25] 进一步将 [44] 中的方案扩展支持分层 CL-PKE.

可以看到, CL-PKE 的构造大体分为两类. 第一类构造方式是基于 IBE 构造进行扩展. 这类 CL-PKE 系统可基于现有 IBE 系统进行扩充, 并可根据需要在 IBE 和 CL-PKE 之间进行灵活切换. 第二类构造方式则在满足安全性的情况下尽量追求方案的效率. 因 CL-PKE 的安全目标和自认证公钥加密高度相似, 所以这类构造很接近自认证公钥加密方案, 例如, SCPK-CL-PKE 实质是一种自认证公钥加密方案. 这类 CL-PKE 系统可以基于现有的普通 PKE 系统进行扩充, 便于实现轻量化的无证书公钥系统. 关于通用 CL-PKE 构造可见 [18, 21, 30, 46–50] 等.

9.4.1 基于 IBE 的 CL-PKE

Al-Riyami 和 Paterson[5] 构造了第一个 CL-PKE(AP-CL-PKE1). AP-CL-PKE1 基于 BF-IBE 构造, 各个算法如下.

- **CL.Setup**(1^κ):
  1. 生成三个阶为素数 p 的群 $\mathbb{G}_1$, $\mathbb{G}_2$ 和 $\mathbb{G}_T$ 以及双线性对 $\hat{e}:\mathbb{G}_1\times\mathbb{G}_2\rightarrow\mathbb{G}_T$. 随机选择生成元 $P_1\in_R\mathbb{G}_1, P_2\in_R\mathbb{G}_2$. 选择随机数 $s\in_R\mathbb{Z}_p^*$, 计算 $P_{pub}=sP_1$.
  2. 选择四个哈希函数: $H_1:\{0,1\}^*\rightarrow\mathbb{G}_2^*$, $H_2:\mathbb{G}_T\rightarrow\{0,1\}^\delta$, $H_3:\{0,1\}^\delta\times\{0,1\}^\delta\rightarrow\mathbb{Z}_p^*$, $H_4:\{0,1\}^\delta\rightarrow\{0,1\}^\delta$.
  3. 输出主公钥 $M_{\mathfrak{pk}}=(\mathbb{G}_1,\mathbb{G}_2,\mathbb{G}_T,\hat{e},P_1,P_2,P_{pub},H_1,H_2,H_3,H_4)$ 和主私钥 $M_{\mathfrak{sk}}=s$.
- **CL.Extract-Partial-Key**$(M_{\mathfrak{pk}},M_{\mathfrak{sk}},\mathtt{ID}_A)$: 计算输出 $D_A=sH_1(\mathtt{ID}_A)$.
- **CL.Set-Secret-Value**$(M_{\mathfrak{pk}},\mathtt{ID}_A)$: 随机选择 $x_A\in\mathbb{Z}_p$.
- **CL.Set-Private-Key**$(M_{\mathfrak{pk}},x_A,D_A)$: 计算 $S_A=x_AD_A$.
- **CL.Set-Public-Key**$(M_{\mathfrak{pk}},x_A)$: 计算 $P_A=(X_A,Y_A)=(x_AP_2,x_AP_{pub})$.
- **CL.Encrypt**$(M_{\mathfrak{pk}},\mathtt{ID}_A,P_A,m)$:
  1. 对 $P_A=(X_A,Y_A)$, 检查 $X_A,Y_A\in\mathbb{G}_1^*$ 且 $\hat{e}(P_{pub},X_A)=\hat{e}(Y_A,P_2)$, 否则终止.
  2. 选择随机数 $\sigma\in_R\{0,1\}^\delta$, 计算 $r=H_3(\sigma,m)$, $Q_A=H_1(\mathtt{ID}_A)$.
  3. 计算输出密文 $C=(rP_1,\sigma\oplus H_2(\hat{e}(rY_A,Q_A)),m\oplus H_4(\sigma))$.
- **CL.Decrypt**$(M_{\mathfrak{pk}},\mathtt{ID}_A,P_A,S_A,C)$:
  1. 解析 C 为 (C_1,C_2,C_3). 若 $C_1=\mathcal{O}$ 或者 C_2 或 C_3 不属于 $\{0,1\}^\delta$, 则

输出 ⊥.

2. 计算 $B = \hat{e}(C_1, D_A)$, $\sigma = C_2 \oplus H_2(B)$, $m = C_3 \oplus H_4(\sigma)$.
3. 计算 $r = H_3(\sigma, m)$. 若 $r = 0$, 则输出 ⊥ 并终止.
4. 检查 $C_1 = rP_1$ 是否成立. 若成立则输出明文 m; 否则输出 ⊥.

[5] 证明了类型 I 的 CL-IND-CCA^S 安全性可以归约到推广的 BDH(GBDH) 复杂性假设, 类型 II 的 CL-IND-CCA 安全性可以归约到 BDH 复杂性假设.

Cheng 和 Comely [20,21] 基于如下的观察给出了一种构造 CL-PKE 的一般方法. 基于 DH 假设构造 PKE 的通用方法为: 加密人生成一个或多个 DH 令牌并使用 DH 令牌和解密人的公钥计算 DH 协商密钥. 隐藏 (Hiding) 算法使用 DH 协商密钥隐藏消息. 解密人使用私钥和 DH 令牌计算 DH 协商密钥还原消息.

$$\text{PKE 密文} = \langle \text{DH 令牌, Hiding(消息; DH 协商密钥)} \rangle.$$

如第 4 章显示的, 基于双线性对的 IBE 构造, 如 BF-IBE, SK-KEM, $\mathrm{BB_1}$-IBE 等, 采用 DH 加密机制的自然扩展方式加密消息: 加密人生成一个或多个双线性对-DH 令牌并使用双线性对-DH 令牌和解密人的公钥计算双线性对-DH 协商密钥. 隐藏算法使用双线性对-DH 协商密钥隐藏消息. 解密人使用私钥、系统参数和双线性对-DH 令牌计算双线性对-DH 协商密钥还原消息.

$$\text{IBE 密文} = \langle \text{双线性对-DH 令牌, Hiding(消息; 双线性对-DH 协商密钥)} \rangle.$$

我们看到基于双线性对的 IBE 和基于 DH 的 PKE 具有相似的基本构造, 而隐藏算法如 Fujisaki-Okamoto 变换可以同时用于 PKE [33,34,51] 和 IBE [46,52,53]. 基于这样的观察, 自然地可以考虑使用如下的结构构造 CL-PKE:

$$\begin{aligned} \text{CL-PKE 密文} = \langle & \text{PKE.DH 令牌, IBE. 双线性对-DH 令牌,} \\ & \text{Hiding}'(\text{消息}; H(\text{DH 协商密钥, 双线性对-DH 协商密钥})) \rangle, \end{aligned}$$

其中 H 是一个哈希函数. 当 PKE.DH 令牌和 IBE. 双线性对-DH 令牌使用同样的生成方式时, 那么生成过程可以共用随机数. 如果 DH 协商密钥, 双线性对-DH 协商密钥在隐藏函数中仅用于哈希操作, 则无须使用 H; 否则, 隐藏函数可能需要进行必要的调整.

直观上, 要解密 CL-PKE 的密文, 解密人需要还原 DH 协商密钥与双线性对-DH 协商密钥的哈希值, 进而需要同时还原这两个协商密钥. 若构造使用的 IBE 是安全的, 类型 I 攻击者不能还原双线性对-DH 协商密钥; 若构造使用的 PKE 是安全的, 类型 II 攻击者不能还原 DH 协商密钥. 类似的方法也可以构造 CL-KEM 机制 [46].

采用这样的方法, [20,21] 构造了基于 BF-IBE 的 CL-PKE, [30,31,54] 构造了基于 SK-IBE 的 CL-PKE, [21] 构造了基于 BB_1-IBE 的 CL-PKE. 这里给出基于 BB_1-IBE 的 CL-PKE(CL-PKE2). 其构造如下.

- **CL.Setup**(1^κ):
  1. 生成三个阶为素数 p 的群 $\mathbb{G}_1$, $\mathbb{G}_2$ 和 $\mathbb{G}_T$ 以及双线性对 $\hat{e}:\mathbb{G}_1\times\mathbb{G}_2\to\mathbb{G}_T$. 随机选择生成元 $P_1\in_R\mathbb{G}_1$, $P_2\in_R\mathbb{G}_2$.
  2. 选择随机数 $s_1,s_2,s_3\in_R\mathbb{Z}_p^*$, 计算 $R=s_1P_1, T=s_3P_1, J=\hat{e}(s_1P_1,s_2P_2)$.
  3. 选择三个哈希函数: $H_1:\{0,1\}^*\to\mathbb{Z}_p, H_2:\mathbb{G}_T\times\mathbb{G}_1\to\{0,1\}^\delta, H_3:\mathbb{G}_T\times\mathbb{G}_1\times\{0,1\}^\delta\times\mathbb{G}_1\times\mathbb{G}_1\to\mathbb{Z}_p$.
  4. 输出主公钥 $M_{\mathfrak{pk}}=(\mathbb{G}_1,\mathbb{G}_2,\mathbb{G}_T,\hat{e},P_1,P_2,R,T,J,H_1,H_2,H_3)$ 和主私钥 $M_{\mathfrak{sk}}=(s_1,s_2,s_3)$.
- **CL.Extract-Partial-Key**$(M_{\mathfrak{pk}}, M_{\mathfrak{sk}}, \mathtt{ID}_A)$:
  1. 随机选择 $u\in_R\mathbb{Z}_p^*$.
  2. 计算 $t=s_1s_2+u(s_1\mathtt{ID}_A+s_3) \mod p$. 若 $t=0$, 转步骤 1.
  3. 计算 $D_{0,A}=tP_2, D_{1,A}=uP_2$.
  4. 输出 $D_A=(D_{0,A},D_{1,A})$.
- **CL.Set-Secret-Value**$(M_{\mathfrak{pk}}, \mathtt{ID}_A)$: 随机选择 $x_A\in\mathbb{Z}_p^*$.
- **CL.Set-Private-Key**$(M_{\mathfrak{pk}}, x_A, D_A)$: 输出 $S_A=(x_A,D_A)$.
- **CL.Set-Public-Key**$(M_{\mathfrak{pk}}, x_A)$: 计算 $P_A=x_AP_1$.
- **CL.Encrypt**$(M_{\mathfrak{pk}}, \mathtt{ID}_A, P_A, m)$:
  1. 选择随机数 $r\in_R\mathbb{Z}_p^*$, 计算 $C_1=rP_1$, $C_2=rQ_3+rH_1(\mathtt{ID}_A)Q_1$.
  2. 计算 $\xi=J^r, f=rP_A$ 和 $C_0=m\oplus H_2(\xi,f)$.
  3. 计算 $\sigma=r+H_3(\xi,f,C_0,C_1,C_2) \mod p$.
  4. 输出密文 $C=(C_0,C_1,C_2,\sigma)$.
- **CL.Decrypt**$(M_{\mathfrak{pk}}, \mathtt{ID}_A, P_A, S_A, C)$:
  1. 计算 $\xi'=\dfrac{\hat{e}(C_1,D_{0,A})}{\hat{e}(C_2,D_{1,A})}$ 和 $f'=x_AC_1$.
  2. 计算 $r'=\sigma-H_3(\xi',f',C_0,C_1,C_2) \mod p$. 若 $(\xi',C_1)\neq(J^{r'},r'P_1)$, 输出 $\perp$.
  3. 计算输出 $m'=C_0\oplus H_2(\xi',f')$.

[21] 证明了类型 I 的 CL-IND-CCA^S 安全性可以归约到 BDH 复杂性假设, 类型 II 的 CL-IND-CCA 安全性可以归约到 DH 复杂性假设.

表 9.7 对一些基于标准化的 IBE 构造的 CL-PKE 进行了性能比较. P 表示双线性对计算, M 表示 $\mathbb{G}_1$ 上的点乘计算, E 表示 $\mathbb{G}_T$ 上幂乘计算. 在类型 3 双线性对上, 操作计算开销关系为 $P>E>M$.

表 9.7 CL-PKE 性能比较

方案	基础 IBE	密钥构造	计算开销	密文大小
AP-CL-PKE1 [5]	BF-IBE	全域哈希	=BF-IBE+2P①	=BF-IBE
CCLC-CL-PKE1 [21]	BF-IBE	全域哈希	=BF-IBE+1M	=BF-IBE
CCLC-CL-PKE2 [21]	BB_1-IBE	可交换掩藏	=BB_1-IBE+1M	=BB_1-IBE
LQ-CL-PKE [30]	SK-IBE2	指数逆	=SK-IBE2+1E	=SK-IBE2
SLS-CL-PKE [31]	SK-IBE	指数逆	=SK-IBE+1M②	=SK-IBE
SCPK-CL-PKE [54]	SK-IBE	指数逆	=SK-IBE+1M	=SK-IBE

① 加密过程比 BF-IBE 多两个双线性对计算, 解密开销与 BF-IBE 一致.

② 该机制需要类型 1 双线性对.

9.4.2 无双线性对的 CL-PKE

BSS-CL-PKE 采用 Schnorr 签名算法生成 KGC 部分的密钥, 采用 9.4.1 小节中的 CL-PKE 通用构造方法链接两个 ElGamal 类型的 PKE, 其中一个 PKE 的公钥需要使用标识和部分公钥计算完整公钥 (同样的方法出现在无双线性对 IBS [55] 和自认证公钥密码 [8] 中). 隐藏函数采用 Fujisaki-Okamoto 第二变换. 但是 [17] 的安全性证明没有处理类型 I 攻击者替换公钥后发起解密请求的情况. SZB-CL-PKE 对 BSS-CL-PKE 进行扩展克服了这一困难. 下面是 SZB-CL-PKE 的各个算法.

- **CL.Setup**(1^κ):
  1. 生成一个阶为素数 p 的群 $\mathbb{G}$, 随机选择生成元 $P \in_R \mathbb{G}$.
  2. 随机选择 $s \in \mathbb{Z}_p^*$, 计算 $P_{pub} = sP$.
  3. 选择四个哈希函数: $H_1 : \mathbb{G} \times \{0,1\}^* \to \mathbb{Z}_p^*$, $H_2 : \{0,1\}^* \to \mathbb{Z}_p^*$, $H_3 : \mathbb{G} \times \mathbb{G} \to \{0,1\}^\delta$, $H_0 : \mathbb{G} \times \mathbb{G} \times \{0,1\}^* \to \mathbb{Z}_p^*$.
  4. 输出主公钥 $M_{\mathfrak{pk}} = (\mathbb{G}, P, P_{pub}, H_0, H_1, H_2, H_3)$ 和主私钥 $M_{\mathfrak{sk}} = s$.
- **CL.Extract-Partial-Key**$(M_{\mathfrak{pk}}, M_{\mathfrak{sk}}, \mathtt{ID}_A)$:
  1. 随机选择 $r_0, r_1 \in_R \mathbb{Z}_p^*$, 计算 $Y_1 = r_1P$, $z_1 = r_1 + sH_1(Y_1, \mathtt{ID}_A) \mod p$, $\boxed{Y_0 = r_0P,\ z_0 = r_0 + sH_0(Y_0, Y_1, \mathtt{ID}_A) \mod p}$.
  2. 输出 $D_A = (\boxed{(Y_0, z_0),}\ (Y_1, z_1))$.
- **CL.Set-Secret-Value**$(M_{\mathfrak{pk}}, \mathtt{ID}_A)$: 随机选择 $x_A \in \mathbb{Z}_p^*$.
- **CL.Set-Private-Key**$(M_{\mathfrak{pk}}, x_A, D_A)$: 输出 $S_A = (x_A, z_1)$.
- **CL.Set-Public-Key**$(M_{\mathfrak{pk}}, \mathtt{ID}_A, x_A, D_A)$: 输出 $P_A = (\boxed{Y_0, z_0,}\ Y_1, P_{\mathtt{ID}} = x_AP)$.
- **CL.Encrypt**$(M_{\mathfrak{pk}}, \mathtt{ID}_A, P_A, m)$:
  1. $\boxed{\text{检查 } z_0P = Y_0 + H_1(Y_0, Y_1, \mathtt{ID}_A)P_{pub} \text{ 成立, 否则终止.}}$
  2. 选择随机数 $\sigma \in_R \{0,1\}^\delta$.

3. 计算 $r = H_2(\sigma \| m \| P_{\mathtt{ID}} \| \mathtt{ID}_A)$, $Q = Y_1 + H_1(Y_1, \mathtt{ID}_A)P_{pub}$.
4. 计算输出密文 $C = (rP, H_3(rP_{\mathtt{ID}}, rQ) \oplus (m\|\sigma))$.

- **CL.Decrypt**($M_{\mathfrak{pk}}$, $\mathtt{ID}_A$, P_A, S_A, C):
  1. 计算 $(m'\|\sigma') = C_2 \oplus H_3(x_A C_1, z_1 C_1)$.
  2. 检查 $C_1 = H_2(\sigma'\|m'\|P_{\mathtt{ID}}\|\mathtt{ID}_A)P$. 如果成立, 则输出 m, 否则输出 $\perp$.

SZB-CL-PKE 对 BSS-CL-PKE 的关键扩展 (见方框部分) 是 KGC 使用 Schnorr 签名算法对 ($\mathtt{ID}_A$, Y_1) 进行了二次签名输出签名值 (z_0, Y_0) 作为用户公钥 P_A 的一部分. 用户在进行加密前需要验证 $(\mathtt{ID}_A, Y_1)$ 关联关系的正确性. 这类似于 CA 对用户的身份和其公钥进行签名生成证书签名. BSS-CL-PKE 的公钥仅包括 $(Y_1, P_{\mathtt{ID}})$. 如果攻击者替换了 Y_1, 则证明无法响应解密请求. 通过引入对 $(\mathtt{ID}_A, Y_1)$ 的签名 (z_0, Y_0), 攻击者无法发起这类公钥替换攻击, 从而克服证明中面临的困难.

Liu 等 [19] 对 BSS-CL-PKE 进行变换, 包括 **CL.Extract-Partial-Key** 输入包含 $P_{\mathtt{ID}}$, H_1 计算变为 $H_1(P_{\mathtt{ID}}, Y_1, \mathtt{ID}_A)$, 以及 $Q = P_{\mathtt{ID}} + Y_1 + H_1(P_{\mathtt{ID}}, Y_1, \mathtt{ID}_A)P_{pub}$. [19] 声称变形算法的两类攻击安全性都可以归约到 CDH 复杂性假设, 但作者仅给出了类型 II 攻击的安全性分析 (此类攻击者不替换公钥). 如同 BSS-CL-PKE, 对该变形算法的类型 I 安全性证明仍然面临困难.

虽然 [36] 在随机谕示模型下证明 SZB-CL-PKE 有 CL-IND-CCA^S 安全, 但是该算法加密需要 $\mathbb{G}$ 上 5 个乘法运算, 解密过程需要 $\mathbb{G}$ 上 3 个乘法运算. 公钥 P_A 也较大: $3|\mathbb{G}| + |p|$. SZB-CL-PKE 和现有 PKE 也显著不同, 不能充分利用现有 PKE 的部署, 包括硬件安全模块等. 程朝辉 [38] 根据 SCPK-CL-PKE 的框架基于标准算法 SM2 构造了一个 SCPK-CL-PKE, 并在代数群模型 [37] 下证明了算法的安全性.

- **CL.Setup**(1^κ):
  1. KGC 生成随机主私钥 $M_{\mathfrak{sk}} = s \in_R \mathbb{Z}_q^*$.
  2. KGC 选择系统参数, 包括椭圆曲线 E/F_p 相关参数和生成元 G(阶为 q), 并计算主公钥 $P_{pub} = [s]G$. 系统参数为 $M_{\mathfrak{pk}} = (E/F_p : Y^2 = X^3 + aX + b, p, q, G, P_{pub})$ 以及用到的哈希函数.
- **CL.Set-Secret-Value**($M_{\mathfrak{pk}}$, $\mathtt{ID}_A$): 随机选择 $x_A \in_R \mathbb{Z}_q^*$, 计算 $U_A = x_A G$, 输出 (U_A, x_A).
- **CL.Extract-Partial-Key**($M_{\mathfrak{pk}}$, $M_{\mathfrak{sk}}$, $\mathtt{ID}_A$, U_A):
  1. $Z = H_1(\mathtt{ID}_L\|\mathtt{ID}_A\|a\|b\|x_G\|y_G\|x_{P_{pub}}\|y_{P_{pub}})$. (此处 Z 的计算和 SM2 签名算法中的 Z 计算过程相同. $\mathtt{ID}_L$ 是 $\mathtt{ID}_A$ 的比特长度. 对于一个椭圆曲线的点 G, xG 和 yG 分别对应点 G 的 x 轴和 y 轴.)
  2. 随机选择 $w \in_R \mathbb{Z}_q^*$, 计算 $X = wG$, $W = U_A + X = x_A G + wG$,

$\lambda = H_2(x_W \| y_W \| Z)$, $t = (w + \lambda \cdot s) \mod q$.

3. 输出 $(W_A = W, D_A = t)$.

- **CL.Set-Private-Key**($M_{\mathfrak{pt}}$, $\mathtt{ID}_A$, U_A, x_A, W_A, D_A): 输出 $S_A = (x_A + D_A) = (x_A + w + \lambda \cdot s) \mod q$.
- **CL.Set-Public-Key**($M_{\mathfrak{pt}}$, $\mathtt{ID}_A$, U_A, W_A): 输出: $P_A = W_A = x_A G + wG$.
- **CL.Encrypt**($M_{\mathfrak{pt}}$, $\mathtt{ID}_A$, P_A, m):
  1. 计算 $Z = H_1(\mathtt{ID}_L \| \mathtt{ID}_A \| a \| b \| x_G \| y_G \| x_{P_{pub}} \| y_{P_{pub}})$.
  2. 计算 $\lambda = H_2(x_{P_A} \| y_{P_A} \| Z)$, $Q_A = P_A + \lambda P_{pub}$.
  3. 输出 $C = \mathbb{E}_{\text{PKE}}(Q_A, m)$. 此算法为 SM2 加密算法.
- **CL.Decrypt**($M_{\mathfrak{pt}}$, $\mathtt{ID}_A$, P_A, S_A, C): 输出 $\mathbb{D}_{\text{PKE}}(Q_A, S_A, C)$. 此算法为 SM2 解密算法.

该算法加密过程开销为: $\mathbb{G}$ 上的 1 个可预计算乘法 $+\mathbb{E}_{\text{PKE}}$ 的开销, 解密过程开销和 $\mathbb{D}_{\text{PKE}}$ 一致. 公钥 P_A 为一个点, 私钥为 $\mathbb{Z}_p^*$ 上一个元素. 该算法可以复用现有 PKE 的部署, 特别是涉及私钥的解密过程和 $\mathbb{D}_{\text{PKE}}$ 保持一致. 这使得算法可基于现有 PKE 基础设施进行快速部署. 同 [17] 一样, 证明算法安全性时面临响应**解密 Decrypt**$^S(\mathtt{ID}_A, P_A, C)$ 请求的困难问题, 即, 攻击者使用任意 P_A 请求谕示解密密文 C, 谕示在不知道 P_A 对应的 S_A 时无法解密生成响应. [38] 的证明过程利用 GDH 复杂性假设的 DH 判定谕示和随机谕示进行响应. 但是利用类型 I 攻击者求解 GDH 问题仍然面临挑战. [38] 采用代数群模型 [37] 来克服这一困难. 代数群模型要求攻击者在输出群上元素时, 同时给出该元素基于目前所见群元素的表达. 例如攻击者在获得 DH 问题 $(G, [\alpha]G, [\beta]G)$ 后, 计算出 $T = [\alpha\beta]G$, 同时给出该元素的表达 $\bar{z} = (\hat{z}, \check{z}, \tilde{z}) \in \mathbb{Z}_q^3$, 满足 $T = [\hat{z}]G + [\check{z}][\alpha]G + [\tilde{z}][\beta]G$. 在游戏中, 攻击者在请求 **Extract-Partial-Key** 和发起加密挑战时需基于从游戏开始到发起请求期间所见的 $\mathbb{G}$ 上元素的线性组合生成 U_A 和 $P_{\mathtt{ID}^*}$, 并在发出请求时提供对应的表达 $\bar{z}$. 谕示利用该信息和游戏执行过程中维持的内部状态在随机谕示模型下就可以成功求解 GDH 问题.

9.5 无证书签名机制

Al-Riyami 和 Paterson [5] 给出了第一个无证书签名 (CL-PKS) 的方案, 但没有给出安全性定义和安全性证明. [56] 指出该方案不能抵抗类型 I 攻击, 并给出安全模型和改进方案. 但是该模型具有局限性. Yap 等 [57] 提出 CL-PKS, 并在 [56] 模型下分析安全性. [58] 指出该算法不能抵抗公钥替换攻击. Zhang 等 [26] 进一步改进安全模型并基于 SOK 密钥生成算法给出了一个满足安全性定义的 CL-PKS. 但该算法验签效率较低, 验签需要四个双线性对. Huang 等 [27] 基于同样的密钥生成算法给出了两个 CL-PKS 的构造: 一个为采用 BLS 聚合短签名算法构造的 CL-PKS 短签名算法, 满足类型 I-CL-EUF-CMA 安全性和类型 II-CL-EUF-CMA^S 安全性; 另一个为普通签名满足两个类型的 CL-EUF-CMA^S 安全. Zhang 等[28] 基于 SK 密钥生成算法构造了一个高效的 CL-PKS, 并证明算法满足类型 I-CL-EUF-CMA^S 和类型 II-CL-EUF-CMA. 但是 [28] 使用的安全模型支持**获取私钥 Extract-Private-Key** 却不支持**获取用户秘密 Extract-Secret-Value** 请求, 并且游戏中对攻击者的限制也更强. 该算法验签仅需 1 个双线性对计算. Choi 等[59] 基于 SK 密钥生成方法提出两个高效 CL-PKS 方案. 其中一个方案在签名阶段无须双线性对计算而验签只需 1 个双线性对计算. Du 等[60] 基于同样的密钥生成算法提出验证只需 1 个双线性对计算的短签名方案, 但 [61] 指出该方案不具有类型 II-CL-EUF-CMA^{SV} 安全性. [62] 指出 [27] 的短签名方案无法达到类型 I-CL-EUF-CMA^S 安全性, 同样的攻击也可以作用于其他短签名算法[59,60,63].

Harn 等[64] 采用 [3] 中基于 ElGamal 签名算法的 SCPK (见 9.2 节) 构造了一个自认证公钥签名算法 (HRL 方案). 文献多数将 HRL 方案作为一个无双线性对的 CL-PKS. 实际上该方案不满足 AP-CL-PKS 的定义, 也不能在 [26, 27] 等 CL-PKS 安全模型下进行证明. Ge 等[65] 采用与 SZB-CL-PKE[36] 相同的密钥生成方法, 结合 Schnorr 签名算法构造了无双线性对的 CL-PKS. 该算法满足采用 [17] 扩展的 CL-PKS 定义, 并且根据 [65], 其算法安全性可达到两类攻击的 CL-EUF-CMA^S 安全性, 但是该算法效率较低. 后续众多的工作如 [66–72] 等尝试基于离散对数相关问题设计性能更高的算法. 遗憾的是, CL-PKS 的安全性分析较为复杂, [66–71] 都存在类型 I 或 II 的攻击[72–77]. Cheng 和 Chen[14] 在扩展定义的 CL-PKS 框架下, 构造了一系列基于标准 ECC 签名算法的 SCPK-CL-PKS, 并在新的安全模型下分析了算法的安全性.

Yum 和 Lee[78] 提出 CL-PKS 的通用构造方法. Hu 等[79] 指出其存在攻击, 并给出改进的通用构造. Huang 和 Wong[48] 给出了在标准模型下的通用构造. 如同 IBS 或 PKS, 还有更多具有特性的 CL-PKS, 如环签名、群签名、代理签名、聚合签名等.

下面分别介绍一个需要双线性对的短签名方案和一个无须双线性对的 SCPK-CL-PKS 方案. Hang 等[27] 基于 BLS 的短签名方案提出了一个 CL-PKS 短签名方案. [27] 证明该方案的类型 I-EUF-CMA 安全性和类型 II-EUF-CMA^S 安全性可以归约到 CDH 复杂性假设.

- **CL.Setup**(1^κ):
  1. 生成三个阶为素数 p 的群 $\mathbb{G}_1$, $\mathbb{G}_2$ 和 $\mathbb{G}_T$ 以及双线性对 $\hat{e}:\mathbb{G}_1\times\mathbb{G}_2\rightarrow\mathbb{G}_T$. 随机选择生成元 $P_2\in_R\mathbb{G}_2$. 选择随机数 $s\in_R\mathbb{Z}_p^*$, 计算 $P_{pub}=sP_2$.
  2. 选择两个哈希函数: $H_1,H_2:\{0,1\}^*\rightarrow\mathbb{G}_1^*$.

3. 输出主公钥 $M_{\mathfrak{pk}} = (\mathbb{G}_1, \mathbb{G}_2, \mathbb{G}_T, \hat{e}, P_2, P_{pub}, H_1, H_2)$ 和主私钥 $M_{\mathfrak{sk}} = s$.

- **CL.Extract-Partial-Key**($M_{\mathfrak{pk}}$, $M_{\mathfrak{sk}}$, $\mathtt{ID}_A$): 计算输出 $D_A = sH_1(\mathtt{ID}_A)$.
- **CL.Set-Secret-Value**($M_{\mathfrak{pk}}$, $\mathtt{ID}_A$): 随机选择 $x_A \in \mathbb{Z}_p$.
- **CL.Set-Private-Key**($M_{\mathfrak{pk}}$, x_A, D_A): 输出 $S_A = (x_A, D_A)$.
- **CL.Set-Public-Key**($M_{\mathfrak{pk}}$, x_A): 计算 $P_A = x_A P_2$.
- **CL.Sign**($M_{\mathfrak{pk}}$, $\mathtt{ID}_A$, P_A, S_A, m): 计算 $\sigma = D_A + x_A H_2(m \| \mathtt{ID}_A \| P_A)$.
- **CL.Verify**($M_{\mathfrak{pk}}$, $\mathtt{ID}_A$, P_A, m, σ): 若

$$\hat{e}(\sigma, P_2) = \hat{e}(H_1(\mathtt{ID}_A), P_{pub}) \cdot \hat{e}(H_2(m \| \mathtt{ID}_A \| P_A), P_A),$$

则输出 1, 否则输出 0.

Cheng 与 Chen 给出了几个基于 Schnorr 算法的 SCPK-CL-PKS [14]. 这些算法与 9.4.2 小节中的 SCPK-CL-PKE 的密钥生成方法一致 [38]. 下面是 [14] 给出的第三个算法. 该算法基于标准的全 Schnorr 签名机制 (方框为额外操作), 可以基于现有标准算法的实现进行快速部署. 另外, 可以通过对 P_{pub} 进行预计算实现完整公钥 Q_A 的快速计算.

- **CL.Sign**($M_{\mathfrak{pk}}$, $\mathtt{ID}_A$, P_A, S_A, m):
  1. $\boxed{\text{计算 } Z{=}H_1(\mathtt{ID}_L \| \mathtt{ID}_A \| a \| b \| x_G \| y_G \| x_{P_{pub}} \| y_{P_{pub}}),\ \lambda{=}H_2(x_{P_A} \| y_{P_A} \| Z).}$
  2. 随机选择 $r \in_R \mathbb{Z}_q^*$, 计算 $R{=}rG$, $h{=}H_3(x_R \| y_R \| \lambda \| m)$.
  3. 计算 $v = (r + h \cdot S_A) \mod q$.
  4. 输出 $\sigma = (R, v)$.
- **CL.Verify**($M_{\mathfrak{pk}}$, $\mathtt{ID}_A$, P_A, m, σ):
  1. $\boxed{\text{计算 } Z{=}H_1(\mathtt{ID}_L \| \mathtt{ID}_A \| a \| b \| x_G \| y_G \| x_{P_{pub}} \| y_{P_{pub}}),\ \lambda{=}H_2(x_{P_A} \| y_{P_A} \| Z),}$
  $\boxed{Q_A{=}P_A + \lambda P_{pub}.}$
  2. 计算 $h' = H_3(x_R \| y_R \| \lambda \| m)$, $R' = vG - h'Q_A$.
  3. 若 $R = R'$, 则输出 1, 否则输出 0.

为了安全地构造无证书签名算法, [14] 采用密钥前缀方法 [80], 即在计算待签名消息的哈希时将用户的公钥替代值 λ 或 $(Z \| P_A)$ 和消息一起进行哈希. 此方法能够将 SCPK 密钥生成方法和 Schnorr, ECDSA, SM2 等签名算法连接在一起形成一个安全、高效的无证书数字签名算法. 基本原理如下:

- 哈希算法安全性保证确定的系统公钥和指定的密钥前缀计算指定的签名公钥;
- 前缀化消息 $(\lambda \| m)$ 或 $(Z \| P_A \| m)$ 哈希过程强制签名伪造者必须预先选定签名公钥;
- 标准签名算法的安全性保证在选定公钥的情况下, 无私钥则无法伪造签名;

- 安全的 SCPK 密钥生成方法保证没有 KGC 的帮助, 攻击者无法获得选定公钥的私钥. 攻击者无法自行选择 P_A.

如 [14] 观察的, SCPK 密钥生成方法必须是 SUF-CMA 安全的数字签名方法, 否则类型 I 攻击者生成 (U_A, x_A) 并通过 **Extract-Partial-Key**(ID_A, U_A) 获得签名值 (W_A, D_A) 后可以伪造新签名 (W'_A, D'_A), 进而获得有效的 (P'_A, S'_A). [14] 证明了上面算法的两类型的 EUF-CMA 安全在随机谕示模型下都可归约到离散对数复杂性假设.

参 考 文 献

[1] Goyal V. Reducing trust in the PKG in identity based cryptosystems. CRYPTO 2007, LNCS 4622: 430-447.

[2] Chow S. Removing escrow from identity-based encryption. PKC 2009, LNCS 5443: 256-276.

[3] Girault M. Self-certified publick keys. EUROCRYPT 1991, LNCS 547: 490-497.

[4] Gentry C. Certificate-based encryption and the certificate revocation problem. EUROCRYPT 2003, LNCS 2656: 272-293.

[5] Al-Riyami S, Paterson K. Certificateless public key cryptography. ASIACRYPT 2003, LNCS 2894: 452-473.

[6] Lippold G, Boyd C, Nieto J. Strongly secure certificateless key agreement. Pairing 2009, LNCS 5671: 206-230.

[7] Beth T. A Fiat-Shamir-like authentication protocol for the ElGamal scheme. EUROCRYPT 1988, LNCS 330: 77-86.

[8] Petersen H, Horster P. Self-certified keys—concepts and applications. IFIP Communications and Multimedia Security, 1997: 102-116.

[9] Brown D, Campagna M, Vanstone S. Security of ECQV-certified ECDSA against passive adversaries. IACR Cryptology ePrint Archive, 2009, Report 2009/620.

[10] Arazi B. Certification of DL/EC keys. Submission to P1363 meeting, https://www.researchgate.net/publication/2606847_Certification_Of_Dlec_Keys, 1998.

[11] Pintsov L, Vanstone S. Postal revenue collection in the digital age. FC 2000, LNCS 1962: 105-120.

[12] Brown D, Gallant R, Vanstone S. Provably secure implicit certificate schemes. FC 2001, LNCS 2339: 156-165.

[13] Research C. SEC 4: Elliptic curve Qu-Vanstone implicit certificate scheme (ECQV). Version 1.0. 2013.

[14] Cheng Z, Chen L. Certificateless public key signature schemes from standard algorithms. ISPEC 2018, LNCS 11125: 179-197.

[15] Al-Riyami S, Paterson K. CBE from CL-PKE: A generic construction and efficient schemes. PKC 2005, LNCS 3386: 398-415.

[16] Yang G, Tan C. Certificateless cryptography with KGC trust level 3. Theoretical Computer Science, 2011, 412(39): 5446-5457.

[17] Baek J, Safavi-Naini R, Susilo W. Certificateless public key encryption without pairing. ISC 2005, LNCS 3650: 134-148.

[18] Dent A. A survey of certificateless encryption schemes and security models. J. of Information Security, 2008, 7(5): 349-377.

[19] Lai J, Kou W, Chen K. Self-generated-certificate public key encryption without pairing and its application. Information Sciences, 2011, 181(11): 2422-2435.

[20] Cheng Z, Comley R. Efficient certificateless public key encryption. IACR Cryptology ePrint Archive, 2005, Report 2005/012.

[21] Cheng Z, Chen L, Ling L, et al. General and efficient certificateless public key encryption constructions. Pairing 2007, LNCS 4575: 83-107.

[22] Au M, Chen J, Liu J, et al. Malicious KGC attack in certificateless cryptography. ASIACCS 2007: 302-311.

[23] Dodis Y, Katz J. Chosen-ciphertext security of multiple encryption. TCC 2005, LNCS 3378: 188-209.

[24] Liu J, Au M, Susilo W. Self-generated-certificate public key cryptography and certificateless signature/encryption scheme in the standard model. ASIACCS 2007: 273-283.

[25] Chow S, Roth V, Rieffel E. General certificateless encryption and timed-release encryption. SCN 2008, LNCS 5229: 126-143.

[26] Zhang Z, Wong D, Xu J, et al. Certificateless public-key signature: Security model and efficient construction. ACNS 2006, LNCS 3989: 293-308.

[27] Huang X, Mu Y, Susilo W, et al. Certificateless signature revisited. ACISP 2007, LNCS 4586: 308-322.

[28] Zhang L, Zhang F, Zhang F. New efficient certificateless signature scheme. EUC Workshops 2007, LNCS 4809: 692-703.

[29] Zhang Z, Feng D. On the security of a certificateless public-key encryption. IACR Cryptology ePrint Archive, 2005, Report 2005/426.

[30] Libert B, Quisquater J. On constructing certificateless cryptosystems from identity based encryption. PKC 2006, LNCS 3958: 474-490.

[31] Shi Y, Li J, Shi J. Constructing efficient certificateless public key encryption with pairing. Int. J. of Network Security, 2008, 6(1): 26-32.

[32] Chen L, Cheng Z. Security proof of the Sakai-Kasahara's identity-based encryption scheme. Cryptography and Coding 2005, LNCS 3706: 442-459.

[33] Fujisaki E, Okamoto T. How to enhance the security of public-key encryption at minimum cost. IEICE Trans. Fund., 2000, E83-9(1): 24-32.

[34] Fujisaki E, Okamoto T. Secure integration of asymmetric and symmetric encryption schemes. CRYPTO 1999, LNCS 1666: 535-554.

[35] Chow S, Boyd C, Nieto J. Security-mediated certificateless cryptography. PKC 2006, LNCS 3958: 508-524.

[36] Sun Y, Zhang F, Baek J. Strongly secure certificateless public key encryption without pairing. CANS 2007, LNCS 4856: 194-208.

[37] Fuchsbauer G, Kiltz E, Loss J. The algebraic group model and its applications. CRYPTO 2018, LNCS 10992: 33-62.

[38] 程朝辉. 基于 SM2 的无证书加密算法. 密码学报, 2021, 8(1): 87-95.

[39] Lai J, Deng R, Liu S, et al. RSA-Based certificateless public key encryption. ISPEC 2009, LNCS 5451: 24-34.

[40] Selvi S, Vivek S, Rangan C. CCA2 secure certificateless encryption schemes based on RSA. Conference on Security and Cryptography, 2011: 208-217.

[41] Waters B. Efficient identity-based encryption without random oracles. EUROCRYPT 2005, LNCS 3494: 114-127.

[42] Park J, Choi K, Hwang J, et al. Certificateless public key encryption in the selective-ID security model (without random oracles). Pairing 2007, LNCS 4575: 60-82.

[43] Gentry C. Practical identity-based encryption without random oracles. EUROCRYPT 2006, LNCS 4004: 445-464.

[44] Dent A, Libert B, Paterson K. Certificateless encryption schemes strongly secure in the standard model. PKC 2008, LNCS 4939: 344-359.

[45] Boyen X, Mei Q, Waters B. Direct chosen ciphertext security from identity-based techniques. CCS 2005: 320-329.

[46] Bentahar K, Farshim P, Malone-Lee J, et al. Generic constructions of identity-based and certificateless KEMs. J. of Cryptology, 2008, 21: 178-199.

[47] Huang Q, Wong D. Generic certificateless key encapsulation mechanism. ACISP 2007, LNCS 4586: 215-229.

[48] Huang Q, Wong D. Generic certificateless encryption in the standard model. IWSEC 2007, LNCS 4572: 278-291.

[49] Huang Q, Wong D. Generic certificateless encryption secure against malicious-but-passive KGC attacks in the standard model. J. of Computer Science and Technology, 2010, 25(4): 807-826.

[50] Lippold G, Boyd C, Nieto J. Efficient certificateless KEM in the standard model. ICISC 2009, LNCS 5984: 34-46.

[51] Cramer R, Shoup V. Design and analysis of practical public-key encryption schemes secure against adaptive chosen ciphertext attack. SIAM Journal on Computing, 2003, 33: 167-226.

[52] Kitagawa T, Yang P, Hanaoka G, et al. Generic transforms to acquire CCA-Security for identity based encryption: The cases of FOPKC and REACT. ACISP 2006, LNCS 4058: 348-359.

[53] Yang P, Kitagawa T, Hanaoka G, et al. Applying Fujisaki-Okamoto to identity-based encryption. AAECC 2006, LNCS 3857: 183-192.

[54] Cheng Z. Pairing-based cryptosystems and key agreement protocols. London: Middlesex University, 2007.

[55] Bellare M, Namprempre C, Neven G. Security proofs for identity-based identification and signature schemes. J. of Cryptology, 2009, 22: 1-61.

[56] Huang X, Susilo W, Wu Y, et al. On the security of certificateless signature schemes from ASIACRYPT 2003. CANS 2005, LNCS 3810: 13-25.

[57] Yap W, Heng S, Goi B. An efficient certificateless signature scheme. EUC Workshops 2006, LNCS 4097: 322-331.

[58] Park J. An attack on the certificateless signature scheme from EUC Workshops 2006. IACR Cryptology ePrint Archive, 2006, Report 2006/442.

[59] Choi K, Park J, Hwang J, et al. Efficient certificateless signature schemes. ACNS 2007, LNCS 4521: 443-458.

[60] Du H, Wen Q. Efficient and provably-secure certificateless short signature scheme from bilinear pairings. Computer Standards and Interfaces, 2009, 31(2): 390-394.

[61] Fan C, Hsu R, Ho P. Cryptanalysis on Du-Wen certificateless short signature scheme. JWIS 2009: 1-7.

[62] Shim K. Breaking the short certificateless signature scheme. Information Sciences, 2009, 179(3): 303-306.

[63] Tso R, Yi X, Huang X. Efficient and short certificateless signature. CANS 2008, LNCS 5339: 64-79.

[64] Harn L, Ren J, Lin C. Design of DL-based certificateless digital signatures. J. of Systems and Software, 2009, 82(5): 789-793.

[65] Ge A, Chen S, Huang X. A concrete certificateless signature scheme without pairings. Int. Conf. on Multimedia Information Networking and Security, 2009: 374-377.

[66] He D, Chen J, Zhang R. An efficient and provably-secure certificateless signature scheme without bilinear pairings. Int. J. of Communication Systems, 2012, 25(11): 1432-1442.

[67] Islam S, Biswas G. Provably secure and pairing-free certificateless digital signature scheme using elliptic curve cryptography. Int J. of Computer Mathematics, 2013, 90(11): 2244-2258.

[68] Liu W, Xie Q, Wang S, et al. Pairing-free certificateless signature with security proof. J. of Computer Networks and Communications, 2014: 1-6.

[69] Tsai J, Lo N, Wu T. Weaknesses and improvements of an efficient certificateless signature scheme without using bilinear pairings. Int. J. of Communication Systems, 2014, 27(7): 1083-1090.

[70] Yeh K, Su C, Choo K, et al. A novel certificateless signature scheme for smart objects in the internet-of-things. Sensors, 2017, 17(5): 1001.

[71] Karati A, Islam S, Biswas G. A pairing-free and provably secure certificateless signature scheme. J. of Cryptologic Research Information Sciences, 2018, 450: 378-391.

[72] Jia X, He D, Liu Q, et al. An efficient provably-secure certificateless signature scheme for internet-of-things deployment. Ad Hoc Networks, 2018, 71: 78-87.

[73] Tian M, Huang L. Cryptanalysis of a certificateless signature scheme without pairings. Int. J. of Communication Systems, 2013, 26(11): 1375-1381.

[74] Gong P, Li P. Further improvement of a certificateless signature scheme without pairing. Int. J. of Communication Systems, 2014, 27(10): 2083-2091.

[75] Tiwari N. On the security of pairing-free certificateless digital signature schemes using ECC. ICT Express, 2015, 1(2): 94-95.

[76] Zhang Y, Deng R, Zheng D, et al. Efficient and robust certificateless signature for data crowdsensing in cloud-assisted industrial IoT. IEEE Tran. on Industrial Informatics, 15(9): 5099-5108.

[77] 张振超, 刘亚丽, 殷新春, 等. 无证书签名方案的分析及改进. 密码学报, 2020, 7(3): 389-403.

[78] Yum D, Lee P. Generic construction of certificateless signature. ACISP 2004, LNCS 3108: 200-211.

[79] Hu B, Wong D, Zhang Z, et al. Certificateless signature: A new security model and an improved generic construction. Designs, Codes and Cryptography, 2007, 42(2): 109-126.

[80] Menezes A, Smart N. Security of signature schemes in a multi-user setting. Designs, Codes and Cryptography, 2004, 33: 261-274.

第 10 章　分布式密钥生成

标识密码系统的主私钥是该类密码系统中最重要的秘密, 需要实施严格的保护措施. 采用门限秘密共享机制实现主密钥 (主私钥和主公钥) 的分布式生成和相关密码运算的分布式执行可以有效提高主私钥的安全性. 门限秘密共享机制使得攻击者在没有获得超过门限个数主私钥分片的情况下不能威胁到完整主私钥的安全性. 本章首先介绍分布式密钥生成 (DKG: Distributed Key Generation) 机制的安全性定义和相关构造, 然后展示使用这些构造实现三个重要标识密钥生成算法: SOK, SK 和 BB_1 的分布式运算过程.

10.1　分布式密钥生成机制安全性定义

Shamir [1] 和 Blakley [2] 分别独立提出秘密共享 (SS: Secret Sharing) 的概念. 秘密共享机制允许将一个秘密 s 分散成 n 份秘密分片 s_i, 并且利用其中 $t+1$ 片可以重构秘密 s, 但仅利用 t 个秘密分片则不可以还原秘密. Chor 等 [3] 进一步提出可验证的秘密共享机制 (VSS: Verifiable Secret Sharing) 以允许取得秘密分片的节点能够验证获得秘密分片的正确性. Feldman [4] 提出第一个高效非交互可验证秘密分散机制. Pedersen [5] 提出一个秘密无条件安全的可验证秘密共享机制. 秘密共享应用中需有一个知道 s 的受信任的分发者来实现秘密的分享操作. 在 4.7.3 小节和 5.5.3 小节已经介绍了利用秘密共享机制实现门限标识解密和门限标识签名的机制. 在这些机制中, 密钥生成中心首先生成用户的标识私钥, 再将其分享到 n 不同的共享节点. 密钥生成中心因其可以计算任意标识对应的私钥, 所以可以作为一个天然的秘密分发者. 但是这类机制仅解决了标识私钥的安全性问题. 密钥生成中心主私钥的安全保护仍然是一个需要解决的重要问题. 一旦主私钥出现泄露, 整个系统的安全性将会崩溃. 为了避免密钥生成中心这一单点故障, 我们可以采用分布式密钥生成机制来加强系统的安全性.

在分布式密钥生成机制中, n 个节点联合生成一对满足密码系统要求的公私密钥对, 并且保证在生成的过程中私钥 s 从未被计算、重构或者出现在某个节点中. 这类系统同样要求超过 t 个节点配合才能重构共享的私钥 s. Ingemarsson 和 Simmons [6] 首先提出分布式密钥生成的概念, Pedersen [7] 对其进行改进并提出分布式密钥生成机制 Pedersen-DKG. Pedersen-DKG 的基本方法是 n 方并行执行 Feldman 的可验证秘密分散机制. Gennaro 等 [8] 简化了 Pedersen-DKG, 提出联合 Feldman 可验证秘密分散机制 JF-DKG. Gennaro 等进一步指出 JF-DKG 不能保证生成的密钥具有均匀随机性, 并提出可保证生成均匀分布密钥的 DKG. 更多的改进或扩展包括 [9–14] 等. 这些机制可用于标识密码系统中主密钥的分布式生成, 并进一步实现标识私钥的分布式生成.

门限秘密共享机制定义如下.

定义 10.1 ((n,t)-秘密共享机制 SS) 一个 (n,t)-SS 由如下两个算法构成.

- **分享算法**: 一个分发者在 n 个节点间分发秘密 $s \in \mathbb{K}$, 其中 $\mathbb{K}$ 是秘密的取值空间, 执行随机方法生成 $\{s_1, \cdots, s_n\} \leftarrow \mathbf{Share}(s)$, 在分享过程结束时, 每个节点 Γ_i 获得 s 的一个秘密分片 s_i.
- **重构算法**: 每个节点 Γ_j 广播其秘密分片 $\bar{s}_j$, 若节点 Γ_j 诚实, 则 $\bar{s}_j = s_j$; 否则 $\bar{s}_j \neq s_j$. 重构节点执行确定性重构函数 $\bar{s} \leftarrow \mathbf{Reconstruct}(\bar{s}_1, \cdots, \bar{s}_n)$.

秘密共享机制需要满足两个条件:

- **正确性**: 当至少 $t+1$ 个节点诚实时, 重构函数输出必有 $\bar{s} = s$.
- **机密性**: 攻击者获得 t 个节点的秘密分片后获取 s 的信息不比直接从公开信息获取 s 的信息更多, 即对任意的 $s, s' \in \mathbb{K}$, $I \subset \{1, \cdots, n\}$ 且 $|I| \leqslant t$, 分布

$$\{\{s_i\}_{i \in I} : \{s_1, \cdots, s_n\} \leftarrow \mathbf{Share}(s)\} \text{和} \{\{s'_i\}_{i \in I} : \{s'_1, \cdots, s'_n\} \leftarrow \mathbf{Share}(s')\}$$

是统计不可区分的. 这里的机密性是无条件安全的.

Chor 等[3] 提出的可验证秘密共享机制在秘密共享机制的基础上进一步增加了对分发者诚实性的判断能力, 其定义如下.

定义 10.2 ((n,t)-可验证秘密共享机制 VSS) 一个 (n,t)-VSS 由两个算法构成.

- **分享算法**: 一个分发者执行秘密共享算法在 n 个节点间分发秘密 $s \in \mathbb{K}$. 在分享过程结束时, 每个节点 Γ_i 获得 s 的一个秘密分片 s_i.
- **重构算法**: 每个节点 Γ_j 广播其秘密分片 $\bar{s}_j$, 若节点 Γ_j 诚实, 则 $\bar{s}_j = s_j$; 否则 $\bar{s}_j \neq s_j$. 重构节点执行确定性重构函数 $\bar{s} \leftarrow \mathbf{Reconstruct}(\bar{s}_1, \cdots, \bar{s}_n)$ 或判定分发者不诚实并返回 $\perp$.

机制需要满足两个条件:

- **正确性**: 当至少 $t+1$ 个节点诚实时, 重构函数输出 $\bar{s} = s$ 或者每个诚实的节点都判定分发者不诚实并且输出 $\perp$.
- **机密性**: 与秘密共享机制机密性定义相同. 另外, VSS 机制可验证性额外引入的数据可能导致机制丧失无条件安全性, 仅具有**弱机密性**: 攻击者即使获得 t 个节点的秘密分片也不能重构 s.

Pedersen[7] 提出的分布式密钥生成机制可定义如下.

定义 10.3 ((n,t)-DKG[12]) 一个 (n,t)-DKG 由两个算法构成.

- **分享算法**: 每个密钥生成节点 Γ_i 执行秘密共享算法在 n 个节点间分发秘密 $\alpha_i \in \mathbb{K}$, 其中 $\mathbb{K}$ 是加法循环群. 在分享过程结束时, 每个节点 Γ_j 获得秘密 s 的一个秘密分片 s_j, 其中 $s = f(\alpha_1, \cdots, \alpha_n)$, f 是一个预定义的线性函数.
- **重构算法**: 每个节点 Γ_j 广播其秘密分片 $\bar{s}_j$, 若节点 Γ_j 诚实, 实则 $\bar{s}_j = s_j$; 否则 $\bar{s}_j \neq s_j$. 重构节点执行确定性重构函数 $\bar{s} \leftarrow \mathbf{Reconstruct}(\bar{s}_1, \cdots, \bar{s}_n)$.

类似于 VSS, 可以定义 DKG 的正确性和机密性. 鉴于本章研究基于双线性对标识密码系统的分布式密钥生成, 这里仅讨论在双线性对参数相关循环群上的密钥生成机制. DKG 使用的循环群为 $\mathbb{Z}_p$, 对应的公私密钥对为 (sP, s). 在此情况下定义 DKG 的正确性和机密性如下[8](注意群 $\mathbb{G}$ 和生成元 P 是公开的).

- **正确性**:
  1. 从 $t+1$ 个诚实节点分片 $\bar{s}_i$ 以及公共信息就可重构还原正确的秘密 s.
  2. 在分享过程结束时, 所有的诚实节点都有公钥 sP.
  3. 密钥对 (sP, s) 在 $\mathbb{G} \times \mathbb{Z}_p$ 上是均匀分布的.
- **机密性**: 攻击者即使获得 t 个节点的秘密分片后获取 s 的信息不比直接从公开信息 (P, sP) 获取 s 的信息更多.

Gennaro 等[8] 分析显示 JF-DKG 不能保证在有攻击者参与的情况下生成的密钥是均匀分布的, 并进一步分析了 JF-DKG 仍然可以安全应用的场景. 根据这种情况, DKG 可以定义如下弱正确性和弱机密性.

- **弱正确性**:
  1. 从 $t+1$ 个诚实节点分片 $\bar{s}_i$ 以及公共信息就可还原正确的秘密 s.
  2. 在分享过程结束时, 所有的诚实节点都有公钥 sP.
- **弱机密性**: 攻击者获得 t 个节点的秘密分片和公开信息 (P, sP) 也不能计算私钥 s.

上述定义涉及两个重要的问题. ① 节点间通信的方式. 节点间通信的方式涉及秘密分片的传递和消息广播. 这里假定节点两两之间存在安全通道, 保证秘密分片传递的安全性. 消息传递可以分为三种不同的通信模式. Ⓐ 同步模式: 各个节点同时发送其消息, 即攻击者不能根据收到的其他节点消息来输出其消息. Ⓑ 部分同步模式: 在每轮消息传递中, 攻击者可以等待其他节点完成消息传递后, 再输出本轮消息, 但是各轮的消息传递不交叉. Ⓒ 异步模式: 节点的所有消息都不必保持顺序. 在这种模型下, 假定攻击者可以任意延迟或停止某个消息的传递. ② 攻击者攻击某个节点的时机. 静态攻击者需要在协议执行前选定攻击的节点, 而自适应攻击者可以在协议执行期间根据协议的执行情况动态地选择攻击的节点. 鉴于异步通信模式和自适应攻击安全的 DKG 具有较高的复杂性[9,15–17],

本章仅讨论在部分同步模式下对静态攻击者安全的分布式密钥生成机制.

10.2 分布式密钥生成工具

这里介绍一些用于分布式密钥生成的重要工具, 包括非交互零知识证明、秘密共享机制、离散对数分布式密钥生成机制以及 $\mathbb{Z}_p$ 上的分布式计算方法. 其中秘密共享机制是分布式密钥生成机制的基础, 分布式密钥生成机制结合非交互零知识证明可降低协议的轮数, 提高协议效率. $\mathbb{Z}_p$ 上的分布式计算方法则利用前三个工具来实现, 并用于双线性对标识密码系统主密钥对和标识私钥的分布式生成.

10.2.1 非交互零知识证明

在一个证明系统 $(\mathbb{P},\mathbb{V})$ 中, 证明人 $\mathbb{P}$ 提供一个证明, 验证人 $\mathbb{V}$ 验证证明的正确性. 该系统要求 $\mathbb{V}$ 能够高效地 (多项式时间内) 验证给定的证明, 但是证明人可能有时很难给出一个有效证明, 一个有效的证明系统要求: ① 有效性. 验证人不能被欺骗接收一个错误的声明. ② 完整性. 存在证明人可以使得验证人相信正确的声明属于某个预定义的声明集合. 零知识证明 (ZKP: Zero Knowledge Proof) 则要求在证明系统中证明人能向验证人证明某个论断的正确性, 而验证人不获得除论断正确性外的其他任何额外信息. 知识的零知识证明 (ZKPK: Zero Knowledge Proof of Knowledge) 是指证明人证明其知道某个知识的零知识证明. 非交互零知识证明 (NIZKP: Non-Interactive ZKP) 系统中仅由证明者提供证明, 而验证人仅验证证明的有效性. 更多关于零知识证明的内容可见 [18]. 本章将使用如下一些非交互零知识证明.

离散对数知识非交互零知识证明 NIZKPK$_{DLog}$: 给定一个承诺 $\mathcal{C}_P(s) = sP$, 证明人证明其知道 s. 在随机谕示模型下, 证明可以采用 Schnorr 签名机制实现 [19].

1. 选择随机数 $r \in_R \mathbb{Z}_p$, 计算 $R = rP$.
2. 计算哈希 $c = H(P, \mathcal{C}_P(s), R)$, 其中 $H : \mathbb{G}^3 \to \mathbb{Z}_p$ 是一个哈希函数.
3. 计算 $t = r - cs \mod p$.
4. 输出证明 $\pi_{DLog} = (c, t)$.

验证人计算 $R' = tP + c\mathcal{C}_P(s)$, 检查 $c = H(P, \mathcal{C}_P(s), R')$ 是否成立. 若等式成立, 则证明有效; 否则证明无效. 这个证明记为

$$\mathbf{NIZKPK}_{DLog}(s, \mathcal{C}_P(s)) = \pi_{DLog} \in \mathbb{Z}_p^2.$$

离散对数相等知识非交互零知识证明 NIZKPK$_{\equiv DLog}$: 给定两个承诺 $\mathcal{C}_P(s) = sP$ 和 $\mathcal{C}_Q(s) = sQ$, 证明人证明两个承诺对应的离散对数相等. 其证明过程如下 [20].

1. 选择随机数 $r \in_R \mathbb{Z}_p$, 计算 $R_1 = rP, R_2 = rQ$.
2. 计算哈希 $c = H(P, Q, \mathcal{C}_P(s), \mathcal{C}_Q(s), R_1, R_2)$, 其中 $H : \mathbb{G}^6 \to \mathbb{Z}_p$ 是一个哈希函数.
3. 计算 $t = r - cs \mod p$.
4. 输出证明 $\pi_{\equiv DLog} = (c, t)$.

验证人计算 $R_1' = t_1 P + c\mathcal{C}_P(s), R_2' = t_2 Q + c\mathcal{C}_Q(s)$, 检查

$$c = H(P, Q, \mathcal{C}_P(s), \mathcal{C}_Q(s), R_1', R_2')$$

是否成立. 若等式成立, 则证明有效; 否则证明无效. 该证明记作

$$\mathbf{NIZKPK}_{\equiv DLog}(s, \mathcal{C}_P(s), \mathcal{C}_Q(s)) = \pi_{\equiv DLog} \in \mathbb{Z}_p^2.$$

承诺相等知识非交互零知识证明 NIZKPK$_{\equiv Comm}$: 给定两个承诺 $\mathcal{C}_P(s) = sP$ 和 $\mathcal{C}_{P,Q}(s, v) = sP + vQ$, 证明人证明其知道 s, v 满足承诺. 其证明过程如下 [9].

1. 选择随机数 $r_1, r_2 \in_R \mathbb{Z}_p$, 计算 $R_1 = r_1 P, R_2 = r_2 P$.
2. 计算哈希 $c = H(P, Q, \mathcal{C}_P(s), \mathcal{C}_{P,Q}(s, v), R_1, R_2)$, 其中 $H : \mathbb{G}^6 \to \mathbb{Z}_p$ 是一个哈希函数.
3. 计算 $t_1 = r_1 - cs \mod p, t_2 = r_2 - cv \mod p$.
4. 输出证明 $\pi_{\equiv Comm} = (c, t_1, t_2)$.

验证人计算 $R_1' = t_1 P + c\mathcal{C}_P(s), R_2' = t_2 Q + c(\mathcal{C}_{P,Q}(s, v) - \mathcal{C}_P(s))$, 检查

$$c = H(P, Q, \mathcal{C}_P(s), \mathcal{C}_{P,Q}(s, v), R_1', R_2')$$

是否成立. 若等式成立, 则证明有效; 否则证明无效. 该证明记作

$$\mathbf{NIZKPK}_{\equiv Comm}(s, v, \mathcal{C}_P(s), \mathcal{C}_{P,Q}(s, v)) = \pi_{\equiv Comm} \in \mathbb{Z}_p^3.$$

10.2.2 秘密共享机制

这里介绍三个秘密共享机制实现在多个实体间安全地共享一个秘密, 其中 Shamir 机制是基础机制, Feldman 机制和 Pedersen 机制则在 Shamir 机制的基础上进一步实现可验证的秘密共享. Feldman 机制和 Pedersen 机制的安全性有所不同.

Shamir 秘密共享机制 (SSS) [1]: 分发者有一个秘密 $s \in \mathbb{Z}_p$ 待分享. SSS 机制的两个算法如下.

- **分享算法**:

1. 分发者构造随机多项式 $f(x)$: 随机选择 t 个元素 $a_i \in_R \mathbb{Z}_p^*, 0 < i \leqslant t$, 构造多项式 $f(x) = s + a_1 x + \cdots + a_t x^t \mod p$. 计算 $s_i = f(i), 1 \leqslant i \leqslant n$.
2. 分发者将 (i, s_i) 安全地发送到各个秘密共享节点 $\Gamma_i, 1 \leqslant i \leqslant n$.

- **重构算法**:
  1. 秘密共享节点 Γ_i 提供其秘密分片 $(i, \bar{s}_i)$. 设 $t+1$ 个秘密共享节点提供了秘密分片集合 $\{(x_j, y_j)\}, 0 \leqslant j \leqslant t$. 重构节点执行如下重构函数

$$s = \sum_{j=0}^{t} y_j \mathcal{L}_j \mod p,$$

其中 $\mathcal{L}_j$ 为拉格朗日系数

$$\mathcal{L}_j = \prod_{l=0, l \neq j}^{t} \left(\frac{x_l}{x_l - x_j} \right) \mod p.$$

Feldman 可验证秘密共享机制 (Feldman-VSS) [4]: 分发者有一个秘密 $s \in \mathbb{Z}_p$ 待分享. Feldman-VSS 机制的两个算法如下.

- **分享算法**:
  1. 如 SSS 步骤 1 构造随机多项式 $f(x)$ 并计算秘密分片 s_i.
  2. 分发者广播验证值 $A_i = a_i P$, $0 \leqslant i \leqslant t$, 其中 $a_0 = s$.
  3. 分发者将 (i, s_i) 安全地发送到各个秘密共享实体 $\Gamma_i, 1 \leqslant i \leqslant n$.
  4. 秘密共享节点 Γ_i 验证如下等式是否成立.

$$s_i P = \sum_{j=0}^{t} i^j A_j.$$

如果等式不成立, 则 Γ_i 广播一个对分发者的投诉.

  5. 针对节点 Γ_i 的投诉, 分发者披露 s_i. 如果任意一个披露的 s_i 仍不能满足上述等式, 则取消分发者的资格.
- **重构算法**: 基本过程仍如 SSS, 但是重构节点对收到的秘密分片 $(i, \bar{s}_i)$ 按照上述等式检查合法性, 如果分片不合法则不参与重构函数的计算.

因为 $A_0 = sP$ 被广播, 攻击者如果有足够计算资源就能还原秘密 s, 所有 Feldman-VSS 不是无条件安全的.

Pedersen 可验证秘密共享机制 (Pedersen-VSS) [5]: 分发者有一个秘密 $s \in \mathbb{Z}_p$ 待分享. Pedersen-VSS 机制的两个算法如下.

- **分享算法**:
  1. 分发者构造两个随机多项式 $f(x)=\sum_{i=0}^{t} a_i x^i \mod p$, $f'(x)=\sum_{i=0}^{t} b_i x^i \mod p$, 其中 $a_0 = s, b_0 = s'$, $s' \in_R \mathbb{Z}_p$ 为随机数. 计算 $s_i = f(i), s'_i = f'(i), 1 \leqslant i \leqslant n$.
  2. 分发者广播验证值 $C_i = a_i P + b_i Q, 0 \leqslant i \leqslant t$.
  3. 分发者将 (i, s_i, s'_i) 安全地发送到各个秘密共享实体 $\Gamma_i, 1 \leqslant i \leqslant n$.
  4. 秘密共享节点 Γ_i 验证如下等式是否成立.

  $$s_i P + s'_i Q = \sum_{j=0}^{t} i^j C_j.$$

     如果等式不成立, 则 Γ_i 广播一个对分发者的投诉.
  5. 针对节点 Γ_i 的投诉, 分发者披露 (s_i, s'_i). 如果披露的 (s_i, s'_i) 仍不能满足上述等式, 则取消分发者资格.
- **重构算法**: 基本过程仍如 SSS, 但是重构节点对收到的秘密分片 $(i, \bar{s}_i, \bar{s}'_i)$ 按照上述等式检查合法性, 如果分片不合法则不参与重构函数的计算.

Pedersen-VSS 中 $C_0 = sP + s'Q$, 其中 s' 是随机数, 可以证明机制中 s 是无条件安全性的.

10.2.3 分布式密钥生成机制

下面介绍离散对数公私密钥对的一些分布式生成机制. 这些机制基于前面的可验证秘密共享机制. 多个实体采用这类机制协同生成公私密钥对 (sP, s), 单一实体无法控制密钥对的生成, 门限个数的实体即使合谋也不能还原私钥 s.

联合 Feldman 分布式密钥生成机制 (JF-DKG) [8]: 采用该机制, n 方实体在没有单一信任方的情况下, 每方都执行 Feldman-VSS 机制分享其选择的一个秘密 s_i. n 方共同生成共享的公私密钥对 $(Y = sP, s)$, 其中 s 是合格实体随机秘密 s_i 的线性组合.

1. **生成私钥** s: 每方 Γ_i 作为一个分发者采用 Feldman-VSS 机制分享一个随机秘密 $s_i \in_R \mathbb{Z}_p^*$. 记 Γ_i 的多项式为 $f_i = \sum_{j=0}^{t} a_{ij} x^i \mod p$, 其中 $a_{i0} = s_i$, $s_{ij} = f_i(j), A_{i0} = s_i P$. 如果分享过程中, 节点 Γ_i 被多于 t 个节点投诉或者被投诉后披露的秘密分片不能满足协议的检查等式, 则取消节点资格 (节点不因投诉就立即被丧失资格, 因为攻击者可能控制某个节点进行恶意投诉). 设合格分发者的编号集合为 Φ.
2. **生成公钥** $Y = sP$: 计算 $Y = \sum_{i\in\Phi} A_{i0}$. 对应的共享私钥为 $s = \sum_{i\in\Phi} s_i \mod p$. 各方 Γ_i 对私钥 s 的分片为 $s_i = \sum_{j\in\Phi} s_{ji} \mod p$. 公共校验值为 $A_l = \sum_{j\in\Phi} A_{jl}, 1 \leqslant l \leqslant t$.

如 [8] 指出的, JF-DKG 不能保证生成的密钥 s 在 $\mathbb{Z}_p$ 上是均匀分布的.

Gennaro 等[8] 给出了结合 Pedersen-VSS 和 Feldman-VSS 的 DKG 以保证生成均匀随机的私钥. 其基本原理是利用 Pedersen-VSS 实现私钥的无条件安全分享, 攻击者不能利用其他方的承诺来动态调整其控制节点的行为. 在公钥获取阶段使用 Feldman-VSS 的检查机制, 如果发现某个节点有偏离诚实执行协议的行为, 则公开其分发的秘密分片, 使得能够重构该秘密, 进而还原其对应的正确公钥. 各方计算完成的公钥包括了诚实节点的公钥和还原的非诚实节点的正确公钥信息, 进而保证公私密钥的匹配性以及密钥对的均匀随机性.

Gennaro 等分布式密钥生成机制 (GJKR-DKG)[8]: 机制中 n 方实体的每方都执行 Pedersen-VSS 机制分享其选择的一个秘密 s_i, 共同生成共享的公私密钥对 $(Y = sP, s)$, 其中 s 是合格实体的 s_i 线性组合.

1. **生成私钥** s: 每方 Γ_i 作为一个分发者采用 Pedersen-VSS 机制分享一个随机秘密 $s_i \in_R \mathbb{Z}_p^*$. 记 Γ_i 的两个多项式为 $f_i = \sum_{j=0}^{t} a_{ij}x^i \mod p, a_{i0} = s_i, f_i' = \sum_{j=0}^{t} b_{ij}x^i \mod p$, $b_{i0} = s_i'$, $s_{ij} = f_i(j), s_{ij}' = f_i'(j), C_{i0} = s_iP + s_i'Q$. 类似于 JF-DKG 的投诉处理方法处理投诉后, 设合格实体的编号集合为 Φ. 对应的共享的私钥为 $s = \sum_{i\in\Phi} s_i \mod p$. 合格分发者 Γ_i 的秘密分片为 $s_i = \sum_{j\in\Phi} s_{ji} \mod p, s_i' = \sum_{j\in\Phi} s_{ji}' \mod p$.
2. **生成公钥** $Y = sP$: 合格分发者 Γ_i 使用 Feldman-VSS 公开其校验值 $Y_i = s_iP$.
   (a) 每个合格分发者 $\Gamma_i, i \in \Phi$, 广播 $A_{ik} = a_{ik}P, 0 \leqslant k \leqslant t$.
   (b) 每方 Γ_j 校验合格分发者 Γ_i 的广播
   $$s_{ij}P = \sum_{k=0}^{t} j^k A_{ik}.$$
   若检查失败, 则 Γ_j 投诉 Γ_i 并广播其拥有的对应秘密分片 s_{ij}, s_{ij}'.
   (c) 对遭到有效投诉的 Γ_i(投诉中广播的 s_{ij}, s_{ij}' 满足 Pedersen-VSS 的检查等式, 但不满足上述等式的), 各方执行 Pedersen-VSS 秘密重构过程还原 s_i, $f_i(x)$, A_{ik}, $0 \leqslant k \leqslant t$. 设置对应的 $A_{i0} = s_iP$. 计算 $Y = \sum_{i\in\Phi} A_{i0}$. (投诉的方式使得即使攻击者控制的节点在公钥获取阶段不诚实, 各方也能够计算出对应私钥 s 的正确公钥.)

若在分布式计算中只需要共享一个均匀分布的秘密, 则仅需要该协议的第一阶段 (不需生成公钥).

Kate 和 Goldberg[21] 注意到在随机谕示模型下, 可以采用承诺相等知识非交互零知识证明 (证明 Pedersen-VSS 承诺和 Feldman-VSS 承诺一致) 来减少 GJKR-DKG 中通信的轮数 (无须独立的公钥获取阶段), 提高机制的效率. 另外,

Kate [12] 在采用多项式承诺的高效 eVSS [22] 上结合$\mathbf{NIZKPK}_{\equiv DLog}$ 构造了 eJF-DKG. 这里不再详述, 后面结合标识密码系统主密钥的分布式生成过程再展开.

DKG 中节点 Γ_i 的行为, 包括分享 **Sh** 和重构 **Rec** 算法, 可以描述为 [21]

$$\begin{aligned}(\mathcal{C}_P^{(s)}, s_i) &= \mathbf{DKG\text{-}Sh}_{DLog}(n, t, \tilde{t}, P, \alpha_i),\\ s &= \mathbf{DKG\text{-}Rec}_{DLog}(t, \mathcal{C}_P^{(s)}, s_i),\\ (\mathcal{C}_{P,Q}^{(s,s')}, [\mathcal{C}_P^{(s)}, \mathbf{NIZKPK}_{\equiv Comm}], s_i, s_i') &= \mathbf{DKG\text{-}Sh}_{Ped}(n, t, \tilde{t}, P, Q, \alpha_i, \alpha_i'),\\ s &= \mathbf{DKG\text{-}Rec}_{Ped}(t, \mathcal{C}_{P,Q}^{(s,s')}, s_i, s_i'),\end{aligned}$$

其中 $\mathbf{DKG}_{DLog}$ 是采用离散对数承诺的 DKG, 如 JF-DKG、eJF-DKG、AMT-DKG [14] 等, 不保证私钥的随机均匀性. $\mathbf{DKG}_{Ped}$ 则是指使用 Pedersen 承诺的 DKG, 如 GJKR-DKG、使用零知识证明的 KG-DKG [11] 等. $\tilde{t}$ 是选择的 VSS 实例个数, 满足 $t < \tilde{t} \leqslant 2t+1$. P, Q 是承诺的生成元. α_i, α_i' 是节点 Γ_i 分享的秘密和随机数. 设 DKG 中使用 t 次多项式 $f(x), f'(x) \in \mathbb{Z}_p[x]$ 分享了秘密 $s, s', f(0) = s, f'(0) = s'$. $\mathcal{C}_P^{(s)} = [sP, f(1)P, \cdots, f(n)P]$, $\mathcal{C}_{P,Q}^{(s,s')} = [sP + s'Q, f(1)P + f'(1)Q, \cdots, f(n)P + f'(n)Q]$ 分别是 DLog 和 Pedersen 承诺的向量. $(\mathcal{C}_*^{(*)})_i$ 表示承诺向量中的 i 项, $0 \leqslant i \leqslant n$. $\mathbf{DKG}_{Ped}$ 中的 $[\mathcal{C}_P^{(s)}, \mathbf{NIZKPK}_{\equiv Comm}]$ 为可选项, $\mathbf{NIZKPK}_{\equiv Comm}$ 是一组零知识证明, 每个证明对应 $\mathcal{C}_P^{(s)}, \mathcal{C}_{P,Q}^{(s,s')}$ 中的一组承诺, 零知识证明两个承诺使用的离散对数值相同值.

10.2.4 $\mathbb{Z}_p$ 上的分布式计算

现在利用秘密共享机制构建在标识密码系统分布式密钥生成过程需要的一些基本组件. 本章考察的三类标识密钥生成方法 SOK, SK 和 BB_1 都使用双线性对参数, 在密钥生成过程中涉及 $\mathbb{Z}_p$ 上的一些分布式计算, [21] 列举了这些分布式计算方法.

$\mathbb{Z}_p$ 上的随机数分布式生成: 密钥生成过程需要使用 DKG (设 $\tilde{t} = t+1$), 由 n 个节点协同生成 $\mathbb{Z}_p$ 上的一个随机数 z. 根据对随机数的均匀分布要求, 有如下两种生成方式:

$$\begin{aligned}(\mathcal{C}_P^{(z)}, z_i) &= \mathbf{Random}_{DLog}(n, t, P),\\ (\mathcal{C}_{P,Q}^{(z,z')}, [\mathcal{C}_P^{(z)}, \mathbf{NIZKPK}_{\equiv Comm}], z_i, z_i') &= \mathbf{Random}_{Ped}(n, t, P, Q),\end{aligned}$$

其中 $\mathbf{Random}_{DLog}$ 采用离散对数承诺的 $\mathbf{DKG}_{DLog}$, 不保证生成随机数的均匀性. $\mathbf{Random}_{Ped}$ 则为使用 Pedersen 承诺的 $\mathbf{DKG}_{Ped}$, 保证随机数的均匀性.

$\mathbb{Z}_p$ 上的分布式加法: SSS 机制的加法同态性使得采用本地秘密分片的加法可以实现共享秘密的加法运算. 具体地, 设 SSS 使用两个 t 次多项式 $f_\alpha(x), f_\beta(x) \in$

$\mathbb{Z}_p[x]$ 分享了秘密 α, β. 显然 $f_\alpha(x) + f_\beta(x), cf_\alpha(x)$ 可分别作为 $\alpha + \beta$ 和 $c\alpha$ 的分享多项式, 其中 $c \in \mathbb{Z}_p^*$. $f_\alpha(x), f_\beta(x)$ 是随机的, 则 $f_\alpha(x) + f_\beta(x), cf_\alpha(x)$ 都是随机的. 若 Γ_i 具有秘密分片 α_i, β_i, 则 $\alpha_i + \beta_i$ 以及 $c\alpha_i$ 分别对应采用上述多项式时 $\alpha + \beta$ 以及 $c\alpha$ 在 Γ_i 的秘密分片. 另外, 对应的承诺也具有加法同态性, 即 $(\mathcal{C}_P^{(\alpha+\beta)})_i = (\mathcal{C}_P^{(\alpha)})_i + (\mathcal{C}_P^{(\beta)})_i$, $(\mathcal{C}_P^{(c\alpha)})_i = c(\mathcal{C}_P^{(\alpha)})_i$. Pedersen 承诺也具有相同性质.

$\mathbb{Z}_p$ 上的分布式乘法: Gennaro, Rabin M 和 Rabin T [10] 提出一个高效分布式乘法协议. 设$f_\alpha(x)f_\beta(x) = \alpha\beta + \gamma_1 x + \cdots + \gamma_{2t}x^{2t} \mod p$, 有 $f_\alpha(i)f_\beta(i) = f_{\alpha\beta}(i) \mod p, 1 \leqslant i \leqslant 2t+1$.

$$\begin{bmatrix} 1 & 1 & 1 & \cdots & 1 \\ 1 & 2 & 2^2 & \cdots & 2^{2t} \\ 1 & 3 & 3^2 & \cdots & 3^{2t} \\ \vdots & \vdots & \vdots & & \vdots \\ 1 & 2t+1 & (2t+1)^2 & \cdots & (2t+1)^{2t} \end{bmatrix} \begin{bmatrix} \alpha\beta \\ \gamma_1 \\ \gamma_2 \\ \vdots \\ \gamma_{2t} \end{bmatrix} = \begin{bmatrix} f_{\alpha\beta}(1) \\ f_{\alpha\beta}(2) \\ f_{\alpha\beta}(3) \\ \vdots \\ f_{\alpha\beta}(2t+1) \end{bmatrix}.$$

上面等式最左边是个范德蒙德矩阵 $\boldsymbol{A}$, $a_{ij} = i^{j-1}, 1 \leqslant i, j \leqslant 2t+1$. $\boldsymbol{A}$ 存在逆矩阵 $\boldsymbol{A}^{-1}$. 设 $\boldsymbol{A}^{-1}$ 的首行为 $(\lambda_1, \lambda_2, \cdots, \lambda_{2t+1})$. 根据上述等式有 $\zeta = \alpha\beta = \lambda_1 f_{\alpha\beta}(1) + \cdots + \lambda_{2t+1} f_{\alpha\beta}(2t+1)$. Rabin 注意到对 $2t+1$ 个 t 次多项式 $g_1(x), g_2(x), \cdots, g_{2t+1}(x)$, 满足 $g_i(0) = f_{\alpha\beta}(i), 1 \leqslant i \leqslant 2t+1$. 定义多项式 $g(x) = \sum_{i=1}^{2t+1} \lambda_i g_i(x) \mod p$, 则有 $g(0) = \sum_{i=1}^{2t+1} \lambda_i f_{\alpha\beta}(i) = \alpha\beta$ 且 $g(x)$ 的次数为 t. 另外, $2t+1$ 个多项式 $h_i(x)$ 中有 $t+1$ 个是诚实节点选择的, 并且 λ_i 不等于 0, 因此 $g(x)$ 是随机的. 根据这样的观察, 并行的 $2t+1$ 个 SSS 分别使用 $g_i(x)$ 可以安全地分享 $\alpha\beta$. 由此, Gennaro 等 [10] 提出一个被动攻击安全的简单多方分布式乘法机制. 设节点 Γ_i 有 $f_\alpha(i), f_\beta(i)$, 需要计算 $\alpha\beta$ 的分片 ζ_i.

- 节点 Γ_i 选择 t 次多项式 $g_i(x)$ 满足 $g_i(0) = f_\alpha(i)f_\beta(i)$. Γ_i 计算 $g_i(j), 1 \leqslant j \neq i \leqslant 2t+1$, 将 $g_i(j)$ 分享给 Γ_j. 其他 $2t$ 个节点进行相同操作.
- 节点 Γ_i 收到 $2t$ 个分享 $g_k(i), 1 \leqslant k \neq i \leqslant 2t+1$. 按照 $g(i) = \sum_{k=1}^{2t+1} \lambda_k g_k(i) \mod p$ 计算其关于 $\alpha\beta$ 的分片 ζ_i.

各方只需要按照 SSS 的重构过程就可计算 $\alpha\beta$. 该协议适合于诚实节点间的乘法运算. 为了抵抗主动的恶意攻击者, 可在协议中添加承诺检查 (即采用 VSS) 并使用零知识证明机制要求节点知道如何打开其承诺并且承诺满足乘法关系. 采用这样的方法, Gennaro 等 [10] 设计了一个使用 Pedersen 承诺和交互式零知识证明的健壮多方乘法协议. 为了提高效率, 在随机谕示模型下可以将协议中的交互式零知识证明转换为非交互零知识证明. 另外, 如果不要求共享整数在 $\mathbb{Z}_p$ 上具有均匀随机性, 则协议可以使用基于离散对数承诺的 VSS. Kate 和 Goldberg [21]

进一步指出在双线性对参数下, 可以使用双线性对求解 DDH 的能力代替零知识证明来验证承诺满足乘法关系. 例如, 对离散对数承诺 $\alpha_i P_1, \beta_i P_2$ 和乘积承诺 $\alpha_i\beta_i P_1$, 通过校验 $\hat{e}(\alpha_i P_1, \beta_i P_2) = \hat{e}(\alpha_i\beta_i P_1, P_2)$ 就可判定承诺的正确性. 类似地, 对一个离散对数承诺 $\alpha_i P_1$ 和一个 Pedersen 承诺 $\beta_i P_2 + \beta_i' Q_2$ 以及对应的乘积承诺也可使用双线性对进行检查.

对这样的分布式乘法协议, 根据协议使用承诺的不同, 节点 Γ_i 的行为可以形式化描述为两种方式 (P_* 表示 P_1 或 P_2):

$$(\mathcal{C}_{P_*}^{(\alpha\beta)}, (\alpha\beta)_i) = \mathbf{Mul}_{DLog}(n, t, P_*, (\mathcal{C}_{P_1}^{(\alpha)}, \alpha_i), (\mathcal{C}_{P_2}^{(\beta)}, (\beta)_i)),$$
$$(\mathcal{C}_{P_2,Q_2}^{(\alpha\beta,\alpha\beta')}, (\alpha\beta)_i, (\alpha\beta')_i) = \mathbf{Mul}_{Ped}(n, t, P_2, Q_2, (\mathcal{C}_{P_1}^{(\alpha)}, \alpha_i), (\mathcal{C}_{P_2,Q_2}^{(\beta,\beta')}, \beta_i, \beta_i')).$$

$\mathbf{Mul}_{DLog}$ 是使用离散对数承诺的两个整数的分布式乘法, 而 $\mathbf{Mul}_{Ped}$ 是分别使用离散对数承诺和 Pedersen 承诺的两个整数的分布式乘法. 当然还有两个整数 VSS 都使用 Pedersen 承诺的情况, 此时可采用 Gennaro 等的协议. 其他的分布式乘法协议还有 [23–25] 等.

$\mathbb{Z}_p$ 上的分布式两元乘法线性组合 (BP): 上述乘法协议可以扩展支持任意的两元乘法线性组合 (BP). 对 ℓ 个秘密 $x_1, \cdots, x_\ell$ 和离散对数承诺 $\mathcal{C}_P^{(x_1)}, \cdots, \mathcal{C}_P^{(x_\ell)}$, 对于任意已知 k_i 和索引 a_i, b_i 的两元乘法线性组合 $x' = \sum_{i=1}^m k_i x_{a_i} y_{b_i} \mod p$, 其分片都可以采用 $\mathbf{Mul}_{DLog}$ 协议进行计算. 该协议形式化描述为

$$(\mathcal{C}_{P_*}^{(x')}, x_i') = \mathbf{Mul}_{\mathrm{BP}}(n, t, P_*, \{(k_i, a_i, b_i)\}, (\mathcal{C}_{P_1}^{(x_1)}, (x_1)_i), (\mathcal{C}_{P_1}^{(x_\ell)}, (x_\ell)_i)).$$

节点 Γ_j 分享 $\sum_i k_i (x_{a_i})_j (x_{b_i})_j \mod p$. 对类型 1 的双线性对可直接使用双线性对校验承诺, 对类型 2, 3 双线性对, 则需要结合 $\mathbf{NIZKPK}_{\equiv DLog}$ 和双线性对来校验.

$\mathbb{Z}_p$ 上的分布式求逆: Bar-Ilan 和 Beaver [26] 设计了一个群上元素分布式求逆的协议. 给定 $\alpha \in \mathbb{Z}_p$, 分布式生成一个随机数 $z \in_R \mathbb{Z}_p$, 使用分布式乘法计算 $w = z\alpha$, 再通过披露秘密分片重构 w, 各方本地计算 w^{-1}, 进而计算 $s = w^{-1}z = \alpha^{-1}$. 采用本章中的 DKG, 节点 Γ_i 具体过程如下 [21]:

1. 执行 $(\mathcal{C}_{P_2,Q_2}^{(z,z')}, z_i, z_i') = \mathbf{Random}_{Ped}(n, t, P_2, Q_2)$, 保证 z 的均匀随机性.
2. 执行分布式乘法计算 $(w = z\alpha, w = z'\alpha)$ 的秘密分片 (w_i, w_i'):

$$(\mathcal{C}_{P_2,Q_2}^{(w,w')}, w_i, w_i) = \mathbf{Mul}_{Ped}(n, t, P_2, Q_2, (\mathcal{C}_{P_1}^{(\alpha)}, \alpha_i), (\mathcal{C}_{P_2,Q_2}^{(z,z')}, z_i, z_i')).$$

3. 将秘密分片 (w_i, w_i') 发送给各个节点执行 $\mathbf{DKG\text{-}Rec}_{Ped}$ 重构 w. 若 $w = 0$, 则转步骤 1; 否则计算 $s_i = w^{-1} z_i \mod p$.

$$w = \mathbf{DKG\text{-}Rec}_{Ped}(t, \mathcal{C}_{P_2,Q_2}^{(w,w')}, w_i, w_i').$$

4. 使用 $w^{-1}, \mathcal{C}_{P_2,Q_2}^{(z,z')}$ 计算承诺 $\mathcal{C}_{P_*}^{(\alpha^{-1})}$, 可使用 **NIZKPK** 实现承诺的零知识证明. 协议采用 $\textbf{Random}_{Ped}$ 保证 z 的均匀随机性. $\textbf{Mul}_{Ped}$ 保证 $z\alpha$ 的分片 (w_i, w_i') 的机密性, 而 $z\alpha$ 的分片 s_i 的计算在本地执行. 因此, 协议保证了 α^{-1} 的分片的机密性. 该协议的形式化表达为

$$(\mathcal{C}_{P_*}^{(\alpha^{-1})}, (\alpha^{-1})_i) = \textbf{Inverse}(n, t, P_2, Q_2, (\mathcal{C}_{P_1}^{(\alpha)}, \alpha_i)).$$

10.3 SOK 密钥分布式生成

Boneh 和 Franklin[27] 提出使用 [8] 中的 DKG 生成 SOK 主密钥和标识私钥. Kate 和 Goldberg[21] 注意到可以使用双线性对校验标识私钥分片的正确性以简化协议.

- **Setup**: n 个节点分布式生成 SOK 标识密钥生成方法中的主私钥和主公钥: 各节点联合执行 $\textbf{Random}_{DLog}$ 分布式协议生成主私钥 s 及其分片 s_i: $(s) = (s, s_1, \cdots, s_n)$, 主公钥向量组 $\mathcal{C}_{P_1}^{(s)} = (sP_1, s_1P_1, \cdots, s_nP_1)$.

$$(\mathcal{C}_{P_1}^{(s)}, s_i) = \textbf{Random}_{DLog}(n, t, P_1).$$

- **Extract**: 用户 $\mathtt{ID}_A$ 向 $2t+1$ 个服务节点请求标识私钥分片.
  1. 每个节点 Γ_i 验证用户身份后安全地返回 $(i, s_iH_1(\mathtt{ID}_A))$.
  2. 收到 $t+1$ 个有效分片后, 节点索引放入 Φ, 采用拉格朗日插值法计算 $D_A = \sum_{i\in\Phi} \mathcal{L}_i s_i H_1(\mathtt{ID}_A)$, 其中 $\mathcal{L}_i$ 是拉格朗日系数.
  3. 检查 $\hat{e}(sP_1, H_1(\mathtt{ID}_A)) = \hat{e}(P_1, D_A)$ 是否成立. 如果等式成立, 则返回 D_A.
  4. 如果等式不成立, 则检查 $\hat{e}(s_iP_1, H_1(\mathtt{ID}_A)) = \hat{e}(P_1, s_iH_1(\mathtt{ID}_A))$ 是否成立. 如果等式又不成立, 则将 Γ_i 移出服务节点集后重试.

[21] 证明采用上述分布式密钥生成方法的 BF-IBE 算法具有期望的安全性. Tomescu 等[14] 提出大规模用户下高性能的 BLS 门限签名. 鉴于 BLS 算法和 SOK 密钥生成方法的相似性, [14] 中技术也可用于基于 SOK 密钥生成方法的标识密码系统.

10.4 SK 与 SM9 密钥分布式生成

Geisler 和 Smart[28] 结合密钥分享机制与简单的多方乘法计算协议提出一个 SK 主密钥和标识私钥的分布式生成方法: GS 机制.

- **Setup**: n 个节点分布式生成 SK 标识密钥生成方法中的主私钥和主公钥. 和 SOK 方法一样, 各节点联合执行 $(\mathcal{C}_{P_1}^{(s)}, s_i) = \textbf{Random}_{DLog}(n, t, P_1)$ 生成主私钥 s 及其分片 s_i, 主公钥分量组 $\mathcal{C}_{P_1}^{(s)} = (sP_1, s_1P_1, \cdots, s_nP_1)$.

- **Extract**: 具有标识 $\texttt{ID}_A$ 的用户向 n 个节点请求标识私钥分片.
  1. 每个节点 Γ_i 验证用户身份后计算 $u_i = s_i + H_1(\texttt{ID}_A) \mod p$.
  2. n 个节点并行执行 SSS, 共同生成随机数 r, 每个节点有随机数分片 r_i.
  3. 使用 [24] 中的被动攻击安全的乘法多方计算协议, 每个节点 Γ_i 分别计算 $v = ur \mod p$ 的分片 v_i.
  4. 各节点通过披露 v_i 还原 v.
  5. 每个节点 Γ_i 计算 $w_i = r_i v^{-1} \mod p$, 发送 $(i, D_A^{(i)} = w_i P_2)$ 给用户.
  6. 用户使用拉格朗日插值法计算 $D_A = \sum_{i=1}^{n} \mathcal{L}_i D_A^{(i)}$.

GS 机制的通信开销较高且没有严格的安全性证明. Kate 和 Goldberg [21] 提出另一个分布式密钥生成方法.

- **Setup**: n 个节点分布式生成 SK 标识密钥生成方法中的主私钥和主公钥. 各节点联合执行 $(\mathcal{C}_{P_1}^{(s)}, s_i) = \textbf{Random}_{DLog}(n, t, P_1)$ 生成主私钥 s 及其分片 s_i, 主公钥分量组 $\mathcal{C}_{P_1}^{(s)} = (sP_1, s_1P_1, \cdots, s_nP_1)$. 为了后面的标识私钥生成, 各节点额外联合执行 $(\mathcal{C}_{P_2}^{(r)}, r_i) = \textbf{Random}_{DLog}(n, t, P_2)$, 设置 $Q = rP_2$.
- **Extract**: 具有标识 $\texttt{ID}_A$ 的用户向 n 个节点请求标识私钥分片.
  1. 每个节点 Γ_i 验证用户身份后执行 $(\mathcal{C}_{P_2,Q}^{(z,z')}, z_i, z_i') = \textbf{Random}_{Ped}(n, t, P_2, Q)$, 计算 $s_i^{(A)} = s_i + H_1(\texttt{ID}_A) \mod p$, $(\mathcal{C}_{P_1}^{(s^{(A)})})_j = (\mathcal{C}_{P_1}^{(s)})_j + H_1(\texttt{ID}_A)P_1 = (s_j + H_1(\texttt{ID}_A))P_1, 0 \leqslant j \leqslant n$. 若 $(\mathcal{C}_{P_1}^{(s^{(A)})})_j = \mathcal{O}$, 则终止 (该事件发生的概率可忽略得小).
  2. 每个节点 Γ_i 执行

$$(\mathcal{C}_{P_2,Q}^{(w,w')}, w_i, w_i') = \textbf{Mul}_{Ped}(n, t, P_2, Q, (\mathcal{C}_{P_1}^{(s^{(A)})}, s_i^{(A)}), (\mathcal{C}_{P_2,Q}^{(z,z')}, z_i, z_i')),$$

  其中 $w = s^{(A)}z = (s + H_1(\texttt{ID}_A))z, w' = (s + H_1(\texttt{ID}_A))z' \mod p$. 节点发送 $(\mathcal{C}_{P_2,Q}^{(w,w')}, w_i)$ 和 $\textbf{NIZKPK}_{\equiv Comm}(w_i, w_i', (\mathcal{C}_{P_2}^{(w)})_i, (\mathcal{C}_{P_2,Q}^{(w,w')})_i)$ 到用户. 用户收到响应后提取零知识证明验证正确的 $t+1$ 个响应 w_i, 使用拉格朗日插值法还原 w(w 为 0 的概率可忽略得小).
  3. 每个节点 Γ_i 发送 $(\mathcal{C}_{P_2}^{(z)})_i = z_i P_2$, $(\mathcal{C}_{P_2,Q}^{(z,z')})$ 和 $\textbf{NIZKPK}_{\equiv Comm}(z_i, z_i', (\mathcal{C}_{P_2}^{(z)})_i, (\mathcal{C}_{P_2,Q}^{(z,z')})_i)$ 给用户.
  4. 用户使用零知识证明验证 $(\mathcal{C}_{P_2}^{(z)})_i$ 的正确性, 并使用 $t+1$ 项验证正确的值按照拉格朗日插值法还原 zP_2. 用户计算 $D_A = \frac{1}{w} zP_2 = \frac{1}{s + H_1(\texttt{ID}_A)} P_2$.

Kate 和 Goldberg [21] 证明采用上述分布式密钥生成方法的 SK-IBE 算法 [29] 具有期望的安全性.

鉴于 SM9 的密钥生成方法和 SK 的密钥生成具有如下关系:

$$D_A^{(\mathtt{SM9})} = \frac{s}{s + H_1(\mathtt{ID}_A)} P_2 = P_2 - H_1(\mathtt{ID}_A) D_A^{(\mathtt{SK})},$$

所以根据上述 SK 的分布式密钥生成方法可以直接用于 SM9 算法的分布式密钥生成. BB_2 的密钥生成方法 [30] 也是指数逆的形式, 因此上述协议修改后可支持 BB_2 密码系统. 另外, Zhang 等 [31] 提出 SM9 算法的一个无须分布式乘法的单轮分布式标识私钥生成方法.

10.5 BB_1 密钥分布式生成

为了便于采用门限机制生成进行标识私钥, Boyen [32] 给出了 BB_1 密钥生成算法的一个变形.

- **Setup** $\mathbb{G}_{\mathtt{ID}}(1^k)$:
  1. 生成三个阶为素数 p 的群 $\mathbb{G}_1$, $\mathbb{G}_2$ 和 $\mathbb{G}_T$ 以及双线性对 $\hat{e}: \mathbb{G}_1 \times \mathbb{G}_2 \to \mathbb{G}_T$. 随机选择生成元 $P_1 \in_R \mathbb{G}_1$, $P_2 \in_R \mathbb{G}_2$.
  2. 选择随机数 $\alpha, \beta, \gamma \in_R \mathbb{Z}_p^*$, 计算 $R = \alpha P_1, Y = \beta P_1, T = \gamma P_1, X_1 = \alpha P_2, X_3 = \gamma P2, X_0 = \alpha\beta P_2$. 销毁 α, β, γ.
  3. 计算 $J = \hat{e}(P_1, X_0)$.
  4. 输出主公钥 $M_{\mathfrak{pk}} = (\mathbb{G}_1, \mathbb{G}_2, \mathbb{G}_T, \hat{e}, P_1, P_2, R, Y, T, J)$ 和主私钥 $M_{\mathfrak{sk}} = (X_0, X_1, X_3)$.
- **Extract** $\mathbb{X}_{\mathtt{ID}}(M_{\mathfrak{pk}}, M_{\mathfrak{sk}}, \mathrm{ID}_A)(\mathtt{ID}_A \in \mathbb{Z}_p)$:
  1. 随机选择 $u \in_R \mathbb{Z}_p^*$.
  2. 计算 $D_{0,A} = X_0 + (u\mathtt{ID}_A)X_1 + uX_3$, 若 $D_{0,A}$ 等于 $\mathcal{O}$, 则转第 1 步. 计算 $D_{1,A} = uP_2$.
  3. 输出标识私钥 $D_A = (D_{0,A}, D_{1,A})$.

[32] 提出不将 Y 作为系统主公钥发布, 但是下面的秘密分片验证过程需要该值. 因此这里将 Y 作为 $M_{\mathfrak{pk}}$ 的一部分.

Boneh, Boyen 和 Halevi [33] 提出了一个结合 SSS 机制和双线性对验证标识私钥分片正确性的 VSS, 实现 BB_1 标识私钥门限生成机制. 该门限密钥生成机制假定存在一个受信任的实体作为主私钥的分发者执行 SSS 机制. 这样的假设对标识密码系统初始化过程具有一定的合理性. 标识密码系统的初始化可在离线的安全环境下进行: 由一个受信任的实体生成主私钥后将其分享到 n 个节点, 然后立即销毁完整的主私钥, 各个节点再上线运行提供标识私钥门限生成服务. 这样的方式既可提高密钥生成系统在线运行时的安全性又保持密钥生成过程的简洁性. 类似地, SOK 和 SK 密钥生成方法也可以采用同样方法实现主私钥的门限共享.

- **Setup**: 按照上面的 **Setup** 算法生成各个参数. 但在销毁 α 前, 选择 $\mathbb{Z}_p[x]$ 上的 t 阶多项式 $f(x)=\sum_{i=0}^{t} a_i x \mod p$, 其中 $a_0=\alpha$, $a_i \in_R \mathbb{Z}_p^*$. 计算并发布秘密分片验证数据 $(f(1)P_2,\cdots,f(n)P_2)$. 计算 $S_i=f(i)\beta P_2, 1\leqslant i\leqslant n$, 将 (i,S_i,X_1,X_3) 安全地发送给节点 Γ_i. 最后销毁 α,β,γ,X_0.
- **Extract**: 具有标识 $\mathtt{ID}_A$ 的用户向 n 个节点请求标识私钥分片.
  1. 每个节点 Γ_i 验证用户身份后随机选择 $u\in_R \mathbb{Z}_p^*$, 计算

$$D_{0,A}^{(i)}=S_i+(u\mathtt{ID}_A)X_1+uX_3.$$

  若 $D_{0,A}^{(i)}$ 等于 $\mathcal{O}$, 则重新选择 u. 计算 $D_{1,A}^{(i)}=uP_2$. 节点将 $(i,(D_{0,A}^{(i)}, D_{1,A}^{(i)}))$ 发送给用户.
  2. 用户通过检查下面的等式校验分片的正确性. 如果等式成立, 则将节点索引放入 Φ.

$$\hat{e}(Y,f(i)P_2)\cdot\hat{e}(\mathtt{ID}_A R+T,D_{1,A}^{(i)})=\hat{e}(P_1,D_{0,A}^{(i)}).$$

  3. 计算标识私钥

$$D_A=\left(D_{0,A}=\sum_{i\in\Phi}\mathcal{L}_i D_{0,A}^{(i)}, D_{1,A}=\sum_{i\in\Phi}\mathcal{L}_i D_{1,A}^{(i)}\right).$$

Boneh 等证明采用上述机制的 BB_1-IBE 满足门限 IBE 的安全性定义, 其安全性在标准模型下可以归约到 DBDH 复杂性假设.

虽然受信任的实体在完成主私钥的分散后就可以销毁主私钥, 上述机制仍然不是一个完全意义上的分布式密钥生成, 即应没有一个实体在密钥对生成过程中获得主私钥. Kate 和 Goldberg 在 [21] 中提出 BB_1 主密钥的分布式生成方法. 其基本过程为: 在 **Setup** 阶段, 节点执行 3 次 $\mathbf{Random}_{DLog}$ 分别共同生成 α,β,γ. 节点 Γ_i 获得主秘密分片 $\alpha_i,\beta_i,\gamma_i$. 在 **Extract** 阶段, 节点首先执行 $\mathbf{Random}_{Ped}$ 共同生成随机数 u. 节点 Γ_i 获得随机数分片 u_i, 再使用 $\mathbf{Mul}_{\mathrm{BP}}$ 分布式计算 $t=\alpha\beta+u(\alpha H_1(\mathtt{ID}_A)+\gamma)$ 的分片 t_i. 节点 Γ_i 分发 t_iP_2,u_iP_2 给客户端. 客户端使用拉格朗日插值法计算 $D_{0,A}=tP_2, D_{1,A}=uP_2$. 其中在 $\mathbf{Mul}_{\mathrm{BP}}$ 阶段, 协议使用双线性对验证乘法结果的正确性. 客户端在执行插值前使用双线性对验证 t_iP_2 的正确性, 对类型 3 双线性对, u_iP_2 的正确性验证需要使用 $\mathbf{NIZKPK}_{\equiv DLog}$. 因为这里的 **NIZKPK** 都使用随机谕示, 所以 [21] 证明依赖随机谕示的 BB_1-IBE [32] 采用该分布式密钥生成方法后具有期望的安全性.

参考文献

[1] Shamir A. How to share a secret. Commun. ACM, 1979, 22(11): 612-613.

[2] Blakley G. Safeguarding cryptographic keys. National Computer Conference, 1979: 313-317.

[3] Chor B, Goldwasser S, Micali S, et al. Verifiable secret sharing and achieving simultaneity in the presence of faults (extended abstract). FOCS 1985: 383-395.

[4] Feldman P. A practical scheme for non-interactive verifiable secret sharing. FOCS 1987: 427-437.

[5] Pedersen T. Non-interactive and information-theoretic secure verifiable secret sharing. CRYPTO 1991, LNCS 576: 129-140.

[6] Ingemarsson I, Simmons G. A protocol to set up shared secret schemes without the assistance of a mutually trusted party. EUROCRYPT 1990, LNCS 473: 266-282.

[7] Pedersen T. A threshold cryptosystem without a trusted party. Eurocrypt 1991, LNCS 547: 522-526.

[8] Gennaro R, Jarecki S, Krawczyk H, et al. Secure distributed key generation for discrete-log based cryptosystems. J. of Cryptology, 2007, 20(1): 51-83.

[9] Canetti R, Gennaro R, Jarecki S, et al. Adaptive security for threshold cryptosystems. CRYPTO 1999, LNCS 1666: 98-116.

[10] Gennaro R, Rabin M, Rabin T. Simplified VSS and fast-track multiparty computations with applications to threshold cryptography. PODC 1998: 101-111.

[11] Kate A, Goldberg I. Distributed key generation for the Internet. ICDCS 2009: 119-128.

[12] Kate A. Distributed Key Generation and Its Applications. Waterloo: University of Waterloo, 2010.

[13] Neji W, Blibech K, Ben Rajeb N. Distributed key generation protocol with a new complaint management strategy. SCN 2016, 9: 4585-4595.

[14] Tomescu A, Chen R, Zheng Y, et al. Towards scalable threshold cryptosystems. IEEE Symposium on Security and Privacy (SP), 2020: 877-893.

[15] Canetti R, Rabin T. Fast asynchronous byzantine agreement with optimal resilience. STOC 1993: 42-51.

[16] Cachin C, Kursawe K, Lysyanskaya A, et al. Asynchronous verifiable secret sharing and proactive cryptosystems. ACM CCS 2002: 88-97.

[17] Abe M, Fehr S. Adaptively secure feldman VSS and applications to universally-composable threshold cryptography. CRYPTO 2004, LNCS 3152: 317-334.

[18] Goldreich O. Foundations of Cryptography: Volume 1. Cambridge: Cambridge University Press, 2004.

[19] Camenisch J, Stadler M. Proof systems for general statements about discrete logarithms. Technical Report No. 260, 1997, ETH Zurich.

[20] Chaum D, Pedersen T. Wallet databases with observers. CRYPTO 1992, LNCS 740: 89-105.

[21] Kate A, Goldberg I. Distributed private-key generators for identity-based cryptography. SCN 2010, LNCS 6280: 436-453.

[22] Kate A, Zaverucha G, Goldberg I. Constant-size commitments to polynomials and their applications. ASIACRYPT 2010, LNCS 6477: 177-194.

[23] Beaver D. Efficient multiparty protocols using circuit randomization. CRYPTO 1991, LNCS 576: 420-432.

[24] Cramer R, Damgård I. Maurer U. General secure multiparty computation from any linear secret sharing scheme. EUROCRYPT 2000, LNCS 1807: 316-334.

[25] Damgård I, Nielsen J. Scalable and unconditionally secure multiparty computation. CRYPTO 2007, LNCS 4622: 572-590.

[26] Bar-Ilan J, Beaver D. Non-cryptographic fault-tolerant computing in constant number of rounds of interaction. PODC 1989: 201-209.

[27] Boneh D, Franklin M. Identity based encryption from the Weil pairing. CRYPTO 2001, LNCS 2139: 213-229.

[28] Geisler M, Smart N. Distributing the key distribution centre in Sakai-Kasahara based systems. IMA Int. Conf. on Cryptography and Coding, 2009, LNCS 5921: 252-262.

[29] Chen L, Cheng Z. Security proof of Sakai-Kasahara's identity-based encryption scheme. IMA Int. Conf. 2005, LNCS 3796: 442-459.

[30] Boneh D, Boyen X. Efficient selective-ID secure identity based encryption without random oracles. EUROCRYPT 2004, LNCS 3027: 223-238.

[31] Zhang R, Zou H, Zhang C, et al. Distributed key generation for SM9-based systems. Inscrypt 2020, LNCS 12612: 113-129.

[32] Boyen X. A tapestry of identity-based encryption: Practical frameworks compared. Int. J. of Applied Cryptography, 2008, 1(1): 3-21.

[33] Boneh D, Boyen X, Halevi S. Chosen ciphertext secure public key threshold encryption without random oracles. CT-RSA 2006. LNCS 3860: 226-243.

第 11 章 双线性对密码系统的高效实现

本章给出实现双线性对标识密码系统的一些必要技术, 包括一些流行的双线性对友好曲线的构造方法、双线性对计算以及 $\mathbb{G}_1, \mathbb{G}_2, \mathbb{G}_T$ 三个群上运算的高效实现方法. 一些密码系统涉及将字节串映射到 $\mathbb{G}_1$ 或 $\mathbb{G}_2$ 群中元素的操作. 另外, 在一些低计算能力的设备上实现密码系统时可能需要将双线性对计算委托给高性能的服务方. 本章的后两节分别介绍这两个操作的安全高效实现方法.

11.1 双线性对友好曲线的构造

基于双线性对的标识密码系统实现过程中需要计算双线性对并可能在 $\mathbb{G}_T$ 上进行幂乘计算. 如果嵌入次数过大, 双线性对计算过程涉及 $\mathbb{G}_T$ 中元素的计算开销将非常大, 显著影响密码系统的效率和可用性. 因此, 实现标识密码系统时需要选择可高效计算双线性对的曲线. 这类曲线称为双线性对友好曲线. [1] 中定义满足如下两个条件的曲线 E 是双线性对友好曲线: ① 存在一个素数 $p \geqslant \sqrt{q}$ 可以整除 $\#E(F_q)$; ② 关于 p 的嵌入次数 k 小于 $\log_2(p)/8$. 第一个条件要求 $\rho = \dfrac{\log_2 q}{\log_2 p} \leqslant 2$. 第二个条件则要求对 128 比特、192 比特和 256 比特安全级别的系统, 曲线嵌入次数 k 分别小于 32, 48, 64.

根据 [2], 一般随机选择的椭圆曲线的嵌入次数与 p 接近. 因此, 小嵌入次数的双线性对友好曲线需要采用特殊方式构造. Boneh 和 Franklin [3] 提出采用嵌入次数为 2 的超奇异曲线实现 BF-IBE. Miyaji, Nakabayashi 和 Takano [4] 首先构造了嵌入次数为 3, 4, 6 的普通曲线 (MNT 曲线). [5,6] 对 MNT 曲线的生成方法进行了推广, 生成更多小嵌入次数的曲线. Barreto, Lynn 和 Scott [7] 提出了 BLS 曲线构造方法. 按此方法构造嵌入次数 12, 24, 48 的 BLS12 [7], BLS24 [8], BLS48 [9,10] 可以分别用于实现 128 比特、192 比特和 256 比特安全级别的系统 [11,12]. Barreto 和 Naehrig [13] 提出扩展次数为 12 且 $\rho = 1$ 的 BN 曲线. 因其高效性, BN 曲线被广泛用于构造双线性对密码系统. Brezing 和 Weng [14] 提出构造 BW 曲线的通用方法. [1] 显示 BN 曲线、KSS 曲线 [15] 都属于采用非割圆多项式 $p(x)$ 且扩域包括 $\sqrt{-D}$ 的 Brezing-Weng 构造, 其中 D 是复数乘判别式. [5] 则给出了扩域不包括 $\sqrt{-D}$ 的 Brezing-Weng 构造.

Freeman, Scott 和 Teske [1] 提出了一个双线性对友好曲线的分类框架, 对 [1] 之前发现的曲线进行如下分类.

- 单一曲线构造:
  - 超奇异曲线.
  - 普通曲线: Cocks-Pinch 曲线和 Dupont-Enge-Morain 曲线.
- 曲线族构造: 采用多项式构造一族曲线.
  - 稀疏曲线族: MNT 曲线族、GMV 曲线族、Freeman 曲线族.
  - 完整曲线族: 割圆域曲线族、零星曲线族、Scott-Barreto 曲线族.

结合 [1] 和一些原有曲线如 [16,17] 以及 [1] 以后新发现的曲线 [18,19], 本节主要介绍构造双线性对友好曲线的一些通用方法, 包括素域上的超奇异曲线生成方法、构造任意嵌入次数曲线的 Cocks-Pinch 方法、构造割圆域曲线族及零星曲线族的 Brezing-Weng 方法及其扩展 [1,18,19], 以及应用较多的几种曲线, 包括 MNT 曲线、BN 曲线、BLS 曲线和 KSS 曲线. Dupont, Enge 和 Morain [20] 提出另外一个曲线构造方法, 但该方法不能预先指定 $\mathbb{G}_1$ 的阶 p. 这里不介绍 Dupont-Enge-Morain 曲线以及一些其他曲线的构造方法.

构造双线性对友好曲线的一般方法是:

1. 固定嵌入次数 k, 计算整数 q,p,t 使得存在椭圆曲线 $E(F_q)$ 具有迹 t, p 阶子群和嵌入次数 k.
2. 使用复数乘法 (CM: Complex Multiplication) 方法找到椭圆曲线 $E(F_q)$ 的等式.

采用上述方法能够成功的充分必要条件 [1] 是:

1. q 是个素数或是素数的幂.
2. p 是个素数.
3. t 和 q 互素.
4. $p|q+1-t$.
5. $p|q^k-1, p\nmid q^i-1, 1\leqslant i<k$.
6. 存在足够小的正整数 D 和某个整数 y 满足 CM 等式 $4q-t^2=Dy^2$.

条件 1 确定 q 个元素的有限域, 一般选择素数 q. 条件 6 确定 $t\leqslant 2\sqrt{q}$. 条件 3 和条件 6 确保存在普通曲线 $E(F_q)$ 满足 $\#E(F_q)=q+1-t$. 条件 2 和条件 4 确保曲线存在阶为 p 的循环子群. 条件 5 确定子群的嵌入次数为 k. 条件 5 可进一步根据如下的性质转换为 $p|\Phi_k(t-1)$ (Φ_k 的定义见定义 2.51).

性质 11.1 ([1])　*设 k 是正整数, 椭圆曲线 $E(F_q)$ 满足 $\#E(F_q)=hp$, 其中 p 为素数, h 为余因子, t 为曲线的迹. 若 $p\nmid kq$, 则 $E(F_q)$ 有关于 p 的嵌入次数 k 当且仅当 $\Phi_k(q)=0 \mod p$, 或等价地, 当且仅当 $\Phi_k(t-1)=0 \mod p$.*

复数乘法 CM 算法构造椭圆曲线的具体过程见算法 4. 为较快求解, 一般选

择 $D < 10^{12}$ [1].

算法 4 CM 算法

Input: 素数 q, p, 非零整数 $t \in [-2\sqrt{q}, 2\sqrt{q}]$, 一个无平方数因数的正整数 D 满足对某个 $y \in \mathbb{Z}$, 有 $4q - t^2 = Dy^2$

Output: $E(F_q)$

1 **if** $D = 1$ **then**

2 设曲线 E: $y^2 = x^3 + ax$, 其中任意的 $a \in F_q^*$.

3 **else if** $D = 3$ **then**

4 设曲线 E: $y^2 = x^3 + b$, 其中任意的 $b \in F_q^*$.

5 **else**

6 计算 $\mathbb{Q}(\sqrt{-D})$ 中的 Hilbert 类多项式 H_D.

7 计算 F_q 中满足 $H_D(X) = 0 \mod q$ 的一个根 j.

8 设 $m = j/(1728 - j)$, 设曲线 E: $y^2 = x^3 + 3mc^2x + 2mc^3$, 其中任意的 $c \in F_q^*$.

9 计算 $h = (q + 1 - t)/p$.

10 在 $E(F_q)$ 上随机选择 G 满足 $G \neq \mathcal{O}, hG \neq \mathcal{O}$.

11 若 $phG = \mathcal{O}$, 则 **return** E; 否则转步骤 1.

11.1.1 素域上的超奇异曲线构造方法

超奇异椭圆曲线的嵌入次数不超过 6. 由于小特征域的扩域上离散对数有快速算法 [21–24], 小特征域上的超奇异椭圆曲线不适合用于实现双线性对密码系统. 这里仅介绍素域上的超奇异椭圆曲线. 这类曲线的嵌入次数为 2, 其生成方法见算法 5 [1]. 大特征域上嵌入次数为 3 的超奇异椭圆曲线可见 [1,4].

算法 5 嵌入次数为 2 的超奇异椭圆曲线生成算法

Input: 素数 $q \geqslant 5, p$

Output: $E(F_q)$

1 **if** $q = 1 \mod 12$ **then**

2 设 D 是最小素数满足 $D = 3 \mod 4$ 且拉格朗日符号 $\left(\frac{-D}{q}\right) = -1$.

3 **return** CM 算法 $(q, p, 0, D)$.

4 若 $q = 3 \mod 4$, 设 $E: y^2 = x^3 + ax$, 其中任意的 $a \in F_q^*$ 满足 $-a \notin (F_q^*)^2$.

5 若 $q = 2 \mod 3$, 设 $E: y^2 = x^3 + b$, 其中任意的 $b \in F_q^*$.

6 计算 $h = (q + 1)/p$.

7 在 $E(F_q)$ 上随机选择 G 满足 $G \neq \mathcal{O}, hG \neq \mathcal{O}$.

8 若 $phG = \mathcal{O}$, 则 **return** E; 否则转步骤 4.

超奇异椭圆曲线 $y^2 = x^3 + ax$ 和 $y^2 = x^3 + b$ 的扭映射非常容易计算 [25]. 这类超奇异椭圆曲线上的 Tate 对用于实现类型 1 双线性对. 另外, 超奇异椭圆曲线在后量子密码中发现新应用 [26–28].

11.1.2 Cocks-Pinch 曲线构造方法

Cocks-Pinch 曲线构造方法[29] 首先确定嵌入次数 k 和一个 CM 判别式 D, 然后选择子群的阶 p, 并寻找迹 t 和素数 q 以满足 CM 等式 $4q - t^2 = Dy^2$, 具体过程见算法 6.

算法 6 Cocks-Pinch 算法

Input: 正整数 k, 无平方数因数的正整数 D

Output: $E(F_q)$

1 选择素数 p 满足 $k|p-1$ 且 $\left(\dfrac{-D}{p}\right) = 1$.

2 选择 $\mathbb{Z}_p^*$ 中单位元的 k 次本原根 z. 设 $t' = z + 1$.

3 计算 $y' = (t' - 2)\sqrt{-D} \mod p$.

4 选择 $t, y \in \mathbb{Z}$, 满足 $t = t' \mod p, y = y' \mod p$.

5 计算 $q = (t^2 + Dy^2)/4$.

6 若 q 是一个素数, 则 **return** $\mathrm{CM}(q, p, t, D)$.

该算法工作的一个关键原因是根据步骤 3 和 $y = y' \mod p$ 选择的 y 满足 $p|Dy^2+(t-2)^2$. 当 $4q-t^2 = Dy^2$ 时, $p|4(q+1-t)$, t 的选择进一步保证 $p|\Phi_k(t-1)$. 根据性质 11.1, 构造的曲线满足要求. 采用 Cocks-Pinch 方法构造的曲线 ρ 一般趋近于 2, 因此曲线的基域较大. 但是, p 的选择非常自由, 可以尝试选择汉明重量低且满足特殊属性的 p.

11.1.3 MNT 曲线构造方法

Miyaji, Nakabayashi 和 Takano[4] 首先构造了小嵌入次数的普通曲线. 他们给出了嵌入次数为 3, 4, 6 的普通曲线的完整描述. [5,6] 进一步推广 MNT 的方法生成有小余因子的曲线. [19] 则显示 MNT 曲线、Freeman 曲线[30]、BN 曲线都可在一个更一般化的构造框架下构造.

定理 11.1 ([4]) *设素数 p, q, $E(F_q)$ 是一个普通曲线满足 $p = \#E(F_q)$. 设 $t = q + 1 - p$.*

- *E 有嵌入次数 $k = 3$ 当且仅当存在 $x \in \mathbb{Z}$ 满足 $t = -1 \pm 6x, q = 12x^2 - 1$.*
- *E 有嵌入次数 $k = 4$ 当且仅当存在 $x \in \mathbb{Z}$ 满足 $t = -x$ 或 $t = x + 1, q = x^2 + x + 1$.*
- *E 有嵌入次数 $k = 6$ 当且仅当存在 $x \in \mathbb{Z}$ 满足 $t = 1 \pm 2x, q = 4x^2 + 1$.*

定理中的三种情况对应的 CM 等式右边都是关于 x 的二次方程. 通过线性变换, 三个等式可以转换为推广的 Pell 等式: $X^2 - SDY^2 = M$. 具体变换为:

- 当 $k = 3$ 时, 设 $X = 6x \pm 3$, CM 等式转换为 $X^2 - 3Dy^2 = 24$.
- 当 $k = 4$ 时, 若 $t = -x$, 设 $X = 3x + 2$; 若 $t = x + 1$, 设 $X = 3x + 1$, CM 等式转换为 $X^2 - 3Dy^2 = -8$.

- 当 $k=6$ 时, 设 $X=6x\pm1$, CM 等式转换为 $X^2-3Dy^2=-8$.

因此, 生成 MNT 曲线的方法是: 循环选择较小的 D 并计算 Pell 推广等式的解, 直到 $q(x)$ 和 $p(x)$ 都是素数. 由于满足上述要求的 x 少, 因此 MNT 曲线族是**稀疏**的. MNT 曲线族的 $\rho=1$.

Karabina 和 Teske [31] 发现 MNT 曲线的一个有趣现象: 若素数 p 和 q 大于 2, 那么存在嵌入次数为 6, 判别式为 D 的曲线 $E(F_q)$ 满足 $p=\#E(F_q)$ 当且仅当存在嵌入次数为 4, 判别式为 D 的曲线 $E(F_p)$ 满足 $q=\#E(F_p)$. 这类曲线也称为循环曲线, 可用于一些零知识证明系统 [32].

11.1.4 Brezing-Weng 曲线构造方法及其扩展

Barreto, Lynn 和 Scott [7] 首先给出了 BLS 曲线族的构造方法. Brezing 和 Weng [14] 对该方法进行了推广. 通过多项式 $q(x), p(x), t(x)$ 方式定义曲线参数 q, p 和 t, CM 等式的多项式表达为

$$Dy^2=4q(x)-t(x)^2=4h(x)r(x)-(t(x)-2)^2.$$

对于一个固定的正整数 k 和一个无平方数因数的正整数 D, Brezing-Weng 方法 (见算法 7) 首先选择一个不可约多项式 $p(x)\in\mathbb{Z}[x]$ 使得扩域 $K\cong\mathbb{Q}[x]/(p(x))$ 包括单位元的 k 次本原根. 选择映射到 ξ_k+1 的多项式作为 $t(x)$, 其中 ξ_k 是单位元在 K 中的 k 次本原根. 进一步利用 $\sqrt{-D}\in K$ (即在 K 上 $p(x)=0$) 的特性, CM 等式在 K 上分解为

$$(t(x)-2+y\sqrt{-D})(t(x)-2-y\sqrt{-D})=0 \mod p(x).$$

因 $t(x)$ 映射到 ξ_k+1, 当将 $y(x)$ 映射到 $(\xi_k-1)/\sqrt{-D}\in K$ 时, CM 等式对任意 x 都成立. 因此, 该方法可以一次构造一个**完整**曲线族. 该方法是否成功依赖于选择的 K. 一种方法是选择 K 为割圆域 $\mathbb{Q}(\xi_\ell)$, 其中 ℓ 是 k 的倍数, 此时 K 包含单位元的 k 次本原根. 选择 $p(x)$ 为割圆多项式 $\Phi_\ell(x)$. 另外, 我们还可以选择 K 是割圆域的扩域. 扩域 K 有两种如下构造方法.

- 方法 1: 对某个多项式 $u(x)$, 判断割圆多项式 $\Phi_\ell(u(x))$ 是否可分解为 $p_1(x)$ $p_2(x)$, 其中 $p_1(x)$ 不可约. 若可分解, 则设 $K=\mathbb{Q}[x]/(p_1(x))$. K 包含单位元的 ℓ 次根, $u(x)$ 映射到一个 ℓ 次根. 若 $\sqrt{-D}\in\mathbb{Q}(\xi_\ell)$, 那么可以用 Brezing-Weng 方法构造, 否则可以使用 Scott-Barreto 方法构造曲线族 [5]. Barreto 和 Naehrig 发现 $\ell=12$ 时有两个 $u(x)$ 可以使得 $\Phi_\ell(u(x))$ 能够分解, 并采用其中一个构造了 BN 曲线 [13].
- 方法 2: 选择非割圆多项式 $p(x)$ 使得 $K=\mathbb{Q}[x]/(p(x))$ 和 $\mathbb{Q}(\xi_\ell)$ 同构. 这样的 $p(x)$ 可以是 $\mathbb{Q}(\xi_\ell)$ 中随机元素的极小多项式. 但是采用这种方法

生成的 $q(x)$ 在通常情况下不表达一个素数. 所以, 这类曲线族是**零星**的. Kachisa, Schaefer 和 Scott [15] 采用此方法构造了 KSS 曲线.

算法 7 构造固定 D 完整曲线族的 Brezing-Weng 方法

Input: 正整数 k, 无平方数因数的正整数 D

Output: $E(F_q)$

1 找到首系数为正数的不可约多项式 $p(x) \in \mathbb{Z}[x]$, 使得域 $K = \mathbb{Q}[x]/(p(x))$ 包含 $\sqrt{-D}$ 和割圆域 $\mathbb{Q}(\xi_k)$.

2 选择单位元的 k 次本原根 $\xi_k \in K$.

3 设多项式 $t(x) \in \mathbb{Q}[x]$ 映射到 $\xi_k + 1 \in K$.

4 设多项式 $y(x) \in \mathbb{Q}[x]$ 映射到 $(\xi_k - 1)/\sqrt{-D} \in K$ (因此, 若 $\sqrt{-D} \mapsto s(x)$, 那么 $y(x) = (2 - t(x))s(x)/D \mod p(x)$).

5 计算 $q(x) = (t(x)^2 + Dy(x)^2)/4 \in \mathbb{Q}[x]$.

6 若 $q(x)$ 对应素数且存在 $x_0 \in \mathbb{Z}$ 使得 $y(x_0) \in \mathbb{Z}$, 则 **return** $\mathrm{CM}(q(x), p(x), t(x), D)$.

下面是采用 Brezing-Weng 方法构造的多个曲线族示例. 例子 11.1 [1] 使用包含单位元的 3 次根的割圆域 K, 此时有 $\sqrt{-3} \in K$. 该示例包括了所有 $18 \nmid k$ 的情况. 设 $\ell = \mathrm{lcm}(k, 6)$. 构造过程中选择 $p(x) = \Phi_\ell(x)$, $K = \mathbb{Q}(\xi_k, \xi_6)$. 此时, $\sqrt{-3} \mapsto 2x^{\ell/6} - 1$. 选择 $D = 3, \xi_k \mapsto z(x), z(x) = x^a \mod \Phi_\ell(x)$, a 比 $\ell/6$ 稍大且与 k 互素.

例子 11.1 BW 曲线 $k < 1000, 18 \nmid k, D = 3$ ([1] 中的构造 6.6).

- $k = 1 \mod 6$, 此时 $\rho = (\ell + 2)/\varphi(\ell)$.

$$p(x) = \Phi_{6k}(x),$$

$$t(x) = -x^{k+1} + x + 1,$$

$$q(x) = \frac{1}{3}(x+1)^2(x^{2k} - x^k + 1) - x^{2k+1}.$$

- $k = 2 \mod 6$, 此时 $\rho = (\ell + 2)/\varphi(\ell)$.

$$p(x) = \Phi_{3k}(x),$$

$$t(x) = x^{k/2+1} - x + 1,$$

$$q(x) = \frac{1}{3}(x-1)^2(x^k - x^{k/2} + 1) + x^{k+1}.$$

- $k = 3 \mod 6$, 此时 $\rho = (\ell + 2)/\varphi(\ell)$.

$$p(x) = \Phi_{2k}(x),$$

$$t(x) = -x^{k/3+1} + x + 1,$$

$$q(x) = \frac{1}{3}(x+1)^2(x^{2k/3} - x^{k/3} + 1) - x^{2k/3+1}.$$

- $k = 4 \mod 6$, 此时 $\rho = (\ell+6)/\varphi(\ell)$.

$$p(x) = \Phi_{3k}(x),$$
$$t(x) = x^3 + 1,$$
$$q(x) = \frac{1}{3}(x^3-1)^2(x^k - x^{k/2} + 1) + x^3.$$

- $k = 5 \mod 6$, 此时 $\rho = (\ell+2)/\varphi(\ell)$.

$$p(x) = \Phi_{6k}(x),$$
$$t(x) = x^{k+1} + 1,$$
$$q(x) = \frac{1}{3}(x^2 - x + 1)(x^{2k} - x^k + 1) + x^{k+1}.$$

- $k = 0 \mod 6$, 此时 $\rho = (\ell+2)/\varphi(\ell)$.

$$p(x) = \Phi_k(x),$$
$$t(x) = x + 1,$$
$$q(x) = \frac{1}{3}(x-1)^2(x^{k/3} - x^{k/6} + 1) + x.$$

对 $18|k$ 的情况, 可以使用 [1] 中的构造 6.3 ($k \geqslant 18$) 或构造 6.4 ($k \geqslant 36$) 或构造 6.7. 设奇数 k', 下面定义给出了嵌入次数为 $k = 2k'$ 的曲线.

例子 11.2 BW 曲线奇数 $k' < 1000, D = 1, \rho = (k/2+2)/\varphi(k)$ ([1] 中的构造 6.3).

$$p(x) = \Phi_{4k'}(x),$$
$$t(x) = -x^2 + 1,$$
$$q(x) = \frac{1}{4}(x^{2k'+4} + 2x^{2k'+2} + x^{2k'} + x^4 - 2x^2 + 1).$$

[1] 中的构造 6.7 给出了 $3|k$ 情况下的曲线构造, K 取包括单位元的 8 次根的割圆域. $\ell = \mathrm{lcm}(8, k), \sqrt{-2} \in K$.

例子 11.3 BW 曲线奇数 $k < 1000, 3|k$, 当 $2 \nmid k$ 时, $\rho = (5k/6+4)/\varphi(k)$, 否则 $\rho = (5k/12+2)/\varphi(k)$ ([1] 中的构造 6.7).

$$p(x) = \Phi_\ell(x),$$

$$t(x) = -x^{\ell/k} + 1,$$

$$q(x) = \frac{1}{8}(2(x^{\ell/k} + 1)^2 + (1 - x^{\ell/k})^2(x^{5\ell/24} + x^{\ell/8} - x^{\ell/24})^2).$$

当 $k = 10$ 时, [14] 给出了更小 $\rho = 3/2$ 的构造: $D = 1, \sqrt{-1} \mapsto x^5$, $\xi_{10} \mapsto x^6 + x^4 - x^2 + 1$.

BLS 曲线 [7] 是例子 11.1 的特殊情况: $p(x)$ 是割圆多项式 $\Phi_k(x)$, $\xi_k \mapsto x \in K, t(x) = x + 1$. 当 $3|k$ 时, $\sqrt{-3} \in K$, 因此选择 $D = 3$. [8] 进一步给出了 $k = 24$ 下寻找 $q(x) = 19 \mod 24$ 的 BLS 曲线子族. 此时, $F_{q^{24}}$ 中元素有灵活高效的塔式表达.

例子 11.4　BLS12 曲线 $k = 12, D = 3, \rho = 1.5$ [7] ([1] 中的构造 6.7).

$$p(x) = x^4 - x^2 + 1,$$

$$t(x) = x + 1,$$

$$q(x) = (x - 1)^2(x^4 - x^2 + 1)/3 + x.$$

例子 11.5　BLS24 曲线 $k = 24, D = 3, \rho = 1.25$ [7] ([1] 中的构造 6.7).

$$p(x) = x^8 - x^4 + 1,$$

$$t(x) = x + 1,$$

$$q(x) = (x - 1)^2(x^8 - x^4 + 1)/3 + x.$$

例子 11.6　BLS48 曲线 $k = 48, D = 3, \rho = 1.125$ [7] ([1] 中的构造 6.7).

$$p(x) = x^{16} - x^8 + 1,$$

$$t(x) = x + 1,$$

$$q(x) = (x - 1)^2(x^{16} - x^8 + 1)/3 + x.$$

上面都是在割圆域上构造曲线的示例. 下面是两个扩域上的构造示例. BN 曲线可采用**扩域构造方法 1** 构造. 根据 [6], 若 $u(x) = 6x^2$, 有 $\Phi_{12}(u(x)) = p(x)p(-x)$. 设 $K = \mathbb{Q}[x]/(p(x)), \ell = 12$, 则 $\xi_{12} \mapsto u(x) \in K, \xi_{12} + 1 \mapsto t(x) = 6x^2 + 1$. 利用 $\sqrt{-3} = 2\xi_{12}^2 - 1$, 选择 $D = 3, s(x) = 72x^4 - 1$, 可计算 $y(x) = 6x^2 + 4x + 1$. 可以验证 $q(x)$ 代表素数 [1]. [33] 给出 $\rho = 1.5$ 的曲线构造, 其中 $u(x), p(x)$ 保持不变, $t(x) = (u(x)^7 + 1) \mod p(x) = -6x^2 + 1$.

例子 11.7　BN 曲线 $k = 12, \ell = 12, D = 3, \rho = 1$ [13].

$$p(x) = 36x^4 + 36x^3 + 18x^2 + 6x + 1,$$

$$t(x) = 6x^2 + 1,$$

$$q(x) = 36x^4 + 36x^3 + 24x^2 + 6x + 1.$$

例子 11.8 BN 曲线 $k = 12, \ell = 12, D = 3, \rho \approx 1.5$ [33].

$$p(x) = 36x^4 + 36x^3 + 18x^2 + 6x + 1,$$

$$t(x) = -6x^2 + 1,$$

$$q(x) = 1728x^6 + 2160x^5 + 1548x^4 + 756x^3 + 240x^2 + 54x + 7.$$

Kachisa, Schaefer 和 Scott [15] 采用**扩域构造方法 2** 选择多项式 $p(x)$. [15] 给出了 $k \in \{8, 16, 18, 32, 36, 40\}$ 的曲线示例. 例如, KSS16 中选择 $\beta = -2\xi_{16}^5 + \xi_{16} \in \mathbb{Q}(\xi_{16})$ 对应的极小多项式 $p(x) = x^8 + 48x^4 + 625$. $K = \mathbb{Q}(\xi_{16})$ 和 $\mathbb{Q}[x]/(p(x))$ 同构. 设 $\xi_{16} \mapsto \frac{1}{35}(2x^5 + 41x)$. 利用 $\sqrt{-1} \mapsto -\frac{1}{7}(x^4 + 24)$ 寻找 $y(x) = -\frac{1}{35}(x^5 + 5x^4 + 38x + 120)$. 当 $x = \pm 25 \mod 70$ 时, $p(x)/61250$ 和 $q(x)$ 都表示素数. $k = 18$ 时, 选择 $\beta = -3\xi_{18} + \xi_{18}^2 \in \mathbb{Q}(\xi_{18})$ 对应的极小多项式 $p(x) = x^6 + 37x^3 + 343$. 设 $\xi_{18} \mapsto \frac{1}{7}(x^4 + 16x)$. 当 $x = 14 \mod 42$, $p(x)/343$ 和 $q(x)$ 都表示素数.

例子 11.9 KSS 曲线 $k=16, \ell=16, D=1, \rho=5/4$, 仅当 $x=\pm 25 \mod 70$ [15]. 设 $\xi_{16} \mapsto \frac{1}{7}(x^4 + 16x)$.

$$p(x) = x^8 + 48x^4 + 625,$$

$$t(x) = \frac{1}{35}(2x^5 + 41x + 35),$$

$$q(x) = \frac{1}{980}(x^{10} + 2x^9 + 5x^8 + 48x^6 + 152x^5 + 240x^4 + 625x^2 + 2398x + 3125).$$

例子 11.10 KSS 曲线 $k=18, \ell=18, D=3, \rho=4/3$, 仅当 $x=14 \mod 42$ [15].

$$p(x) = x^6 + 37x^3 + 343,$$

$$t(x) = \frac{1}{7}(x^4 + 16x + 7),$$

$$q(x) = \frac{1}{21}(x^8 + 5x^7 + 7x^6 + 37x^5 + 188x^4 + 259x^3 + 343x^2 + 1763x + 2401).$$

[14] 中的方法需要固定 D, Freeman, Scott 和 Teske 对该算法进行了扩展, 支持可变判别式 D 的方法 (定理 6.19 [1]). Drylo [18] 进一步对 [1] 中的定理 6.19

进行推广, 给出构造可变 D 的完整曲线族方法, 并利用该方法构造了零星曲线族, 改进了部分曲线族的 ρ 值. 另外, Drylo 还通过**扩展扩域构造方法 2** 来构造稀疏曲线族, 过程见算法 8, 其中 $\bar{g}$ 是 $g \mod p(x)$ 的剩余. [18] 给出了一种寻找 $g(x)$ 的方法, 并采用该方法给出了 $k = 8, 12$ 的可变 D 曲线构造. 构造的两个曲线族都有 $\rho = 1.5$. 当 $k = 12$ 时, 选择 $\beta = -\xi_{12}^3 + \xi_{12}^2 + 2\xi_{12} \in \mathbb{Q}(\xi_{12})$ 对应的极小多项式 $p(x) = x^4 - 2x^3 - 3x^2 + 4x + 13$. 设 $\xi_{12} \mapsto \frac{1}{15}(-x^3 + 4x^2 + 5x - 9)$, $g = 12x^2 - 12x - 51 = -(x^3 - x - 8)^2 \mod p(x)$. 当 $x = 3$ 或 $23 \mod 30$ 时, $p(x)/25$ 或 $p(x)/225$ 以及 $q(x)$ 代表素数.

算法 8　构造稀疏曲线族的 Brezing-Weng 方法 [18]

Input: 正整数 k, 包含单位元 k 次根的数域 K

Output: $E(F_q)$ 的可能参数(q, p, t)

1. 找到多项式 $p(x) \in \mathbb{Q}[x]$, 使得域 $K = \mathbb{Q}[x]/(p(x))$.
2. 找到次数不大于 2 且首系数为正数的多项式 $g(x) \in \mathbb{Q}[x]$ 满足 $-g(x) \mod p(x)$ 是 K 上的一个平方.
3. 选择单位元的 k 次本原根 $\xi_k \in K$.
4. 设多项式 $t(x) \in \mathbb{Q}[x]$ 映射到 $\xi_k + 1 \in K$.
5. 设多项式 $h(x) \in \mathbb{Q}[x]$ 映射到 $(\xi_k - 1)/\sqrt{-\bar{g}} \in K$.
6. 计算 $q(x) = (t(x)^2 + g(x)h(x)^2)/4 \in \mathbb{Q}[x]$.
7. 若存在 $x_0 \in \mathbb{Z}$ 使得 $g(x_0)h(x_0)^2 \in \mathbb{Z}$ 且 $q(x_0)$ 是素数, 则 **return** q, p, t.

例子 11.11　Drylo 曲线 $k = 12, \rho = 1.5$, 仅当 $x = 3$ 或 $23 \mod 30$ [18].

$$
\begin{aligned}
p(x) &= x^4 - 2x^3 - 3x^2 + 4x + 13,\\
t(x) &= \frac{1}{15}(-x^3 + 4x^2 + 5x + 6),\\
h(x) &= \frac{1}{15}(-x + 3),\\
q(x) &= \frac{1}{900}(x^6 - 8x^5 + 18x^4 - 56x^3 + 202x^2 + 258x - 423).
\end{aligned}
$$

Scott 和 Guillevic [19] 进一步**扩展扩域构造方法 1**: 选择 $a \in [-2k, 2k]$ 满足 $\Phi_k(ax^2) = p(x)p(-x)$, 设 $K = \mathbb{Q}[x]/(p(x)), \xi_k = ax^2$, 当 $a > 0$ 时, 取 $D = a$, 否则 $D = a|D', 1 \leqslant D' \leqslant 100$. [19] 采用此方法发现 $k = 54$ 的曲线族.

例子 11.12　SG 曲线 $k = 54, D = 3, \rho = 10/9$ [19].

$$
\begin{aligned}
p(x) &= 3^9x^{18} + 3^5x^9 + 1,\\
t(x) &= 3^5x^{10} + 1,
\end{aligned}
$$

$$h(x) = 3x^2 + 3x + 1,$$

$$q(x) = 3^{10}x^{20} + 3^{10}x^{19} + 3^9x^{18} + 3^6x^{11} + 3^6x^{10} + 3^5x^{10} + 3^5x^9 + 3x^2 + 3x + 1.$$

表 11.1 给出不同安全级别下一些双线性对友好曲线. 在指定安全级别上选择合适的曲线参数需要考虑扩域 F_{q^k} 上离散对数的复杂性, 具体可见 3.3 节.

表 11.1 双线性对友好曲线

曲线	嵌入次数	D	ρ	适合的安全级别
BN	12	3	1	128
BLS12	12	3	1.5	128
Drylo	12	可变	1.5	128
KSS16	16	1	1.25	128
KSS18	18	3	4/3	192
BLS24	24	3	1.25	192
BLS48	48	3	1.125	256
SG54	54	可变	1.11	256

11.2 素域上的运算

素域 F_q 上的元素通常采用基数为 2^w 的表达, 即对非负整数 $a \in F_q$ 表示为

$$a = \sum_{i=0}^{n-1} a_i 2^{wi},$$

其中 $0 \leqslant a_i < 2^w$, a_i 表示 a 的第 i 个字. 在 m 位的 CPU 架构上, 一般选择 $w = m$, 也可选择 $w < m$ 以减少素域上乘法运算时处理求和进位的次数.

素域 F_q 上元素间的加法和减法是基于字的加法或减法运算, 在运算过程中如果出现进位或借位则需要在字间广播进位或借位, 具体过程见算法 9 和算法 10.

算法 9 F_q 上加法算法

Input: 两个整数 $a = (a_{n-1}, \cdots, a_0), b = (b_{n-1}, \cdots, b_0)$

Output: $c = (a + b) \mod q = (c_{n-1}, \cdots, c_0)$

1 $cr = 0$
2 **for** $i = 0$ **to** $n - 1$ **do**
3   $(cr, c_i) \leftarrow$ **AddCarry**$(a_i + b_i + cr)$
4 **if** cr 或 $(c > q)$ **then**
5   $c = (c - q) \mod q$
6 **return** c

算法 10　F_q 上减法算法

Input: 两个整数 $a = (a_{n-1}, \cdots, a_0), b = (b_{n-1}, \cdots, b_0)$

Output: $c = (a - b) \mod q = (c_{n-1}, \cdots, c_0)$

1 $br = 0$
2 **for** $i = 0$ **to** $n - 1$ **do**
3 　$(br, c_i) \leftarrow$ **SubBorrow**$(a_i - b_i - br)$
4 **if** br **then**
5 　$c = (c + q) \mod q$
6 **return** c

素域 F_q 上元素的乘法可以采用先计算乘法再对乘积求模的方法. 乘法和平方的过程见算法 11 和算法 12, 其中 $(hw, lw) \leftarrow$ **SplitWords**(w) 返回双字长数值 w 的高字 hw 和低字 lw. 乘法还可以采用 Karatsuba 方法执行: 将 a 和 b 分别看作字长为 W 的数值, 其中 $|a| = |b| = 2W$, 即 $a = a_1 2^W + a_0, b = b_1 2^W + b_0$,

算法 11　乘法算法 [34]

Input: 两个整数 $a = (a_{n-1}, \cdots, a_0), b = (b_{n-1}, \cdots, b_0)$

Output: $c = a \cdot b = (c_{2n-1}, \cdots, c_0)$

1 $c_i = 0, 0 \leqslant i < 2n$
2 **for** $i = 0$ **to** $n - 1$ **do**
3 　$e = 0$
4 　**for** $j = 0$ **to** $n - 1$ **do**
5 　　$(e, c_{i+j}) \leftarrow$ **SplitWords**$(a_j \cdot b_i + c_{i+j} + e)$
6 　$c_{i+j+1} = e$
7 **return** c

算法 12　平方算法 [34]

Input: 整数 $a = (a_{n-1}, \cdots, a_0)$

Output: $c = a \cdot a = (c_{2n-1}, \cdots, c_0)$

1 $c_i = 0, 0 \leqslant i < 2n$
2 **for** $i = 0$ **to** $n - 1$ **do**
3 　$(e, c_{2i}) \leftarrow$ **SplitWords**$(a_i \cdot a_i + c_{2i})$
4 　**for** $j = i + 1$ **to** $n - 1$ **do**
5 　　$(e, c_{i+j}) \leftarrow$ **SplitWords**$(2a_j \cdot a_i + c_{i+j} + e)$
6 　$c_{i+j+1} = e$
7 **return** c

那么有

$$
\begin{aligned}
a \cdot b &= a_0b_0 + (a_0b_1 + a_1b_0)2^W + a_1b_12^{2W} \\
&= a_0b_0 + ((a_0 + a_1)(b_0 + b_1) - a_0b_0 - a_1b_1)2^W + a_1b_12^{2W}.
\end{aligned}
$$

模运算可采用蒙哥马利 (Montgomery) 模方法[35] 或巴雷特 (Barrett) 模方法[36] 或剩余数系统[37] (这里不详细介绍剩余数系统). 利用巴雷特模方法的模乘运算中乘法为标准乘法运算. 巴雷特模方法首先执行预计算: 假定模数 $q > 3$ 不是 2 的幂, 设 $\tau = 2^w$, 选择正整数 η 满足 $\tau^\eta > q$ (一般选择 $\eta = \lfloor \log_\tau q \rfloor + 1$), 计算 $\mu = \left\lfloor \dfrac{\tau^{2\eta}}{q} \right\rfloor$. 巴雷特模方法见算法 13.

算法 13 巴雷特模算法 **BarrMod**[34]

Input: 整数 $c = (a_{2n-1}, \cdots, a_0)$

Output: $r = c \mod q$

1 $q_1 = \lfloor c/\tau^{\eta-1} \rfloor$, $q_2 = q_1 \cdot \mu$, $q_3 = \lfloor q_2/\tau^{\eta+1} \rfloor$

2 $r = c \mod \tau^{\eta+1} - q_3 \cdot q \mod \tau^{\eta+1}$

3 **if** $r < 0$ **then**

4 $\quad r = r + \tau^{\eta+1}$

5 **while** $r \geqslant q$ **do**

6 $\quad r = r - q$

7 **return** r

蒙哥马利模方法也需要执行预计算 $q' = -q^{-1} \mod \tau$. 蒙哥马利模过程见算法 14, 其中 $R = \tau^n$ 满足 $\gcd(q, R)$=1. 与巴雷特模乘不同, 蒙哥马利模乘运算需要首先对域上的元素进行蒙哥马利变换: 对 $a \in F_q$, $\tilde{a} = a \cdot R \mod q$. 模乘计算完成后, 执行蒙哥马利逆变换: $a = \tilde{a} \cdot R^{-1} \mod q$. 这样, $c = a \cdot b \mod q$ 的蒙哥马利模乘计算过程如下:

$$
\begin{aligned}
&\tilde{a} = a \cdot R \mod q, \\
&\tilde{b} = b \cdot R \mod q, \\
&\tilde{c} = \tilde{a} \cdot \tilde{b}, \\
&\tilde{r} = \mathbf{MontMod}(\tilde{c}), \\
&c = \tilde{r} \cdot R^{-1} \mod q = \tilde{a} \cdot \tilde{b} \cdot R^{-1} \cdot R^{-1} \mod q = a \cdot b \mod q.
\end{aligned}
$$

算法 14 蒙哥马利模算法 **MontMod** [34]

Input: 整数 $c = (a_{2n-1}, \cdots, a_0) < qR$

Output: $r = cR^{-1} \mod q$

```
1  r = c
2  for i = 0 to n − 1 do
3  |   u_i = r_i · q'  mod τ
4  |   r = r + u_i · q · τ^i
5  r = r/τ^n
6  if r ⩾ q then
7  |   r = r − q
8  return r
```

显然如果每次乘法运算都对元素进行蒙哥马利变换和逆变换, 这样的模乘计算开销大. 当一个数值用于多个模乘运算时, 中间结果无须逆变换, 仅需对最终结果进行逆变换, 这样将显著提高模乘的效率. 通过选择具有特殊属性的模数 q, 巴雷特模方法和蒙哥马利模方法可以进一步利用模的特殊性质实现加速 [38,39]. 另外, 乘法和模运算的中间过程可以合并交叉执行, 以节约中间变量的访问次数. 交叉执行的蒙哥马利模乘过程见算法 15.

算法 15 蒙哥马利模乘算法 [40]

Input: 两个整数 $a = (a_{n-1}, \cdots, a_0), b = (b_{n-1}, \cdots, b_0)$

Output: $c = a \cdot b \cdot R^{-1} \mod q = (c_{n-1}, \cdots, c_0)$

```
1  c_i = 0, 0 ⩽ i < n
2  for i = 0 to n − 1 do
3  |   (e_0, c_0) ← SplitWords(a_0 · b_i + c_0)
4  |   for j = 1 to n − 1 do
5  |   |   (e_j, c_j) ← SplitWords(a_j · b_i + c_j + e_{j−1})
6  |   c_n = c_n + e_{n−1}
7  |   (*, f) ← SplitWords(c_0 · q')
8  |   (e_0, c_0) ← SplitWords(q_0 · f + c_0)
9  |   for j = 1 to n − 1 do
10 |   |   (e_j, c_{j−1}) ← SplitWords(q_j · f + c_j + e_{j−1})
11 |   (c_n, c_{n−1}) ← SplitWords(c_n + e_{n−1})
12 if c_n > 0 then
13 |   c = c − q
14 return c
```

q 是素数时, F_q 上的求逆运算可以使用费马定理计算: $a^{-1} = a^{q-2} \mod q$.

另外一种求逆的重要方法是扩展的欧几里得求解 GCD 算法[41]: 给定 a, q, 用扩展的 GCD 算法求解 x, y 满足 $ax + qy = \mathrm{GCD}(a, q)$. 若 $\mathrm{GCD}(a, q) = 1$, 则 $(ax + qy) = 1 \mod q$, 即 $a^{-1} = x \mod q$. 二元扩展 GCD 求逆的过程见算法 16. 优化的二元扩展 GCD 方法见 [42]. 对经过蒙哥马利变换后的元素求逆可采用 [41] 中算法 2.25 进行计算.

算法 16 F_q 上二元扩展 GCD 求逆算法[41]

Input: $a \in F_q$

Output: $a^{-1} \mod q$

```
1  x = a, y = q, x1 = 1, x2 = 0
2  while u ≠ 1 and v ≠ 1 do
3      while u mod 2 = 0 do
4          u = u/2
5          if x1 mod 2 = 1 then
6              x1 = x1/2
7          else
8              x1 = (x1 + q)/2
9      while v mod 2 = 0 do
10         v = v/2
11         if x2 mod 2 = 1 then
12             x2 = x2/2
13         else
14             x2 = (x2 + q)/2
15     if u ⩾ v then
16         u = u − v, x1 = x1 − x2
17     else
18         v = v − u, x2 = x2 − x1
19     if u = 1 then
20         return x1 mod q
21     else
22         return x2 mod q
```

在对点进行解压缩或者将数据映射成椭圆曲线上的点时需要计算域上元素的平方根. 当 $q = 3 \mod 4$ 时, 可以使用 Shanks 算法[43] 快速计算元素的平方根 $a^{1/2} = a^{(q+1)/4} \mod q$. 当 $q = 5 \mod 8$ 和 $q = 9 \mod 16$ 时, 可以分别使用 Atkin 算法[44] 和 Müller 算法[45] 计算平方根. 其他情况可以使用 Tonelli-Shanks

算法 [46]. 判断一个元素 a 是否有平方根, 可根据雅可比符号判断 $\left(\frac{a}{q}\right) = a^{(q-1)/2}$ mod q 是否为 1 来确定 a 是否为平方剩余.

11.3 扩域的塔式扩张表达和相关运算

对嵌入次数 $k = 2^i3^j$, 可以采用塔式扩张方法表达 F_{q^k} 上元素. 设 $F_{q^{2m}} = F_{q^m}[u]/(u^2-\beta)$, 其中 β 为 F_{q^m} 上非平方剩余. 设 $F_{q^{3n}} = F_{q^n}[v]/(v^3-\xi)$, 其中 ξ 为 F_{q^n} 上非立方剩余. 对 $a = a_0 + a_1u, b = b_0 + b_1u \in F_{q^{2m}}$, 乘法的计算方法如下:

$$c = a \cdot b = (a_0 + a_1u)(b_0 + b_1u) = (a_0b_0 + a_1b_1\beta) + (a_0b_1 + a_1b_0)u,$$

其中 $(a_0b_1 + a_1b_0)$ 可采用 Karatsuba 乘法的计算方法:

$$a_0b_1 + a_1b_0 = (a_0 + a_1)(b_0 + b_1) - a_0b_0 - a_1b_1.$$

平方的计算方法为

$$\begin{aligned}(a_0 + a_1u)^2 &= (a_0^2 + a_1^2\beta) + 2a_0a_1u \\ &= (a_0 + a_1)(a_0 + a_1\beta) - a_0a_1 - a_0a_1\beta + 2a_0a_1u.\end{aligned}$$

求逆的计算方法为

$$(a_0 + a_1u)^{-1} = \frac{a_0 - a_1u}{(a_0 = a_1u)(a_0 + a_1u)} = \frac{a_0 - a_1u}{a_0^2 - a_1^2\beta}.$$

$F_{q^{2m}}$ 上的加法见算法 17, 乘法见算法 18, 其中 $\oplus, \ominus, \otimes$ 为 F_{q^m} 上的加、减、乘法. 对扩域上的乘法, [47] 提出懒模 (Lazy Reduction) 方法. 例如 F_{q^2} 上的乘法中 F_q 上的 3 次模乘改为 3 次数乘和 2 次模运算, 其中步骤 3, 4, 7 为普通数乘, 步骤 5 和步骤 7 在数值计算后再取模. [48] 进一步将懒模方法推广到更大扩张次数的扩域上. 将懒模方法结合剩余数系统可以取得良好的运算效率 [49, 50]. $F_{q^{2m}}$ 上的平方见算法 19, 求逆见算法 20.

算法 17 $F_{q^{2m}}$ 上的加法

Input: $a = a_0 + a_1u, b = b_0 + b_1u \in F_{q^{2m}}$

Output: $c = a + b = c_0 + c_1u$

1 $c_0 = a_0 \oplus b_0$

2 $c_1 = a_1 \oplus b_1$

算法 18 $F_{q^{2m}}$ 上的 Karatsuba 乘法

Input: $a = a_0 + a_1 u, b = b_0 + b_1 u \in F_{q^{2m}}$

Output: $c = a * b = c_0 + c_1 u$

1 $t_0 = a_0 \oplus a_1$
2 $t_1 = b_0 \oplus b_1$
3 $t_2 = t_0 \otimes t_1$
4 $t_0 = a_0 \otimes b_0$
5 $t_1 = a_1 \otimes b_1$
6 $c_0 = t_1 \otimes \beta$
7 $c_0 = t_0 \oplus c_0$
8 $c_1 = t_2 \ominus t_0$
9 $c_1 = c_1 \ominus t_1$

算法 19 $F_{q^{2m}}$ 上的平方

Input: $a = a_0 + a_1 u \in F_{q^{2m}}$

Output: $c = a^2 = c_0 + c_1 u$

1 $t_0 = a_0 \oplus a_1$
2 $t_1 = a_1 \otimes \beta$
3 $t_1 = a_0 \oplus t_1$
4 $t_0 = t_0 \otimes t_1$
5 $t_1 = a_0 \otimes a_1$
6 $c_1 = t_1 \oplus t_1$
7 $t_0 = t_0 \ominus t_1$
8 $t_1 = t_1 \otimes \beta$
9 $c_0 = t_0 \ominus t_1$

算法 20 $F_{q^{2m}}$ 上的逆

Input: $a = a_0 + a_1 u \in F_{q^{2m}}$

Output: $c = a^{-1} = c_0 + c_1 u$

1 $t_0 = a_0^2$
2 $t_1 = a_1^2$
3 $t_1 = t_1 \otimes \beta$
4 $t_0 = t_0 \ominus t_1$
5 $t_0 = 1/t_0$
6 $c_0 = a_0 \otimes t_0$
7 $c_1 = -a_1 \otimes t_0$

对 $F_{q^{3n}}$ 中元素 $a = a_0 + a_1 v + a_2 v^2, b = b_0 + b_1 v + b_2 v^2$, 加法过程见算法 21, 乘法过程如下:

$$a \cdot b = ((a_1 + a_2) \cdot (b_1 + b_2) - a_1 b_1 - a_2 b_2)\xi + a_0 b_0$$

$$+((a_0+a_1)\cdot(b_0+b_1)-a_0b_0-a_1b_1+a_2b_2\xi)v$$
$$+((a_0+a_2)\cdot(b_0+b_2)-a_0b_0-a_2b_2+a_1b_1)v^2.$$

算法 21 $F_{q^{3n}}$ 上的加法

Input: $a=a_0+a_1v+a_2v^2, b=b_0+b_1v+b_2v^2\in F_{q^{3n}}$

Output: $c=a+b=c_0+c_1v+c_2v^2$

1 $c_0=a_0\oplus b_0$

2 $c_1=a_1\oplus b_1$

3 $c_2=a_2\oplus b_2$

平方计算过程如下:

$$a^2=(a_0^2+2a_1a_2\xi)+(2a_0a_1+a_2^2\xi)v+(2a_0a_2+a_1^2)v^2,$$

其中 $(2a_0a_2+a_1^2)$ 可采用 Chung-Hasan 方法[51] 计算:

$$2a_0a_2+a_1^2=(a_0+a_1+a_2)^2-a_0^2-2a_1a_2-a_2^2-2a_0a_1.$$

$F_{q^{3n}}$ 中元素求逆的公式可采用 Lim-Hwang 方法[52]: $a^{-1}=(t_0+t_1v+t_2v^2)/t_3$, 其中

$$t_0=a_0^2-a_1a_2\xi,\quad t_1=a_2^2\xi-a_0a_1,$$
$$t_2=a_1^2-a_0a_2, t_3=a_1t_2\xi+a_0t_0+a_2t_1\xi.$$

$F_{q^{3n}}$ 上的乘法见算法 22, 其中 $\oplus,\ominus,\otimes$ 为 F_{q^n} 上的加、减、乘法. $F_{q^{3n}}$ 上的平方见算法 23 ([51] 中的 SQR3), 求逆过程见算法 24.

Granger 和 Scott[53] 发现当 $6|k, q=1 \mod 6$ 时, 对 k 次割圆群 (见定义 2.52) 中的元素, 上述平方运算中的 $a_ia_j, i\neq j$ 可以计算为

$$a_1a_2=(a_0^2-\bar{a}_0)/\xi,$$
$$a_0a_1=\xi a_2^2+\bar{a}_1,$$
$$a_0a_2=a_1^2-\bar{a}_2,$$

即 $a^2=(3a_0^2-2\bar{a}_0)+(3a_2^2\xi+2\bar{a}_1)v+(3a_1^2-2\bar{a}_2)v^2$, 其中 $\bar{a}_i$ 是 a_i 的共轭. 这样, $F_{q^{3n}}$ 群上元素的平方只需要 3 个 F_{q^n} 上平方运算. 这样的群称为平方友好群. 利用平方友好的性质, Karabina[54] 进一步给出了割圆群上的压缩平方计算方法: 将元素先压缩, 再计算平方, 最后解压缩还原平方结果. 该方法可以用于加速 $\mathbb{G}_T$

上幂乘运算. 另外, 对割圆子群中元素 $a \in F_{q^{2m}}$, 利用 $a_0^2 - \beta a_1^2 = 1$, 平方计算可以改为

$$a^2 = (a_0 + a_1 u)^2 = 2a_0^2 - 1 + [(a_0 + a_1)^2 - a_0^2 - (a_0^2 - 1)\beta^{-1}]u.$$

平方和立方扩域上各类运算的开销可见表 11.2, 其中 A, M 分别代表域元素加法和乘法, M_x 代表域元素与元素 x 相乘.

算法 22 $F_{q^{3n}}$ 上的乘法

Input: $a = a_0 + a_1 v + a_2 v^2, b = b_0 + b_1 v + b_2 v^2 \in F_{q^{3n}}$

Output: $c = a + b = c_0 + c_1 v + c_2 v^2$

1 $t_0 = a_0 \otimes b_0$
2 $t_1 = a_1 \otimes b_1$
3 $t_2 = a_2 \otimes b_2$
4 $t_3 = a_1 \oplus a_2$
5 $t_4 = b_1 \oplus b_2$
6 $t_3 = t_3 \otimes t_4$
7 $t_3 = t_3 \ominus t_1$
8 $t_3 = t_3 \ominus t_2$
9 $t_3 = t_3 \otimes \xi$
10 $c_0 = t_0 \oplus t_3$
11 $t_3 = a_0 \oplus a_1$
12 $t_4 = b_0 \oplus b_1$
13 $t_3 = t_3 \otimes t_4$
14 $t_3 = t_3 \ominus t_0$
15 $t_3 = t_3 \ominus t_1$
16 $t_4 = t_2 \otimes \xi$
17 $c_1 = t_3 \oplus t_4$
18 $t_3 = a_0 \oplus a_2$
19 $t_4 = b_0 \oplus b_2$
20 $t_3 = t_3 \otimes t_4$
21 $t_3 = t_3 \oplus t_1$
22 $t_3 = t_3 \ominus t_0$
23 $c_2 = t_3 \ominus t_2$

Frobenius 自同态 π_q 在双线性对、$\mathbb{G}_2$ 群的点乘以及 $\mathbb{G}_T$ 上的幂乘运算的快速计算中起到重要作用. 这里以 $F_{q^{12}}$ 为例给出 π_q 的计算公式 [55]. 设 $F_{q^{12}}$ 采用塔式扩张表达:

$$F_{q^2} = F_q[u]/(u^2 - \beta),$$

$$F_{q^6} = F_{q^2}[v]/(v^3 - \xi),$$

$$F_{q^{12}} = F_{q^6}[w]/(w^2 - v),$$

$$F_{q^{12}} = F_{q^2}[W]/(W^6 - u), \quad W = w.$$

表 11.2 平方和立方扩域上运算的开销

操作	$F_{q^{2m}}$	$F_{q^{3n}}$
加法	2A	3A
乘法	3M+5A+M_β	6M+15A+2M_ξ
平方	2M+5A+2M_β	M+4S+12A+2M_ξ
平方友好群上平方	2S+5A+$M_{\beta-1}$	3S+11A+M_ξ
逆	2M+2S+2A+I+M_β	9M+3S+5A+4M_ξ

算法 23 $F_{q^{3n}}$ 上的平方

Input: $a = a_0 + a_1 v + a_2 v^2 \in F_{q^{3n}}$
Output: $c = a^2 = c_0 + c_1 v + c_2 v^2$

1. $t_0 = a_0^2$
2. $t_1 = a_1 \otimes a_2$
3. $t_1 = 2t_1$
4. $t_2 = a_2^2$
5. $c_2 = a_0 \oplus a_2$
6. $t_3 = c_2 \oplus a_1$
7. $t_3 = t_3^2$
8. $c_2 = c_2 \ominus a_1$
9. $c_2 = c_2^2$
10. $c_2 = c_2 \oplus t_3$
11. $c_2 = c_2/2$
12. $t_3 = t_3 \ominus c_2$
13. $t_3 = t_3 - t_1$
14. $c_2 = c_2 \ominus t_0$
15. $c_2 = c_2 \ominus t_2$
16. $t_4 = t_1 \otimes \xi$
17. $c_0 = t_0 \otimes t_4$
18. $t_4 = t_2 \otimes \xi$
19. $c_1 = t_3 \oplus t_4$

对 $F_{q^{12}}$ 中元素 $f = g+hw, g = g_0+g_1v+g_2v^2, h = h_0+h_1v+h_2v^2, g_i, h_i \in F_{q^2}$, f 可以改为 $f = g_0 + h_0W + g_1W^2 + h_1W^3 + g_2W^4 + h_2W^5$. 注意到在平方扩域上元素的 q 次幂可以采用如下快捷方式计算: 设 F_{q^2} 中元素 $b = b_0 + b_1u$, 有 $b^{q^{2i}} = b$, $b^{q^{2i-1}} = \bar{b}$, 其中 $i \in \mathbb{N}$, $\bar{b} = b_0 - b_1u$ 是 b 的共轭. 利用 $W^q = u^{(q-1)/6}W$,

可得 $(W^i)^q = \gamma_{1,i}W^i, \gamma_{1,i} = u^{i(q-1)/6}, i \in [1..5]$. 据此有

$$\begin{aligned} f^q &= (g_0 + h_0W + g_1W^2 + h_1W^3 + g_2W^4 + h_2W^5)^q \\ &= \bar{g}_0 + \bar{h}_0W^q + \bar{g}_1W^{2q} + \bar{h}_1W^{3q} + \bar{g}_2W^{4q} + \bar{h}_2W^{5q} \\ &= \bar{g}_0 + \bar{h}_0\gamma_{1,1}W + \bar{g}_1\gamma_{1,2}W^2 + \bar{h}_1\gamma_{1,3}W^3 + \bar{g}_2\gamma_{1,4}W^4 + \bar{h}_2\gamma_{1,5}W^5. \end{aligned}$$

算法 24 $F_{q^{3n}}$ 上的逆

Input: $a = a_0 + a_1v + a_2v^2 \in F_{q^{3n}}$

Output: $c = a^{-1} = c_0 + c_1v + c_2v^2$

1 $t_0 = a_1 \otimes a_2$
2 $t_0 = t_0 \otimes \xi$
3 $c_0 = a_0 \otimes a_0$
4 $c_0 = c_0 \ominus t_0$
5 $t_0 = a_0 \otimes a_1$
6 $c_1 = a_2 \otimes a_2$
7 $c_1 = c_1 \otimes \xi$
8 $c_1 = c_1 \ominus t_0$
9 $c_2 = a_1 \otimes a_1$
10 $t_0 = a_0 \otimes a_2$
11 $c_2 = c_2 \ominus t_0$
12 $t_0 = a_1 \otimes c_2$
13 $t_1 = a_2 \otimes c_1$
14 $t_0 = t_0 \oplus t_1$
15 $t_0 = t_0 \otimes \xi$
16 $t_1 = a_0 \otimes c_0$
17 $t_1 = t_1 \oplus t_0$
18 $t_1 = 1/t_1$
19 $c_0 = c_0 \otimes t_1$
20 $c_1 = c_1 \otimes t_1$
21 $c_2 = c_2 \otimes t_1$

11.4 $\mathbb{G}_1$ 和 $\mathbb{G}_2$ 上的高效点乘

双线性对密码系统涉及 $\mathbb{G}_1$ 和 $\mathbb{G}_2$ 上的点运算, 高效的点乘运算有助于提高整个密码系统的执行效率. $\mathbb{G}_1$ 和 $\mathbb{G}_2$ 上的点乘运算高效实现技术大体上可以分为两个层次. 第一个技术层次是根据曲线的特征使用不同的曲线模型和坐标系, 进而采用不同的计算公式提升点运算 (倍点和点加) 的效率. 本书涉及曲线可以采用如下几种曲线模型和相应的坐标系. 更多的曲线模型可见 [41,56].

- Weierstrass 曲线模型 ($\mathcal{W}$): 本书中关注的 Weierstrass 曲线有方程 $y^2 = x^3+b$ 或 $y^2 = x^3+ax$. 当求逆运算高效时可以采用仿射坐标, 否则可使用雅可比坐标 ($a=0$) 或修改的雅可比坐标 (a 为大数) 或齐次投影坐标表达点来执行群上的运算. 雅可比坐标 $(X:Y:Z)$ 表达的点为 $x = X/Z^2, y = Y/Z^3$, 曲线为 $Y^2 = X^3 + bZ^6$. 修改的雅可比坐标 $(X:Y:Z:T)$ 表达的点为 $x = X/Z^2, y = Y/Z^3, T = aZ^4$, 曲线为 $Y^2 = X^3 + T$. 齐次投影坐标 $(X:Y:Z)$ 表达的点为 $x = X/Z, y = Y/Z$, 曲线为 $Y^2Z = X^3 + aXZ^2 + bZ^3$.
- 扩展的雅可比四次方程曲线模型 ($\mathcal{J}$): 当曲线有阶为 2 的点时, 曲线可以表达为 $y^2 = dx^4 + ax^2 + 1$ [57], 使用扩展坐标 $(X:Y:Z:T)$ 表达点来执行群上的运算, 其中 $x = X/Z, y = Y/Z, T = X^2/Z$, 曲线方程为 $Y^2Z^2 = dX^4 + aX^2Z^2 + Z^4$ [58].
- 推广的 Hessian 曲线模型 ($\mathcal{H}$): 当曲线有阶为 3 的点时, 曲线可以表达为 $x^3+y^3+c = dxy$ [59], 使用齐次投影坐标 $(X:Y:Z)$ 表达点来执行群上的运算, 其中 $x = X/Z, y = Y/Z$, 曲线方程为 $X^3+Y^3+cZ^3 = dXYZ$ [60,61].
- Edwards 扭曲线模型 ($\mathcal{E}$): 当曲线有阶为 4 的点或者曲线基域 K 满足 $\#K = 1 \mod 4$ 且 $4|\#E$ 时, 曲线可以表达为 $ax^2 + y^2 = dx^2y^2 + 1$ [62], 其坐标系和点群上高效运算公式可见 [63].

这些曲线模型和坐标系下点运算的开销见表 11.3, 包括在规定坐标系下同一点的两倍 (倍点)、两个不同点加 (点加) 以及一个规定坐标下的点和一个仿射坐标点加 (混合点加). 域上加减法运算开销比乘法 (M) 和平方 (S) 小很多, 表中仅给出乘法和平方运算的次数. 表 11.3 显示 Weierstrass 曲线模型和 Hessian 曲线模型具有更高的效率.

表 11.3　曲线模型与计算开销 [56]

曲线模型	坐标系	倍点	点加	混合点加
$\mathcal{W}$①	雅可比	2M+5S	11M+5S	7M+4S
$\mathcal{W}$①	齐次投影	4M+5S/3M+5S② [80]	12M+2S	9M+2S
$\mathcal{J}$	扩展坐标	2M+7S	10M+3S	9M+3S
$\mathcal{H}$	齐次投影	6M+1S	12M	10M
$\mathcal{E}$	扩展坐标	5M+4S	10M	8M+1S

① $a=0$.

② 若 b 小或有特殊结构使得乘 b 转换为加法.

鉴于流行的曲线 BN, BLS12, KSS18 和 BLS24 的 Weierstrass 方程为 $y^2 = x^3+b$, KSS16 的 Weierstrass 曲线方程为 $y^2 = x^3+ax$, 下面给出 Weierstrass 曲线 $y^2 = x^3+b$ 使用雅可比坐标时的点运算方法, 齐次投影坐标的点运算见 11.6 节, 其

他曲线上点运算的方法可见 [56]. 采用雅可比坐标时, 一个点表达为 $(X:Y:Z)$, 对应的仿射坐标点为 $(X/Z^2, Y/Z^3)$. $Z=0$ 对应点 $\mathcal{O}$. 设 $A=(X:Y:Z)$, 则 $-A=(X:-Y:Z)$. 雅可比坐标倍点的过程见算法 25, 点加过程见算法 26. 混合点加时 $Z_2=1$, 仿射点加时 $Z_1=Z_2=1$, 对应过程仅需去除算法 26 中相关步骤即可.

算法 25 倍点 [56]

Input: $P=(X_1:Y_2:Z_3)$

Output: $2P=(X_3:Y_3:Z_3)$

1 $A=X_1^2$
2 $B=Y_1^2$
3 $C=B^2$
4 $D=2((X_1+B)^2-A-C)$
5 $E=3A$
6 $F=E^2$
7 $X_3=F-2D$
8 $Y_3=E(D-X_3)-8C$
9 $Z_3=2Y_1Z_1$
10 **return** $(X_3:Y_3:Z_3)$

算法 26 点加 [56]

Input: $P=(X_1:Y_1:Z_1), Q=(X_2:Y_2:Z_2)$

Output: $P+Q=(X_3:Y_3:Z_3)$

1 $A=Z_1^2$
2 $B=Z_2^2$
3 $C=X_1B$
4 $D=X_2A$
5 $E=Y_1Z_2B$
6 $F=Y_2Z_1A$
7 $H=D-C$
8 $I=(2H)^2$
9 $J=HI$
10 $K=2(F-E)$
11 $V=CI$
12 $X_3=K^2-J-2V$
13 $Y_3=K(V-X_3)-2EJ$
14 $Z_3=((Z_1+Z_2)^2-A-B)H$
15 **return** $(X_3:Y_3:Z_3)$

算法 27 是一个未优化的通用点乘方法. 点乘运算高效实现的第二个层次技术关注于减少点乘过程中的循环次数和加法次数. 通用的点乘优化方法包括非相邻形式 (NAF: Non Adjacent Form)、窗口 NAF、滑动窗口等技术, 依然适用于双线性对友好的曲线, 具体方法可参考 [41, 64]. 这里介绍多点乘法的快速方法以及可用于众多双线性对友好曲线的 Gallant-Lambert-Vanstone (GLV) 方法 [65] 和 Galbraith-Lin-Scott (GLS) [66] 方法.

算法 27 从左到右的点乘算法

Input: $x = \sum_{i=0}^{n-1} x_i 2^i$, P
Output: xP
1 $A = \mathcal{O}$
2 **for** $i = n-1$ **to** 0 **do**
3 　$A = 2A$
4 　**if** $x_i \neq 0$ **then**
5 　　$A = A + P$
6 **return** A

密码算法中常使用到多个点乘后求和的运算: $\sum_{i=1}^{n} e_i P_i$(也称为多幂乘运算 $\prod_{i=1}^{n} P_i^{e_i}$). 多点乘运算有多个方法, 包括并行的 2^w 值表 [41,67,68]、并行滑动窗口 [41,68,69]、交叉方法 [41,68] 等. 这里给出并行 2^w 值表方法 (算法 28). 当 $w = 1$ 时, 该方法也称 Shamir 技巧. 该方法分为两个阶段. 首先是预计算阶段, 该阶段计算表 $(\sum_{i=1}^{n} \tilde{e}_i P_i)$, 其中 $(\tilde{e}_1, \cdots, \tilde{e}_n) \in \{0, \cdots, 2^w - 1\}^n$. 例如, 当 $n = 2, w = 2$ 时, 预计算形成表 $(\mathcal{O}, 0P_1 + 1P_2, 0P_1 + 2P_2, 0P_1 + 3P_2, 1P_1 + 0P_2, \cdots, 3P_1 + 3P_2)$.

算法 28 并行 2^w 值表点乘 [56]

Input: $e_i, P_i, 1 \leqslant i \leqslant n$, e_i 都是 ℓ 比特的正整数
Output: $\sum_{i=1}^{n} e_i P_i$
1 预计算表 $(\sum_{i=1}^{n} \tilde{e}_i P_i), \tilde{e}_i \in [0..2^w - 1]$
2 $d = \lceil \ell / w \rceil$
3 对每个 e_i, 从低位到高位将其分解为每块长 w 比特的 d 块 $(\tilde{e}_{i_{d-1}}, \tilde{e}_{i_{d-2}}, \cdots, \tilde{e}_{i_0})$
4 $A = \mathcal{O}$
5 **for** $j = d-1$ **to** 0 **do**
6 　**for** $s = 1$ **to** w **do**
7 　　$A = 2A$
8 　$A = A + \sum_{i=1}^{n} \tilde{e}_{i_j} P_i$, 其中 $\sum_{i=1}^{n} \tilde{e}_{i_j} P_i$ 从预计算表中获取
9 **return** A

并行 2^w 值表点乘可以显著地加速多点乘法的计算过程. 假定 e_i 是随机数, 采用算法 27, $\sum e_iP_i$ 需要 $n\ell$ 次倍点和 $0.5n\ell$ 混合点加, 而完成并行 2^w 值表点乘则只需 $\lceil \ell/w \rceil w$ 次倍点和 $\lceil \ell/w \rceil \left(1 - \dfrac{1}{2^k w}\right)$ 次 (混合) 点加. 上述方法的一种直接的应用是将 eP 的计算修改为 $eP = \sum_{i=1}^n e_i(2^{\ell/n}P)$, 其中 $e = \sum_i^k e_i 2^{\ell/n}$. 若能够快速计算 $2^{\ell/n}P$, 则 eP 的计算效率将显著提高. GLV 和 GLS 是两种快速计算 $e = \sum e_i\lambda^i$ 和 $\lambda^i P$ 的方法.

GLV 方法使用具有特殊性质 (复数乘法有小判别式 D) 的曲线上的自同态, 而 GLS 则利用了 q 次 Frobenius 自同态 π_q 在扩域上非平凡的性质. 若曲线, 如 $\mathbb{G}_2$ 群所在的曲线, 定义于扩域上且有小判别式 D, 则可以组合两种方法进一步增大分解的个数, 提高点乘运算效率 [66]. 这里简单介绍 GLV/GLS 的基本原理, 方法更详细的推导过程见 [65, 66]. 仍然以定义于素域 F_q 上的 Weierstrass 曲线 $y^2 = x^3 + b$ 为例, 若 $q = 1 \mod 3$, 则自同构 $\phi : E \to E$ 定义为 $(x, y) \mapsto (x\beta, y)$, 其中 $\beta^3 = 1$ 且 $\beta \in F_q^*$ 不等于 1. 对阶为素数 p 的点 $P \in E(F_q)$, ϕ 在群 $\langle P \rangle$ 上的作用和标量乘 λ 相同, 即 $\phi(P) = \lambda P$, 其中 $\lambda^2 + \lambda + 1 = 0 \mod p$. 将 e 分解为 $e = e_1\lambda + e_0$, 则 $eP = e_1(\lambda P) + e_0 P = e_1\phi(P) + e_0 P$. 在快速计算 $\phi(P)$ 后就可使用算法 28计算 eP, 其中 $n = 2, \ell = \max\{\lceil \log_2 e_1 \rceil, \lceil \log_2 e_0 \rceil\}$. GLS 方法则是构造一个自同态 $\psi = \Psi^{-1}\pi_q\Psi$, 其中同构映射 $\Psi : E' \to E$ (见定义 2.55). [66] 证明存在 $\lambda \in \mathbb{Z}_p^*$ 满足 $\lambda^k - 1 = 0 \mod p$ 和 $\lambda^2 - t\lambda + q = 0 \mod p$ 使得对所有的 $P \in E'(F_{q^m})[p]$ 有 $\psi(P) = \lambda P$, 其中 k 为嵌入次数, 正整数 $m|k$, t 为 E 的迹 $(\#E(F_q) = q + 1 - t)$. 当 $k = 12$ 时, 点乘标量可有 4 分解, $k = 18$ 时有 6 分解, $k = 24$ 时有 8 分解, 即

$$eP = \sum_{i=0}^{n-1} e_i\psi^i(P), \quad e = \sum_{i=0}^{n-1} e_i\lambda^i \mod q,$$

其中 $\psi^i(P) = \lambda^i P, n = 4, 6, 8$.

为了尽量减小算法 28 中的 ℓ, 需要找到合适大小的 e_i. [65] 给出一个基于格上寻找短向量的方法求解 e_i. 定义格

$$\mathcal{L} = \left\{ [z_0, z_1, \cdots, z_{n-1}]^t \in \mathbb{Z}^n : \sum_{i=0}^{n-1} z_i\lambda^i = 0 \mod q \right\},$$

在格上寻找 n 个线性无关的短向量形成 $\mathcal{L}$ 的基 $[\boldsymbol{b}_0, \boldsymbol{b}_1, \cdots, \boldsymbol{b}_{n-1}]$. 给定 e, 在格上找到一个接近 $[e, 0, \cdots, 0]^t$ 的向量 $\boldsymbol{v}$, 其中

$$\boldsymbol{v}=\sum_{i=0}^{n-1}\lfloor\tilde{a}_i\rceil\boldsymbol{b}_i,\quad [e,0,\cdots,0]^t=\sum_{i=0}^{n-1}\tilde{a}_i\boldsymbol{b}_i,\quad \tilde{a}_i\in\mathbb{Q}.$$

e 的分解为 $[e_0,e_1,\cdots,e_{n-1}]^t=[e,0,\cdots,0]^t-\boldsymbol{v}$. 求解基中向量 $\boldsymbol{b}_i$ 以及 $\tilde{a}_i$ 都可用格上基归约方法. 下面是一些流行的曲线上的基和向量 $\boldsymbol{v}$ 的求解 [70].

例子 11.13　BN 曲线.

$\mathbb{G}_1$ 群的分解:

1. 基向量 $\boldsymbol{b}_0^t=[2x+1,6x^2+4x+1],\boldsymbol{b}_1^t=[6x^2+2x,-2x-1]$.

2. $\boldsymbol{v}$ 的系数 $\tilde{a}_0=\dfrac{(2x+1)e}{p},\tilde{a}_1=\dfrac{(6x^2+4x+1)e}{p}$.

$\mathbb{G}_2$ 群的分解:

1. 基向量 $\boldsymbol{b}_0^t=[-x,2x,2x+1,-x],\boldsymbol{b}_1^t=[-2x-1,x,x+1,x]$, $\boldsymbol{b}_2^t=[2x+1,0,2x,1],\boldsymbol{b}_3^t=[-1,2x+1,1,2x]$.

2. $\boldsymbol{v}$ 的系数 $\tilde{a}_0=\dfrac{(2x+1)e}{p},\tilde{a}_1=\dfrac{-(12x^3+6x^2+2x+1)e}{p}$,

$$\tilde{a}_2=\frac{(2x(3x^2+3x+1))e}{p},\quad \tilde{a}_3=\frac{(6x^2-1)e}{p}.$$

例子 11.14　BLS12 曲线.

$\mathbb{G}_1$ 群的分解:

1. 基向量 $\boldsymbol{b}_0^t=[x^2-1,-1],\boldsymbol{b}_1^t=[1,x^2]$.

2. $\boldsymbol{v}$ 的系数 $\tilde{a}_0=\dfrac{x^2e}{p},\tilde{a}_1=\dfrac{e}{p}$.

$\mathbb{G}_2$ 群的分解:

1. 基向量 $\boldsymbol{b}_0^t=[x,1,0,0],\boldsymbol{b}_1^t=[0,x,1,0],\boldsymbol{b}_2^t=[0,0,x,1],\boldsymbol{b}_3^t=[1,0,-1,-x]$.

2. $\boldsymbol{v}$ 的系数 $\tilde{a}_0=\dfrac{(x(x^2+1))e}{p},\tilde{a}_1=\dfrac{-(x^2+1)e}{p},\tilde{a}_2=\dfrac{xe}{p},\tilde{a}_3=\dfrac{-e}{p}$.

例子 11.15　BLS24 曲线.

$\mathbb{G}_1$ 群的分解:

1. 基向量 $\boldsymbol{b}_0^t=[x^4-1,-1],\boldsymbol{b}_1^t=[1,x^4]$.

2. $\boldsymbol{v}$ 的系数 $\tilde{a}_0=\dfrac{x^4e}{p},\tilde{a}_1=\dfrac{e}{p}$.

$\mathbb{G}_2$ 群的分解:

1. 基向量 $\boldsymbol{b}_0^t=[x,-1,0,0,0,0,0,0]$, $\boldsymbol{b}_1^t=[0,x,-1,0,0,0,0,0]$, $\boldsymbol{b}_2^t=[0,0,x,-1,0,0,0,0]$, $\boldsymbol{b}_3^t=[0,0,0,x,-1,0,0,0]$, $\boldsymbol{b}_4^t=[0,0,0,0,x,-1,0,0]$, $\boldsymbol{b}_5^t=$

$[0,0,0,0,0,x,-1,0]$, $\boldsymbol{b}_6^t=[0,0,0,0,0,0,x,-1]$, $\boldsymbol{b}_7^t=[1,0,0,0,-1,0,0,x]$.

2. $\boldsymbol{v}$ 的系数 $\tilde{a}_0=\dfrac{(x^3(x^4+1))e}{p}$, $\tilde{a}_1=\dfrac{-(x^2(x^4+1))e}{p}$, $\tilde{a}_2=\dfrac{(x(x^4+1))e}{p}$,

$$\tilde{a}_3=\frac{(-(x^4+1))e}{p},\tilde{a}_4=\frac{x^3e}{p},\tilde{a}_5=\frac{-x^2e}{p},\tilde{a}_6=\frac{xe}{p},\tilde{a}_7=\frac{-e}{p}.$$

11.5 $\mathbb{G}_T$ 上的高效幂乘运算

如 2.3 节中双线性对的定义, $\mathbb{G}_T$ 是 F_{q^k} 的乘法群中单位元的 p 次方根构成的群. 我们称 $F_{q^k}^*$ 中阶为 $\Phi_k(q)$ 的子群为割圆子群 (见定义 2.52). 鉴于 $p|\Phi_k(q)$, $\mathbb{G}_T$ 是 F_{q^k} 的割圆子群的子群. 例如当 $k=6, q=2 \mod 3$ 时, $\mathbb{G}_T$ 是 XTR 子群[71] 的子群. 该特征使得 $\mathbb{G}_T$ 上的一些运算如求逆、Frobenius 同态运算等开销很小. 另外, Scott 和 Barreto 首先注意到 $\mathbb{G}_T$ 的特殊结构可以使用迹[72] 或代数环面[73] 压缩 $\mathbb{G}_T$ 中元素的表达并加速 $\mathbb{G}_T$ 的运算[72]. [73] 给出了将 F_{q^6} 压缩为 F_{q^3} 的方法. [74] 给出了一些压缩双线性对的计算公式.

因为 $\mathbb{G}_T$ 上 Frobenius 同态 π_q 的计算非常高效, Galbraith 和 Scott[75] 提出可以使用上一节中 $\mathbb{G}_2$ 上的点乘标量分解方法加速 $\mathbb{G}_T$ 上的幂乘运算:

$$g^e=\prod_{i=0}^{n-1}(\pi_q^i(g))^{e_i},\quad e=\sum_{i=0}^{n-1}e_i\lambda^i \mod q.$$

采用 GLS 算法加速 $\mathbb{G}_T$ 中幂运算需要预先计算算法 28 中的表. 当 $k=12$ 时, $n=4$, 预计算表含有 $\mathbb{G}_T$ 中 15 个非 1 元素. 对于许多嵌入式设备, 可能没有足够大的内存存放该表. 若是平方扩域, 可使用 [72] 提出的 Lucas 序列方法计算 $\mathbb{G}_T$ 中元素的幂. 对偶数 k, $g\in F_{q^k}=a+bu$, $u^2=\delta$, δ 是 $F_{q^{k/2}}$ 上的非平方剩余, $a,b\in F_{q^{k/2}}$. 这样的 g 称为幺正, 其范数 $a^2-\delta b^2=1$. 显然, 根据 a 可以确定 $\pm b$. 另外, 有

$$(a+bu)^e=V_e(2a)/2+U_e(2a)bu.$$

$V_e(f)$ 的计算使用 Lucas 序列, $V_0=2, V_1=f, V_{e+1}=fV_e-V_{e-1}$. 使用 Lucas 序列计算平方扩域 $\mathbb{G}_T$ 中元素的幂见算法 29. 可以看到, 采用算法 29 计算幂的开销约为 $F_{q^{k/2}}$ 上的 n 个平方 $\mathrm{S}_{k/2}$ 和 n 个乘法 $\mathrm{M}_{k/2}$, 而采用算法 27 则需要 F_{q^k} 上的 n 个平方 S_k 和 $n/2$ 个乘法 M_k.

Scott 等注意到当 $q=2 \mod 3$ 时, 采用压缩方法[72] 结合 XTR 群中的快速幂乘运算[71] 可以比 GLS 幂乘方法的效率更高. 对于 $6|k$, 定义如下的迹

映射

$$\mathrm{Tr}: F_{q^k} \mapsto F_{q^{k/3}}, g \mapsto g + g^{q^{k/3}} + g^{q^{2k/3}},$$

有 $c = \mathrm{Tr}(g) = \mathrm{Tr}(g^{q^{k/3}}) = \mathrm{Tr}(g^{q^{2k/3}})$. XTR 算法根据下面的序列公式给出了一个快速计算 $c_e = \mathrm{Tr}(g^e)$ 的方法, 具体过程见算法 30.

$$\begin{cases} c_{2u-1} = c_{u-1}c_u - c_1^{q^{k/3}} c_u^{q^{k/3}} + c_{u+1}^{q^{k/3}}, \\ c_{2u} = c_u^2 - 2c_u^{q^{k/3}}, \\ c_{2u+1} = c_u c_{u+1} + c_{u-1}^{q^{k/3}} - c_1 c_u^{q^{k/3}}. \end{cases}$$

另外, [76] 还给出了 XTR 群上两幂乘的快速方法. 使用 $\mathbb{G}_1$ 上的 GLV 方法将 e 分解为 $e = e_1\lambda + e_0$, 即可使用 [76] 对两个压缩幂乘进行快速计算.

算法 29 使用 Lucas 序列计算平方扩域元素的幂的算法 [72]

Input: $g = a + bu \in F_{q^k}, e = \sum_{i=0}^{n-1} e_i 2^u \in \mathbb{Z}_p^*$

Output: g^e

1 $v_0 = 2$
2 $v_1 = a$
3 **for** $i = n - 1$ **to** 1 **do**
4 　**if** $e_i = 1$ **then**
5 　　$v_0 = v_0 v_1 - 2a$
6 　　$v_1 = v_1^2 - 2$
7 　**else**
8 　　$v_1 = v_0 v_1 - 2a$
9 　　$v_0 = v_0^2 - 2$
10 **if** $e_0 = 1$ **then**
11 　$v_{n-1} = v_0^2 - 2$
12 　$v_n = v_0 v_1 - 2a$
13 **else**
14 　$v_{n+1} = v_0 v_1 - 2a$
15 　$v_n = v_0^2 - 2$
16 　$v_{n-1} = 2av_{n-1} - v_{n+1}$
17 $u_n = (2av_n - 2v_{n-1})/((2a)^2 - 4)$
18 **return** $v_n/2 + u_n bu$

算法 30 XTR 单幂乘算法 [76]

Input: $g =\in F_{q^k}, e \in \mathbb{Z}_p^*$

Output: $\mathrm{Tr}(g^e)$

1 $v = \left\lfloor \dfrac{e-1}{2} \right\rfloor = \sum_{i=0}^{\ell-1} v_i 2^i$

2 $c_1 = \mathrm{Tr}(g)$

3 $\bar{c}_1 = c_1^{q^{k/3}}$

4 $S = (3, c_1, c_1^2 - 2\bar{c}_1)$

5 **for** $i = \ell - 1$ **to** 0 **do**

6   **if** $v_i = 0$ **then**

7         $a = S[0]$

8         $b = S[1]$

9         $c = S[2]$

10         $d = \bar{c}_1$

11   **else**

12         $a = S[2]$

13         $b = S[1]$

14         $c = S[0]$

15         $d = c_1$

16     $S[0] = a^2 - 2a^{q^{k/3}}$

17     $S[1] = ab - db^{q^{k/3}} + c^{q^{k/3}}$

18     $S[2] = b^2 - 2b^{q^{k/3}}$

19 **return** $S[2 - e \mod 2]$

11.6 双线性对的高效实现

根据 2.3.6 小节中关于优化 Ate 对的定义和 $T = \sum_{i=0}^{l} c_i q^i$ 的优化分解求解方法 ($l = \varphi(k) - 1$) [77], 我们可以使用 Lenstra-Lenstra-Lovász (LLL) 方法 [78] 求解 T 的分解 c_i 构成的短向量 $\boldsymbol{v}$:

$$\begin{aligned}\boldsymbol{v} &= [w_0, w_1, w_2, \cdots, w_l] \cdot \boldsymbol{B}\\ &= [w_0 n - w_1 q - w_2 q^2 - \cdots - w_l q^l, w_1, w_2, \cdots, w_l]\\ &= [c_0, c_1, c_2, \cdots, c_l].\end{aligned}$$

下面以 BN 曲线为例, 说明优化 Ate 对的参数确定方法.

例子 11.16 根据 11.1.4 小节中 BN 曲线参数的定义, $\varphi(k)=4$, 格 $\boldsymbol{B}$ 定义为

$$\boldsymbol{B}=\begin{bmatrix} p(x) & 0 & 0 & 0 \\ -q(x) & 1 & 0 & 0 \\ -q(x)^2 & 0 & 1 & 0 \\ -q(x)^3 & 0 & 0 & 1 \end{bmatrix}.$$

使用 LLL 算法求得欧几里得范数最短向量有

$$\boldsymbol{v}_1=[x+1,x,x,-2x],\quad \boldsymbol{v}_2=[2x,x+1,-x,x].$$

我们可以采用这样的向量计算优化 Ate 对. 因为 $f_{1,Q}=1$ 而 $f_{-1,Q}$ 会被最后幂乘运算消除, 如果短向量中 c_i 多是 $1,0,-1$, 将有助于顺序计算模式下提高优化 Ate 的计算效率. 对 BN 曲线, 可选择短向量 $\boldsymbol{v}=[6x+2,1,-1,1]$. 将 $\boldsymbol{v}$ 代入定义 2.62 中 $\hat{a}$ 的公式, BN 曲线的优化 Ate 对为

$$\hat{a}_{T,p}=(f_{6x+2,Q}(P)\cdot g_{6x+2,Q}(P))^{(q^k-1)/p},$$

其中 $g_{6x+2,Q}(P)=\ell_{Q_1-Q_2+Q_3,[6x+2]Q}\cdot\ell_{-Q_2+Q_3,Q_1}\cdot\ell_{Q_3,-Q_2}(P), Q_i=[q^i]Q, i\in[1..3]$. 因为对 BN 曲线, $Q_1-Q_2+Q_3+[6x+2]Q=\mathcal{O}$ 且双线性对有最后幂乘运算, 所以 $g_{6x+2,Q}(P)$ 可以改写为 $g_{6x+2,Q}(P)=\ell_{[6x+2]Q,Q_1}\cdot\ell_{[6x+2]Q+Q_1,-Q_2}(P)$ [79]. 对其他常用的双线性对友好曲线如 BLS 和 KSS 曲线, 可以采用相同的方法计算优化 Ate 对的参数, 具体公式可见表 11.4.

表 11.4 一些常用曲线的优化 Ate 对计算公式

曲线	优化 Ate 对计算公式
BN	$(f_{6x+2,Q}\cdot\ell_{[6x+2]Q,[q]Q}\cdot\ell_{[6x+2]Q+[q]Q,-[q^2]Q}(P))^{(q^{12}-1)/p}$
BLS12	$(f_{x,Q}(P))^{(q^{12}-1)/p}$
KSS18	$(f_{x,Q}(P)\cdot f_{3,Q}^{q}(P)\cdot\ell_{[x]Q,[3q]Q}(P))^{(q^{18}-1)/p}$
BLS24	$(f_{x,Q}(P))^{(q^{24}-1)/p}$
BLS48	$(f_{x,Q}(P))^{(q^{48}-1)/p}$

下面以 BN 曲线为例说明优化 Ate 对的计算方法. 其他曲线的计算过程类似. BN 曲线上优化 Ate 对的计算过程见算法 31. 该算法分为两个主要部分: Miller 循环计算 $f_{6x+2,Q}(P)$ 和最后幂乘计算 $f^{(q^{12}-1)/p}$.

算法 31 BN 曲线上的优化 Ate 对算法

Input: $P \in \mathbb{G}_1, Q \in \mathbb{G}_2, x, |z| = |6x+2| = (1, z_{s-1}, \cdots, z_0)_{\mathrm{NAF}}$

Output: $\hat{a}(P, Q)$

1 $f = f \cdot \ell_{Q,Q}(P), Z = 2Q$
2 **for** $i = s-1$ **to** 0 **do**
3 $\quad f = f^2$
4 $\quad f = f \cdot \ell_{Z,Z}(P), Z = 2Z$
5 $\quad$**if** $z_i = 1$ **then**
6 $\quad\quad f = f \cdot \ell_{Z,Q}(P), Z = Z + Q$
7 $\quad$**if** $z_i = -1$ **then**
8 $\quad\quad f = f \cdot \ell_{Z,-Q}(P), Z = Z - Q$
9 **if** $x < 0$ **then**
10 $\quad f = \bar{f}$
11 $\quad Z = -Z$
12 $T = \pi_q(Q)$
13 $f = f \cdot \ell_{Z,T}(P), Z = Z + T$
14 $T = -\pi_q(T)$
15 $f = f \cdot \ell_{Z,T}(P)$
16 $f = f^{(q^{12}-1)/r}$
17 **return** f

11.6.1 Miller 循环

算法 31 中的 Miller 循环涉及点加、混合点加、Miller 函数 ℓ 等运算. 鉴于椭圆曲线上 $Z+Q$ 和 $Z-Q$ 的开销相同, 该算法对优化 Ate 对的循环参数 $|6x+2|$ 使用 NAF 编码以加速 Miller 循环. [80] 给出了齐次投影坐标系下高效的点加、混合点加、ℓ 计算的公式. [48, 81] 进一步优化减少了加法的次数. 下面给出 BN 曲线优化 Ate 对在仿射坐标和齐次投影坐标系下基础运算的公式. 对于 $Q \in \mathbb{G}_2$, 我们实际上是使用曲线 $E(F_{q^{12}}): y^2 = x^3 + b$ 的扭曲线 $E'(F_{q^2}): y^2 = x^3 + b'$ 上的点来表达 Q, 因此在计算 ℓ 时需使用 $E' \mapsto E$ 的同构映射 Ψ 将 Q 映射到 E 上再进行计算.

设扩域采用塔式扩张表达. $F_{q^{12}}$ 有两种常用的扩张表达: $F_{q^2} \to F_{q^6} \to F_{q^{12}}$ 和 $F_{q^2} \to F_{q^4} \to F_{q^{12}}$. 对第 1 种扩张表达, β 为非平方剩余, ξ 为非立方剩余, 第 2 种扩张表达则要求 ξ 是非平方剩余. 若 ξ 同时是非平方和非立方剩余, 则 $F_{q^{12}}$ 元素的两种表达仅需通过重新排列多项式系数就可快速实现相互转换.

$$F_{q^2} = F_q[u]/(u^2 - \beta),$$

$$F_{q^6} = F_{q^2}[v]/(v^3 - \xi),$$

$$F_{q^{12}} = F_{q^6}[w]/(w^2 - v),$$

$$F_{q^4} = F_{q^2}[s]/(s^2 - \xi),$$

$$F_{q^{12}} = F_{q^4}[t]/(t^3 - s),$$

$$F_{q^{12}} = F_{q^2}[W]/(W^6 - \xi).$$

仿射坐标. 在仿射坐标系下, 设 $Z = (x_1, y_1)$, 计算 $2Z$ 可用如下公式 (其中 BN 曲线有 $a = 0$):

$$\lambda = \frac{3x_1^2 + a}{2y_1}, \quad x_3 = \lambda^2 - 2x_1, \quad y_3 = \lambda(x_1 - x_3) - y_1 = (\lambda x_1 - y_1) - \lambda x_3.$$

对 D 类扭曲线, $\ell_{\Psi(Z),\Psi(Z)}(P) = y_P - \lambda x_P W + (\lambda x_1 - y_1)W^3$. 对 M 类扭曲线, $\ell_{\Psi(Z),\Psi(Z)}(P) = y_P W^3 - \lambda_{x_P} W^2 + (\lambda x_1 - y_1)$. 下面仅以 D 类扭曲线为例说明计算公式, M 类曲线公式可通过系数间对应关系简单推导. 因 P 在 Miller 循环中是固定值, 可预计算 $y'_P = 1/y_P, x'_P = -x_P/y_P$, Miller 函数计算转换为

$$y'_P \cdot \ell_{\Psi(Z),\Psi(Z)}(P) = 1 + \lambda x'_P W + y'_P(\lambda x_1 - y_1)W^3.$$

因为双线性对最后有幂乘运算, $y'_P \cdot \ell$ 和 ℓ 进行最后幂乘运算后结果相同. 转换后公式计算的开销比直接计算多 $2\mathrm{M}_1$, 但是由于结果多项式的常数项为 1, 有利于 $f^2 \cdot \ell$ 的计算 (节约 $6\mathrm{M}_1$), 整体上有利于加速 Miller 循环 (减少 $4\mathrm{M}_1$). 上述倍点和 ℓ 的计算过程如下 [81]:

$$A = 1/(2y_1), \quad B = 3x_1^2, \quad C = AB, \quad D = 2x_1, \quad x_3 = C^2 - D,$$
$$E = Cx_1 - y_1, \quad y_3 = E - Cx_3, \quad F = Cx'_P, \quad G = Ey'_P,$$
$$y'_P \cdot \ell_{\Psi(Z),\Psi(Z)}(P) = 1 + FW + GW^3.$$

设 $Q = (x_2, y_2)$, 可用如下公式计算 $Z + Q$ 和 Miller 函数 ℓ:

$$\lambda = \frac{y_2 - y_1}{x_2 - x_1}, \quad x_3 = \lambda^2 - x_1 - x_2, \quad y_3 = \lambda(x_1 - x_3) - y_1,$$

$$A = 1/(x_2 - x_1), \quad B = y_2 - y_1, \quad C = AB, \quad D = x_1 + x_1, \quad x_3 = C^2 - D,$$
$$E = Cx_1 - y_1, \quad y_3 = E - Cx_3, \quad F = Cx'_P, \quad G = Ey'_P,$$
$$y'_P \cdot \ell_{\Psi(Z),\Psi(Q)}(P) = 1 + FW + GW^3.$$

齐次投影坐标. 在齐次投影坐标系下, 点 $Z=(X_1,Y_1,Z_1)$, 其中 $x_1=X_1/Z_1$, $y_1=Y_1/Z_1$, 倍点和 ℓ 的计算公式如下 [81]:

$$X_3=X_1Y_1/2(Y_1^2-9b'Z_2),\quad Y_3=[1/2(Y_1^2+9b'Z_1^2)]^2-27b'^2Z_1^4,\quad Z_3=2Y_1^3Z_1,$$
$$\ell(P)_{\Psi(Z),\Psi(Z)}(P)=-2YZy_P+3X^2x_PW+(3b'Z^2-Y^2)W^3.$$

[80] 和 [48, 81] 分别给出了两个稍有差异的计算方法. 其中 [48, 81] 比 [80] 多一个 F_{q^2} 上的乘法, 少一个平方以及更少的加法操作. 下面分别给出这两种计算方法. 设预计算 $y'_P=-y_P, x'_P=3x_P$. 方法 1 [80] 的公式如下, 其计算开销为 $2\mathrm{M}_2+7\mathrm{S}_2+4\mathrm{M}_1+1\mathrm{m}'_b+20\mathrm{A}_2$, 其中 m'_b 是乘以曲线系数 b'.

$$A=X_1^2,\quad B=Y_1^2,\quad C=Z_1^2,\quad D=3b'C,\quad E=(X_1+Y_1)^2-A-B,$$
$$G=3D,\quad F=(Y_1+Z_1)^2-B-C,\quad X_3=E(B-G),\quad Y_3=(B+G)^2-12D^2,$$
$$Z_3=4BF,\quad \ell(P)_{\Psi(Z),\Psi(Z)}(P)=Fy'_P+Ax'_PW+(D-B)W^3.$$

方法 2 [81] 的公式如下, 其计算开销为 $3\mathrm{M}_2+6\mathrm{S}_2+4\mathrm{M}_1+1\mathrm{m}'_b+16\mathrm{A}_2$.

$$A=X_1Y_1/2,\quad B=Y^2,\quad C=Z_1^2,\quad D=3C,\quad E=b'D,\quad F=3E,$$
$$X_3=A(B-F),\quad G=(B+F)/2,\quad Y_3=G^2-3E^2,$$
$$H=(Y_1+Z_1)^2-(B+C),\quad Z_3=BH,$$
$$\ell(P)_{\Psi(Z),\Psi(Z)}(P)=Hy'_P+X_1^2x'_PW+(E-B)W^3.$$

设 $Q=(x_2,y_2)$, 混合加 $Z+Q$ 和 ℓ 的计算公式如下. 该过程需要 $11\mathrm{M}_2+2\mathrm{S}_2+4\mathrm{M}_1+9\mathrm{A}_2$ 个运算.

$$L=X_1-x_2Z_1,\quad T=Y_1-y_2Z_1,\quad A=T^2,\quad B=Z_1A,\quad C=L^2,\quad D=LC,$$
$$E=X_1C,\quad F=Y_1D,\quad X_3=L(D+B-2E),$$
$$Y_3=T(3E-D-B)-F,\quad Z_3=Z_1D,$$
$$\ell(P)_{\Psi(Z),\Psi(Q)}(P)=Ly'_P-Tx_PW+(TX_2-LY_2)W^3.$$

[82] 给出了特殊形式的 Weierstrass 曲线 $y^2=x^3+c^2$ 上 Miller 函数的高效计算公式. [80] 给出了嵌入次数为偶数的曲线 $y^2=x^3+ax$ 的 Miller 函数相关计算公式, 可用于如 KSS16 曲线上实现双线性对. 表 11.5 统计了两种坐标系下 Miller 循环中各个操作的开销.

***qQ* 快速计算**. 算法 31 中使用 Frobenius 同态映射 π_q 计算 q^iQ: $\pi_q^i(Q)=q^iQ$. 设 BN 曲线的扭曲线 E' 上点 $Q=(x,y)$, $x=x_0+x_1u, y=y_0+y_1u$, 预计算 $\gamma_{1,1}=u^{(q-1)/6}$. 对 D 类扭曲线, 有 $qQ=(\bar{x}\gamma_{1,1}^2,\bar{y}\gamma_{1,1}^3)$. 对 M 类扭曲线, 有 $qQ=(\bar{x}/\gamma_{1,1}^2,\bar{y}/\gamma_{1,1}^3)$.

表 11.5 Miller 循环中点相关运算开销

坐标系	操作	开销
仿射坐标	倍点与 ℓ 计算方法 1	$3M_2+2S_2+7A_2+I_2+2M_1$
仿射坐标	点加与 ℓ 计算方法 1	$3M_2+S_2+6A_2+I_2+2M_1$
仿射坐标	倍点与 ℓ 计算方法 2	$3M_2+2S_2+7A_2+I_2+4M_1$
仿射坐标	点加与 ℓ 计算方法 2	$3M_2+S_2+6A_2+I_2+4M_1$
齐次投影坐标	倍点与 ℓ 计算方法 1	$2M_2+7S_2+4M_1+1m_b'+20A_2$
齐次投影坐标	倍点与 ℓ 计算方法 2	$3M_2+6S_2+4M_1+1m_b'+16A_2$
齐次投影坐标	点加与 ℓ 计算	$11M_2+2S_2+4M_1+9A_2$

t 个双线性对乘积计算. 一些双线性对密码方案, 例如 BLS 短签名、BB_1-IBE、第 8 章中的属性加密机制等, 需要计算两个或多个双线性对的乘积. 我们可以将多个双线性对合并计算以提高效率. 例如在算法 31 中, 各个双线性对的 ℓ 计算、倍点以及点加等独立计算, 步骤 3、步骤 10 和步骤 16 则仅计算一次. 根据曲线和参数的不同, 这种方法相较于分别计算各个双线性对提升的效率稍有差别. 比如, 在 BLS12 曲线上, 上述方法计算 t 个双线性对积的开销约为 $\left(1+\dfrac{3}{8}(t-1)\right)C_{PAIR}$, 其中 C_{PAIR} 为单个双线性对的计算开销.

11.6.2 最后幂乘运算

算法 31 中步骤 16 计算最后幂乘运算 $f^{(q^k-1)/p}$. 对嵌入次数 k, $\Phi_k(x)$ 是 k 次割圆多项式 (见定义 2.51), 有 $p|\Phi_k(q), \Phi_k(q)|q^k-1$. 据此最后幂乘运算可分为两个部分:

$$f^{(q^k-1)/p}=(f^{(q^k-1)/\Phi_k(q)})^{\Phi_k(q)/p}.$$

第 1 部分 $f^{(q^k-1)/\Phi_k(q)}$ 相对简单. 根据定义 2.51 有

$$(q^k-1)/\Phi_k(q)=\prod_{j|k}\Phi_j(x),\quad j\in[1..k-1].$$

对小的 k, Φ_j 的系数都为 $1,0,-1$, 因此可以用 F_{q^k} 上的几个乘法、逆和快速的 π_q 进行计算. 当 $k=2^i3^j, i>0, j\leqslant 0, q=1 \mod 12$ 时, 有 $\Phi_k(q)=q^{k/3}-q^{k/6}+1$ [25], 即 $(q^k-1)/\Phi_k(q)=(q^{k/2}-1)(q^{k/2}+1)/(q^{k/3}-q^{k/6}+1)=(q^{k/2}-1)(q^{k/6}+1)$. 经过第 1 部分计算后 $g=f^{(q^k-1)/\Phi_k(q)}$, g 具有以下一些有利于加速第 2 部分运算的性质: $g\in G_{\Phi_k(q)}$, g 是幺正, $1/g=\bar{g}$.

第 2 部分 $g^{\Phi_k(q)/p}$ 称为困难部分. 和 $\mathbb{G}_2$ 上点乘、$\mathbb{G}_T$ 上的幂乘以及优化 Ate 对一样, 我们希望利用可快速计算的 Frobenius 自同态, 将 $\Phi_k(q)/p$ 进行分解:

$$e(x)d(x)=e(x)\Phi_k(q)(x)/p(x)=\sum_{i=0}^{\varphi(k)-1}\lambda_i(x)q^i(x),$$

其中 $e(x)$ 是根据分解过程的需要引入的额外指数且 $p(x) \nmid e(x)$. 如果 $e(x) \neq 1$, 则最后幂乘运算变为 $(f^{(q^k-1)/p})^e$. 生成上述分解大体上有三种方法: 方法 1 是向量加法链 [83,84], 方法 2 使用格上求解短向量方法获得 $d(x)$ 的小范数分解 λ_i [11,85], 方法 3 是启发式地利用割圆多项式的结构加速计算 [86–88].

对 BN 曲线上 $g^{\Phi_k(q)/p} = g^{d(x)} = g^{(q(x)^4-q(x)^2+1)/p(x)}$, Devegili 等 [89] 提出了一个复用 $6x^2+1$ 和 $6x+5$ 分解 $d(x)$ 以加速计算的方法, Scott 等 [83] 提出了利用向量加法链复用预计算的方法, Fuentes-Castañeda 等 [85] 提出了基于格上短向量获取 λ_i 的方法 (该方法 $e(x) \neq 1$), [11] 进一步改进了 [85] 的方法. [90] 对 [83,85,89] 方法进行了详细的比较. [11] 中方法最高效但是不是标准的幂数 ($e \neq 1$). [83] 中的方法将 $d(x)$ 改写为

$$
\begin{aligned}
g^d =& g^{\lambda_3 q^3+\lambda_2 q^2+\lambda_1 q+\lambda_0} \\
=& g^{q^3} g^{(6x^2+1)q^2} g^{(-36x^3-18x^2-12x+1)q} g^{(-36x^3-30x^2-18x-2)} \\
=& g^{q^3} g^{q^2} (g^{q^2})^{6x^2} (g^q)^{-36x^3} (g^q)^{-18x^2} (g^q)^{-12x} g^q g^{-36x} g^{-30x^2} g^{-18x} g^{-2} \\
=& [g^q g^{q^2} g^{q^3}][1/g]^2 [(g^{x^2})^{q^2}]^6 [1/(g^x)^q]^{12} [1/g^x (g^{x^2})^q]^{18} [1/(g^{x^2})]^{30} [1/g^{x^3} (g^{x^3})^q]^{36} \\
=& y_0 y_1^2 y_2^6 y_3^{12} y_4^{18} y_5^{30} y_6^{36}.
\end{aligned}
$$

预计算 $y_i, i \in [1..6]$ 后可以通过加法链方法计算 g^d, 过程见算法 32.

算法 32 BN 曲线上的最后幂乘运算困难部分 [83]

Input: $\{y_i\}, i \in [0..6]$

Output: $g^{(q^4-q^2+1)/p}$

1 $t_0 = y_6^2$

2 $t_0 = t_0 y_4$

3 $t_0 = t_0 y_5$

4 $t_1 = y_3 y_5$

5 $t_1 = t_0 t_1$

6 $t_0 = t_0 y_2$

7 $t_1 = t_1^2$

8 $t_1 = t_0 t_1$

9 $t_1 = t_1^2$

10 $t_0 = t_1 y_1$

11 $t_1 = t_1 y_0$

12 $t_0 = t_0^2$

13 $t_0 = t_0 t_1$

14 **return** t_0

[83] 的方法需要 7 个 $F_{q^{12}}$ 上的变量. [90] 将上述过程改写如下. 该分解使得

幂乘运算困难部分的计算只需要 5 个变量, 但性能稍差于 [83].

$$
\begin{aligned}
g^d &= g^{\lambda_3 q^3+\lambda_2 q^2+\lambda_1 q+\lambda_0} \\
&= [g^q g^{q^2} g^{q^3}][(g^{3x^2})^{q^2} g^{-1} g^{-6x^2}]^2[(g^q g)^{-4x} g^{-2x}]^3[(g^q g)^{-6x^3}(g^q g)^{-3x^2}]^6 \\
&= \tilde{y}_0\tilde{y}_1^2\tilde{y}_3^3\tilde{y}_4^6.
\end{aligned}
$$

对 BLS12 曲线, Ghammam 和 Fouotsa [91] 给出了如下的计算方法 (算法 33):

$$
\begin{aligned}
g^{q^4-q^2+1} &= g^{\lambda_3 q^3+\lambda_2 q^2+\lambda_1 q+\lambda_0}, \\
\lambda_0 &= \lambda_1 x + 3, \\
\lambda_1 &= \lambda_2 x - \lambda_3, \\
\lambda_2 &= \lambda_3 x, \\
\lambda_3 &= x^2 - 2x + 1.
\end{aligned}
$$

[91] 同时给出了曲线 BLS24 上最后幂乘运算的快速算法, 其困难部分计算公式如下:

$$
\begin{aligned}
g^{(q^8-q^4+1)/p} &= g^{\lambda_7 q^7+\lambda_6 q^6+\lambda_5 q^5+\lambda_4 q^4+\lambda_3 q^3+\lambda_2 q^2+\lambda_1 q+\lambda_0}, \\
\lambda_0 &= x^9 - 2x^8 + x^7 - x^5 + 2x^4 - x^3 + 3, \\
\lambda_1 &= x^8 - 2x^7 + x^6 - x^4 + 2x^3 - x^2, \\
\lambda_2 &= x^7 - 2x^6 + x^5 - x^3 + 2x^2 - x, \\
\lambda_3 &= x^6 - 2x^5 + x^4 - x^2 + 2x - 1, \\
\lambda_4 &= x^5 - 2x^4 + x^3, \\
\lambda_5 &= x^4 - 2x^3 + x^2, \\
\lambda_6 &= x^3 - 2x^2 + x, \\
\lambda_7 &= x^2 - 2x + 1.
\end{aligned}
$$

[84] 和 [92] 分别给出了曲线 KSS18 和 BLS48 上最后幂乘运算的快速算法. Hayashida 等 [87] 进一步发现对 BLS 曲线族, 当 $k=12,24,48$ 时, $d'(x)=3\Phi_k(q(x))/p(x)$ 的分解可以更加快速地完成幂乘运算. 采用该分解能更高效地计算 $(f^{(q^k-1)/p})^3$. 分解结果见表 11.6. [87] 同时给出了 $k=9,15,27$ 的 BLS 曲线的相关分解. [88] 采用类似的方法给出了 KSS18 曲线上最后幂乘运算的快速方法 $g^{d'(x)}$, $d'(x) =$

$\sum_{i=0}^{5} \lambda_i q^i(x)$, 其中 λ_i 为

$$\lambda_6 = x^2 + 5x + 7,$$

$$\lambda_5 = x^2\lambda_6 + 3,$$

$$\lambda_4 = -3x\lambda_5 - 49\lambda_6,$$

$$\lambda_3 = 2x^2\lambda_5 + 35x\lambda_6,$$

$$\lambda_1 = 2\lambda_4 + x\lambda_5,$$

$$\lambda_0 = 2\lambda_3 + x\lambda_4,$$

$$\lambda_2 = -x\lambda_0 + 2\lambda_5.$$

算法 33 BLS12 曲线上的最后幂乘运算困难部分 [91]

Input: g, x

Output: $g^{(q^4-q^2+1)/p}$

1 $t_0 = g^2$
2 $t_1 = t_0^x$
3 $t_2 = t_1^{x/2}$ $//g^{x^2}$
4 $t_3 = g^{-1}$
5 $t_1 = t_1 t_3$ $//g^{2x-1}$
6 $t_1 = t_1^{-1}$ $//g^{-2x+1}$
7 $t_1 = t_1 t_2$ $//g^{\lambda_3}$
8 $t_2 = t_1^x$ $//g^{\lambda_2}$
9 $t_3 = t_2^x$ $//g^{\lambda_2 x}$
10 $t_1 = t_1^{-1}$ $//g^{-\lambda_3}$
11 $t_3 = t_1 t_3$ $//g^{\lambda_1}$
12 $t_1 = t_1^{-1}$ $//g^{\lambda_3}$
13 $t_1 = t_1^{q^3}$ $//g^{\lambda_3 q^3}$
14 $t_2 = t_2^{q^2}$ $//g^{\lambda_2 q^2}$
15 $t_1 = t_1 t_2$ $//g^{\lambda_3 q^3 + \lambda_2 q^2}$
16 $t_2 = t_3^x$ $//g^{\lambda_1 x}$
17 $t_2 = t_2 t_0$
18 $t_2 = t_2 g$ $//g^{\lambda_0}$
19 $t_1 = t_1 t_2$ $//g^{\lambda_3 q^3 + \lambda_2 q^2 + \lambda_0}$
20 $t_2 = t_3^q$ $//g^{\lambda_1 q}$
21 $t_1 = t_1 t_2$ $//g^{\lambda_3 q^3 + \lambda_2 q^2 + \lambda_q + \lambda_0}$
22 **return** t_1

表 11.6 BLS 曲线上最后幂乘运算困难部分的分解 [87]

曲线	分解
BLS12	$3\Phi_{12}(q(x))/p(x) = (x-1)^2(x+q(x))(x^2+q(x)^2-1)+3$
BLS24	$3\Phi_{24}(q(x))/p(x) = (x-1)^2(x+q(x))(x^2+q^2(x))(x^4+q^2(x)-1)+3$
BLS48	$3\Phi_{48}(q(x))/p(x) = (x-1)^2(x+q(x))(x^2+q^2(x))(x^4+q^4(x))(x^8+q^8(x)-1)+3$

11.7 消息到曲线点的映射

众多的双线性对标识密码算法如 BF-IBE 加密算法、BLS 短签名算法都需要将一个字节串消息映射到椭圆曲线群 $\mathbb{G}_1$ 或 $\mathbb{G}_2$ 中某个元素. 将消息 m 映射到曲线上点群 $\mathbb{G}_i$ 大体可由以下三个步骤组成.

- 使用函数 $h:\mathbb{M}\mapsto\mathbb{S}$ 将消息空间 $\mathbb{M}$ 中的某个消息 m 映射到集合 $\mathbb{S}$ 中某个元素 $h(m)$. $\mathbb{S}$ 一般是定义曲线的基域 F.
- 使用编码函数 $f:\mathbb{S}\mapsto E(F)$ 将集合 $\mathbb{S}$ 中某个元素编码为椭圆曲线上的一个点 Q': $f(h(m))=Q'$.
- 根据 $\mathbb{G}_i$ 的余因子 cf, 计算 $Q=[cf]Q'$, 将 Q' 映射为点群 $\mathbb{G}_i$ 中某个点 Q.

消息到椭圆曲线点的映射 (后文简称为点映射) 函数 $H2P$ 定义为

$$H2P(m)=[cf]f(h(m)).$$

众多算法的安全性证明都假定 $H2P$ 是一个随机谕示. 我们需要使用一个点映射算法代替随机谕示后仍然能够保障算法的安全性. 这要求 $H2P$ 和随机谕示是不可区分的. 一种直观的映射方法是定义 $\mathbb{S}=\mathbb{Z}_p$, $f(h(m))=[h(m)]G$, G 为 $\mathbb{G}_i$ 的生成元. 采用这种映射方法, 任意方 (包括随机谕示的模拟者) 都知道 $h(m)=\log_G Q$. 如果证明中的模拟者需要将一个消息 m 映射到特定点 Z, 这同样要求模拟者知道 $\log_G Z$, 而根据复杂性假设, 模拟者可能无法计算该值. 这样的映射可导致证明无效, 威胁算法的安全性. 举例来说, 如果 BF-IBE 采用这个映射方法, 在类型 1 的双线性对参数下, 攻击者可以通过计算 $\hat{e}(P_{pub},rP)^{h(\mathrm{ID}_A)}$ 解密消息 (BF-IBE 加密过程见 4.3 节). 若 f 是一个双射且 f^{-1} 可有效计算, 则 $H2P(m)=f(h(m))$ 是一个可以替代随机谕示的有效构造, 其中 h 是一个标准的哈希随机谕示. 此时给定一个 Z, 随机谕示可以设置 $h(m)=f^{-1}(Z)$. 若 f 不是双射, 但在$\mathbb{S}\backslash T$ 和 $E(F)\backslash W$ 上是双射且 T,W 足够小, 我们依然可以使用该映射. 进一步推广, 如果 f 不是可逆的而是可采样的, 即给定任意 $Q\in E(F)$, 可在多项式时间内计算一个随机的 $f^{-1}(Q)$, 那么我们仍然可以使用该构造代替随机谕示.

Boneh, Lynn 和 Shacham [93] 提出第一个通用的点映射函数, 其基本方法是设 $\mathbb{S}=F$, 将消息 m 和一个计算器 ct 映射到 F 中一个元素 $x=h(ct||m)$, 然后将 x 作为点的 x 轴坐标值. 若 $g(x)=x^2+ax+b$ 在 F 上有平方根 y, 则 $Q'=(x,y)$,

否则增加计数器后重复该过程. 根据椭圆曲线的点分布, 该过程平均重复两次就可以确定一个点. 具体过程见算法 34.

算法 34 通用点映射算法 [94]

Input: $m \in \mathbb{M}$, 曲线参数以及 $\mathbb{G}_i$ 的余因子 cf

Output: $Q \in \mathbb{G}_i$

1 $ct = 0$
2 $x = h(ct||m) \in F$
3 $\zeta = x^2 + ax + b$
4 **if** t 是 F 上的平方剩余 **then**
5 $\quad \alpha = \sqrt{\zeta}$
6 **else**
7 $\quad ct = ct + 1$
8 $\quad$ goto 步骤 2
9 $y_1 = \alpha$, $y_2 = -\alpha$
10 **if** $y_1 > y_2$ **then**
11 $\quad y = -a$
12 **else**
13 $\quad y = a$
14 $Q' = (x, y)$
15 $Q = [cf]Q'$
16 **return** Q

算法 34 是一个非确定性的过程, 在一些情况下存在侧信道攻击的风险, 因此有众多工作尝试寻找确定性的点映射方法, 特别是确定性的编码函数 f. Boneh 和 Franklin [3] 首先提出了一个确定性的点映射方法将消息映射到满足 $q = 2 \mod 3$ 的超奇异曲线上的点群. 该确定性点映射方法是将 $h(m) \in F_q$ 作为点的 y 轴坐标值, 根据曲线方程求解 x 轴坐标值:

$$\begin{aligned} f : F &\longrightarrow E(F), \\ \zeta &\longmapsto ((\zeta^2 - b)^{1/3}, \zeta). \end{aligned}$$

因为超奇异曲线有 $\#E = q + 1 = \#F_q + 1$ 且 $q = 2 \mod 3$, 从而确保 $\zeta^2 - b \in F_q$ 上总有立方根, 因此该编码方法总能正确工作. Icart [95] 给出了另外一种可以应用于满足 $q = 2 \mod 3$ 的任意曲线 $y^2 = x^3 + ax + b$ 的编码方法.

$$\begin{aligned} &f : F \longrightarrow E(F), \\ &\zeta \longmapsto \begin{cases} \mathcal{O}, & \zeta = 0, \\ ((\gamma^2 - b - \zeta^6/27)^{1/3} + \zeta/3, \zeta x + \gamma), \gamma = \dfrac{a - 3\zeta^4}{6\zeta}, & \text{其他}. \end{cases} \end{aligned}$$

Shallue 和 van de Woestijne [96] 通过推广 Skalba [97] 的方法提出一个通用编码方法. 对曲线 $E(F): y^2 = g(x) = x^3 + ax + b, \#F > 5$, 定义三维变量 $V(F): y^2 = g(x_1)g(x_2)g(x_3)$, 若 $y \neq 0$, $g(x_i)$ 中必有一个是平方剩余. 这意味着其中一个 x_i 是 $E(F)$ 的某个有理点的 x 轴坐标. 为了构造 $V(F)$ 上的有理点, [96] 定义一个曲面 $S(F): y^2(u^2 + uv + v^2 + a) = -g(u)$ 并构造该曲面到 $V(F)$ 的可逆映射:

$$\begin{aligned}\phi_1: \quad & S(F) \longrightarrow V(F), \\ & (u, v, y) \longmapsto \left(v, -u-v, u+y^2, g(u+y^2)\frac{y^2+uv+v^2+a}{y}\right).\end{aligned}$$

$S(F)$ 可以重写为 $z^2 + wy^2 = -g(u)$, 其中 $z = y\left(v + \frac{1}{2}u + \frac{1}{2}a\right)$, $w = \frac{3}{4}u^2 + \frac{1}{2}au + b - \frac{1}{4}a^2$. 当 $w \neq 0, g(u) \neq 0$ 时, 则 $S(F)$ 是一个具有有理参数的非退化圆锥, 即当 $u = u_0, g(u_0) \neq 0, 3u_0^2 + 4a \neq 0$ 时, 有可逆映射 $\phi_2: \mathbb{A}^1 \to S(F)$. 据此, Shallue-van de Woestijne 编码方法定义为 $\mathbb{A}^1 \xrightarrow{\phi_2} S(F) \xrightarrow{\phi_1} V(F)$.

当 $ab \neq 0$ 时, Ulas [98] 对 Shallue-van de Woestijne 编码方法进行了简化, 称为 SWU 方法. Brier 等 [99] 针对 $q = 3 \mod 4$ 的情况对 SWU 进行了进一步简化, 称为简化 SWU 方法. Wahby 和 Boneh [100] 则通过扩展简化 SWU 进一步支持 $q = 1 \mod 4$. 设 $ab \neq 0$ 和非平方剩余 $\xi \in F$, 定义 $X_0(\zeta) = -\frac{b}{a}\left(1 - \frac{1}{\zeta^4 - \zeta^2}\right), X_1(\zeta) = \xi\zeta^2 X_0(\zeta)$, 简化 SWU 为

$$\begin{aligned} f: F \longrightarrow & E(F), \\ \zeta \longmapsto & \begin{cases} \mathcal{O}, & \zeta \in \{-1, 0, 1\}, \\ (X_0(\zeta), \sqrt{g(X_0(\zeta))}), & \chi(g(X_0(\zeta))) = 1, \\ (X_1(\zeta), -\sqrt{g(X_1(\zeta))}), & \text{其他}. \end{cases}\end{aligned}$$

SWU 方法以及简化 SWU 都要求 j-不变量不等于 0 或 1728(即 $ab \neq 0$), 不适合大多双线性友好曲线. 为了将简化 SWU 编码应用于双线性友好曲线 (如 BN 或 BLS 曲线有 $a = 0$), [100] 提出间接映射的方法: 将 $h(m)$ 映射到和 E 同源且 $ab \neq 0$ 的曲线 $\tilde{E}$ 上, 然后使用同源映射获得 E 上的点. 这样的间接映射要求同源的次数和 p 互素且 $p \nmid cf$. [100] 给出了 $E(F_q)$ 与 $\tilde{E}(F_q)$ 以及 $E(F_{q^2})$ 和 $\tilde{E}(F_{q^2})$ 的同源映射, 并进一步给出了各计算过程的优化方法, 使得可快速且固定时间地完成点映射. [100] 给出了 Shallue-van de Woestijne 方法、简化 SWU 方法对 BLS12 曲线的参数, [101] 则给出了 Shallue-van de Woestijne 方法对 BN 曲线的参数. 确定的点映射高效方法具体实现过程可见 [102].

前面提到的这些编码方法均不能将 $\mathbb{S}$ 映射到曲线的完整点集上. 例如, Icart 编码方法仅能覆盖约 5/8 的点[103,104]. 因此采用这些方法构造的 $H2P$ 和随机谕示仍然有区别. Brier 等[99] 提出如下两种构造方法来解决该问题.

$$\text{方法 1: } H(m) = f(h_1(m)) + f(h_2(m)),$$

$$\text{方法 2: } H(m) = f(h_1(m)) + [h_2(m)]G.$$

这两种构造都可以替换随机谕示而不影响安全性, 其中方法 1 比方法 2 效率更高. [99] 证明了方法 1 可采用 Icart 编码方法, 方法 2 具有通用性, 适用于多种编码方法. [105,106] 则改进了 [99] 的分析, 证明了方法 1 也具有通用性.

编码获得 E 上的点 Q' 后还需将其映射到目标群. $H2P$ 的第三步 $[cf]Q'$ 可以采用 [83,85] 中的方法快速计算. [83] 利用了 11.4 节中的 GLV 和 GLS 方法加速点乘运算. [85] 则注意到映射不必须计算 $[cf]Q'$. 对于 cf 的一个倍数 $cf' \bmod p \neq 0$, $[cf']Q'$ 同样可以将 Q' 有效映射到 $\mathbb{G}_i$ 中. 选择合适 cf' 后使用 LLL 算法求解 cf' 的一个小范数分解可以实现更加高效的点乘运算.

11.8 双线性对委托计算

双线性对是一个复杂的运算. 根据 [107], 在 AES-128 位安全级别上, 根据使用曲线的不同, 双线性对与 $\mathbb{G}_1$ 上点乘的开销比 ($C_{PAIR} : C_{MP_1}$) 约为 6.2 : 1~8 : 1, 双线性对与 $\mathbb{G}_2$ 上点乘的开销比 ($C_{PAIR} : C_{MP_2}$) 约为 2.9 : 1~3.8 : 1, 双线性对与 $\mathbb{G}_T$ 幂乘运算的开销比 ($C_{PAIR} : C_{EP_3}$) 约为 1.9 : 1~2.5 : 1. 如果能够将双线性对安全地委托给具有更高计算能力的系统来完成计算, 则可能减少低能力设备完成含有双线性对的密码操作的开销.

Girault 和 Lefranc[108] 首先提出了服务器辅助验证签名的概念, 后续一些发展包括 [109–111] 等. 这些工作尝试设计协议由服务器计算双线性对来协助客户端完成标识签名的验签操作, 减少客户端的本地开销. [112] 提出了双线性对委托的概念, 后续一系列工作 [107,113–120] 等尝试改善双线性对委托协议, 特别是提高客户端的效率. 这些工作大体分为两类: 公共输入双线性对委托和私有输入双线性对委托. 公共输入双线性对委托是指委托方 Clt 不关心双线性对 $\hat{e}(P,Q)$ 的两个输入 P,Q 的私密性, 受托方 Svr 可以获得 P,Q. 私有输入双线性委托进一步分为单输入私有和双输入私有委托, 要求规定的私有输入仅为 Clt 知晓, Svr 通过执行双线性对委托协议也不能获得关于私有输入的更多信息. 根据 P,Q 是否可变和是否私有, [114] 将其分为 16 类不同的委托场景. 显然公共输入双线性对委托可以用于服务器辅助验证签名的正确性. 上述工作中许多并没有在保障单个双线性对委托计算安全性的同时有效降低 Clt 侧的计算开销, 复杂的委托协议给

Clt 进一步引入了原来本地计算双线性对没有的大量通信开销. 一些协议的安全性分析见 [121], 开销分析见 [115, 119, 120].

批量双线性对计算委托问题反而更简单[114,118], 其中 [118] 的协议相较于 [114] 显著提高了效率并提出支持两个输入都可变的批量委托协议. 需要注意的是, [114, 118] 都假定 t 个双线性对的计算开销是单个双线性对的 t 倍. 例如, [118] 假定 BLS 短签名的验签过程需要两个双线性对, 但是 BLS 签名验证过程可以用双线性对的积来校验, 而在高效的 BLS12 曲线上 t 个双线性对积的开销约 $\left(1+\frac{3}{8}(t-1)\right)C_{PAIR}$.

注意到双线性对计算开销和 $\mathbb{G}_1, \mathbb{G}_2$ 点乘以及 $\mathbb{G}_T$ 幂乘运算的比例关系, 许多委托协议将委托过程分为两个阶段. ① 离线阶段. 进行预计算获得相关双线性对的值; ② 在线阶段. Clt 获得一个或两个输入后, 请求 Svr 计算另外的一个或多个双线性对值, 然后校验和计算 $\mathbb{G}_T$ 中相关值并形成最终结果. 通过降低在线阶段的开销来提高 Clt 使用委托计算的效率. 为提高 Clt 侧效率, 如果操作可在不同群中转换, 则优先使用 $\mathbb{G}_1$, 其次选择 $\mathbb{G}_2$, 最后才选择 $\mathbb{G}_T$ 运算. 另外, Clt 需校验从 Svr 收到的元素属于 $\mathbb{G}_T$. 根据曲线不同, 这种校验的开销不同[107]. 如果可能, 应尽量减少 $\mathbb{G}_T$ 群元素归属校验的次数. 根据输入是在线还是离线获取的不同, 双线性对委托协议类型有更多的分类. Crescenzo 等[119,120] 设计了一些在线/离线委托协议. [107] 对其中的在线公开输入委托协议进行了改进和效率评估. 这里介绍其中两个有较多应用场景的协议: 一个是公开输入 (两输入都在线) 委托协议, 另一个是双私有输入 (一在线一离线) 委托协议. 前者可以用于协助验签等, 后者可以用于协助解密等.

双公开输入双在线双线性对委托协议[120]. 协议由如下四个方法构成.

- **offSetup**(λ): 给出验证安全参数 λ, 可选择 $\lambda = 50$(该参数影响协议的安全性和效率. λ 越大, 则协议安全性越高, 但是协议效率将降低. 见后文分析), 输出离线阶段参数 `off.pp`. 该方法由 Clt 提前在离线阶段完成.
  1. $U_1 \in_R \mathbb{G}_1, U_2 \in_R \mathbb{G}_2$;
  2. $c \in_R [1..2^\lambda], r \in_R \mathbb{Z}_p^*$;
  3. $V_2 = r^{-1}U_2$;
  4. $v = \hat{e}(U_1, U_2)$;
  5. `off.pp` $= (c, r, U_1, U_2, V_2, v)$.
- **onSetup**(`off.pp`, $P \in \mathbb{G}_1, Q \in \mathbb{G}_2$): 给定离线阶段参数 `off.pp`, 双线性对两输入 P, Q, 输出公共数据 `pub` 和秘密 `sec`. Clt 在线获得双线性对输入后执行该方法, 并将 `pub` 提供给 Svr.
  1. $V_1 = r(P - U_1)$;
  2. $W_2 = cQ + U_2$;

3. $\texttt{pub} = (P, Q, V_1, V_2, W_2)$, $\texttt{sec} = c$.

- **Compute(pub)**: Svr 收到 Clt 提供的 pub 后执行该方法输出 out.
  1. $v_1 = \hat{e}(P, Q)$;
  2. $v_2 = \hat{e}(P, W_2)$;
  3. $v_3 = \hat{e}(V_1, V_2)$;
  4. $\texttt{out} = (v_1, v_2, v_3)$.
- **Verify(sec, out)**: Clt 验证 Svr 输出 out 的有效性, 如果验证成功则输出 $\hat{e}(P, Q)$.
  1. 检查是否 $v_1, v_3 \in \mathbb{G}_T$, 若否, 则终止;
  2. 检查 $v_2 = v_1^c \cdot v \cdot v_3$ 是否成立, 若否, 则终止;
  3. 输出 v_1.

Verify 第 2 步正确性如下:

$$
\begin{aligned}
v_1^c \cdot v \cdot v_3 &= \hat{e}(P, Q)^c \cdot \hat{e}(U_1, U_2) \cdot \hat{e}([r](P - U_1), r^{-1}U_2) \\
&= \hat{e}(P, Q)^c \cdot \hat{e}(U_1, U_2) \cdot \hat{e}(P, U_2) \cdot \hat{e}(U_1, U_2)^{-1} \\
&= \hat{e}(P, cQ + U_2).
\end{aligned}
$$

显然, 若 Svr 正确执行协议, 输出是 $\hat{e}(P, Q)$ 的正确值. 该协议的在线阶段需要 $1MP_1 + 1\widetilde{MP}_2 + 1\widetilde{EP}_3 + 2Chk_3$(其他操作开销可忽略), 其中 $\widetilde{MP}, \widetilde{EP}$ 是对应群上的小乘数和小指数运算 (λ 比特), Chk_T 则是 $\mathbb{G}_T$ 群成员检查操作. [107] 发现 **Verify** 过程中第 2 步可变换为 $v_2 \cdot v_3^{-1} = v_1^c \cdot v$. 若 Svr 在 **Compute** 过程代理计算 $v' = v_2 \cdot v_3^{-1}$, $\texttt{out} = (v_1, v')$ 可以节约带宽, 同时 Clt 减少了校验 $v_3 \in \mathbb{G}_T$ 的操作. 变换后的协议中 Clt 在线阶段的开销为 $1MP_1 + 1\widetilde{MP}_2 + 1\widetilde{EP}_3 + 1Chk_3$. [107,120] 证明了 Svr 给出错误 v_1 同时 **Verify** 步骤 2 检查成立的概率为 $2^{-\lambda}$.

双私有输入 (P 在线 Q 离线) 双线性对委托协议 [120].

- **offSetup($\lambda, Q \in \mathbb{G}_2$)**: 给出验证安全参数 λ 和双线性对的 $\mathbb{G}_2$ 输入, 输出离线阶段参数 off.pp, 该方法由 Clt 提前在离线阶段完成, 仍可选择 $\lambda = 50$.
  1. $U_1, U_2 \in_R \mathbb{G}_1$;
  2. $c \in_R [1..2^\lambda], r \in_R \mathbb{Z}_p^*$;
  3. $v_1 = \hat{e}(U_1, Q), v_2 = (U_2, Q)$;
  4. $V_2 = rU_2$;
  5. $Z_3 = r^{-1}Q$;
  6. $\texttt{off.pp} = (c, r, U_1, U_2, V_2, Z_3, v_1, v_2)$.
- **onSetup(off.pp, $P \in \mathbb{G}_1, Q \in \mathbb{G}_2$)**: 给定离线阶段参数 off.pp, 双线性

对两输入 P, Q, 输出公共数据 pub 和秘密 sec. Clt 在获得双线性对输入 P 后在线执行该方法, 并将 pub 提供给 Svr.

1. $Z_1 = r(P - U_1), Z_2 = cP + V_2$;
2. $\texttt{pub} = (Z_1, Z_2, Z_3), \texttt{sec} = c$.

- **Compute(pub)**: Svr 收到 Clt 提供的 pub 后执行该方法输出 out.
  1. $w_1 = \hat{e}(Z_1, Z_3)$;
  2. $w_2 = \hat{e}(Z_2, Z_3)$;
  3. $\texttt{out} = (w_1, w_2)$.
- **Verify(sec, out)**: Clt 验证 Svr 输出 out 的有效性, 如果验证成功则输出 $\hat{e}(P, Q)$.
  1. 检查是否 $w_1 \in \mathbb{G}_T$, 若否, 则终止;
  2. $y = w_1 \cdot v_1$;
  3. 检查 $w_2 = y^c \cdot v_2$ 是否成立, 若否, 则终止;
  4. 输出 y.

协议的正确性容易校验. [120] 证明了协议输出错误值同时 **Verify** 步骤 3 检查成立的概率为 $2^{-\lambda}$, Svr 在协议中通过 (Z_1, Z_2, Z_3) 不能获得关于 P, Q 的额外信息. 协议中 Clt 在线阶段的开销为 $1MP_1 + 1\widetilde{MP}_1 + 1\widetilde{EP}_3 + 1Chk_3$. 对新的输入 P', Clt 可重新选择 r', c' 计算新的 $Z_1 = r'(P - U_1), Z_2 = c'P + r'U_2, r'^{-1}Q$ 完成协议, 此时增加额外开销 $1\widehat{MP}_1 + 1\widehat{MP}_2$, $\widehat{MP}_i$ 是 $\mathbb{G}_i$ 群上可预计算的点乘.

参考文献

[1] Freeman D, Scott M, Teske E. A taxonomy of pairing-friendly elliptic curves. J. of Cryptology, 2010, 23(2): 224-280.

[2] Balasubramanian R, Koblitz N. The improbability that an elliptic curve has subexponential discrete log problem under the Menezes-Okamoto-Vanstone algorithm. J. of Cryptology, 1998, 11: 141-145.

[3] Boneh D, Franklin M. Identity-based encryption from the Weil pairing. CRYPTO 2001, LNCS 2139: 213-229.

[4] Miyaji A, Nakabayashi M, Takano S. New explicit conditions of elliptic curve traces for FR-reduction. IEICE Trans. Fundamentals, 2001, E84 A(5): 1234-1243.

[5] Scott M, Barreto P. Generating more MNT elliptic curves. Designs, Codes and Cryptography, 2006, 38: 209-217.

[6] Galbraith S, McKee J, Valença P. Ordinary Abelian varieties having small embedding degree. Finite Fields Appl., 2007, 13: 800-814.

[7] Barreto P, Lynn B, Scott M. Constructing elliptic curves with prescribed embedding degrees. SCN 2002, LNCS 2576: 263-273.

[8] Costello C, Lauter K, Naehrig M. Attractive subfamilies of BLS Curves for implementing high-security pairings. INDOCRYPT 2011, LNCS 7107: 320-342.

[9] Kiyomura Y, Inoue A, Kawahara Y, et al. Secure and efficient pairing at 256-bit secure level. ACNS 2017, LNCS 10355: 59-79.

[10] Mbiang N, Aranha D, Fouotsa E. Computing the optimal Ate pairing over elliptic curves with embedding degrees 54 and 48 at the 256-bit security level. Int. J. of Applied Cryptography, 2019, 4(1): 45-59.

[11] Barbulescu R, El Mrabet N, Ghammam L. A taxonomy of pairings, their security, their complexity. IACR Cryptology ePrint Archive, 2019, Report 2019/485.

[12] Guillevic A. A short-list of pairing-friendly curves resistant to special TNFS at the 128-bit security level. PKC 2020, LNCS 12111: 535-564.

[13] Barreto P, Naehrig M. Pairing-friendly elliptic curves of prime order. SAC 2005, LNCS 3897: 319-331.

[14] Brezing F, Weng A. Elliptic curves suitable for pairing based cryptography. Designs, Codes and Cryptography, 2005, 37: 133-141.

[15] Kachisa E, Schaefer E, Scott M. Constructing Brezing-Weng pairing-friendly elliptic curves using elements in the cyclotomic field. Pairing 2008, LNCS 5209: 126-135.

[16] Duan P, Cui S, Chan C. Special polynomial families for generating more suitable elliptic curves for pairing-based cryptosystems. EHAC 2006: 187-192.

[17] Lin X, Zhao C, Zhang F, et al. Computing the ate pairing on elliptic curves with embedding degree $k = 9$. IEICE Transactions on Fundamentals of Electronics, Communications and Computer Sciences, 2008, 91(9): 2387-2393.

[18] Drylo R. On constructing families of pairing-friendly elliptic curves with variable discriminant. INDOCRYPT 2011, LNCS 7107: 310-319.

[19] Scott M, Guillevic A. A new family of pairing-friendly elliptic curves. WAIFI 2018, LNCS 11321: 43-57.

[20] Dupont R, Enge A, Morain F. Building curves with arbitrary small MOV degree over finite prime fields. J. of Cryptology, 2005, 18: 79-89.

[21] Joux A. A new index calculus algorithm with complexity $L(1/4 + o(1))$ in small characteristic. SAC 2013, LNCS 8282: 355-379.

[22] Barbulescu R, Gaudry P, Joux A, et al. A heuristic quasi-polynomial algorithm for discrete logarithm in finite fields of small characteristic. EUROCRYPT 2014, LNCS 8441: 1-16.

[23] Granger R, Kleinjung T, Zumbrägel J. Breaking '128-bit secure' supersingular binary curves - (or how to solve discrete logarithms in $F_2^{4\cdot 1223}$ and $F_2^{12\cdot 367}$). CRYPTO 2014, LNCS 8617: 126-145.

[24] Kleinjung T, Wesolowski B. Discrete logarithms in quasi-polynomial time in finite fields of fixed characteristic. IACR Cryptology ePrint Archive, 2019, Report 2019/751.

[25] Koblitz N, Menezes A. Pairing-based cryptography at high security levels (invited paper). IMA Cryptography and Coding, 2005, LNCS 3796: 13-36.

[26] Jao D, De Feo L. Towards quantum-resistant cryptosystems from supersingular elliptic curve isogenies. PQCrypto 2011, LNCS 7071: 19-34.

[27] Castryck W, Lange T, Martindale C, et al. CSIDH: An efficient post-quantum commutative group action. ASIACRYPT 2018, LNCS 11274: 395-427.

[28] De Feo L, Kohel D, Leroux A, et al. SQISign: Compact post-quantum signatures from quaternions and isogenies. ASIACRYPT 2020, LNCS 12491: 64-93.

[29] Cocks C, Pinch R. Identity-based cryptosystems based on the Weil pairing. Unpublished manuscript, 2001.

[30] Freeman D. Constructing pairing-friendly elliptic curves with embedding degree 10. ANTS-VII, 2006, LNCS 4076: 452-465.

[31] Karabina K, Teske E. On prime-order elliptic curves with embedding degrees 3, 4 and 6. ANTS-VIII, 2008, LNCS5011: 102-117.

[32] Ben-Sasson E, Chiesa A, Tromer E. et al. Scalable zero knowledge via cycles of elliptic curves. CRYPTO 2014, LNCS 8617: 276-294.

[33] Fotiadis G, Konstantinou E. TNFS resistant families of pairing-friendly elliptic curves. IACR Cryptology ePrint Archive, 2018, Report 2018/1017.

[34] Menezes A, van Oorschot P, Vanstone S. Handbook of Applied Cryptography. Boca Raton: CRC Press, 1997.

[35] Montgomery P. Modular multiplication without trial division. Mathematics of Computation, 1985, 44(170): 519-521.

[36] Barrett P. Implementing the Rivest Shamir and Adleman public key encryption algorithm on a standard digital signal processor. CRYPTO 1986, LNCS 263: 311-323.

[37] Posch K, Posch R. Modulo reduction in residue number systems. IEEE Trans. Parallel Distrib. Syst., 1995, 6(5): 449-454.

[38] Knežević M, Vercauteren F, Verbauwhede I. Faster interleaved modular multiplication based on Barrett and Montgomery reduction methods. IEEE Tran. on Comp., 2010, 59(12): 1715-1721.

[39] Bos J, Kleinjung T, Page D. Efficient modular multiplication // Computational Cryptography: Algorithmic Aspects of Cryptology. Cambridge: Cambridge University Press, 2021.

[40] Bos J. High-performance modular multiplication on the cell processor. WAIFI 2010, LNCS 6087: 7-24.

[41] Hankerson D, Menezes A, Vanstone S. Guide to Elliptic Curve Cryptography. New York: Springer-Verlag, 2003.

[42] Pornin T. Optimized binary GCD for modular inversion. IACR Cryptology ePrint Archive, 2020, Report 2020/972.

[43] Shanks D. Five number-theoretic algorithms. Manitoba Conference on Numerical Mathematics, 1972: 51-70.

[44] Atkin A. Probabilistic primality testing, summary by F. Morain. Research Report, 1992, 1779: 159-163.

[45] Müller S. On the computation of square roots in finite fields. J. Design, Codes and Cryptography, 2004, 31: 301-312.

[46] Tonelli A. Bemerkung uber die auflosung quadratischer congruenzen. Götinger Nachrichten, 1891: 344-346.

[47] Scott M. Implementing cryptographic pairings. Pairing 2007, LNCS 4575: 177-196.

[48] Aranha D, Karabina K, Longa P, et al. Faster explicit formulas for computing pairings over ordinary curves. EUROCRYPT 2011, LNCS 6632: 48-68.

[49] Duquesne S. RNS arithmetic in F_p^k and application to fast pairing computation. J. of Mathematical Cryptology, 2011, 5(1): 51-88.

[50] Cheung R, Duquesne S, Fan J, et al. FPGA implementation of pairings using residue number system and lazy reduction. CHES 2011, LNCS 6917: 421-441.

[51] Chung J, Hasan M. Asymmetric squaring formulae. ARITH-18 2007: 113-122.

[52] Lim C, Hwang H. Fast implementation of elliptic curve arithmetic in GF(p^n). PKC 2000, LNCS 1751: 405-421.

[53] Granger R, Scott M. Faster squaring in the cyclotomic subgroup of sixth degree extensions. PKC 2010, LNCS 6056: 209-223.

[54] Karabina K. Squaring in cyclotomic subgroups. Mathematics of Computation, 2013, 82(281): 555-579.

[55] Beuchat J, González-Díaz J, Mitsunari S, et al. High-speed software implementation of the optimal Ate pairing over Barreto-Naehrig curves. Pairing 2010, LNCS 6487: 21-39.

[56] Bernstein D, Lange T. Explicit-formulas database. http://www.hyperelliptic.org/EFD. 2022 年 1 月访问.

[57] Billet O, Joye M. The Jacobi model of an elliptic curve and side-channel analysis. AAECC 2003, LNCS 2643: 34-42.

[58] Hisil H, Wong K, Carter G, et al. Jacobi quartic curves revisited. ACISP 2009, LNCS 5594: 452-468.

[59] Farashahi R, Joye M. Efficient arithmetic on Hessian curves. PKC 2010, LNCS 6056: 243-260.

[60] Hisil H, Carter G, Dawson E. New formulae for efficient elliptic curve arithmetic. INDOCRYPT 2007, LNCS 4859: 138-151.

[61] Bernstein D, Chuengsatiansup C, Kohel D, et al. Twisted Hessian curves. LATINCRYPT 2015, LNCS 9230: 269-294.

[62] Bernstein D, Birkner P, Joye M, et al. Twisted Edwards curves. AFRICACRYPT 2008, LNCS 5023: 389-405.

[63] Hisil H, Wong K, Carter G, et al. Twisted Edwards curves revisited. ASIACRYPT 2008, LNCS 5350: 326-343.

[64] Blake I, Seroussi G, Smart N. Elliptic Curves in Cryptography. Cambridge: Cambridge University Press, 1999.

[65] Gallant R, Lambert R, Vanstone S. Faster point multiplication on elliptic curves with efficient endomorphisms. CRYPTO 2001, LNCS 2139: 190-200.

[66] Galbraith S, Lin X, Scott M. Endomorphisms for faster elliptic curve cryptography on a large class of curves. J. of Cryptology, 2011, 24(3): 446-469.

[67] Straus E. Problems and solutions: Addition chains of vectors. American Mathematical Monthly, 1964, 71: 806-808.

[68] Möller B. Algorithms for multi-exponentiation. SAC 2001, LNCS 2259: 165-180.

[69] Yen S, Laih C, Lenstra A. Multi-exponentiation. IEE Proceedings - Computers and Digital Techiques, 1994, 141: 325-326.

[70] Mrabet N, Joye M. Guide to Pairing-Based Cryptography. Boca Raton: CRC Press, 2016.

[71] Lenstra A, Verheul E. The XTR public key system. CRYPTO 2000, LNCS 1880: 1-19.

[72] Scott M, Barreto P. Compressed pairings. CRYPTO 2004, LNCS 3152: 140-156.

[73] Granger R, Page D, Stam M. On small characteristic algebraic tori in pairing based cryptography. LMS J. of Computation and Mathematics, 2006, 9: 64-85.

[74] Naehrig M, Barreto P, Schwabe P. On compressible pairings and their computation. AFRICACRYPT 2008, LNCS 5023: 371-388.

[75] Galbraith S, Scott M. Exponentiation in pairing-friendly groups using homomorphisms. Pairing 2008, LNCS 5209: 211-224.

[76] Stam M, Lenstra A. Speeding up XTR. ASIACRYPT 2001, LNCS 2248: 125-143.

[77] Vercauteren F. Optimal pairings. IEEE Tran. on Information Theory, 2010, 56: 455-461.

[78] Lenstra A, Lenstra Jr H, Lovász L. Factoring polynomials with rational coefficients. Mathematische Annalen, 1982, 261(4): 515-534.

[79] Naehrig M, Niederhagen R, Schwabe P. New software speed records for cryptographic pairings. LATINCRYPT 2010, LNCS 6212: 109-123.

[80] Costello C, Lange T, Naehrig M. Faster pairing computations on curves with high-degree twists. PKC 2010, LNCS 6056: 224-242.

[81] Aranha D, Barreto P, Longa P, et al. The realm of the pairings. SAC 2013, LNCS 8282: 3-25.

[82] Costello C, Hisil H, Boyd C, et al. Faster pairings on special Weierstrass curves. Pairing 2009, LNCS 5671: 89-101.

[83] Scott M, Benger N, Charlemagne M, et al. On the final exponentiation for calculating pairings on ordinary elliptic curves. Pairing 2009, LNCS 5671: 78-88.

[84] Guzmán-Trampe J, Cruz-Cortés N, Dominguez Perez L, et al. Low-cost addition-subtraction sequences for the final exponentiation in pairings. Finite Fields and their Applications, 2014, 29: 1-17.

[85] Fuentes-Castañeda L, Knapp E, Rodríguez-Henríquez F. Faster hashing to G_2. SAC 2011, LNCS 7118: 412-430.

[86] Zhang X, Lin D. Analysis of optimum pairing products at high security levels. INDOCRYPT 2012, LNCS 7668: 412-430.

[87] Hayashida D, Hayasaka K, Teruya T. Efficient final exponentiation via cyclotomic structure for pairings over families of elliptic curves. IACR Cryptology ePrint Archive, 2020, Report 2020/875.

[88] Cai S, Hu Z, Zhao C. Faster final exponentiation on the KSS18 Curve. IACR Cryptology ePrint Archive, 2021, Report 2021/1309.

[89] Devegili A, Scott M, Dahab R. Implementing cryptographic pairings over Barreto-Naehrig curves. Pairing 2007, LNCS 4575: 197-207.

[90] Duquesne S, Ghammam L. Memory-saving computation of the pairing final exponentiation on BN curves. IACR Cryptology ePrint Archive, 2015, Report 2015/192.

[91] Ghammam L, Fouotsa E. On the computation of the optimal Ate pairing at the 192-bit security level. IACR Cryptology ePrint Archive, 2016, Report 2016/130.

[92] Mbang N, Aranha D, Fouotsa E. Computing the optimal ate pairing over elliptic curves with embedding degrees 54 and 48 at the 256-bit security level. IJACT, 2020, 4(1): 45-59.

[93] Boneh D, Lynn B, Shacham H. Short signatures from the Weil pairing. J. of Cryptology, 2004, 17: 297-319.

[94] IEEE. P1363.3. Standard for identity-based public-key cryptography using pairings. 2013.

[95] Icart T. How to hash into elliptic curves. CRYPTO 2009, LNCS 5677: 303-316.

[96] Shallue A, van de Woestijne C. Construction of rational points on elliptic curves over finite fields. ANTS 2006, LNCS 4076: 510-524.

[97] Skalba M. Points on elliptic curves over finite fields. Acta Arithmetica, 2005, 117(3): 293-301.

[98] Ulas M. Rational points on certain hyperelliptic curves over finite fields. Bulletin Polish Acad. Sci. Math., 2007, 55(2): 97-104.

[99] Brier E, Coron J, Icart T, et al. Efficient indifferentiable hashing into ordinary elliptic curves. CRYPTO 2010, LNCS 6223: 237-254.

[100] Wahby R, Boneh D. Fast and simple constant-time hashing to the BLS12-381 elliptic curve. IACR Trans. Cryptogr. Hardw. Embed. Syst., 2019, 4: 154-179.

[101] Fouque P, Tibouchi M. Indifferentiable hashing to Barreto-Naehrig curves. LATINCRYPT 2012, LNCS 7533: 1-7.

[102] Faz-Hernandez A, Scott S, Sullivan N, et al. Hashing to elliptic curves, IETF RFC draft, 2022. https://www.ietf.org/id/draft-irtf-cfrg-hash-to-curve-16.html. 2022 年 3 月.

[103] Fouque P, Tibouchi M. Estimating the size of the image of deterministic hash functions to elliptic curves. LATINCRYPT 2010, LNCS 6212: 81-91.

[104] Tibouchi M. Elligator squared: Uniform points on elliptic curves of prime order as uniform random strings. FC 2014, LNCS 8437: 139-156.

[105] Farashahi R, Fouque P, Shparlinski I, et al, Indifferentiable deterministic hashing to elliptic and hyperelliptic curves. Math. Comp., 2013, 82: 491-512.

[106] Tibouchi M, Kim T. Improved elliptic curve hashing and point representation. Designs, Codes and Cryptography, 2017, 82: 161-177.

[107] Aranha D, Pagnin E, Rodríguez-Henríquez F. LOVE a pairing. LATINCRYPT 2021, LNCS 12912: 320-340.

[108] Girault M, Lefranc D. Server-aided verification: Theory and practice. ASIACRYPT 2005, LNCS 3788: 605-623.

[109] Wu W, Mu Y, Susilo W, et al. Server-aided verification signatures: Definitions and new constructions. ProvSec 2008, LNCS 5324: 141-155.

[110] Chow S, Au M, Susilo W. Server-aided signatures verification secure against collusion attack. Information Security Technical Report, 2013, 17(3): 46-57.

[111] Pagnin E, Mitrokotsa A, Tanaka K. Anonymous single-round server-aided verification. LATINCRYPT 2019, LNCS 11368: 23-43.

[112] Chevallier-Mames B, Coron J, McCullagh N, et al. Secure delegation of elliptic-curve pairing. CARDIS 2010, LNCS 6035: 24-35.

[113] Kang B, Lee M, Park J. Efficient delegation of pairing computation. IACR Cryptology ePrint Archive, 2017, Report 2005/259.

[114] Tsang P, Chow S, Smith S. Batch pairing delegation. IWSEC 2007, LNCS 4752: 74-90.

[115] Guillevic A, Vergnaud D. Algorithms for outsourcing pairing computation. CARDIS 2014, LNCS 8968: 193-211.

[116] Canard S, Devigne J, Sanders O. Delegating a pairing can be both secure and efficient. ACNS 2014, LNCS 8479: 549-565.

[117] Vergnaud D. Secure outsourcing in discrete-logarithm-based and pairing-based cryptography. WISTP 2018, LNCS 11469: 7-11.

[118] Mefenza T, Vergnaud D. Verifiable outsourcing of pairing computations. Technical report, 2018.

[119] Crescenzo G, Khodjaeva M, Kahrobaei D, et al. Secure and efficient delegation of elliptic-curve pairing. ACNS 2020, LNCS 12146: 45-66.

[120] Crescenzo G, Khodjaeva M, Kahrobaei D, et al. Secure and efficient delegation of pairings with online inputs. CARDIS 2020, LNCS 12609: 84-99.

[121] Uzunkol O, Kalkar Ö, Sertkaya İ. Fully verifiable secure delegation of pairing computation: Cryptanalysis and an efficient construction. IACR Cryptology ePrint Archive, 2017, Report 2017/1173.

第 12 章　标准与应用

随着标识密码技术的成熟, 相关密码机制逐步在业界得到应用. 本章介绍标识密码技术的标准化情况和业界的一些典型应用.

12.1　标识密码技术标准

自密码研究人员在 2000 年提出基于双线性对的标识密码系统后, 标识密码技术进入快速发展时期. 随着技术研究的发展和成熟, 一些标识密码技术逐步在产业中得到应用. 技术标准化是实现技术广泛应用的一个重要推动力. 自 2006 年开始, 一些标准组织包括 IEEE、IETF、ISO、3GPP、ITU、ETSI、全国信息安全标准化技术委员会、密码行业标准化技术委员会等逐步制定了一系列的标识密码算法和应用标准.

12.1.1　IEEE

电气与电子工程师协会 (IEEE: Institute of Electrical and Electronics Engineers) 是一个国际性的电子技术与信息科学工程师的协会. 作为全球最大的非营利性专业技术协会, 截至 2022 年底, IEEE 制定了 1000 多项现行工业标准, 其中包括著名的 IEEE 802® 系列标准 [1]. IEEE P1363 是 IEEE 的一个工作组, 专注于公钥技术的标准化工作. 该工作组在 1994 年举行第一次工作组会议, 至今已经有近 30 年的历史. 工作组已经制定了五个标准文件:

- IEEE Standard Specifications for Public-Key Cryptography (IEEE 1363-2000)
- IEEE Standard Specifications for Public-Key Cryptography - Amendment 1: Additional Techniques (IEEE 1363a-2004)
- IEEE Standard Specification for Public Key Cryptographic Techniques Based on Hard Problems over Lattices (IEEE 1363.1-2008)
- IEEE Standard Specification for Password-Based Public-Key Cryptographic Techniques (IEEE 1363.2-2008)
- IEEE Standard for Identity-Based Cryptographic Techniques using Pairings (IEEE 1363.3-2013)

这些标准只规定密码算法的数学过程, 和应用方式无关. IEEE Std 1363-2000 和 1363a-2004 为传统公钥密码标准, 包括如 RSA、PSS、ECIES、ECDSA、MQV 等算法. P1363.1 是格基公钥算法标准, 包括 NTRU. P1363.2 是基于口令的认证密钥协商协议和认证密钥提取协议标准. P1363.3 是使用双线性对的基于标识的公钥密码标准.

P1363 双线性对密码标准项目授权请求在 2005 年获得批准. P1363 在 2006 年公开宣布征求提案. 标准草案第 9 版在 2013 年发布. P1363.3 包括标识加密算法、标识签名算法、标识签密算法和标识密钥交换协议. 其中标识加密算法包括 SK-KEM、BF-IBE、BB_1-IBE, 标识签名算法包括 BLMQ-IBS, 标识签密算法包括 BLMQ-IBSE, 标识密钥交换协议包括 Wang 协议和 SCC 协议 (即 6.3 节中的 SCK 协议). 标准的附录包括了各类双线性对曲线和双线性对的定义.

12.1.2 IETF

国际互联网工程任务组 (IETF: The Internet Engineering Task Force) 成立于 1986 年初, 是全球互联网最具权威的技术标准化组织, 负责互联网相关技术规范的研发和制定. 标准以请求评论 (RFC: Request For Comments) 文件发布. RFC 分为标准类、信息类/实验类、目前最佳实践等文件. 针对不同类别的技术主题, IETF 组建了大量的工作组 (WG: Working Group) 来研究和制定标准. 鉴于密码技术对互联网安全的重要性, 在 2014 年 IETF 专门成立密码论坛研究组 (CFRG: Crypto Forum Research Group) 来讨论和检查 RFC 使用的密码机制. IETF 已经制定了 9 个与标识密码相关的标准并正在制定 3 个新的相关标准文件:

- RFC 5091 Identity-Based Cryptography Standard (IBCS) #1: Supersingular Curve Implementations of BF and BB1 Cryptosystems - 2007
- RFC 5408 Identity-Based Encryption Architecture and Supporting Data Structures - 2009
- RFC 5409 Using Boneh-Franklin and Boneh-Boyen Identity-Based Encryption Algorithms with the Cryptography Message Syntax (CMS) - 2009
- RFC 6267 MIKEY-IBAKE: Identity-Based Authenticated Key Exchange (IBAKE) Mode of Key Distribution in Multimedia Internet KEYing (MIKEY) - 2011
- RFC 6507 Elliptic Curve-Based Certificateless Signatures for Identity-Based Encryption (ECCSI) - 2012
- RFC 6508 Sakai-Kasahara Key Encryption (SAKKE) - 2012
- RFC 6509 MIKEY-SAKKE: Sakai-Kasahara Key Encryption in Multimedia Internet KEYing (MIKEY) - 2012

- RFC 6539 IBAKE: Identity-Based Authenticated Key Exchange - 2012
- RFC 7859 Identity-Based Signatures for Mobile Ad Hoc Network (MANET) Routing Protocols - 2016
- RFC 草案 Pairing-Friendly Curves - 2022 [2]
- RFC 草案 BLS Signatures - 2021 [3]
- RFC 草案 Hashing to Elliptic Curves - 2021 [4]

RFC 5091 规定了在基于素域的超奇异曲线上实现 BF-IBE 和 BB_1-IBE 算法的过程. RFC 5408 定义了系统参数和标识的数据结构以及重要密钥数据的获取方法. 系统参数使用公共参数服务器 (PPS: Public Parameter Server) 对外发布, 参数获取方使用 TLS 认证 PPS 并保证数据的真实性. 该文件还规定了私钥获取协议. 该协议使用 TLS 保护传递消息的机密性和完整性. RFC 5409 规定了标识密码算法在加密消息语法 (CMS: Cryptographic Message Syntax) 中的编码方式和数据处理流程.

IETF 发布了一系列在多媒体应用中使用标识密码技术的规范文件. RFC 6267 规定了在多媒体因特网密钥 (MIKEY: Multimedia Internet Keying) 框架中使用标识密码算法实现密钥分发的方法, 包括从 KMS (即 KGC) 获取标识私钥, 以及在两终端用户间实现认证密钥协商协议的过程. MIKEY 是由 RFC 3830 规定的密钥分发框架, 用于如基于 VoIP 技术的多媒体因特网的密钥分发, 实现多媒体数据的加密认证保护. RFC 6267 认证密钥协商协议使用标识加密的 ECDH 方法, 协议由 4 个报文组成, 具有主密钥前向安全. 该 RFC 同时规定了一个标识加密的密钥传输协议 (会话主密钥由会话发起者生成后通过标识加密机制传递到响应方). RFC 6507 规定了 SK-KEM 算法的工作过程, 规定过程和 IEEE P1363.3 中 SK-KEM 算法一致. RFC 6508 规定了无双线性对的标识签名算法 ECCSI 的过程 (见 5.4.2 小节). RFC 6509 定义了一个使用 SK-KEM 加密和 ECCSI 算法签名保护的单报文 MIKEY 协议. RFC 6507、6508 和 6509 后来被 3GPP 组织采纳. RFC 6539 则是 RFC 6267 中主密钥前向安全的认证密钥交换协议.

RFC 7859 规定了在移动自组织网络 (MANET: Mobile Adhoc Network) 使用 ECCSI 签名保护路由协议数据真实性的方法. [2] 描述了一系列双线性对友好的曲线以及业界公开的实现, 文件梳理了业界广泛使用的曲线 (包括 BN, BLS12 等), 并评估了扩域上快速离散对数算法对选择曲线参数的影响. [3] 规定了 BLS 签名算法的计算过程. BLS 签名算法也是 BF-IBE 的标识密钥生成算法. 另外, CFRG 组正在编写标准草案规定将消息安全映射到包括双线性对友好椭圆曲线上的方法 [4].

12.1.3 ISO

国际标准化组织 (ISO: International Organization for Standardization) 是一个国际性标准化组织, 成立于 1946 年, 由 169 个标准机构组成 [5]. 国家标准化管

理委员会代表中国参加 ISO. ISO 和国际电工委员会 (IEC) 作为一个整体制定全球协商一致的国际标准. ISO/IEC 制定的标准是自愿性的, 但因标准质量高, 能给业界带来切实的收益, 制定的标准获得广泛的认可和使用. ISO 和 IEC 约有 1000 个专业技术委员会和分委员会, 各会员国以国家为单位参加这些技术委员会和分委员会的活动. ISO 和 IEC 的第一联合技术委员会 (JTC1) 的第 27 分委员会 (SC 27) 负责制定信息安全、网络安全和隐私保护方面的标准. JTC1/SC 27 下设 5 个工作组和一个与 TC 22/SC 32 联合的工作组, 其中第 2 工作组负责制定密码与安全机制标准. ISO 制定了一系列包括标识密码相关技术的标准.

- ISO/IEC 11770-3:2021　Information security —Key management —Part 3: Mechanisms using asymmetric techniques
- ISO/IEC 11770-4:2017/AMD 1:2019　Information technology —Security techniques —Key management —Part 4: Mechanisms based on weak secrets —Amendment 1: Unbalanced password-authenticated key agreement with identity-based cryptosystems (UPAKA-IBC)
- ISO/IEC 14888-3:2018　IT Security techniques —Digital signatures with appendix —Part 3: Discrete logarithm based mechanisms
- ISO/IEC 15946-1:2016　Information technology —Security techniques — Cryptographic techniques based on elliptic curves —Part 1: General
- ISO/IEC 15946-5:2022　Information security —Cryptographic techniques based on elliptic curves —Part 5: Elliptic curve generation
- ISO/IEC 18033-5:2015　Information technology —Security techniques — Encryption algorithms —Part 5: Identity-based ciphers
- ISO/IEC 18033-5:2015/AMD 1:2021　Information technology —Security techniques —Encryption algorithms —Part 5: Identity-based ciphers — Amendment 1: SM9 mechanism
- ISO/IEC 29192-4:2013　Information technology —Security techniques — Lightweight cryptography —Part 4: Mechanisms using asymmetric techniques

ISO 11770-3 规定了一系列的基于非对称密码机制的密钥交换协议, 包括密钥协商和密钥传输协议. 该标准的 1999 年版本就包括了基于标识的 Okamoto 认证密钥协商协议, 2015 年版本增加了 Smart-Chen-Cheng 认证密钥协商协议、Fujioka-Suzuki-Ustaoglu 认证密钥协商协议和基于 SK-KEM 的密钥传输协议, 2022 年版本增加了 SM9 认证密钥协商协议. 该标准还包括基于双线性对的 Joux 三方密钥协商协议. ISO 11770-4 规定的是基于弱密钥的密钥交换协议. 2019 年的补篇 1 规定了一个基于标识密码的非平衡口令认证密钥协商协议 UPAKA-IBC.

ISO 15946-1 介绍了椭圆曲线密码机制的数学背景, 规定了实现椭圆曲线密码机制的基本方法. 2008 年版本就包括了双线性对的定义、Miller 函数的实现、Weil 对和 Tate 对的计算. ISO 15946-5 规定了适用于椭圆曲线密码算法的曲线生成方法和相关曲线示例, 2009 年版本就已经包含了双线性对友好曲线, 包括 MNT、BN、Freeman、Cocks-Pinch 曲线. 2022 年修订版本考虑了扩域上快速离散对数算法对选择曲线参数的影响, 添加了 BLS12、BLS24、BLS48 曲线.

ISO 14888-3 包括一系列的基于离散对数的数字签名机制, 2006 年版本就包括了 Hess 和 Cha-Cheon 标识签名算法, 2018 年版本增加了 SM9 数字签名机制. ISO 18033-5 是专门规定基于双线性对的标识加密算法的标准. 标准包括 SK-KEM、BF-IBE 和 BB_1-KEM, 2018 年补篇规定了 SM9 加密算法. ISO 29192-4 规定了一系列轻量级的非对称密码机制, 其中包括基于 Schnorr 签名的标识签名算法, 该算法与 5.4.2 小节中的机制基本一致.

可以看到, ISO 发布了一系列的密码机制标准, 覆盖双线性对友好曲线的生成、曲线示例、双线性对的计算、标识加密机制、标识签名机制、标识密钥交换协议, 以及不需要双线性对的轻量标识签名机制和具有特殊性质的密钥交换协议. ISO 发布的有关标识密码机制的标准已经相当完整, 业界可以使用这些标准指导标识密码系统的实现.

12.1.4 电信组织标准化情况

电信行业高度重视网络安全并广泛而深入地应用密码技术来保障网络设施、实体身份和系统与用户数据的安全. 标识密码技术在电信领域也得到逐步应用. 电信领域的一些重要标准化组织, 包括 3GPP、ETSI、ITU, 都发布了应用标识密码技术相关的标准.

第三代合作伙伴计划 (3GPP: 3rd Generation Partnership Project) 由欧洲电信标准化协会 (ETSI: European Telecommunications Standards Institute) 联合多个合作伙伴于 1998 年 12 月发起成立, 是权威的 3G 技术规范机构. 3GPP 最初的工作范围是为基于 GSM 演进的第三代移动通信系统制定全球适用的技术规范. 随后 3GPP 的工作范围得到了增补, 3GPP 项目包括 3GPP 演进技术: LTE、4G、5G 等的技术标准. 为了向开发商提供稳定的技术标准并逐步添加新特性, 3GPP 使用并行版本机制: LTE、Release. 从 1999 年的 Release 99 到 2022 年的 Release 17, 3GPP 共发布了 15 个版本. 3GPP 在 2016 年发布 3GPP TS 33.179 version 13.0.0 Release 13:LTE、Security of Mission Critical Push To Talk (MCPTT) over LTE, 规定了在 LTE 上实现关键任务一键通 (MCPTT) 的安全技术规范. 3GPP 在 2018 年发布的 Release 15 中将标准修改为 3GPP TS 33.180 version 15.2.0 Release 15: LTE、Security of the Mission Critical Service. 新标准的范围更加广

泛, 除了一键通 MCPTT 外, 关键任务应用进一步增加了关键任务视频 MCVideo 和关键任务数据 MCData. TS 33.180 标准规定了保护关键任务服务的安全架构、过程和信息流. 安全机制支持在线、离线、漫游、互联、跨域通信等场景. 关键任务可以用于公共安全也可用于商业, 例如设备制造、新一代铁路系统等. 关键任务通信是一种重要的电信服务, 3GPP 为此专门制定了相应的技术标准, 运营商使用专门频段来保障关键任务的通信质量. 鉴于关键任务的重要性, 系统需要健壮、灵活的密钥管理机制实现通信密钥的安全分发, 同时满足合法拦截通信的各种要求. 标准采用标识密码技术实现关键任务的密钥管理, 支持 1 对 1 的私有通信、群组通信、离线转接、跨域通信等场景下通信密钥的安全分发. 标准的核心密码机制为标识加密算法 SK-KEM 和标识签名算法 ECCSI, 密钥分发流程遵循 RFC6509 MIKEY-SAKKE.

欧洲电信标准化协会 (ETSI) 是由欧盟委员会 1988 年批准建立的一个非营利性的电信标准化组织, 其目的是为实现统一的欧洲电信大市场, 及时制定高质量的信息和通信技术标准. ETSI 制定的标准具有广泛的影响力, 其推荐性标准常被欧盟作为欧洲法规的技术基础并被要求执行. ETSI 目前有超过 50 个国家近千名成员, 迄今已发布 2600 多项标准或技术报告, 对欧洲乃至世界范围的电信标准的制定起着重要的推动作用. ETIS 在标识密码领域发布了若干技术标准 (TS: Technical Specification) 和技术报告 (TR: Technical Report), 包括 ETSI 的 3GPP 组编写的 3GPP TS 33.179, 3GPP TS 33.180. 另外, ETSI 在 2018 年发布了 ETSI TS 103 532: CYBER、Attribute Based Encryption for Attribute Based Access Control [6]. 该标准规定了基于属性加密技术实现访问控制的安全模型、函数和协议. 标准包括两个 CP-ABE: CP-Waters-ABE、CP-FAME-ABE 和两个 KP-ABE: KP-FAME-ABE、KP-GSPW-ABE. 在后量子标识加密算法方面, ETSI 在 2019 年发布了技术报告 ETSI TR 103 618: CYBER、Quantum-Safe Identity-Based Encryption, 描述了一个基于 NTRU 假设的格基标识加密算法和分层标识加密算法 [7].

国际电信联盟 (ITU: International Telecommunication Union) 是主管信息通信技术事务的联合国常设机构, 负责分配和管理全球无线电频谱与卫星轨道资源, 制定全球电信标准, 促进全球电信发展. 国际电信联盟已有超过 150 年历史, 其成员包括 193 个成员国和超过 700 个部门成员及部门准成员和学术成员. ITU 的组织结构主要分为电信标准化部门 (ITU-T)、无线电通信部门 (ITU-R) 和电信发展部门 (ITU-D). 电信标准化部门主要活动的有 10 个研究组 (SG: Study Group), 其中 SG17 负责安全相关标准. ITU-T 的标准 (Recommendations: 又称建议书) 的 X 序列是与数据网络、开放系统通信和安全主题相关的标准, 比如著名的 X.509 公钥与属性证书框架在安全领域具有广泛的影响. ITU-T 在 2020 年发布了 X.1365 Security methodology for the use of identity-based cryptography in support of

Internet of things (IoT) services over telecommunication networks. 该标准规定了在电信物联网服务中使用标识密码技术的安全方法, 包括安全框架、数据格式、安全协议等, 更多内容见 12.2 节.

12.1.5 国家组织标准化情况

除了一些国际标准化组织外, 一些国家组织对标识密码技术的应用也持积极的态度. 美国国家标准与技术研究院 (NIST: National Institute of Standards and Technology) 在 2008 年举行了基于双线性对密码的研讨会. 从 2011 年起, NIST 安全技术组成员开始广泛且深入地研究基于双线性对的密码机制 [8]. 研究内容包括双线性对友好曲线的构建、基于双线性对的密码方案、实现效率、必要的标准化活动、应用场景和技术实现等. 研究组在 2012 年形成了研究报告 "双线性对密码". 该报告于 2015 年正式发表在 NIST 研究杂志上 [9]. 报告形成了一些重要结论, 包括: "基于双线性对的密码方案对 NIST 的密码工具包是一个有益的补充", "无论 NIST 是否批准, 产业界都将会使用双线性对密码技术. 因此建议 NIST 标准化 IBE 和基于双线性对的密码", "NIST 在标准化这种密码技术的过程中还将面临各种挑战". 根据 2020 年 6 月更新的项目总结, NIST 认为 "双线性对是一个非常重要的工具, 用于构造云计算和隐私增强环境中的各种密码方案. 除了 IBE 外, 其他高需求的应用推动继续该项目的研究. 短签名和广播加密就是其中两种这样的应用." [10].

英国国家网络安全中心 (NCSC: National Cyber Security Centre) 持续推动使用标识密码技术构建安全多媒体服务. NCSC 的前身 CESG 在 2014 年发表白皮书《使用 MIKEY-SAKKE 建立安全多媒体服务》[11]. 白皮书介绍了 MIKEY-SAKKE、建立呼叫的过程、SK-KEM 算法历史、标识的组成、KMS 的构建、跨域通信、行业应用 (包括金融机构、公共安全等) 以及未来创新等内容. NCSC 在 2018 年发布了 MIKEY-SAKKE FAQ [12], 明确提出 MIKEY-SAKKE 是为满足政府安全通信要求由 NCSC 制定的开放标准. 政府雇员在讨论政府敏感事务时应使用该技术. 公共安全是其中一个典型应用. [11] 评估认为英国有 200 万用户需要安全多媒体应用, 包括 50 万中央政府人员、30 万公共安全人员 (包括警察、消防员等), 以及其他如金融、医疗等领域 120 万人.

我国也高度重视标识密码技术的发展、应用和标准化工作. 在 2008 年, 我国相关主管部门就组织完成了 SM9 标识密码算法标准草案编写工作, 并由密码行业标准化技术委员会在 2016 年正式公开发布标准. 算法标准分为 5 个部分. 总则部分包括双线性对相关的数学知识、类型转换函数、双线性对计算等. 数字签名算法部分规定了 SM9 数字签名算法. 密钥交换协议部分规定了 SM9 认证密钥交换协议, 包括两报文的隐式认证和三报文的显式认证协议. 密钥封装机制和公钥加密算法部分规定了 SM9 的密钥封装机制以及 SM9 密钥封装机制与数据封装机制形成的完整加密机制. SM9 加密算法支持两种数据封装机制: 基于流加密的封装和基于分组加密的封装. 参数定义部分规定了机制使用的 BN 曲线和三个算法的实现数据示例.

- GM/T 0044.1-2016 SM9 标识密码算法第 1 部分：总则
- GM/T 0044.2-2016 SM9 标识密码算法第 2 部分：数字签名算法
- GM/T 0044.3-2016 SM9 标识密码算法第 3 部分：密钥交换协议
- GM/T 0044.4-2016 SM9 标识密码算法第 4 部分：密钥封装机制和公钥加密算法
- GM/T 0044.5-2016 SM9 标识密码算法第 5 部分：参数定义

SM9 算法标准于 2020 年正式成为国家标准. 国家标准分为两个部分: GB/T 38635.1-2020 信息安全技术 SM9 标识密码算法第 1 部分：总则, 对应 GM/T 0044 的第一部分; GB/T 38635.2-2020 信息安全技术 SM9 标识密码算法第 2 部分：算法, 对应 GM/T 0044 的第 2、3、4 部分. 密码行业标准化技术委员会还制定了一系列的标识密码应用技术规范, 包括:

- GM/T 0024-2014 SSL VPN 技术规范
- GM/T 0057-2018 基于 IBC 技术的身份鉴别规范
- GM/T 0080-2020 SM9 密码算法使用规范
- GM/T 0081-2020 SM9 密码算法加密签名消息语法规范
- GM/T 0085-2020 基于 SM9 标识密码算法的技术体系框架
- GM/T 0086-2020 基于 SM9 标识密码算法的密钥管理系统技术规范
- GM/T 0090-2020 标识密码应用标识格式规范
- GM/T 0098-2020 基于 IP 网络的加密语音通信密码技术规范

其中, GM/T 0024 规定了使用 SM2 和 SM9 算法在 SSL 协议上实现密钥交换的方法和流程. 该标准经修订后成为国家标准 GB/T 38636-2020 信息安全技术传输层密码协议 (TLCP). 我国的标识密码算法技术经过长期的发展, 已经形成相对完备的标识密码算法、技术、应用和标准体系. SM9 算法族中的三个算法全部被 ISO 纳入国际标准, 这也显示了我国标识密码技术的先进性.

12.2　ITU-T X.1365 简介

随着物联网 (IoT: Internet of Things) 的发展, IoT 设备变得无处不在且承载的敏感数据日益增多, 物联网的安全问题越发重要. ITU-T X.1361 [13] 提出的物联网必须具备的安全能力中 “提供安全、可信和隐私保护的安全通信能力”“支持安全通信的安全密钥管理能力”“提供安全、可信和隐私保护的安全数据管理能力”“鉴权设备的鉴权能力”“实施基于轻量密码算法的安全协议的能力” 都和密码技术相关. 传统的对称密码技术因为系统扩展性不佳, 不适合物联网这类具有海量设备且有点对点直接通信的场景. 传统基于证书的公钥系统的证书管理协议复杂, 在窄带物联网 (NB-IoT) 应用中协议通信开销过大, 使用困难. 基于身份的密码技术采用实体的身份作为公钥, 密钥管理简洁. 物联网设备可以使用设备唯一标识符作为公钥, 应用中无须传输证书, 可高效地执行安全协议, 具有显著的优势. 为了支持在基于电信网络构建的物联网上有效地使用基于身份的密码技术来提供安全能力, ITU-T 在 2017 年 8 月立项制定 X.1365《在电信网络上使用基于身份的密码来支持物联网 (IoT) 服务的安全方法》, 标准在 2020 年 3 月获批发布.

ITU-T X.1365 规定了在电信网络使用物联网服务时采用基于身份的密码技术的安全方法, 包括设备识别、私钥发放、公共参数查询和鉴权协议机制等. 标准的正文主要包括:

- 概述部分. 介绍了基于身份的密码在物联网安全中的作用与优势以及基于身份的密码系统的一般构成和基于身份的密码的一般方法. 基于身份的密码方法在附录 A 定义.
- 电信网络物联网服务系统参考架构部分. 描述了由物联网设备、接入网、核心网以及物联网服务平台构成的一般物联网服务系统架构.
- 电信网络物联网服务使用基于身份的密码的框架部分. 该部分进一步包括如下 5 个子部分.
  - 基于身份的密码的物联网系统架构描述了接入系统和物联网服务平台的基于身份密码的物联网系统架构以及包含的各个网元.
  - 密钥管理架构则描述了物联网中使用基于身份的密码机制时支持密钥管理所需的功能架构. 该架构同时支持嵌有 eUICC [14] 的物联网设备和未嵌有 eUICC 的物联网设备.
  - 身份命名描述了物联网设备身份命名的一般规则.
  - 密钥管理描述了系统初始化操作、设备初始化、公共参数查找、身份和密钥提供、身份和密钥撤销的一般流程. 具体过程在附录 C 中规定, 涉及的数据结构在附录 B 中规定.
  - 鉴权则规定了四种使用基于身份的密码进行物联网设备身份鉴别的方法, 具体过程在附录 D 中规定.
- 安全要求部分. 描述了物联网中使用基于身份的密码的安全要求.

X.1365 包括四个规范性附录: 附录 A 基于身份的密码的通用公式和算法描述了基于身份的密码的一般方法以及标准支持基于身份的密码算法列表. 附录 B 基于身份的密码密钥数据说明定义了基于身份的密码相关的密钥数据结构 ASN.1 描述, 包括系统参数通用结构、各个具体基于身份的密码算法的主私钥和主公钥的具体结构. 附录 C 密钥管理操作规定了基于身份的密码系统中密钥管理操作,包括系统初始化、身份或私钥提供、身份或私钥撤销和系统参数发布. 这些操作分为两种情况: 嵌有 eUICC 的物联网设备和未嵌有 eUICC 的物联网设备, 涉及的 KMS 密码运算操作协议在附录 II 中定义. 附录 D 鉴权则规定了四个身份鉴别和密钥分发协议: 采用加密和签名机制的单报文密钥分发协议、基于标识签名机制的 TLS 协议 TLS-IBS、EAP-TLS [15] 对 TLS-IBS 的封装以及对 EAP-PSK [16] 进行扩展支持 ECCSI 算法进行身份认证和密钥协商. 该标准还包括两个资料性附录: 附录 I 身份命名描述了一种采用 OID 命名身份标识的方法; 附录 II 则描述了支持基于身份的密码的 KMIP [17] 扩展. KMS 可以采用扩展后的 KMIP 协议完成包括系统初始化、标识私钥生成等运算.

12.3　标识密码产业应用概况

经过 20 余年的发展, 标识密码技术以及更加广泛的双线性对密码技术在学术界产生了广泛的影响. 从 Boneh-Franklin 发表著名的《基于 Weil 对的身份基标识加密》[18] 后, 双线性对密码非常快速地获得了学术界的认可和欢迎. 对此, Koblitz-Koblitz-Menezes 说道 [19]:

> "Pairing-based cryptography received near-universal acceptance and acclaim from the beginning. Unlike traditional ECC, it did not pass through a period of several years of skepticism and resistance." (基于双线性对的密码从一开始就受到了近乎一致的认可和赞扬. 和传统椭圆曲线密码不同, 它没有经历持续几年的质疑和抗拒期.)

不仅如此, 产业界也快速跟进推出相关的密码产品并推动技术标准化的工作 [20]. 作为一种公钥体制, 标识密码几乎具备了传统公钥体制的所有能力, 同时又能完成传统公钥难以甚至不能实现的安全功能. 这使得标识密码在产业应用过程中和传统基于证书体系的公钥系统之间存在一定的竞争关系. 这种竞争与 ECC 和 RSA 之间的竞争 [19] 既有相似性又有不同. 和 ECC 对 RSA 间竞争的相似点在于, 用户对新出现的标识密码的安全性仍然存在一些疑虑. 和 ECC 对 RSA 间竞争的不同在于, 标识密码系统和现有公钥系统存在重大不同, 所以不仅是算法上的替代, 更是体系和系统的更新. 因此, 标识密码的产业应用面临更加复杂的情况, 需要应对以下几个主要挑战:

- 标识密码系统中原生的密钥委托功能以及公众对权威机构监管的天然抗拒心理使得标识密码系统更多地用于企业级应用. 在公众应用中, 即使采用公开透明的方式使用标识密码技术都可能受到挑战 [21,22]. 这也或多或少影响了欧美国家标准化组织对该技术的标准化进程.

- 因为 MOV 攻击的存在, 传统 ECC 避免使用超奇异曲线和小嵌入次数的普通曲线. 事实证明这样的谨慎措施不无道理. 后来的研究发现小特征的超奇异曲线不能用于构造安全的密码系统, 而小嵌入次数的普通曲线, 特别是嵌入次数为偶数的曲线上的离散对数问题有更加快速的求解算法. 虽然这些离散对数快速算法未对双线性对密码的安全性产生根本性的影响, 但是这样的安全性疑虑仍然在一定程度上阻碍了该类技术的推广.
- 双线性对的计算过程复杂. 这在两个方面对技术的广泛应用产生阻碍作用. 第一个方面是双线性对的计算过程复杂、开销大使得在同等安全级别上, 有双线性对的密码操作相较于 ECC 系统要慢. 即使该操作相较于 RSA 的私钥模幂运算更快, 用户仍然会将其和传统 ECC 进行性能对比. 由于双线性计算过程复杂, 密码机制的实现代码和内存开销也较大, 对一些嵌入式设备的应用造成一定的障碍. 第二个方面是双线性对的数学原理相比普通 ECC 更加深奥, 各种优化技巧更多, 对工程实现人员的要求更高. 广泛使用的开源密码算法库如 OpenSSL 不支持双线性对密码的实现. 这些都对双线性对密码的更广泛使用产生了消极影响.
- 标识私钥的撤销问题没有广泛统一的方案. 和传统基于 PKI 的公钥系统通过撤销证书来撤销公钥不同, 标识私钥的撤销有多种可能的方案.
  - 第一个方法是 Boneh-Franklin 提出将身份标识 (这里称为用户原始标识) 和系统统一的有效时间周期拼接形成密钥标识. 系统中所有用户使用同一有效时间周期, 因此无须获得额外标识信息. 时间到期后, 所有用户统一获取下一周期的标识私钥. 这种方案存在一些缺点: ① 要求所有用户具有同步的时间; ② 密钥生成中心要周期性地在线; ③ 所有用户统一更新密钥可能造成系统短期内负载过大; ④ 单一周期内标识私钥撤销仍然困难. 系统采用该方法时需要选择适当的时间周期来平衡安全性和可用性.
  - 第二个方法是采用服务器辅助的标识密码系统, 即用户完成解密或签名等操作需要服务器的参与, 用户无法单独完成需要私钥的密码运算. 采用这种方法可以是门限标识密码机制或者特别设计的调节安全标识密码 (见 4.7.3 小节). 这种方法的优点是可以实时撤销用户的标识私钥而不改变用户的标识, 标识密码系统加密或验签过程的简洁性得以保持. 该方法的缺点是需要一个实时在线的服务器系统, 容易形成单点故障; 另外, 每次需要私钥的运算都需用户应用在线和服务器通信, 可能影响用户应用的体验. 实时在线的服务器系统可采用分布式部署方式避免单点故障, 而解密或签名过程和服务器的在线通信要求与证书应用采用在线证书状态协议检测证书状态类似. 不同的是, 证书应用中是公钥使用方进行在线通信, 而该方法则要求私钥使用方进行在线通信.

- 第三个方法是类似于 PKI 系统发布证书撤销列表 (CRL), 标识密码系统定期发布标识更新列表. 列表中包括用户原始标识和新标识, 新标识可以是原始标识与该标识的撤销次数计数或者新有效时间的拼接. 密钥生成中心对列表生成签名. 该签名可以是密钥生成中心以标识更新列表的哈希值作为标识生成的标识私钥. 用户定期获得标识更新列表, 验证密钥生成中心签名的正确性 (验证列表哈希值私钥的有效性) 后, 查找原始标识对应的新标识来进行加密或验证签名. 如列表中无指定原始标识的新标识, 则密码运算使用原始标识. 采用这种方法可支持类似于 PKI 的密钥撤销能力, 但是用户需要周期性获取标识更新列表. 需要注意的是, 标识更新列表和 CRL 仍然有重要不同. CRL 并不提供用户的有效新证书, 因此在 PKI 系统中用户需要通过其他方式获得用户的有效证书, 而用户更新列表中是有过私钥撤销行为的用户原始标识对应的新标识, 无撤销行为的用户标识仍然不变. 因此, 用户可通过获得更新标识列表就可确定某个用户的当前有效标识, 标识获取过程仍然比 PKI 更加简洁. 另外, 这种方法还可以和方法 1 联合使用. 这样标识更新列表只包括单周期内撤销的标识更新, 列表更小, 同时又支持单周期内用户标识的及时撤销.
- 第四个方法是采用可撤销的标识密码机制. 这些机制中, 密钥生成中心在用户提出撤销后, 发布少量的撤销数据以及和时间相关的密钥更新数据. 用户加密过程需要额外使用当前周期时间. 当撤销行为发生后, 用户需要使用原私钥和密钥更新数据来计算新周期的标识私钥. 机制的安全性保证被撤销的标识无法计算更新对应新周期的标识私钥. 这种方法的优点是密钥生成中心发布的撤销数据少, 用户更新密钥无须密钥生成中心在线协助. 该方法的缺点是需要特定的标识密码算法, 不具有普适性.

随着云计算的兴起, 密码应用的生态系统发生了重大的变化. 大量的应用计算发生在云端, 因此将保护用户数据安全的密钥委托给云上系统已经是常态. 许多新的商业模式比如云签名甚至将用户的签名密钥也委托给云签名系统进行管理. 用户已经逐步接受敏感数据采用密码机制进行保护以增强隐私, 同时享受密钥委托机制带来的便利性. 标识密码技术以及双线性对密码经过时间的检验证明了其价值. 下面是一些产业应用的实例.

作为 Boneh-Franklin 开创性论文 [18] 中的标志性应用, 标识加密技术在邮件加密应用中得到广泛的应用. Voltage 安全和趋势科技 (TrendMacro) 是两家主要的邮件标识加密产品供应商. Voltage 安全后被 Micro Focus 收购. 根据其网站,在 2014 年, Voltage 公司的标识加密邮件产品已有超过 1 亿用户 [9], 主要集中于健康和保险领域. Voltage 邮件加密系统的架构如图 12.1 [23]. 根据 [23], 该加密方案提供基于标识密码的无状态密钥管理, 提供多种内部监管控制和基于策略的安全邮件归档等能力. 趋势科技将邮件加密与防病毒、反垃圾邮件、防钓鱼和内容过滤技术集成在 InterSca® Messaging Security Suite 产品中 [24], 而 Deep Discovery Email Inspector 产品使用标识加密技术加密敏感外发邮件 [25]. 我国深圳奥联信息安全技术有限公司也提供基于 SM9 标识密码技术的邮件加密产品, 包括邮件加密网关和安全邮件客户端, 客户包括金融、能源、电信等领域众多大型企业和大量政府、教育等行业用户.

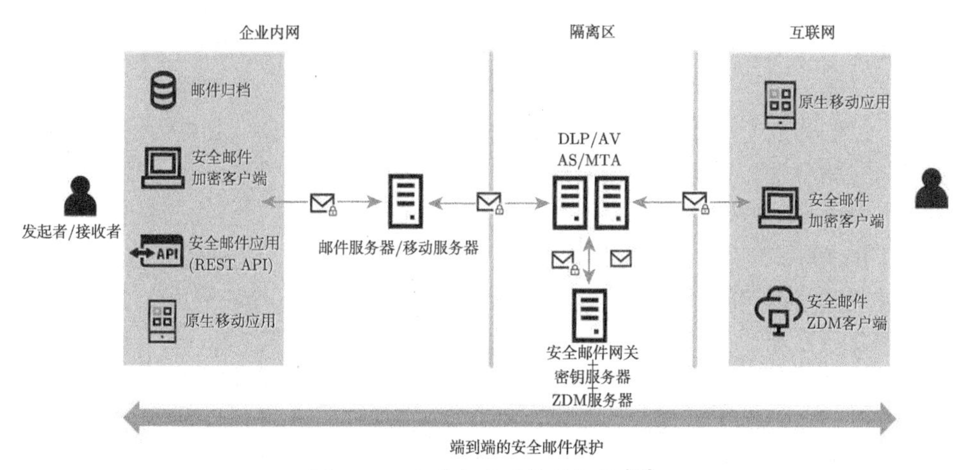

图 12.1 邮件加密系统的架构 [23]

英国政府持续推动使用标识密码技术保护政府敏感数据. NCSC 主导制定了一系列的开放安全标准, 包括 RFC 6507、RFC6508 和 RFC6509, 并分别在 2014 年发布白皮书《使用 MIKEY-SAKKE 建立安全多媒体服务》, 建议使用 MIKEY-SAKKE 保护关键任务通信, 在 2018 年发布 MIKEY-SAKKE FAQ 明确政府雇员在讨论政府敏感事务时应使用该安全技术. 2016 年, ETIS 发布的 3GPP TS 33.179 采用该技术作为关键任务通信的密钥管理技术, 之后, 韩国三星公司在 2017 年获得英国内政部的紧急服务网络 (ESN: Emergency Services Network) 的合同, 提供 25 万部移动设备支持紧急服务功能和关键语音服务 [26,27]. 另外, 一系列的产商 [28] 都提供符合 3GPP 标准的关键任务通信产品 [29]. 在我国, 标识密码技术也已用于保护互联网多媒体服务, 包括即时消息、分发文件的加密、VoIP 电话、视频会议等应用的数据加密密钥的管理.

标识密码技术在身份认证领域也有重要应用. 例如, MIRACL [30] 基于双线性对构造双因子身份认证协议, 实现身份认证规模应用. 深圳奥联信息安全技术有限公司将 SM9 算法变换为两方门限算法, 广泛应用于移动终端的身份认证. 数百万移动终端部署两方门限标识签名技术, 结合二维码扫码功能实现基于 SM9 数字签名的挑战应答协议完成用户身份认证. 该系统具有如下特点. ① 有效保护完整标识私钥的安全性: 两方门限秘密分片技术将标识私钥分割为两片, 两个私钥分片分别存储在移动终端和服务端. 单一一方的私钥分片丢失不会影响完整标识私钥的安全性. ② 有效保护移动终端私钥分片的安全性: 移动终端的标识私钥分片采用基于口令等因素派生掩藏因子来掩藏标识私钥分片. 错误口令还原的数据仍然为密钥空间中的有效值, 攻击者不能据此或利用包括尝试签名验签等手段来判断还原密钥的正确性. 因此, 机制可以抵抗已知私钥分片密文的口令暴力猜测攻击. ③ 门限签名协议简洁: 在移动终端和服务端执行无状态两报文协议, 将服务端验证移动终端身份的真实性和两方门限签名过程相结合, 实现一石二鸟. ④ 移动终端私钥分片撤销过程简洁: 在标识密码系统中实现标识私钥撤销一直是一个难题. 门限标识密码机制在提高移动终端私钥安全性的同时, 支持便捷地撤销移动终端私钥分片. 用户申请挂失撤销某终端上的密钥时, 仅需指令门限协议服务端不再为该移动终端私钥分片提供门限密码运算服务即可.

在传输层, 支持标识密码的 SSL 在业界已有相关实现. 在嵌入式设备、物联网等领域广泛使用的轻量级 SSL 软件库 WolfSSL 已经支持标识签名算法 ECCSI [31]. 深圳奥联信息安全技术有限公司采用支持 SM9 标识密码算法的 TLCP 开发了一系列的安全接入产品. 基于标识密码技术的安全接入系统可以非常方便地基于用户身份信息对允许访问的应用进行细粒度的授权, 实现对云服务的 4W(WHO-WHERE-WHEN-WHAT) 细粒度访问控制和审计. 这些产品已经有数百万的终端用户.

标识密码因其密钥管理的简洁性, 还可以与其他加密技术相结合提供灵活、简洁的密钥管理和特性加密功能. 例如, Voltage 的 SecureData 将 IBE 与格式保留加密 (FPE) 相结合, 提供信用卡交易记录的保护 [32,33]. POS 终端使用 IBE 进行对称密钥的管理和分发, 使用 FPE 对称加密信用卡号以防止交易记录丢失导致用户信用卡信息的泄露. 根据 [34], 美国 8 大支付处理商中的 6 家以及美国 10 大银行中的 7 家都使用 SecureData. Cloudflare 提供 Keyless SSL 内容分发服务. 该服务将 SSL 连接过程中的私钥运算和 SSL 的其他操作分离开. 内容分发服务器不存储用户的 SSL 私钥, 在和客户端建立 SSL 连接时需访问特定的 SSL 服务器完成私钥相关运算. 鉴于用户的内容分发服务器可能在世界各地, 为了减少内容分发服务器访问 SSL 服务器的延迟, Cloudfare 将用户的 SSL 私钥加密后预先分发到世界各地的 SSL 服务器. 为了允许用户灵活控制特定区域的 SSL 服务器解密 SSL 私钥, Cloudflare 使用密钥策略属性加密算法 [35] 来加密 SSL 私钥实现按策略的授权解密. 该架构称为 Geo Key Manager [36]. 在我国, 标识密码技术也广泛应用于云上数据的保护. 比如在一些大型金融机构中, 标识密码用于基于策略的数据加密密钥的受控分发, 实现基于密码技术的个人敏感数据受控访问. 国内某大型金融集团结合标识密码技术和对称密码技术对近万个数据库、数十万敏感数据字段实现每天数十亿次敏感数据的加密存储和受控访问.

其他一些双线性对密码技术也在业界逐步获得应用. 可信计算组织 (TCG: Trusted Computing Group) 是一个制定和推广可信计算硬件和软件标准的组织. 作为可信计算平台的核心, 可信平台模块 (TPM: Trusted Platform Module) 是具有加密功能的安全微控制器, 提供涉及密钥的基本安全功能. TPM 和可信软件栈 (TSS: TCG Software Stack) 共同配合实现可信计算的功能. 可信计算需要对主机系统的状态创建一个证明以说服远端的验证者其正在通信的主机运行着一个经过认证的系统并执行着正确的软件. 这个证明可以看作 TPM 中私钥对主机状态的签名. 基于标准证书的证明将使得证明可以和 TPM 的标识关联, 造成 TPM 标识的泄露, 进而危及 TPM 拥有者的隐私. 直接匿名证明 (DAA: Direct Anonymous Attestation) 则在实现具有不可伪造性的证明功能的同时, 保持匿名性、不可关联性 (不能将 TPM 和签名值关联) 等安全属性. 2004 年标准化的第一代 DAA 协议使用 RSA, 2014 年标准化的 TPM 2.0 的 DAA 则使用椭圆曲线和双线性对 [37, 38]. 到 2017 年, 已有超过 5 亿片 TPM 售出 [39].

为了支持安全计算, Intel 在 2013 年推出软件防护扩展 (SGX: Software Guard Extensions) 指令集, 旨在以硬件安全为基础在用户空间创建可信执行环境, 实现不同程序间的隔离运行, 保护指定代码的完整性和数据的机密性不受恶意软件的破坏. 为了解决 DAA 不能同时支持私钥可撤销和不可关联性的缺点 (DAA 中如果某个 TPM 的私钥要支持撤销功能, 则该私钥的签名将丧失不可关联性), Brickell 和 Li [40] 提出增强隐私 ID(EPID: Enhanced Privacy ID) 并基于双线性对构造了一个具有特殊属性的群签名 [41] 机制来实现签名可撤销的匿名证明. EPID 允许计算机匿名证明其拥有 TPM, 而不泄露关于 TPM 的信息, 包括 TPM 的拥有者的信息, 同时允许在 TPM 私钥泄露的情况下撤销该私钥的签名 (注意是撤销已生成签名而不是直接撤销签名私钥) 而仍然保持被撤销 TPM 的匿名性.

随着区块链的兴起, 双线性对密码机制发挥出独特的作用. 典型的应用有基于双线性对的简洁非交换零知识证明 (zk-SNARKs: Zero-Knowledge Succinct Non-Interactive Argument of Knowledge) [42, 43]、短签名 BLS [44] 和分布式身份认证. Zcash 是第一个大规模应用基于双线性对构造的 zk-SNARK 的电子货币 [45], 使用 zk-SNARK 在交易完全加密的情况下验证交易的有效性 [46]. BLS 签名算法生成的消息签名值是椭圆曲线上的一个点, 因此称为短签名. [47] 进一步证明该算法还具有聚合签名的能力. BLS 聚合签名可以将多个签名压缩为一个签名, 通过验证聚合后签名的有效性可以验证各个独立签名的有效性. 因为 BLS 算法生成的签名值短且可聚合, 众多区块链平台包括 Ethereum [48]、Algorand [49]、DFINITY [50] 等使用 BLS 算法实现数字签名功能. SM9 的标识密钥生成算法也是一个短签名算法. 该算法也已经大规模应用在需要短小数字签名的场景. 比如, 售彩设备在打印彩票时将彩票信息以二维码方式打印在票面上. 鉴于数据的重要性, 彩票信息需要使用数字签名机制保证数据的一致性和真实性. 由于票面空间有限且针打分辨率不高, 因此二维码可容纳的数据有限. 售彩系统使用 SM9 短签名技术生成 257 比特签名值放入二维码中. 特定应用软件通过读取二维码中数据获得售彩设备标识、彩票号码、签名值等数据后, 使用设备的公钥验证短签名的有效性. 另外, 基于 SM9 的标识广播加密技术和区块链技术相结合, 使用区块链地址作为标识进行数据广播加密, 实现区块链隐私数据的高效保护. IBM 的 Identity Mixer [51] 作为一种基于属性的凭证, 可以提供保护用户隐私的身份认证. 该机制由受信任的机构对用户的一组属性生成凭证. 根据需要, 用户使用基于零知识证明的签名机制向某个验证者证明其拥有一个或多个属性的对应凭证. 与传统证书包括用户所有信息不同, 该机制中签名人不必披露某次签名无须证明的其他属性信息, 结合匿名签名方法, 保护用户隐私. 该机制已应用于超级账本 Hyperledger [52] 中.

从 Shamir 在 1984 年提出标识密码的概念开始, 到 2000 年双线性对标识加密系统出现后的大量研究工作, 标识密码技术经历了近 40 年的发展. 这期间出现了众多优秀的标识密码方案并衍生出许多新密码原语, 广泛地拓展了密码学研究的领域. 一些安全高效的标识密码算法逐步在产业中得到规模化的应用. 伴随着大数据、云计算、物联网、人工智能、区块链等的进一步发展和人们对隐私数据安全的日益重视, 标识密码技术及其新发展必将在数据安全领域发挥更加重要的作用.

参 考 文 献

[1] IEEE 中国. IEEE 介绍. https://cn.ieee.org/about/. 2022 年 1 月访问.

[2] Sakemi Y, Kobayashi T, Saito T, et al. Pairing-friendly curves. https://www.ietf.org/archive/id/draft-irtf-cfrg-pairing-friendly-curves-10.html. 2022 年 3 月访问.

[3] Boneh D, Gorbunov S, Wahby R, et al. BLS signatures. https://datatracker.ietf.org/doc/html/draft-irtf-cfrg-bls-signature-04. 2022 年 3 月访问.

[4] Faz-Hernandez A, Scott S, Sullivan N, et al. Hashing to elliptic curves. https://www.ietf.org/archive/id/draft-irtf-cfrg-hash-to-curve-10.html. 2022 年 3 月访问.

[5] ISO. Members. https://www.iso.org/members.html. 2023 年 10 月访问.

[6] ETSI. TS 103 532 CYBER; Attribute Based Encryption for Attribute Based Access Control. 2018.

[7] ETSI. TR 103 618 CYBER; Quantum-Safe Identity-based Encryption. 2019.

[8] NIST. Pairing-based cryptography overview. https://csrc.nist.gov/Projects/Pairing-Based-Cryptography. 2022 年 1 月访问.

[9] Moody D, Peralta R, Perlner R, et al. Report on pairing-based cryptography. J. of Research of the NIST, 2015, Vol. 120.

[10] NIST. Applications of pairing based cryptography: Identity based encryption and beyond. https://csrc.nist.gov/events/2008/identity-based-encryption-workshop. 2022 年 3 月访问.

[11] CESG. Using MIKEY-SAKKE: Building secure multimedia services. v1.0. Sept. 2016. https://www.ncsc.gov.uk/whitepaper/using-mikey-sakke--building-secure-multimedia-services. 2022 年 3 月访问.

[12] NCSC. MIKEY-SAKKE frequently asked questions. https://www.ncsc.gov.uk/guidance/mikey-sakke-frequently-asked-questions. 2022 年 1 月访问.

[13] ITU. Recommendation ITU-T X.1361 Security framework for the internet of things based on the gateway model. 2018.

[14] GSMA. Official Document SGP.02 Version 3.1. Remote provisioning architecture for embedded UICC - Technical specification. 2016.

[15] IETF. RFC 5216 The EAP-TLS authentication protocol. 2008.

[16] IETF. RFC 4764 The EAP-PSK protocol: A pre-shared key extensible authentication protocol (EAP) method. 2007.

[17] OASIS. Key management interoperability protocol specification version 1.3. 2016.

[18] Boneh D, Franklin M. Identity-based encryption from the Weil pairing. CRYPTO 2001, LNCS 2139: 213-229.

[19] Koblitz A, Koblitz N, Menezes A. Elliptic curve cryptography: The serpentine course of a paradigm shift. IACR ePrint Report, 2008, Report 2008/390.

[20] IEEE. IEEE standard for identity-based public-key cryptography using pairings. 2013.

[21] Baraniuk C. GCHQ-developed phone security 'open to surveillance'. BBC News, 23 January 2016.

[22] Murdoch S. Insecure by design: Protocols for encrypted phone calls. Computer, 2016, 49 (3): 25-33.

[23] MicroFocus. Voltage SecureMail achieving end-to-end email security without impacting the user experience. https://www.microfocus.com/media/data-sheet/voltage_ securemail_ds.pdf. 2022 年 3 月访问.

[24] Trend Micro. InterScan™ messaging security suite. https://docs.trendmicro.com/all/ent/imsx/imss_linux/v9.1/en-us/webhelp/ncryptn_types.html. 2022 年 3 月访问.

[25] Trend Micro. Deep discovery email inspector 5.0 data collection notice. https:// success.trendmicro.com/solution/000264344. 2022 年 3 月访问.

[26] Government Computing. Samsung gets devices deal for the emergency services network. https://www.governmentcomputing.com/devices/news/newssamsung-gets- devices-deal-for-the-emergency-services-network-5988341. 2022 年 3 月访问.

[27] Thales Group. Identity-based cryptography. https://cpl.thalesgroup.com/blog/ access-management/identity-based-cryptography. 2022 年 3 月访问.

[28] ETSI. Plugtests Report 5th ETSI MCX Plugtests Remote Event. https://www.etsi.org/images/Events/2020/5th_ETSI_MCX_Plugtests_Report_v100_1.pdf. 2022 年 3 月访问.

[29] ETSI. TS 103 564. Plugtests™ scenarios for Mission Critical Services. https://www.etsi.org/deliver/etsi_ts/103500_103599/103564/01.03.01_60/ts_103564v010301p.pdf. 2022 年 3 月访问.

[30] MIRACL Ltd. M-pin authentication protocol. https://miracl.com/resources/docs/concepts/mpin/. 2022 年 3 月访问.

[31] WolfSSL. Overview of ECCSI. https://www.wolfssl.com/doxygen/group__ECCSI__Overview.html. 2022 年 3 月访问.

[32] MicroFocus. Voltage SecureData payments. https://www.microfocus.com/media/data-sheet/voltage_securedata_payments_ds.pdf. 2022 年 3 月访问.

[33] Voltage. Payment processors and device manufacturers embrace Voltage security point-to-point encryption. http://www.securemailworks.com/35070/payment-processors-and-device-manufacturers-embrace-voltage-security. 2022 年 3 月访问.

[34] MicroFocus. Voltage SecureData from Micro Focus. https://www.youtube.com/watch?v=fjmLUldizfA. 2022 年 3 月访问.

[35] Attrapadung N, Libert B, Panafieu E. Expressive key-policy attribute-based encryption with constant-size ciphertext. PKC 2011, LNCS 6571: 90-108.

[36] Cloudflare. Geo key manager: How it works. https://blog.cloudflare.com/geo-key-manager-how-it-works/. 2022 年 3 月访问.

[37] Trusted Computing Group (TCG). Trusted platform module library specification, family 2.0, level 00, revision 01.38. 2019.

[38] Brickell E, Li J. A pairing-based DAA scheme further reducing TPM resources. TRUST 2010: 181-195.

[39] Lehmann A. Direct anonymous attestation & TPM2.0 getting provably secure crypto into the real-world. https://researcher.watson.ibm.com/researcher/files/zurich-ANJ/DAA_RWC17.pdf. 2022 年 3 月访问.

[40] Brickell E, Li J. Enhanced privacy ID: A direct anonymous attestation scheme with enhanced revocation capabilities. IEEE Tran. on Dependable and Secure Computing, 2012, 9(3): 345-360.

[41] Brickell E, Li J. Enhanced privacy ID from bilinear pairing for hardware authentication and attestation. IJIPSI, 2011, 1(1): 3-33.

[42] Groth J. Short non-interactive zero-knowledge proofs. ASIACRYPT 2010, LNCS 6477: 341-358.

[43] Groth J. Short pairing-based non-interactive zero-knowledge arguments. ASIACRYPT 2010, LNCS 6477: 321-340.

[44] Boneh D, Lynn B, Shacham H. Short signatures from the Weil pairing. J. of Cryptology, 2004, 17: 297-319.

[45] Ben-Sasson E, Chiesa A, Tromer E, et al. Succinct non-interactive zero knowledge for a von Neumann architecture. IACR ePrint Report, 2019, Report 2013/879. 2022 年 3 月访问.

[46] Lindemann R. What are zk-SNARKs? https://z.cash/technology/zksnarks.html. 2022 年 3 月访问.

[47] Boneh D, Gentry C, Lynn B, et al. Aggregate and verifiably encrypted signatures from bilinear maps. EUROCRYPT 2003, LNCS 2656: 416-432.

[48] Jordan R. Ethereum 2.0 development update #17-Prysmatic labs. https://medium.com/prysmatic-labs/ethereum-2-0-development-update-17-prysmatic-labs-ed5bcf82ec00. 2022 年 3 月访问.

[49] Gorbunov S. Efficient and secure digital signatures for proof-of-stake blockchains. https://medium.com/algorand/digital-signatures-for-blockchains-5820e15fbe95. 2022 年 3 月访问.

[50] Williams D. DFINITY technology overview series consensus system rev. 1. https://dfinity.org/pdf-viewer/library/dfinity-consensus.pdf. 2022 年 3 月访问.

[51] IBM. IBM Identity mixer authentication without identification. https://www.zurich.ibm.com/pdf/csc/Identity_Mixer_Nov_2015.pdf. 2022 年 3 月访问.

[52] Hyperledger. MSP implementation with identity mixer. https://hyperledgerfabric.readthedocs.io/en/release-2.5/idemix.html#technical-summary. 2022 年 3 月访问.

索　　引

“密码理论与技术丛书”已出版书目

(按出版时间排序)

1. 安全认证协议——基础理论与方法　2023. 8　冯登国 等　著
2. 椭圆曲线离散对数问题　2023. 9　张方国　著
3. 云计算安全(第二版)　2023. 9　陈晓峰　马建峰　李　晖　李　进　著
4. 标识密码学　2023. 11　程朝辉　著